"실내건축 설계도서 작성을 위한"

실내건축 설계실습

저 · 동방디자인교재개발원

INTERIOR DESIGN EXERCISE

interior design exercise

도서출판
동방디자인

머리글

"더 이상 완벽한 교재는 없습니다"

이 책은 실내건축을 처음 공부하는 대학생이나 일반인, 그리고 실내건축 실무자와 자격증을 준비하는 수험생을 대상으로 집필한 교재입니다. 우리나라의 설계제도 통칙인 한국공업규격(KSF 1501)에 맞게 제작하였고 실내건축 자격증 준비 시 어려워하는 부분이나 시공현장의 설계작도시 기준을 정확히 알지 못해 생기는 혼선들을 오랫동안 실내건축을 강의해온 경험을 바탕으로 집필하였기 때문에 실내건축을 처음 접하는 초보자들도 이 책 한권으로 설계제도의 기본사항을 충분히 이해함은 물론 실내건축 현장에서 설계도서를 작도하거나 실내건축 자격증을 취득 시 공간별 건축실내의 설계에 크게 도움이 될 것으로 확신합니다.

이 책의 구성

제 1편은 실내건축제도의 기초로 제도의 기본사항을 자세히 설명하였고 제 2편은 투시도 작성방법, 제 3편은 공간별 가구치수편으로 실내건축설계시 기본적으로 알아야 할 가구치수들을 주거공간·상업공간·업무공간별로 구분하였고, 제 4편은 실내건축 도면실습으로 주거공간·상업공간(식음료공간, 물품판매공간, 서비스공간, 숙박공간)·업무공간·전시공간·의료공간으로 구분하여 투시도까지 작도하였으며 제 5편은 4편에서 작도한 투시도 컬러링으로 구성되어 있어 이 책 한권으로 실내건축설계도서 작성을 위한 모든사항은 충분히 익히고 활용할 수 있을 것입니다.

동방디자인교재개발원

제1편 실내건축제도의 기초

제1장 - 제도용구의 종류와 사용법 ---------- 7
제2장 - 도면표기법 ---------- 13
제3장 - 도면작성방법 ---------- 40
제4장 - 도면실습 ---------- 57

제2편 투시도 작성방법

제1장 - 투시도 작성방법 ---------- 83
제2장 - 투시도 점경표현 ---------- 97

제3편 공간별 가구치수

제1장 - 주거공간 ---------- 105
제2장 - 상업공간 ---------- 117
제3장 - 업무공간 ---------- 130

제4편 실내건축 도면실습

제1장 - 주거공간
[실습과제 1] 독신자아파트 ---------- 137
[실습과제 2] 원룸형 주택 Ⅰ ---------- 143
[실습과제 3] 원룸형 주택 Ⅱ ---------- 149
[실습과제 4] 오피스텔 ---------- 155
[실습과제 5] 주거오피스텔 ---------- 160

제2장 - 상업공간
1 식음료공간
[실습과제 1] 아이스크림 판매점 ---------- 165
[실습과제 2] 패스트푸드점 ---------- 170
[실습과제 3] 커피숍 ---------- 175
[실습과제 4] 도심지 사거리에 위치한 커피숍 ---------- 180
[실습과제 5] 스터디 카페 ---------- 185

[실습과제 6] 도심내 커피전문점 ---------- 191
[실습과제 7] 북까페 ---------- 196
[실습과제 8] 제과 전문점 ---------- 201
[실습과제 9] 일식 참치전문점 ---------- 207

2 물품판매공간
[실습과제 1] 아동의류전문점 ---------- 213
[실습과제 2] 이동통신기기매장 Ⅰ ---------- 218
[실습과제 3] 이동통신기기매장 Ⅱ ---------- 223
[실습과제 4] 유기농 식료품 판매점 ---------- 229
[실습과제 5] 최저가 화장품 판매점 ---------- 235
[실습과제 6] 아웃도어매장 ---------- 242

3 서비스공간
[실습과제 1] PC방 ---------- 248
[실습과제 2] 안경점 ---------- 254
[실습과제 3] 헤어숍 Ⅰ ---------- 259
[실습과제 4] 헤어숍 Ⅱ ---------- 264

4 숙박공간
[실습과제 1] 호텔 트윈베드룸 ---------- 270
[실습과제 2] 유스호스텔(청소년 수련을 위한) ---------- 276

제3장 - 업무공간
[실습과제 1] 인테리어 사무실 ---------- 281
[실습과제 2] 광고기획디자인회사 사무실 ---------- 288
[실습과제 3] 벤처오피스 ---------- 294

제4장 - 전시공간
[실습과제 1] 귀금속 전문점 ---------- 299
[실습과제 2] 자동차 전시판매 대리점 ---------- 305

제5장 - 공공공간
[실습과제 1] 어린이 도서관 ---------- 311

제6장 - 의료공간
[실습과제 1] 약국 Ⅰ ---------- 317
[실습과제 2] 약국 Ⅱ ---------- 323
[실습과제 3] 치과의원 Ⅰ ---------- 328
[실습과제 4] 치과의원 Ⅱ ---------- 334
[실습과제 5] 한의원 ---------- 340
[실습과제 6] 정형외과 ---------- 346
[실습과제 7] 동물병원 ---------- 352

제**5**편 투시도 컬러링작품

실내건축자격증 시험안내

▶ 실내건축기사 필기 출제기준

필기 검정방법	객관식	문제수	80	시험시간	2시간

과목명	문항수	주요항목
실내디자인 계획	20	1. 실내디자인 기획 2. 실내디자인 기본계획 3. 실내디자인 세부공간계획 4. 실내디자인 설계도서작성
실내디자인 색채 및 사용자행태분석	20	1. 실내디자인 프레젠테이션 2. 실내디자인 색채계획 3. 실내디자인 가구계획 4. 사용자 행태분석 5. 인체계측
실내디자인 시공 및 재료	20	1. 실내디자인 시공관리 2. 실내디자인 마감계획 3. 실내디자인 실무도서 작성
실내디자인 환경	20	1. 실내디자인 자료조사분석 2. 실내디자인 조명계획 3. 실내디자인 설비계획

▶ 실내건축산업기사 필기 출제기준

필기 검정방법	객관식	문제수	60	시험시간	1시간 30분

과목명	문항수	주요항목
실내디자인 계획	20	1. 실내디자인 기본계획 2. 실내디자인 색채계획 3. 실내디자인 가구계획 4. 실내건축설계 시각화작업
실내디자인 시공 및 재료	20	1. 실내디자인 마감계획 2. 실내디자인 시공관리 3. 실내디자인 사후관리
실내디자인 환경	20	1. 실내디자인 자료조사분석 2. 실내디자인 조명계획 3. 실내디자인 설비계획

▶ 실내건축기사 / 산업기사 실기 출제기준

필답형 (시공실무)		시공 / 공정 / 적산	1시간	40점
작업형 (실내디자인실무)	기사	주거공간 / 상업공간 / 업무공간 / 전시공간 (평면도, 천정도, 입면도, 단면도, 투시도+컬러링)	6시간 30분	60점
	산업기사	주거공간 / 상업공간 / 업무공간 (평면도, 천정도, 입면도, 투시도+컬러링)	5시간 30분	

▶ 작업형(실내디자인실무) 세부사항

작업형	주요항목	세부항목
실내디자인실무	1. 실내디자인 자료조사분석 2. 실내디자인 기획 3. 실내디자인 세부공간 계획 4. 실내디자인 기본계획 5. 실내디자인 실무도서작성 6. 실내디자인 설계도서작성 7. 실내건축설계 프레젠테이션 8. 실내디자인 시공관리	- 실내공간 자료조사, 관계법령 분석, 관련자료 분석 - 사용자요구사항 파악, 설계개념 설정, 공간 프로그램 적용 - 주거 / 업무 / 상업 / 전시공간 세부계획 - 공간 기본구상, 공간 기본계획, 기본 설계도면 작성 - 내역서, 시방서, 공정표 작성 - 실시설계도서작성 수집, 실시설계도면 작성, 마감재 도서작성 - 프레젠테이션 기획, 보고서 작성, 프레젠테이션 - 공정계획, 현장관리, 안전관리, 시공감리

제1편

실내건축제도의 기초

제1장 제도용구의 종류와 사용법

[1] 제도용구의 종류

(1) 삼각자

① 재료

    삼각자는 셀룰로이드 에보나이트 플라스틱으로 만든 것으로 사용되며 건습의 영향을 받아 휘거나 비틀어지기 쉬우므로 두꺼운 것일수록 좋지만 일반적으로 3㎜ 이상의 것은 쓰이지 않는다.

② 종류

    삼각자는 밑각이 각각 45°인 직각 이등변 삼각형인 것과 두각이 각각 30° 및 60°의 직각 삼각형인 것의 2개가 1조로 되어 있다.

    삼각자는 여러가지 종류의 크기가 있는데 보통 제도에는 30㎝의 것이 주로 사용되며 45, 36, 25, 18, 10(㎝) 등이 있다.

③ 삼각자 검사방법

    ㉮ 삼각자의 각변은 정확하게 직선이어야 하고 한각은 정확히 직각이어야 한다.

    ㉯ 직선위에 아래 그림과 같이 삼각자 1쌍을 맞대어 놓고 일치하는지를 검사한다.

    ㉰ 맞댄 1쌍의 맞변이 그림(a)와 같이 서로 완전히 일치한다면 정확한 삼각자다.

    ㉱ 맞댄 1쌍의 맞변이 그림 (b)와 같이 사이가 생긴다면 부정확한 삼각자다.

    ㉲ 그림 (c)와 같이 45° 밑변과 60°의 대응변의 길이가 정확히 일치하도록 만들어진 것이어야 한다.

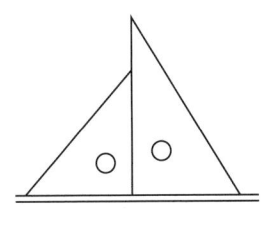
(a) 정확한 것

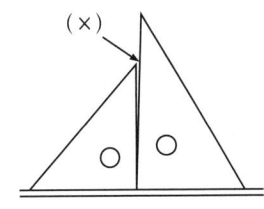
(b) 부정확한 것

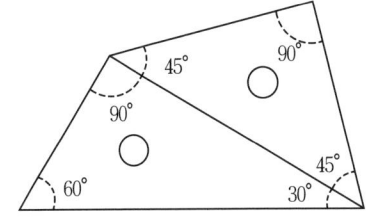
(c) 45°자와 60°자 연결(정확한 것)

▲삼각자의 검사방법

(2) T자

① 재료

    T자는 충분히 건조시킨 벚나무, 플라스틱, 금속 등으로 만들며 머리부분과 몸의 줄을 치는 가장 자리에는 단단한 참나무 등을 붙인다.

② 종류

T자의 몸길이는 450~1,800mm의 여러종류가 있으나 그 중에서 학생용으로는 900mm 것이 가장 많이 사용된다.

③ T자 검사방법

㉮ T자 머리와 몸체가 직각 90°가 되어야 한다.

㉯ 머리부분이 나사로 꽉 조여져서 흔들리지 않아야 한다.

㉰ 몸체를 제도판에 대었을 때 제도판에서 뜨지 않고 몸체가 평탄해야 한다.

㉱ T자는 제도판의 가로나비보다 약간 긴것이 좋고 줄치는 가장자리는 투명한 것이 좋다.

④ T자 보관방법

T자의 보관방법은 T자 머리부분이 밑으로 향하게 하고 벽에 걸어서 보관한다.

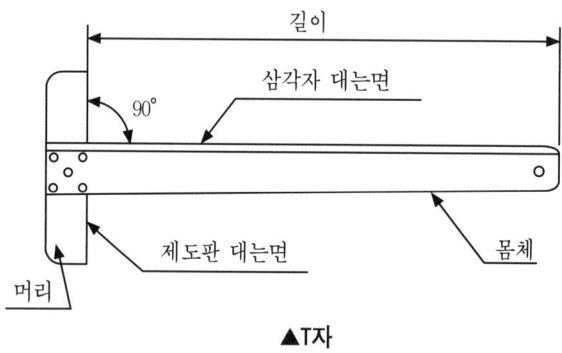

▲T자

(3) 축척

축척은 스케일(Scale)로서 실물의 크기를 늘리거나 또는 길이를 줄이는데 쓰이는 것으로서 가장 많이 쓰이는 것이 삼각축척이다.

삼각형 단면모양을 한 자료의 3면에 1m의 1/100, 1/200, 1/300, 1/400, 1/500, 1/600에 해당하는 여섯가지로 축척된 눈금이 새겨진 것으로 사용하기에 매우 편리하며 보통길이가 300mm이고 0.5mm까지의 눈금이 매겨져 있는 것이 사용하기에 편리하다.

① 사용치

㉮ 1/100 축척은 평면도, 기초평면도, 지붕틀평면도에 사용

㉯ 1/300 축척은 주단면도 상세도, 부분상세도에 사용

㉰ 1/500 축척은 입면도, 평면도에 사용

㉱ 1/600 축척은 배치도에 사용

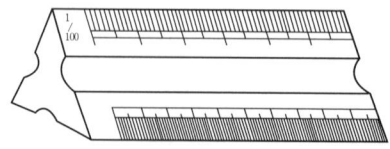

▲삼각 축척

(4) 연필

연필은 H표와 B표로서 연필심의 성질을 나타내는데 H표는 굳기를 B표는 무르기를 나타낸다. 일반적으로 H의 수가 많을수록 굳고 B의 수가 많을수록 무르며 보통 사용하는 연필은 HB이다.

제도용 연필로 많이 쓰이는 것은 HB, B, H, 2H이다.

(5) 지우개

고무가 부드러워서 도면을 지울 때 도면에 더럽혀지지 않고 찢어지지 않는 잘 지워지는 지우개를 사용한다.

(6) 지우개판

얇은 셀룰로이드, 얇은 스테인레스 강판 등으로 만든 것으로 잘못 그린선이나 불필요한 선을 지우는데 쓰인다.

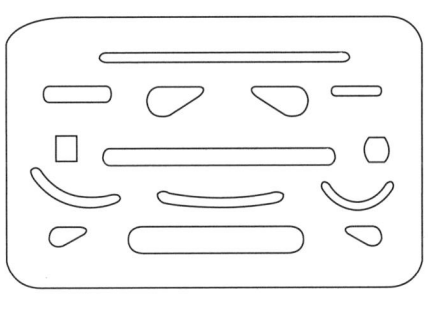

▲지우개판

(7) 형판(Templet)

셀룰로이드나 아크릴판으로 만든 얇은 판에 서로 크기가 다른 원, 타원 등과 같은 기본도형이나 문자, 기구, 위생기구 등의 형을 축척에 맞추어 정교하게 뚫어 놓은 판으로서 복잡한 도형을 판에 맞춰 연필을 대고 간단하게 그릴 수 있다.

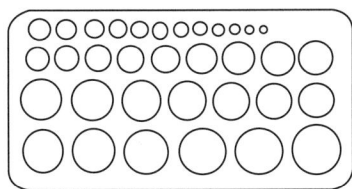 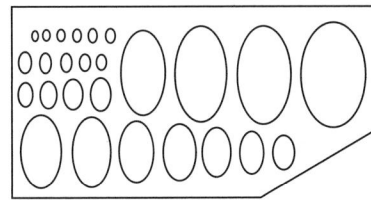

▲형판(템플릿)

(8) 제도판

제도판은 직사각형의 판으로 표면이 편평하고 T자의 안내면이 바르게 다듬질 되어 있어야 한다.

제도판의 종류에는 보통제도판, 판의 경사각을 조절할 수 있게 만든 경사제도판, 도면을 그리기에 편리하도록 T자를 부착한 T자부착 제도판의 3종류가 있다.

(a) 경사제도판   (b) 평행자 부착 제도판

▲제도판

(9) 운형자
운형자는 컴퍼스로 그리기 어려운 원호나 곡선을 그릴 때 쓰이는 제도용구이다.

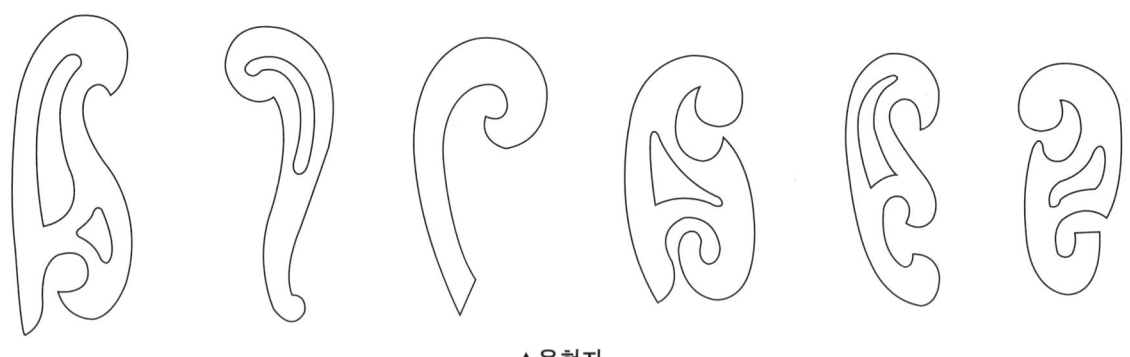

▲운형자

(10) CAD(Computer Aided Design)
컴퓨터를 이용한 자동제도방식으로 CAD장치로 도면을 작성할 때에는 먼저 키보드로 좌표 등의 데이터를 컴퓨터에 입력하고 프로그램 평선 키보드로 간단한 도형을 디스플레이로 표시한다. 그리고 치수, 숫자 등 필요한 각 사항을 입력시키고 마우스로 커서(cusor)를 제어하여 도면을 작성하게 된다.

② 제도용구의 사용법

(1) 연필의 사용법
① 연필로 수평선을 그을 때에는 그림(a)와 같이 긋는 방향으로 60° 정도 기울여 대고 연필을 돌리면서 긋는다.
② 보통의 수평선을 그을 때에는 그림 (b)와 같이 수직으로 대고 긋는다.
③ 정밀하게 선을 그어야 할 때는 그림(c)와 같이 연필심의 끝을 완전히 자에 대고 긋는다.
④ 수평선은 왼쪽에서 오른쪽으로 T자를 이용하여 일정한 속도를 유지하면서 천천히 그어야 한다.
⑤ 수직선을 그을 때에는 T자와 삼각자를 이용하여 밑에서부터 위로 선을 긋고, 연필과 자가 잘 밀착되어야 정확한 수직선을 그을 수 있다.

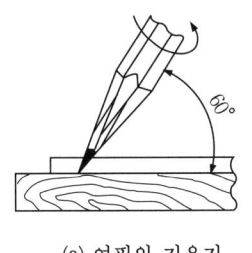 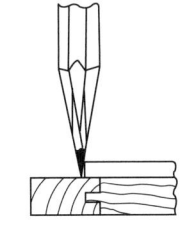 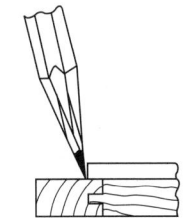

(a) 연필의 기울기　　　(b) 보통의 선긋기　　　(c) 정밀한 선긋기

▲연필로 수평선 긋기

(2) T자의 사용법

① T자를 사용할 때에는 제도판의 가장자리에 T자의 머리를 정확히 대고 그림 (a)와 같은 방법으로 움직여 알맞는 자리에 놓는다.
② 긴선을 수평으로 그을 때 처음에는 중간에서 비뚤어지기 쉬우므로 처음부터 끝까지 손, 팔, 몸, 전체가 선을 따라 동시에 움직이도록 한다.
③ 수평선을 그을 때는 그림 (b)와 같이 왼쪽에서 오른쪽으로 T자에 손을 밀착시키고 긋는다.
④ 수직선을 그을 때는 그림 (c)와 같이 T자에 삼각자를 정확히 대고 선과 자를 수직으로 보면서 긋는다.
⑤ 빗금선을 그을 때는 그림 (d)와 같이 한다.

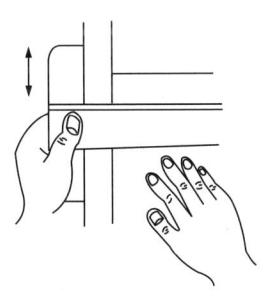 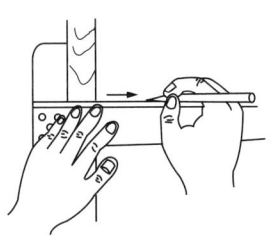 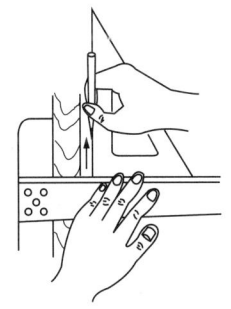

(a) T자를 움직이는 방법　　(b) 수평선을 긋는 방법　　(c) 수직선을 긋는 방법

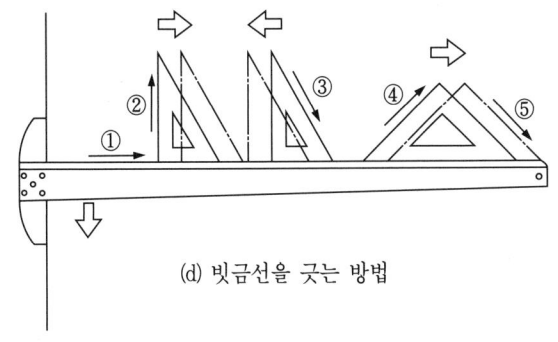

(d) 빗금선을 긋는 방법

→ : 선을 긋는 방향
⇒ : 자의 이동 방향
① : 수평선
② : 수직선
④ : 우측으로 올려 긋는 선
③, ⑤ : 우측으로 내려 긋는 선

▲T자의 사용방법 및 선긋기의 요령

(3) 삼각자의 사용법

삼각자 1개 또는 2개를 가지고 여러가지 위치를 바꾸면 우측그림과 같이 여러가지 각도를 가지는 선을 그을 수 있다.

간단한 수평선이나 수직선 뿐만 아니라 평행선이나 여러가지 빗금도 쉽게 그을 수 있다.

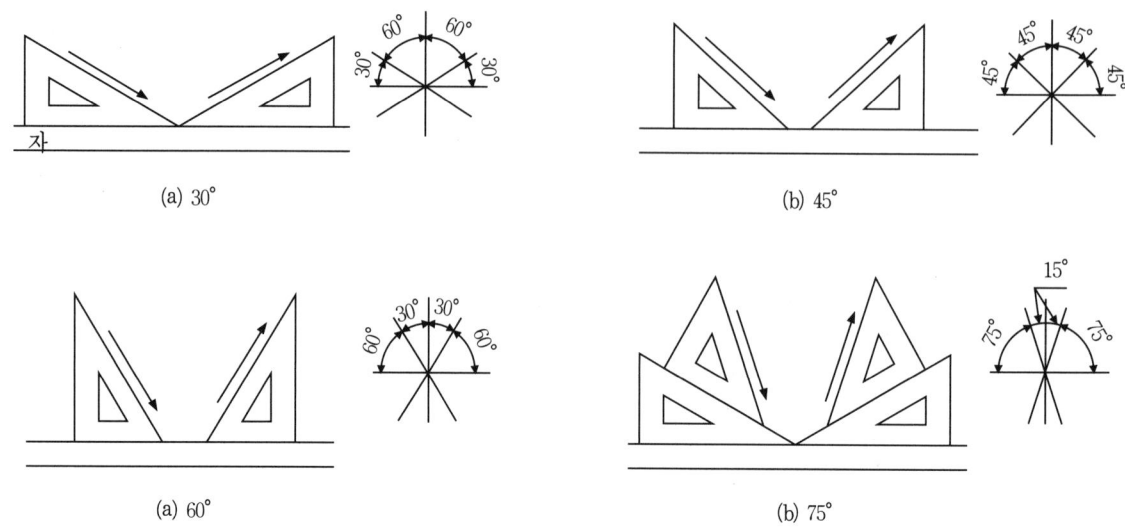

(a) 30° (b) 45°

(a) 60° (b) 75°

▲삼각자의 사용법

제2장 도면표기법

[1] 도면표기

(1) 도면글씨 표기

① 한글표기

㉮ 기본원칙:한글의 표기는 글자의 크기에 따라 다음의 원칙으로 표기토록 하되 도면명과 같이 큰글씨의 경우는 옆으로 늘여서 쓰도록 하고 실명, 재료명과 같이 작은글씨의 경우는 1:1 정도로 하여 힘을 주어 쓰며 될 수 있는 한 글씨가 1:1.5 정도의 비례가 되도록 노력하고 절대로 흘림글씨가 되지 않도록 할 것.

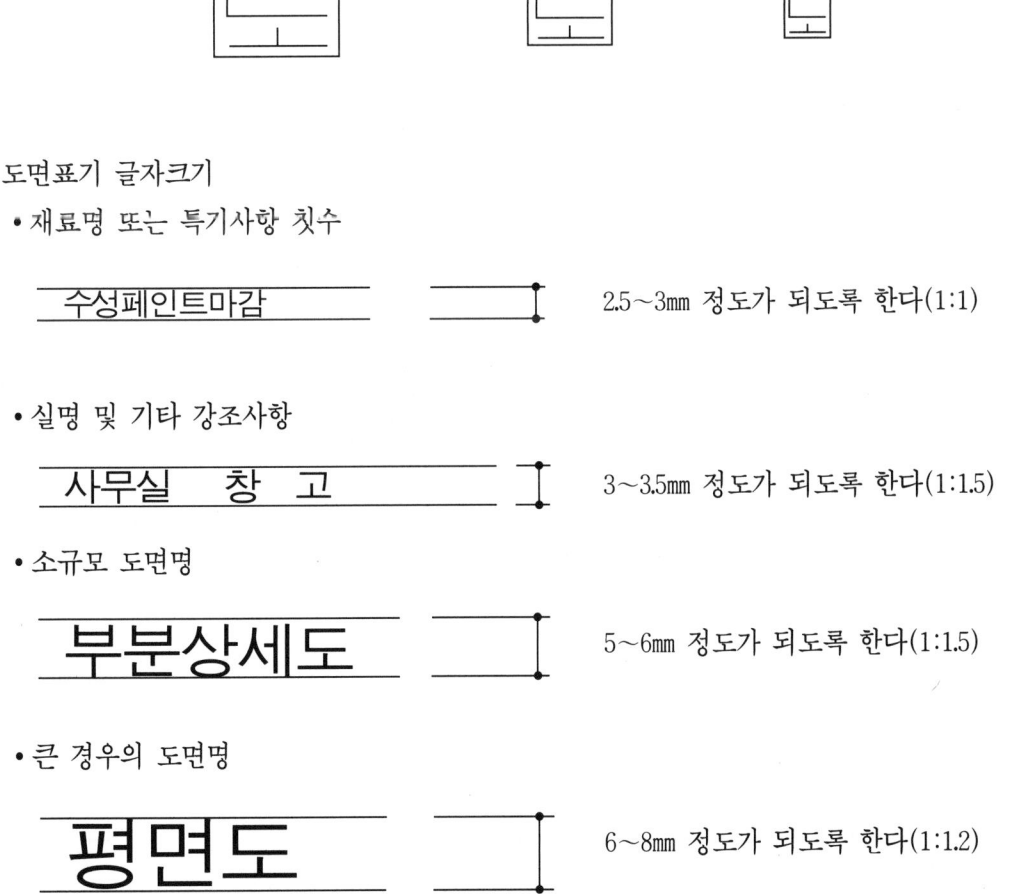

㉯ 도면표기 글자크기
- 재료명 또는 특기사항 칫수

  수성페인트마감   2.5~3mm 정도가 되도록 한다(1:1)

- 실명 및 기타 강조사항

  사무실 창 고   3~3.5mm 정도가 되도록 한다(1:1.5)

- 소규모 도면명

  부분상세도   5~6mm 정도가 되도록 한다(1:1.5)

- 큰 경우의 도면명

  평면도   6~8mm 정도가 되도록 한다(1:1.2)

② 영문표기

㉮ 기본자형:영문은 대문자를 기본으로 하고 1:1의 비율로 단정히 쓰되 글자의 시작과 끝부분에 힘을 주어 쓰도록 하여야 한다.

- 작은글자
  ABCDEFGHIJKLMNOPQRSTUVWXYZ
- 큰 글자

ABCDEFGHIJKLMNOPQRSTUVWXYZ

㉯ 범례:영문글씨는 가능한한 글자간격을 좁혀서 써야 한다.
PLAN ELEVATION SECTION SCALE 1/5 PARTIAL DETAIL
SPACE PROGRAM GARDEN

③ 숫자표기

㉮ 기본자형:숫자의 표기는 1:1의 비례로 바로쓰되 조금 옆으로 늘여쓰는 분위기가 되도록 할 것.

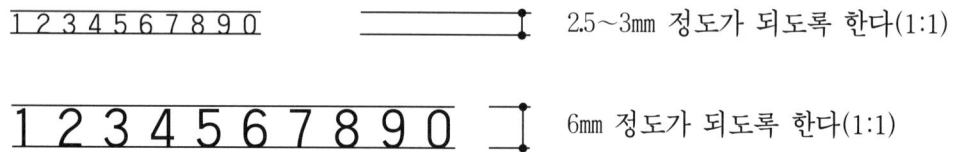

㉯ 범례

1,200   D10@300   1/50   1.0B   5,800   4,250   900   760   8,750

12층평면도   지하3층 평면도   5층

④ 도면명

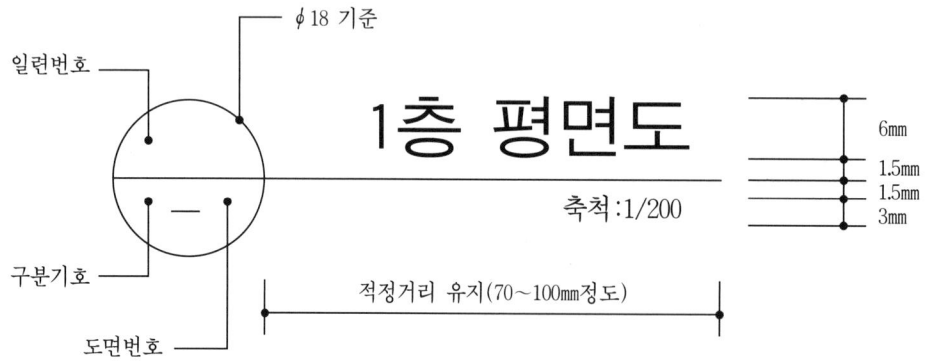

※ 실내건축분야 자격시험에서 도면명은 아래 예시와 같이 도면의 중앙하단에 기입하고 일체의 다른 표기를 하여서는 안된다.

"예시"

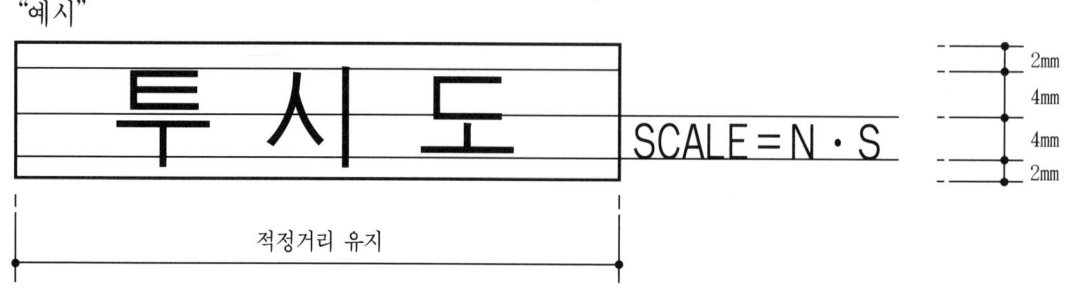

(2) Freehand 제도용 글씨(동방디자인체) - 이 서체는 동방디자인에서 개발한 서체입니다.

♣ 영자 및 숫자

```
AFEHLTI 3BPRK CGD MWNU 5XYJ OQVI
FLOOR PLAN  CEILING PLAN  APP. WOOD FLOORING FIN.
TEA TABLE  EASY CHAIR  FLOOR STAND  TV. TABLE  DRESSING  REF.
CHEST  DESK  BAGGAGE LOCK CASE  TILE FIN.  NIGHT CH  PAINT
DOWN LIGHT  SPOT LIGHT  SPRINKLER  FIRE SENSOR  CURTAIN BOX
THK. 12MM  COMPUTER  VINYL SHET  BOOK SHELF  PAPER STORAGE
DISPLAY STAGE  DECORATION SHELF  SOFA  SHOW WINDOW  FRAME
PARAPET  BRACKET  PENDENT RAIL  SIGN & LOGE  NEON  COUNTER
HALLOGEN  MOULDING  LACQ.  BASE BOARD  CASHIER  PARTITION
HANGER  RECEPTION AREA  FITTING ROOM  SCALE= 1/50  GLASS
1234567890  4.500  3.900  6.000  8.200  7.700  70
100  ±0  +100  CH: 2.400  FL. 40W×2  IL. 30W  5EA 12MM
```

♣ 한 글

```
평면도 천정도 입면도 전개도 투시도 지정벽지마감 도배지 몰딩
걸레받이 바닥 책상 컴퓨터 옷장 선반 수납장 식탁 쇼파 싱글침대
더블침대 싱크대 상부선반 타일 현관 주방 식당 테이블 카페트
냉장고 에어콘 신발장 화장대 서랍장 나이트테이블 디스플레이스테이지
행거 쇼파 방습등 점검구 매입등 다운라이트 커튼박스 감지기 배기구
송기구 무늬목 석고보드 위 지정실크벽지마감 도기질타일 자기질타일
중앙부 우물천정 진열대 전시거울 재료분리선 매장 비닐시트 창고 홀
플로링 유백색 아크릴위 컬러시트 래커 손잡이 투명유리 반납구
세면대 세탁기 다림대 양변기 범례표 온돌마루깔기 쇼윈도우 온경
금고실 마네킹 트렌치 공중전화 연속매입 수성페인트 아크릴조명박스
월넛무늬목 금속판 데코타일 파티션 간막이 카페트 실내건축산업기사
종목 및 등급 수검번호 성명 연장시간 분 감독확인 도면번호 현관
배기디퓨져 스프링클러 가스오븐 식기세척기 작업대 트렌치 피팅룸
```

(3) 도면 내부사항 기재방법
① 단면표시

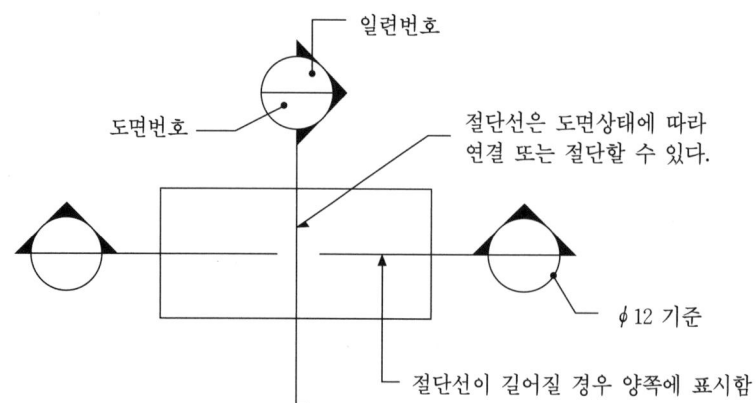

(4) 전개방향표시

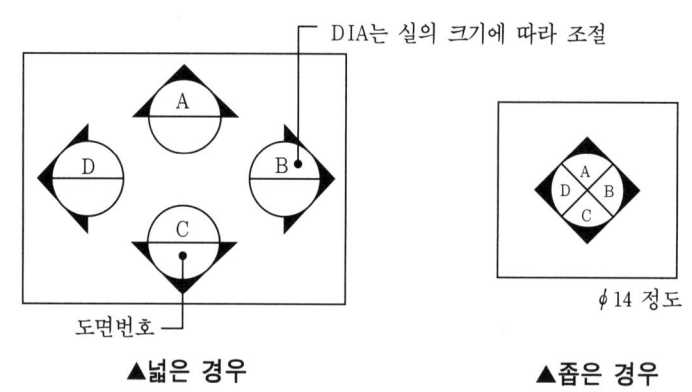

▲넓은 경우   ▲좁은 경우

(5) 단면선

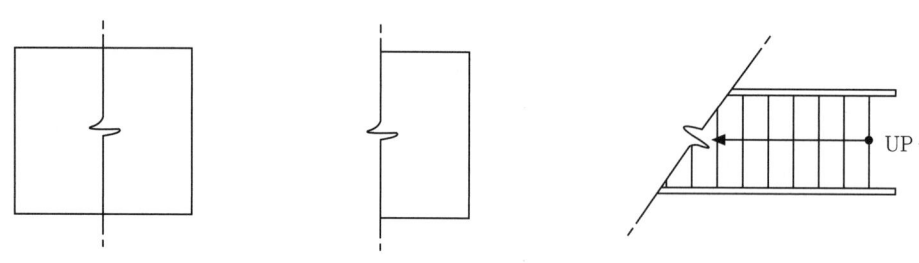

(6) 계단 및 경사로

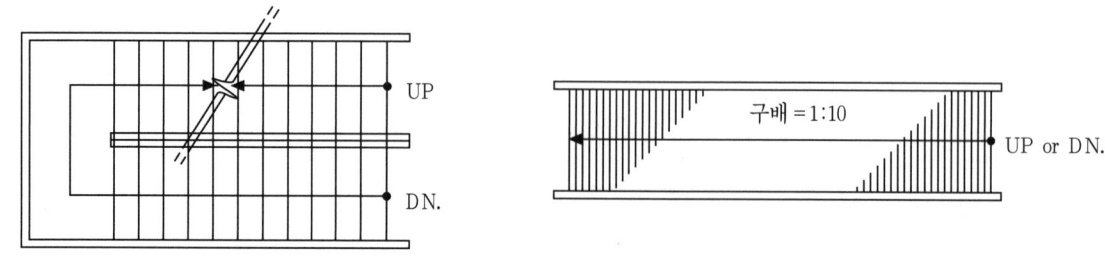

※ 단면선은 얕은 각도로 하며 축척이 큰 경우는 간략히 표현할 수도 있다.

(7) 실명

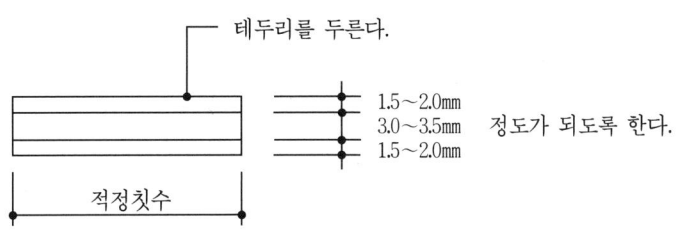

(8) **재료설명표기**

① 개별적 표시-1

㉮ 면에서의 표시방법(입면도)

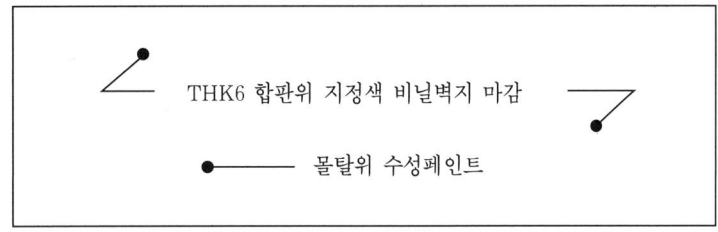

- 지시선은 45~60° 범위 또는 수평으로 긋고 끝부분은 둥근점으로 위치표시한다.
- 글자의 크기는 2.5mm 범위로 한다.

㉯ 선에서의 표시방법(단면도)

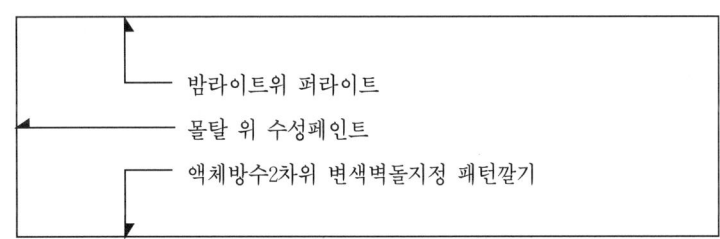

- 지시선은 40~60° 범위 또는 수평으로 긋고 끝부분은 화살표시로 위치표시한다.

② 개별적 표시방법-2

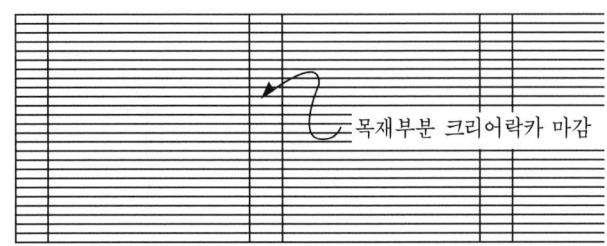

- 끌어내기 표시는 도면상태가 복잡하여 선으로 표시하는 것이 부적절한 경우 사용토록 한다.

③ 집단적 표시방법-1

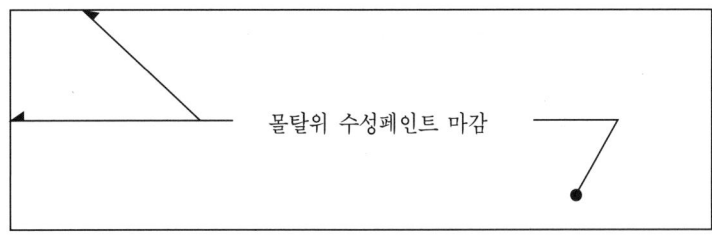

- 동일재료와 마감상태가 근접되어 분포되어 있을 때

④ 집단적 표시방법-2

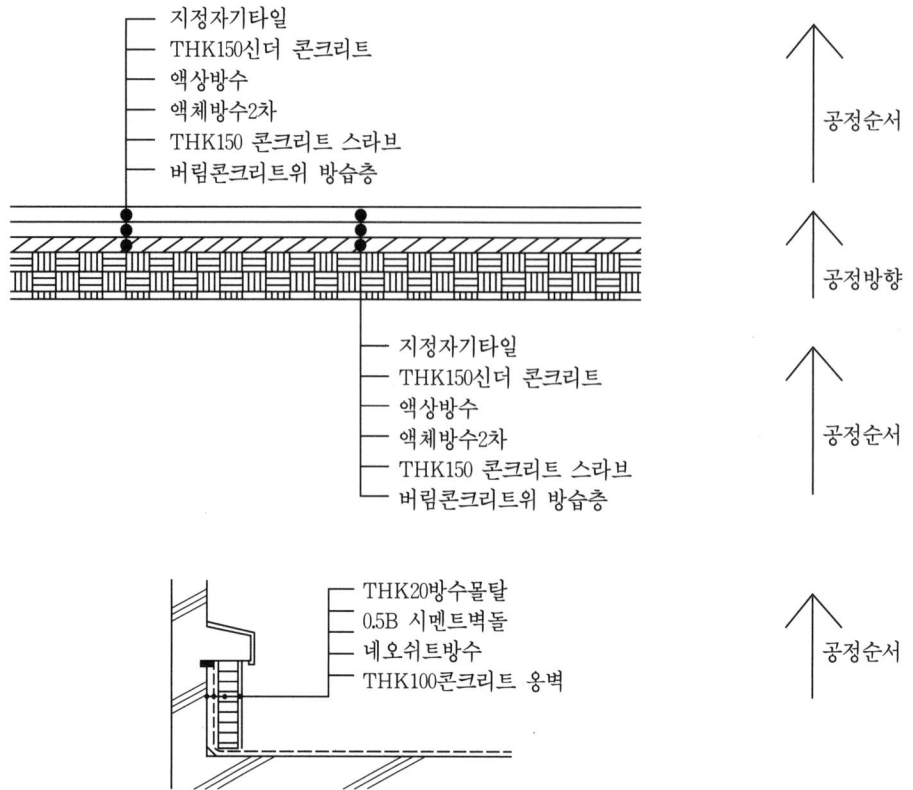

• 재료 및 공정내용을 집단적으로 표기할 경우는 끌어내기 표시를 90° 방향을 기준으로 하도록 하고 그 내용은 공정순서 방향에 따라 기재토록 할 것.
기재는 공정이 진행된 부분에 쓰고 앞머리를 맞출 것.

(9) GRID 및 벽체중심선

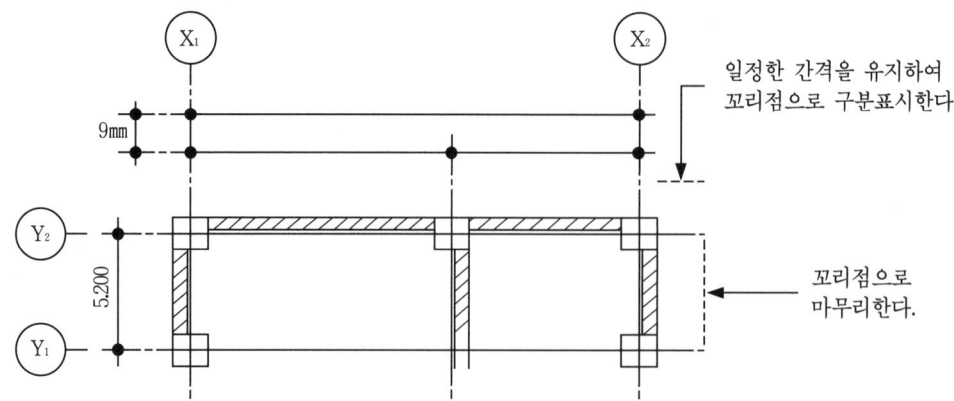

• GRID의 선은 일점쇄선을 원칙으로 연필 또는 먹선으로 명확히 긋도록 하며 배치도와 같이 큰축척의 경우에는 실선으로 표기할 수도 있다.

(10) LEVEL의 표시

① LEVEL표기의 원칙(항상불변기준점을 설정하여 0을 정할 것)

㉮ 마감 LEVEL만 표기시(표시부호의 중앙에 표기)

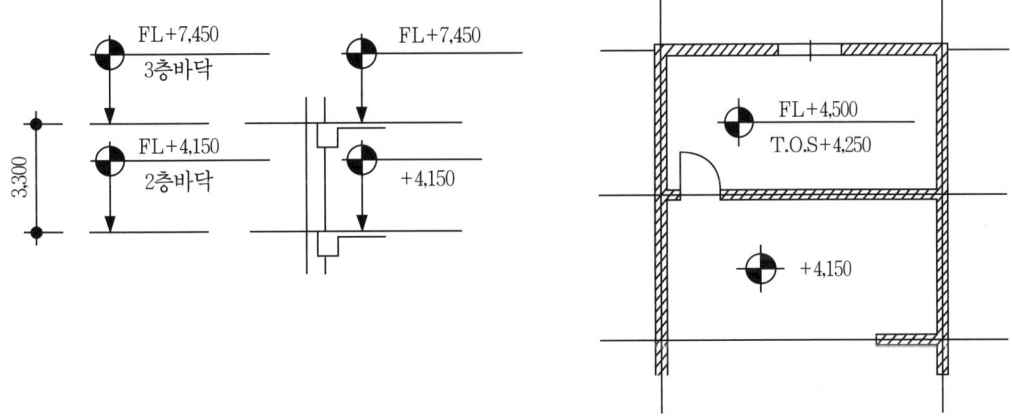

② 범례

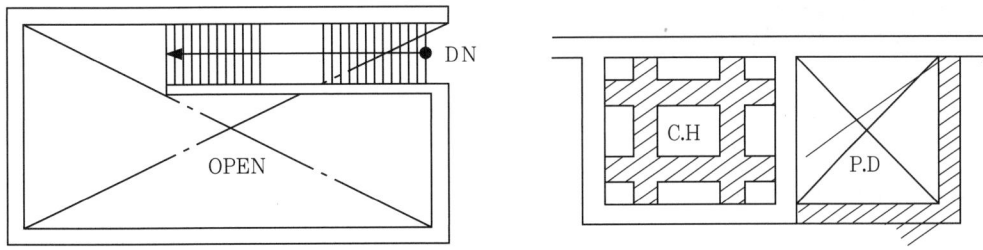

- 단 FL, T.O.S 등을 생략할 경우는 범례에 반드시 표기할 것

(11) 개구부의 표시

- 개구부의 표시는 평면, 단면 모두 일점쇄선으로 표시한다.
- 개구부 내부에는 개구부의 사용목적에 따라 그 내용을 기재하며 약자로 표기할 경우에는 그 약자의 내용을 범례에 표기하여야 한다.
- 사용목적이 명확하지 않은 경우에는 OPEN으로 표기토록 하여야 한다.

⑿ 구조선 및 마감선의 표시

① 큰 축척의 경우

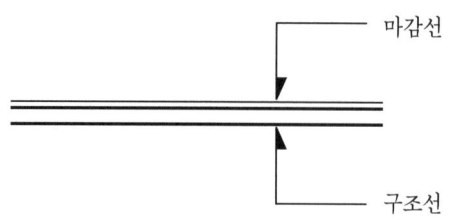

② 작은 축척의 경우

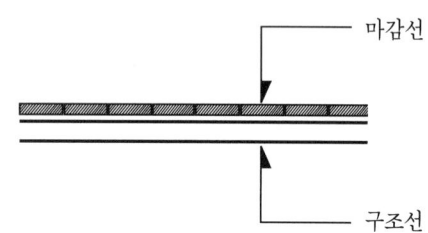

- 구조선 및 마감선은 표시된 도면에서의 선의 중요도에 따라 굵기를 달리하여 표기하며 큰 축척의 도면에서와 같이 방의 구획이나 구조의 위치가 중요시되는 경우에는 마감선에 우선하여 표기하고 상세도와 같이 최종마감칫수가 중요시되는 경우에는 구조선과 마감재의 최종바깥선을 강조하여 표기토록 한다.

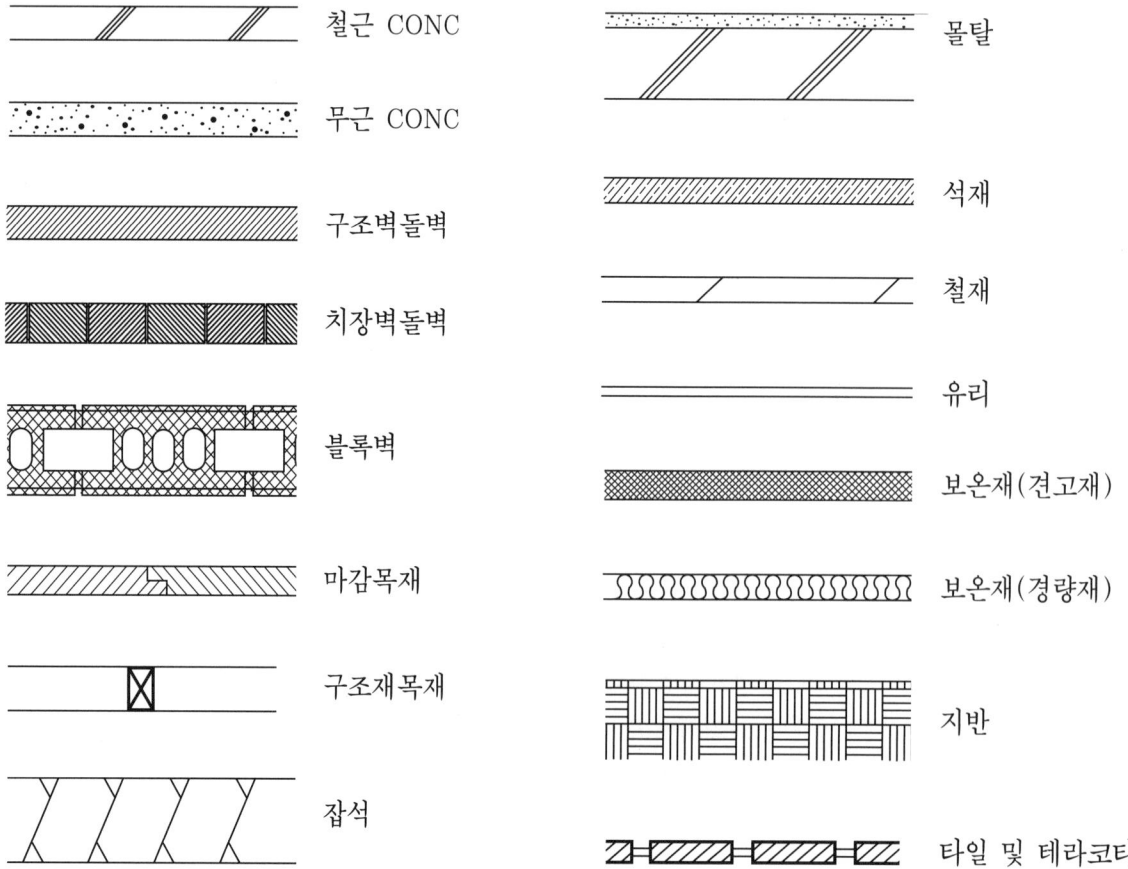

⒀ 창호표시

① 약자

Al-ALUMINIUM
S-STEEL
SS-STAINLESS STEEL
W-WOOD
D-DOOR
W-WINDOW
S-SHUTTER

② 입면표시

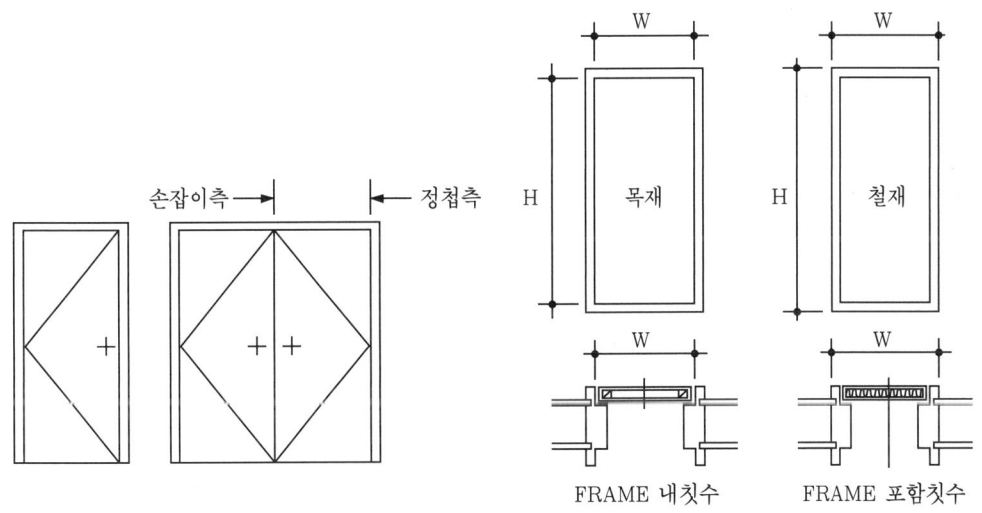

- 창호의 칫수는 목재의 경우 문짝자체의 칫수를, 철재의 경우 문틀을 포함한 칫수를 적는다.

⒁ 수목표현

[2] 재료 및 약호

(1) 재료별 표기방법

구 분	분 류	표 기 예	비 고
콘크리트	① 노출 콘크리트 ② 콘크리트 제물마감 ③ 콘크리트 조면처리 ④ 콘크리트 하드너 제물마감 ⑤ 기포 콘크리트 ⑥ 경량콘크리트 ⑦ 무근 콘크리트 ⑧ 프리캐스트 콘크리트(P.C) ⑨ A.L.C(고온·고압양생경량콘크리트) ⑩ G.R.C	· THK 70 기포콘크리트 · THK 120 경량콘크리트 · THK 100 무근 콘크리트	· 강도, 배합비 부재강도 ♯25-210-12 · 두께 표기 · 두께 표기 · 두께 표기
모르터	① 시멘트 모르터 ② 내산 모르터 ③ 단열 모르터(질석, 퍼라이트) ④ 셀프 레벨링 모르터	· THK 18 시멘트모르터:벽 · THK 30 : 바닥 · THK 15 : 천정 · THK 24 : 외벽	
벽 돌	① 시멘트 벽돌 ② 점토벽돌 　㉮ 적벽돌 　㉯ 변색벽돌 　㉰ 유약벽돌 ③ 내화벽돌 ④ 고압벽돌 〈시공방법〉 　㉮ 치장줄눈쌓기	· 점토벽돌(적벽돌) 치장쌓기	· 0.5B · 1.0B
블 록	① 콘크리트 블록 ② 시멘트 블록 ③ 바닥포장블록(Type 지정) 〈시공방법〉 　㉮ 보강블록쌓기 　㉯ 치장줄눈쌓기	· 6″콘크리트블록 보강쌓기	
방 수	① 아스팔트방수(층표시) ② 모르터방수 ③ 침투성방수 ④ 구체방수 ⑤ 쉬트방수 ⑥ 액체방수 ⑦ 도막방수 　㉮ 에폭시 　㉯ 우레탄 　㉰ 실리콘	· 액체방수(2차)	

석 재	〈석종분류〉 ① 화강석 ② 대리석 ③ 인조석 ④ 테라조 〈마감분류〉 ㉮ 흑두기 ㉯ 정다듬 ㉰ 도드락다듬(16,25,36,64,100目) ㉱ 잔다듬 ㉲ 기계켜기 ㉳ 버너마감 ㉴ 물갈기(유광, 무광)	· THK 30 화강석 (괴산석물갈기)	· 석종 표기 · 두께 표기
타 일	① 자기질 외장타일 ② 자기질 내장타일 ③ 석기질 외장타일 ④ 석기질 내장타일 ⑤ 도기질 타일 ⑥ 모자익 타일 ⑦ 파스텔 타일 ⑧ 쿼리 타일 〈마감분류〉 ㉮ 시유타일(무광, 유광) ㉯ 무유타일 ㉰ 조면타일		
금 속	① 아연도강판 ② 착색아연도강판 ③ 불소수지피복강판 ④ 석면수지피복강판 ⑤ 염화비닐피복강판 ⑥ 다층수지피복강판 ⑦ 스텐레스 스틸(SST) ㉮ 스텐레스 스틸 미러 ㉯ 스텐레스 스틸 헤어라인 ㉰ 스텐레스 스틸 에칭 ㉱ 칼라 스텐레스 ㉲ 불소수지코팅스텐레스 스틸 ⑧ 착색 알루미늄 판넬 ⑨ 불소수지 코팅 알루미늄 ⑩ 유공 알루미늄판 ⑪ 악세스 플러오 ㉮ 철제 ㉯ 알루미늄제 ⑫ 경량철골 천정틀 ⑬ 동판(COPPER) ⑭ 황동(BRASS) ⑮ 청동(BRONZE)	· THK 2.3 아연도강판	· 두께 표기

유 리	① 맑은 유리 ② 칼라유리 ③ 반사유리 ④ 무늬유리 ⑤ 스팬드럴 유리 ⑥ 망입유리 ⑦ 강화유리 ⑧ 투명복층유리 ⑨ 칼라복층유리 ⑩ 반사복층유리 ⑪ 에칭유리 ⑫ 접합유리 ⑬ 유리블록 ⑭ 결정화유리 ⑮ 고밀도 아크릴판 　(POLY-CARBONATED SHEET) ⑯ 거울	· THK 5 칼라유리 · THK 12 복층유리 　(3+6+3) · THK 24 칼라복층유리 　(6+12+6) (상품명:네오빠리에, 　　화이트스톤…)	· 두께 명기
도 장	〈수지 TYPE별 분류〉 ① 불소수지 페인트 ② 우레탄 페인트 ③ 에폭시 페인트 ④ 실리콘 페인트 ⑤ 아크릴 페인트 ⑥ 알키드 및 페놀수지계 　㉮ 조합페인트 　㉯ 에나멜 페인트 　㉰ 은분페인트(알루미늄페인트) 　㉱ 바니쉬 　㉲ 광명단 ⑦ 카슈(CASHEW) ⑧ 락카 　㉮ 투명락카 　㉯ 유색락카 ⑨ 멜라민 페인트 ⑩ 염화고무페인트 ⑪ 비닐페인트 ⑫ 수성페인트(에멀견페인트) 〈수지종합 예〉 　㉮ 아크릴 우레탄 페인트 　㉯ 우레탄, 바니쉬 페인트 　㉰ 염화비닐 바니쉬 페인트 　㉱ 아크릴 에멀견 페인트	· 불소수지 페인트 　(정전도장) · 우레탄 페인트 　(스프레이) · 조합페인트(2회 도장) · 수성페인트(3회 도장)	〈특성에 따른 분류〉 ① 내산페인트 ② 내알카리페인트 ③ 내약품페인트 ④ 내열페인트 ⑤ 방균페인트 ⑥ 방청페인트 ⑦ 발수페인트 ⑧ 전도성페인트 ⑨ 낙서방지페인트 ⑩ 탄성페인트 ⑪ 내후성페인트 〈도장방법에 따른 　분류〉 ① 소부도장 ② 정전도장 ③ 전착도장 ④ 분체도장 ⑤ 스프레이 ⑥ TEXTURED 　COATING (하겐,죠리파트)
보온 단열재	① 암면 펠트 ② 암면 보드 ③ 암면 유공 흡음판 ④ 유리면 ⑤ 우레탄 폼 보드	· THK 50 암면펠트(#80) · THK 75 암면보드(#150) · THK 50 유리면보드(# 　24, 1면 알루미늄 포일)	· 밀도 및 두께명기

	⑥ 암면 스프레이 ⑦ 퍼라이트 스프레이 ⑧ 질석 스프레이 ⑨ 우레탄 스프레이 ⑩ 내화피복재		

목 재	① 합판(일반, 내수, 방염)
	② 무늬목
	③ 원목(집성목 포함)
	④ 인조목
	  ㉮ CHIP BOARD
	  ㉯ M.D.F판
	  ㉰ 파티클 보드
		·티크 무늬목	·합판은 두께를 명기
			·원목은 적용되는 재종을 명기하고 가능한 SIZE 표기
			·인조목 두께 등 치수 표기

내 장 재
(벽·천정)
	① 석고보드(내수, 방화, 유공)
	② 석면 시멘트판
	③ 목모 시멘트판
	④ 암면텍스
	  ㉮ 평판
	  ㉯ CUBE TYPE
	  ㉰ 유공
	  ㉱ 기타 마감에 따름
	⑤ PVC 천정재
	⑥ 유리면 텍스
	⑦ 합성수지판재(비닐, 아크릴계 재질)
	⑧ 금속 천성재
	  ㉮ 금속 천정타일
	  ㉯ 금속 스판드럴
	  ㉰ 금속 천정판
	※금속:철제, 알루미늄, 스텐레스 스틸, 동, 황동
	⑨ 장식 천정재
	⑩ 벽지 및 천정지(종이, 비닐, 천)
	⑪ 장판지(종이, 비닐)
	⑫ 라미네이션
	  ㉮ 멜라민
	  ㉯ 우레탄
	  ㉰ 호마이카
		·THK 12 석고보드(방화)
		·THK 3.2 석면시멘트판
		·THK 12 암면텍스
		(300×600 평판)
		
		·PVC 천정재(리브형)
		
		·금속천정타일(알루미늄)
		·금속스판드럴
		(스텐레스 스틸)
		·금속천정판(황동)
			·두께 및 SIZE 표기
			·암면텍스는 필요에 따라 EDGE TYPE 명기
			  - EXPOSED
			  - CONCEALED
			  - SEMI-EXPOSED
			·하이보드
			·하니소 톤
			·크링클글라스
			·와문쉬트
			·이삭글라스
			·루마사이트
			
			·벽지(천정지)는 방염처리 여부명기

바 닥 재	① 비닐 쉬트
	  ㉮ 장판용
	  ㉯ 중보행용
	② 비닐, 무석면 타일
	③ 라바 타일
	④ 전도성 비닐 타일
	⑤ 카페트
	⑥ 카페트 타일
	⑦ 라바 베이스
	⑧ 카페트 라바베이스		

(2) 실내마감재료 사례

① 주택

구 분	천 정	벽	바 닥	걸레받이
방	45mm합판위 천정지	모르타르위 벽지마감	모르타르위 장판지마감	H:50 굽도리
거 실	45mm합판위 천정지	모르타르위 벽지마감	온수 동 파이프위 모노륨	H:150 나왕위 니스칠
	12mm무늬목위 니스칠	12mm무늬목위 니스칠	18mm플로링널위 니스칠	H:150 나왕위 니스칠
주방·식당	4.5mm합판위 비닐천정지	모르타르위 비닐벽지	아스타일, 모노륨마감	H:150 나왕위니스칠
욕 실	6mm합판위 비닐천정지	세라믹 타일 시공	모자이크 타일 시공	
	3mm평스레트위 비닐천정			
	리빙우드마감			
현 관	12mm무늬목위 니스칠	12mm무늬목위 니스칠	바닥타일, 클링커타일	바닥타일, 클링커타일
창 고	모르타르위 WP칠	모르타르위 WP칠	모르타르마감	
테라스	모르타르위 WP칠	모르타르위 WP칠	인조석물갈기, 클링커타일	
계단실	12mm무늬목위 니스칠	12mm무늬목위 니스칠	18mm마루널	

② 아파트

구 분	천 정	벽	바 닥	걸레받이
방	45mm합판위 천정지	모르타르위 벽지마감	모르타르위 장판지	H:50 굽도리
거 실	45mm합판위 천정지	모르타르위 벽지마감	온수 동 파이프위 모노륨	H:150 나왕위 니스칠
	12mm무늬목위 니스칠	12mm무늬목위 니스칠	18mm플로링널위 니스칠	H:150 나왕위 니스칠
주방·식당	45mm합판위 비닐천정지	모르타르위 비닐벽지	모르타르위 모노륨	H:150 나왕위 니스칠
욕 실	6mm합판위 비닐천정지	세라믹 타일 시공	모자이크 타일 시공	
	3mm평스레트위 비닐천정지			
	리빙우드			
현 관	12mm무늬목위 니스칠	12mm무늬목위 니스칠	바닥타일, 클링커타일	바닥타일, 클링커타일
보일러실·창고	모르타르위 WP칠	모르타르위 WP칠	모르타르마감	
발코니	모르타르위 WP칠	모르타르위 WP칠	바닥용 타일 깔기	
계단실	모르타르위 WP칠	모르타르위 WP칠	인조석 현장물갈기	인조석 현장 물갈기
	무늬코트뿜칠	무늬코트뿜칠		

③ 사무소

구 분	천 정	벽	바 닥	걸레받이
사무실	6mm석고보드 마감	6mm평스레이트위 WP칠	인조석 현장물갈기	인조석현장물갈기
화장실	6mm석고보드 마감	세라믹 타일 마감	모자이크타일, 바닥타일	
창 고	모르타르위 WP칠	모르타르위 WP칠	모르타르마감	
계단실	무늬코트 뿜칠	무늬코트뿜칠		

계단실	본타일마감	본타일마감	인조석 현장물갈기	인조석 현장물갈기
	모르타르위 WP칠	모르타르위 WP칠	아스타일 마감	아스타일 마감
지하층	모르타르위 WP칠	모르타르위 WP칠	인조석 현장 물갈기	인조석 현장 물갈기
사무실	6mm석고보드마감			

(3) 약호표기해설

약 호	원 어	우리말 표기	약 호	원 어	우리말 표기
@	at	~에서, 간격표기	EA.	Each	개, 각각
A.B	Anchor Bolt	앵커볼트	ENT.	Enterance	현관
ABS	Asbestos	석면	FIN.	Finish	마감
ACST.	Acoustic	음향	FD.	Floor drain	바닥, 드레인
ADD.	Addition	부기	FL.	Floor	바닥
AGGR.	Aggregate	자갈	F. C. U.	Fan Coil Unit	팬코일유니트
AIRCOND	Air Conditioning	에어컨디션	GL.	Ground Level	지면
APPD.	Approved	승인	GYP.	Gypsum	석고
ASPH.	Asphalt	아스팔트	KIT.	Kitchen	부엌
AL.	Aluminium	알루미늄	LAB.	Laboratory	실험실
APT	Apartment	아파트	MH.	Manhole	맨홀
L	Angle	앵글	MAX	Maximum	최대의
B.L.	Building Line	건물기준선	MIN	Minimum	최소의
BLDG.	Building	건물	MECH.	Mechanical	기계의
B.M.	Bench Mark	표준점	PL.	Plate	판
BOT.	Bottom	하부	P.V.C	Poly vinyl chloride	염화비닐
BR.	Bed room	침실	PC.	Precast	프리케스트
BRS.	Brass	황동	PREFAB	Prefabricated	프리패브
BRZ.	Bronze	청동	RAD.	Radiator	라지에타
BT.	Bolt	볼트	R. C.	Reinforced concrete	철근콘크리트
C, CL	Center line	중심선	R	Riser	계단높이
CEM.	Cement	시멘트	RF.	Roof	지붕
CL.	Closet	옷장	R.D.	Roof Drain	지붕드레인
C.O.	Clean out	청소구	r	radius	반지름
COL.	Column	기둥	RM.	Room	방
CONC.	Concrete	콘크리트	Sect.	Section	단면
CORR.	Corridor	복도	SK.	Sink	개수대
C. TO C.	Center to center	중심에서 중심까지	ST. STL	Steel	철
CIR	Circle	원	SST.	Stainless steel	스텐레스
CL. G.	Clear Glass	투명유리	SYM.	Symbol	기호
CONST.	Construction	시공	T.	Toilet	화장실
DIA.	Diameter	지름	THK	Thickness	두께
DIM.	Dimension	치수	TYP	Typical	대표적인
DIST.	Distance	거리	UP	Up	오름
DN.	Down	내려감	VENT	Ventilate	환기
DR.	Drain	드레인	W	with	~와

(4) 도면의 영문표기 해설

원 어	약 호	우리말 표기	원 어	약 호	우리말 표기
ACCESS DOOR		점검구	COLOR LACQ		지정색깔있는 락카
ACCESSORY		악세사리	COLUMN	COL.	기둥
ACRYLIC		아크릴	CONCRETE	CONC.	콘크리트
AIR CONDITIONER	A/C	에어컨디션	CONFERENCE		회의
	A/H	에어컨&히터	CONSOLE		벽에붙여설치하는장식테이블
ALUMINIUM	AL	알루미늄	CORRIDOR	CORR.	복도
ANCHOR BOLT	AB.	앵커보울트	CURTAIN BOX		커텐을 다는 박스
ANGLE		앵글	DESK		책상
APPOINTMENT	APP.	지정, 선택된	DETAIL		상세도
AREA		영역	DIMENSION	DIM.	치수
AXONOMETRIC	AXONO.	이등각투상도	DINING		식당
BAGGAGE LOCK		호텔객실전용 수납장	DISPLAY SHELF		전시겸용 선반
BALCONY		발코니	DISPLAY STAGE		전시를 위한 스테이지 (H:500미만)
BAR		카운터형식의 식음료테이블			
BASE BOARD		걸레받이(굽도리)	DISPLAY TABLE		전시를 위한 테이블
BATH ROOM		욕실, 화장실	DOOR		문
BED		침대	DOUBLE BED		2인용 침대
BED ROOM		침실	DOWN	DN.	내려감(주로 계단부분표기)
BLIND		블라인드	DOWN LIGHT		매입등
BOARD		판, 널판	DRAWER CHEST		서랍장
BOLT	BT.	볼트	DRAWING TABLE		제도판
BOOTH		일정구역	DRESSING TABLE		화장대
BRACKET		벽부등	EASY CHAIR		안락의자
BRASS		황동	ELEVATION		입면도
BRICK		벽돌	ELEVATOR	EV.	엘리베이터
BRONZE		청동	EMULSION PAINT	E.P	에멀젼 페인트
CARPET		카펫	ENTRANCE	ENT.	현관(주출입구)
CARPET TILE		조각타일	ETCHING GLASS		엣칭유리
CASHIER COUNTER		계산대	EXAPANEL		욕실에사용하는PVC계열
CEILING		천장	EXIT LIGHT		비상구 표시등
CEILING HIGH	C.H	천정고	FABRIC		직물로 된 벽지
CEILING LIGHT		직부등	FINISH	FIN.	마감
CEILING PLAN		천정도	FIRE SENSOR		열감지기
CERAMIC TILE		자기질 타일	FITTING ROOM		옷을 갈아입어 보는곳
CHAIR		의자	FIXED GLASS	FIX.	고정유리
CHANDELIER		샹들리에	FLOOR	FL.	바닥
CHEST		수납가구	FLOOOR HINGE		바닥 고정축(문짝에 사용)
CIRCLE		원	FLOOR LEVEL	F.L	바닥의 높이
CLEAR GLASS		투명유리	FLOOR PLAN		평면도
CLEAR LACQ		투명락카	FLOOR STAND		바닥등
CLOSET	CL.	옥장	FLUORESCENCE	FL	형광등

원 어	약 호	우리말 표기	원 어	약 호	우리말 표기
FRAME		틀(울거미)	PARTITION		간막이벽
FURNITURE		가구	PENDANT		달대등, 달아내린 조명
GALLERY		갤러리	PERSPECTIVE	PERS.	투시도
GAS RANGE		가스레인지	PIPE DUCT	P.D	파이프 덕트
GLASS		유리	PLANT BOX		화분
GYPSUM		석고	PLATE	PL.	판(철판)
GYPSUM BORAD	G/B	석고보드	PLY WOOD		합판
H.Q.I	H.Q.I	투광기, 고광도의 등기구	POLISHING		물갈기(광택내기)
HALL		홀	POLY VINYL	P.V.C.	염화비닐
HALOGEN LAMP		할로겐 램프	PORCH		돌출현관
HANGER		봉걸이 형식의 가구	POWDER ROOM		탈의와 화장의 공간
ICE COAT		표면요철이 있는 도장재	PVC TILE		합성수지로 만든 타일
INCANDESCENT	IL	백열등	RADIATOR		라지에이터
INFORMATION DESK		안내데스크	RECEPTION		상담
INSERT		인서트, 연결철물	REFRIGERATOR	REF.	냉장고
INSULATION		단열재	REST ROOM		휴게실
ISOMETRIC	ISO.	등각투상도	ROOM	RM.	방(실)
KITCHEN		부엌	RUG		바닥에 사용되는 부분적인 깔판
LACQUER	LACQ.	락카(도장재)	SCALE		축척
LAUAN		라왕(목재)	SECTION	SECT.	단면도
LAUNDRY		세탁실	SEMI DOUBLE BED		2인용침대보다 약간 작은침대
LEGEND		범례표	SERVING COUNTER		써비스를 위한 카운터
LIGHTING TRACK		조명이 연결되는 트랙	SHELF		선반
LIVING ROOM		거실	SHOW CASE		진열대
LOBBY		로비	SHOW STAGE		바닥에서 그리 높지 않은 전시판
LOUNGE		라운지	SHOW WINDOW		창가쪽에 면한 전시공간
LOUVER		루버(빗살)	SHOWER TRAY		샤워를 위한 설치물
MEDIUM DENSITY FIBERBOARD	M.D.F	잔톱을 성형한 집성목재판	SHUTTER		셔터
			SIDE TABLE		측면에 놓는 테이블
MACHINE		기계	SIGN BOARD		광고 전시판
MANIKIN		마네킹	SINGLE BED		1인용 침대
MARBLE		대리석	SINK		싱크, 개수대
MIRROR		거울	SLOPE		경사도
MOULDING		몰댕(반자돌림)	SOFA		소파
MOVABLE CHAIR		이동가능한 의자	SPOT LIGHT		국부강조조명
MOVABLE		이동가능한 간막이벽	SPRAY		뿜칠
MULTI VISION		멀티비젼	SPRINKLER		스프링쿨러, 소화전
NIGHT TABLE		침대 옆 테이블	STAINLESS	SS.	스테인레스
NON SLIP		미끄럼방지를 위한 설치물	STAINLESS STEEL	SST.	스테인레스 스틸
OAK		참나무	STAIR		계단
OFFICE		사무실	STEEL	ST.	철
OIL PAINT	O.P	유성페인트	STOOL		스툴, 간이의자

원 어	약 호	우리말 표기	원 어	약 호	우리말 표기
STORAGE		창고	VENTILATOR-OUT		배기구
STUCCO		석회와석고등을섞어만든미장재	VERANDA		베란다
SUITE ROOM		호텔특실	VERTICAL BLIND		수직블라인드
TABLE		테이블	VINYL SHEET		비닐 장판
TEA TABLE		차를마실수있는 탁자	WAINSCOT		중간돌림대
TELEPHONE BOOTH		전화부스	WAITING AREA		대기영역
TEMPERED GLASS		강화유리	WAITING ROOM		대기실(ANTE ROOM)
TERAZZO		인조석 종석바름	WALL PAPER		벽지
TERRACE		테라스	WALNUT		호도나무
TERRACOTTA		자토를 소성한 점토제품	WATER PAINT		수성페인트
THICKNESS	THK.	두께	WINDOW		창
TOILET		화장실	WOOD FLOORING		마루널
TRACK SPOT		트랙을이동하며비추는국부조명	WOOD GRAIN		무늬목
TRENCH		길이형식으로된 대용량배수구	ZOLATON		색알갱이가첨가된뿜칠용도료
TWIN BED		1인용 침대가 2대	특수기호		
UP		오름(주로계단부분에 표기)	at	@	간격
UTILITY ROOM		탕비실	radius	r	반지름
VARNISH PAINT	V.P	바니쉬 페인트		∅	지름, 원의 구경
VENTILATOR		환기구		□	사각단면
VENTILATOR-IN		송기구	plant	ㄸ	철판

(5) 도면의 공간별 마감재 표기

◇ 주거공간

천정	APP.CEILING PAPER FIN.(지정 천정지 마감)	바닥	APP. VINYL SHEET FIN.(지정 장판지 마감)
	APP. FABRIC FIN.(지정 천 천정지 마감)		APP. WOOD FLOORING FIN(지정 마루널 마감)
	※화장실 APP. EXAPANEL FIN.(지정 엑사판넬마감)		APP.CARPET FIN.(지정 카펫 마감)
벽	APP. WALL PAPER FIN.(지정 벽지마감)		
	APP. FABRIC FIN.(지정 천 벽지 마감)		

◇ 상업공간/업무공간/전시공간 공통적용

천정	APP.CEILING PAPER FIN.(지정 천정지 마감)	바닥	APP. P.V.C TILE FIN.(지정 P.V.C. 타일 마감)
	APP. FABRIC FIN.(지정 천 천정지 마감)		APP. DECO TILE FIN(지정 데코타일 마감)
	APP. COLOR LACQ. FIN.(지정 칼라래커 마감)		APP. MARBLE FIN(지정 대리석 마감)
	APP. V.P FIN.(지정 바니쉬 페인트 마감)		APP. CARPET FIN.(지정 카펫 마감)
	APP. ICE COAT FIN.(지정 아이스코트 마감)		APP. CARPET TILE FIN(지정 카펫타일 마감)
	APP. ZOLATON SPRAY FIN.(지정 졸라톤 마감)		APP. CERAMIC TILE FIN(지정 자기질 타일 마감)
	※화장실 APP. EXAPANEL FIN.(지정 엑사판넬마감)		APP. TERAZZO FIN(지정 인조석 물갈기 마감)
벽	APP. WALL PAPER FIN.(지정 벽지마감)		APP. V.P FIN.(지정 바니쉬 페인트 마감)
	APP. FABRIC FIN.(지정 천 벽지 마감)		APP. ICE COAT FIN.(지정 아이스코트 마감)
	APP. COLOR LACQ. FIN.(지정 칼라 래커 마감)		APP. ZOLATON SPRAY FIN.(지정 졸라톤 마감)
			APP. CERAMIC TILE FIN.(지정 자기질타일 마감)

[3] 설계의 표현기호

(1) 재료 구조 표시기호

축척정도별 구분 표시사항	축척 1/100 또는 1/200 일때	축척 1/20 또는 1/50 일때
벽 일 반		
철골 철근 콘크리트 기둥 및 철근 콘크리트벽		
철근 콘크리트 기둥 및 장막벽	재료표시	재료표시
철골기둥 및 장막벽		
블 록 벽		축척 1/20 축척 1/50
벽 돌 벽		
목조벽 { 양쪽심벽 / 안심벽 / 밖평벽 / 안팎평벽 }		축척 1/20 반쪽기둥 통재기둥

▲평면용

표시사항구분	원칙사용	준용사용	비 고
지 반			경사면
잡석다짐			
자갈, 모래	a자갈 b모래	자갈, 모래섞기	타재와 혼용될 우려가 있을 때에는 반드시 재료명을 기입한다.
석 재			
인 조 석 (모조석)			
콘 크 리 트	a b c		a는 강자갈 b는 깬자갈 c는 철근배근일 때
벽 돌			
블 록			
목재 / 치장재		단면 직사각형방향 단면	
목재 / 구조재		합판	유심재 거심재를 구별할 때 유심재 거심재
철 재			준용란은 축척이 실척에 가까울 때 쓰인다.
차 단 재 (보온,흡음,방수,기타)	재료명 기입		
얇은재(유리)	a		a는 실척에 가까울 때 사용한다.
망 사	a		a는 실척에 가까울 때 사용한다.
기 타	윤곽을 그리고 재료명을 기입한다.		실척에 가까울수록 윤곽 또는 실형을 그리고 재료명을 기입한다.

▲단면용

(2) 출입구 및 창호 표시기호

명 칭	평 면	입 면	명 칭	평 면	입 면
출입구 일반			미서기문		
회전문			미닫이문		
쌍여닫이문			셔터		
접이문			빈지문		
여닫이문			방화벽과 쌍여닫이문		
주름문 (재질 및 양식기입)			빈지문		
자재문			망사문		
창일반			망사창		

명 칭	평 면	입 면	명 칭	평 면	입 면
망 창	⊐------⊏	▦	여닫이창		
회전창 또는 돌출창		⊠	셔터창		
오르내리창		↕	미서기창		
격자창		▦	계단 오름 표 시		오름 / 내림
쌍여닫이창					

(3) 가구 및 설비 표시 기호

테이블		2단베드		붙박이가구 (미닫이문)	
책 상		더블베드		침 대 (전시·제안용, 도면에만 사용, 공사용도면에는 사용하지 않음)	
소의자		세로형 피아노		냉장고	
스 툴	○	평형 피아노		세면기	

소 파		싱크대		소변기	
코 치		가스렌지		대변기	
소 파		수납용가구 (절단된표시)		송기구	
싱글베드		붙박이가구 (여닫이문)		배기구	
닥 트	E — 전기 A — 공기 S — 위생	엘리베이터	
텔레비젼	TV.	파이프닥트	P	닥트스페이스	S
서어비스콕		한쪽가스콕	○	탕비기	
탕가감콕		양쪽가스콕	○	가스미터	M
중간콕	Z	특수가스콕	◎	가스미터	
형광등	F.L.40(20)W×1	형광등	F.L.40(20)W×2	형광등	F.L.40(20)W×3
천정등 일반	○	실링라이트	CL	샹델리어	CH
코드펜던트	⊖	파이프펜던트	P	매설기구	◎
벽 등	◐	벽붙인콘센트		선풍기	∞

(4) 선등급 표현

| 굵은선 0.6~0.8 |
| 반선 0.4~0.5 |
| 가는선 0.3이하 |
| 굵은1점쇄선 (기준선) |
| 가는1점쇄선 (중심선) |
| 굵은 파선 |
| 가는 파선 |

* 실습방법
- 샤프연필과 테크닉펜으로 연습한다.
- T자, 45° 삼각자를 사용한다.

* 유의사항
- 일점쇄선과 파선의 간격은 일정하게 한다.
- 일점쇄선의 점은 정확한 점이어야 한다.

　　— · — · —　(○)

　　— - — - —　(×)

- 선이 만나는 각은 정확하게 한다.
- 연필사용시 연필을 돌리면서 그어야 일정한 선이 된다.
- 굵은선, 중간선, 가는선이 구별되어야 한다.

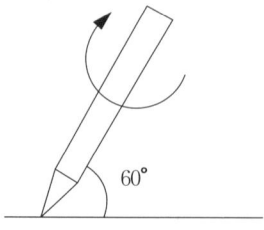

(5) 도면 설비기호 배치방법

종류	형식		기호		위치설정	
	국문	영문	원칙	준용	배치방법	계산식
조명설비	직부등	CEILING LIGHT	○	○ or ◎	실내를 비추는 전반광원이므로 1,000~1,800mm 사이에 등거리 간격으로 배치한다.	H=작업면~천정거리 직접조명 h≥2/3H 간접조명 h=2/3H D=전등간격 S=벽과 전등과의 거리 D≤2/3h (일반) S≤1/3D (벽 측면에서 일할 때) S≤1/2D (벽 측면에서 일 안할때)
	매입등	DOWN LIGHT	◎			
	달대등	PENDANT	⊖	○ or ◎	식탁이나 테이블 등 목적상 단란 추구나 집중력을 요하는 개소에 설치한다.(필요작업면위에서 600mm전후로 결정한다.	
	국부등	SPOT LIGHT	△	⌂	상업공간이나 전시공간 등에서 필요로 하는 개소에 비추는 집중조명으로 간격에 관계없이 개별 개소에 따라 설치한다.	
	벽부등	BRACKET	◗	ㅇㅇ	간접조명 형태이므로 침대 위나 액자 하부 등 효과나 비상등의 목적이 있는 곳에 설치한다.	
공조설비	송기구	VENTILATOR-IN	⊠	⊠	자연환기가 되는 개구부로부터 먼 곳에 위치하되 구석을 피하고 목적성을 갖게한다.	※송기구와 배기구의 간격은 서로의 역할을 방해하지 않는 범위(1,800정도)로 정한다.
	배기구	VENTILATOR-OUT	✲	✲	송기구로부터 가깝지 않은 곳에 설치하여 송기구의 역할을 방해하지 않도록 한다.	
소방설비	열감지기	FIRE SENSOR	Ⓕ	○	화재의 위험성이 있는 곳에 배치하며 일반의 경우 등거리 배치한다.	
	소화전	SPRINKLER	Ⓢ	⊙	소화전의 급수압에 의해 정해지는 살수반경을 계산해서 사각지대가 없게끔 배치한다.	살수반경 1.8m ※ 일반적으로 3m마다 설치한다.
기타 조명종류	형광등	FLUORESCENT LAMP (FL)	▭	1EA ▭ 2EA ▭ 3EA ▭		
	비상등	EXIT LIGHT	⊗			
	백열등	INCANDESCENT LAMP (IL)	상위형식에 기준한다.	※ 기타 모든 조명의 종류는 상위 조명설비 표시기호에 준하여 기입한다.		
	할로겐	HALOGEN				

(6) 도면 선의 등급 구분

진한 선	벽체·기둥 단면선(0.7mm 정도의 샤프를 사용하여 명확히 구분해 표시한다.)/문틀·창틀 단면선
중 간 선	입면선(문지방, 현관과 거실경계선, 창문지방, 창대, 가구선) 비구조체 단면선(마감선, 미장선, 출입문짝, 창문짝) 중심선, 치수보조선, 치수선, 벽체절단 단면선, 상부선반 표시점선, 아치상부 표시점선, 하부표시 점선
가 는 선	기호(침대 표시기호, 가구절단 표시기호, 출입구의 열리는 방향표시기호, 벽돌 해칭선, 콘크리트 표시기호, 덕트의 X표시) 무늬(타일 바닥무늬, 거실 바닥무늬, 기타 바닥무늬) 질감(벽체질감, 천장질감)
특 기 사 항	천정도의 조명기구, 설비기호, 몰딩은 중간선 평면, 입면의 무늬나 질감을 나타내기 위한 절단선(생략선)은 가는선
투시도의 잉킹(Inking)시 굵기	가는선으로 그리는 것이 원칙이다. 바닥에 접지되는 가구선은 진하게 긋는다. 바닥과 벽, 천장과 벽, 벽과 벽이 만나는 모서리 선은 진하게 긋는다.

(7) 치수 기입방법

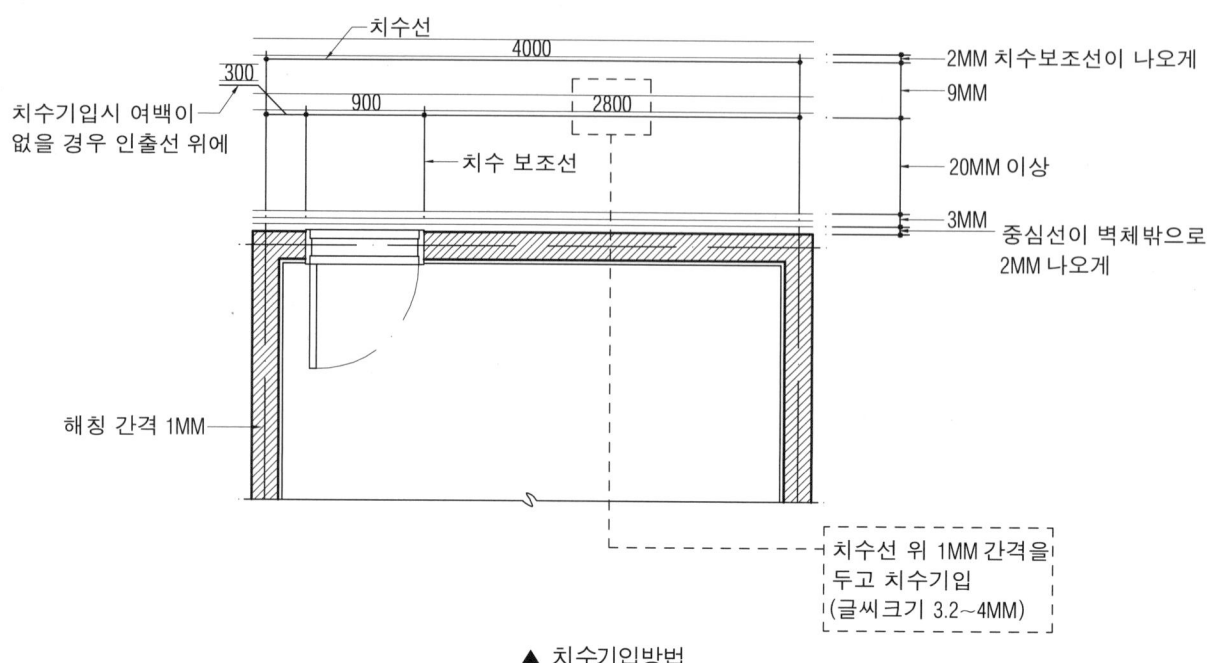

▲ 치수기입방법

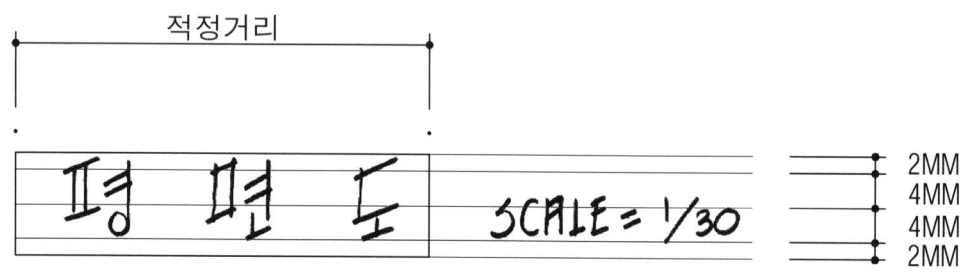

"예시"

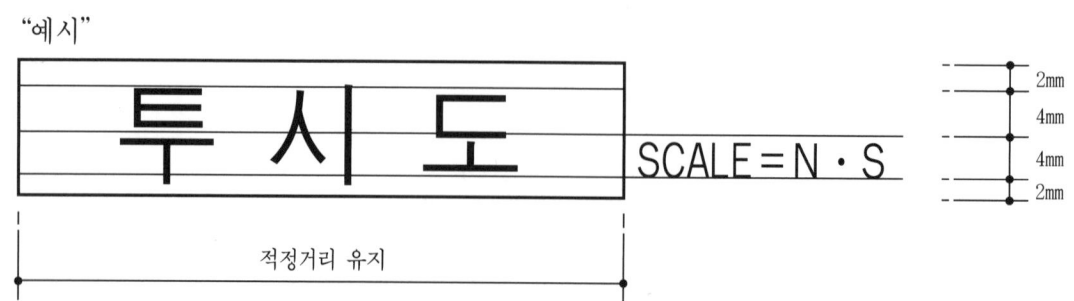

[4] 기초제도 실습

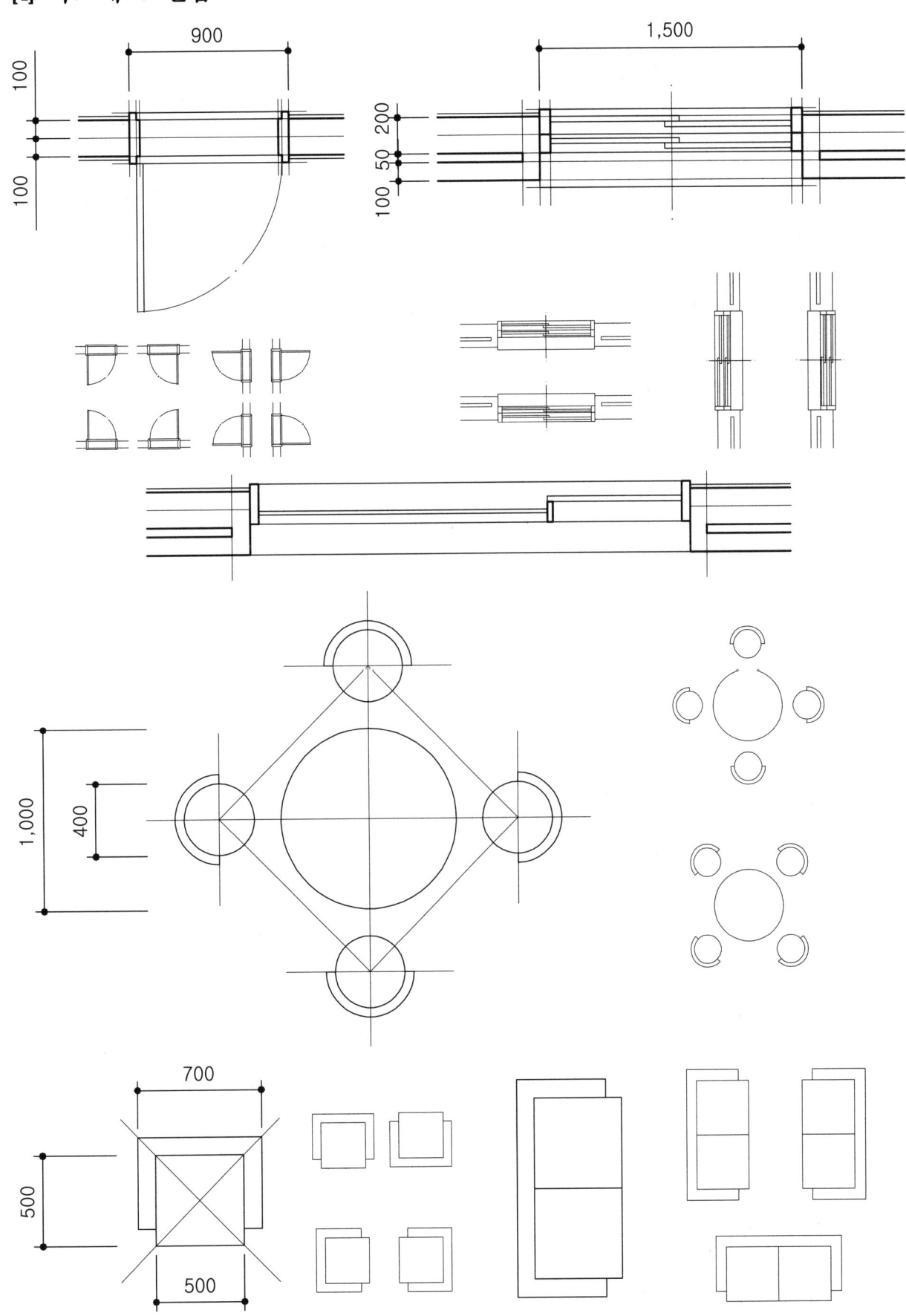

제3장 도면작성방법

[1] 평면도

건축물을 건물의 바닥면으로부터 1.5m 정도 높이에서 수평으로 절단하였을 때의 수평투영도를 말한다.

(1) 표시사항

① 기둥과 벽의 구조체 ② 창호 및 개폐방법 ③ 마감선
④ 가구(배치) ⑤ 위생기구 ⑥ 칸막이
⑦ 줄눈이나 재료표현 ⑧ 공간의 용도, 명칭, 치수, 재료명 ⑨ 부호(단면, 전개면 등)
⑩ 도면제목 및 축척 ⑪ 이밖에 보이지 않는 부위를 점선으로 표시 ⑫ 수목 등

(2) 작도순서

① 중심선을 흐리게 긋는다.

② 벽체두께 표시를 흐리게 한다.

※ 알아야 할 사항

ⓐ 표준형 벽돌의 크기 : 190×90×57mm
ⓑ B는 벽돌 Brick의 머리글자이다.
ⓒ 0.5B 쌓기 : 벽돌을 A방향으로 쌓아 벽체를 만들 경우 벽두께는 90mm, 이것을 벽돌 반장두께 쌓기라 하며, 작도시 100mm로 한다.
ⓓ 1.0B 쌓기 : 벽돌을 B방향으로 쌓아 벽체를 만들 경우 벽두께는 190mm, 이것을 벽돌 한장 두께 쌓기라 하며, 작도시 200mm로 한다.
ⓔ 1.5B 공간쌓기 : 건물의 외벽은 공간쌓기나 단열처리를 반드시 하여야 한다.
　실제는 190+50+90=330mm이나 작도시 200+ 50+100=350mm로 한다.

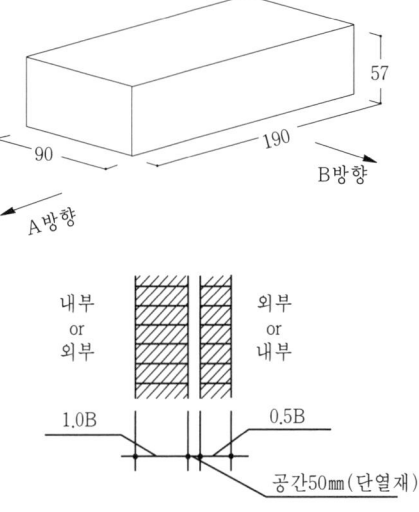

③ 창호(문과 창문)의 위치 표시를 흐리게 한다.(문의 기본 규격은 폭900mm, 높이 2,100mm이다)

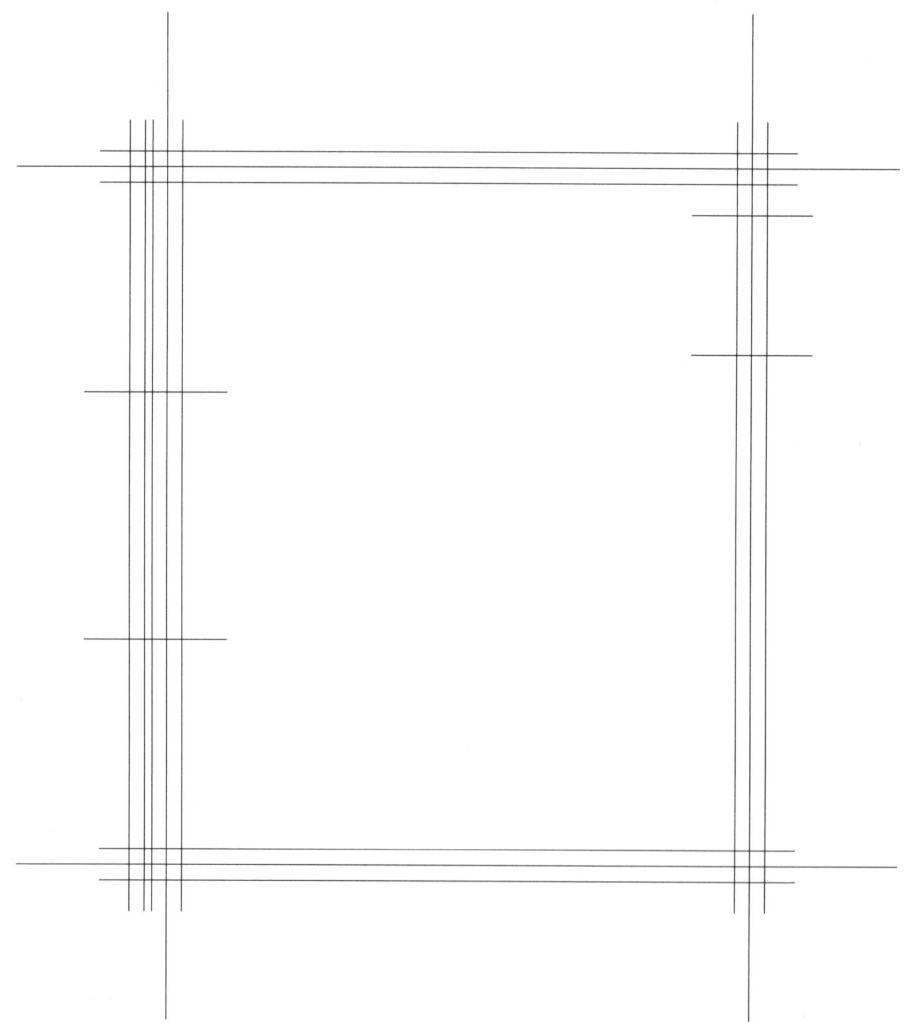

④ 단면벽체를 가장 진한 선으로 긋는다.

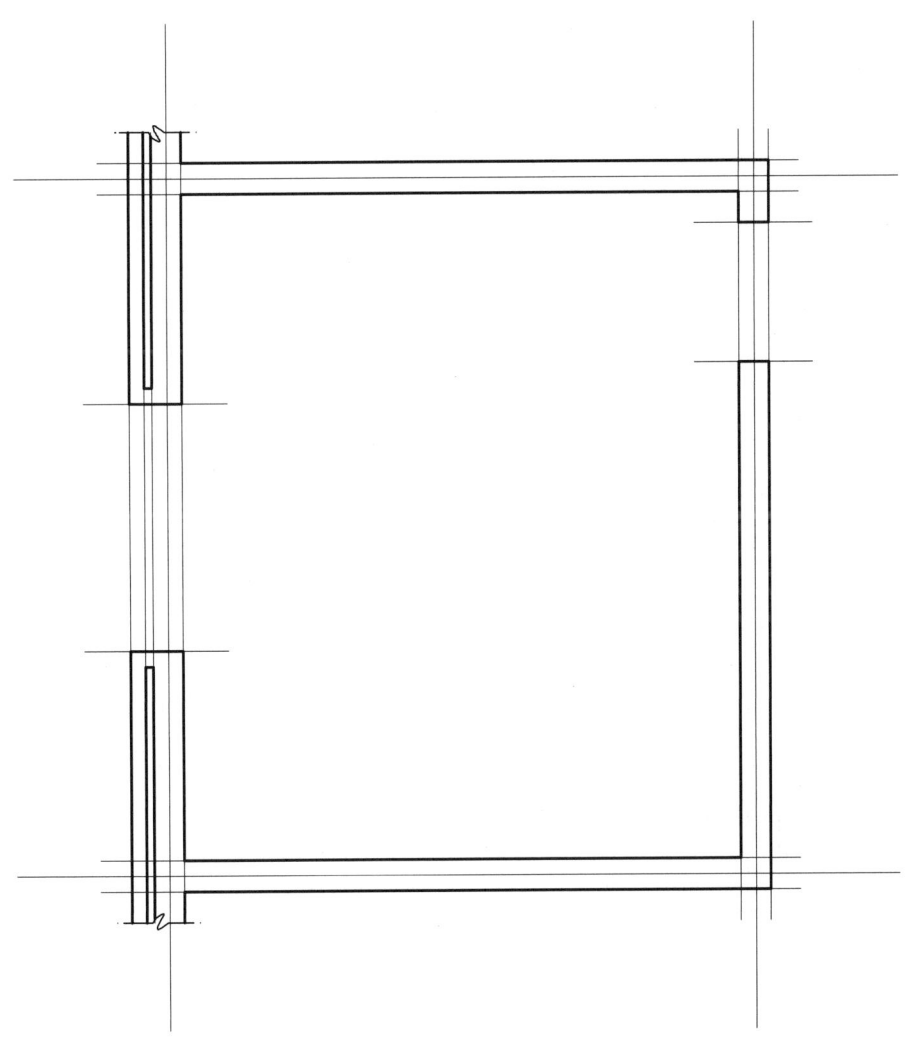

⑤ 창호(문과 창문)를 정확하게 표현한다.(여기서 문은 문지방(sill)이 있는 경우를 표현한 것임)
⑥ 벽체 마감선을 그린다.
   (마감두께 측량은 축척상 어려우므로 벽체단면선과 구별되게 벽선에 가까이 그린다.)

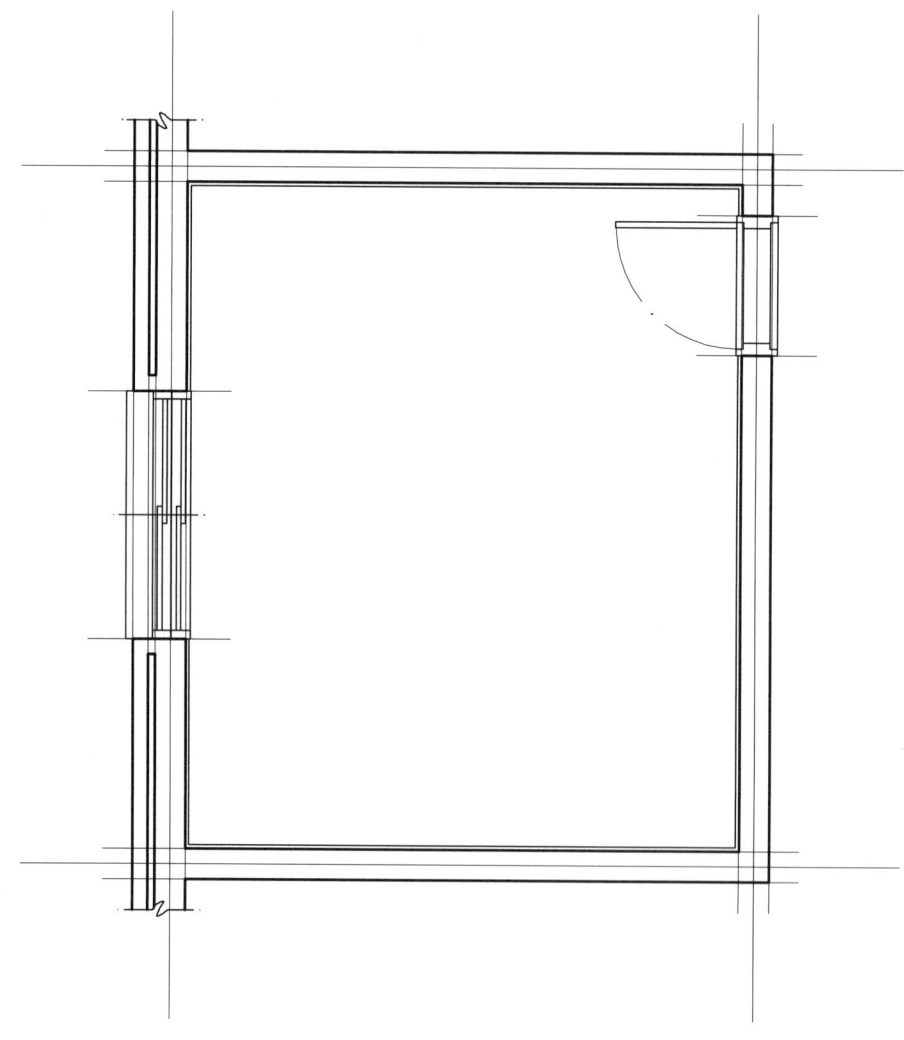

⑦ 가구 및 집기 등 표현해야 할 요소를 그린다.
⑧ 치수보조선과 치수선의 위치를 흐리게 긋는다.

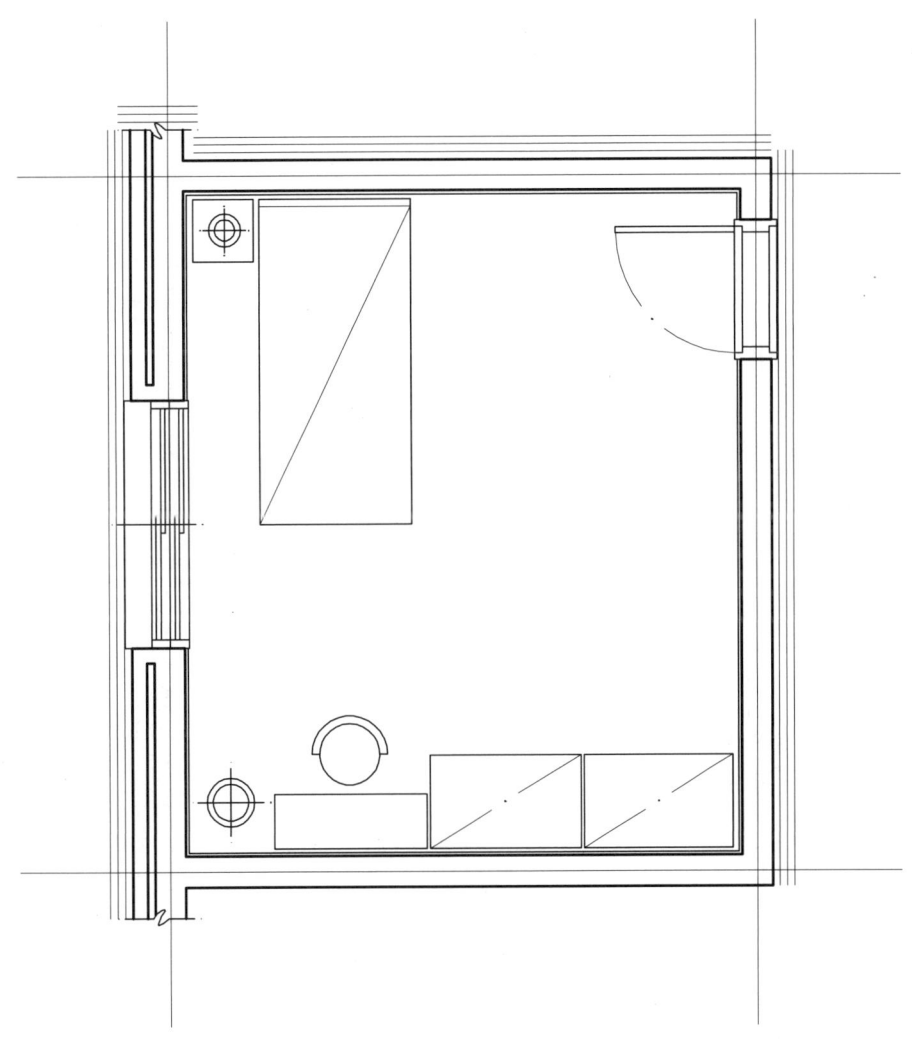

⑨ 중심선(─·─·─)과 치수선(───)을 그린다.
⑩ 글씨를 쓰기위한 보조선을 흐리게 긋고 글씨를 쓴다.
⑪ 전개면 표시부호를 그린다.
⑫ 바닥재 질감표현을 가는선으로 그린다.
⑬ 벽체단면 해칭선을 긋는다.
⑭ 도면명과 축척을 기입하고 정리한다.

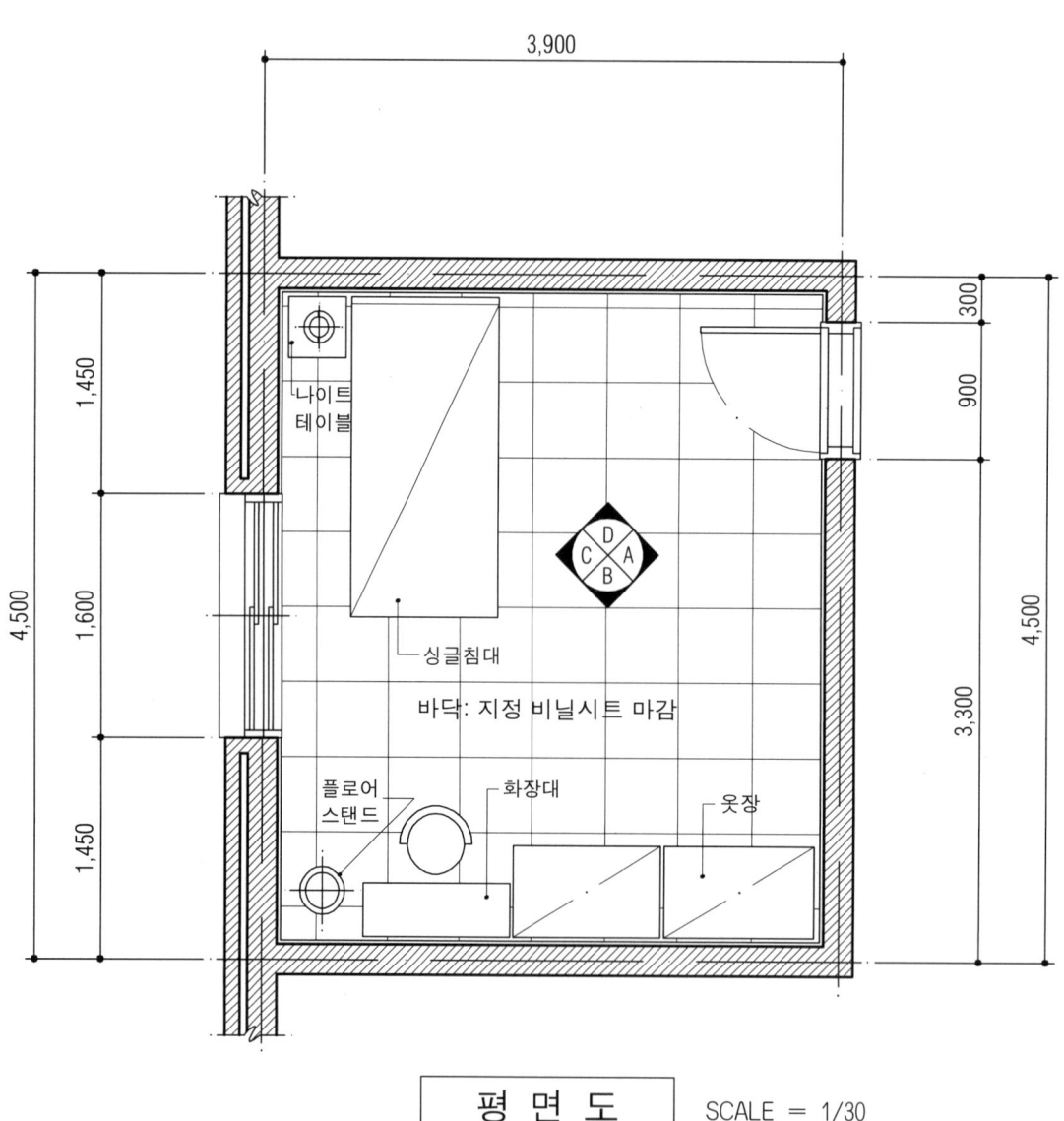

평 면 도   SCALE = 1/30

[2] 천정도

천정면 자체를 나타낸 도면으로 천정면을 기준으로 수평절단한 것을 기준으로 한다. 천장도, 천정(장)복도라고도 한다.

(1) 표시사항
① 기둥과 벽의 구조체　　② 창호의 위치　　③ 마감선
④ 몰딩　　　　　　　　⑤ 조명기구　　　　⑥ 각종 설비
⑦ 천정의 고저　　　　　⑧ 재료표현
⑨ 천정고　　　　　　　⑩ 매달려 있거나 매입된 부위는 점선으로 표시
⑬ 도면 제목 및 축척　　⑫ 치수

(2) 작도순서
① 중심선을 흐리게 긋는다.(작도하고자 하는 축척에 맞추어)

② 벽체두께 표시를 흐리게 한다.

③ 창호(문과 창문)의 위치표시를 흐리게 한다.

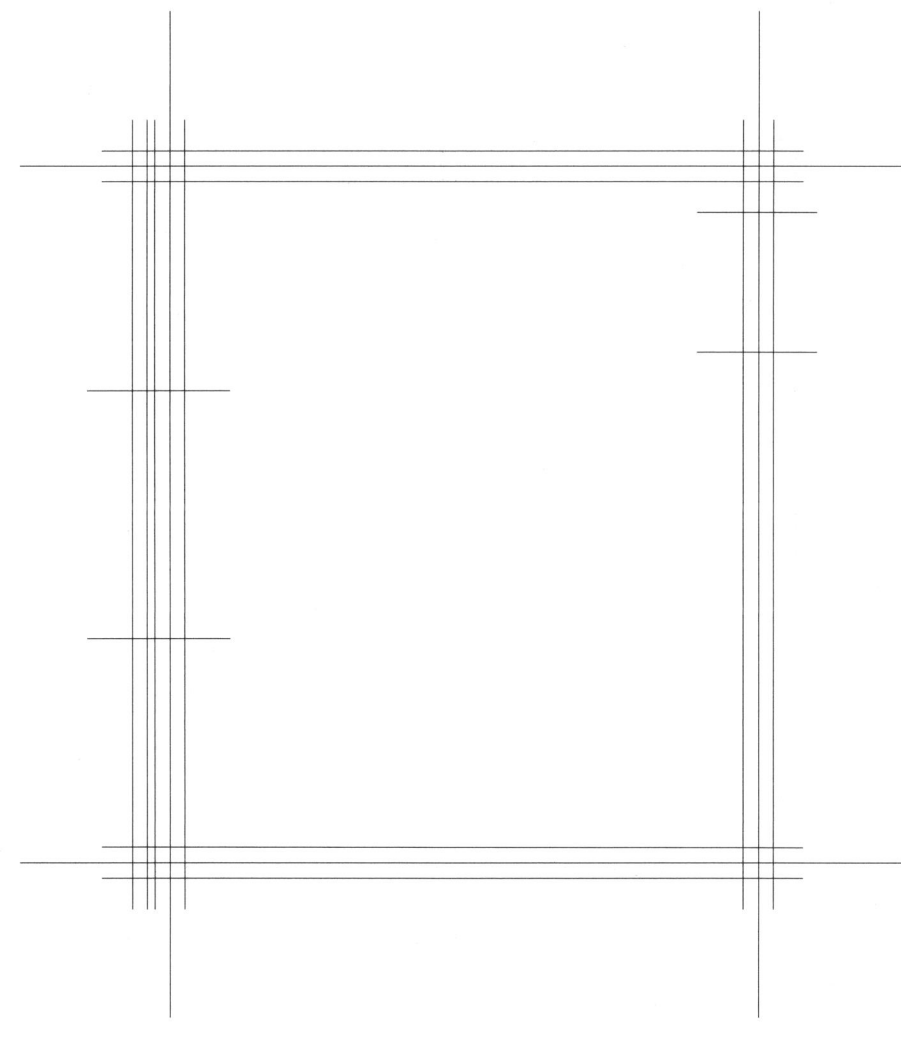

④ 벽체선을 단면선으로 진하게 긋고, 창호의 위치 표시를 정확하게 작도한다.

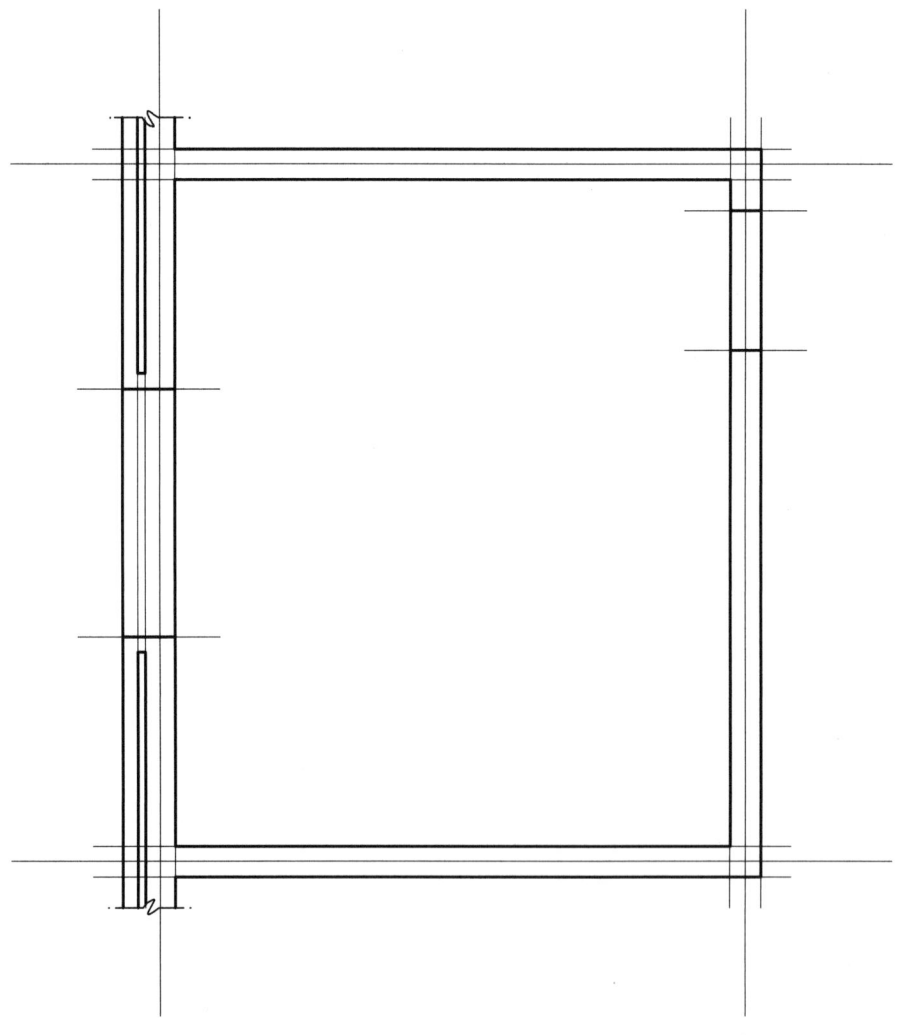

⑤ 마감선을 긋는다.
⑥ 커튼박스(Curtain Box)가 있는 경우 표현한다.
　커튼박스의 길이는 창호 크기보다 양쪽으로 100㎜씩 크게 하는 것이 보통이다.
⑦ 몰딩이 있는 경우 표현한다.

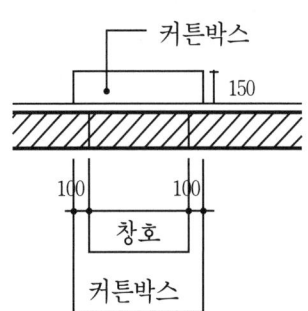

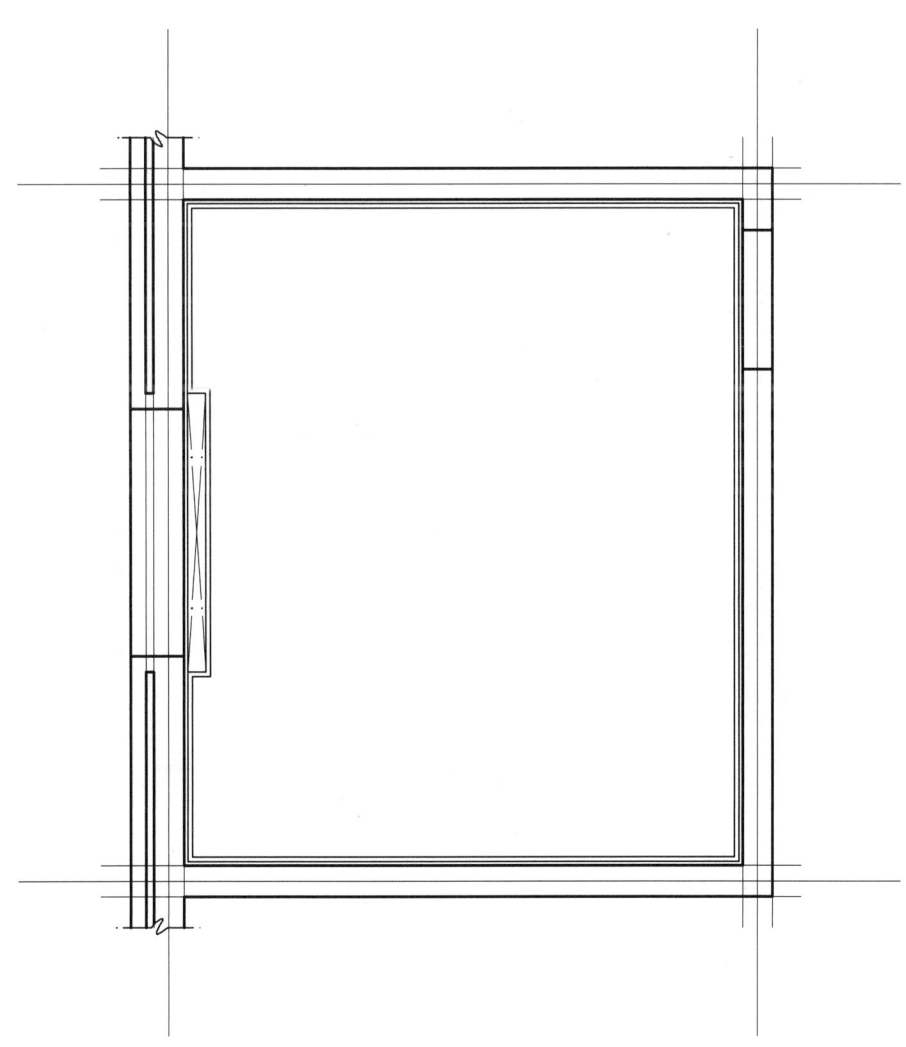

⑧ 설비(전기, 경보, 환기, 조명)류를 표현한다.
⑨ 치수보조선, 치수선을 흐리게 설정한 다음 중심선(-·-·-·-)과 치수보조선, 치수선(———)을 정확히 작도한다.
⑩ 글씨를 쓰기위한 보조선을 흐리게 긋고 치수, 재료명, 도면명, 축척 등을 기입한다.
⑪ 해칭선을 긋고 마무리한다.

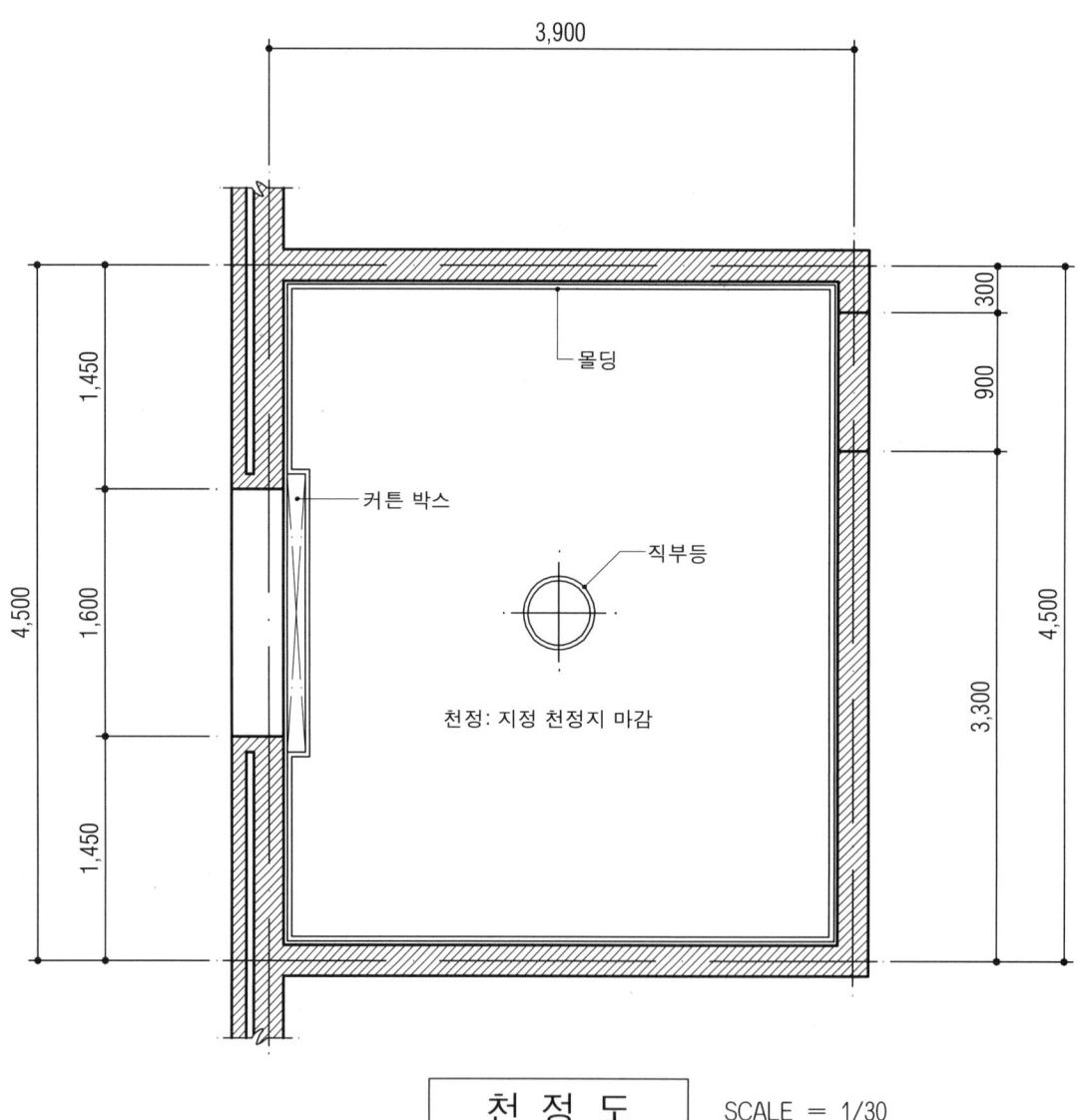

천 정 도   SCALE = 1/30

[3] 전개도(내부입면도)

건축물 내부입면도를 지칭하며 벽체의 각 면에 대하여 벽면 그 자체를 그린 도면이다. 전개도의 개념을 외부 입면도 또는 단면 상세도의 개념과 혼동하여 작도하는 경우가 종종 있는데 주의를 요한다.

(1) 표시사항
① 벽면길이　　　　　　② 벽면높이(천정고)　　　　③ 창호
④ 벽에 붙어 있는 가구　⑤ 장식물, 소품등　　　　　⑥ 마감재료
⑦ 몰딩　　　　　　　　⑧ 걸레받이　　　　　　　　⑨ 도면제목 및 축척

(2) 작도순서
① 벽체의 중심선을 보조선으로 흐리게 긋는다.
② 안목치수(내부치수)로 벽면을 흐리게 긋는다.
　　(일반적인 천정고는 아파트:2.3m, 주택:2.4m, 사무실:2.5~2.7m, 홀·로비:3.0m 이상이다)

③ 벽에 부착된 소품류 등의 위치를 흐리게 작도한다.(벽에 부착된 붙박이 가구는 반드시 표현하여야 하며, 벽면 디자인에 방해가 되지 않는 한 벽면에 가까이 놓이게 되는 가동성 가구는 그린다)
④ 몰딩(Moulding)이 있으면 위치표시를 한다.

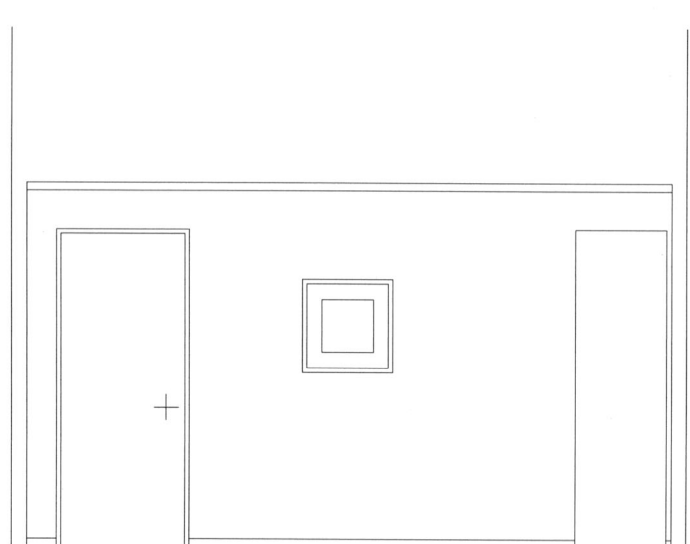

⑤ 그리고자 하는 부위의 위치가 모두 설정되었으면 벽의 외곽선부터 정확하게 작도한다.(전개도상에 표현되는 선은 부호선을 제외하고는 모두 입면선으로 처리한다. 전개도 상에는 단면부위가 전혀 표기되지 않아야 하며 벽의 외곽선은 약간 진하게 그어 시각적인 형태감을 느끼게 하는 것이 좋다)

⑥ 벽체의 질감표현을 가는선으로 긋는다.

⑦ 치수보조선과 치수선의 위치를 흐리게 설정한다.
⑧ ①에서 흐리게 그었던 중심선 위에 정확한 일점쇄선으로 중심선을 긋고, 동시에 치수 보조선도 실선으로 정확하게 긋는다.
⑨ 치수선을 정확하게 긋는다.
⑩ 글씨 보조선을 긋고 치수 기입 및 재료명, 도면명, 축척 등을 기입하고 정리한다.

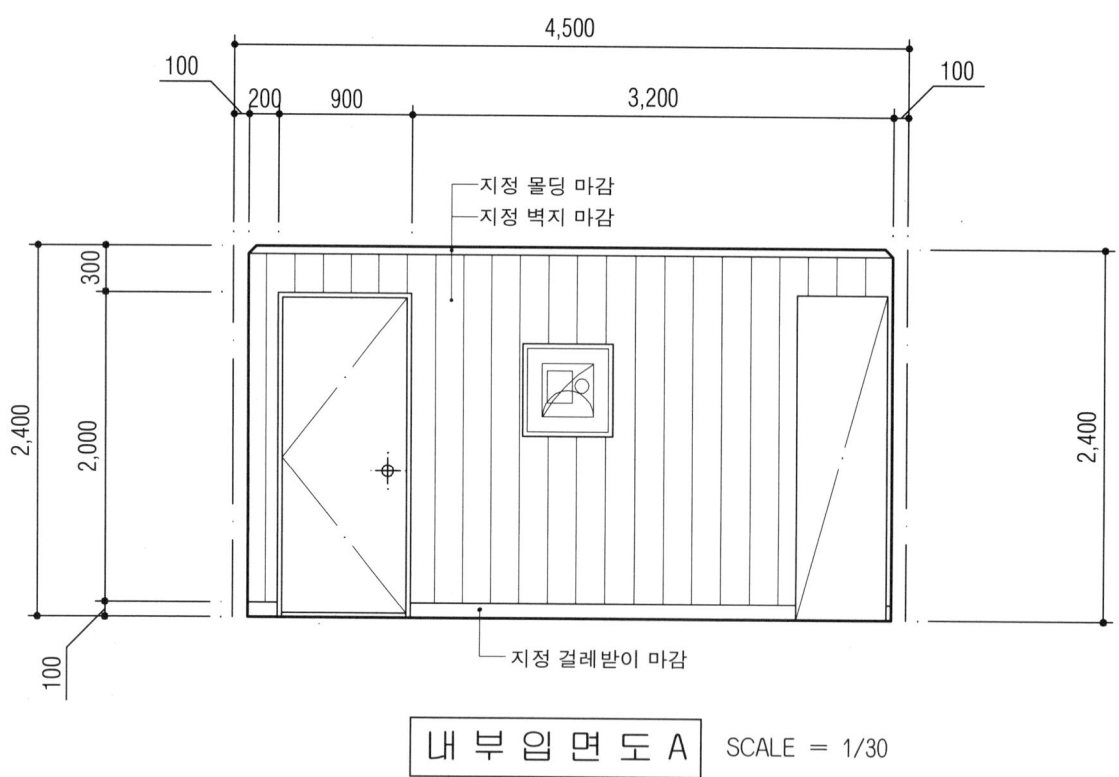

제4장 도면실습

[1] 부 엌

(1) 요구조건
① 설계면적 : 3,900×4,500×2,400mm(H)
② 가족구원 : 4인가족(부부, 초등학교 남학생 2)
③ 창(W) : W1(900×600mm(H)), W2(1,800×1,500mm(H))/문(D) : 900×2,100mm(H)
④ 창호 : 창호는 2중창호로 하되, 실내쪽은 목재로 실외쪽은 알루미늄 새시로 한다.
⑤ 벽체 : 외벽-두께 1.5B(0.5B+50mm+1.0B)의 붉은벽돌 공간쌓기로 한다.
내벽-1.0B의 시멘트 벽돌쌓기로 한다.
⑥ 공간구성 : 식탁1조(4인용), 냉장고1대, 대형 수납장식장1대, 하부수납장, 상부수납, 렌지후드, 가스렌지(3구용), 싱크대 등
⑦ 기타 명기되지 않은 내장재는 실의 기능에 맞게 수검자가 임의로 넣을 수 있다.

(2) 요구도면
① 평면도(가구배치 및 바닥마감재 표기) S=1/30
② 내부입면도 A방향 1면 (벽면재료 표기) S=1/30
③ 천정도(조명기구 및 마감재 표기) S=1/30
④ 실내투시도 S=N.S
(계획의 포인트가 좋은 지점에서 1소점 투시도법으로 작성하되, 작성과정의 투시보조선을 남길 것)

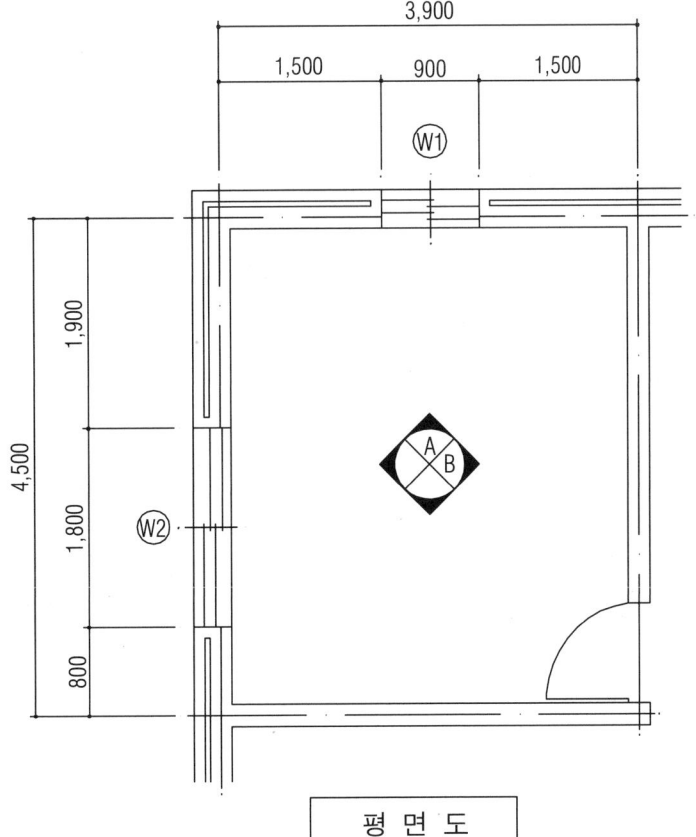

평 면 도

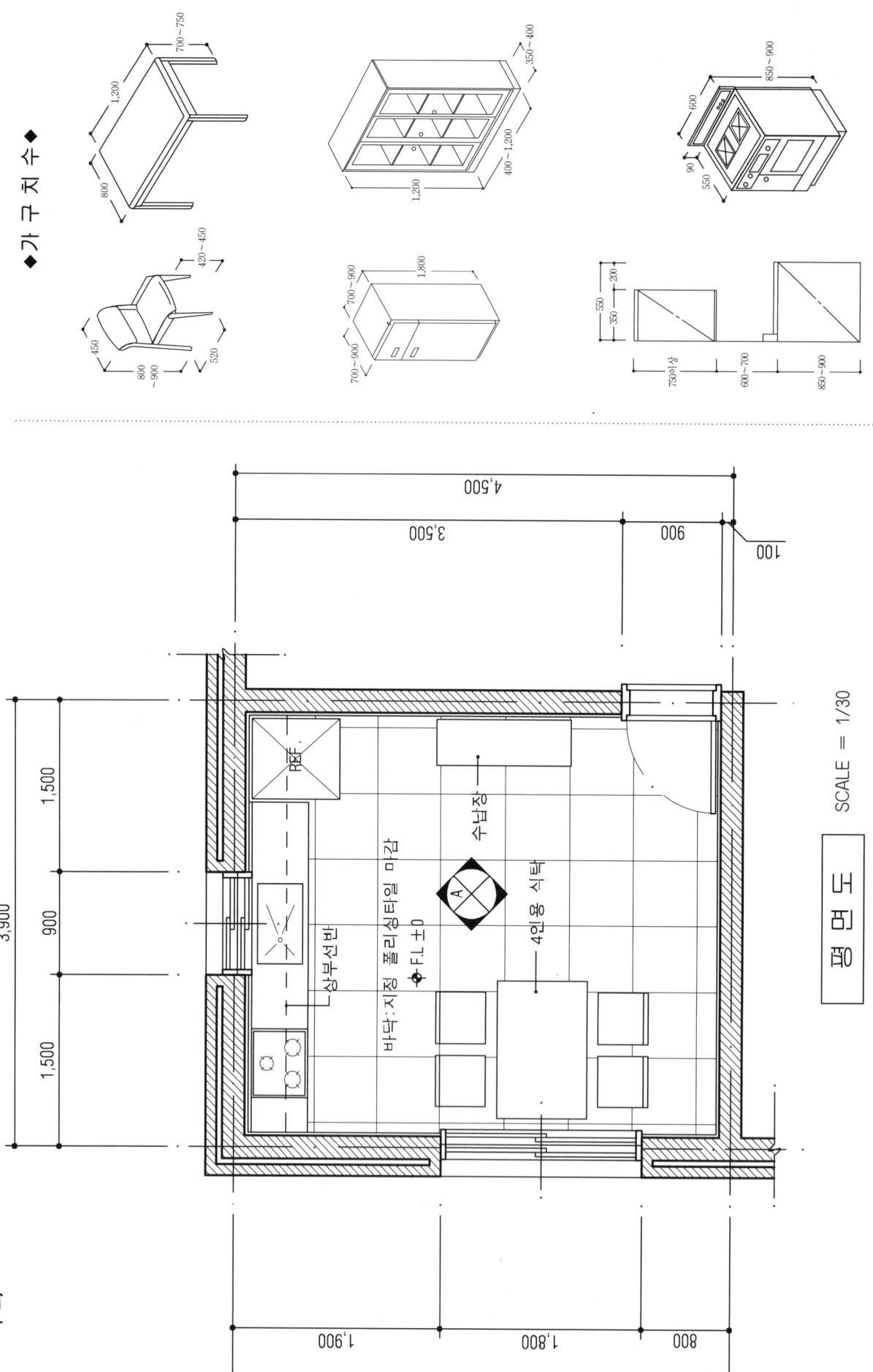

제4장 도면실습

◆ 조명기구

	매입등
	직부등
	형광등
	벽부등
	테이블스텐드
	테이블스텐드
	펜던트
	폴로어스텐드

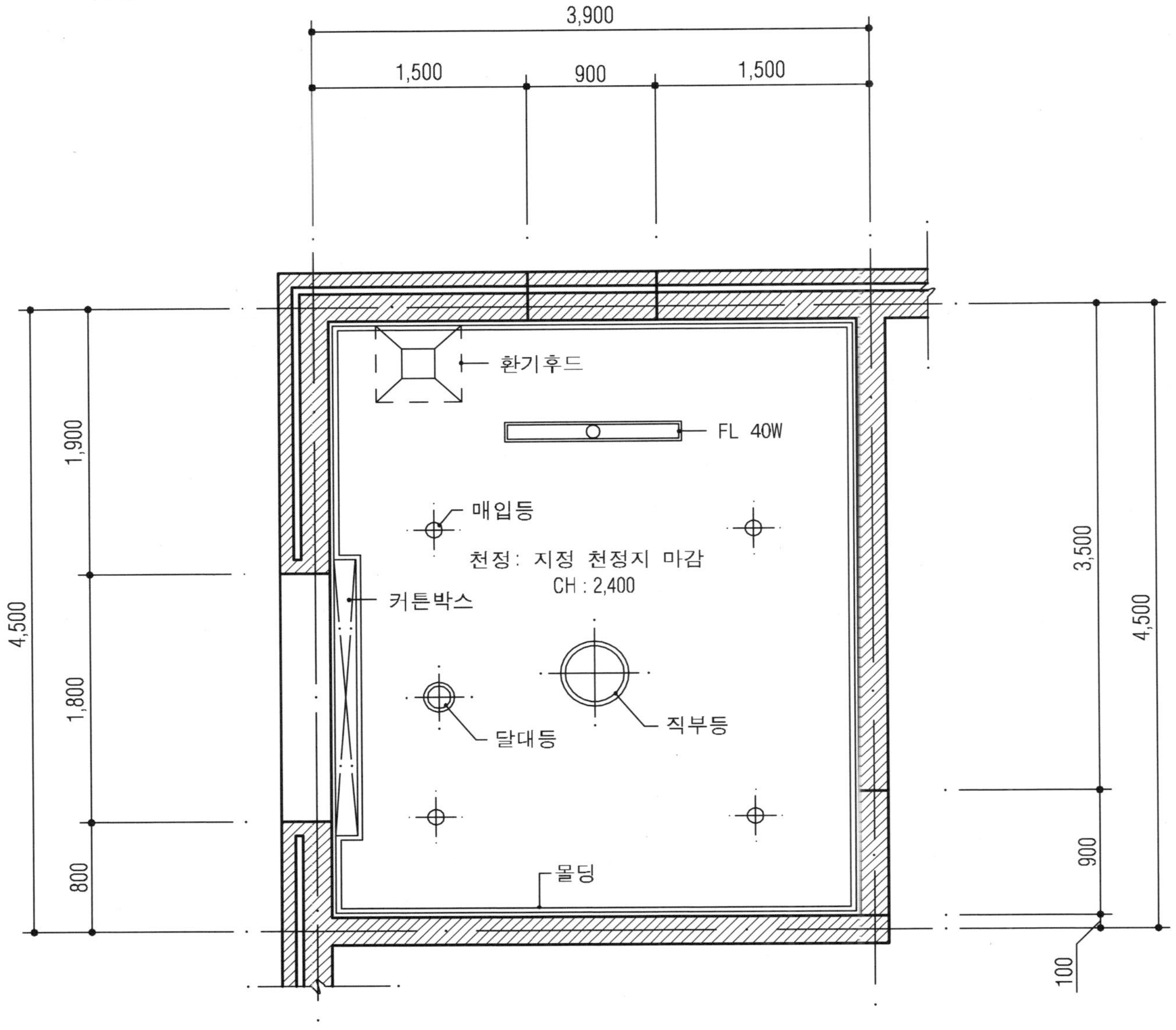

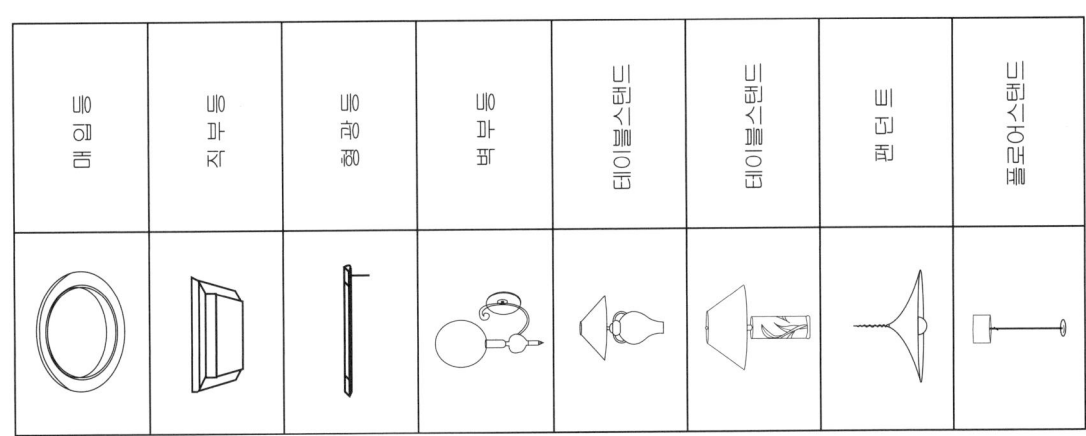

천 정 도   SCALE = 1/30

◆가구치수◆

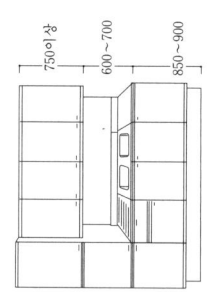
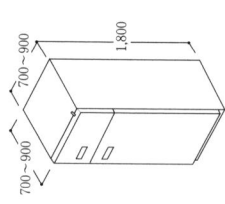
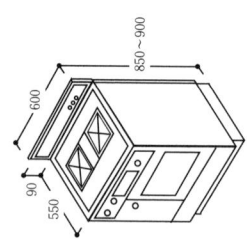

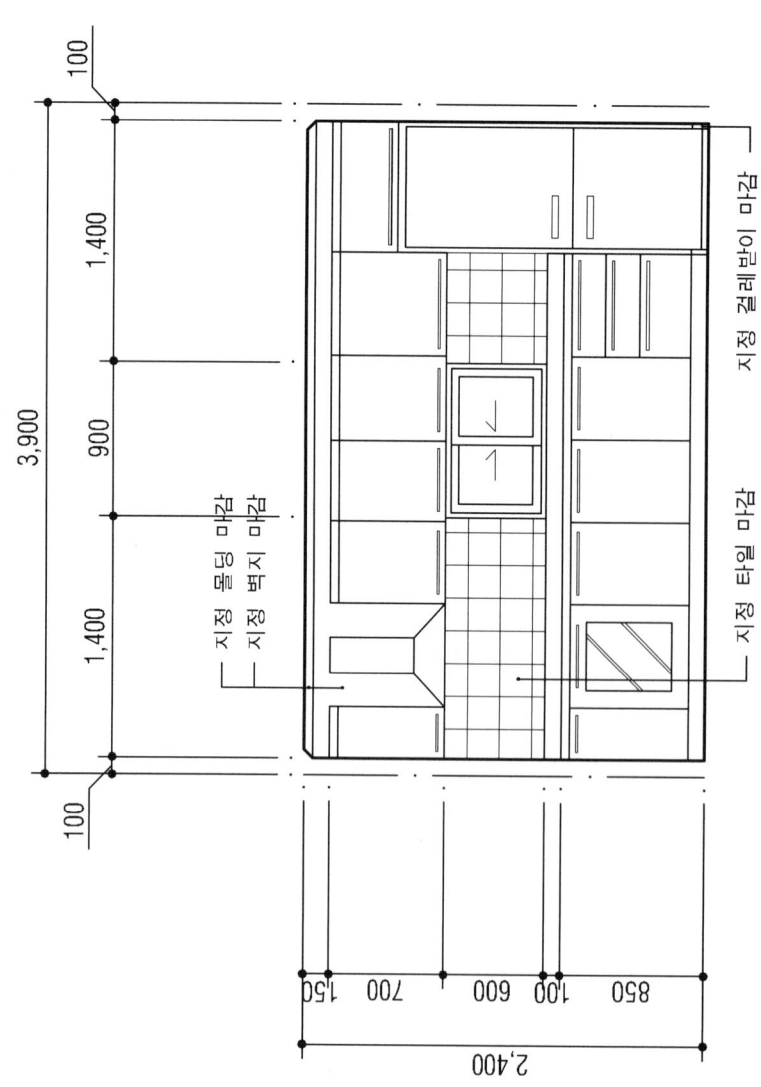

내부입면도 A SCALE = 1/30

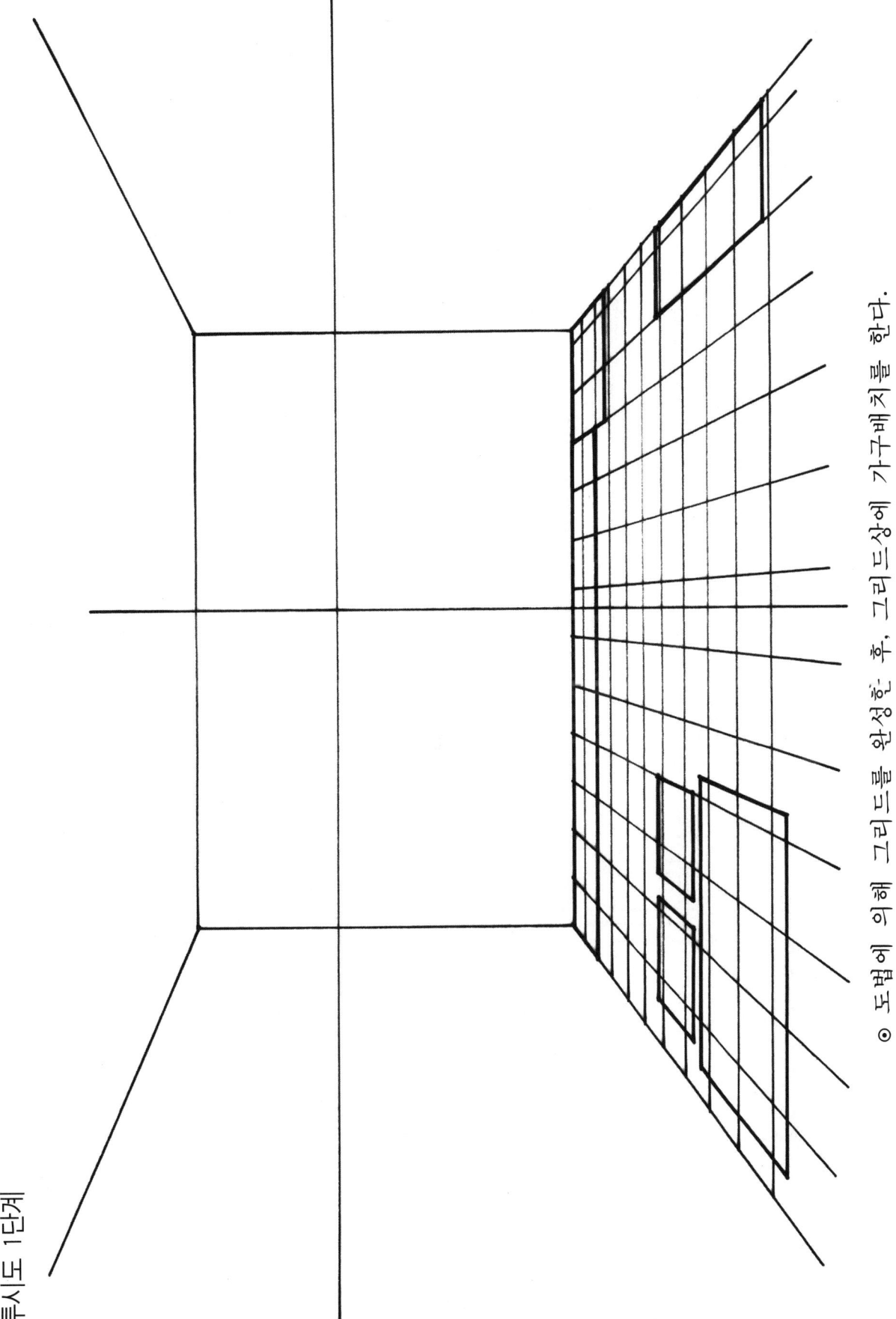

투시도 2단계

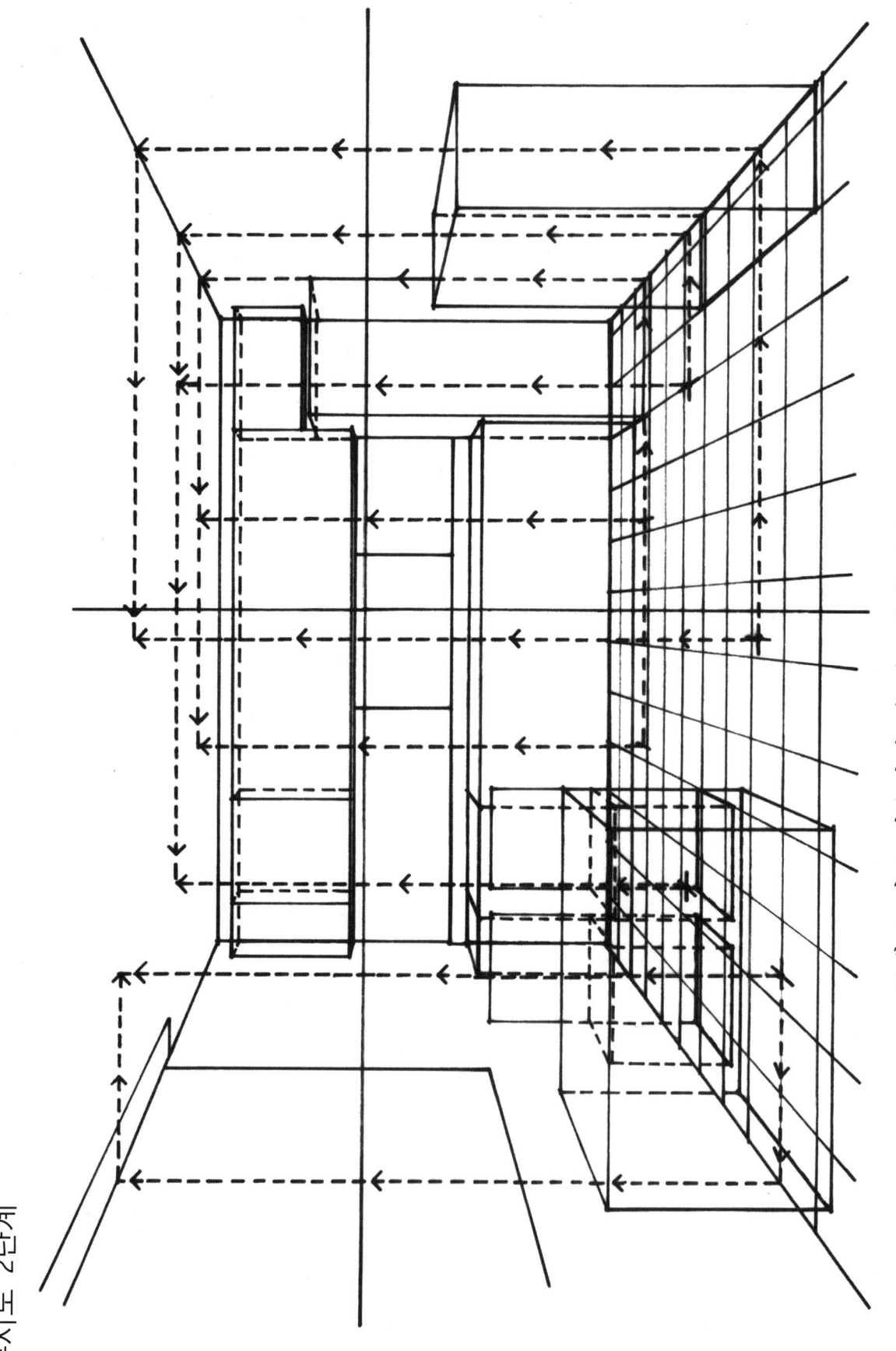

⊙ 물체 높이를 적용하여 각 가구마다 입방체형으로 만든다.

투시도 3단계

◉ 관찰자(S.P)로부터 가까이 있는 가구부터 가구형태를 완성한다.

투시도 4단계

실내 투시도

SCALE = N.S

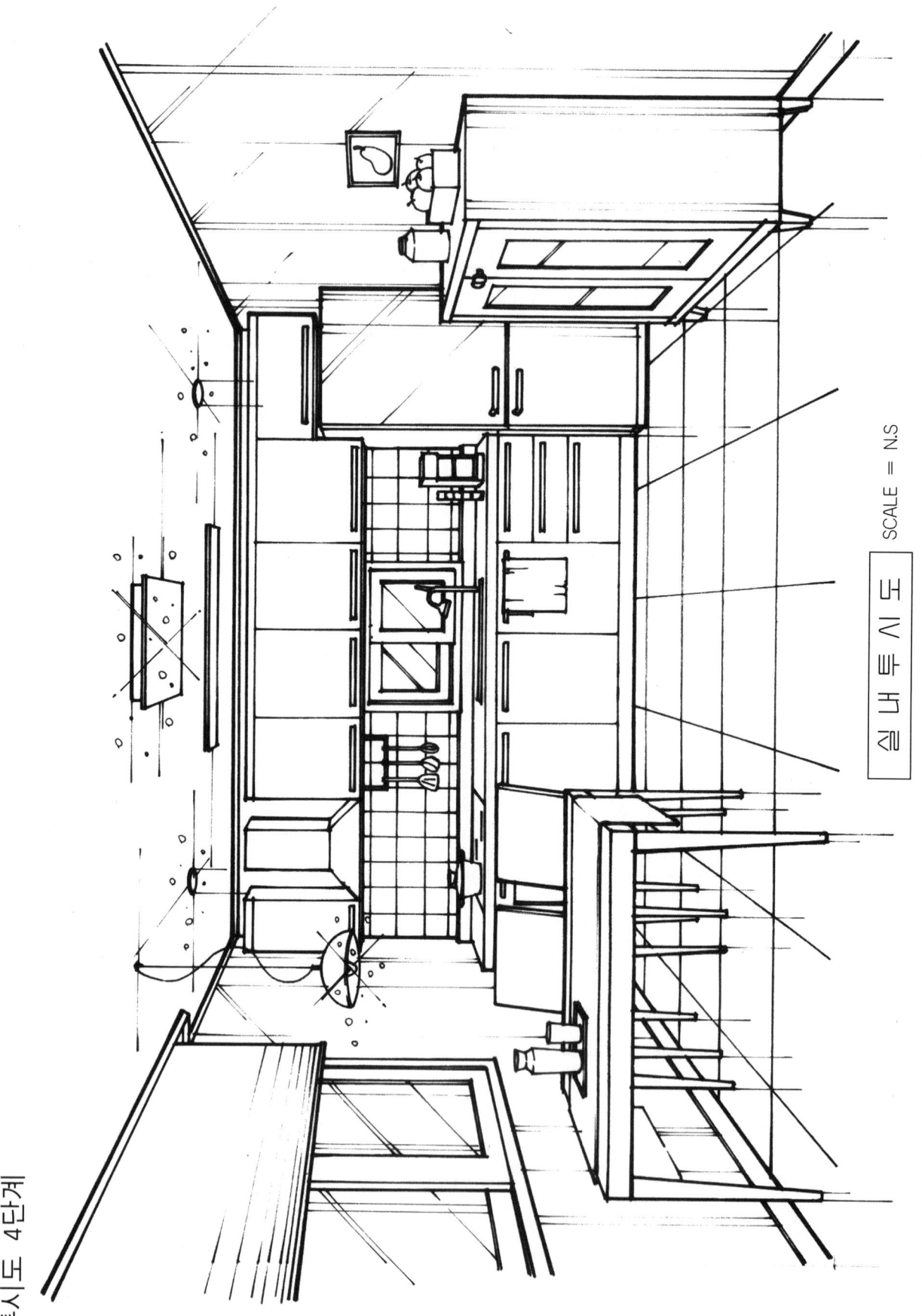

◉ 가구 이외의 소품, 식기, 조리용구, 예쁜 양념통, 조명이 빛 그림자 등을 그려넣어 그림을 완성한다.

[2] 부부침실

(1) 요구조건
① 설계면적 : 4,500×4,500×2,400mm(H)
② 실구성원 : 30대 부부
③ 평면구성 및 가구배치 : 더블침대, 나이트테이블, 화장대, 옷장, 티테이블SET, TV테이블, 플로어스텐드. (그 외는 수검자 임의로 한다.)
④ 창호 : 창호는 2중창호(목재 및 알루미늄 새시)로 작도한다.
　　　　출입문(900×2,100(H))　　창문(1,200×1,400(H))
⑤ 벽체 : 외벽-두께 1.5B(외단열)의 붉은 벽돌쌓기로 한다.
　　　　내벽-1.0B의 시멘트 벽돌쌓기로 한다.
⑥ 기타 명기되지 않은 내장재료는 실의 기능에 맞게 표기 및 작도한다.

(2) 요구도면
① 평면도(가구배치 및 바닥마감재 표기) S=1/30
② 내부입면도(A방향 1면, 벽면재료 표기) S=1/30
③ 천정도(조명기구 및 마감재료 표기) S=1/30
④ 1소점 실내투시도 S=N.S
(계획의 포인트가 좋은 지점에서 1소점 투시도법으로 작성하되, 작성과정의 투시보조선을 남길 것)

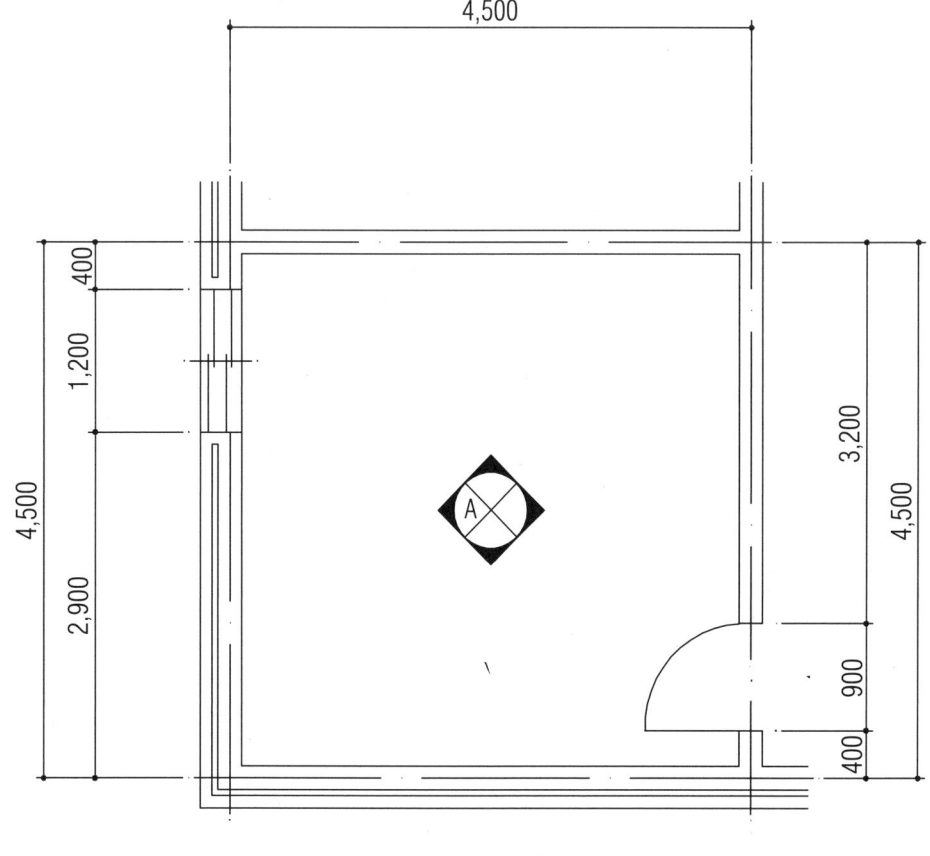

평 면 도

66 · 제1편 실내건축제도의 기초

◆ 가 구 치 수 ◆

부부침실

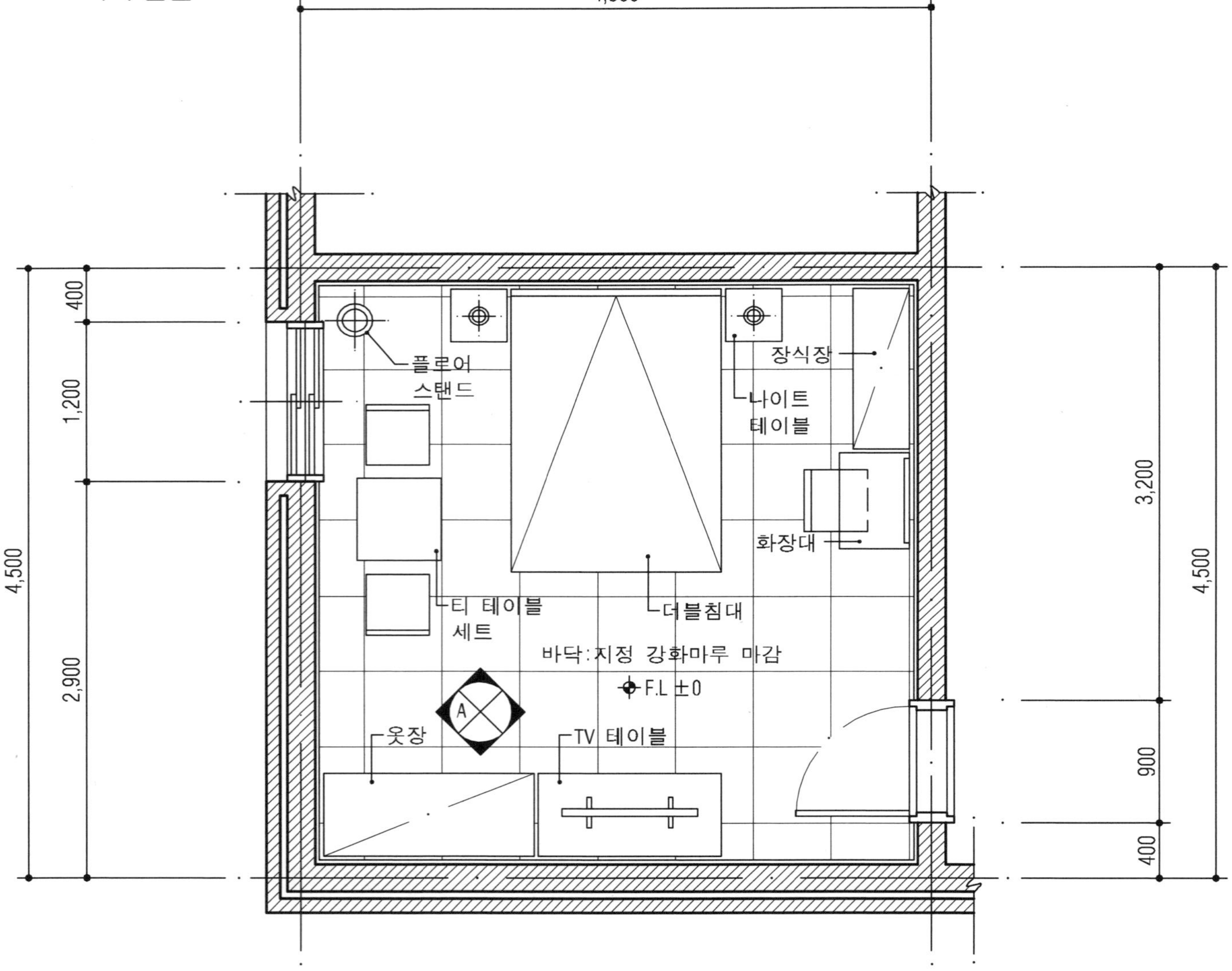

평 면 도 SCALE = 1/30

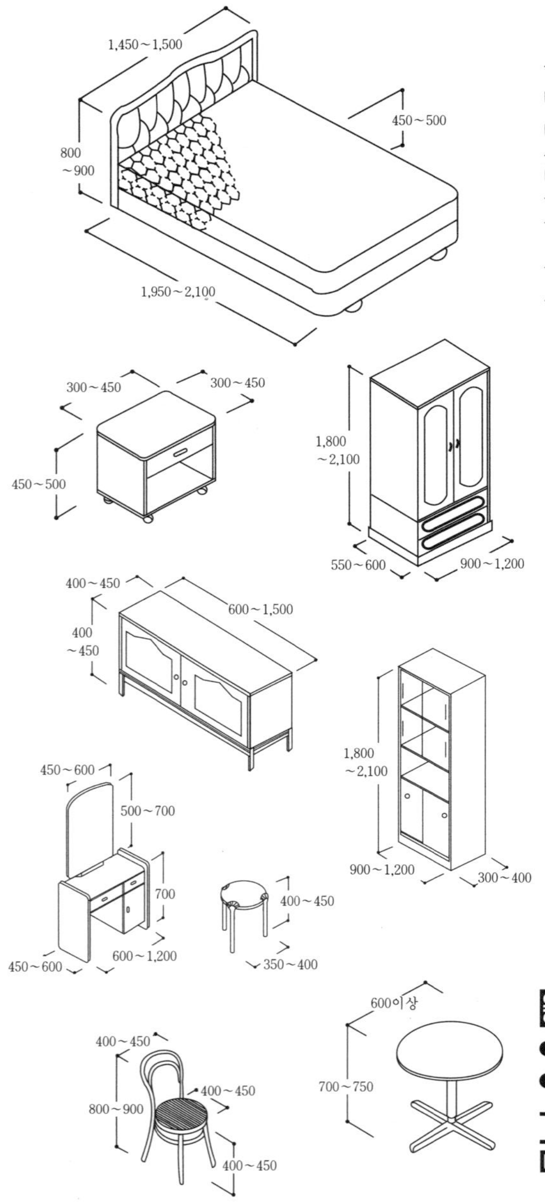

부부침실

4,500
400
1,200
2,900
4,500
3,200
900
400
4,500
벽부등
커튼박스
천정: 지정 천정지 마감
CH : 2,400
직부등
매입등
몰딩

천 정 도 SCALE = 1/30

◆조 명 기 구◆

	매 입 등
	직 부 등
	형 광 등
	벽 부 등
	테이블스탠드
	테이블스탠드
	팬 던 트
	플로어스탠드

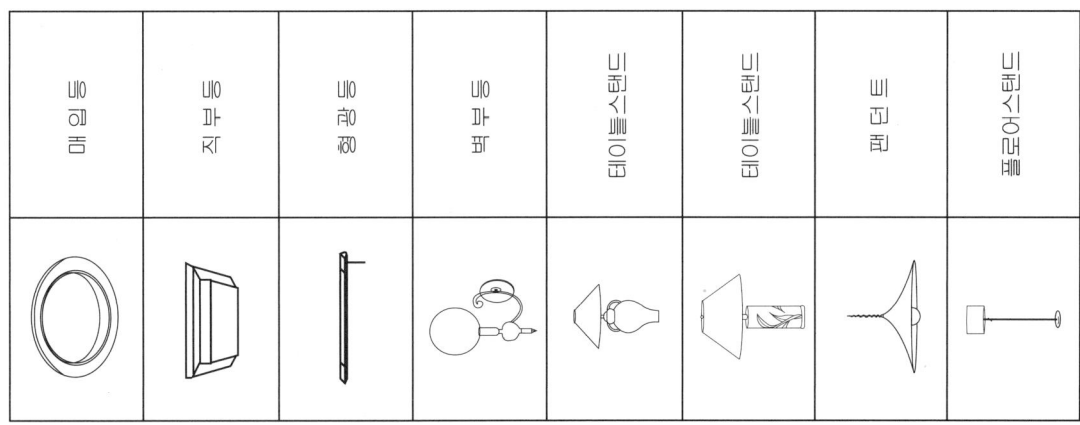

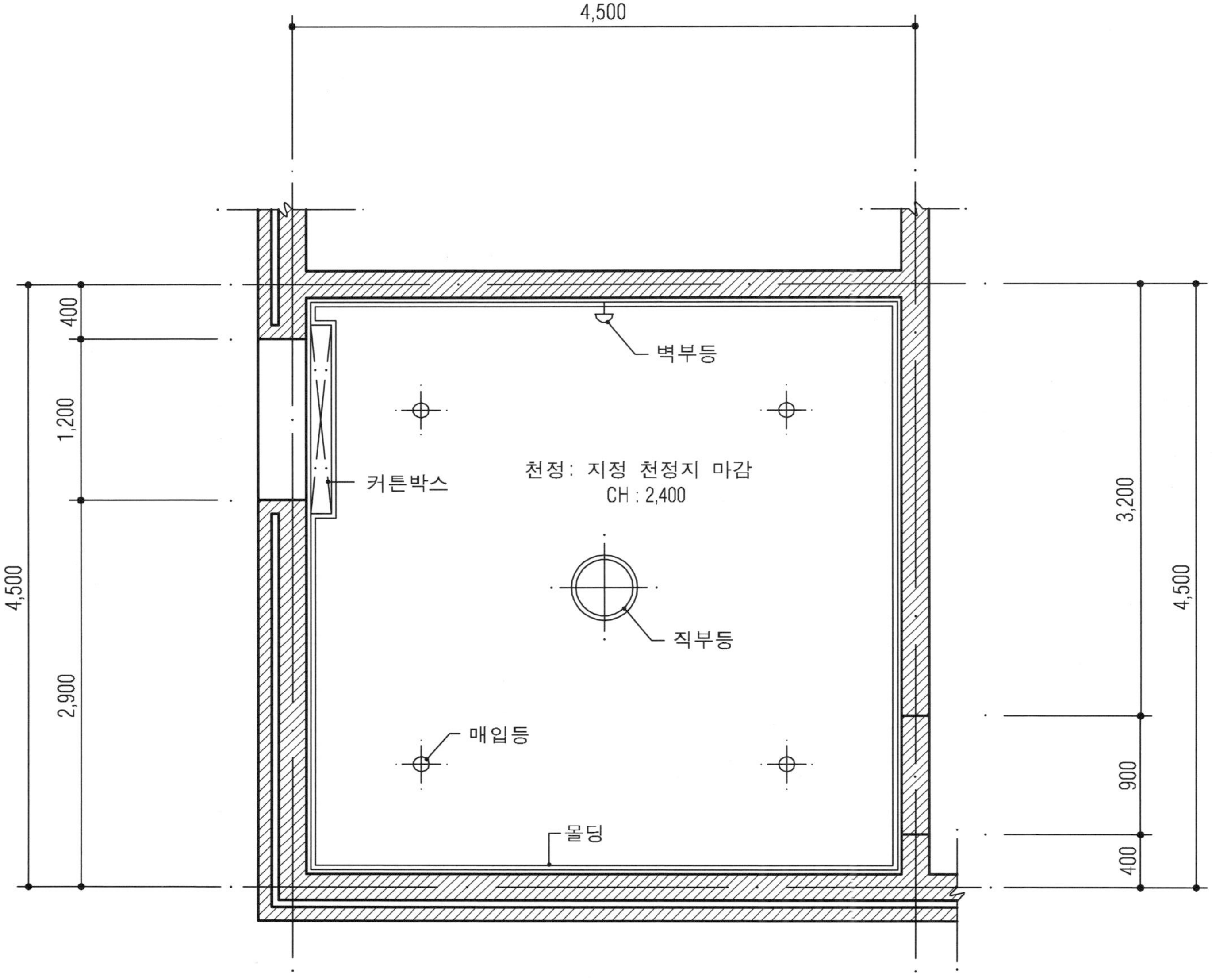

부부침실

◆ 가구치수 ◆

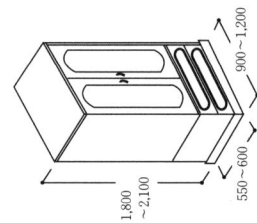

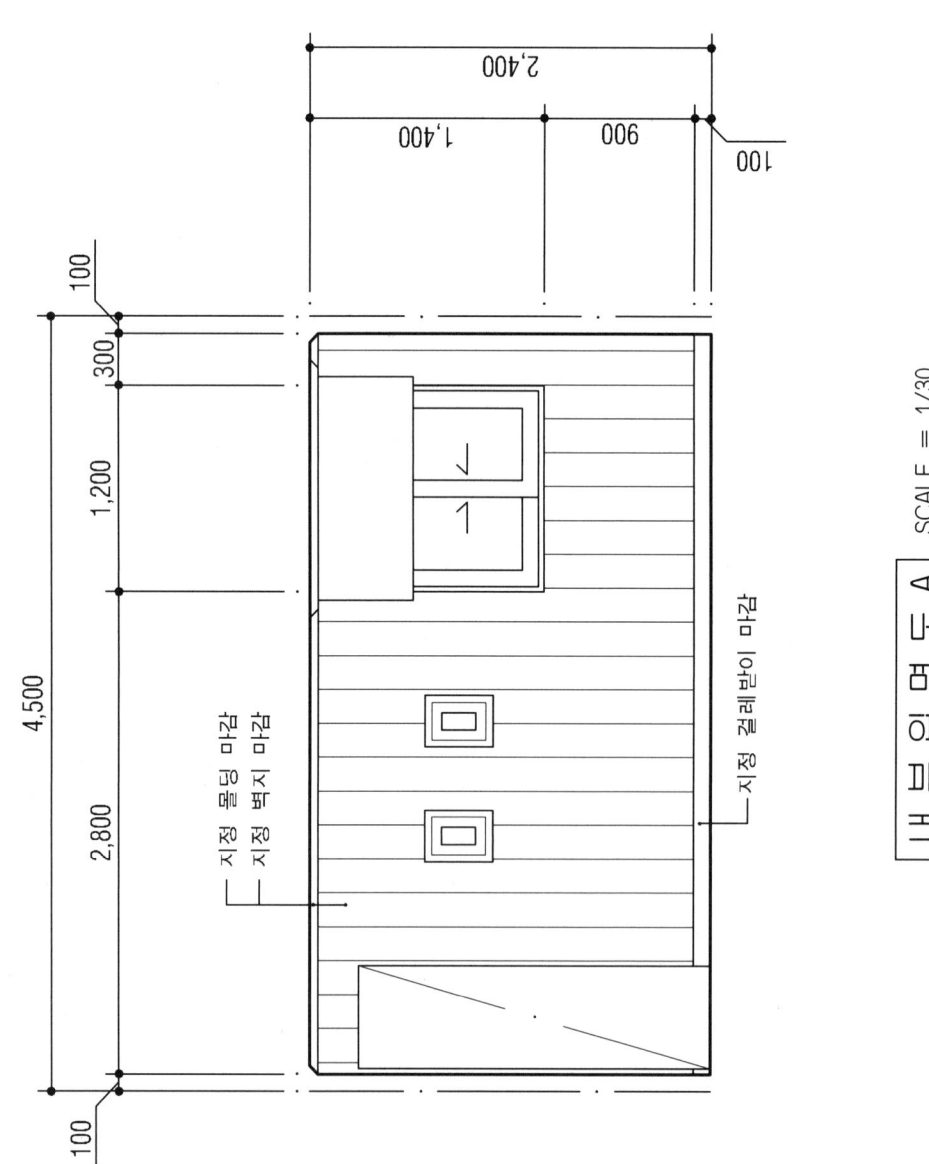

내부입면도 A SCALE = 1/30

제4장 도면실습 · 69

투시도 1단계

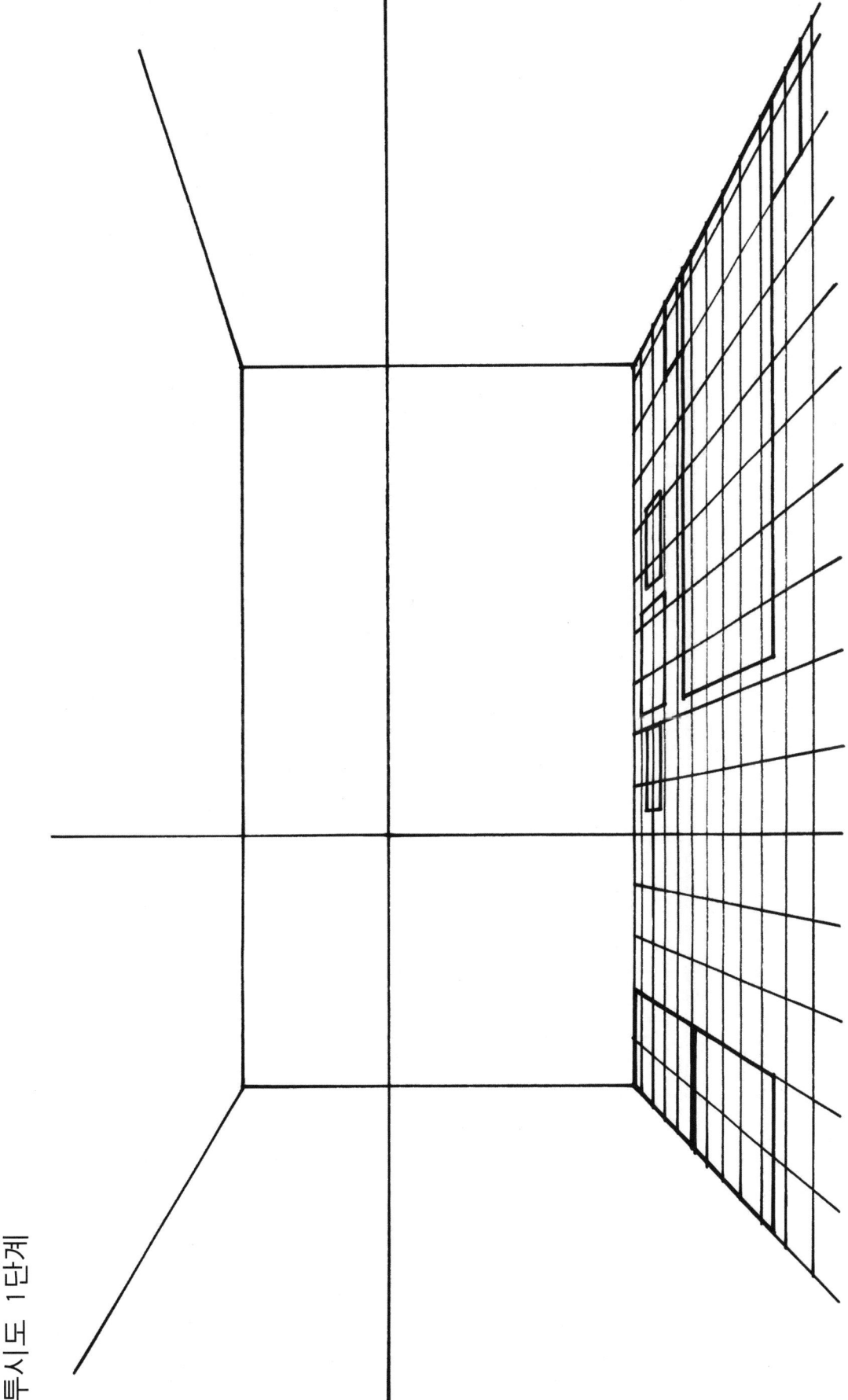

◉ 도법에 이해 그리드를 완성한 후, 그리드상에 가구배치를 한다.

70 · 제1편 실내건축제도의 기초

투시도 2단계

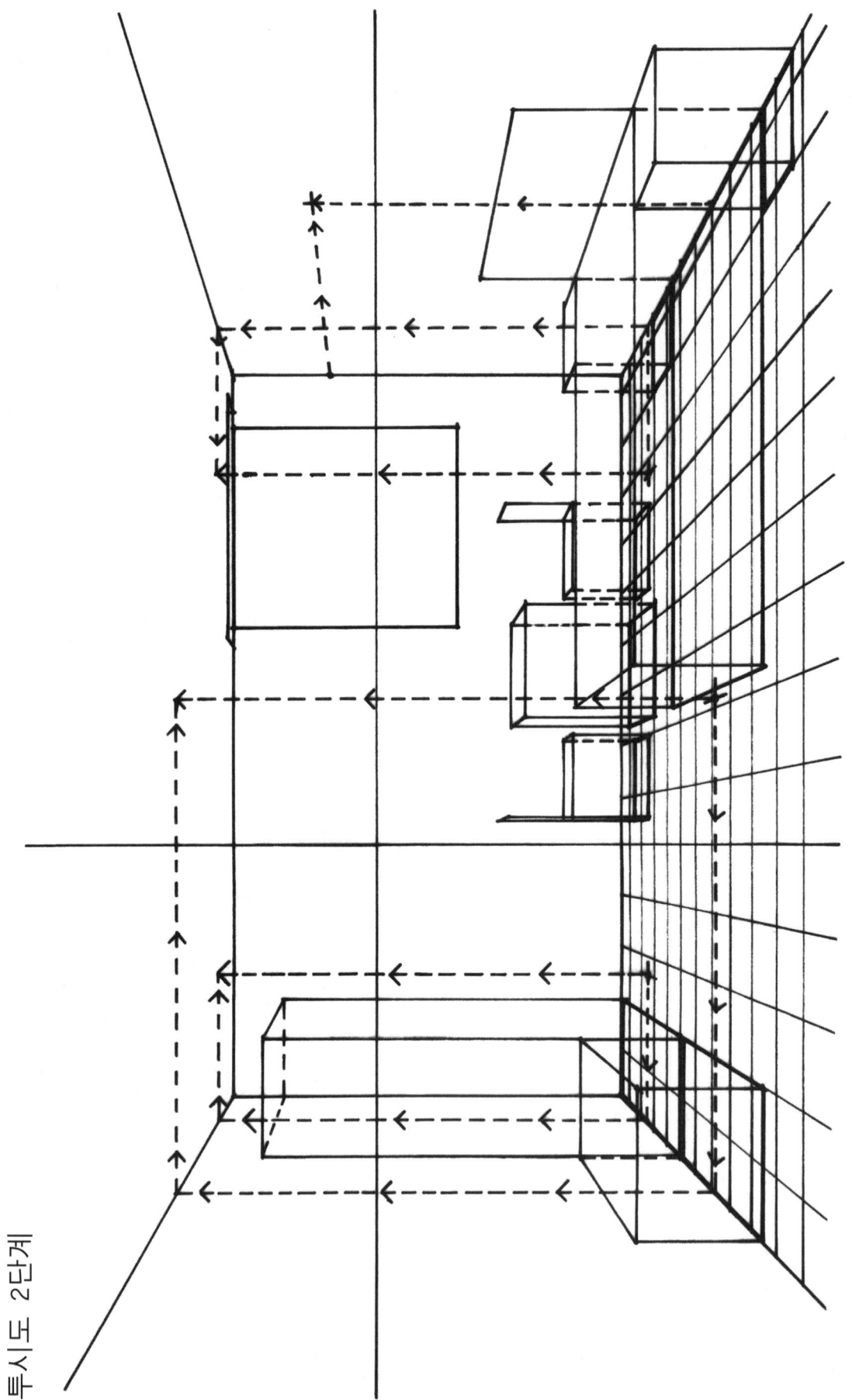

⊙ 물체 높이를 적용하여 각 가구마다 입방체형으로 만든다.

투시도 3단계

◉ 관찰자(S.P)로부터 가까이 있는 가구부터 가구형태를 완성한다.

투시도 4단계

실내투시도 SCALE = N.S

◉ 가구 이외의 소품, 예자, 수목, 조명이 빛그림자 등을 그려넣어 그림을 완성한다.

[3] 원룸

(1) 요구조건
① 설계면적 : 4,500×6,000×2,600mm(H)
② 실구성원 : 여자 대학생 1인
③ 평면구성 및 가구배치 : 싱글침대, 컴퓨터책상+의자, 책장, 옷장, 싱크대, 간이식탁 1set. 그 외 가구 및 실내장식품은 수검자가 임의로 한다
④ 창호 : 창호는 2중창호(목재 및 알루미늄 새시)로 한다. 창문(1,800×1,500)
⑤ 출입문 : 1)현관문(1,000×2,100)   2)화장실(800×2,100)
⑥ 벽체 : 외벽-두께 1.5B(외단열)의 붉은 벽돌쌓기로 한다.
        내벽-1.0B의 시멘트 벽돌쌓기로 한다.
⑦ 기타 명기되지 않은 내장재료는 실의 기능에 맞게 표기 및 작도한다.

(2) 요구도면
① 평면도(가구배치 및 바닥마감재 표기) S=1/30
② 내부입면도(A방향 1면, 벽면재료 표기) S=1/30
③ 천정도(조명기구 및 마감재료 표기) S=1/30
④ 1소점 실내투시도(반드시 채색할 것) S=N.S
(계획의 포인트가 좋은 지점에서 1소점 투시도법으로 작성하되, 작성과정의 투시보조선을 남길 것)

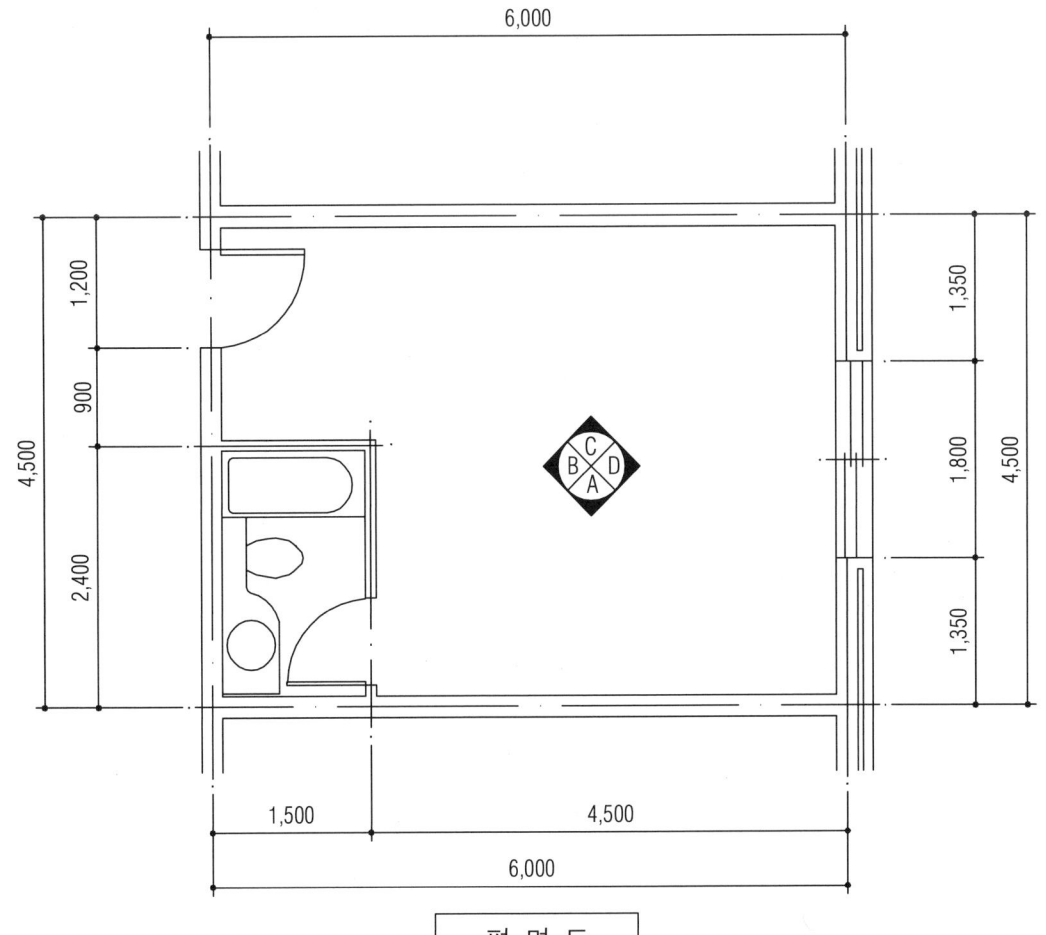

평 면 도

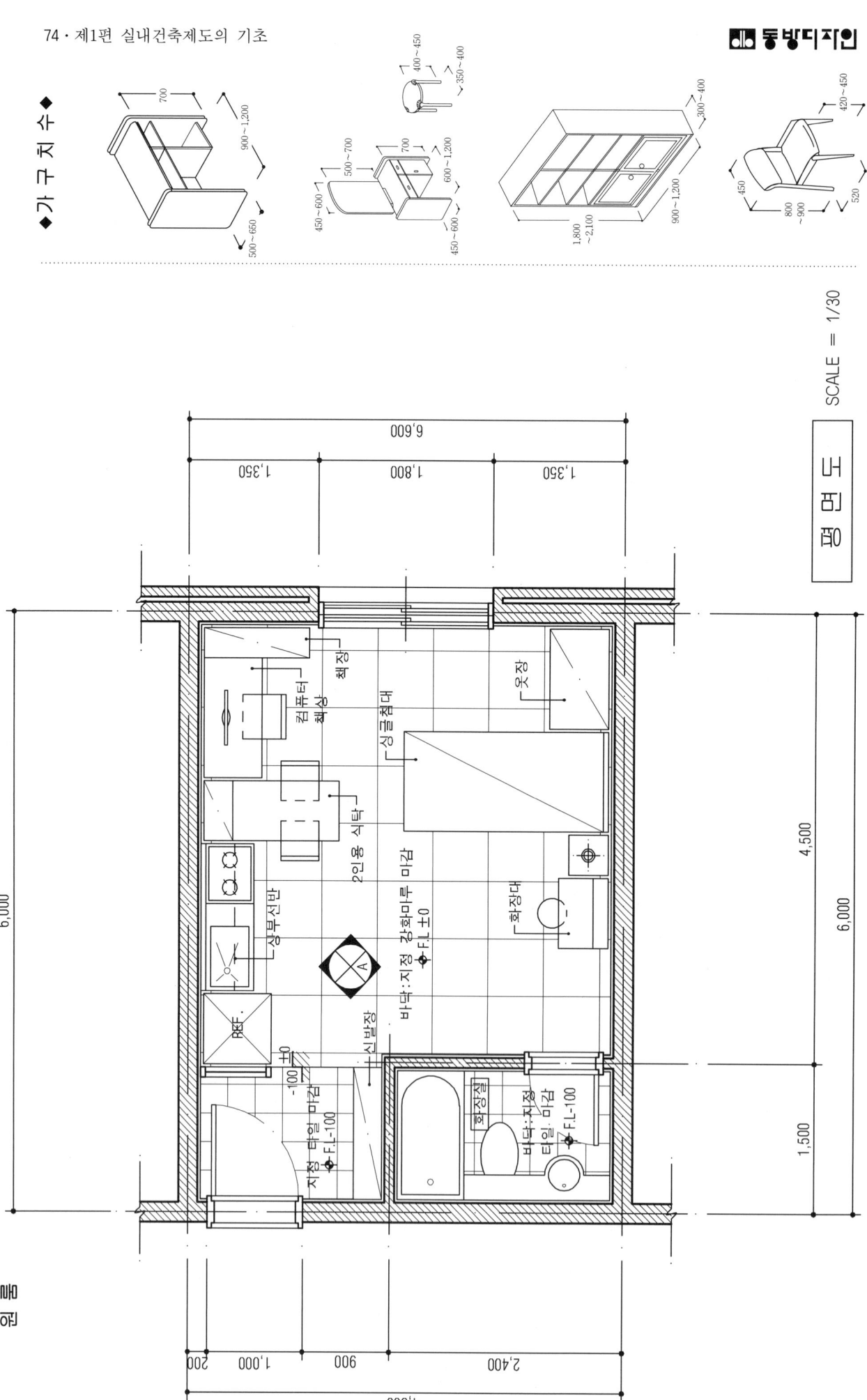

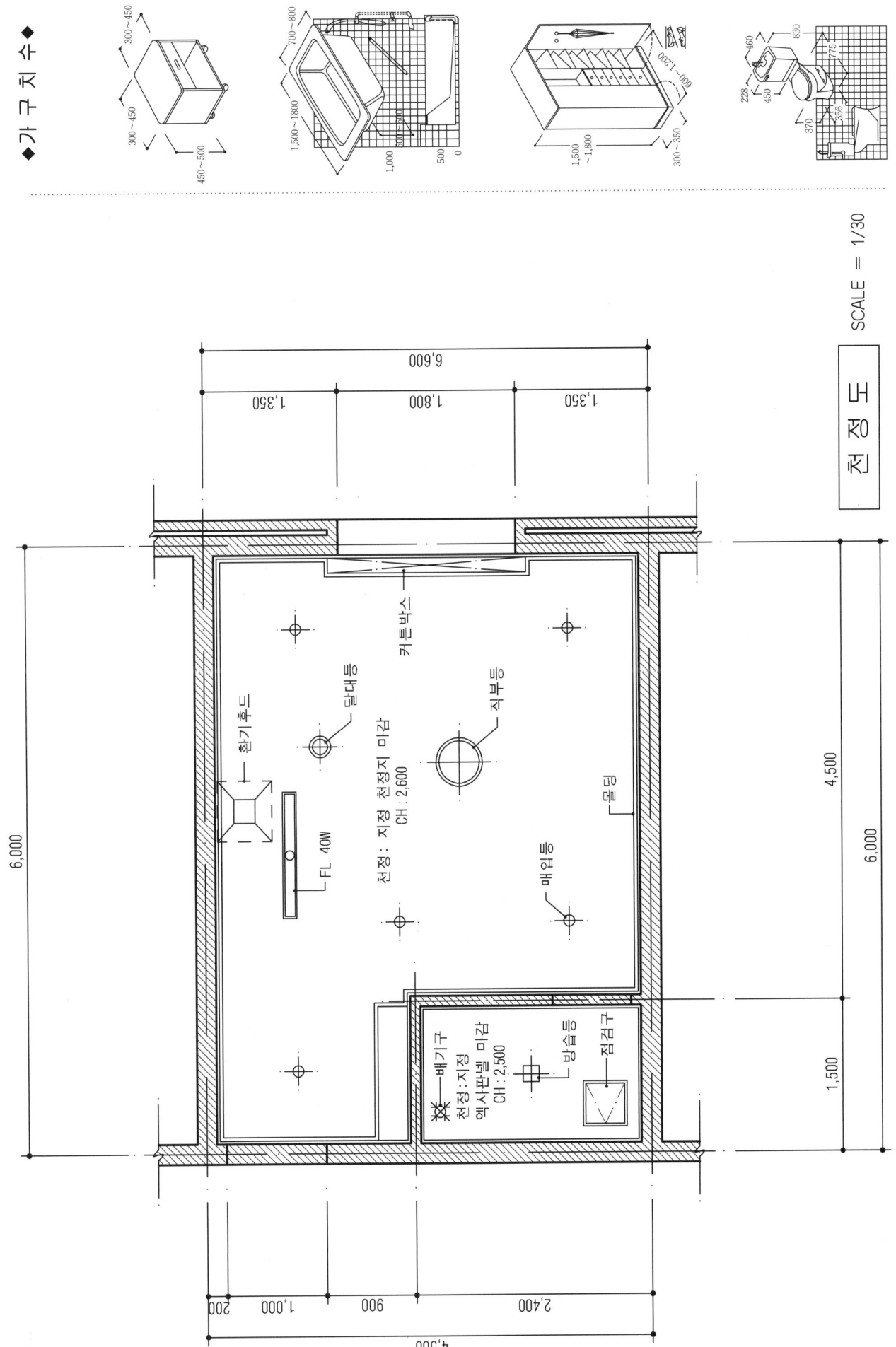

◆가구치수◆

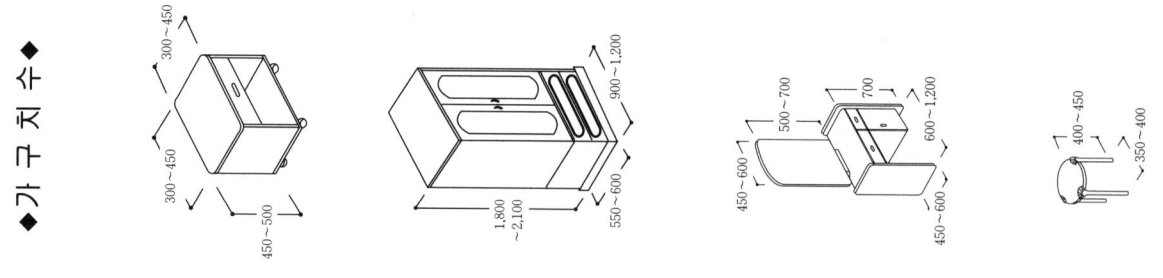

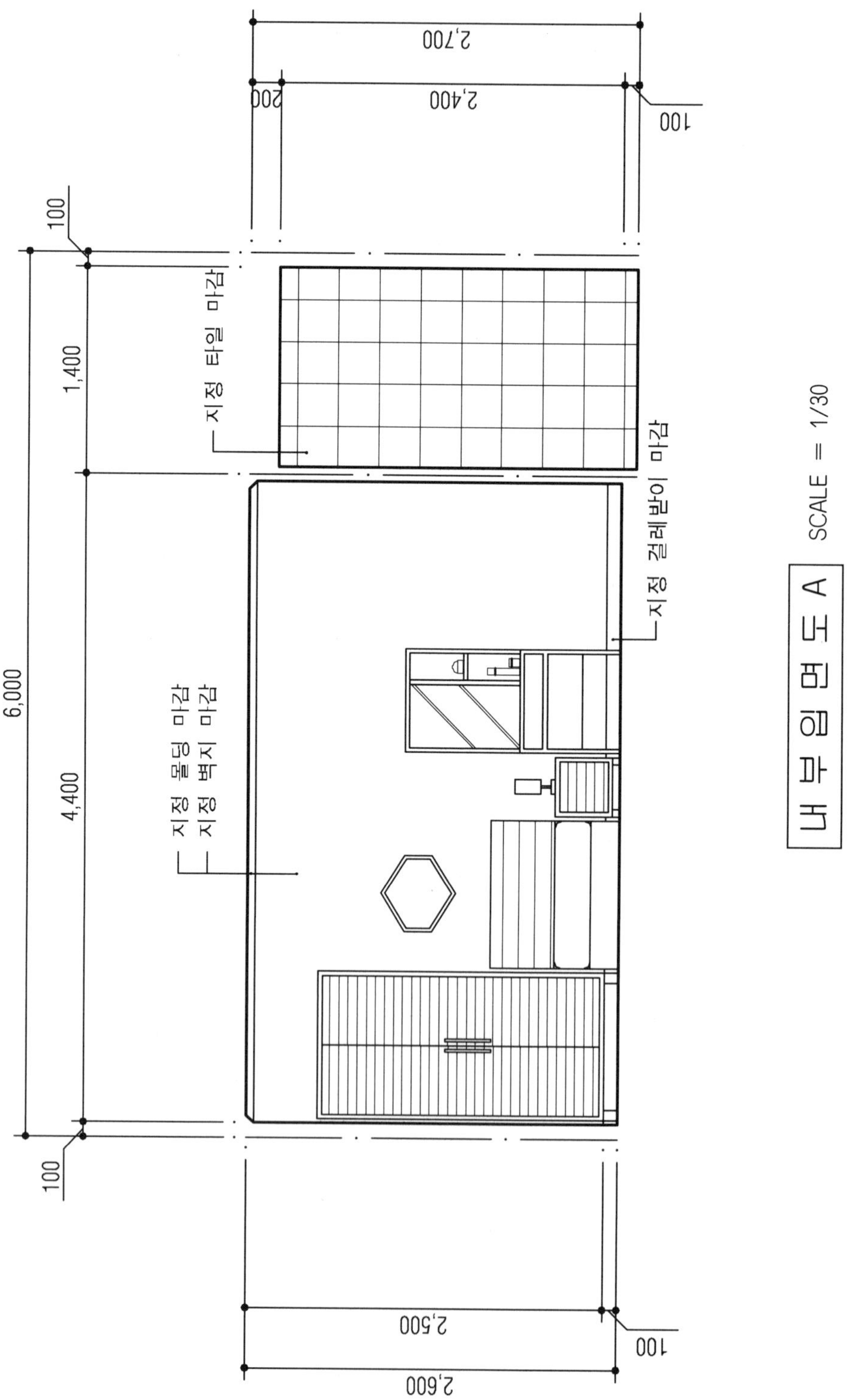

내부입면도 A SCALE = 1/30

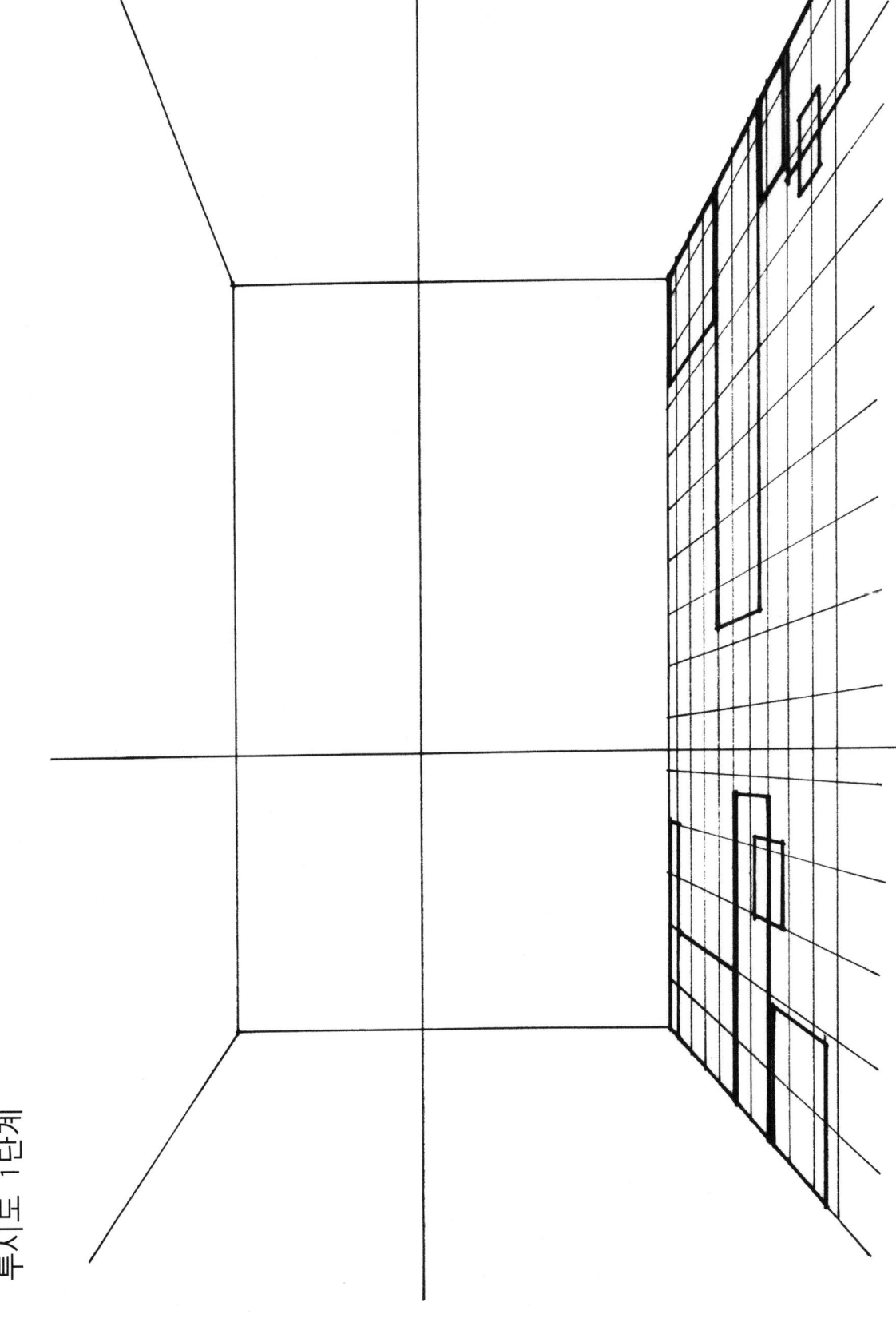

투시도 1단계

⊙ 도법에 의해 그리드를 완성한 후, 그리드상에 가구배치를 한다.

78 · 제1편 실내건축제도의 기초

투시도 2단계

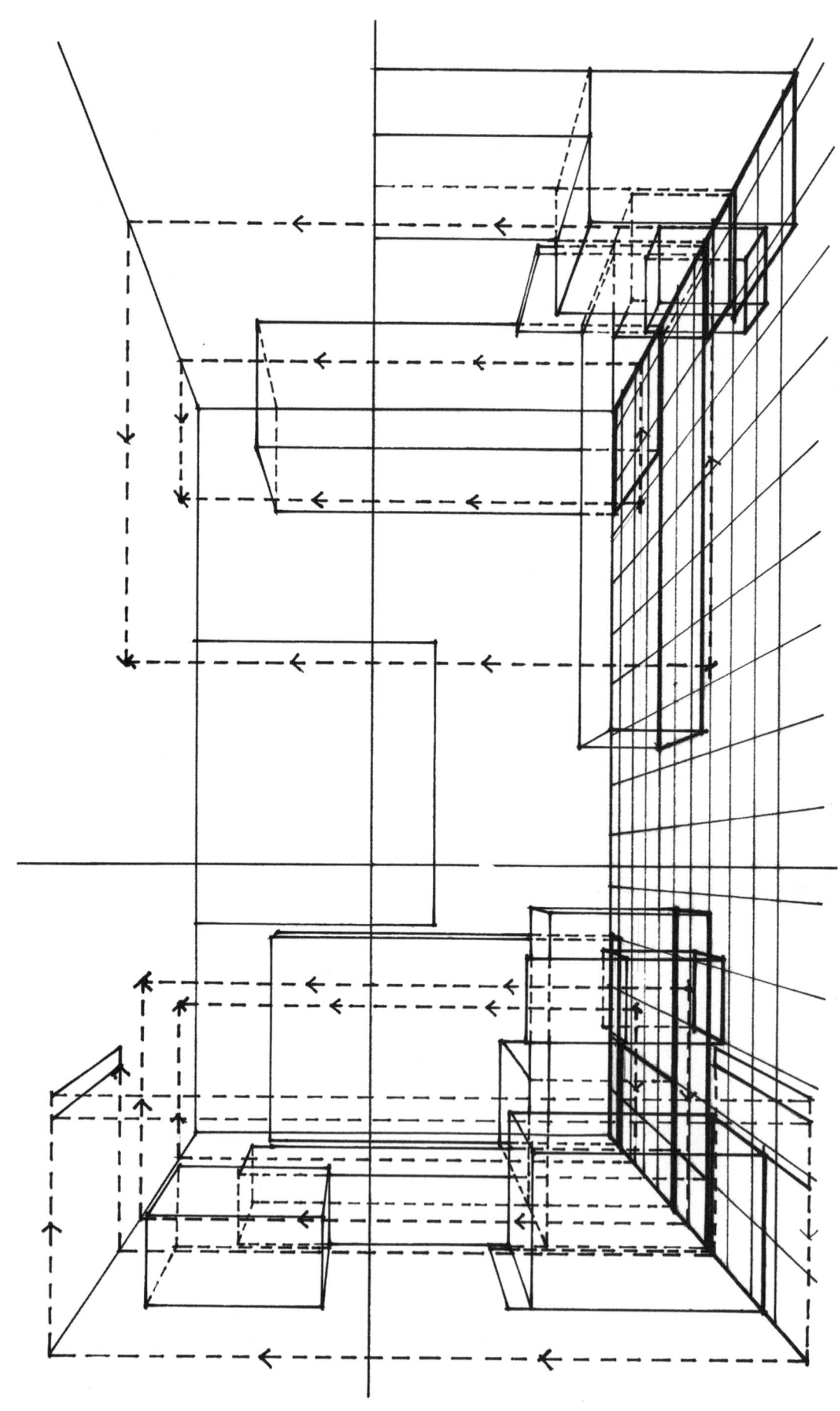

⊙ 물체 높이를 적용하여 각 가구마다 입방체형으로 만든다.

투시도 3단계

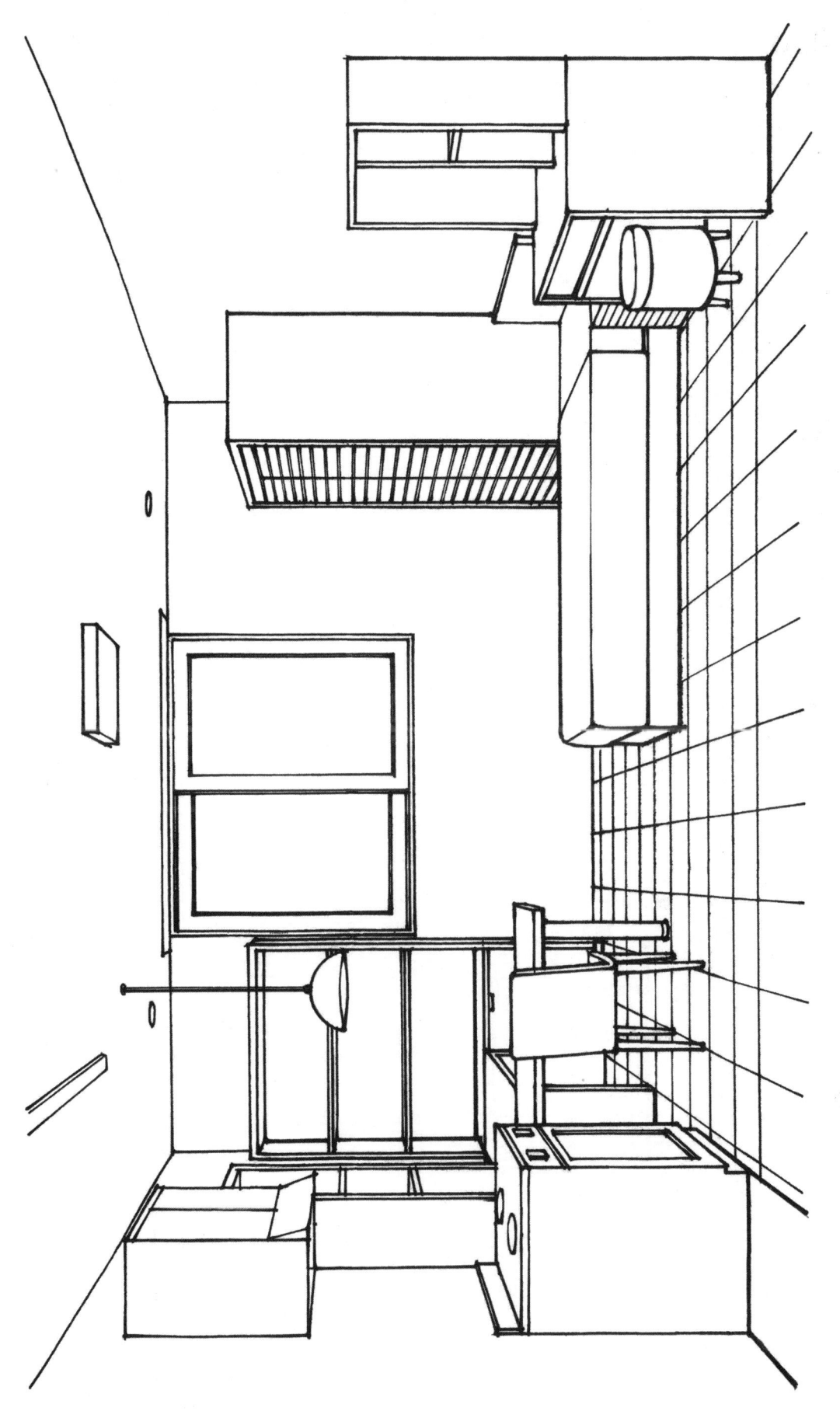

⊙ 관찰자(S.P)로부터 가까이 있는 가구부터 가구형태를 완성한다.

80 · 제1편 실내건축제도의 기초

투시도 4단계

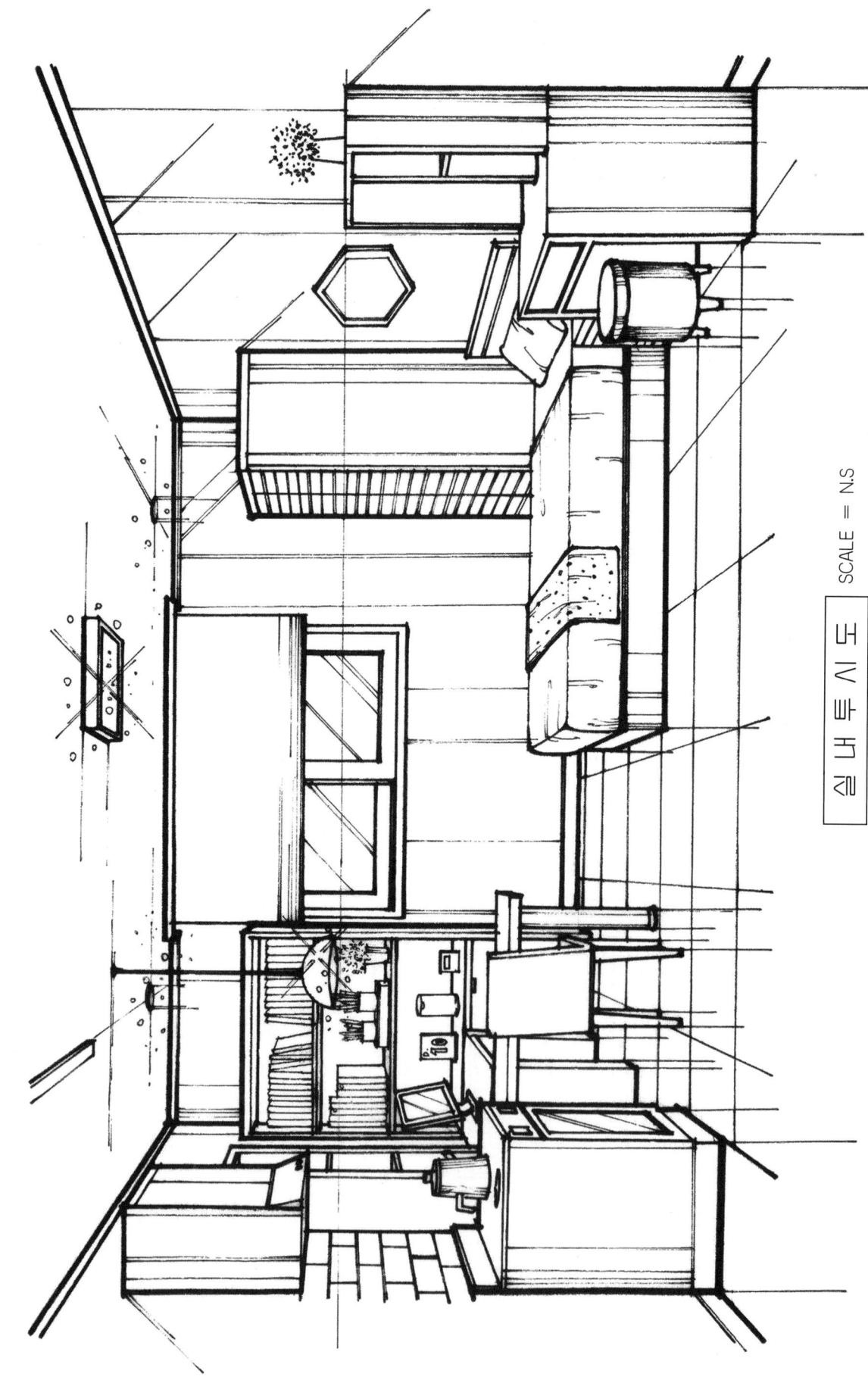

실내투시도   SCALE = N.S

⊙ 가구 이외의 소품, 액자, 수목, 조명의 빛그림자 등을 그려넣어 그림을 완성한다.

제2편

투시도 작성방법

제1장 투시도 작성방법

건물의 외부나 내부를 완공하기 전에 완공된 상태를 미리 예견하기 위해 그린 입체 도면으로 실제 모양과 거의 같아야 한다.(실물 그대로를 표시하며 질감, 재료, 음영 등을 묘사한다)

(1) 투시도의 정의(定義)

투시도란 입체물(3차원)을 평면상(2차원)에 입체적(3차원적)으로 표현한 그림을 말한다. 그 표현방법을 투시도법이라 하며, 도법상의 기준은 화면(P.P)상에 나타난 상(像)을 기준으로 한다.

옆의 그림을 보면 지면상에 물체가 있고 관찰자(입점)와의 사이에 커다란 유리창이 있다고 가정해 보면, 관찰자가 물체를 볼 때 물체의 상이 유리창을 통해서 관찰자의 눈으로 들어가는데 유리창을 통과할 때 그림과 같이 형태화 시킬 수 있다. 이 때 이 형태가 화면에 나타난 상이다.

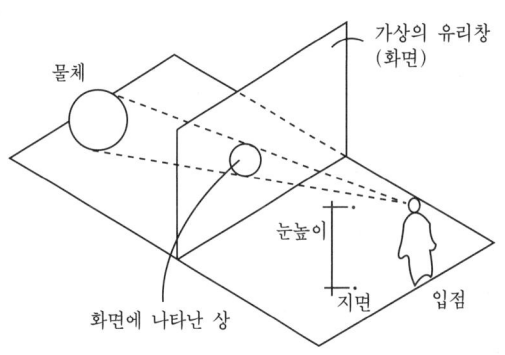

투시도를 퍼스펙티브(Perspective)라고도 하며, 퍼스(Pers.)라고 줄여서도 말한다.

(2) 투시도의 원리(原理)

위의 그림에서 볼 때 관찰자의 위치(S.P)는 고정시키고 물체를 움직여 보면 물체가 화면(P.P)에서 멀어질 수록 화면상의 상(像)은 작아지고 화면에 가까이 갈 수록 상이 커짐을 알 수 있다. 이것을 다음의 3가지로 정리해 보면

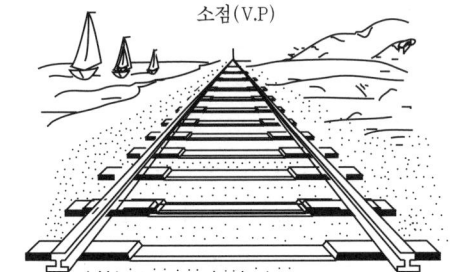

① 물체가 화면보다 멀리 있으면 화면의 상은 작게 나타나고
② 물체가 화면에 접하게 되면 물체와 상은 크기가 같게 되고
③ 물체가 화면과 관찰자 사이에 있게되면 물체와 상은 크게 나타난다.

이와 같은 현상은 원근 거리감에 따라 평행선은 하나의 점에 반드시 결집되기 때문이다. 이 점을 소점, 소실점이라 하며 V.P(Vanishing Point)라고도 한다. 철로나 직선의 도로가 멀리 한점에 만나 보이는 곳이 바로 이 소점(消点)이다.

(3) 투시도 용어(用語)

① E.P(Eye Point)시점:대상물을 보는 사람의 눈 위치.
② G.P(Ground Plane)기면:대상물이 주어지고 보는 사람이 서 있는 면.

③ P.P(Picture plane)화면:대상물과 관찰자 사이에 놓여져 있는 수직면.

④ H.L(Horizontal Line)수평선:화면에 대한 시점의 높이와 같은 수평선. E.L(Eye Level)이라고도 한다.

⑤ G.L(Ground Line)기선:기면과 화면이 접하는 선.

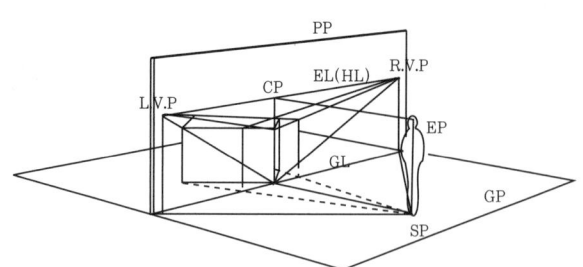

⑥ S.P(Standing Point)입점:관찰자의 위치.

⑦ V.P(Vanishing Point)소점:평행선은 화면상에서 한점에 모이게 된다.

⑧ M.P(Measuring Point)측점:화면에 대하여 각도를 갖는 직선의 소점에서 시점과의 같은 거리의 수평선상에 잰 점.

⑨ M.L(Measuring Line)측선:높이값을 측량하기 위한 선.

⑩ C.P(Central Point)심점:시점을 화면에 투영한 점. 평행 투시도에서는 이 점이 소점이 된다.

⑪ D.P(Distance Point)거리점:수평선상에 시중심에서 시점거리와 같은 길이를 잰 점.

⑫ F.L(Foot Line)족선:입점과 대상물이 주어져 있는 기면상의 각점을 이어준 선.

(4) 투시도 기본도법

1소점 기본도법

〈작도법〉

① P.P, H.L, G.L을 수평으로 긋는다.

② 평면도를 P.P와 평행으로 설정한다.

③ 입면도를 G.L상에 설정한다.

④ 평면도에서 폭측선을 수직으로 내려 긋는다.

⑤ 입면도에서 높이측선을 수평으로 긋는다.

⑥ ④와 ⑤의 폭측선과 높이 측선의 교점을 a, b, c, d라 한다.

⑦ 평면도에 대각선을 긋고 대각선 교점에서 수직선(F.L)을 내려 긋는다.

⑧ ⑦의 수직선상에 S.P를 설정한다.

⑨ ⑦의 수직선과 H.L이 만나는 점을 V.P(소점)라 한다.

⑩ 교점 a, b, c, d에서 V.P에 결집되는 선(투시선)을 긋는다.

⑪ S.P에서 평면도 모서리점 A, B, C, D를 연결하는 선 F.L(족선)을 긋는다.

⑫ ⑪의 F.L과 P.P와의 교점을 e, f, g, h라 한다.

⑬ 교점 e, f, g, h에서 수직선을 내려 긋는다.

⑭ ⑬의 e, h의 수직선과 ⑩의 투시선이 만나는 점을 i, j, k, l이라 하면 정면의 위치가 결정된다.

⑮ ⑬의 f, g의 수직선과 ⑩의 투시선의 만나는 점을 m, n, o, p라 하면 뒷면의 사각형이 결정된다.

⑯ ⑭와 ⑮의 i, j, k, l, m, n, o, p의 각점을 연결하면 육면체가 바로 구하고자 하는 1소점 투시형이다.

▼도면 1 (1소점 기본도법의 작도법:①~⑨)

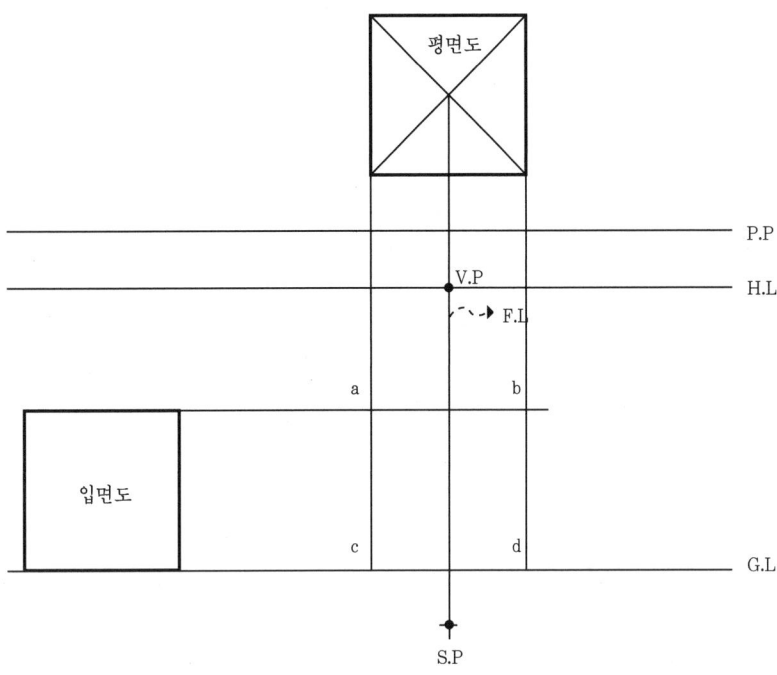

▼도면 2 (1소점 기본도법의 작도법:⑩~⑪)

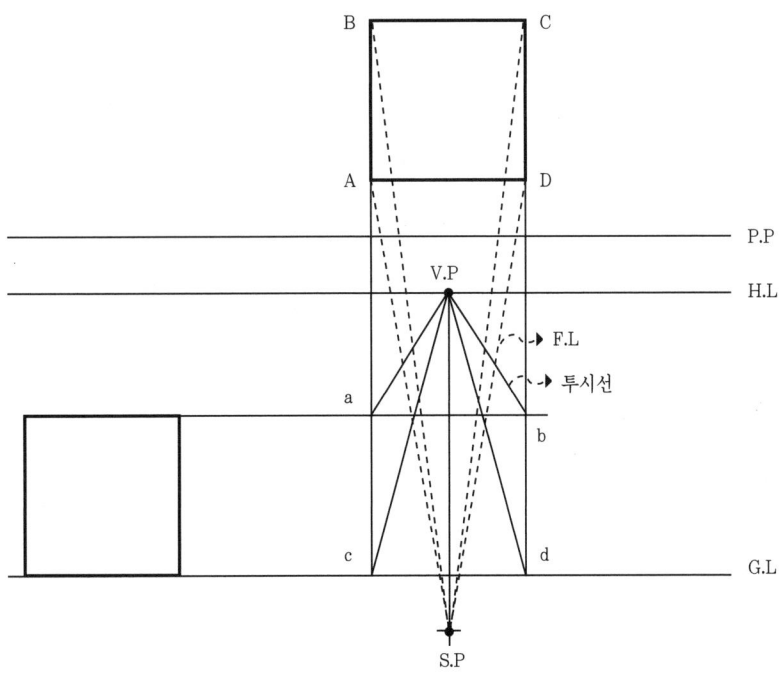

▼도면 3 (1소점 기본도법의 작도법:⑫~⑭)

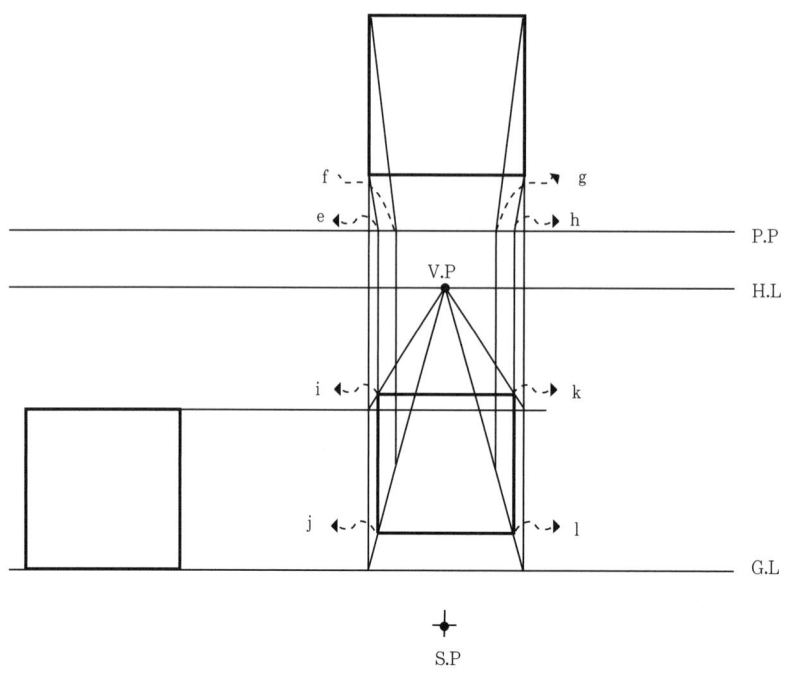

▼도면 4 (1소점 기본도법의 작도법:⑮~⑯)

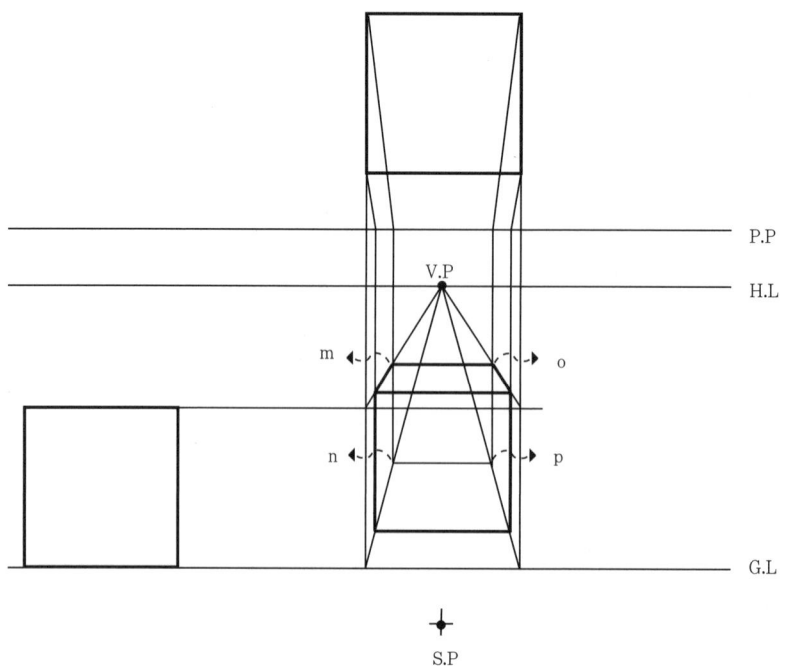

2소점 기본도법

〈작도법〉

① P.P, H.L, G.L을 수평으로 긋는다.
② 평면도를 P.P와 각도를 두고 설정한다.
③ 입면도를 G.L상에 설정한다.
④ S.P를 평면도 아래쪽에 임의로 설정한다. (화각이 45°인 범위에서)A에서 내려그은 수직선상에 S.P를 설정해도 무방하다
⑤ S.P에서 평면도상 AB, AD와 평행선을 그어 P.P와의 교점을 X, Y라 한다.
⑥ X, Y에서 수직선을 내려 그어 H.L과의 교점을 L.V.P, R.V.P라 한다.
⑦ P.P와 평면도가 만나는 점에서 수직선을 긋고, 입면도의 높이 $a_1 \sim a_2$를 설정한다. (평면도가 화면에 접해 있으므로 입면도의 높이를 그대로 적용된다)
⑧ S.P에서 평면도의 각 모서리점 A, B, C, D를 연결하는 선 F.L(족선)을 긋는다.
⑨ 점 $a_1 \sim a_2$에서 L.V.P, R.V.P에 결집되는 선(투시선)을 긋는다.
⑩ ⑧의 F.L과 P.P와 만나는 점을 b, c, d라 하고, 각각의 점에서 수직선을 내려 긋는다.
⑪ ⑩의 수직선과 ⑨의 투시선과의 교점을 $b_1 \sim b_2$, $d_1 \sim d_2$라 한다.
⑫ $b_1 \sim b_2$, $d_1 \sim d_2$에서 L.V.P, R.V.P에 결집되는 투시선을 긋는다. 그러면 교점 $c_1 \sim c_2$가 생긴다. 이 교점은 c에 내려 그은 수직선과 일치하게 된다.
  이 육면체가 구하고자 하는 2소점 투시형이다.

▼도면 1 (2소점 기본도법의 작도법:①~⑦)

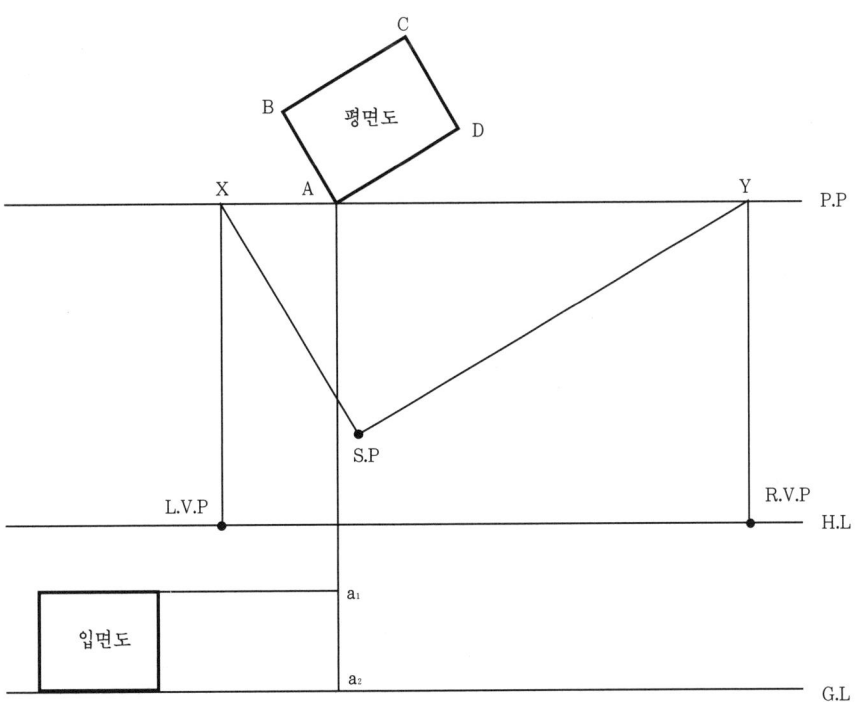

▼도면 2 (2소점 기본도법의 작도법:⑧~⑨)

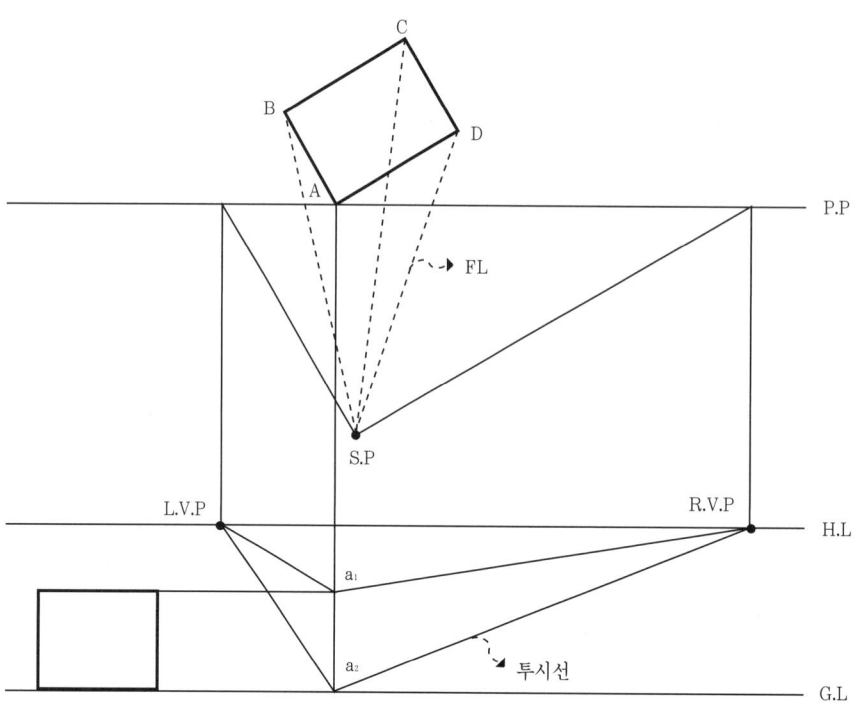

▼도면 3 (2소점 기본도법의 작도법:⑩)

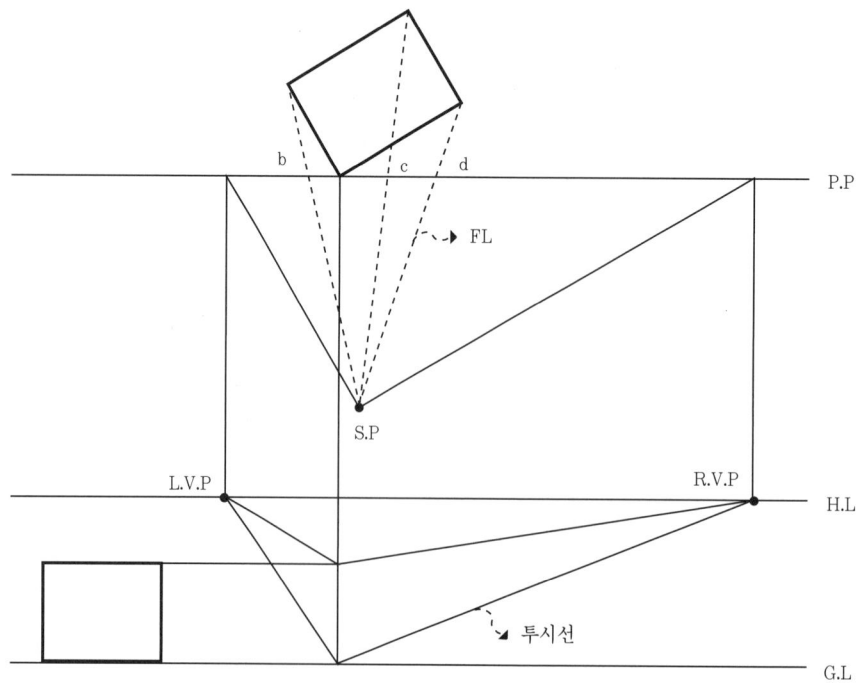

▼도면 4 (2소점 기본도법의 작도법:⑪~⑫)

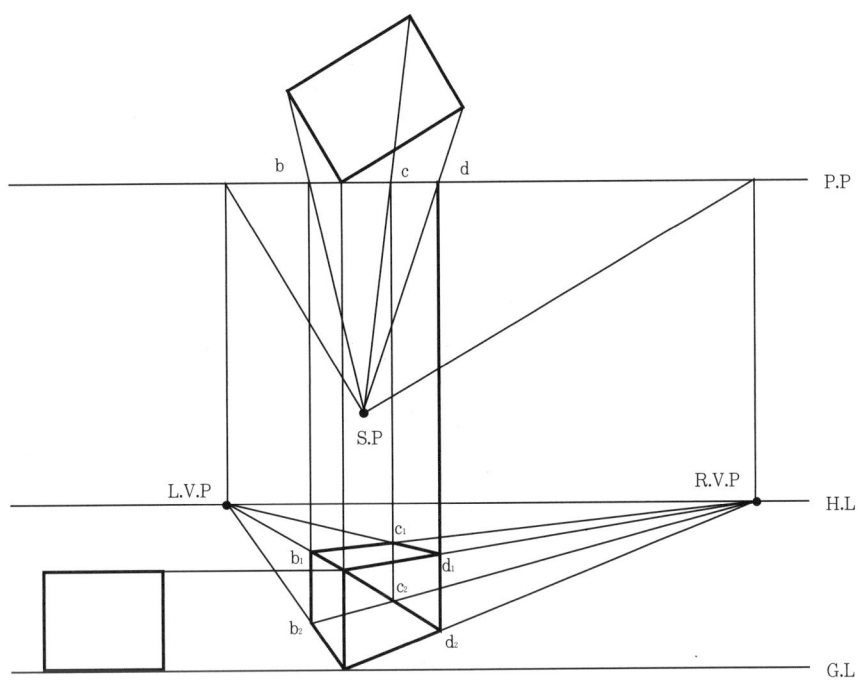

(5) 투시도 응용도법

축척(Scale)을 사용하여 그리는 도법으로 실제로 많이 사용하는 방법이다. 다음의 예를 1/40을 기준하여 작도하여 보자. 투시도에는 축척이 존재하지 않으나 기준이 되는 점에서는 축척을 사용할 수 있다.

실내 1소점법(평행 45°법)

이 도법은 동방디자인학원에서 연구·개발한 도법입니다. 잘 알고 사용합시다.

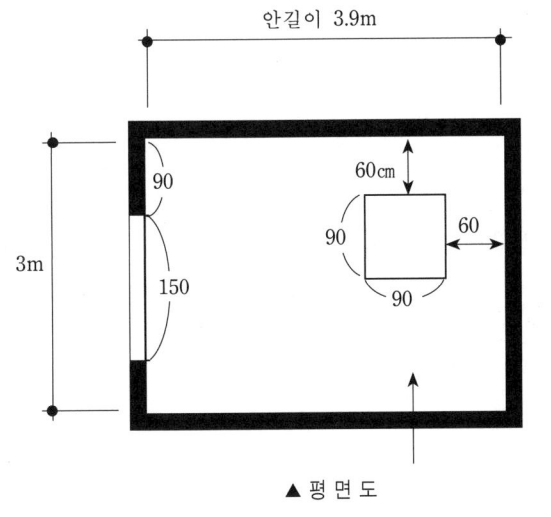

▲ 평면도

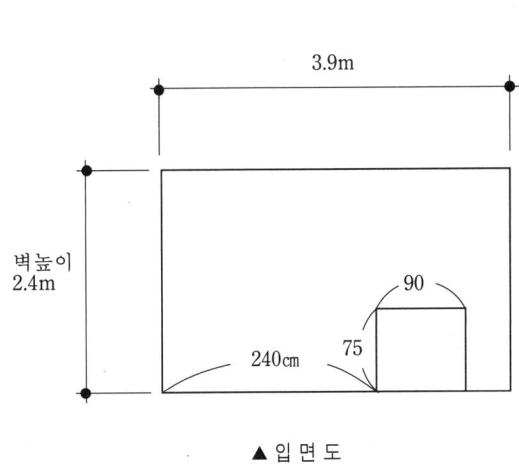

▲ 입면도

〈작도법〉

① P.P겸 H.L을 긋는다.
② 평면도를 배치한다. 화살표 방향에서 보았을 경우 마주보이는 벽체를 P.P상에 접하도록 한다. 그림에서는 굵은 점선 사각형이 평면도가 배치된 상태이다. (S.P설정을 위해서 평면도를 배치하며, S.P가 설정된 후는 필요 없는 상태이므로 흐리게 그리도록 한다)
③ 평면도 내에 수직선을 긋는다. 수직선의 위치에 따라 좌우 벽체의 넓이가 달라진다.
　①의 P.P/H.L이 만나는 점이 V.P가 된다.
④ 화각 45°내에 평면도가 배치될 수 있도록 ③의 수직선상에 S.P를 설정한다.
⑤ ①의 P.P/H.L에서 1.5m 아래에 G.L을 긋는다. (사람의 눈높이가 보통 1.5m 이므로)
⑥ 화면에 접한 벽체의 입면도를 G.L상에서부터 그린다. (벽체높이:주택에서는 2.4m가 기준이다)
⑦ V.P에서 입면도 각 모서리로 향하여 벽 모서리선을 긋는다. 이렇게 해서 바닥, 벽, 천정의 형태가 잡히게 된다.
⑧ 입면도내의 G.L상에 30cm 눈금을 왼쪽부터 측량한다.
⑨ V.P에서 30cm 눈금을 지나는 선을 긋는다.
⑩ V.P에서 S.P까지의 거리를 V.P를 중심으로 하여 P.P/H.L상으로 이동시킨다. 이 점이 D.P이다. (V.P~S.P거리 = V.P~D.P거리)
⑪ D.P에서 ⑧의 30cm 눈금 시작점을 지나는 선을 긋는다.
⑫ ⑪의 선과 ⑨의 선이 만나는 점을 지나는 수평선을 긋는다.
　이렇게 하면 그리드(Grid)가 생기는데 이 그리드의 규격은 30cm×30cm이다.
⑬ 그리드가 쳐있는 바닥에 물체의 위치 a, b, c, d를 설정한다.
⑭ 물체의 바닥모서리 a, b, c, d에서 수직선을 긋는다.
⑮ 입면도상에 물체의 높이를 측량한다.
⑯ V.P에서 ⑮의 물체 높이점을 지나는 선을 긋는다.
⑰ 물체의 바닥선을 벽 모서리까지 이동시킨다.
⑱ ⑰선과 벽모서리가 만난점에서 수직선을 긋는다.
⑲ ⑯선과 ⑱선이 만나는 점에서 수평선을 그어 물체의 높이를 확정한다.
⑳ 입방체 투시형을 완성한다.
㉑ 입면도상에 바닥에서 창문높이를 측량한다. (여기서는 임의로 한다. 보통 90cm 정도)
㉒ ㉑로부터 창틀높이를 측량한다. (여기서는 임으로 한다. 보통 120cm 정도)
㉓ V.P에서 ㉑, ㉒점을 지나는 투시선을 긋는다.
㉔ 주어진 평면도를 보고 창문의 위치를 설정한 다음 수직선을 긋는다.
　이렇게 하면 창문의 형태가 완성된다.
　실제로 투시도를 그릴 때도 모든 가구를 입방체형으로 만든 다음 형태를 추출해 내는 것이다.

▼도면 1 (실내 1소점법〈평행 45°법〉의 작도법:①~⑦)

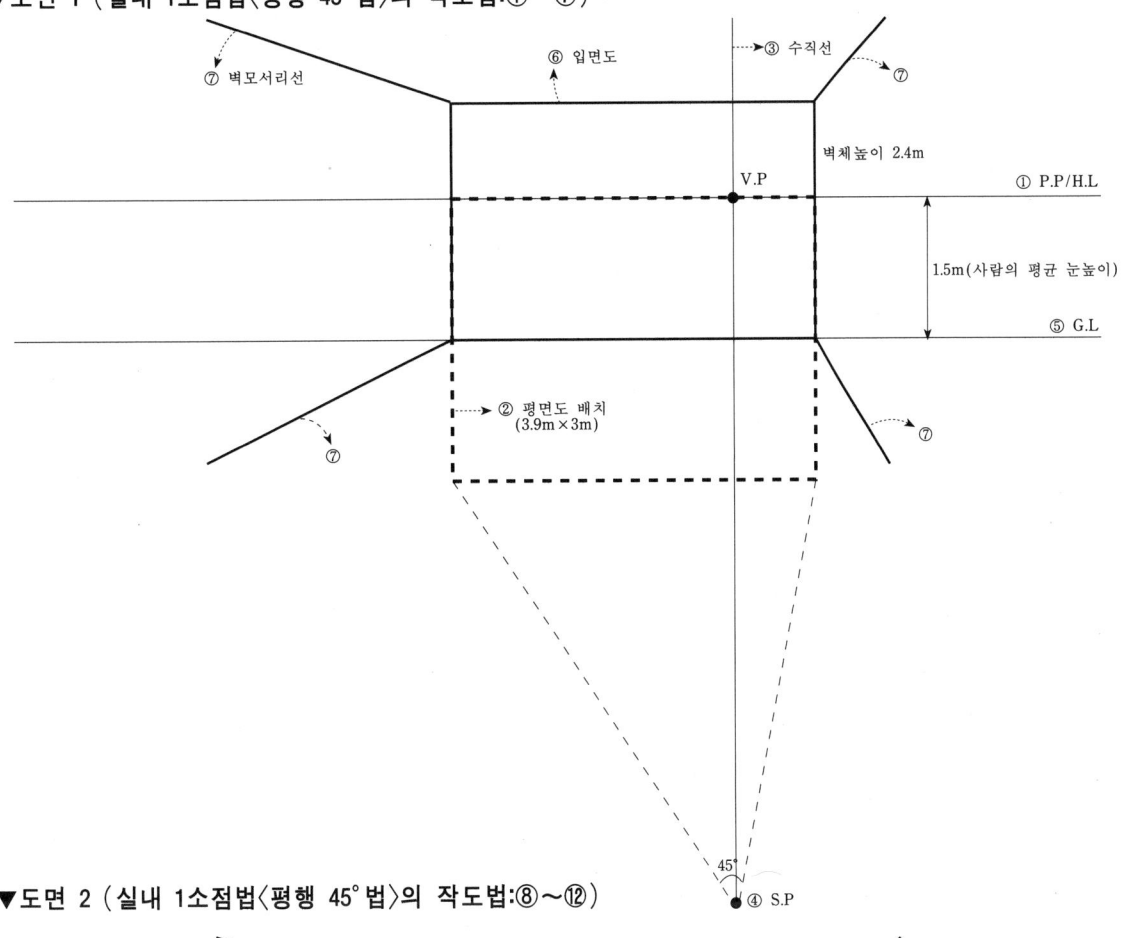

▼도면 2 (실내 1소점법〈평행 45°법〉의 작도법:⑧~⑫)

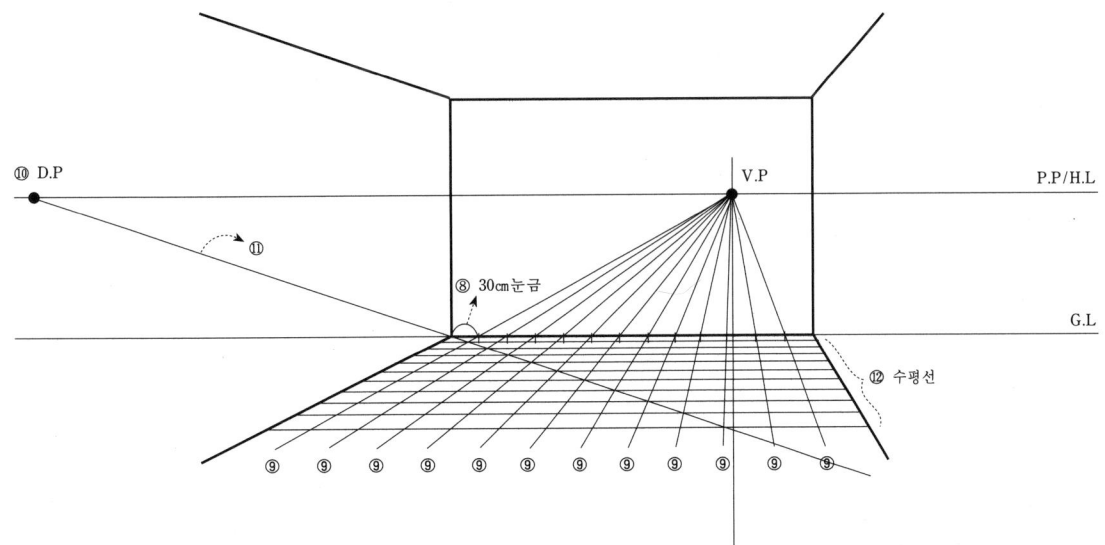

▼도면 3 (실내 1소점법〈평행 45°법〉의 작도법: ⑬~㉔)

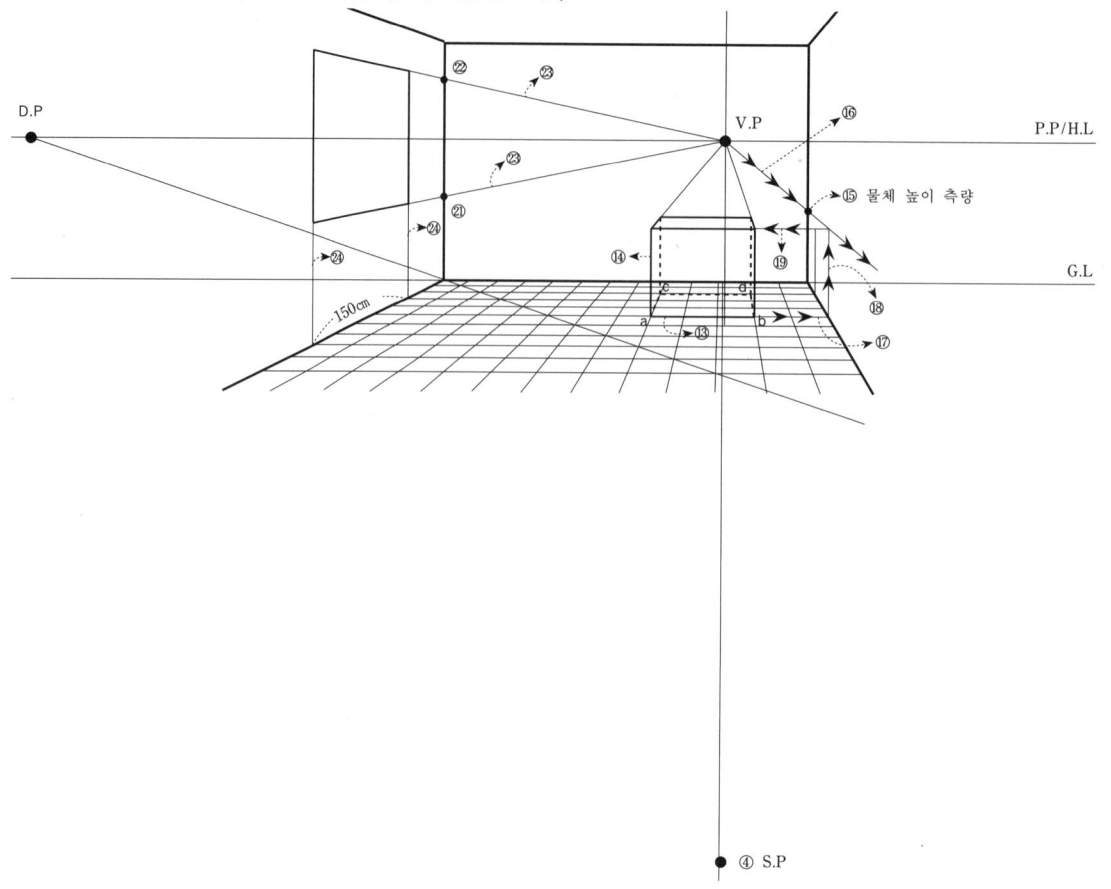

실내 2소점법(측점법)

이 도법은 동방디자인학원에서 연구·개발한 도법입니다. 잘 알고 사용합시다.

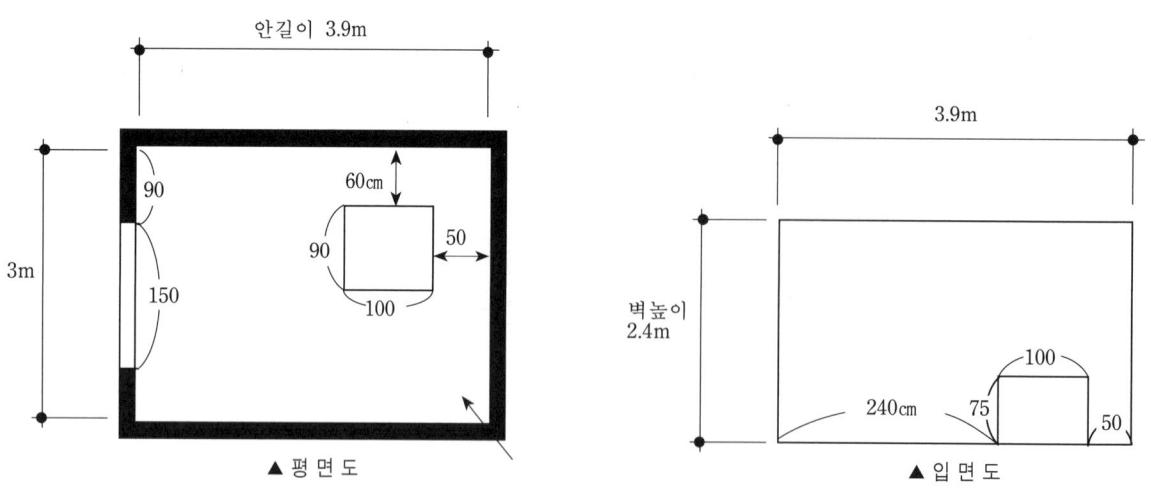

▲ 평면도 ▲ 입면도

〈작도법〉

① P.P겸 H.L을 긋는다.

② 평면도를 배치한다. 화살표 방향에서 보았을 때 중심이 되는 벽모서리를 P.P/H.L에 접하도록 배치한다. S.P설정후는 필요하지 않으므로 흐리게 그린다. 여기서는 왼쪽벽이 3m, 오른쪽 벽이 3.9m가 되도록 배치한다.

③ 수직선을 평면도 모서리를 지나도록 내려 긋는다.
④ 배치된 평면도 끝이 화각 45°내에 들어오도록 S.P를 ③의 수직선상에 설정한다.
⑤ 배치된 평면도 각변과 평행이 되게 S.P에서 부터 P.P/H.L로 선을 그으면 만나는 점이 생기는데 이점이 소점(V.P)이다.
⑥ L.V.P에서 S.P까지의 거리를 L.V.P를 중심으로 P.P/H.L상으로 이동시키면 만나는 점이 R.M.P가 되고, R.V.P에서 S.P까지의 거리를 R.V.P를 중심으로 P.P/H.L상으로 이동시키면 만나는 점이 L.M.P가 되는데 이 두점이 바로 측점(Measuring point)이다.
⑦ ①의 P.P/H.L에서 1.5m 아래에 G.L을 수평으로 긋는다. (사람의 눈높이가 보통 1.5m 이므로)
⑧ ③의 수직선과 ⑦의 G.L이 만나는 점에서 부터 벽체높이(기준벽 모서리)를 설정한다.
⑨ ⑧의 벽체높이를 중심으로 L.V.P, R.V.P에서 벽체선을 긋는다.
⑩ G.L상에 30㎝ 눈금을 측량한다. 여기서는 평면도가 배치된 대로 왼쪽은 3m, 오른쪽은 3.9m만 측량한다.
⑪ L.M.P, R.M.P에서 30㎝ 눈금을 지나는 선을 ⑨의 벽모서리선까지 긋는다.
⑫ ⑪의 선과 ⑨의 벽모서리가 만나는 점을 지나는 투시선을 L.V.P와 R.V.P로부터 그으면 격자무늬가 생기는데 규격은 30㎝×30㎝이다.
⑬ 그리고자 하는 물체를 그리드가 쳐있는 바닥에 배치한다.
⑭ 배치된 물체의 각 모서리에서 수직선을 올려 긋는다.
⑮ 기준벽 모서리에 물체의 높이를 측량한다.
⑯ L.V.P에서 ⑮점을 지나는 투시선을 긋는다.
⑰ 물체의 바닥선을 벽 모서리까지 이동시킨다.
⑱ ⑰선과 바닥모서리가 만나는 점에서 수직선을 올려 긋는다.
⑲ ⑯선과 ⑱선이 만나는 점을 지나는 선을 R.V.P로부터 긋는다.
⑳ 입방체를 완성한다.
㉑ 기준벽 모서리에 창문의 높이를 측량한다. (여기서는 임으로 한다)
㉒ ㉑점을 지나는 선을 R.V.P로 부터 긋는다.
㉓ 창문의 위치를 바닥 모서리선에 측량하여 수직선을 올려 긋는다.
이렇게 하면 창문의 형태가 완성된다.

▼도면 1 (실내 2소점법〈측점법〉의 작도법: ①~⑥)

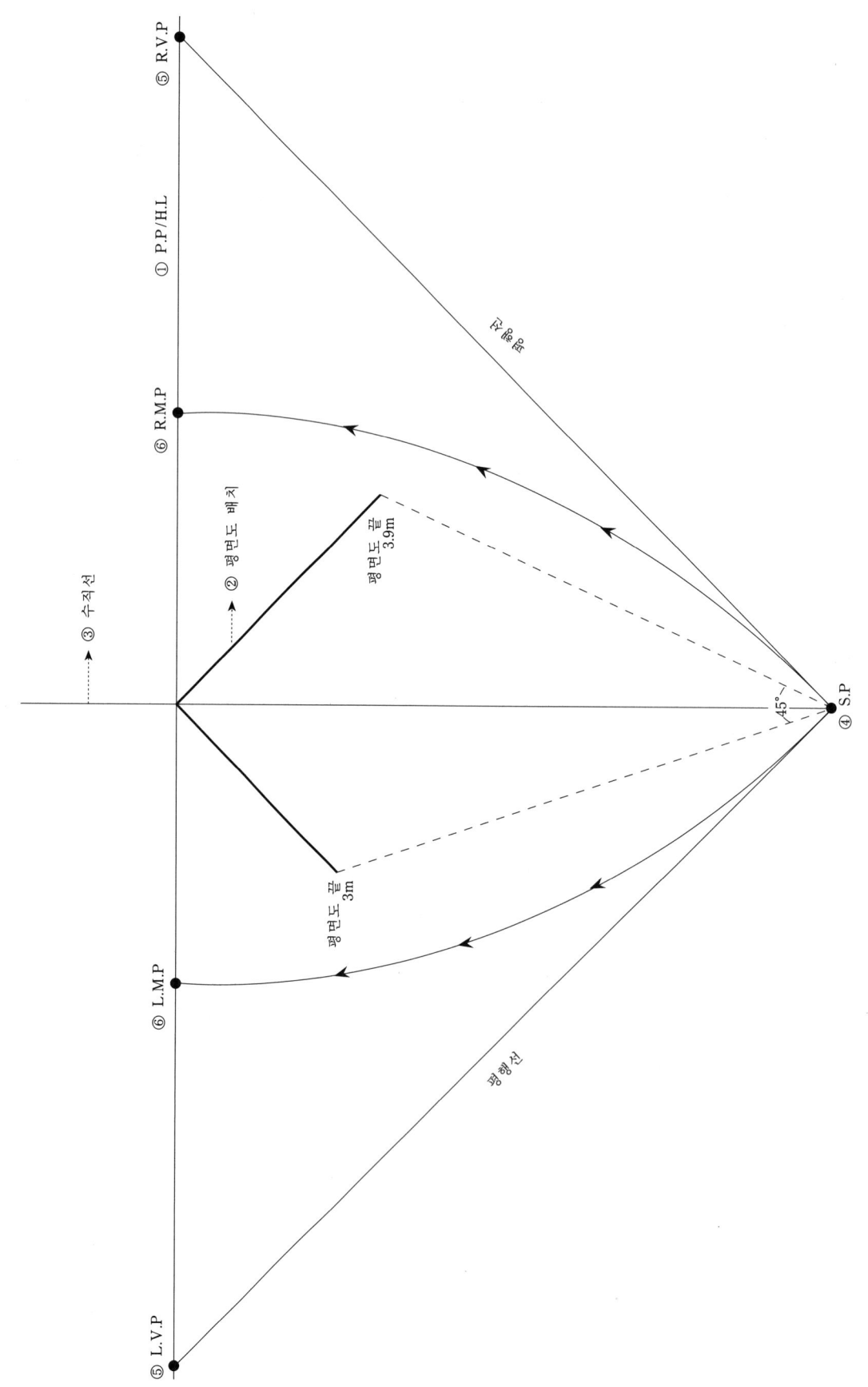

▼도면 2 (실내 2소점법〈측점법〉의 작도법:⑦~⑫)

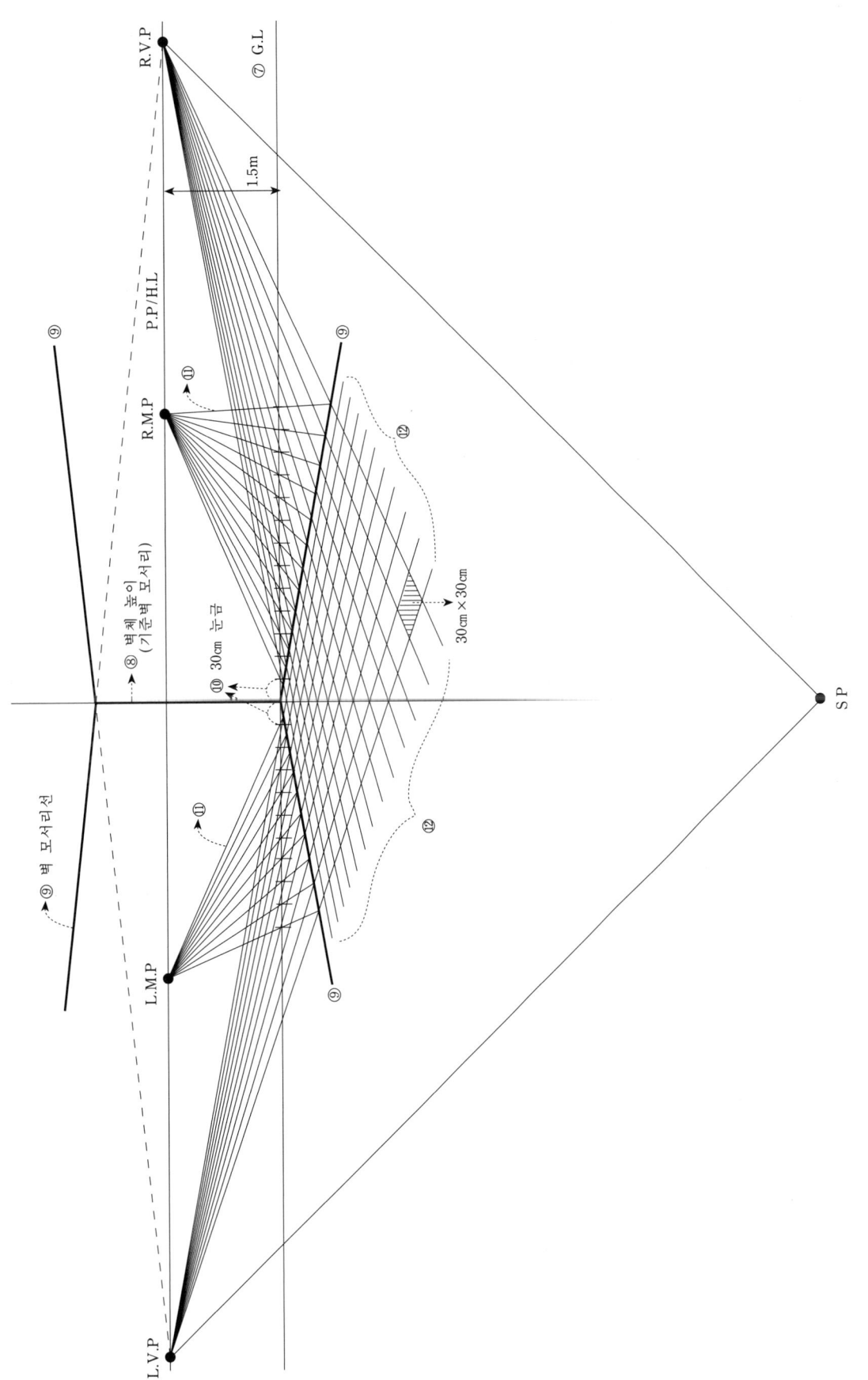

▼도면 3 (실내 2소점법〈측점법〉의 작도법:⑬~㉓)

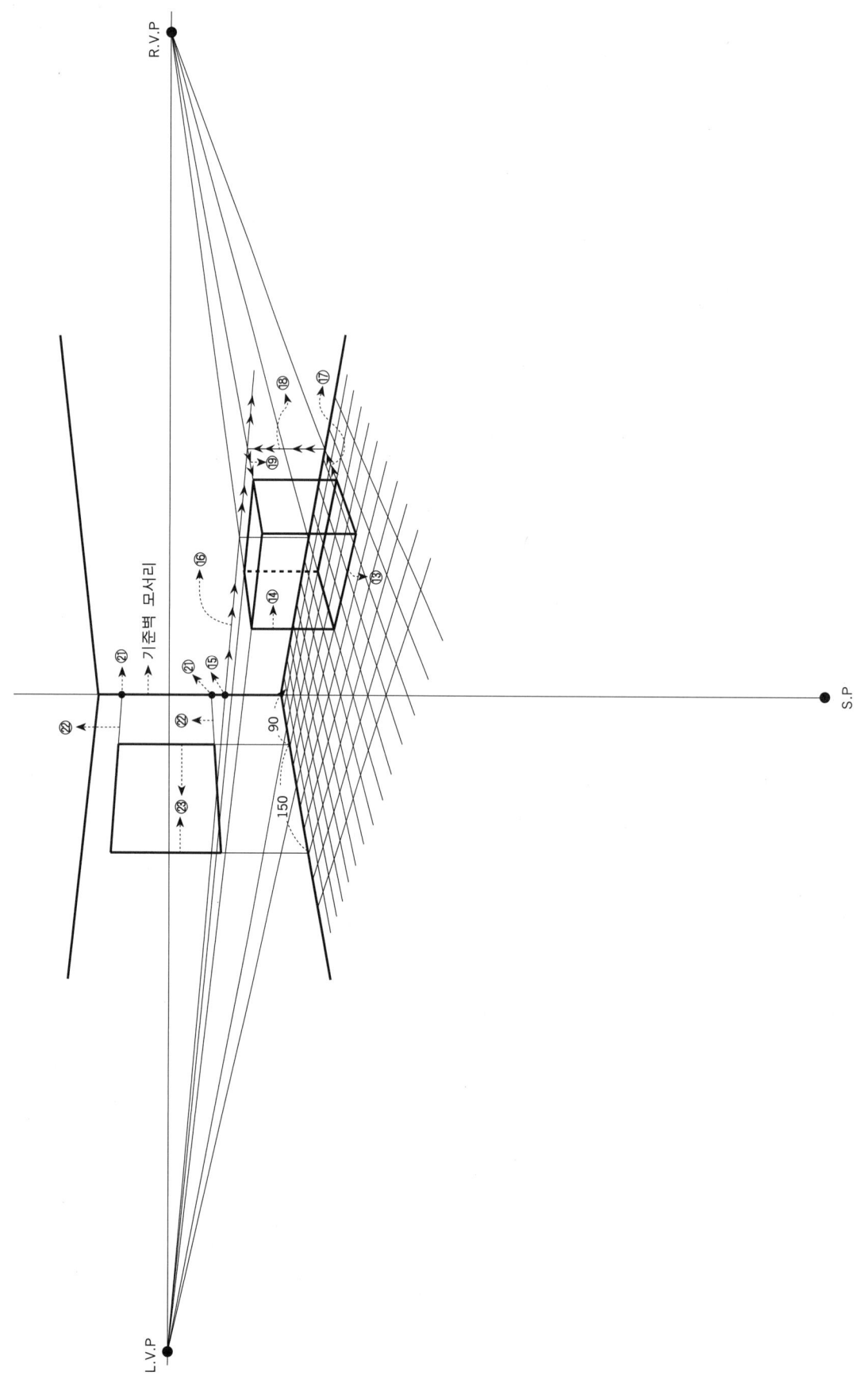

제2장 투시도 점경표현

(1) 조명기구

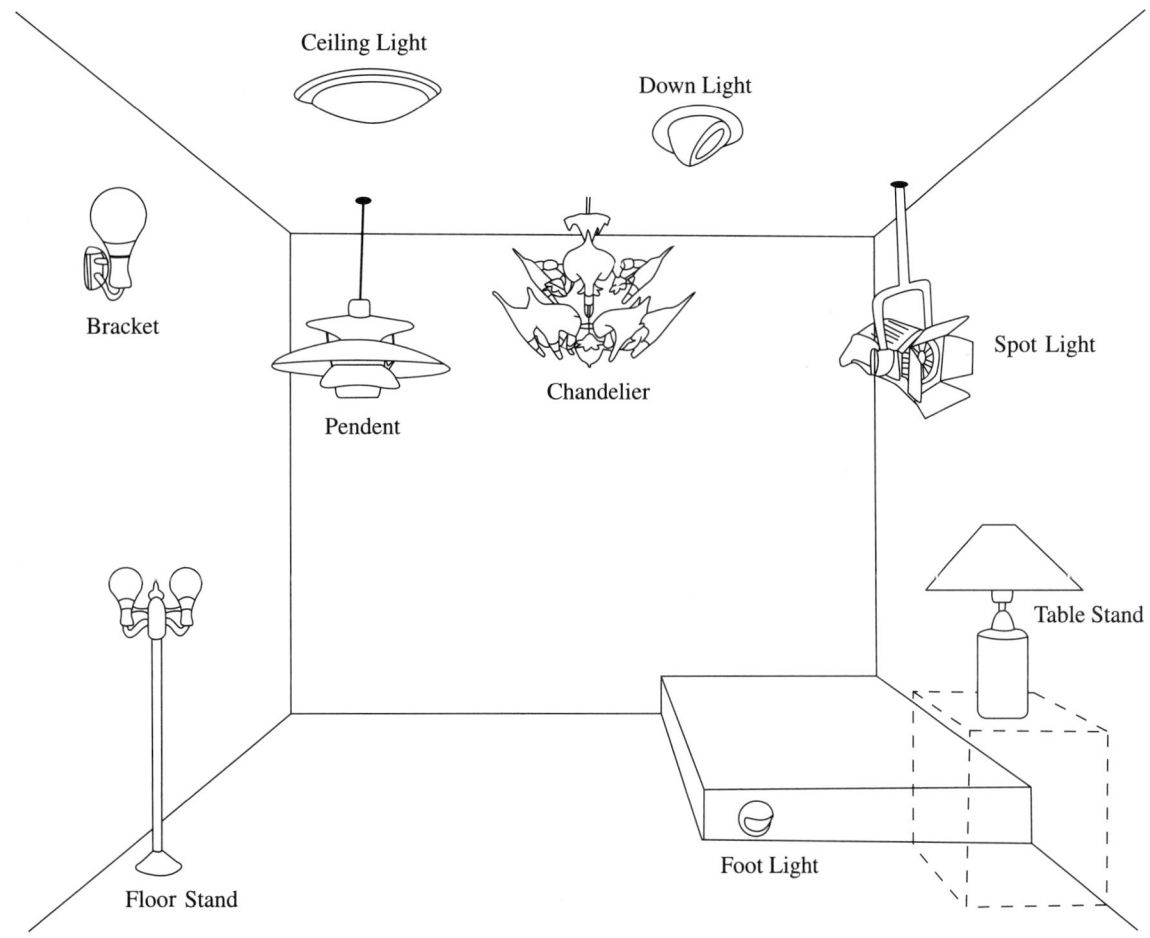

【부착위치에 의한 분류】
- 천정등(Ceiling Light)
  - 매입등(Down Light)
  - 스포트라이트(Spot Light)
  - 펜던트(Pendent)
  - 샹들리에(Chandelier)
  - 일반천정등(Ceiling Light)
- 벽등(Wall Light)
  - 브라켓(Bracket)
- 바닥등(Floor Light)
  - 풋라이트(Foot Light)
- 스탠드(Stand Light)
  - 플로어스탠드(Floor Stand)
  - 테이블스탠드(Table Stand)

【전구의 종류】
- 형광등(F.L.)
- 백열등(I.L.)
- 할로겐등
- 수은등
- 메탈라드등
- 나트륨등

(2) 수목

(3) 가구

(4) 소품, 악세사리 등

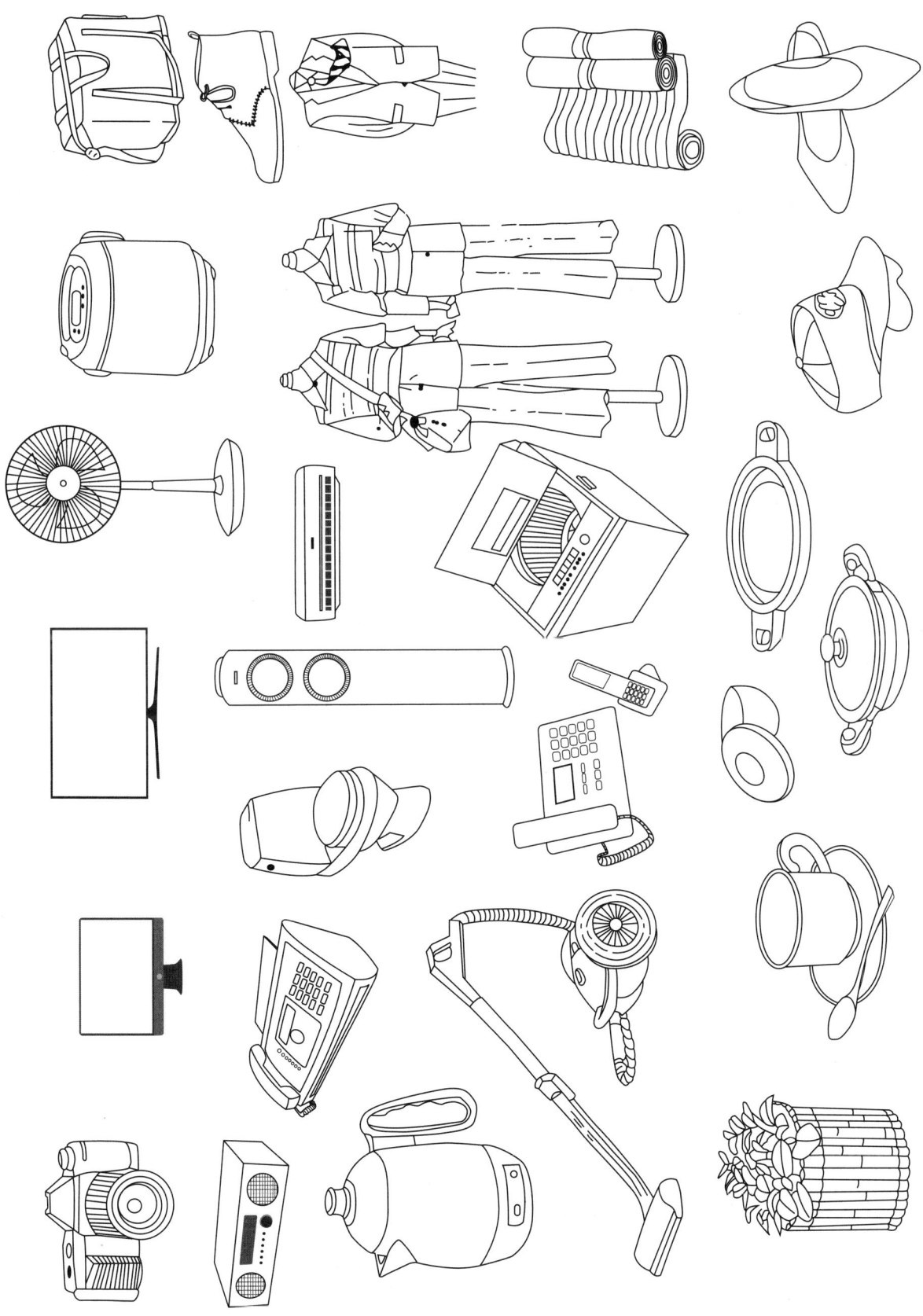

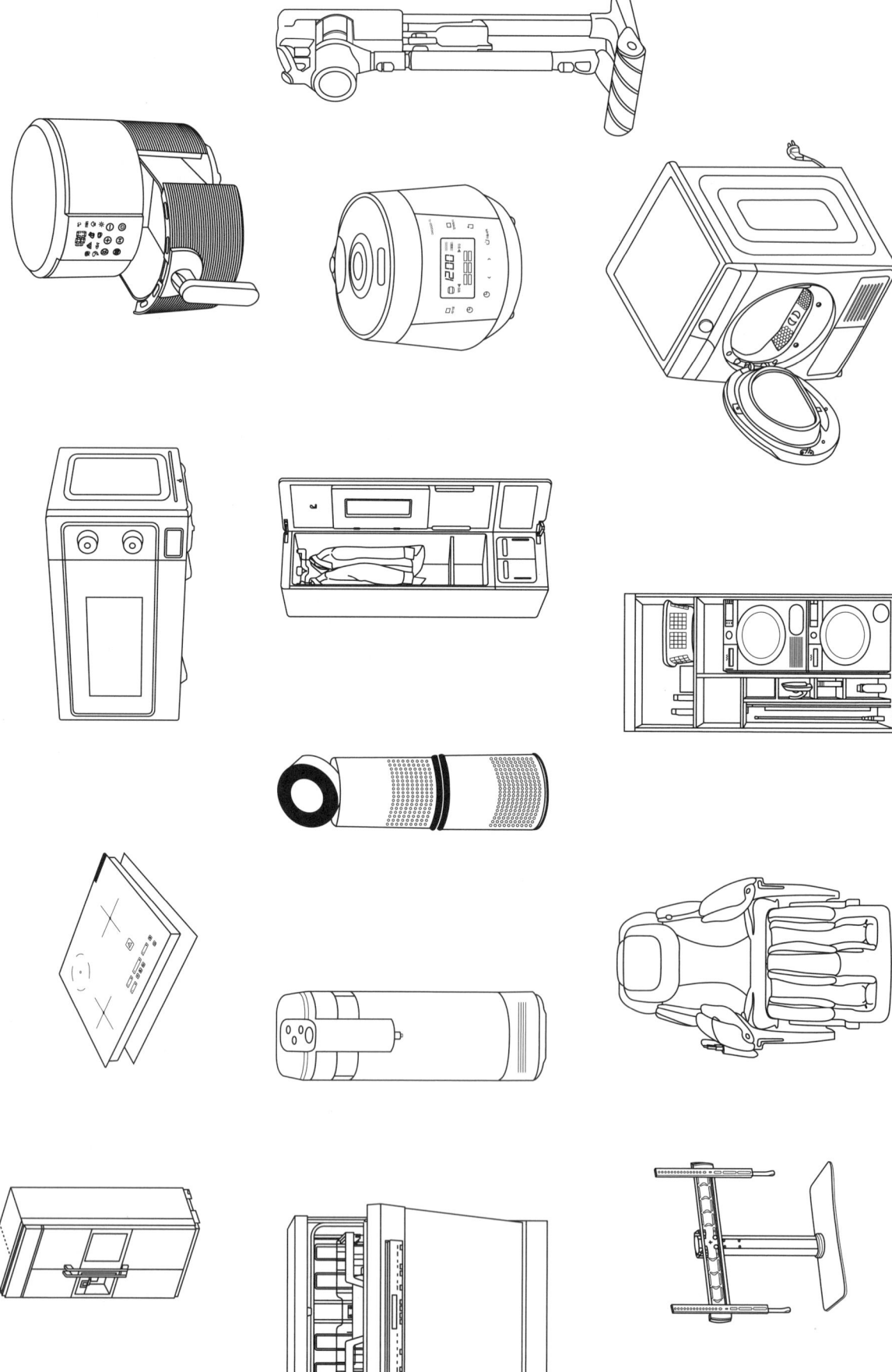

제3편

공간별 가구치수

제1장 주거공간

[1] 각 실의 실내계획

(1) 거실(Living room)

① 거실의 가구배치 유형

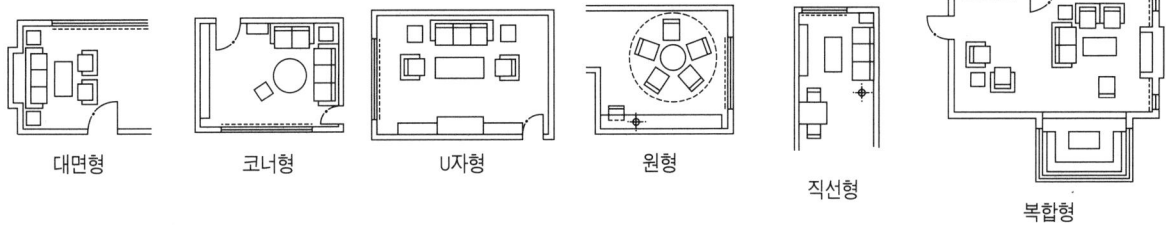

대면형   코너형   U자형   원형   직선형   복합형

② 거실의 규모

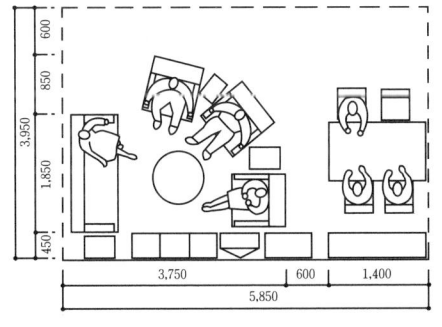 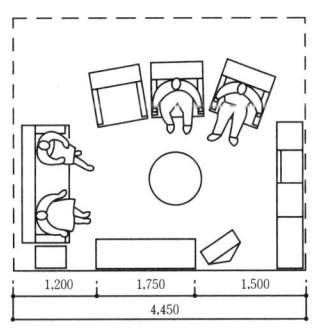 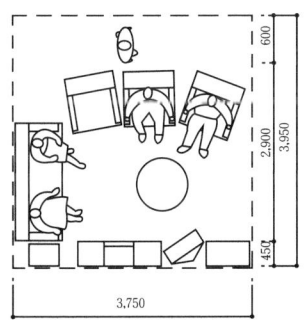

③ 거실가구의 필요치수

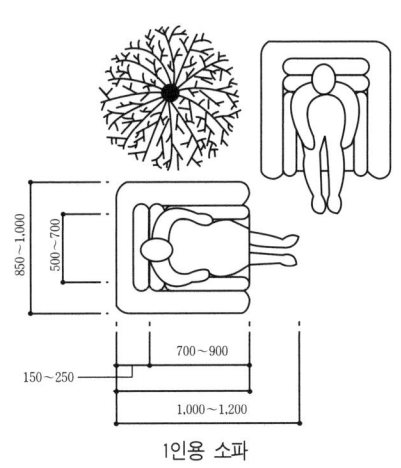 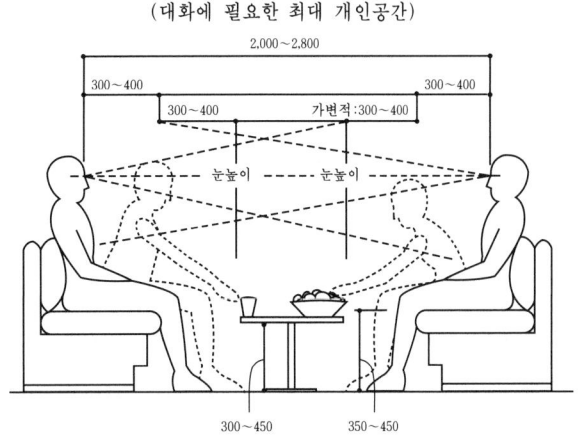

1인용 소파   (대화에 필요한 최대 개인공간)

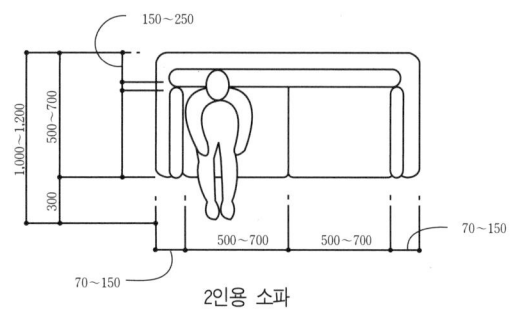

2인용 소파

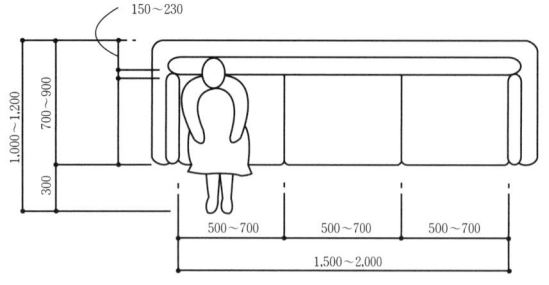

3인용 소파

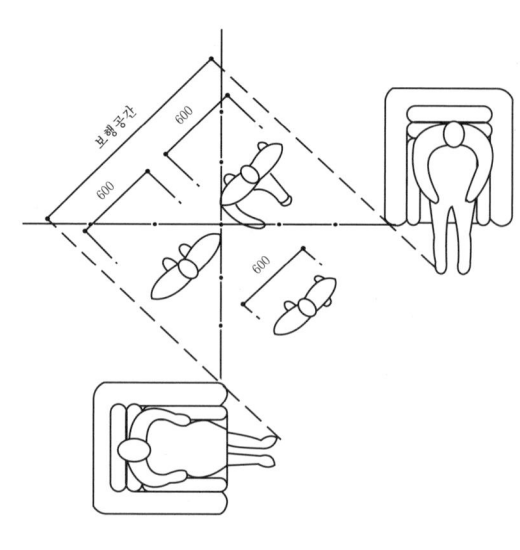

④ TV시청거리 및 오디오 청취거리

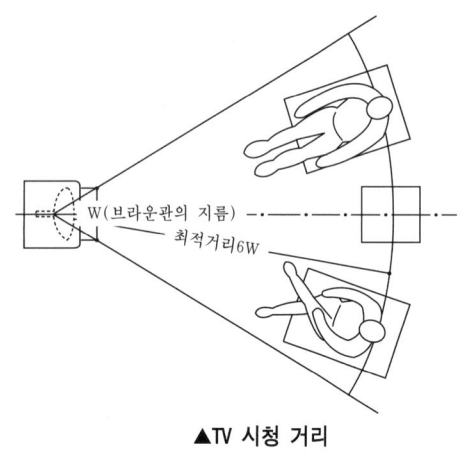

▲TV 시청 거리

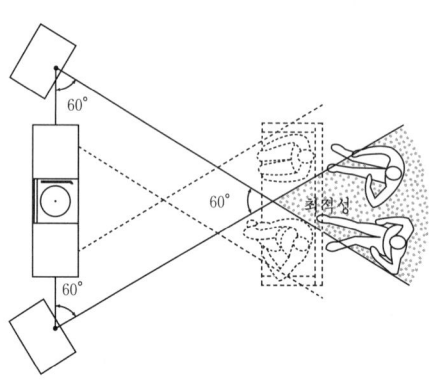

▲오디오 청취 거리

⑤ 거실 가구의 종류와 치수

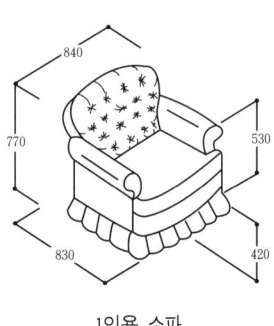

1인용 소파

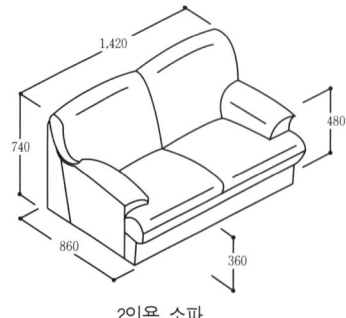

2인용 소파

3인용 소파

취침용 의자

흔들의자

사각테이블

원형테이블

오디오

텔레비젼

그랜드피아노

입형피아노

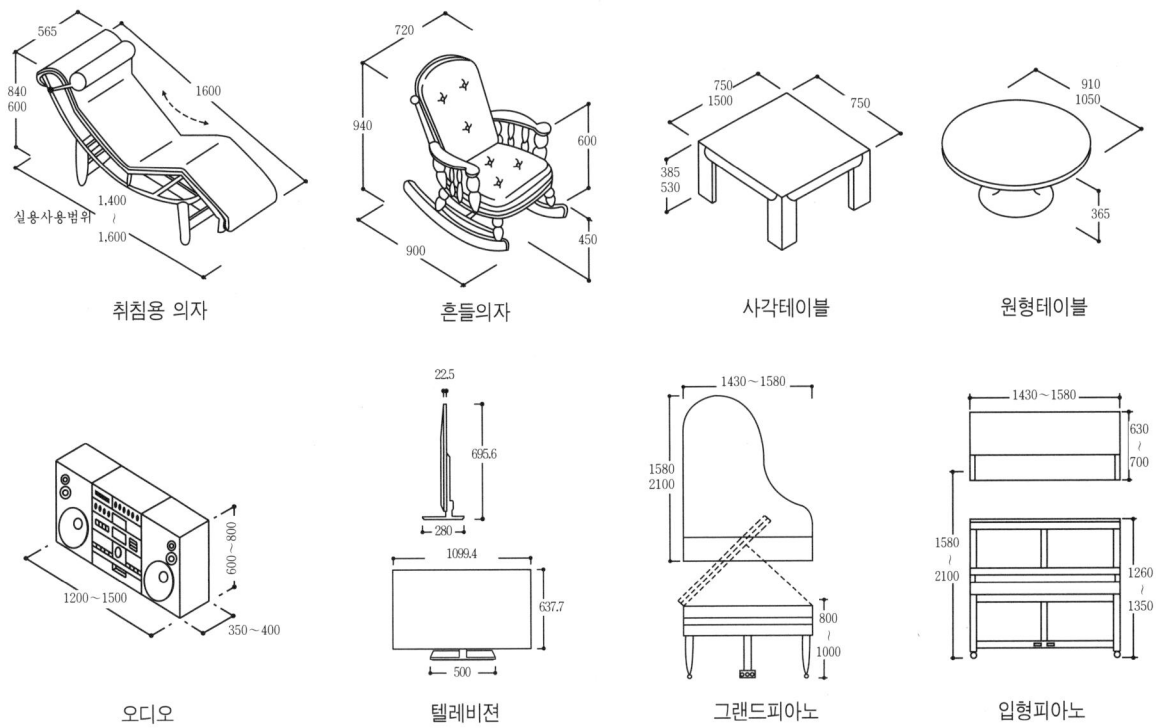

(2) 식당(Dining room)

① 식당공간의 필요치수

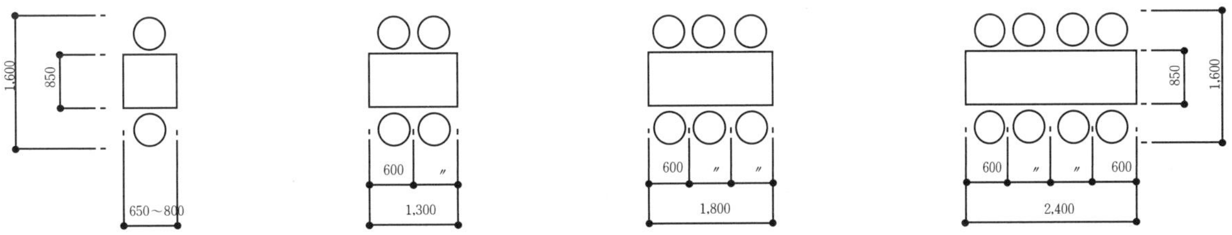

▲대좌형

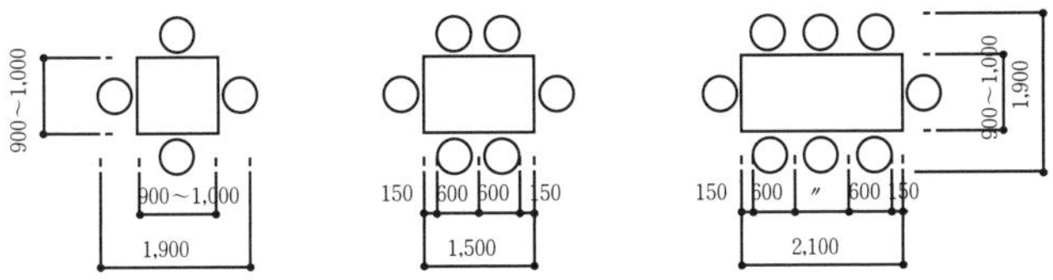

▲주위형

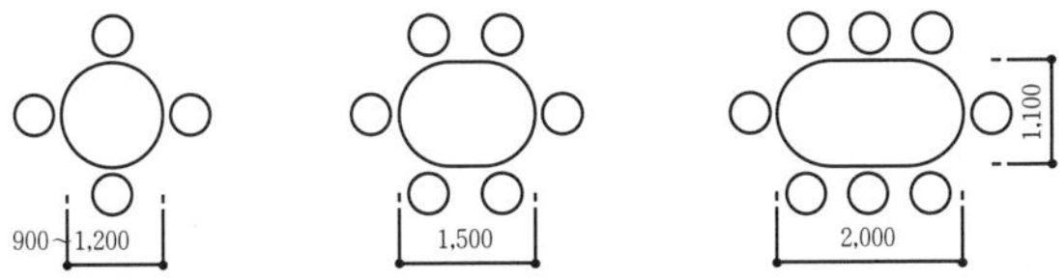

▲원형

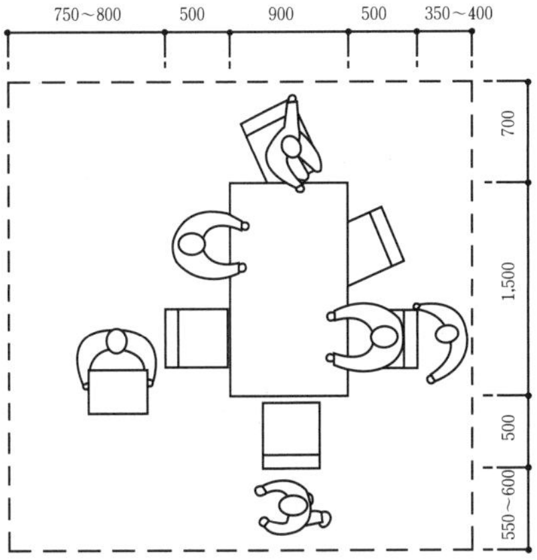

② 식당의 규모

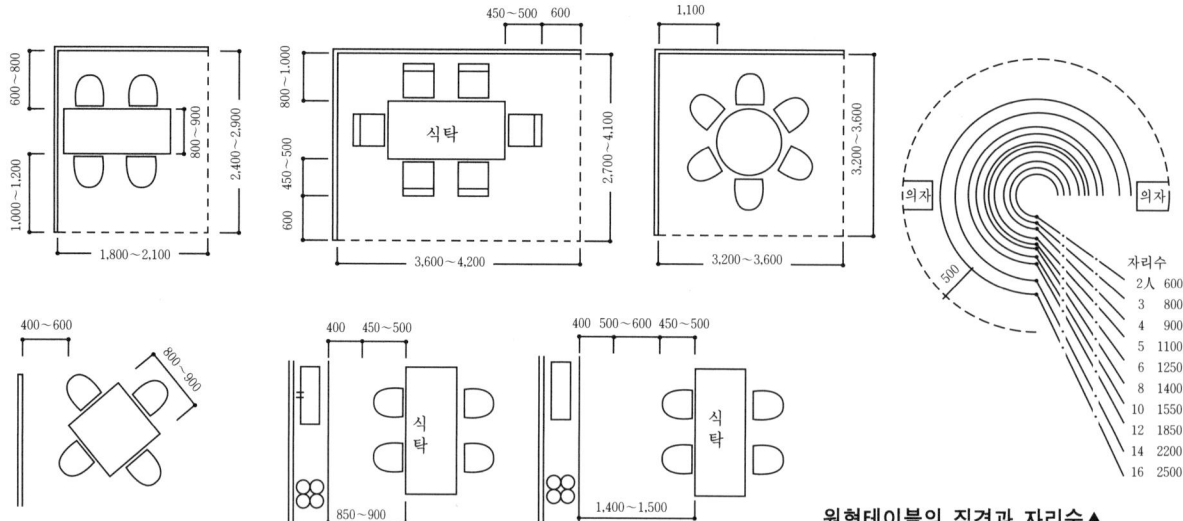

원형테이블의 직경과 자리수▲

③ 식사와 인체치수

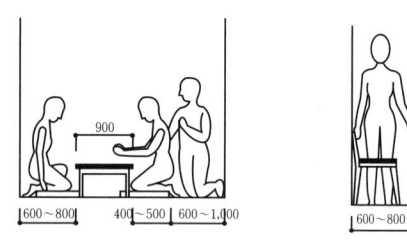
식탁주변의 틈새

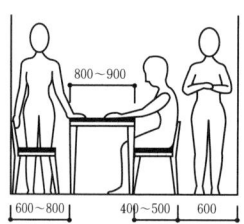
실내주변의 틈새

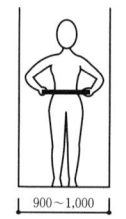
웨이터용 출입폭

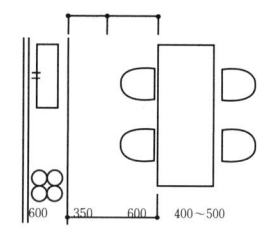
다이닝키친

④ 식탁과 의자높이

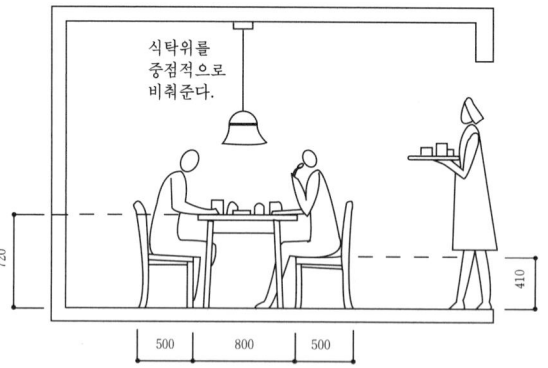

(3) **부엌(Kitchen)**

① 부엌의 유형

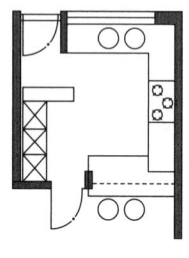
독립형 부엌

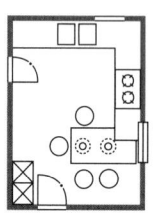
오픈키친

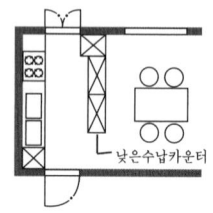
반독립형 부엌

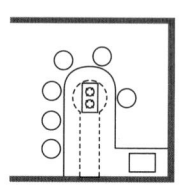
아일랜드키친

② 부엌의 설비계획
  ㉮ 작업대의 배치유형

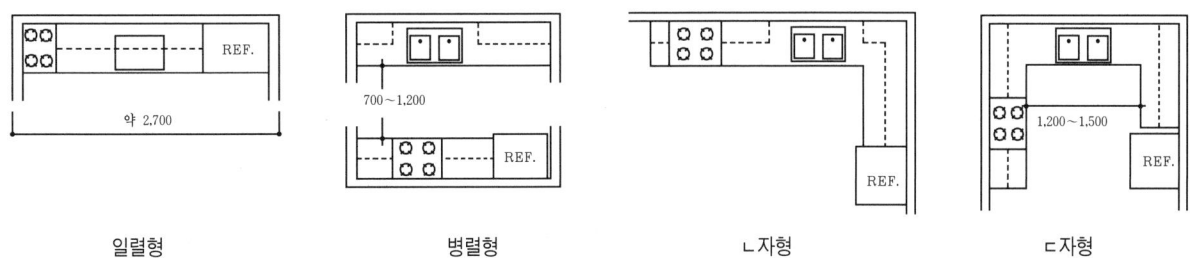

일렬형   병렬형   ㄴ자형   ㄷ자형

  ㉯ 작업영역과 작업대의 치수계획

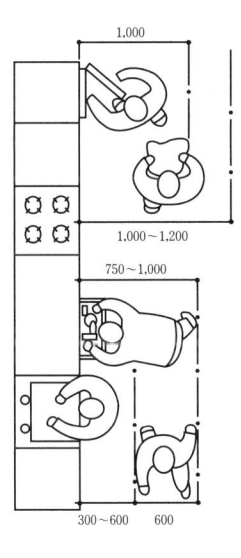
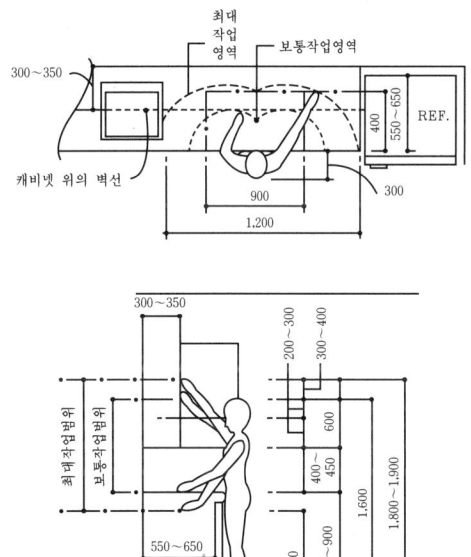

  ㉰ 작업대의 조명방법 및 조명계획

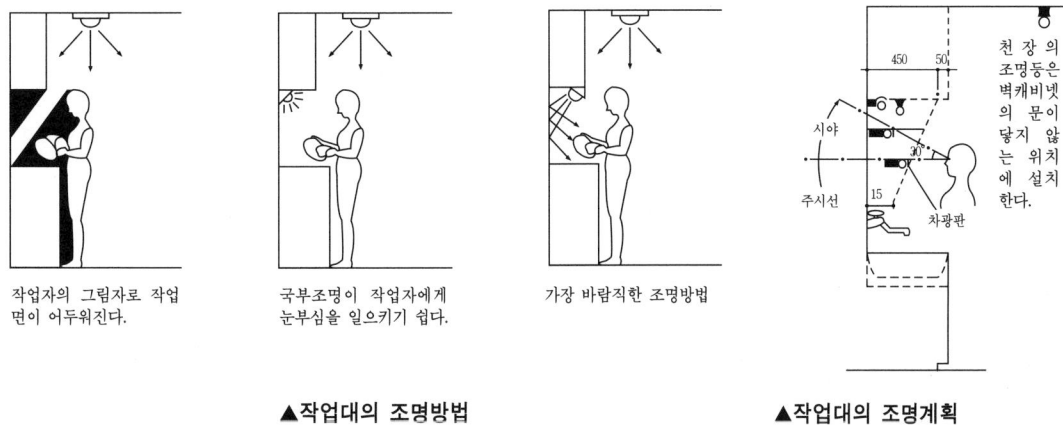

▲작업대의 조명방법   ▲작업대의 조명계획

③ 부엌가구의 종류와 치수

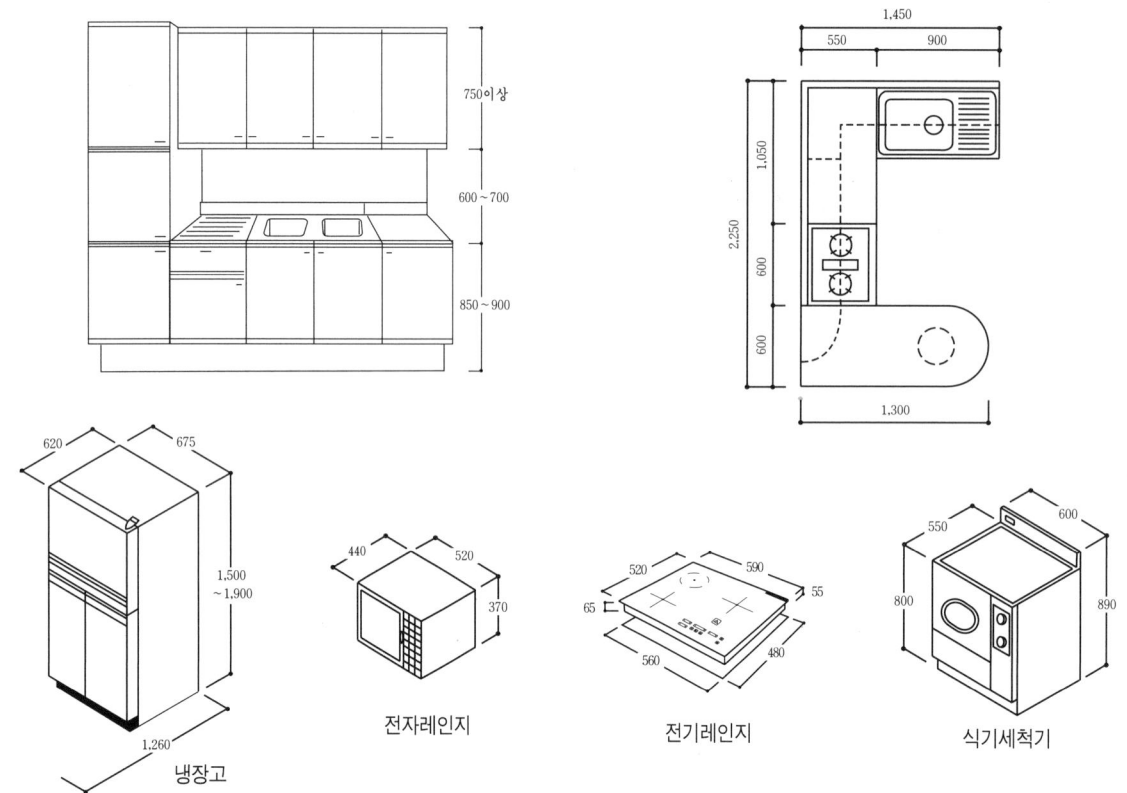

▲ㄷ자 라운드 카운터형 부엌의 치수 예

(4) 침실(Bed room)

① 침실의 규모

▲침구배치와 필요공간(한식)

싱글베드   더블베드   트윈베드 A   트윈베드 B

▲침구배치와 필요공간(양식)

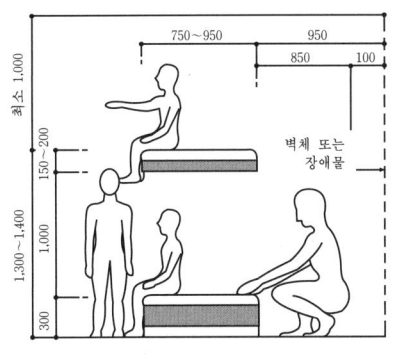
▲2층침대의 필요공간

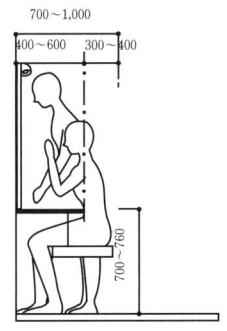
▲화장을 위한 필요공간

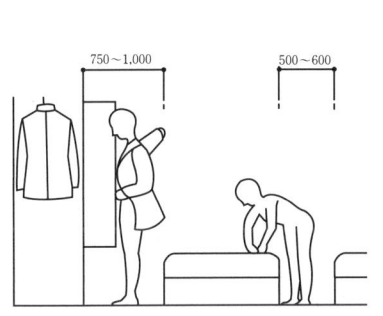
▲옷을 갈아입기 위한 필요공간

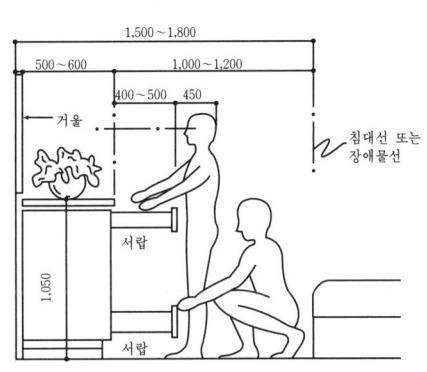

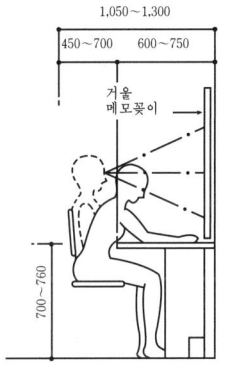
책상 또는 화장대의 필요공간▲

학생1인 : 수면, 공부

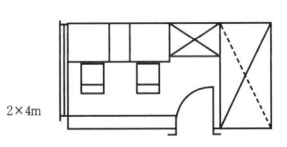
학생2인 : 수면·공부

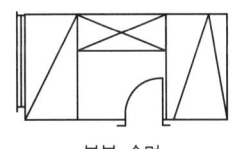
부부 : 수면

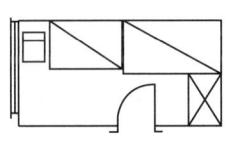
성인1인·유아 : 수면·육아

유아1인 : 수면·놀이·공부

학생2인 : 수면·공부

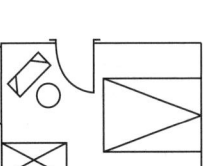
부부 : 수면·화장

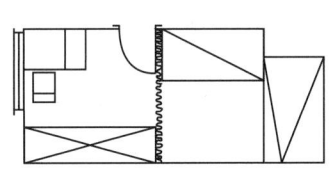
부부 : 수면·화장·독서

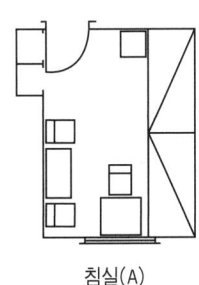
침실(A)

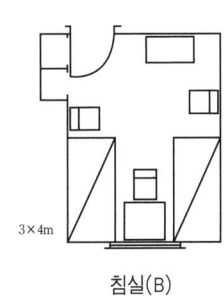
침실(B)

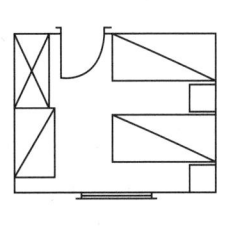
부부 및 유아 침실

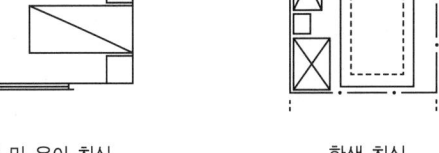
학생 침실

▲각종 침실의 평면 예

② 침실가구의 종류와 치수
㉮ 침대

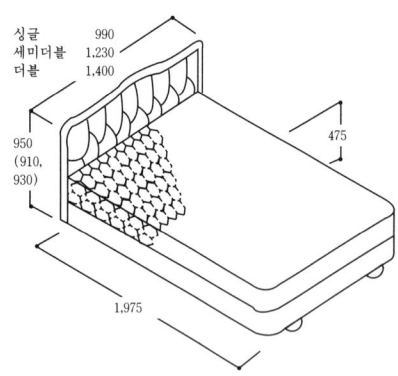
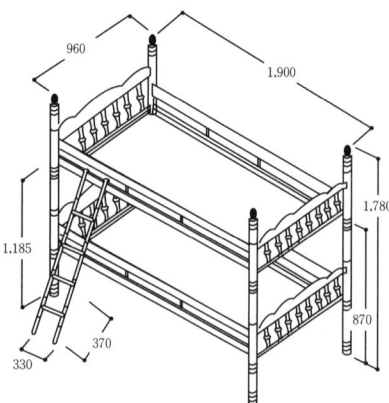

㉯ 화장대

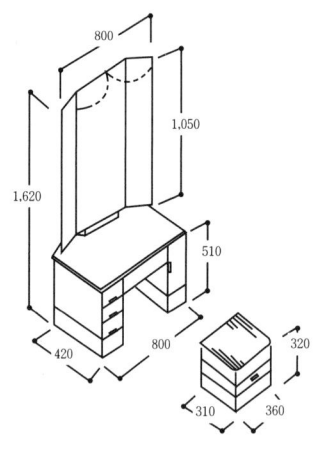
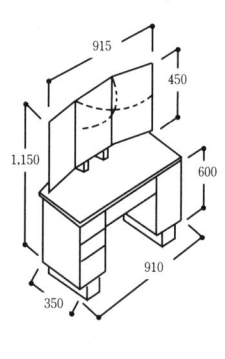

㉰ 의자와 소파

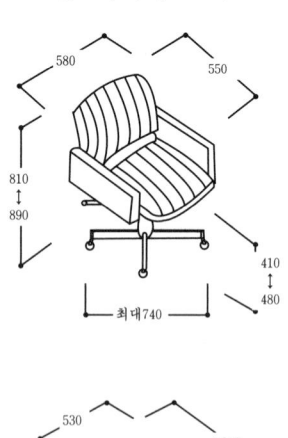
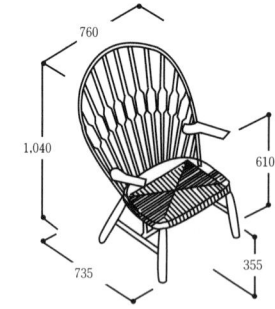
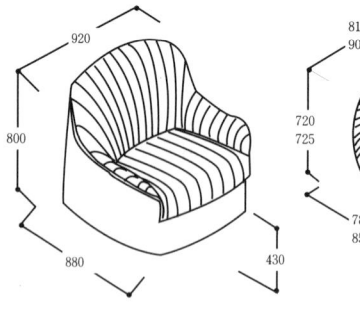
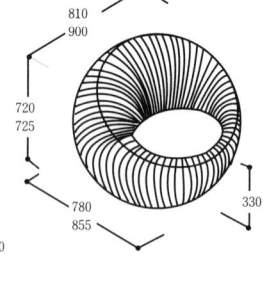

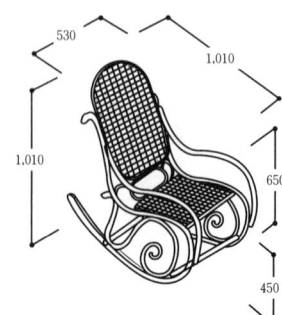
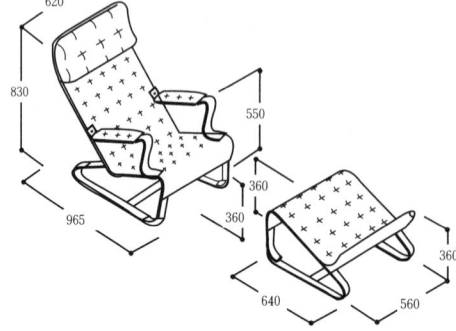
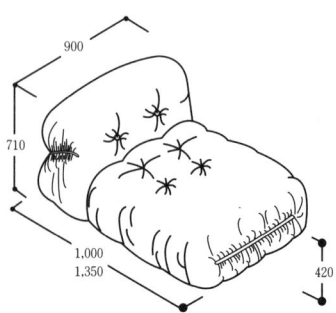

㉣ 수납 가구

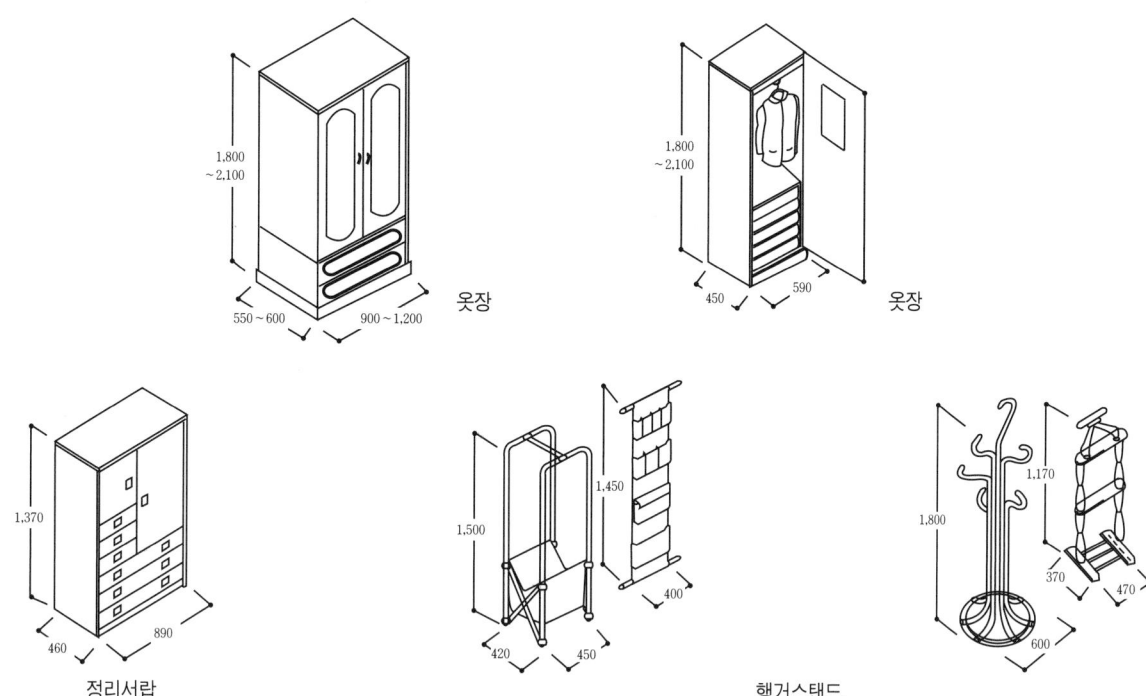

(5) 서재

① 서재의 크기

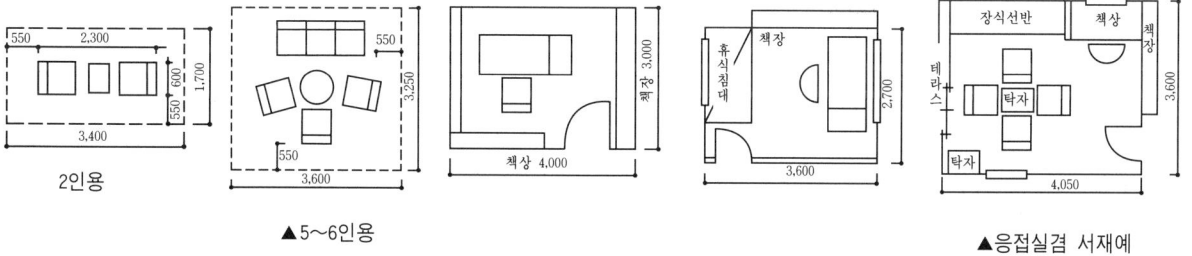

② 서재가구의 종류와 치수

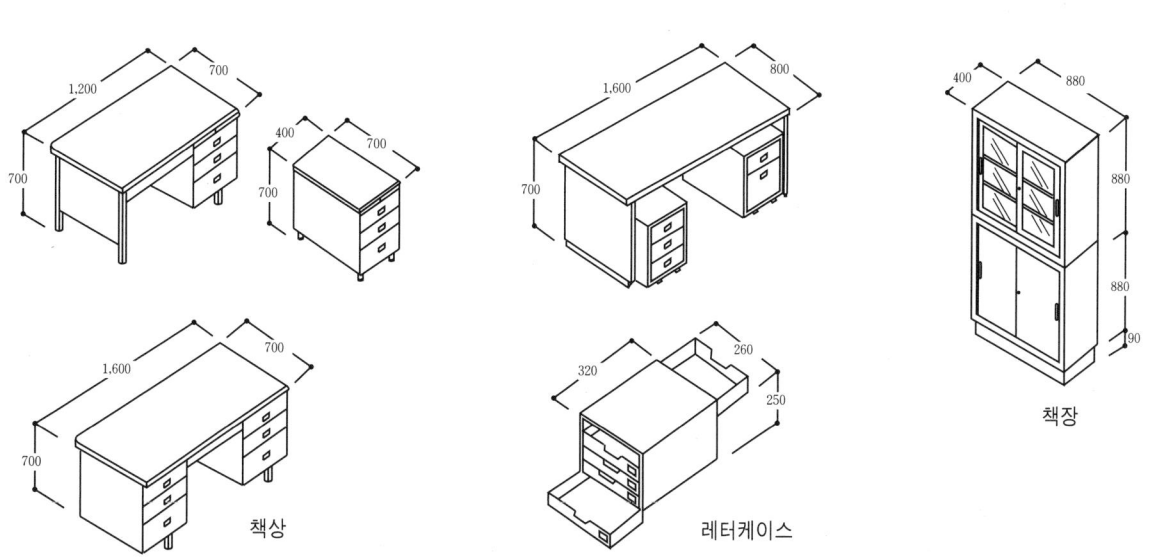

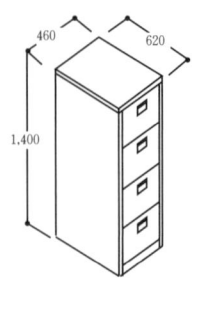
파일박스

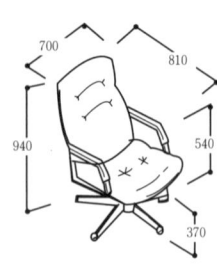
의자

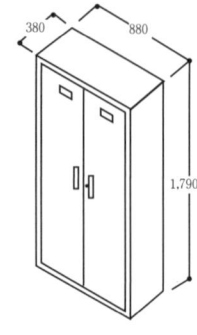
캐비닛

(6) 욕실

① 욕실의 유형

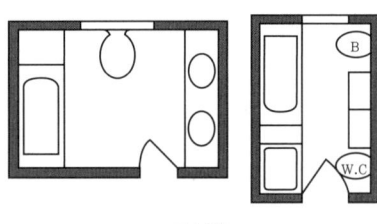
일실형

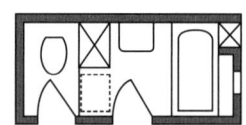
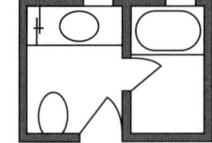

이실형

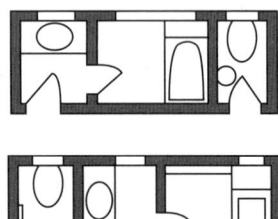

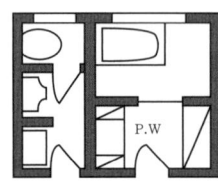

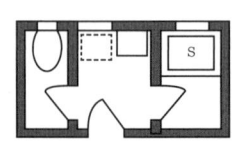
삼실형

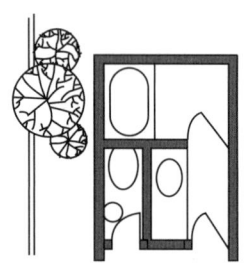

※ B:비데, S:샤워, W.C:변기, P.W:파우더룸

② 욕실의 규모계획

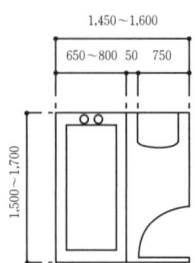
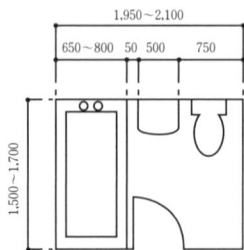
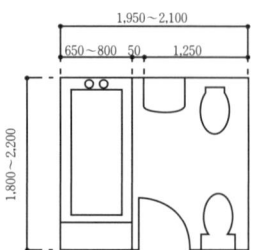

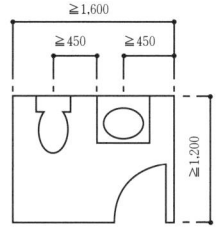 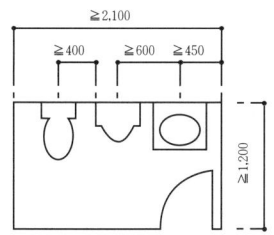 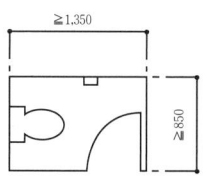

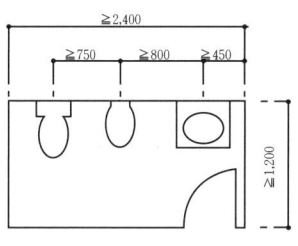 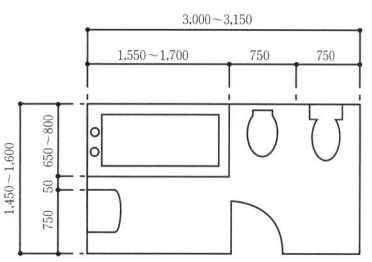

③ 욕실가구의 종류와 치수

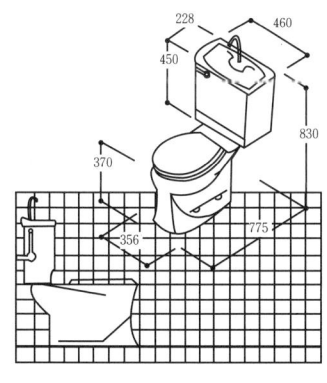 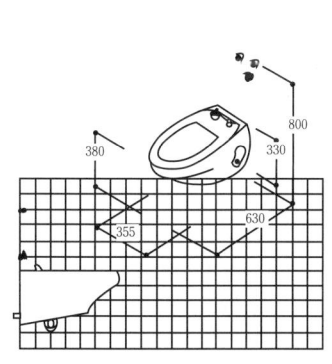 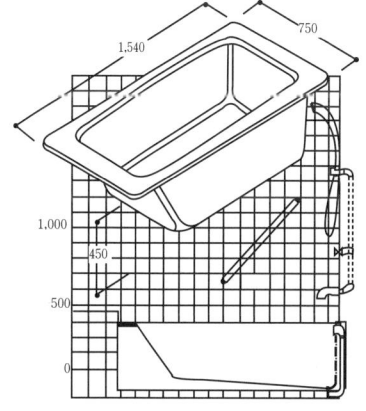

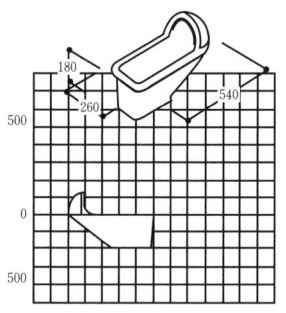 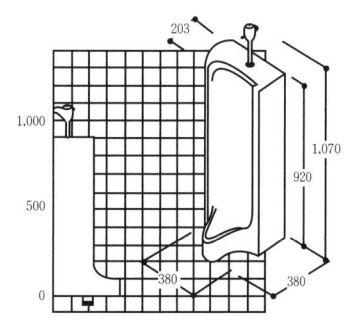 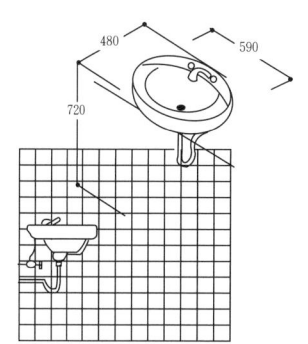

(7) 현관

① 현관에서의 행위와 필요공간

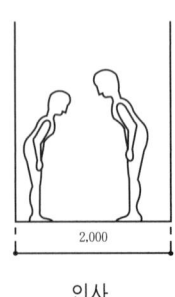
인사

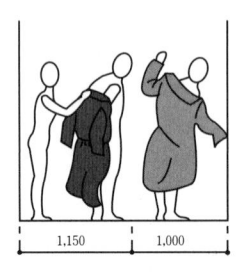

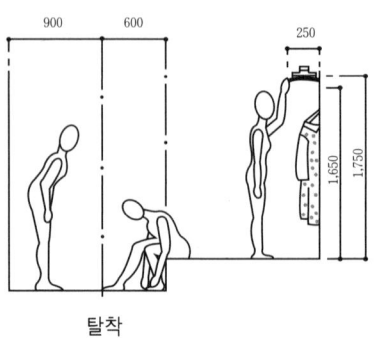
탈착

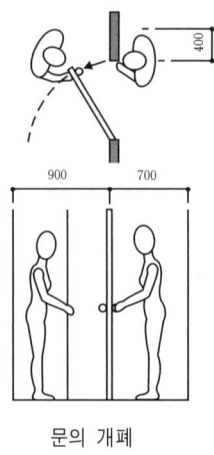
문의 개폐

② 현관가구의 종류와 치수

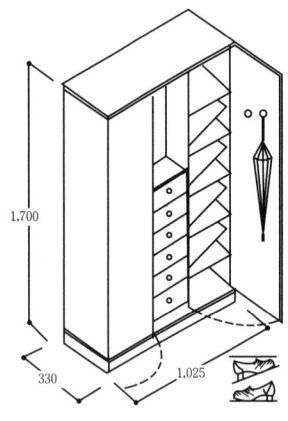

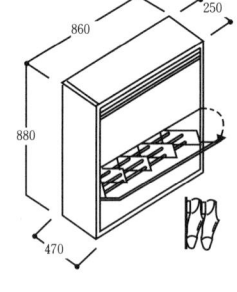

신발장

(8) 다용도실

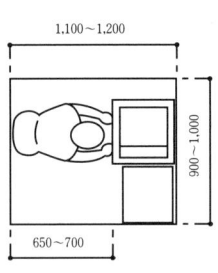

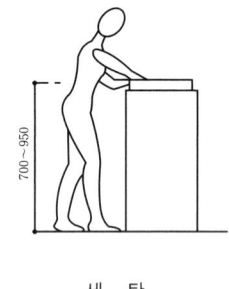
세 탁

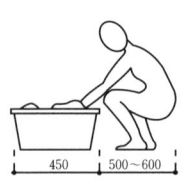

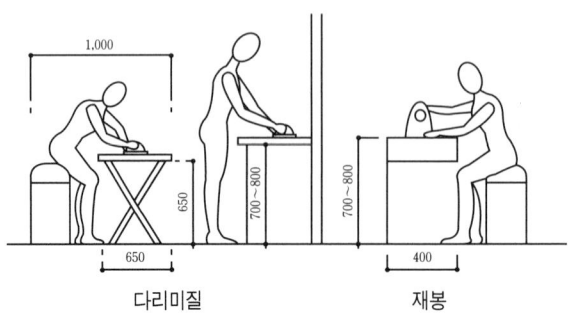

다리미질   재봉

제2장 상업공간

[1] 매장계획

(1) 쇼윈도우

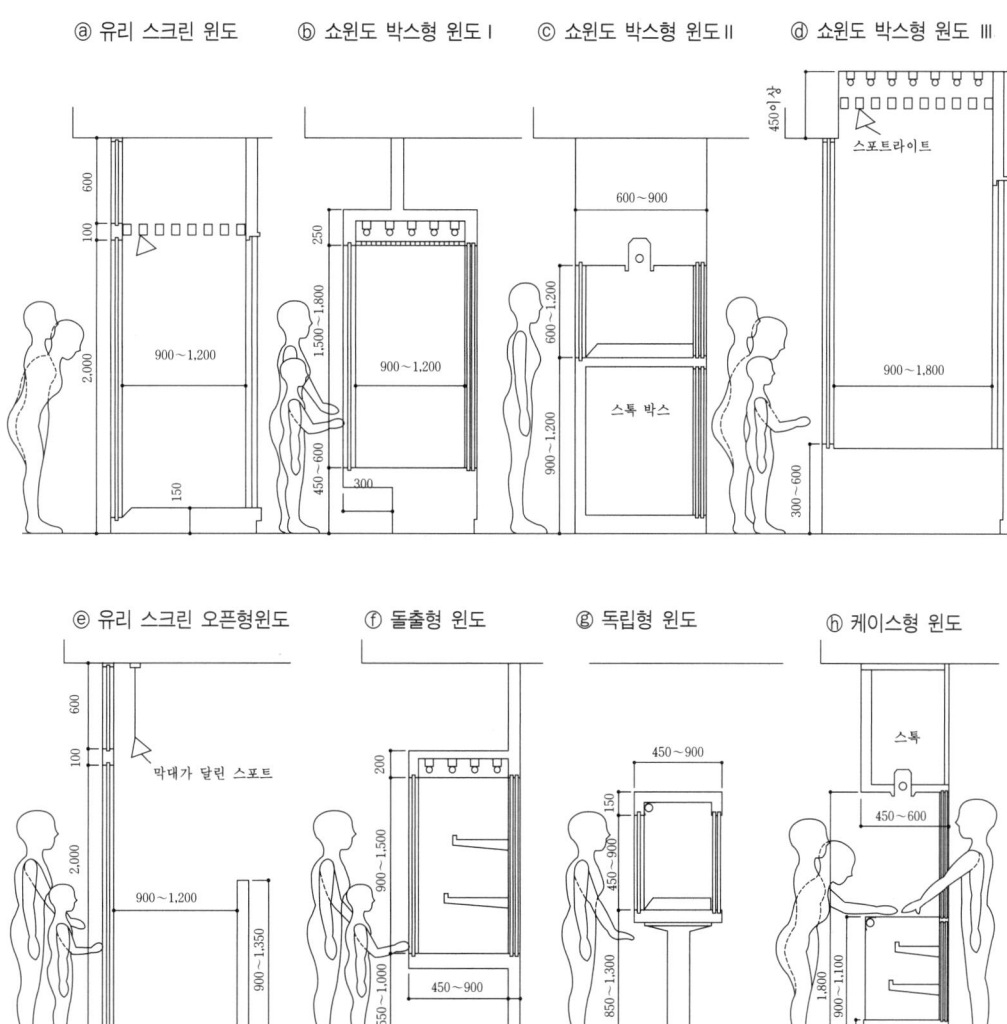

ⓐ 대형 쇼 윈도이며, 내림이 넓은 점포에 채용한다. 가구, 가전, 침구, 인테리어 용품 등
ⓑ 의류에서 잡화 등 소품까지 이용범위가 넓다. 일반 의류, 옷감, 슈즈 등
ⓒ 고급품이며 작은 상품에 적합하다. 시계, 귀금속, 양품, 잡화 등
ⓓ 양장, 양복, 대형점 등 대형 상품의 점포에 적합하다. 의류, 백화점, 가구 등
ⓔ 시즌, 행사 등 목적에 따라 레이아웃을 바꿀 수 있다. 일반 의류, 스포츠용품, 침구류, 인테리어용품, 백화점 등
ⓕ 경쾌한 느낌이며 용도는 넓다. 음식, 잡화, 카메라 등
ⓖ 폐쇄 점포에서 고급품을 취급하는 점포 등에 이형이 적합하다. 귀금속, 보석 등
ⓗ 서점의 점포 앞의 주간 잡지 판매, 식품의 테이크아웃 등 점두 판매를 위해 설치한 점포안의 레지스터로 이것을 관리한다. 담배, 서점 등

[2] 업종별 실내계획

(1) 의류점

① 의류의 크기

② 행거 및 마네킹 종류 및 치수

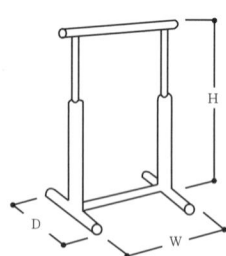
싱글행거

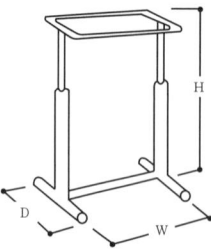
더블행거

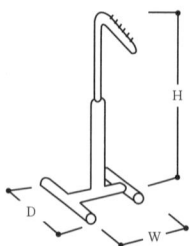
경사행거

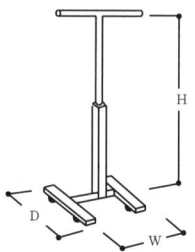
T형행거

W	D	H
600	450	950
900	600	~
1,200	600	1,500

W	D	H
600	450	950~
900	600	1,500

W	D	H
300	450	950~
450	600	1,500

W	D	H
600	450	950~
900	600	1,500

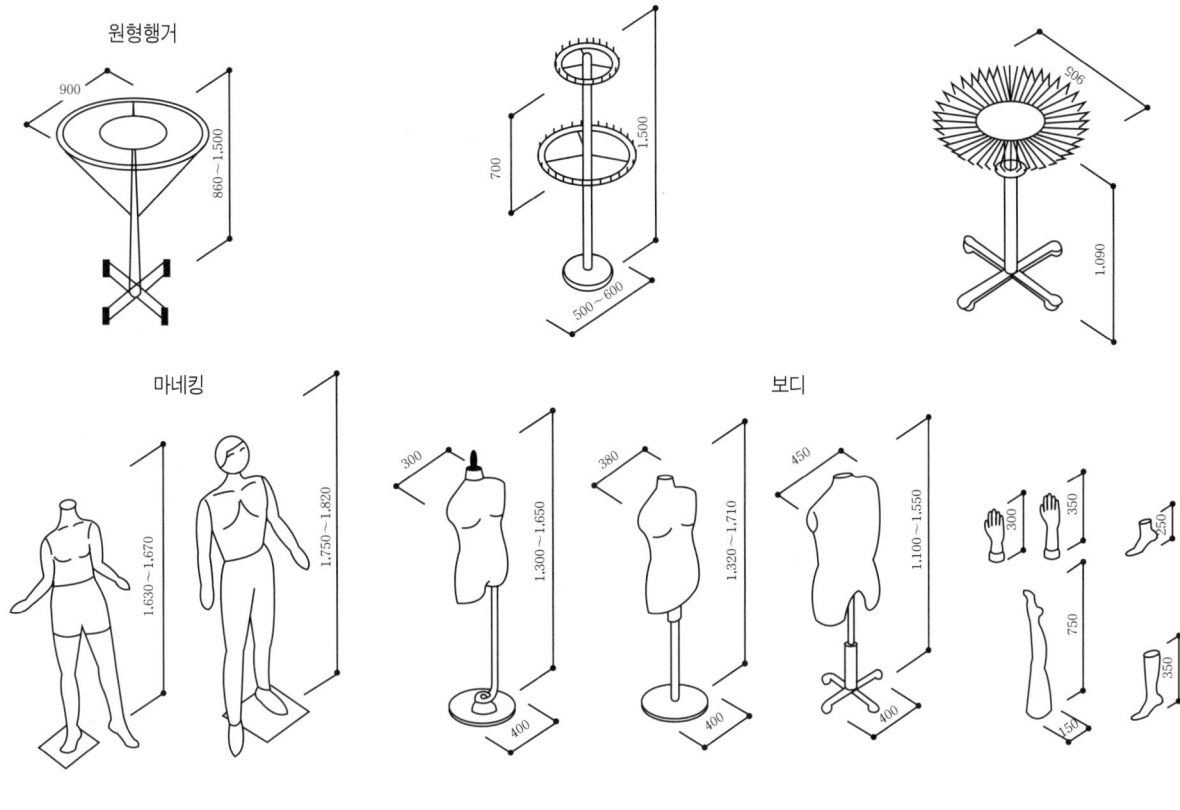

③ 진열의 소요치수

▲진열장 단면

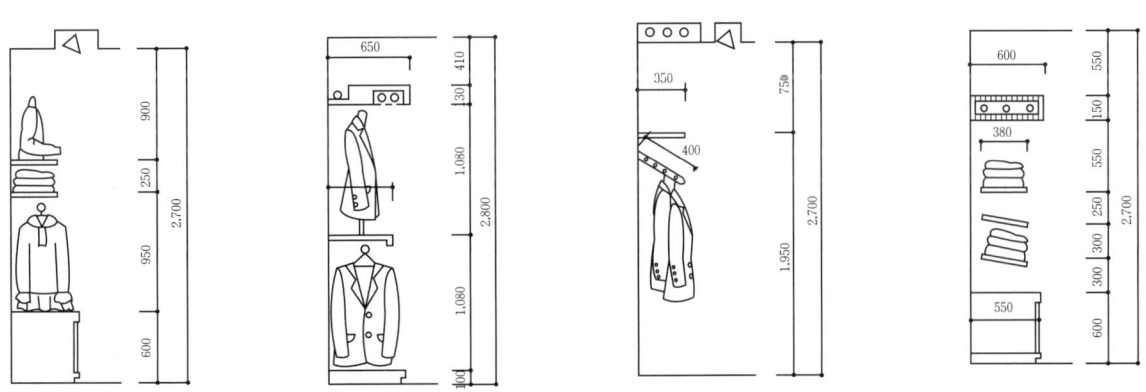

▲벽면집기

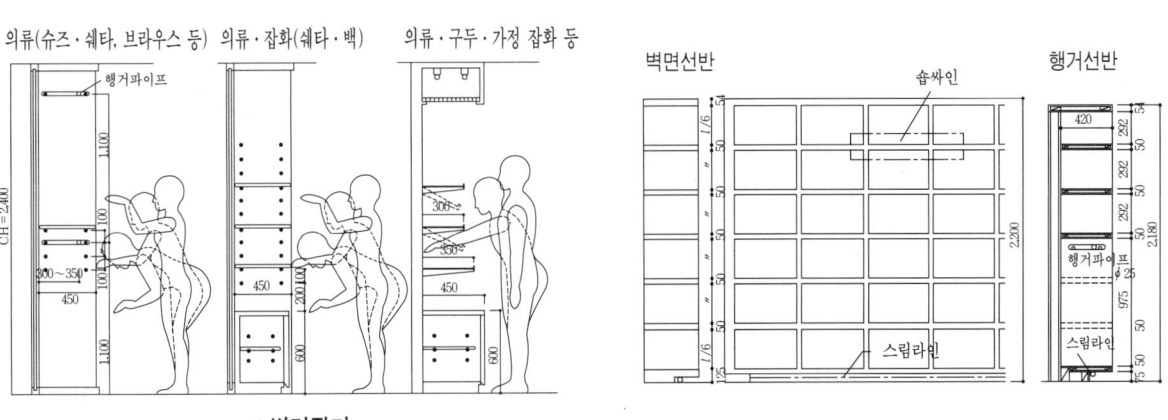

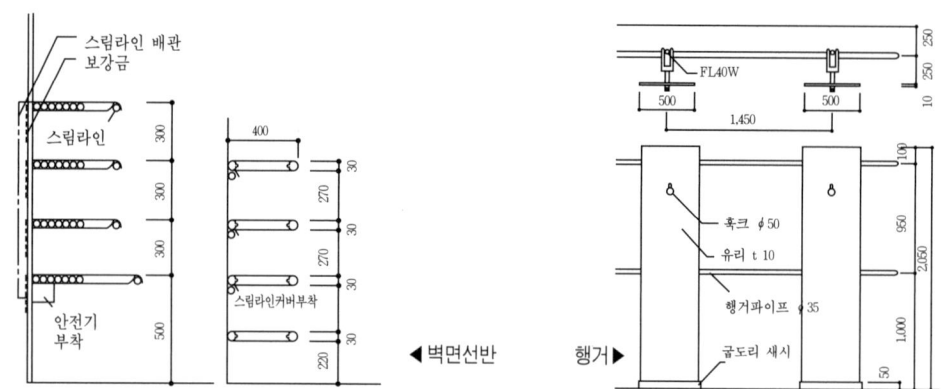

◀벽면선반　행거▶

④ 카운터

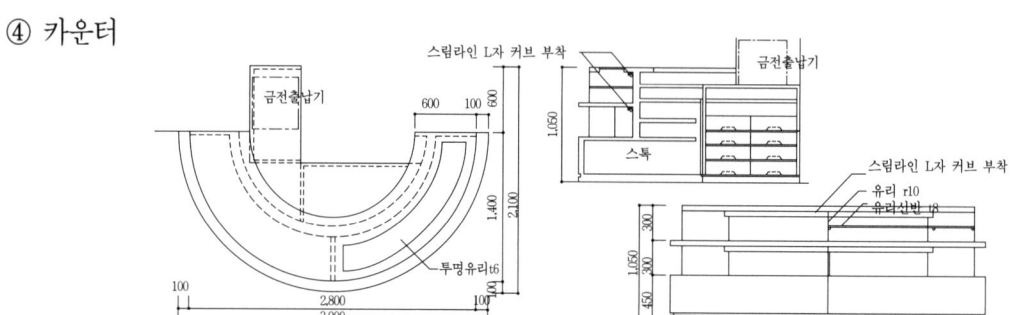

▲카운터 케이스

▲레지스터 카운터

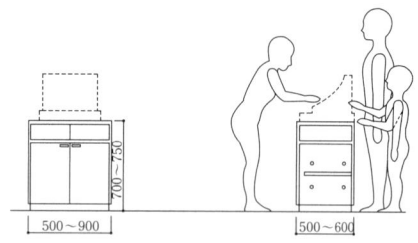

▲레지스터 카운터(레지스터 설치형)

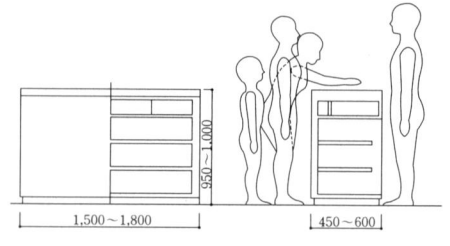

▲접객 카운터(선자세 카운터)

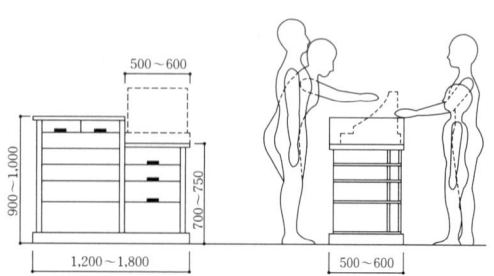

▲레지스터 카운터(포장대 겸용 레지스터 매입형)

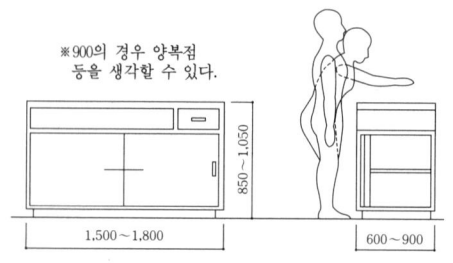

▲포장 카운터

⑤ 피팅 룸

크기는 간략식 750~900mm각, 이동식 900~1,200mm각, 고정식 1,200~1,500mm각이 표준치수이다.

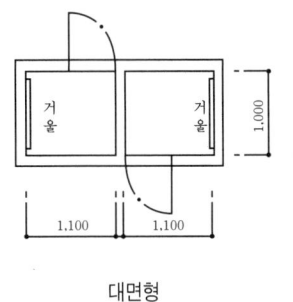
대면형

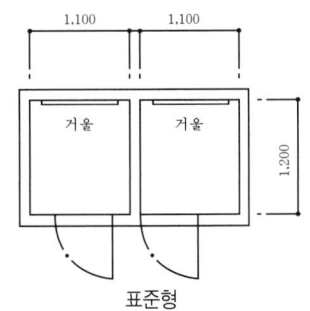
표준형

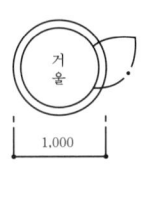
원형

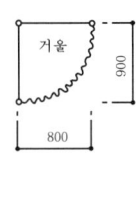
커튼식

(2) 구두점

① 진열대의 치수

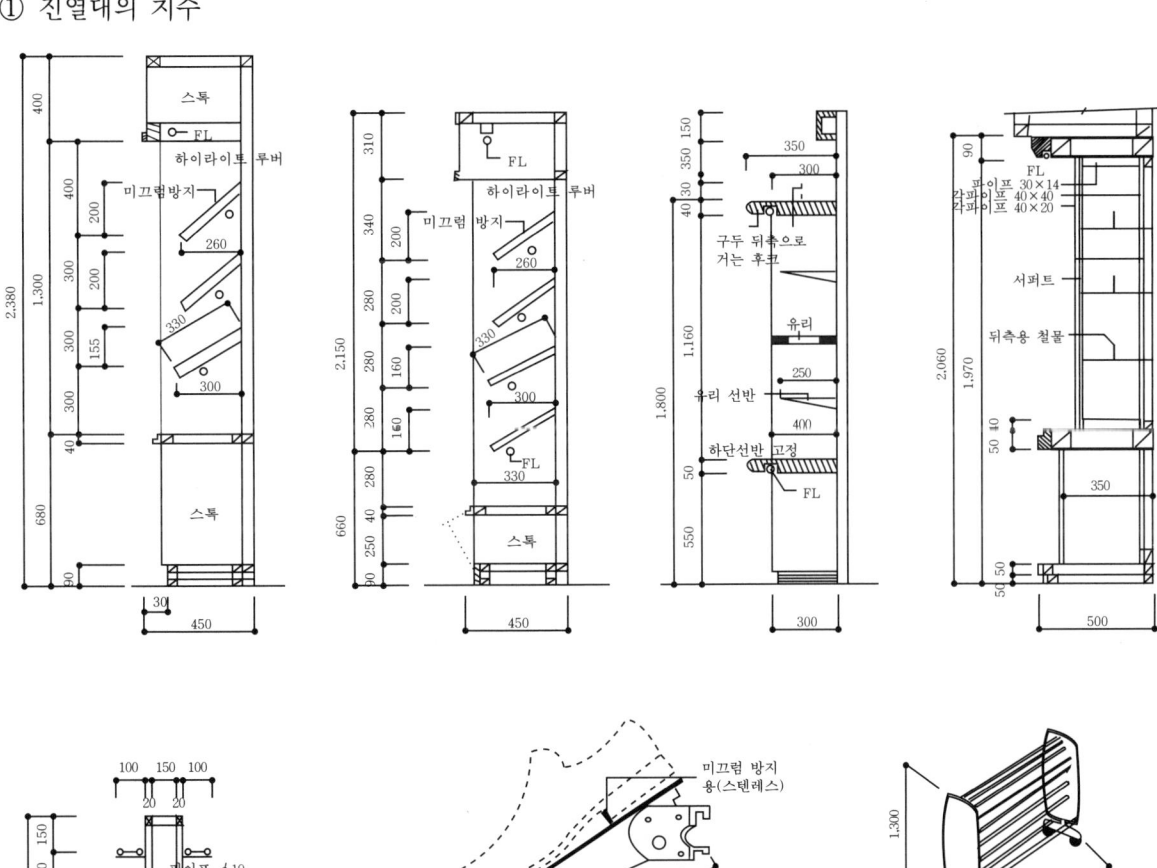

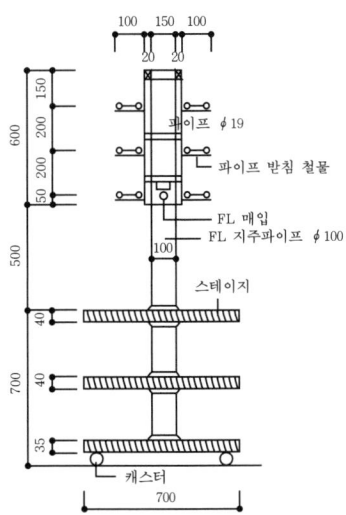

▲아일랜드 집기

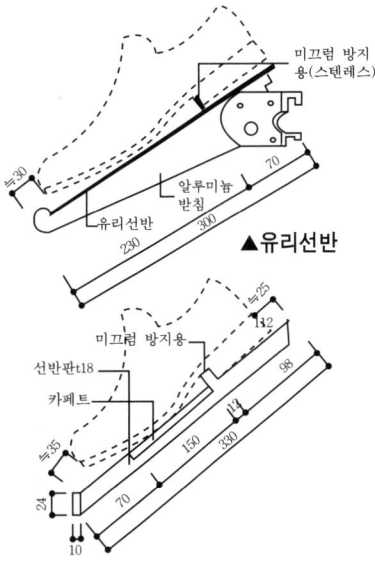

▲두꺼운판선반

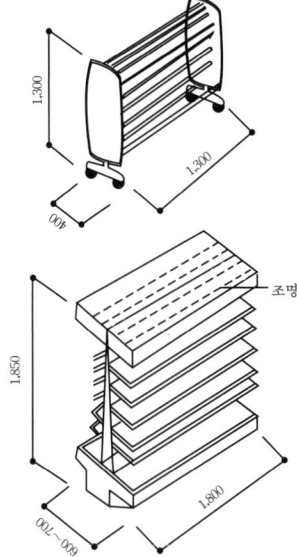

(3) 보석점

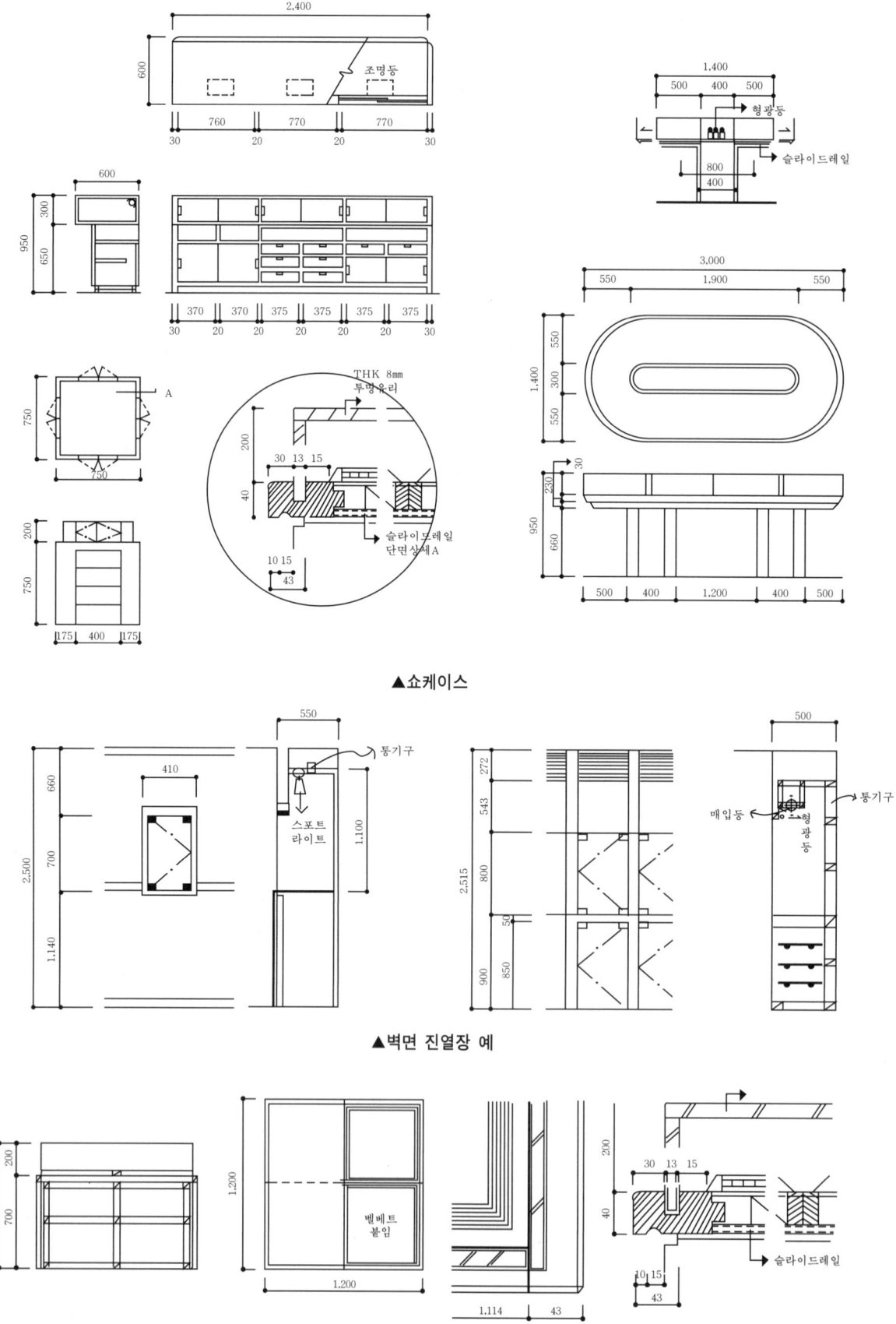

▲쇼케이스

▲벽면 진열장 예

▲쇼케이스

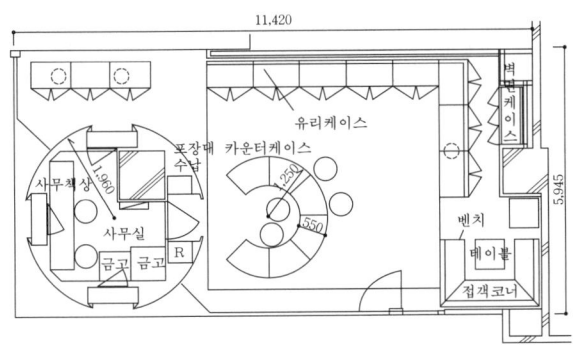
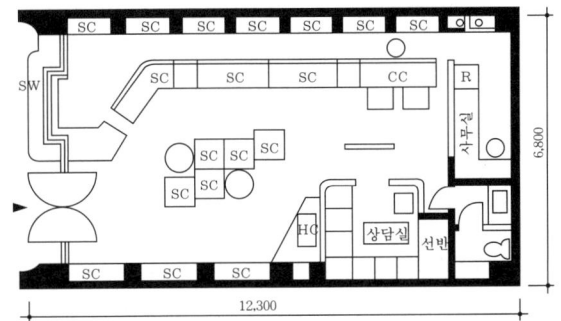

▲평면실 예

(4) 악세서리숍

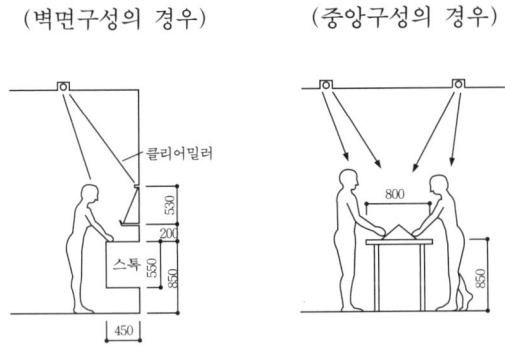

쇼케이스 설치 예

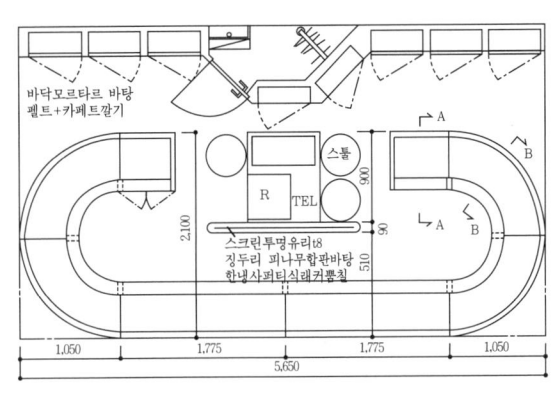

평면실 예

(5) 백화점

① 백화점의 동선계획

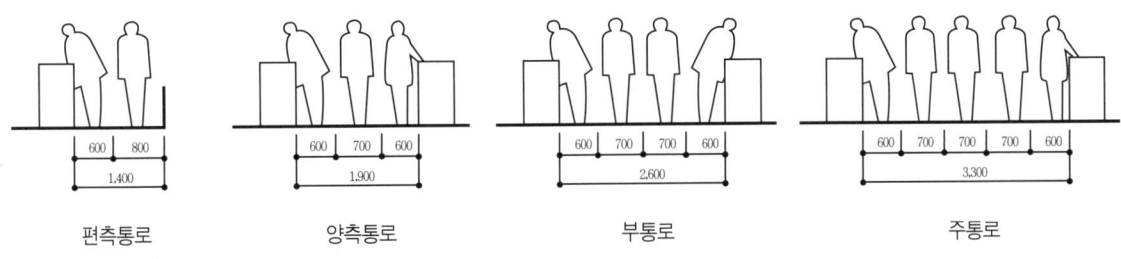

▲고객통로의 폭(mm)

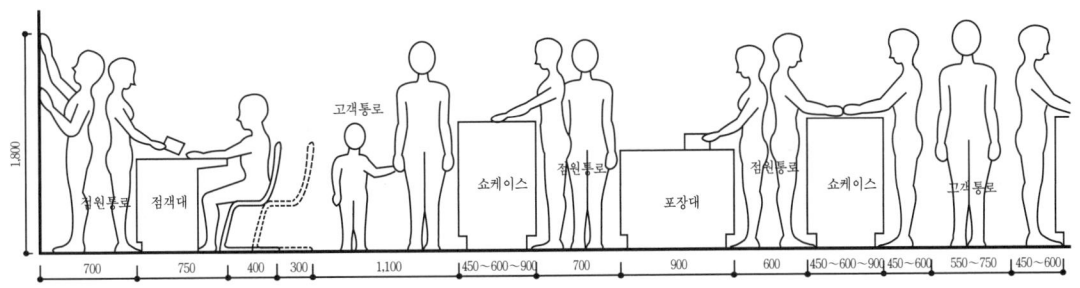

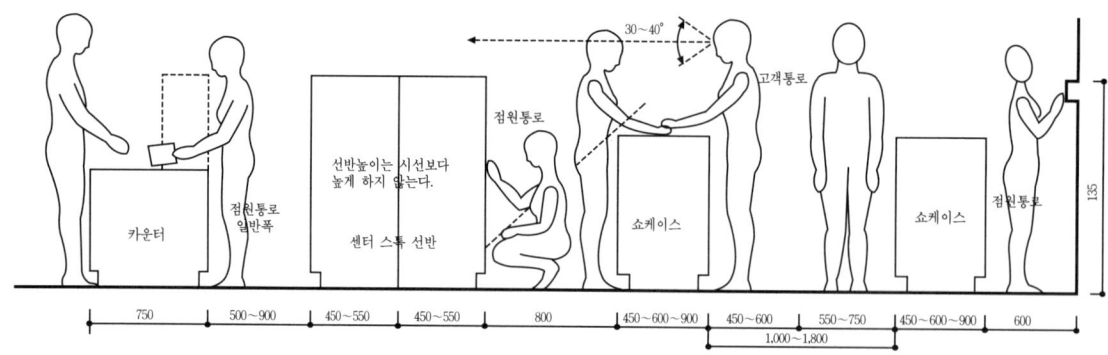

▲매장의 판매대와 통로의 단면치수(㎜)

판매장의 혼잡상황	고객의 통로조건	통로 폭	종업원의 통로조건	통로 폭
한산	1인의 통과	750	1인의 통과	400~550~700
혼잡	2인의 통과 3인의 통과 4인의 통과	1,300~1,500 1,600~1,900 2,600~3,000	· 2인이 겨우 다닐 수 있는 경우 · 2인의 통과 · 2인의 통과나 한사람이 밑의 서랍을 사용하는 경우 · 상품의 상자를 취급하는 경우	500~600~700 700 전후 800 전후 900 전후

▲매장의 통로조건과 통로폭

② 백화점의 조명계획

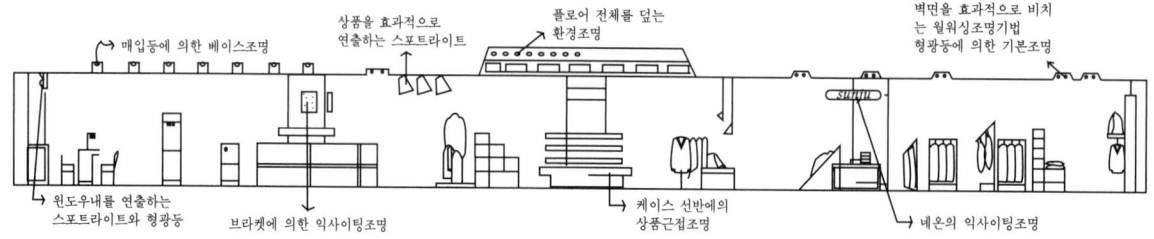

▲매장조명의 유형

(6) 레스토랑

① 동선계획

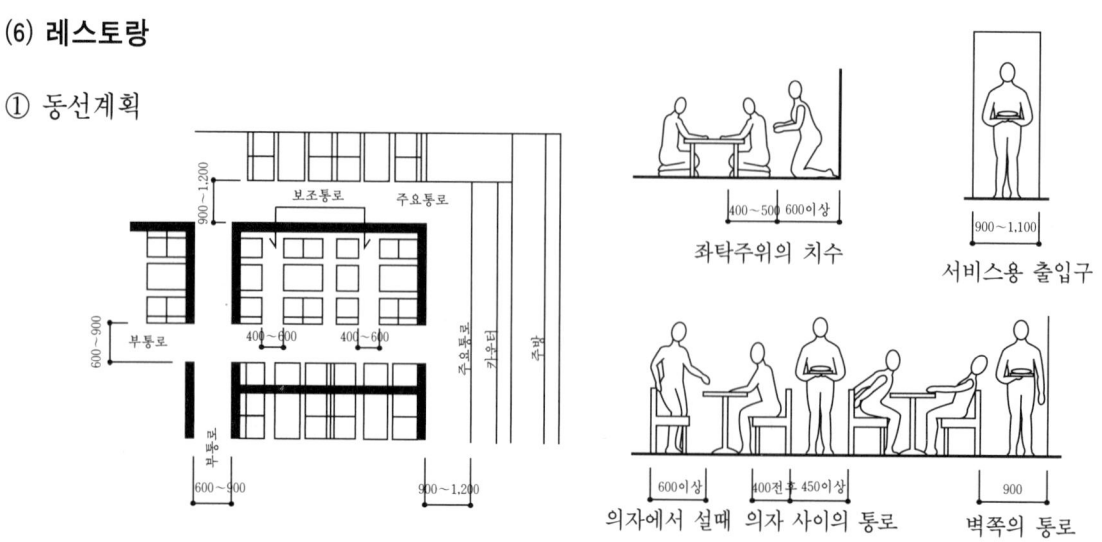

▲레스토랑의 필요치수

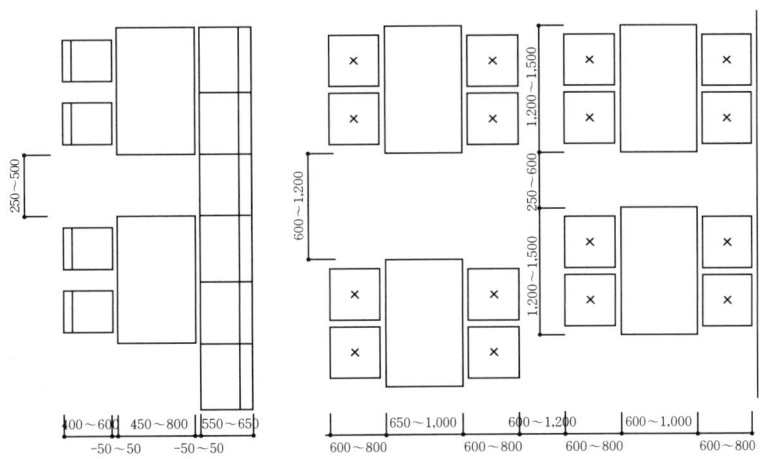

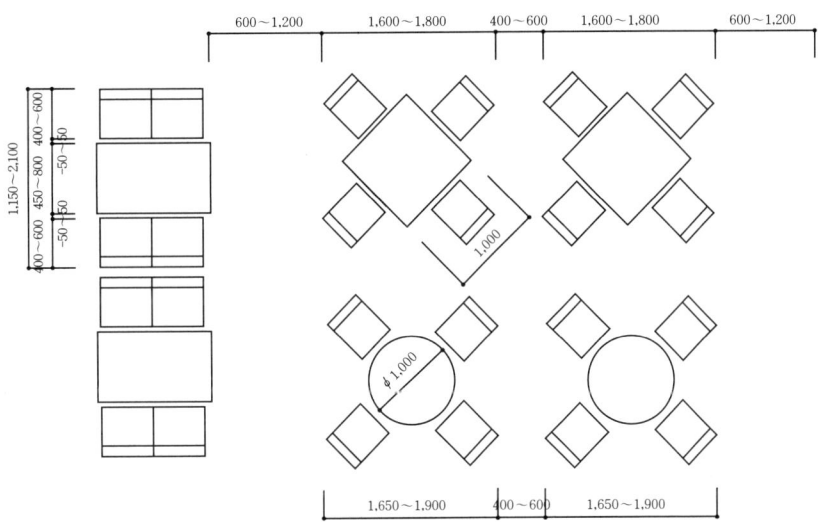

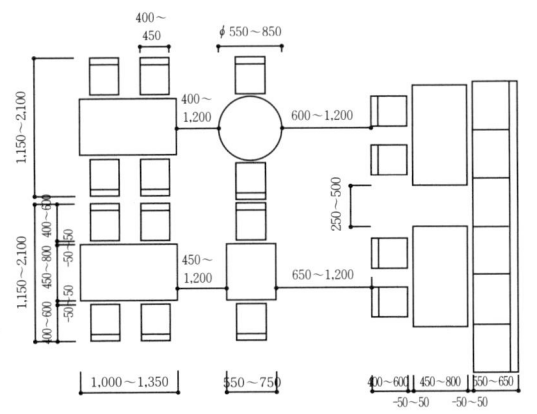
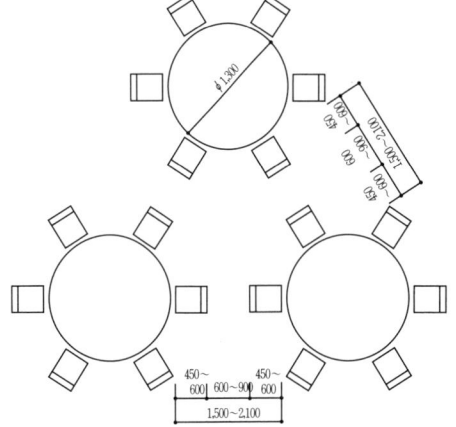

② 의자와 테이블의 치수

다과와 음료가 중심일 때는 의자 350~400, 테이블 600~650을 그리고 식사가 중심일 때는 의자 420~450, 테이블 700~750을 표준으로 한다.

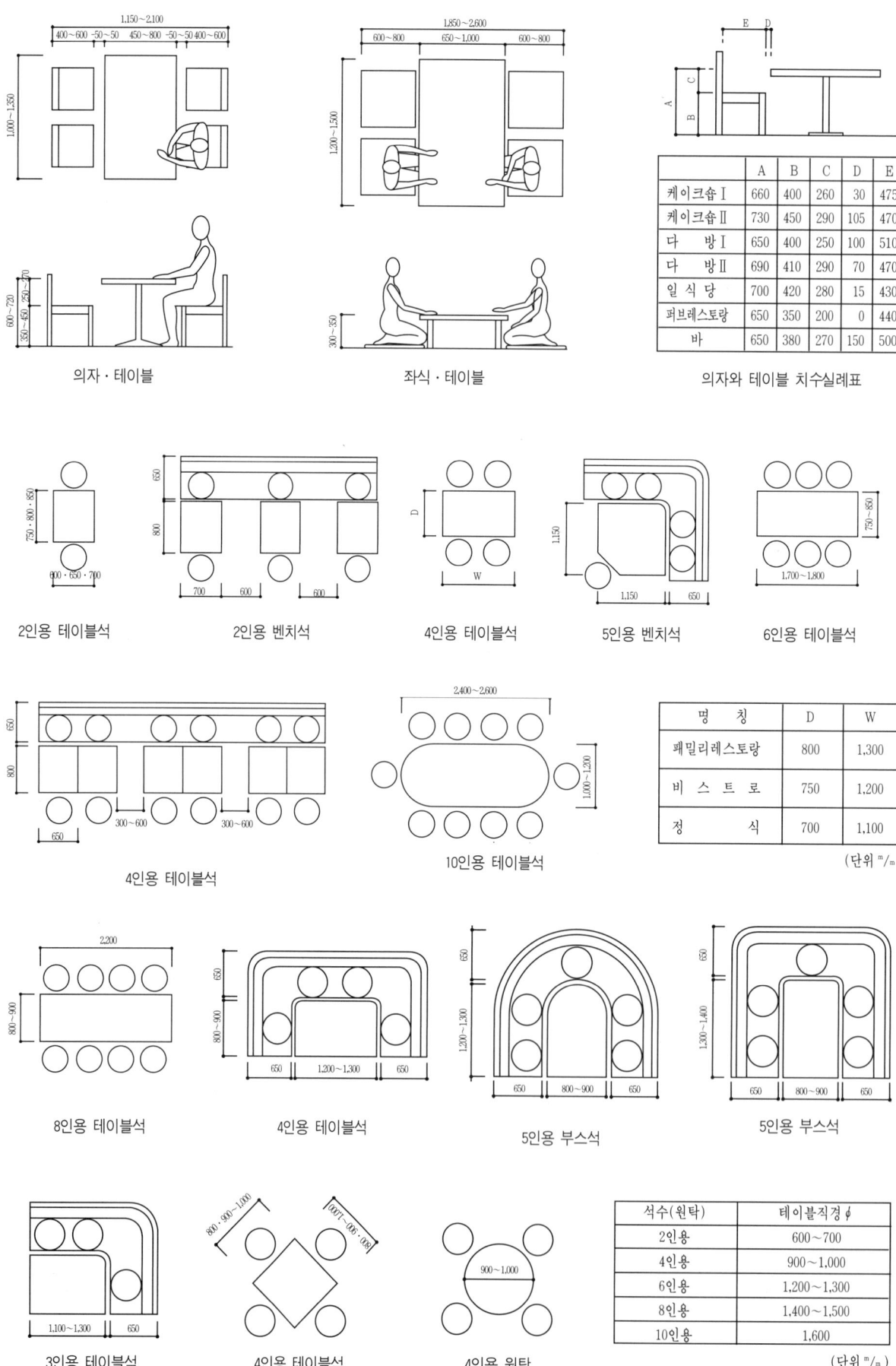

③ 카운터

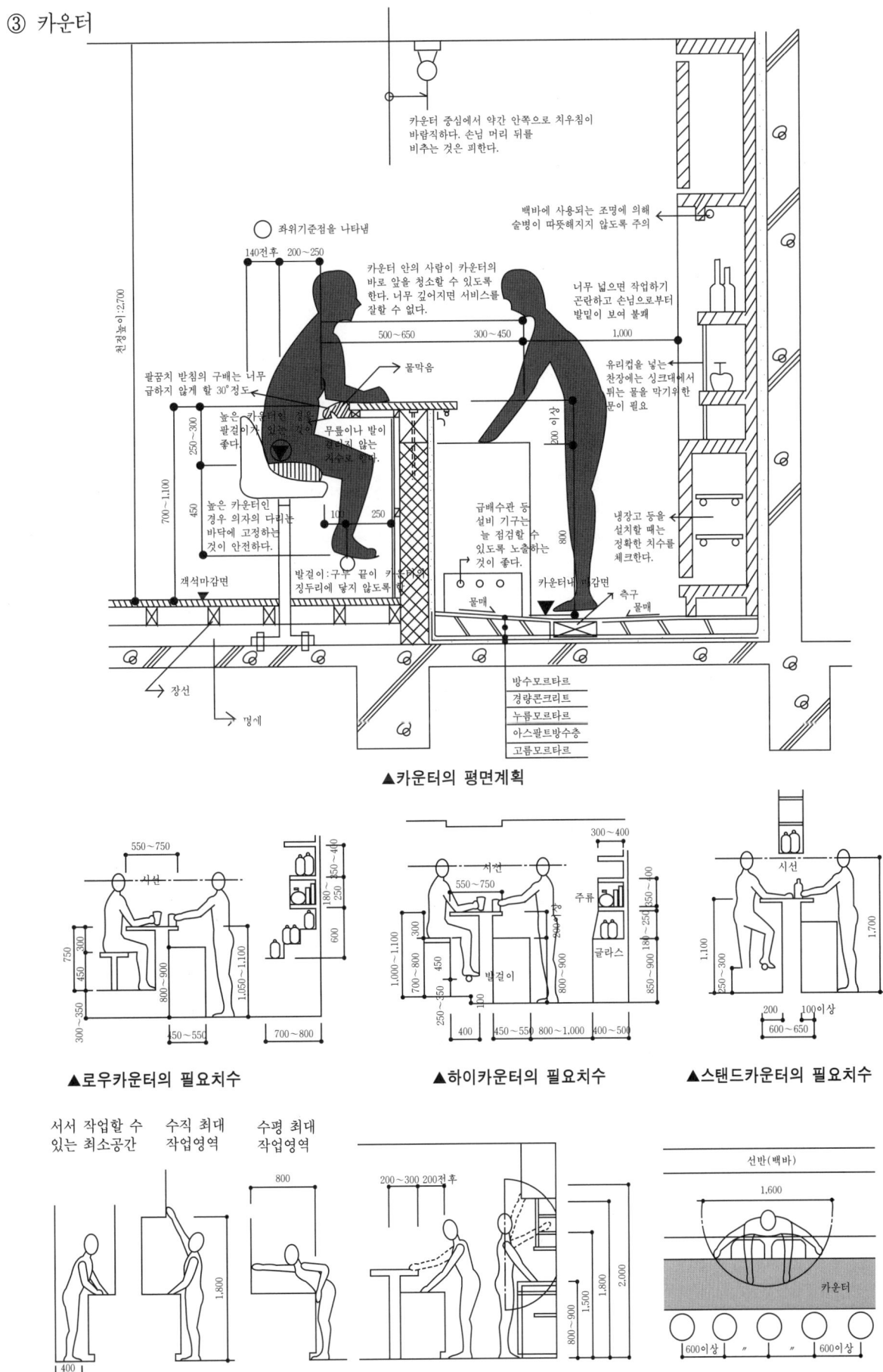

▲카운터의 평면계획

▲로우카운터의 필요치수

▲하이카운터의 필요치수

▲스탠드카운터의 필요치수

카운터의 치수계획

카운터의 작업범위와 객석의 간격

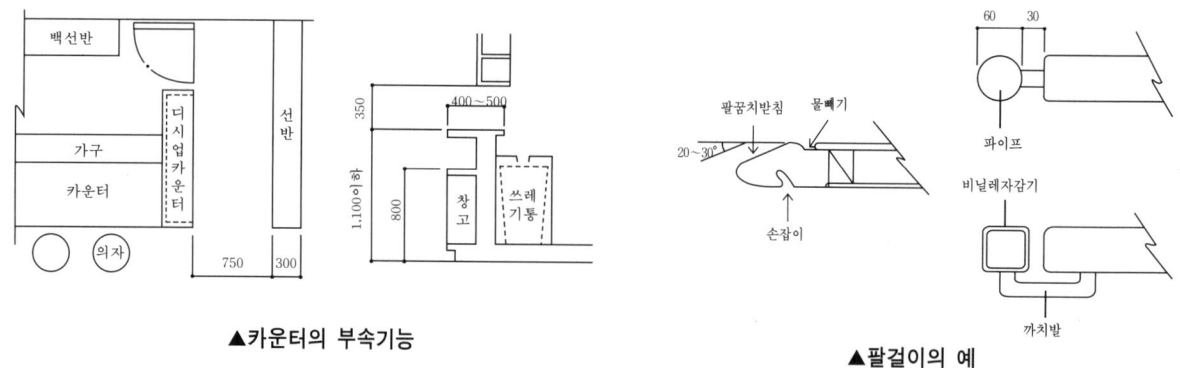

▲카운터의 부속기능　　　　　　　　▲팔걸이의 예

(7) 호텔(객실의 실내계획)

① 객실의 유형

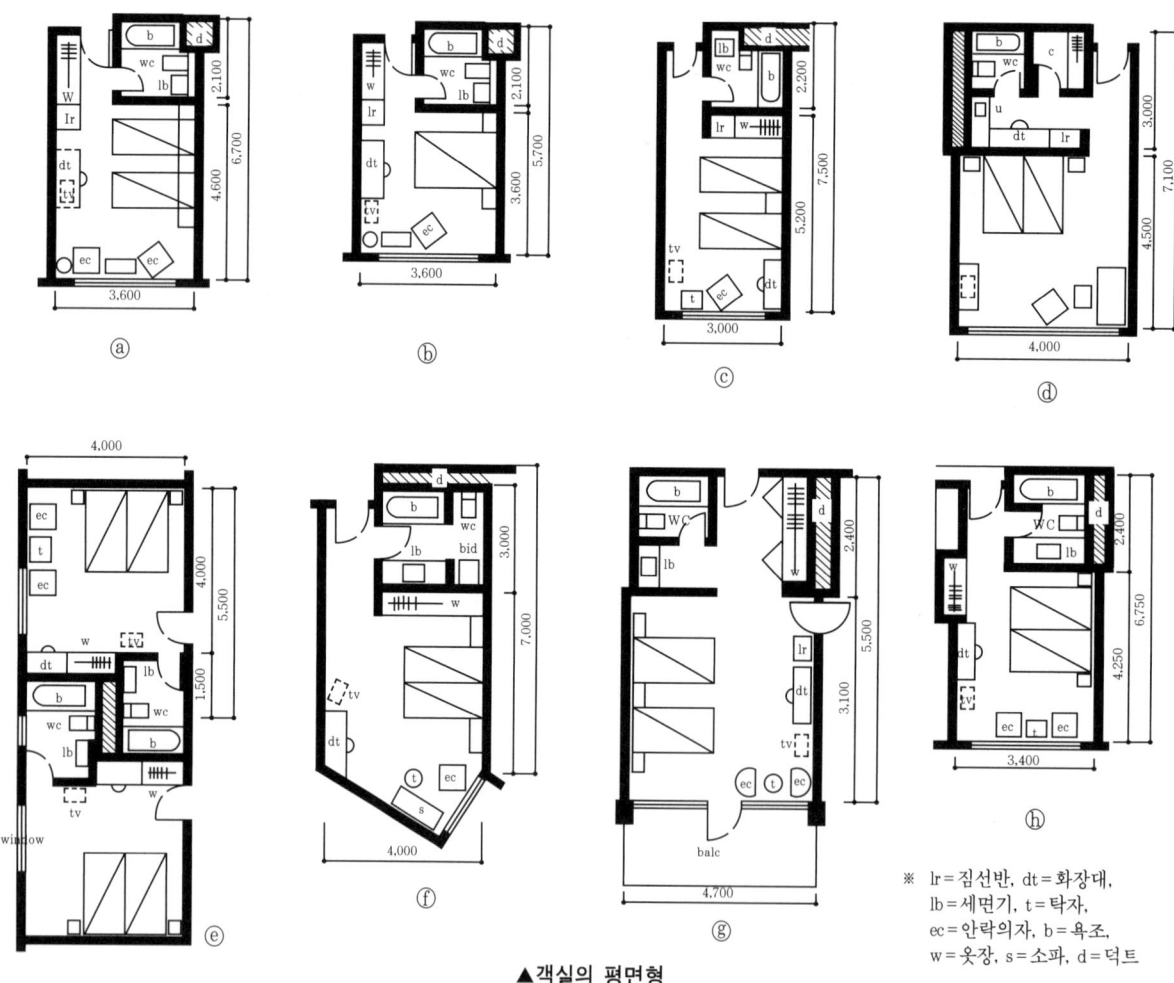

▲객실의 평면형

ⓐ 흔히 사용하는 트윈베드:경제적이며 안락하기 위한 최적 객실폭은 3600이며 로비 안에 옷장이 있다.
ⓑ ⓐ와 비슷하지만 싱글 베드 또는 더블 베드의 경우 실깊이가 줄어든다.
ⓒ 욕실에 맞는 전면부가 좁은 객실
ⓓ 갱의실과 옷장으로 출입할 수 있게 함
ⓔ 실 폭을 늘려서 침실 사이에 욕실을 두고 욕실 하나는 자연채광이 됨
ⓕ 욕실에 간막이를 하여 비데를 설치한다. 각진 창은 앉을 자리를 더 만들 수 있고 조망을 좋게 할 수 있다.
ⓖ 욕실과 분리된 화장대를 갖춘 호화 객실
ⓗ 옷장을 간막이 벽속에 설치해 공간을 절약한다.

※ lr=짐선반, dt=화장대, lb=세면기, t=탁자, ec=안락의자, b=욕조, w=옷장, s=소파, d=덕트

② 객실의 가구

(단위 : mm)

종 류	H	W	D
1. 장농붙은 책상	740	1,500	600
2. 라디오, 전화, 캐비닛	800	800	300
3. 나이트 테이블	750	700	200
4. 의자	750~850	600	700
5. 테이블	300~700	500~800	500~800
6. 화장대	700~750	1,300	550
7. 화장대부책상	800	1,800	500
8. 화장대부큰책상	800	2,500	500
9. 텔레비젼	900~1,000	500~650	350~580

▲가구의 치수

(단위 : mm)

	싱글	twin	더블	Three Quarter	소파
길 이	1,930~2,080				
폭	910.5~1,070	990~1,070	1,370~1,520	1,220~1,370	910.5~1,070

▲침대의 치수

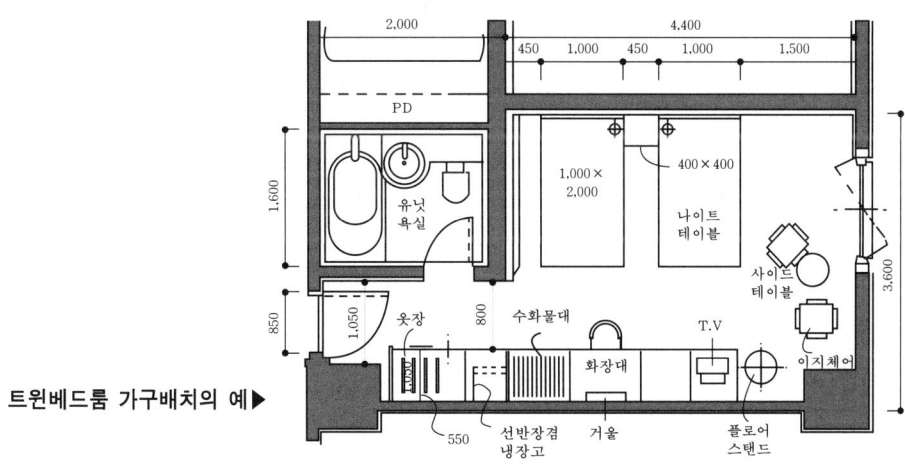

◀트윈베드룸 가구배치의 예

③ 욕실

욕조와 샤워를 병용하는 것과, 욕조 또는 샤워만인 것 등이 있다.

욕실내 시설	A최소	B최소	A×B최소
세면기, 변기의 경우	1,250mm	750mm	1.5㎡
세면기, 변기, 샤워의 경우	1,500mm	1,200mm	2.5㎡
세면기, 변기, 욕조의 경우	1,140mm	1,900mm	3.0㎡

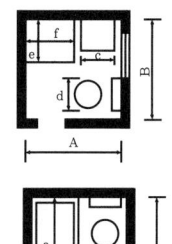
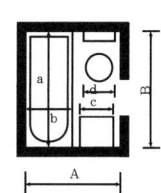

a	b	c	d	e	f
1,700mm	740mm	460~530mm	750mm	750mm	750mm

▲욕실의 크기

제3장 업무공간

[1] 가구배치

(1) 직급별 사무작업의 필요면적

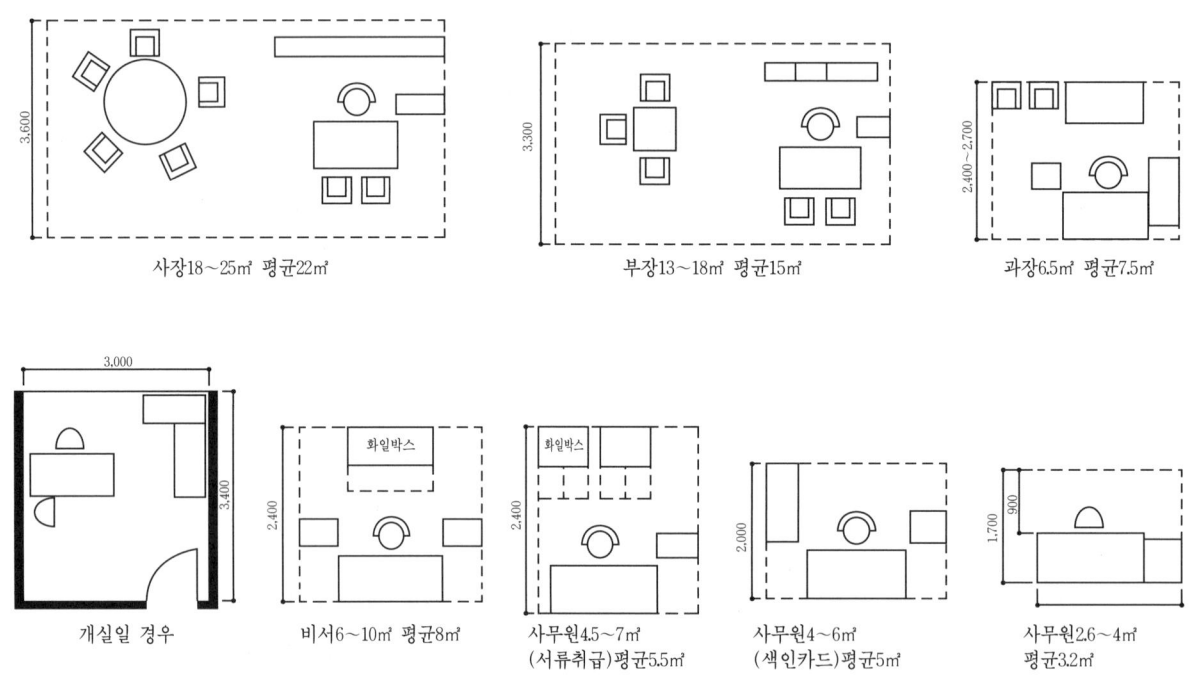

[2] 동선계획

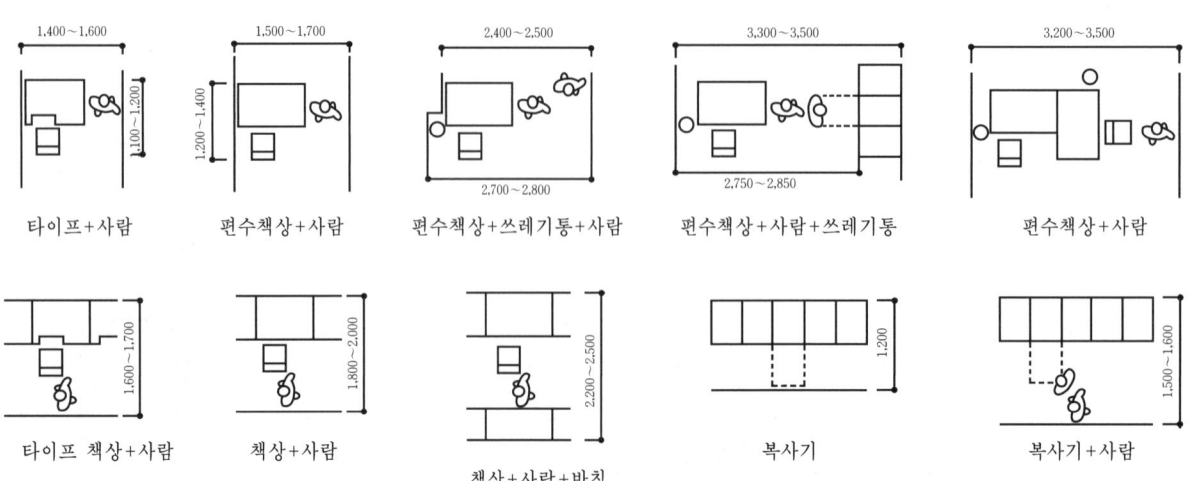

▲가구 및 사람과 조합한 제치수

[3] 가구계획

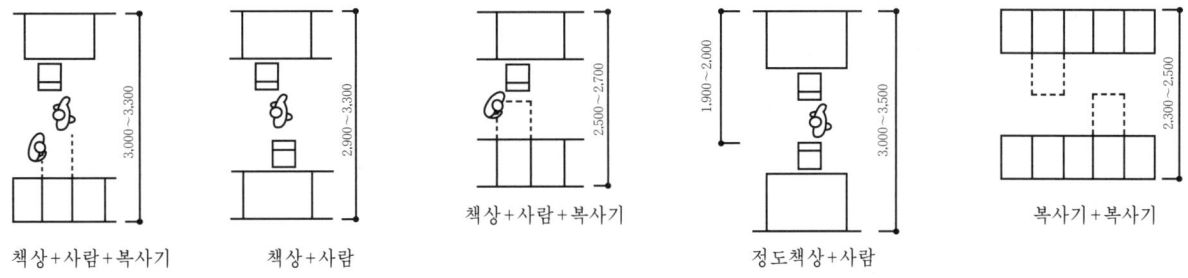

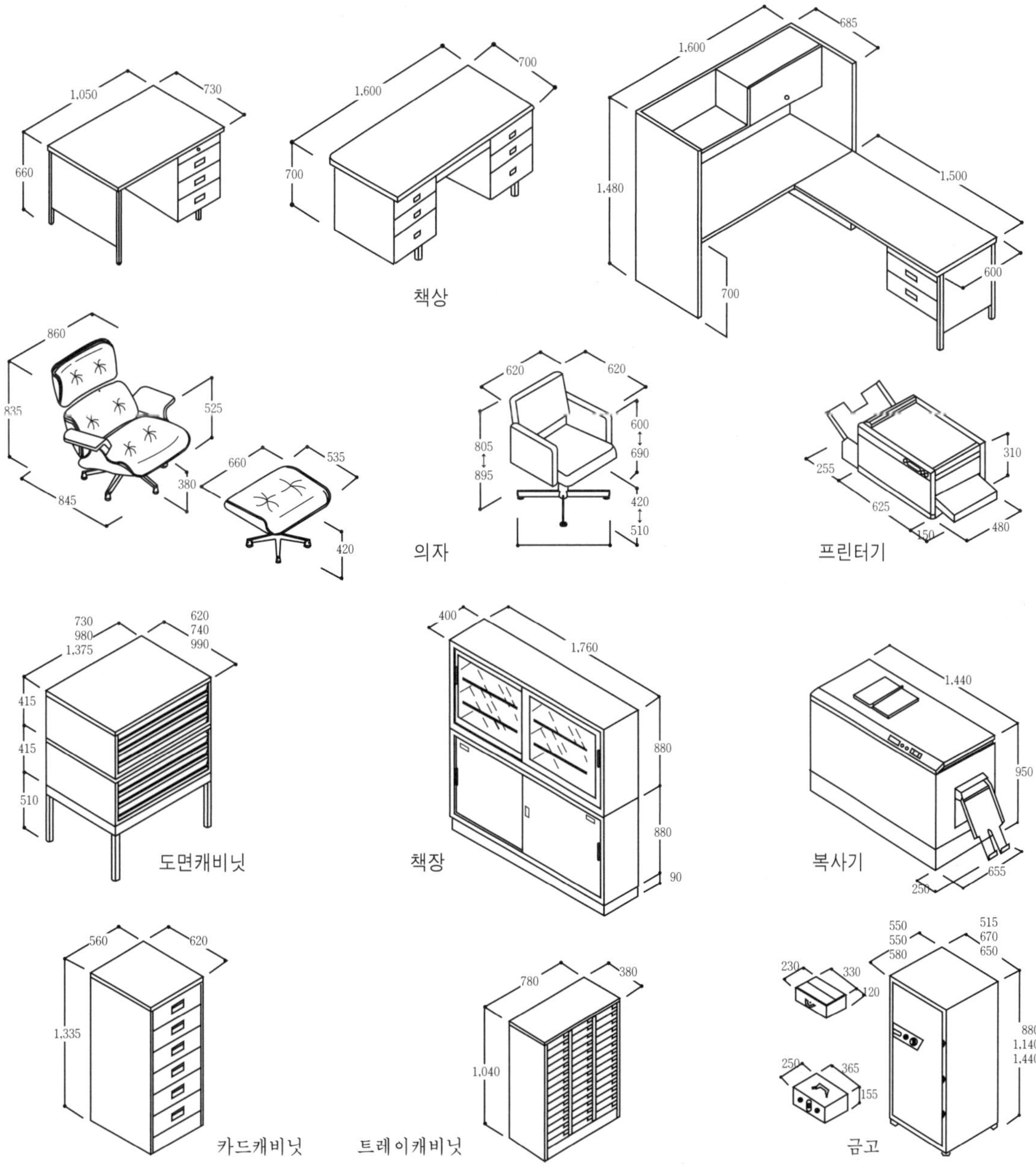

책상

의자

프린터기

도면캐비닛

책장

복사기

카드캐비닛

트레이캐비닛

금고

[4] 공간별 실내계획

직 사 각 형				배 모 양		트 랙	
				$l \times d_1(d_2)$			
4인석	1,500×600	6인석	1,200×900	6인석	1,800×900(750)	4인석	1,100×850
	1,800×600		1,800×900		2,100×950(780)	6인석	1,350×900
	1,200×750		1,800×1,050	8인석	2,400×1,000(810)	8인석	2,000×900
	900×750			10인석	3,000×1,400(840)		2,400×1,200
		10인석	2,700×1,050	12인석	3,600×1,200(865)	10인석	3,000×1,200
8인석	2,100×900		3,000×1,050	14인석	4,200×1,300(890)	12인석	3,600×1,200
	2,400×900		2,700×1,200	16인석	4,800×1,400(915)		3,600×1,500
	2,100×1,050		3,000×1,200	18인석	5,400×1,500(940)		3,000×1,500
	2,400×1,050				6,000×1,500(965)	16인석	4,500×1,500
	2,100×1,200	12인석	3,600×1,200	20인석	6,600×1,500(990)		
	2,400×1,200			22인석	7,200×1,500(1,015)		

타 원 형		타 원 형		원 형		정 사 각 형	
4인석	1,500×750	4인석	1,750×900	4인석	ϕ 1,050		
	1,800×850	6인석	1,950×1,200	5인석	ϕ 1,200	4인석	900×900
6인석	2,100×1,050	8인석	2,400×1,200	6인석	ϕ 1,350	6인석	1,050×1,050
	2,400×1,200	9인석	2,700×1,300	7인석	ϕ 1,500	8인석	1,200×1,200
8인석	2,700×1,200	10인석	3,000×1,400		ϕ 1,650		
	3,000×1,200	12인석	3,600×1,500	8인석	ϕ 1,800		
10인석	3,600×1,200			9인석	ϕ 2,100		
				11인석	ϕ 2,400		
				12인석	ϕ 2,700		
				14인석	ϕ 3,000		

▲테이블의 유형과 좌석수에 따른 크기

(1) 복도

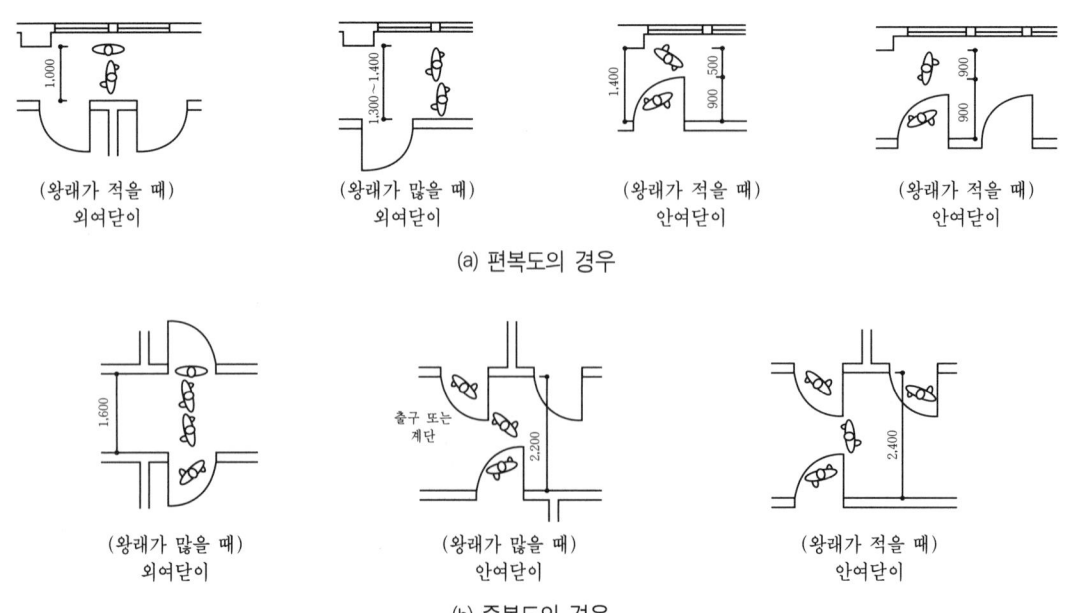

(왕래가 적을 때) 외여닫이 | (왕래가 많을 때) 외여닫이 | (왕래가 적을 때) 안여닫이 | (왕래가 적을 때) 안여닫이

(a) 편복도의 경우

(왕래가 많을 때) 외여닫이 | (왕래가 많을 때) 안여닫이 | (왕래가 적을 때) 안여닫이

(b) 중복도의 경우

(2) 화장실

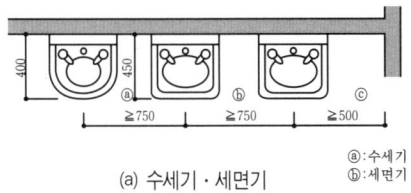

(a) 수세기 · 세면기   ⓐ:수세기 ⓑ:세면기

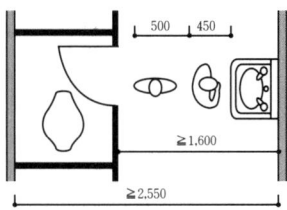

(b) 변소규모 2

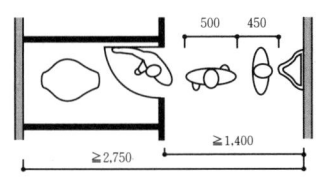

(c) 변소규모 1

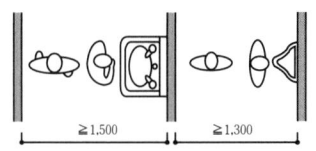

(d) 변소규모 3

▲변소 및 세면기 각부 치수

[5] 은행의 실내계획

(1) 출입구

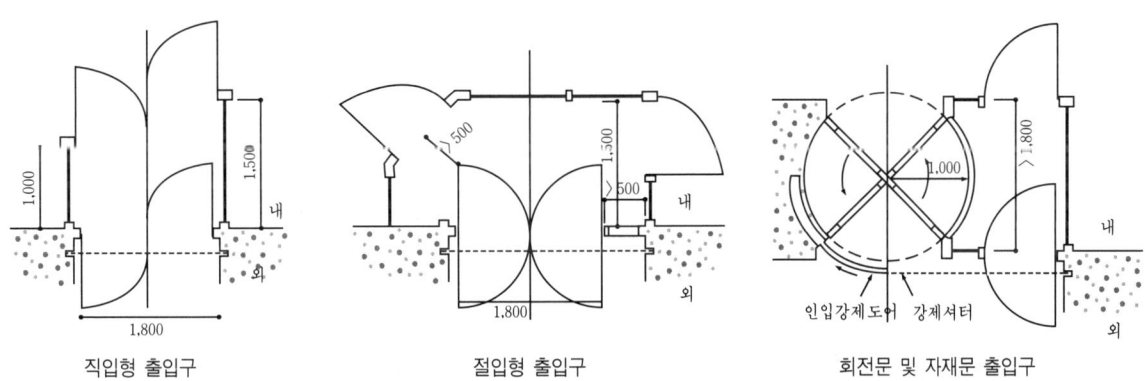

직입형 출입구   절입형 출입구   회전문 및 자재문 출입구

▲은행의 출입문

(2) 영업장

① 영업장의 면적

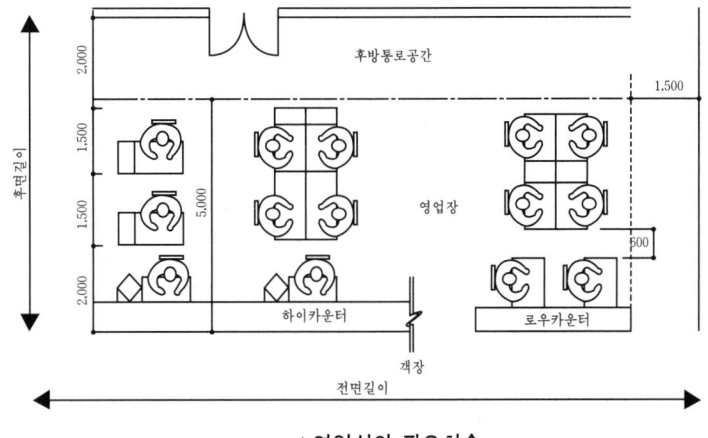

▲영업실의 필요치수

② 영업카운터

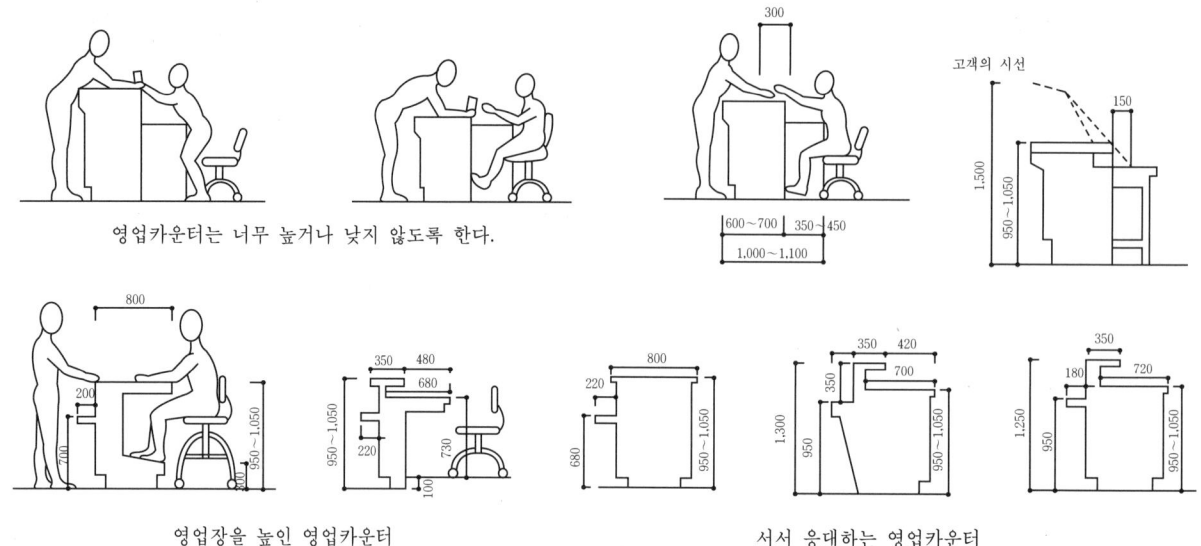

▲영업카운터의 필요치수

⑤ 객장

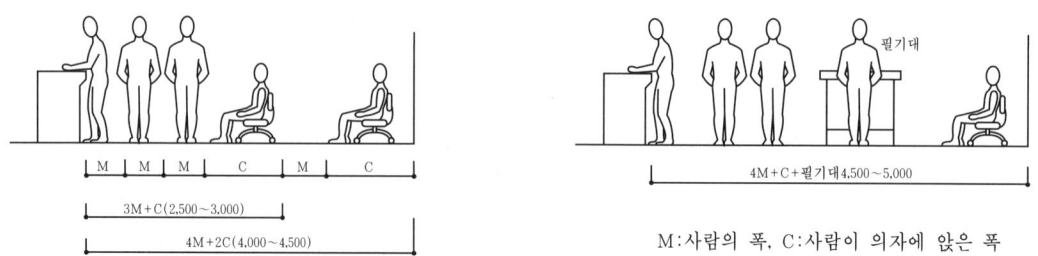

M : 사람의 폭, C : 사람이 의자에 앉은 폭

▲객장의 후면길이

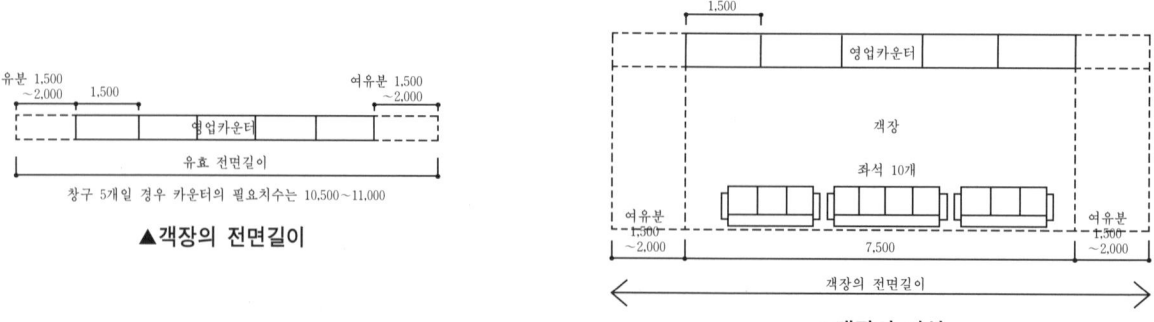

▲객장의 전면길이

▲객장의 좌석

제4편

실내건축 도면실습

제1장 주거공간

[실습과제 1] 독신자아파트

1. 요구사항
    주어진 도면은 원룸시스템의 독신자아파트의 단위평면도이다.
    요구조건에 따라 요구도면을 작성하시오.

2. 요구조건
    ① 설계면적 : 8.2m × 4.2m × 2.4m(H)
    ② 인적구성 : 30대 중후반 독신여성
    ③ 욕실 : 욕조, 세면대, 양변기
    ④ 주방 : 최소한의 주방기기
    ⑤ 방 : 옷장, 의자, 책상, 책장, 컴퓨터, 1인용쇼파, TV, TV table, 오디오, 침대, 나이트테이블
    ⑥ 신발장 및 수납공간. 그외 가구는 작도자가 임의로 추가하여 배치할 수 있다.

3. 요구도면
    ① 평면도 SCALE : 1/30
    ② 천정도(설비, 조명기구 배치 및 범례표 작성) SCALE : 1/30
    ③ 내부입면도 2면(벽면재료 표기) SCALE : 1/30
    ④ 실내투시도 SCALE : N.S
    (계획의 중요 공간을 보여 줄 수 있는 지점에서 1소점 또는 2소점 투시도법으로 작성하되, 작성과정의 투시 보조선을 남길 것)

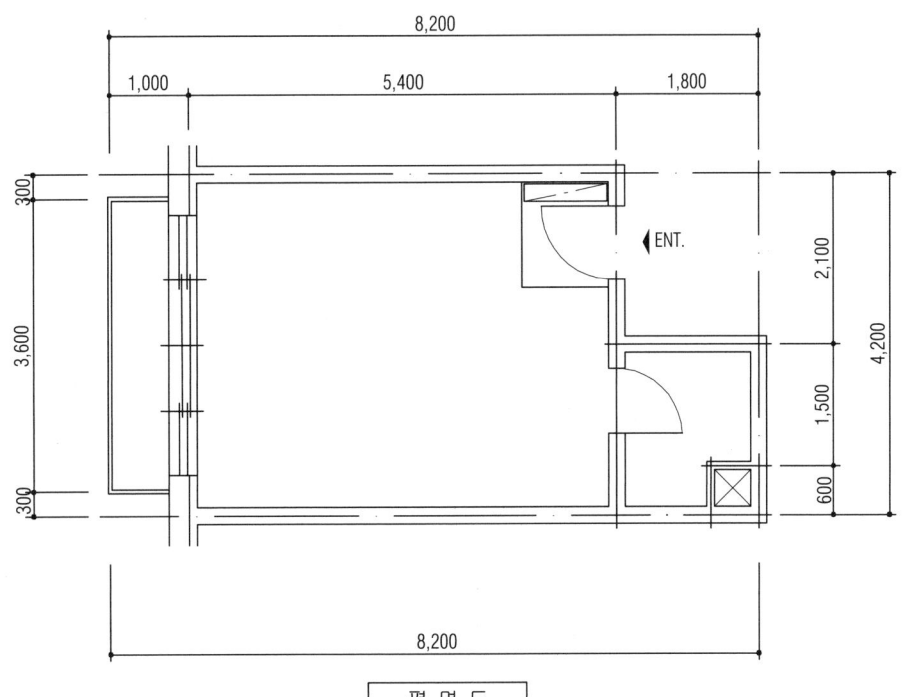

평 면 도

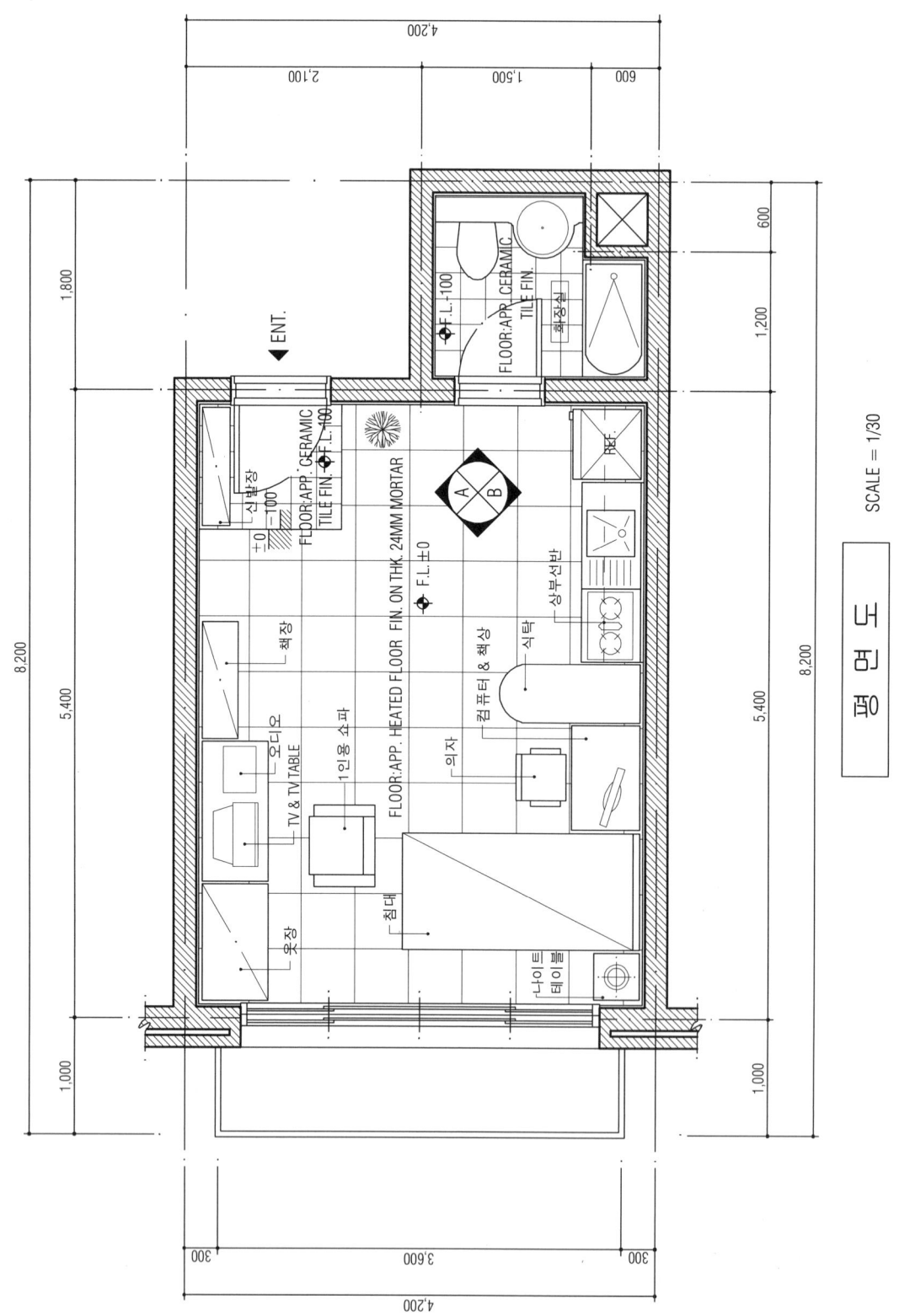

제1장 주거공간 · 139

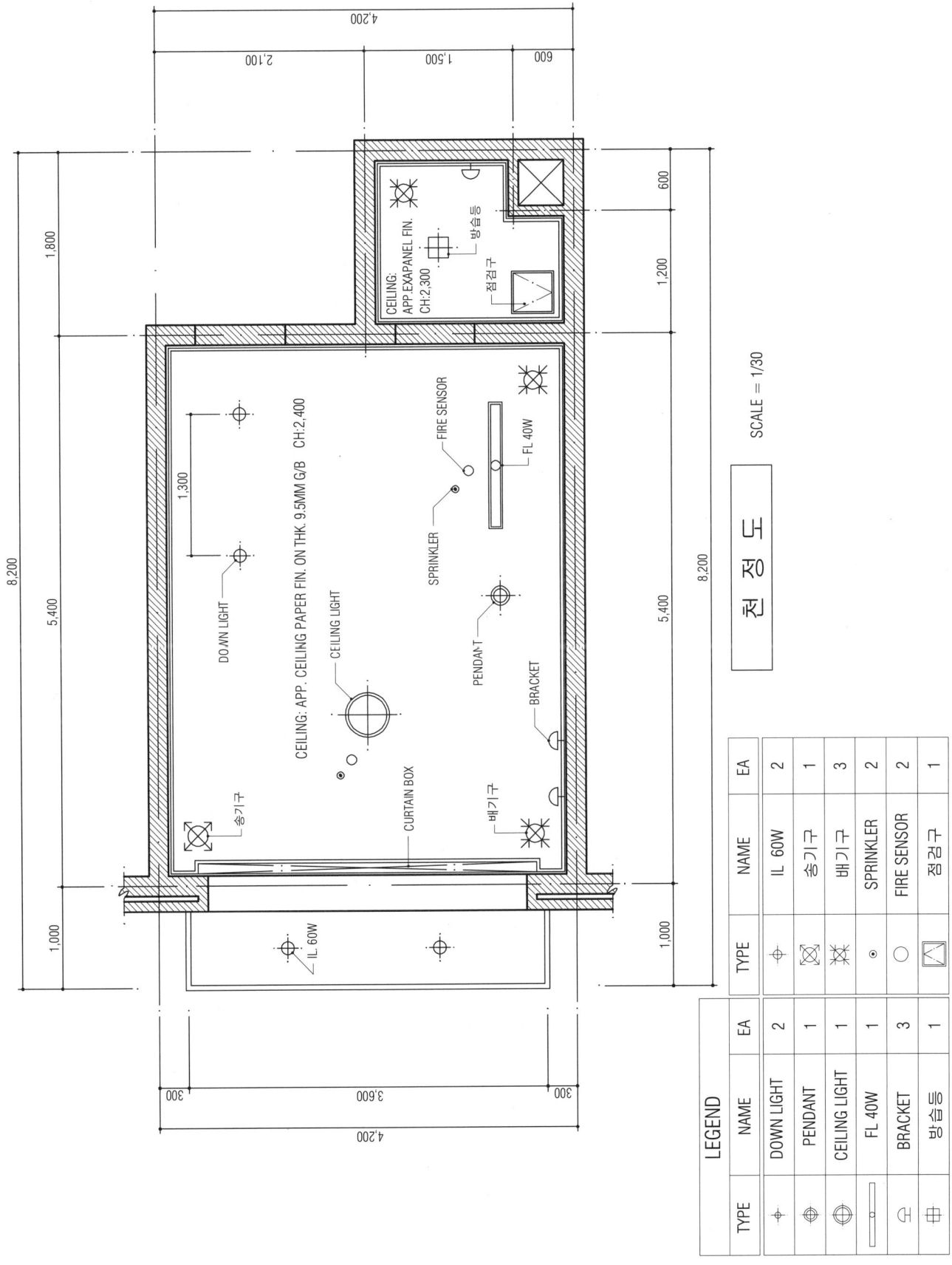

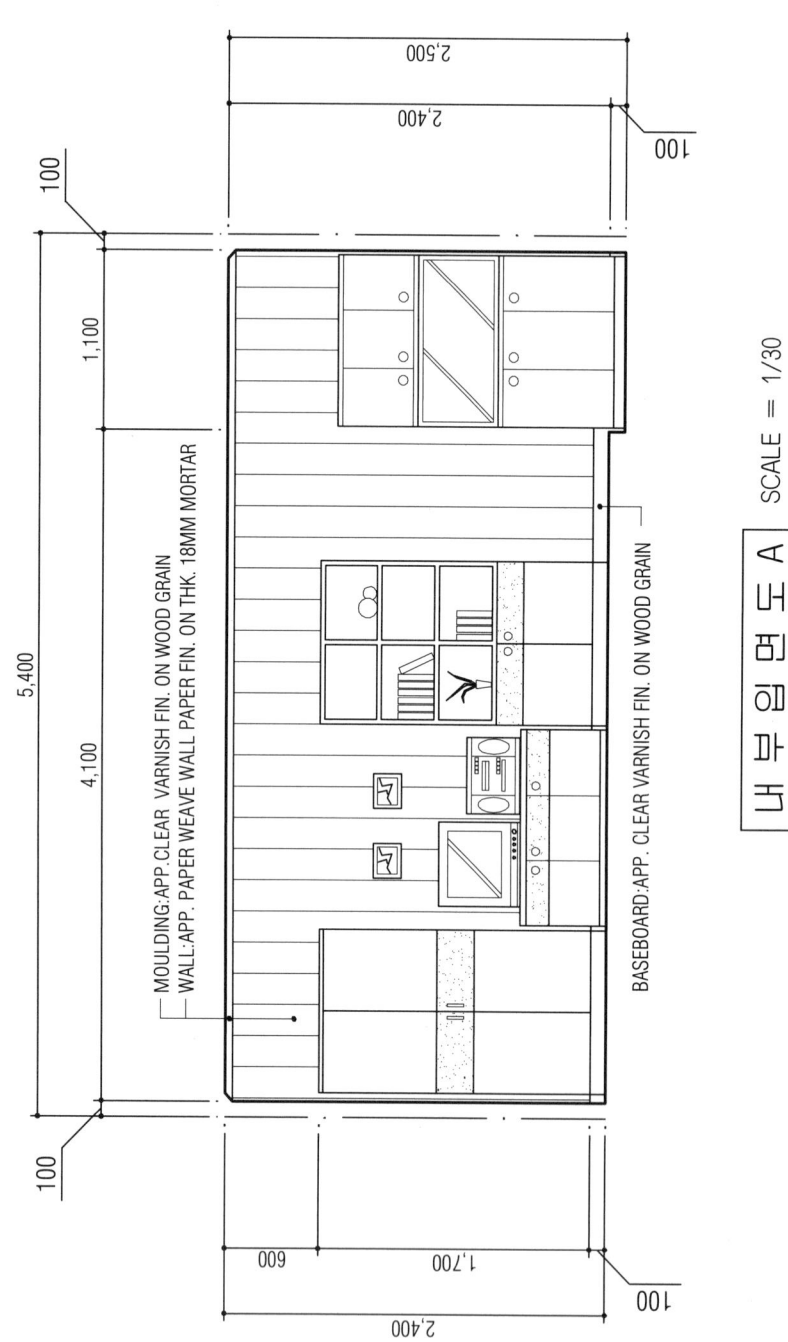

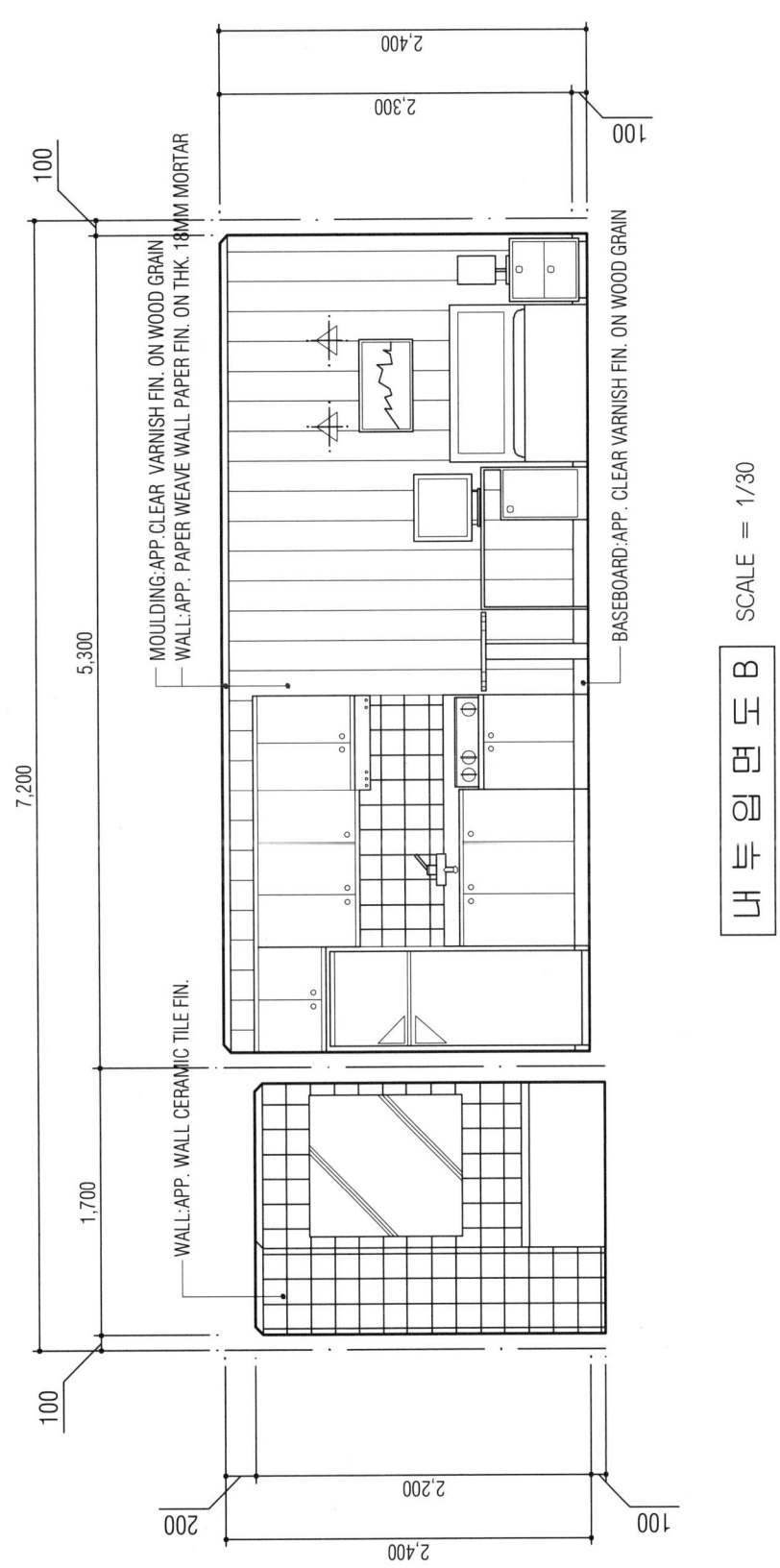

내부입면도 B SCALE = 1/30

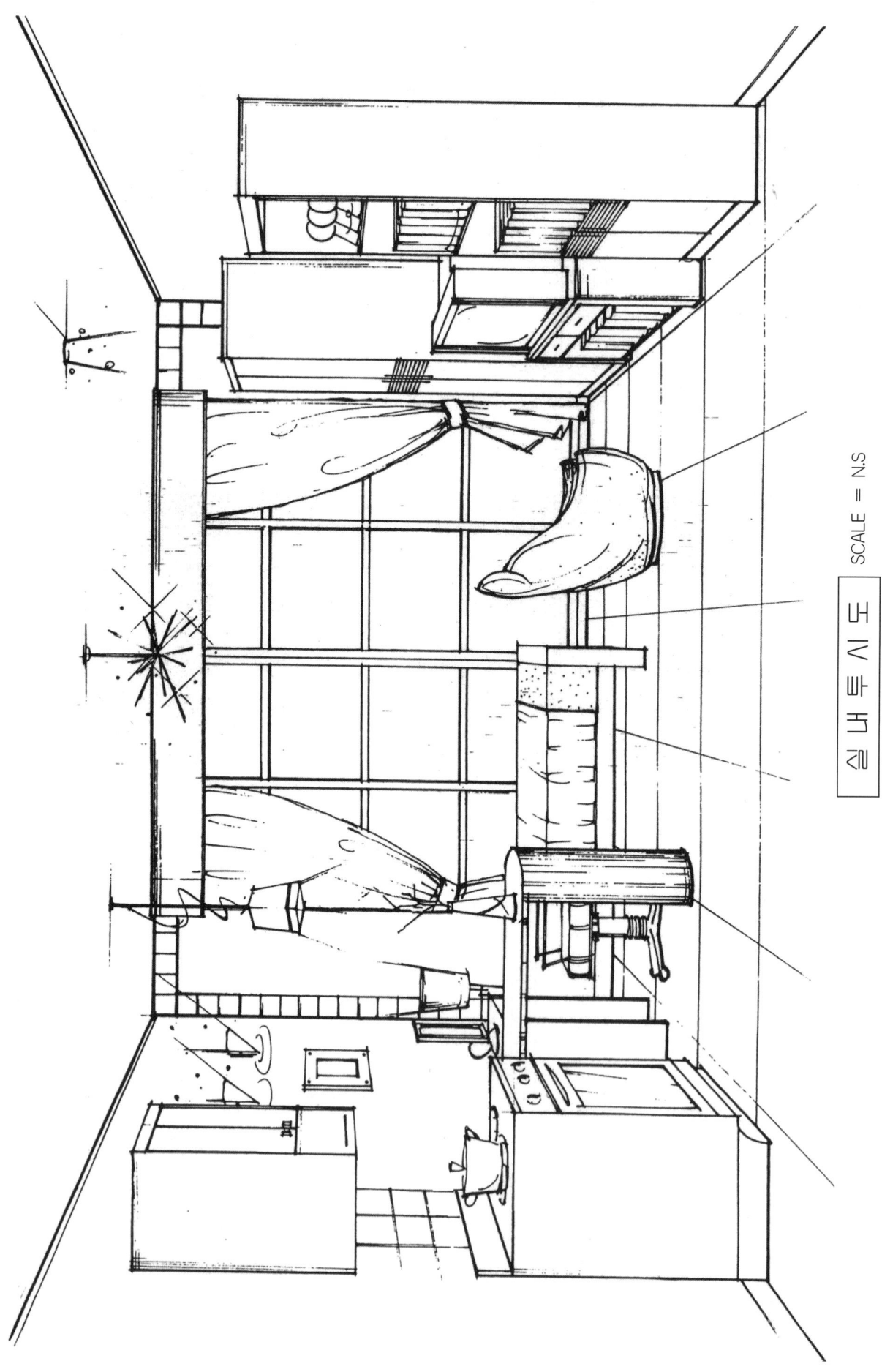

주거공간

[실습과제 2] 원룸형 주택 Ⅰ

1. 요구사항
   주어진 도면은 원룸형 주택의 평면도 및 단면도이다.
   다음의 요구조건에 따라 이곳에 원룸형 주택을 설계하시오.

2. 요구조건
   ① 설계면적 : 5,400×7,600×2,600(H)
   ② 개구부 크기
      · 현관 출입문 - 1,000×2,100(H)   욕실문 - 800×2,000(H)
      · 창문의 높이 - 2,200×1,500(H)
      · 기타 창문의 높이 - 1,500(H)
   ③ 벽체 : 내·외벽은 철근콘크리트 옹벽 150mm으로 하며 기타벽은 도면축척에 준함
   ④ 인적구성 : 회사원 1인
   ⑤ 필요공간 및 가구
      · 침대, 책장, 신발장, 옷장, 서랍장, TV 및 오디오테이블, 컴퓨터 및 책상, 장식장, 식탁 및 의자, 주방에는 각종 주방설비기구
      (※이상 제시된 가구는 필수적이며 이외에 필요한 가구가 있다면 수검자가 임의로 추가할 수 있음)

3. 요구도면
   ① 평면도 (가구배치 및 바닥마감재 표기/창문쪽은 외벽) S=1/30
   ② 천정도 (설비조명기구 배치 및 범례표 작성, 마감재료 표기) S=1/50
   ③ 내부입면도 (D방향, 벽면 마감재 표기) S=1/30
   ④ 실내투시도 (채색작업필수) A에서 C방향으로 1소점 투시도법으로 작성한다.
      (작성과정의 투시보조선을 남길 것 - S=N.S)
      ※ 첫째장에 평면도, 둘째장에 내부입면도와 천정도, 셋째장에는 실내투시도 작성

144 · 제4편 실내건축 도면실습

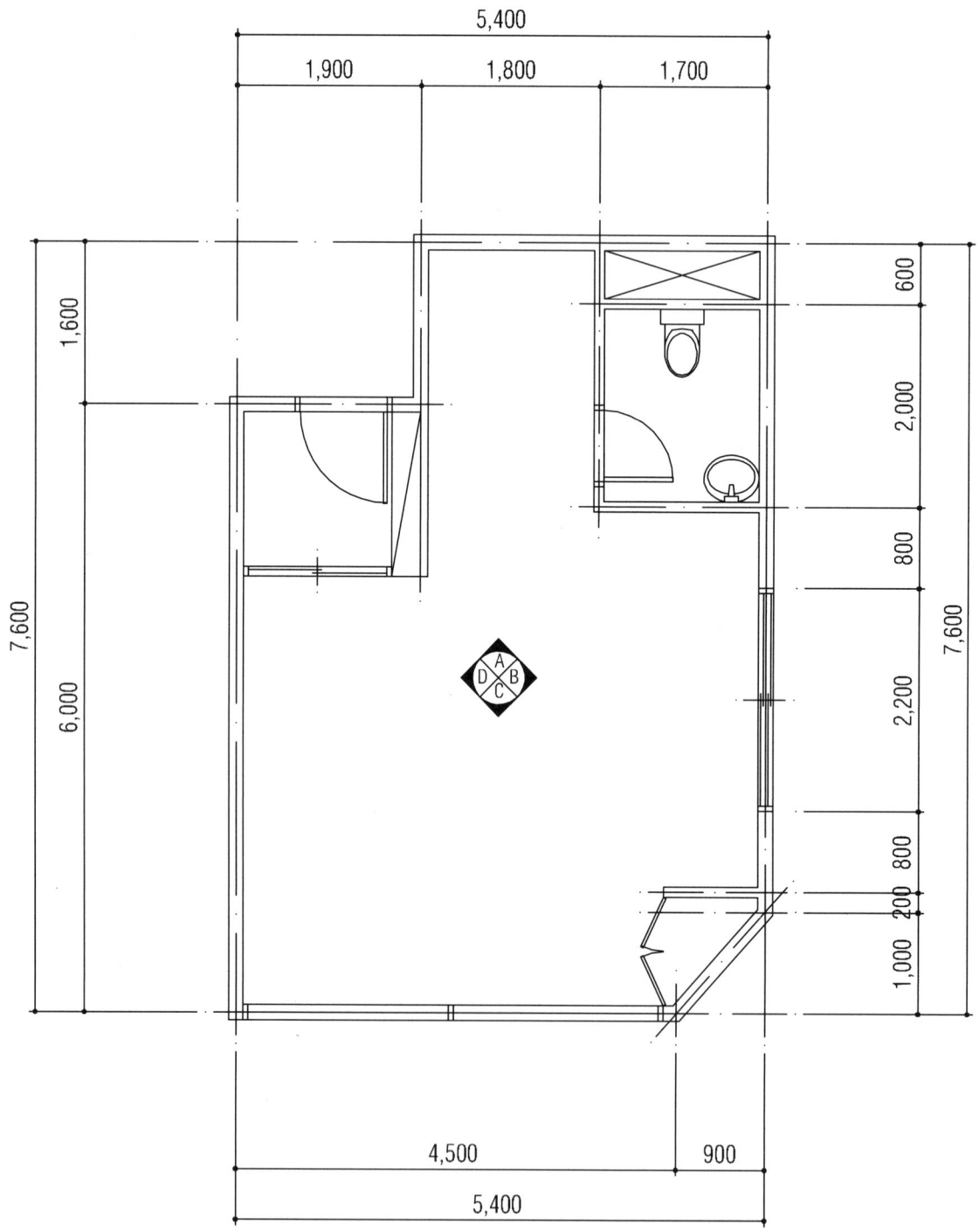

평 면 도

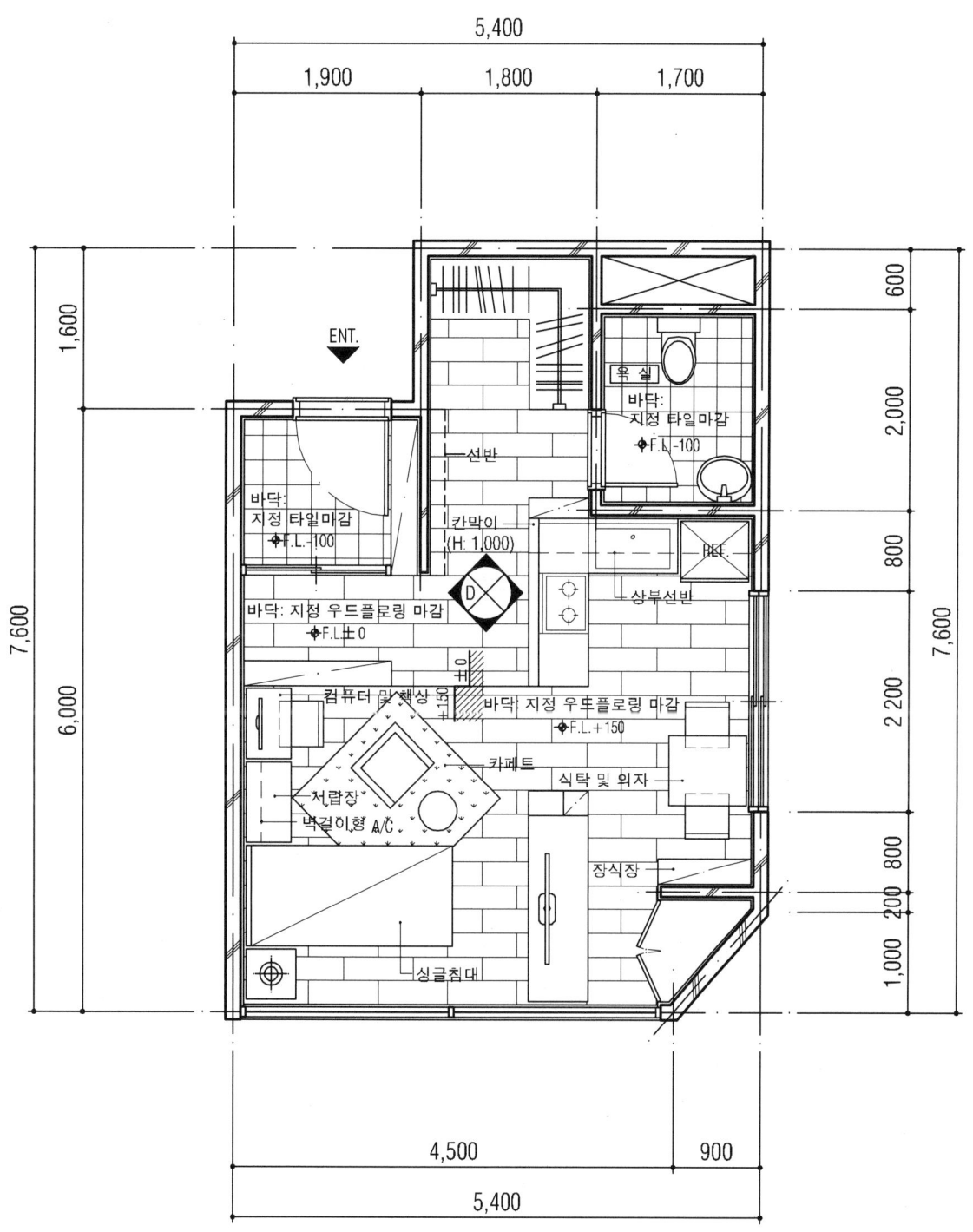

평 면 도　SCALE = 1/30

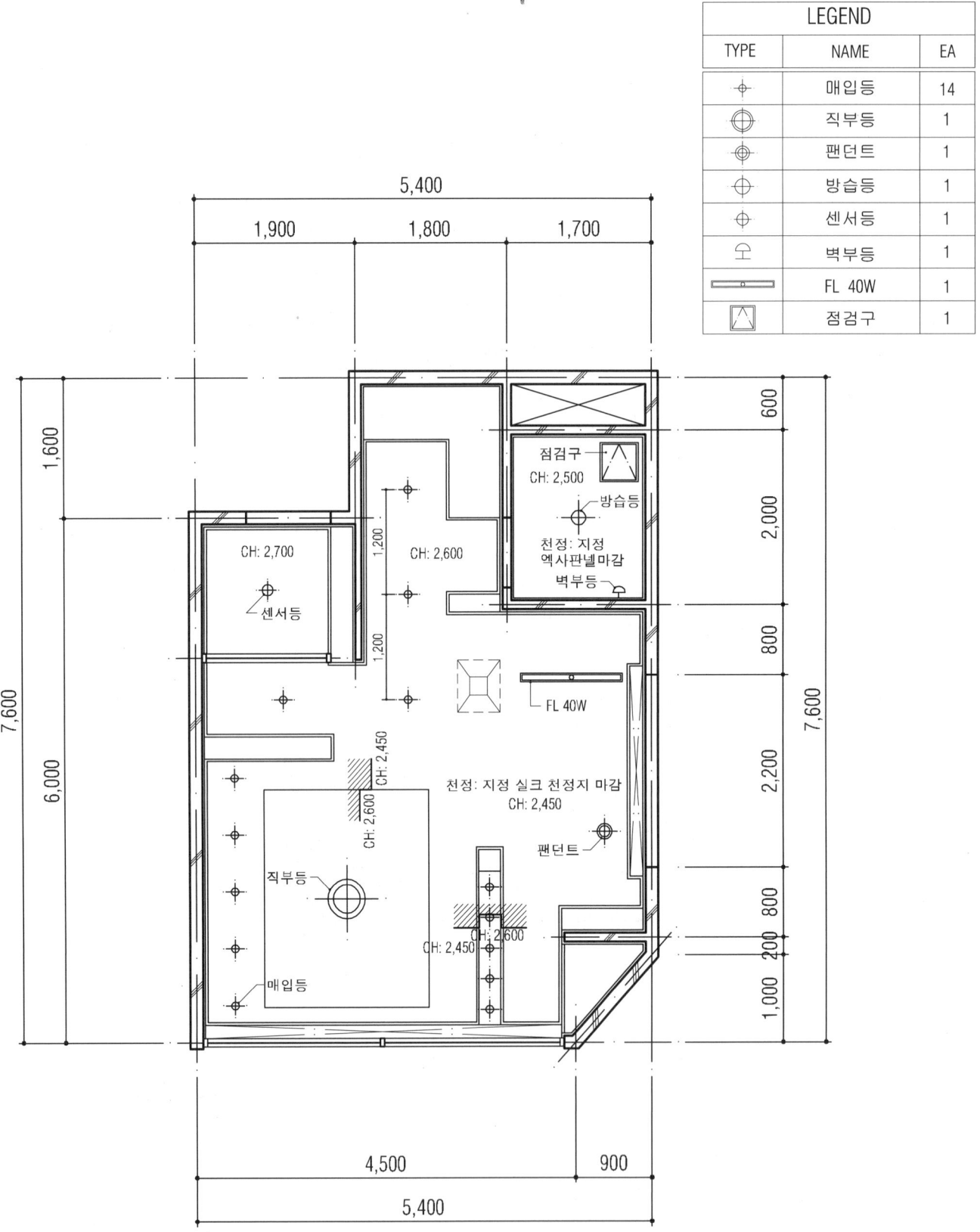

천 정 도   SCALE = 1/50

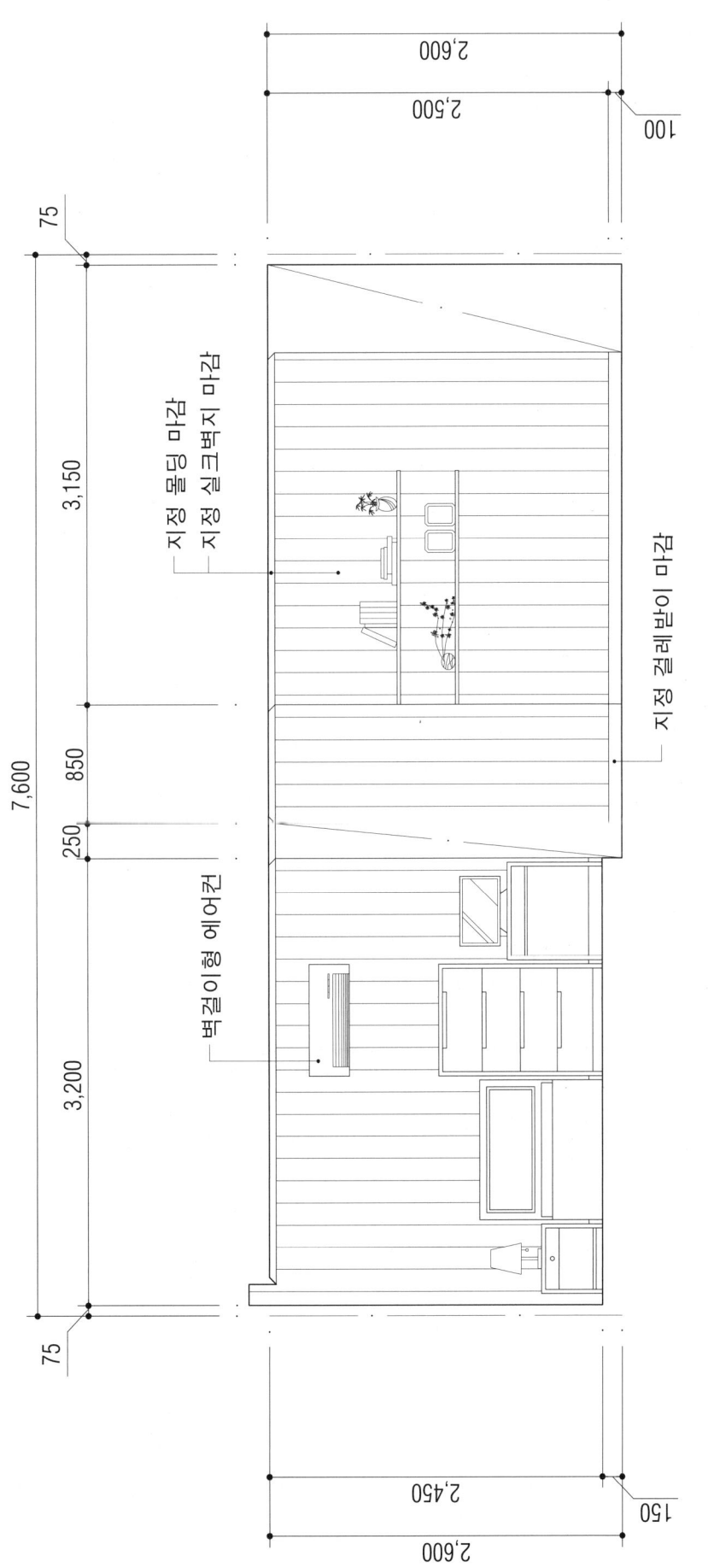

벽 주 방 입 면 도 D SCALE = 1/30

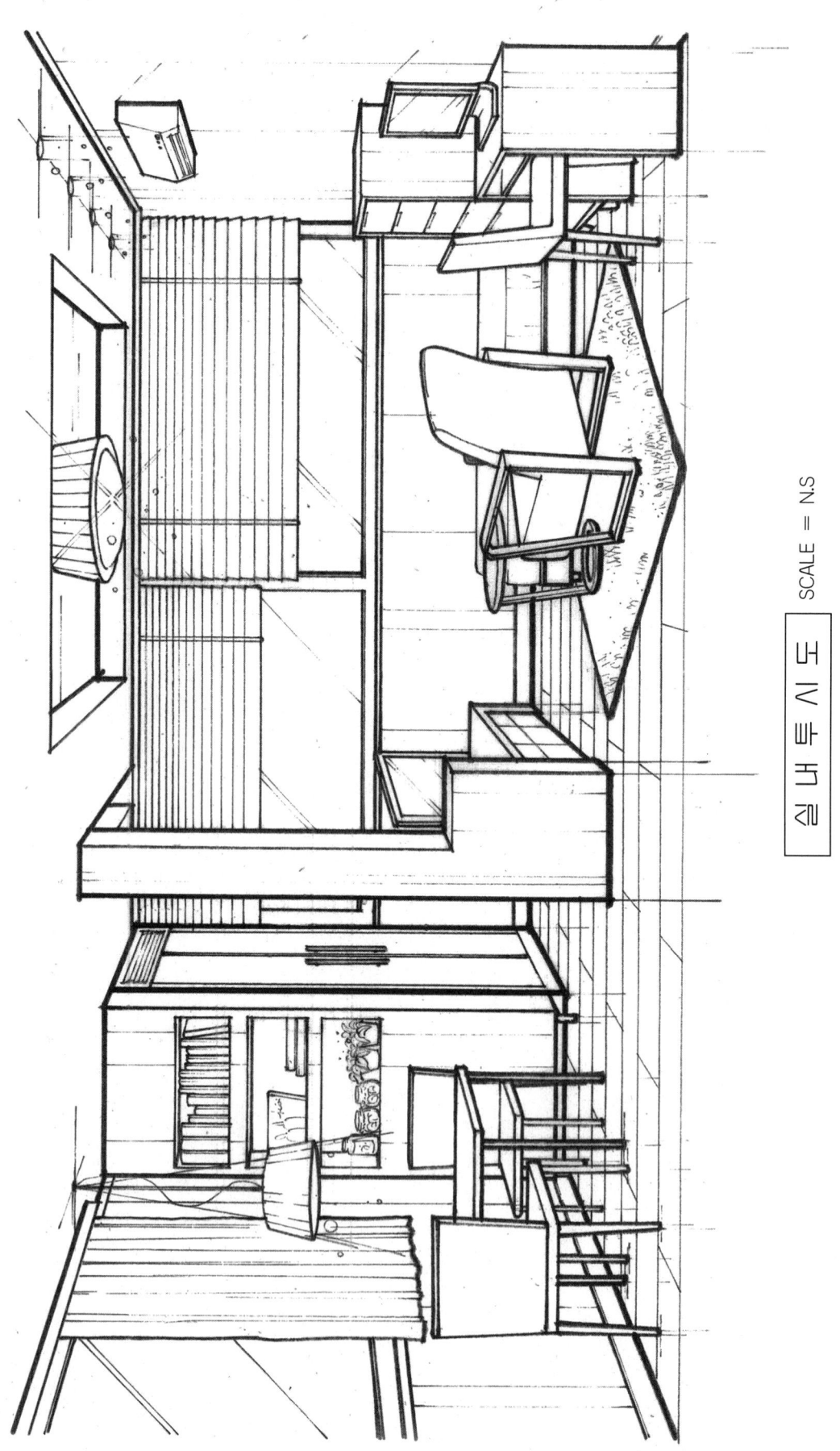

주거공간

[실습과제 3] 원룸형 주택 Ⅱ

1. 요구사항
   주어진 도면은 원룸형 주택의 평면도 및 단면도이다.
   다음의 요구조건에 따라 이곳에 원룸형 주택을 설계하시오.

2. 요구조건
   ① 설계면적 : 6,500×8,700×2,600(H)
   ② 개구부 크기
   　　· 출입문(2) - 1,000×2,100(H)　　욕실문 - 700×2,000(H)
   　　· 창문(2중창 또는 복층유리 단창) - 2,400×1,500(H), 600×1,500(H)
   　　· 주방 출입구는 아치형
   ③ 벽체
   　　· 외벽-두께 1.5B의 붉은 벽돌 공간쌓기로 한다.
   　　· 내벽-시멘트 벽돌 두께 1.0B 쌓기로 한다. 기타벽은 0.5B 쌓기로 한다.
   ④ 인적구성 : 30대 실내건축 전문가
   ⑤ 필요공간 및 가구
   　　· 싱글침대, 책장, 신발장, 옷장, 쇼파세트, TV 및 테이블, 컴퓨터 및 책상, 장식장, 냉장고, 식탁 및 의자, 주방에는 각종 주방설비기구
   　　(※이상 제시된 가구는 필수적이며 이외에 필요한 가구가 있다면 수검자가 임의로 추가할 수 있음)

3. 요구도면
   ① 평면도 (가구배치 및 바닥마감재 표기/창문쪽은 외벽) S=1/30
   ② 천정도 (조명기구, 마감재료 표기 및 범례표 작성) S=1/50
   ③ 내부입면도 (C방향 1면, 벽면 마감재 표기) S=1/30
   ④ 실내투시도 (반드시 채색할 것) A에서 C방향으로 1소점 투시도법으로 작성한다.
   　　(작성과정의 투시보조선을 남길 것 - S=N.S)
   　　※ 첫째장에 평면도, 둘째장에 내부입면도와 천정도, 셋째장에는 실내투시도 작성

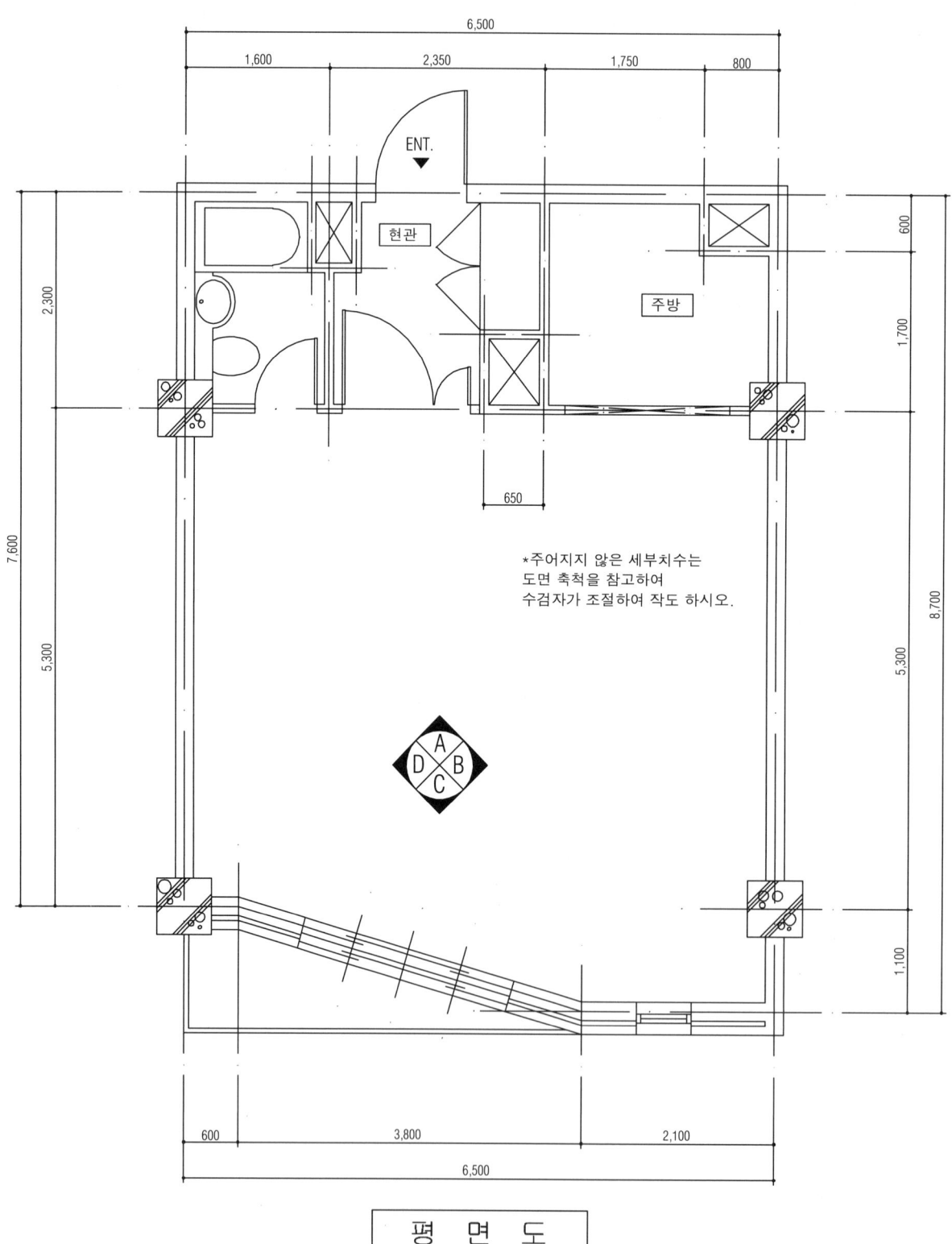

평 면 도

제1장 주거공간 · 151

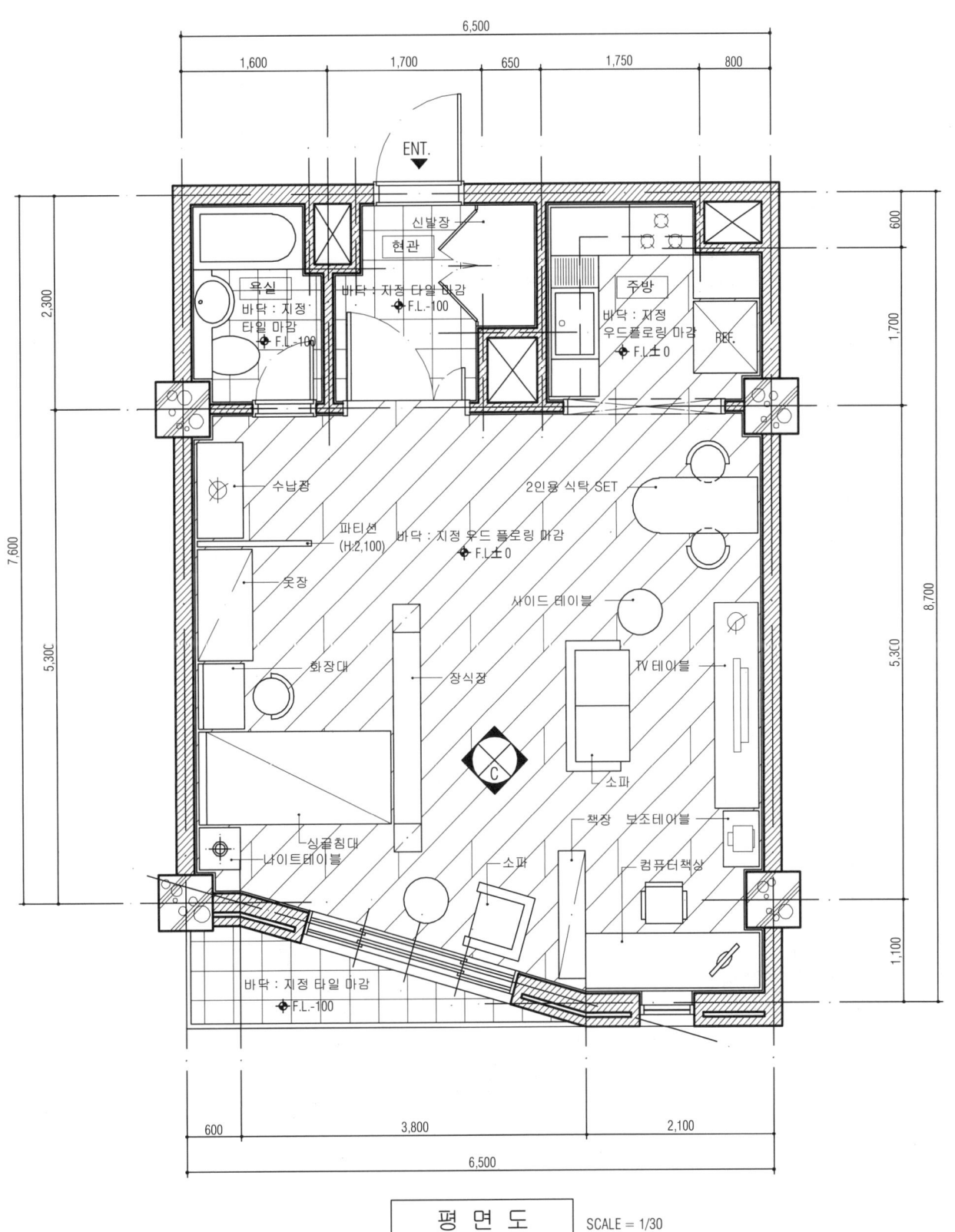

평 면 도   SCALE = 1/30

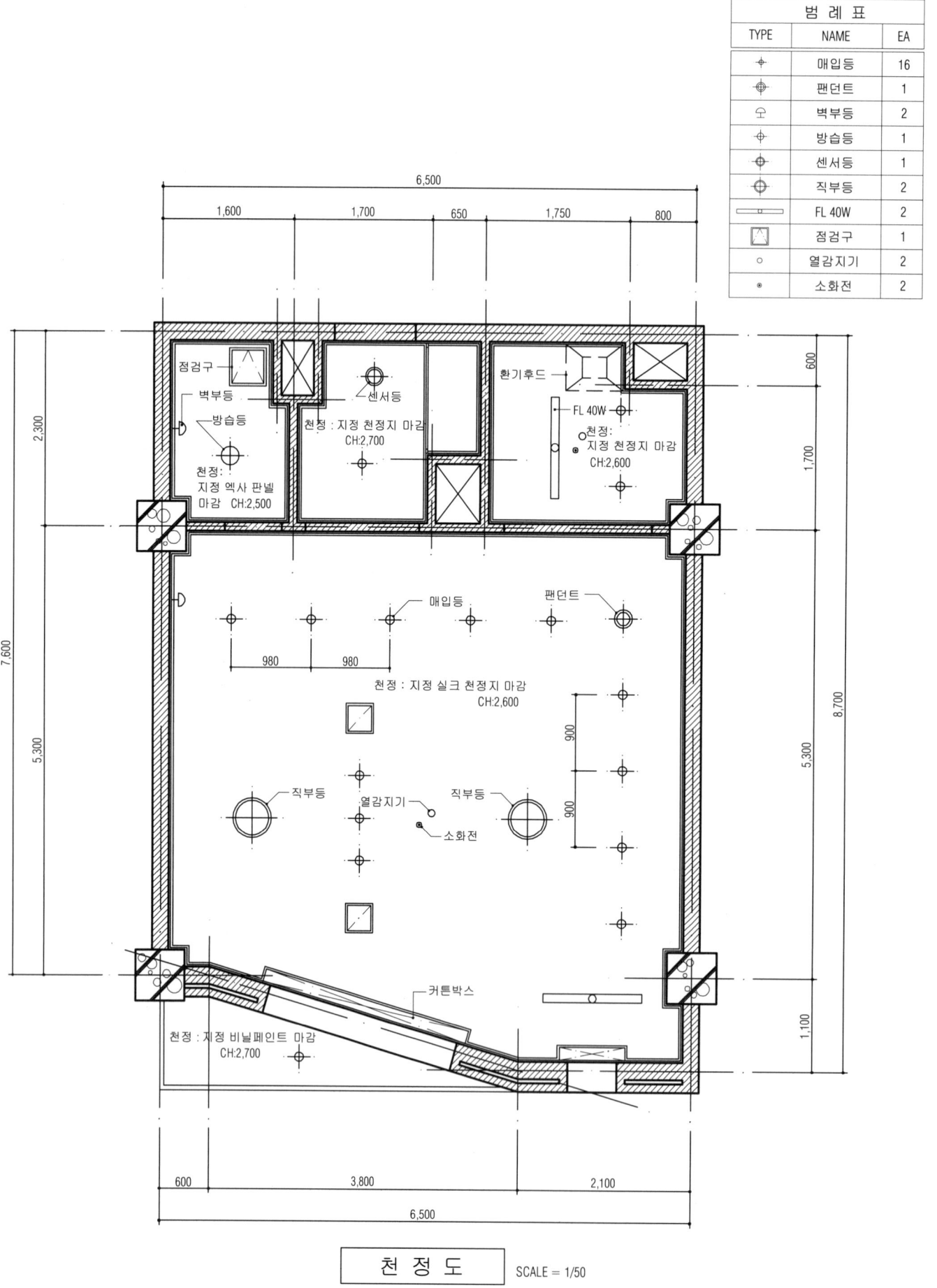

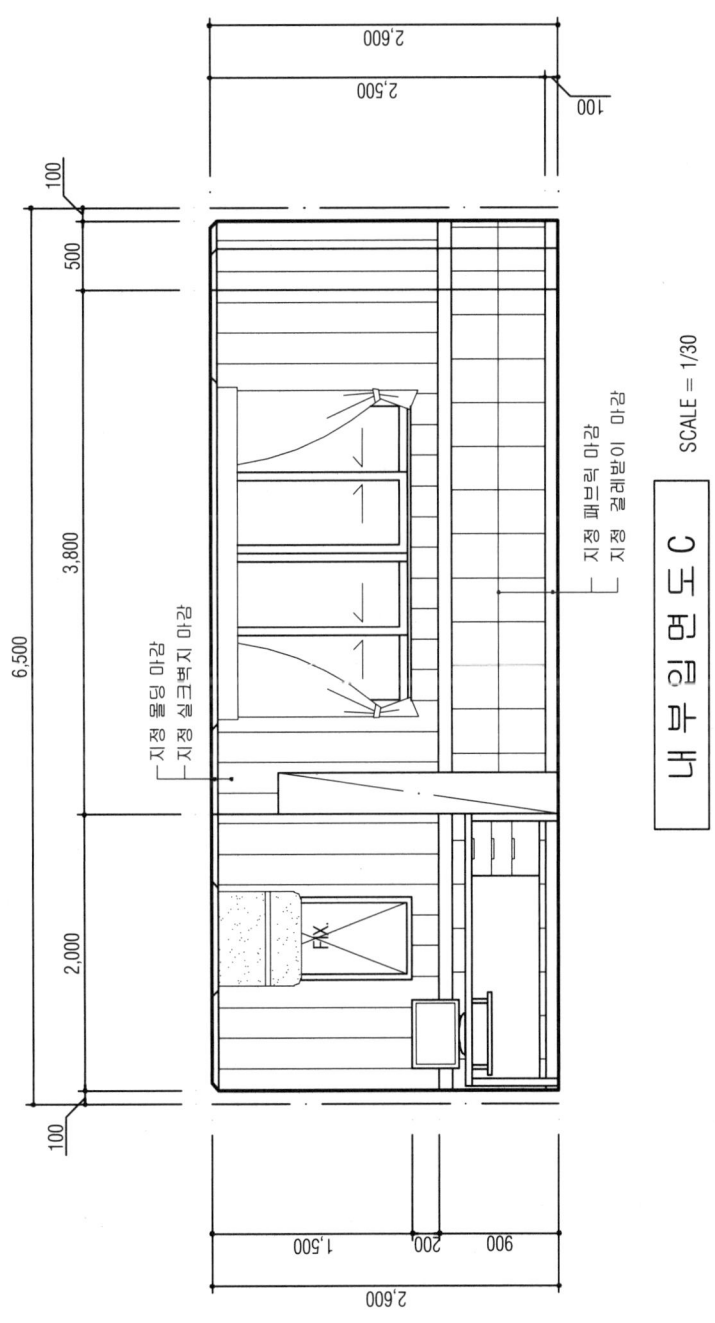

주거공간

[실습과제 4] 오피스텔

1. 요구사항
   주어진 도면은 도심지 고층형 건물로 주거를 겸한 오피스텔이다.
   다음의 요구조건에 따라 도면을 작성하시오.

2. 요구조건
   ① 설계면적 : 6,850×5,700×2,700(H)
   ② 인적구성 : 20대 부부용으로 직업은 숙녀의류를 판매하는 재택쇼핑몰 운영사업자이다.
   ③ 요구공간 및 가구 : 개방적인 공간으로 하고 재택작업을 위한 가구배치 및 화장실 계획도 포함한다.
   　　　　　　　　　　침대(트윈) 및 나이트테이블, 컴퓨터 2대 및 테이블 의자포함, 숙녀의류 촬
   　　　　　　　　　　영공간 및 설비, 작업용테이블(1200×800)및 의자, 주방기구 및 집기(조리대,
   　　　　　　　　　　가열대, 식탁, 냉장고 등), TV, 붙박이장, 화장대, 서랍장, 장식장, 신발장
   　　　　　　　　　　(이상 제시된 가구는 필수이며 이외 필요가구 추가 가능)

3. 요구도면
   ① 평면도(가구배치 및 바닥마감재 표기) SCALE : 1/30
      - 평면도 주변의 여유공간에 설계개요(Design Concept)를 180자 이내로 작성하시오.
   ② 천정도(설비, 조명기구 배치 및 범례표 작성/천정마감재 표기) SCALE : 1/30
   ③ 내부입면도 D방향 1면(벽면재료 표기) SCALE : 1/50
   ④ 실내투시도(채색작업은 필수) SCALE : N.S
      (계획의 포인트가 좋은 지점에서 1소점 또는 2소점 투시법으로 작성 및 작성과정의 투시보조선을 남길 것)

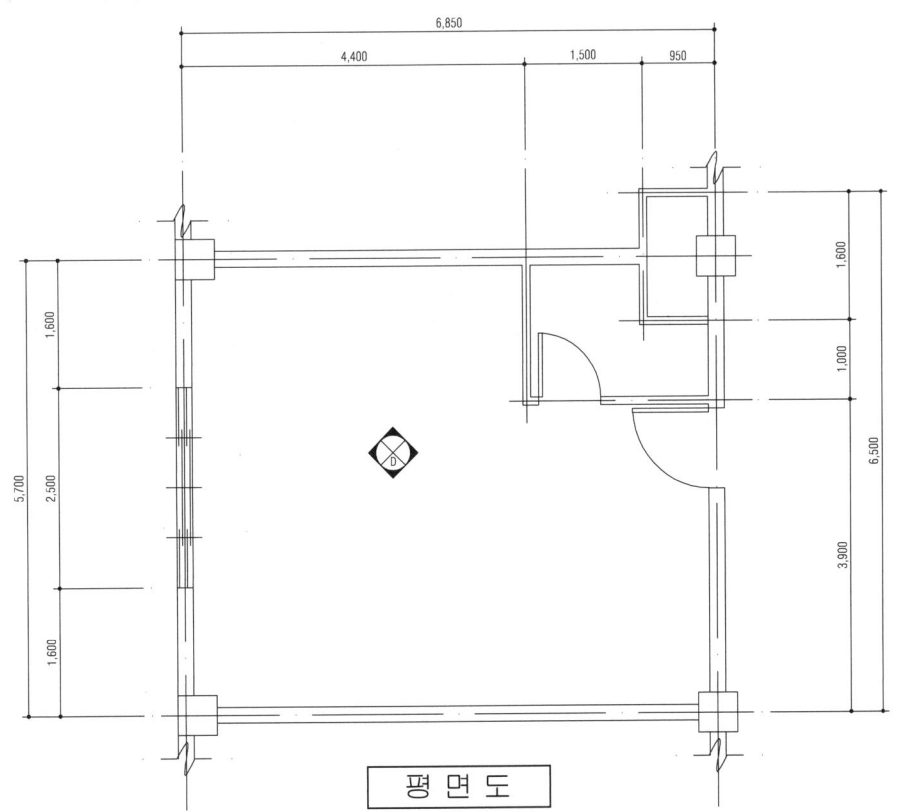

평면도

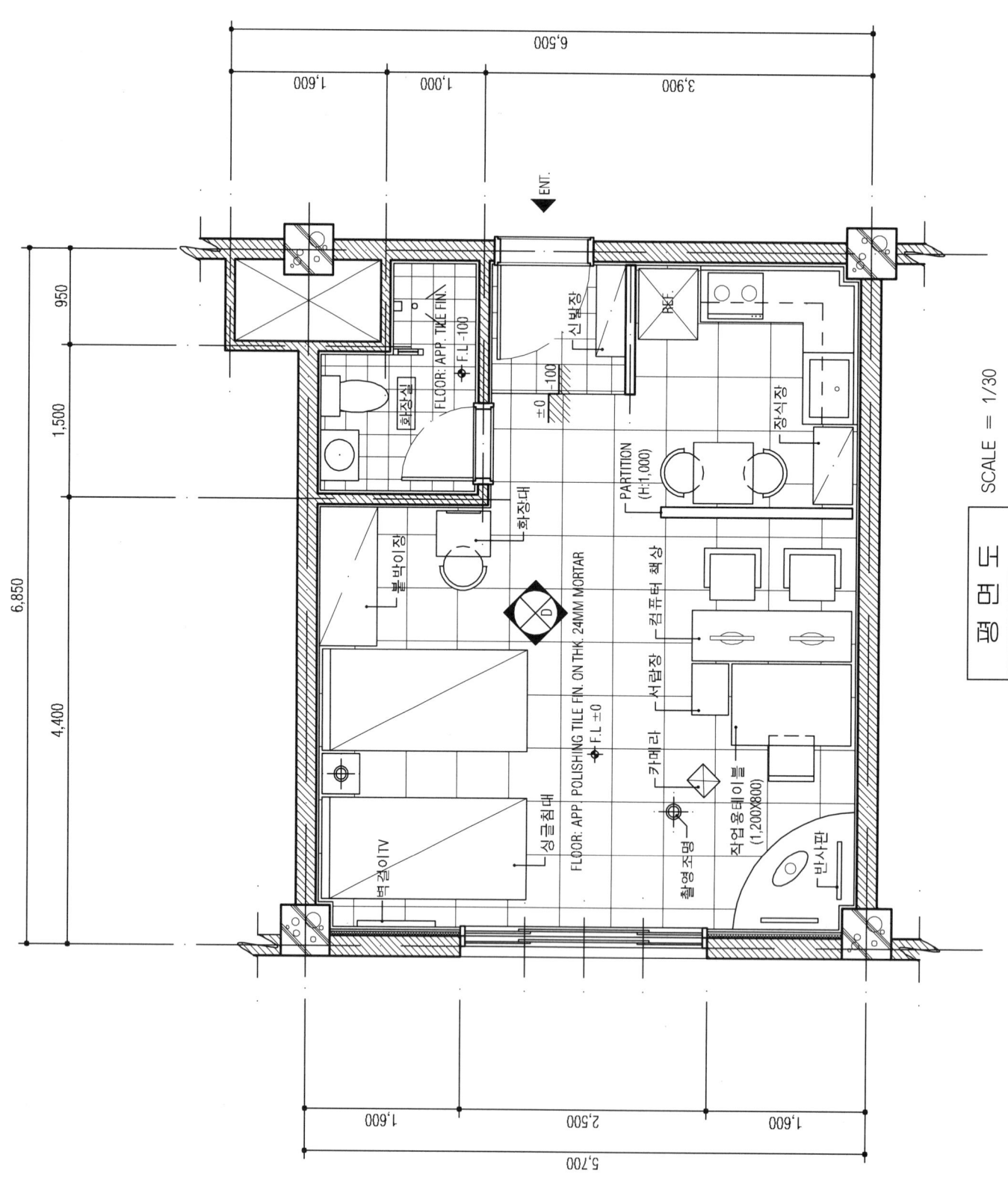

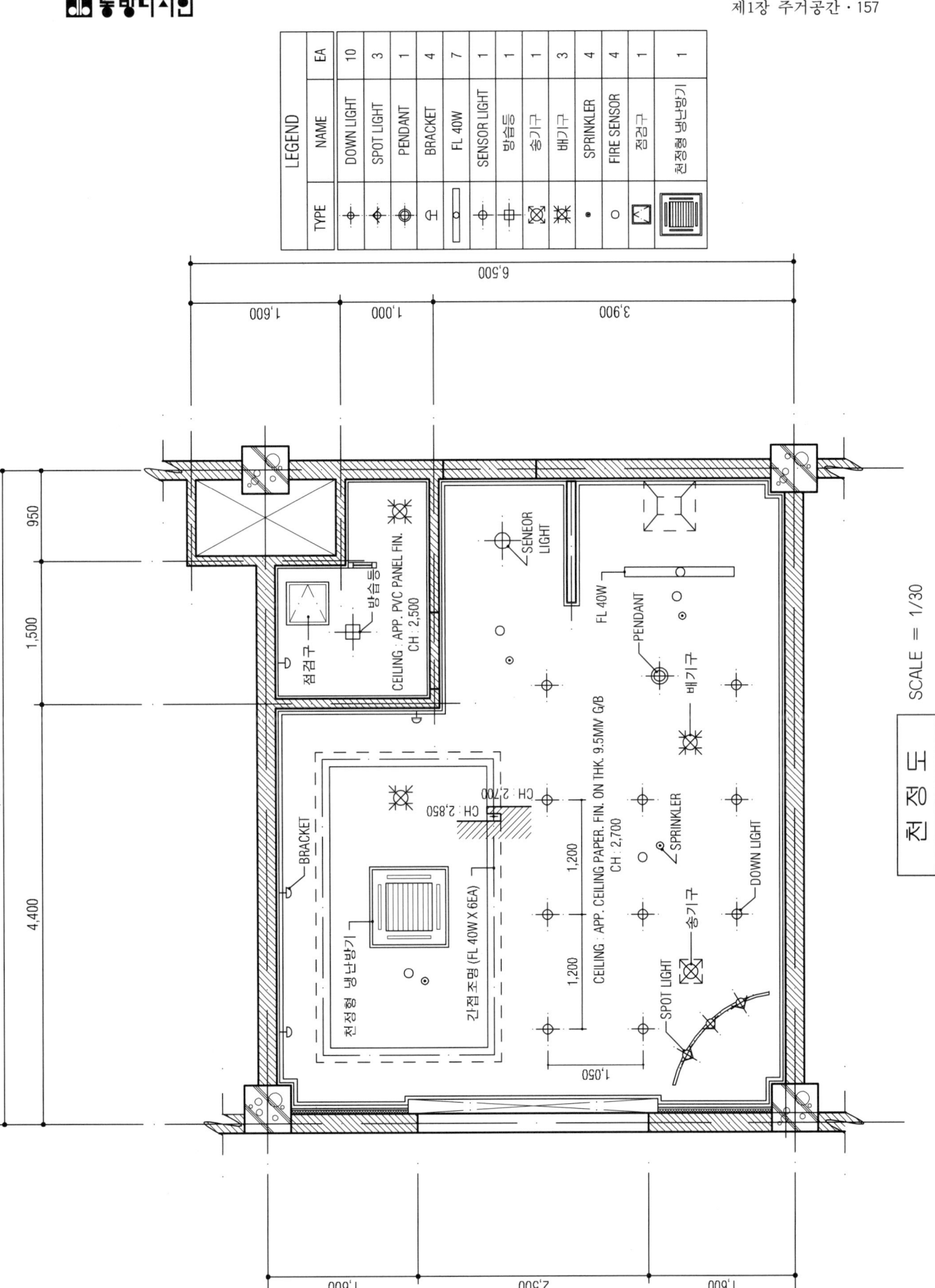

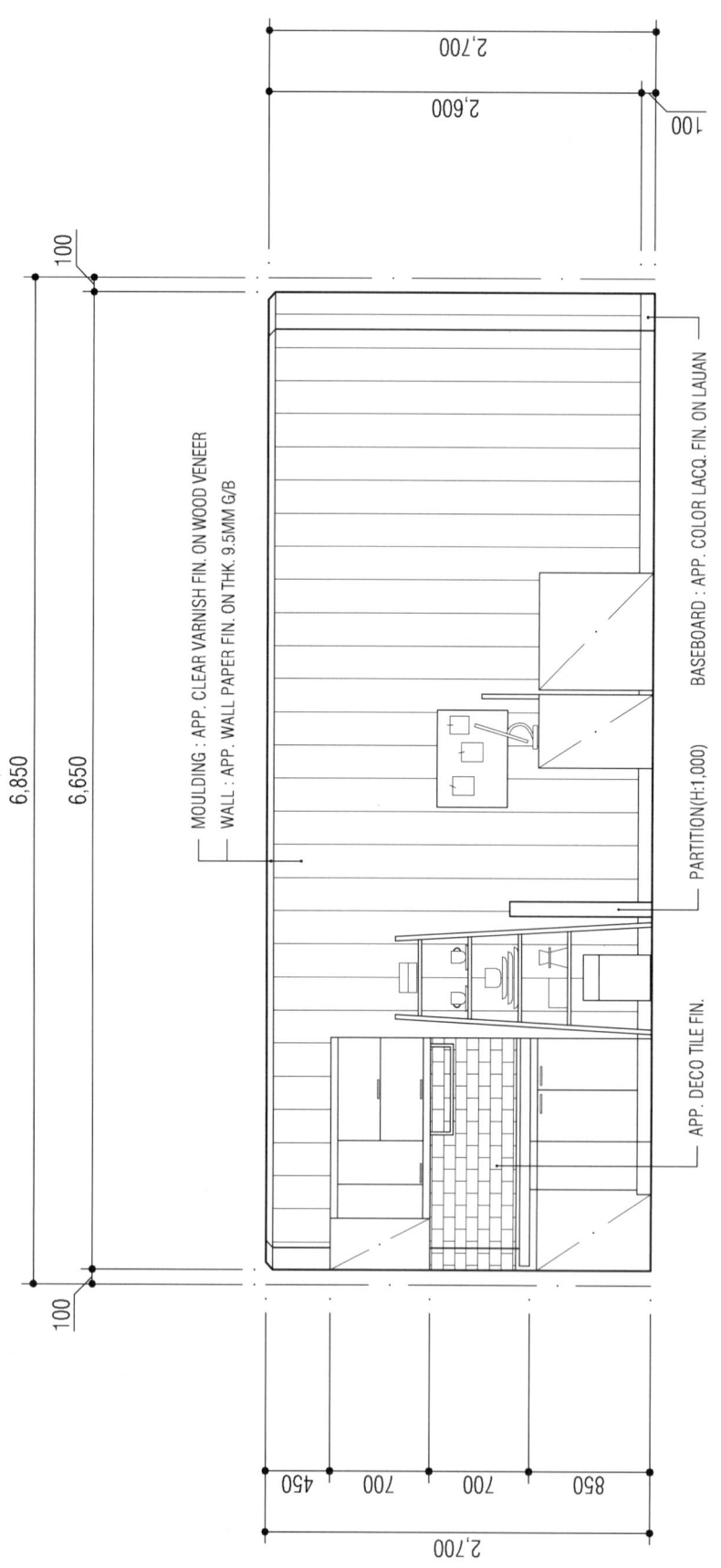

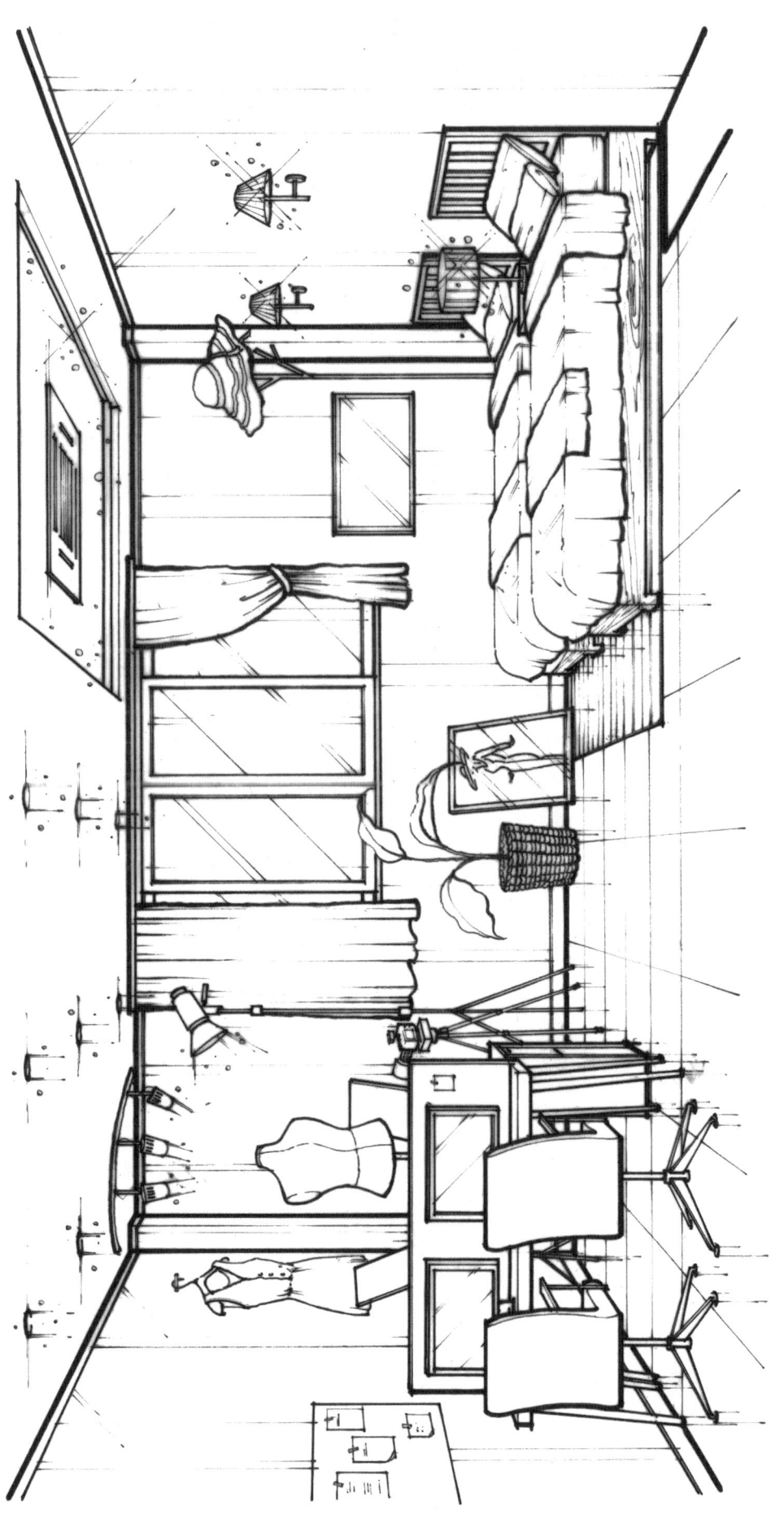

실내투시도 SCALE = N.S

주거공간

[실습과제 5] 주거오피스텔

1. 요구사항
   주어진 도면은 인테리어를 하는 30대 부부가 생활하는 고층의 오피스텔이다.
   다음의 요구조건에 따라 도면을 작성하시오.

2. 요구조건
   ① 설계면적 : 8,400×5,400×2,700mm(H)
   ② 필요공간 및 가구
      주방구성(씽크Set, 냉장고), 화장실구성, 침실공간 및 작업공간 - 트윈베드, 나이트테이블,
      작업대(1,500mm×1,000mm)/의자포함, 컴퓨터 2대와 테이블/의자포함, 붙박이장, 화장대,
      서랍장, 장식장, 신발장
      (이상 제시된 가구는 필수적이며 이외에 필요한 가구가 있다면 수검자가 임의로 추가할 수 있음.)

3. 요구도면
   ① 평면도(가구배치 포함) SCALE : 1/30
   ② 천정도(설비, 조명기구 배치 및 범례표 작성) SCALE : 1/30
   ③ 내부입면도 A방향 (벽면재료 표기) SCALE : 1/30
   ④ 실내투시도(채색작업은 필수) SCALE : N.S
      (계획의 포인트가 좋은 지점에서 1소점 또는 2소점 투시법으로 작성하되, 작성과정의 투시보조선을 남길 것)

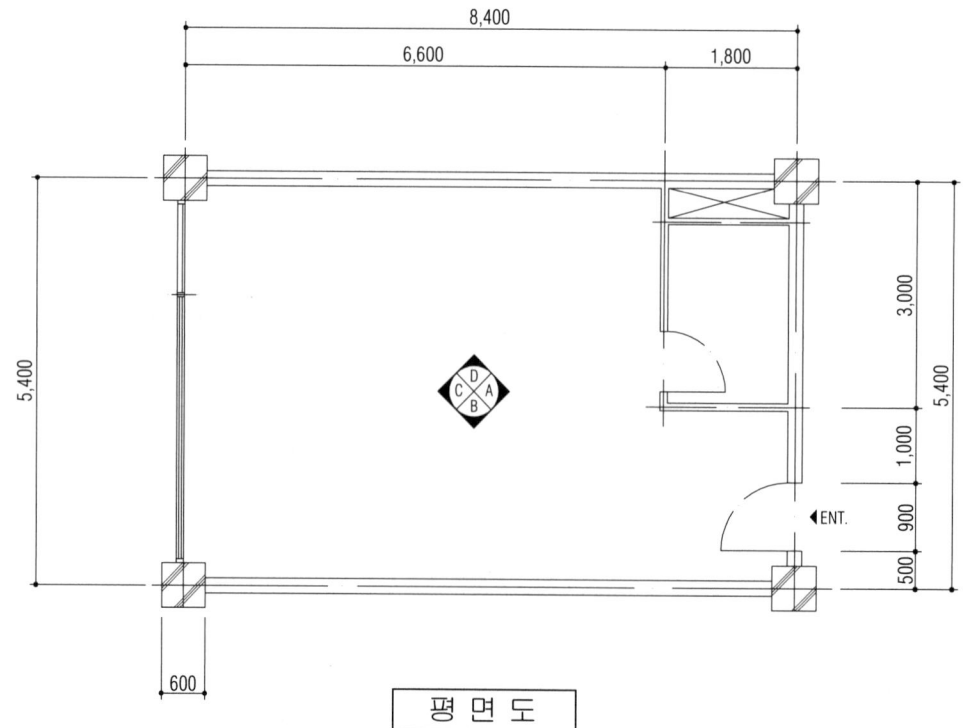

평 면 도

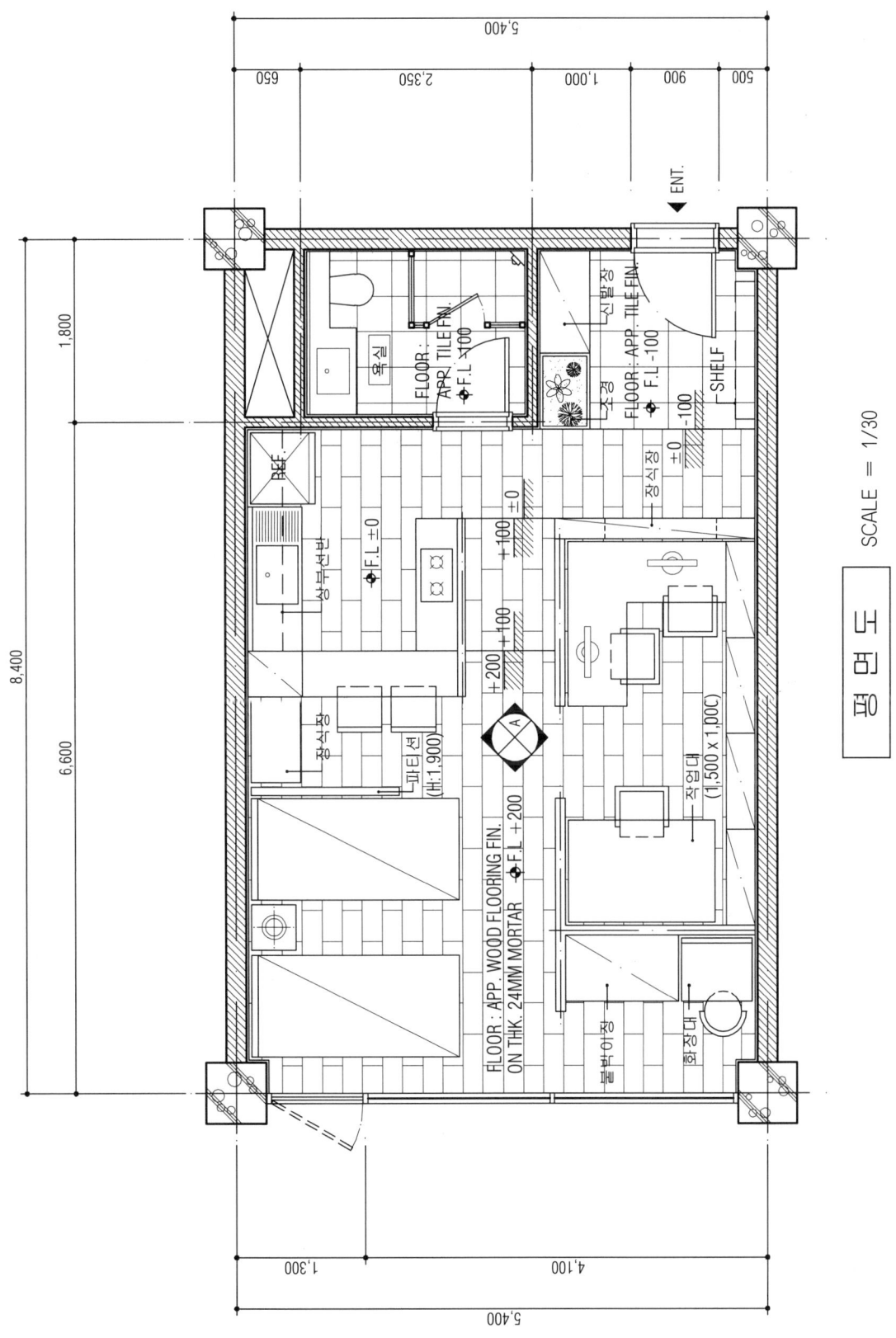

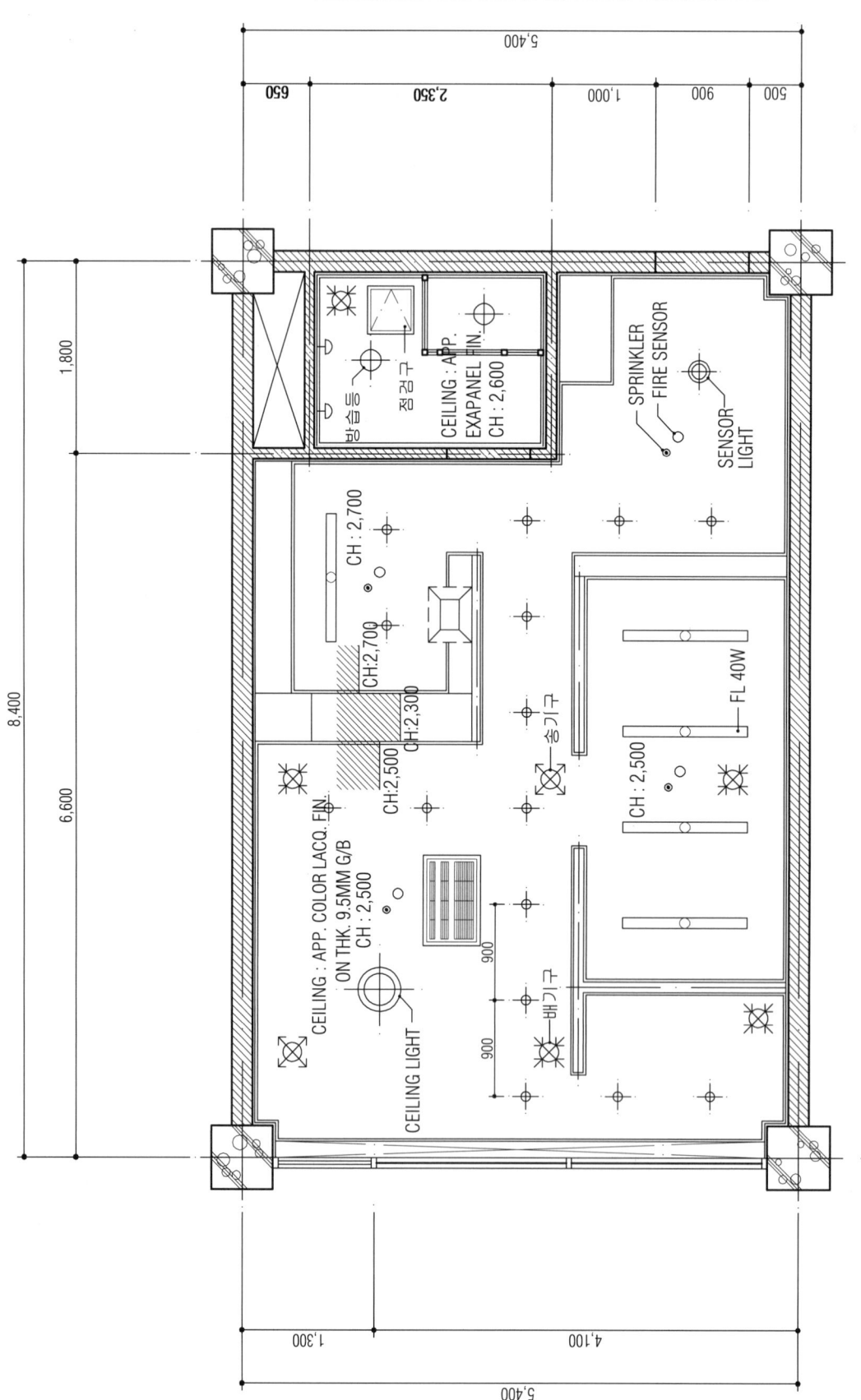

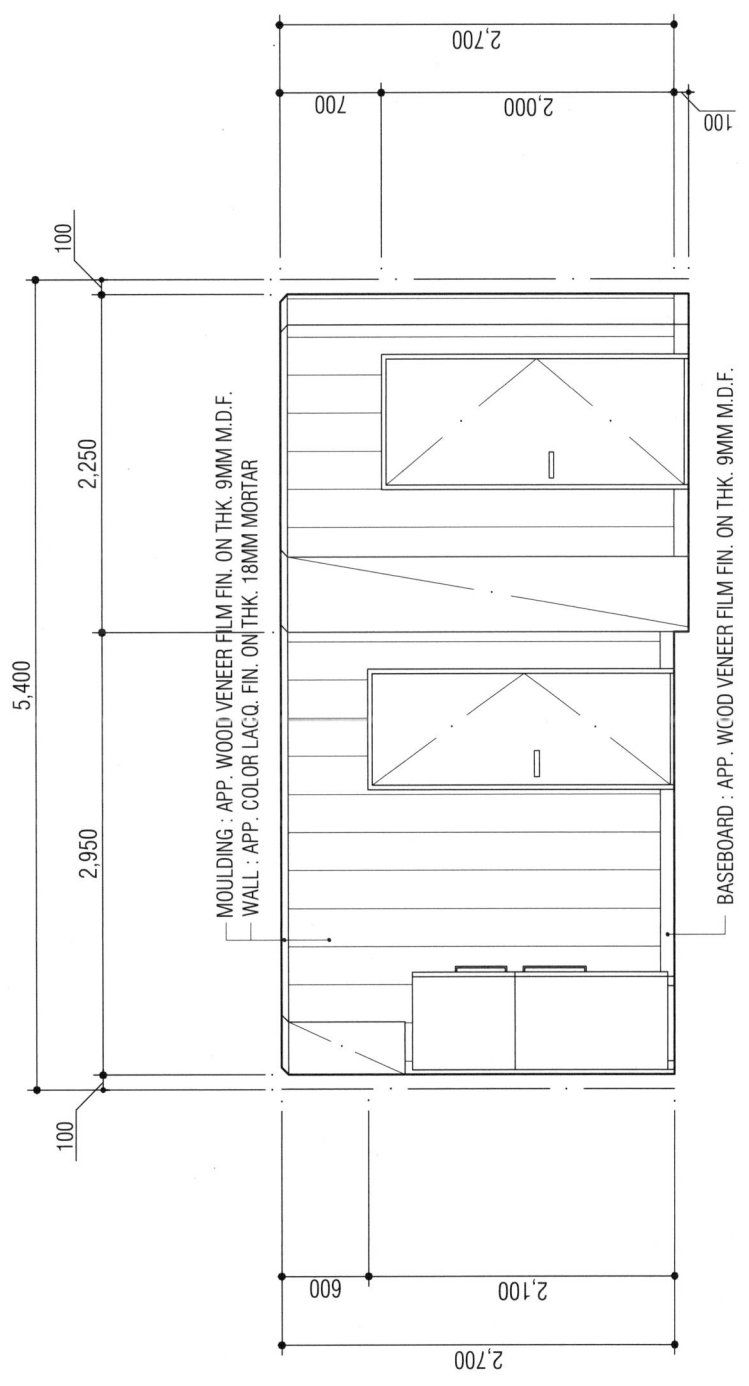

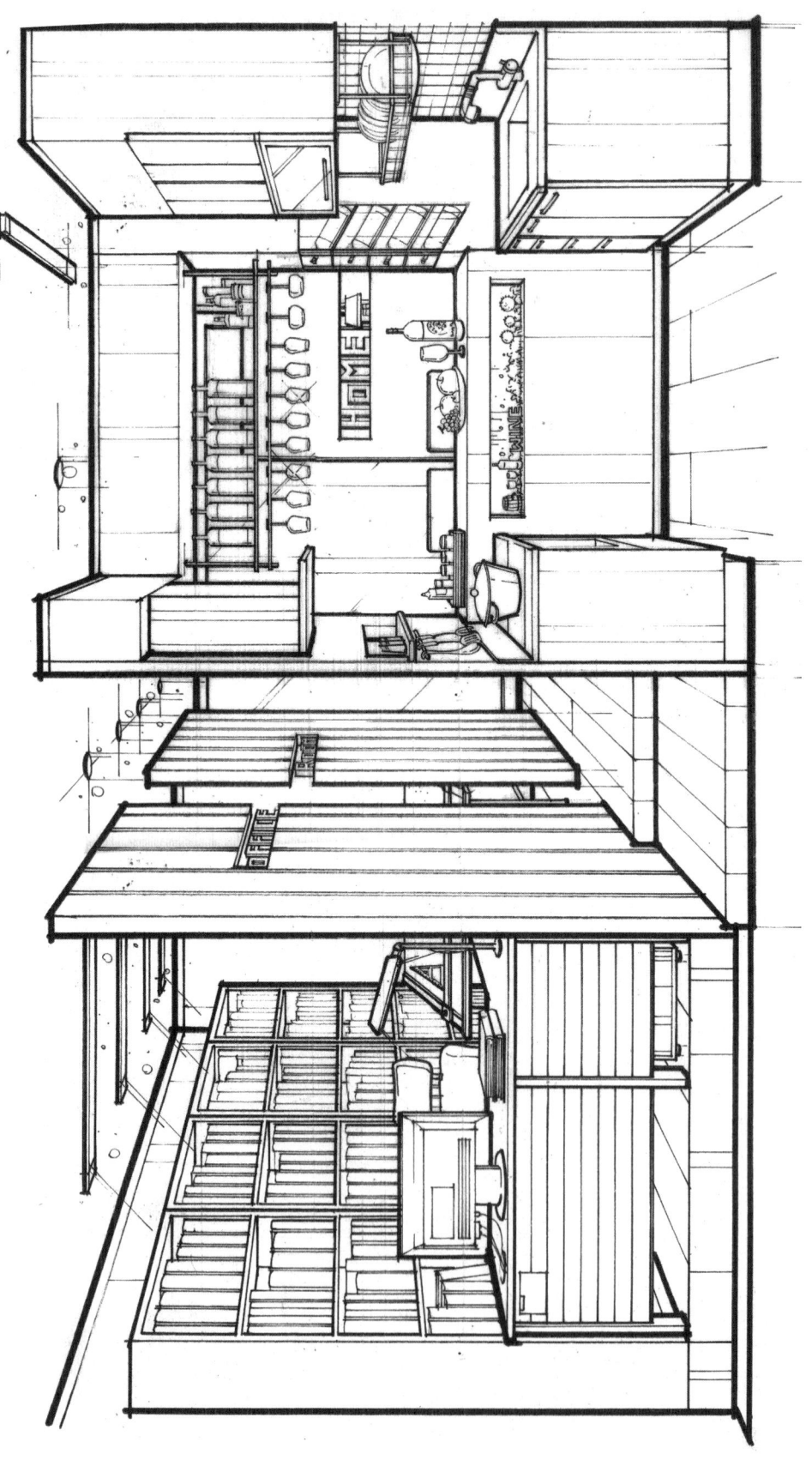

실내투시도 SCALE = N.S

제2장 상업공간

1 식음료공간 / [실습과제 1] 아이스크림 판매점

1. 요구사항
   주어진 도면은 Shopping Center내에 위치한 아이스크림 판매점이다.
   아래 요구 조건에 맞게 요구도면을 작성하시오.

2. 요구조건
   ① 설계면적 : 7,800×5,700×2,700mm(H)
   ② 요구공간 및 가구 : 주방 및 카운터, 케익 쇼케이스 2EA, 의자 및 탁자, 아이스크림 쇼케이스

3. 요구도면
   ① 평면도(가구배치 및 바닥마감재 표기) SCALE : 1/30
   ② 천정도(설비, 조명기구 배치 및 범례표 작성) SCALE : 1/30
   ③ 내부입면도 D방향 1면(벽면재료 표기) SCALE : 1/50
   ④ 실내투시도(채색작업은 필수) SCALE : N.S
      (계획의 포인트가 좋은 지점에서 1소점 또는 2소점 투시법으로 작성하되, 작성과정의 투시보조선을 남길 것)

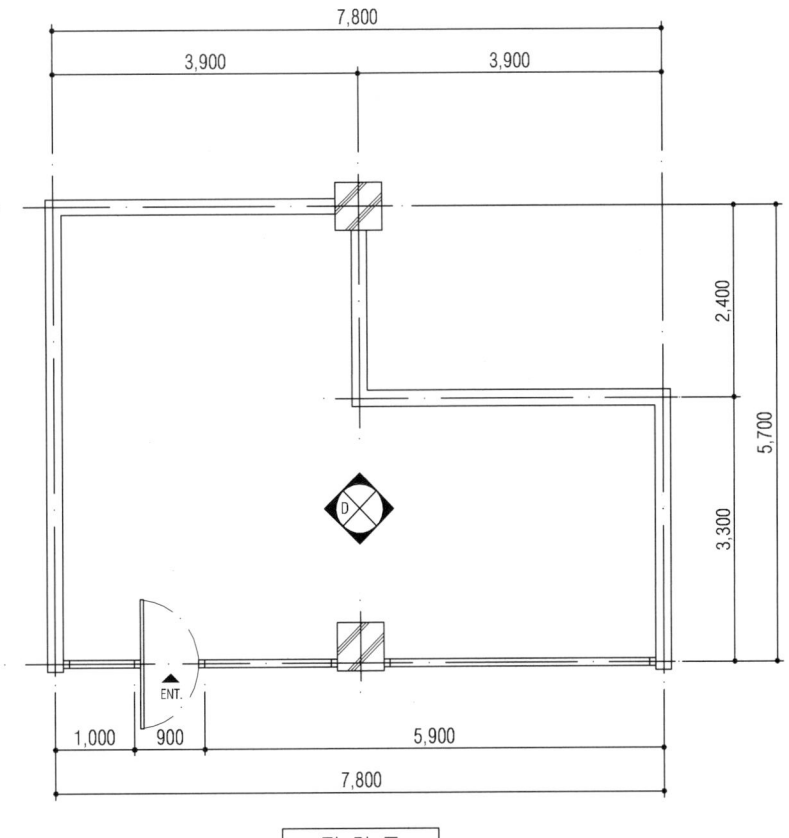

평 면 도

166 · 제4편 실내건축 도면실습

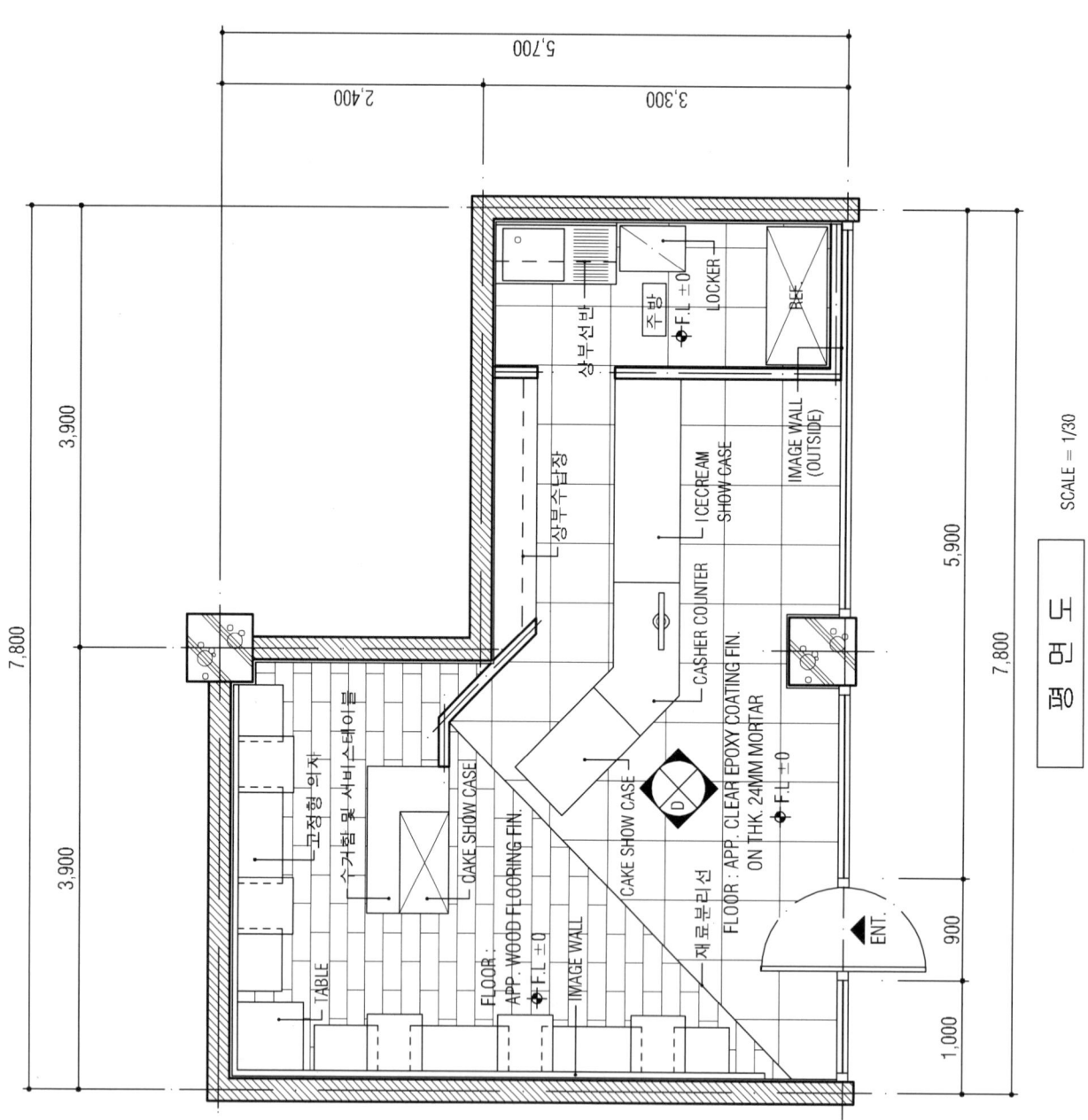

평 면 도

SCALE = 1/30

제2장 상업공간 · 167

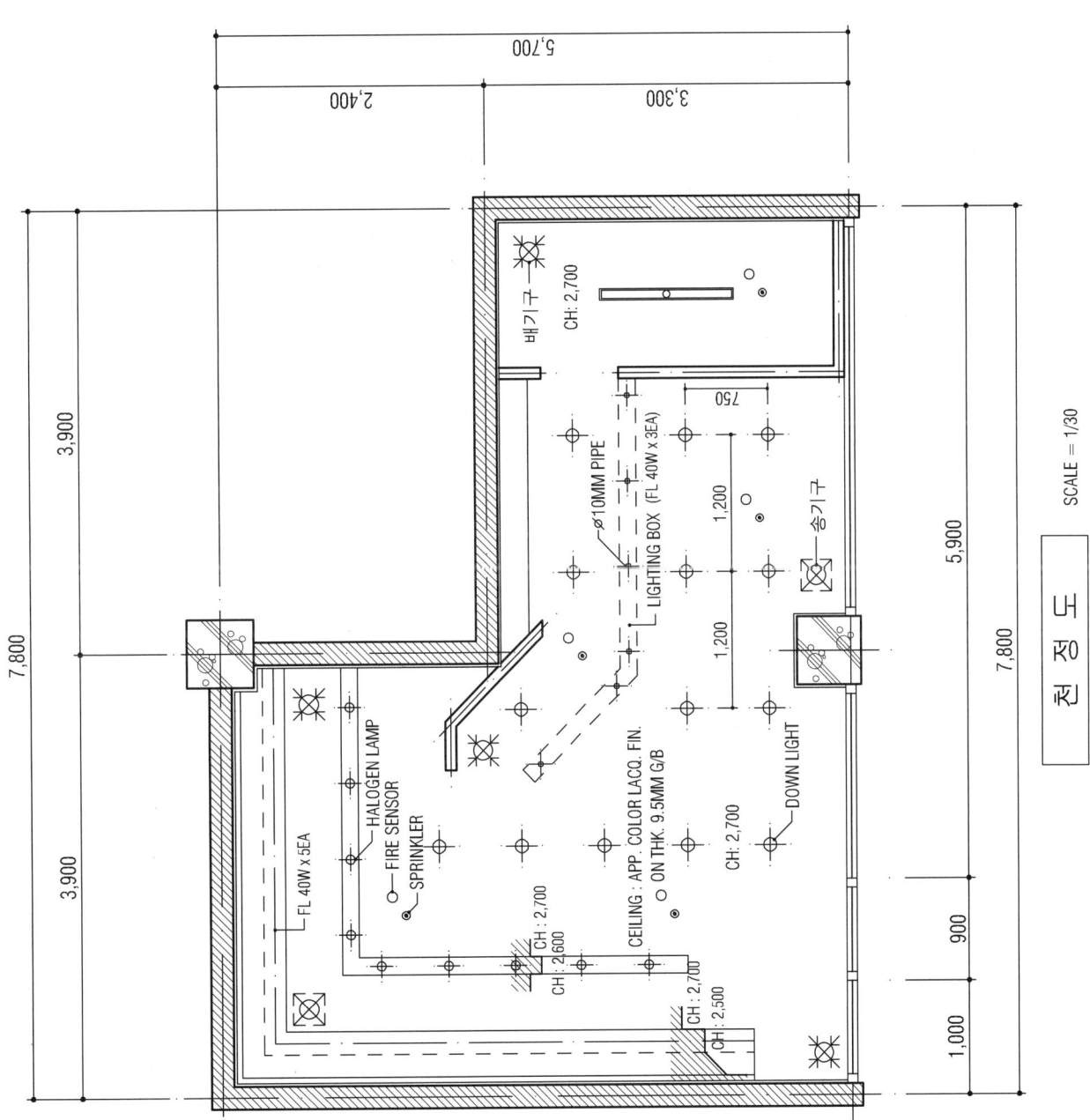

천 장 도

SCALE = 1/30

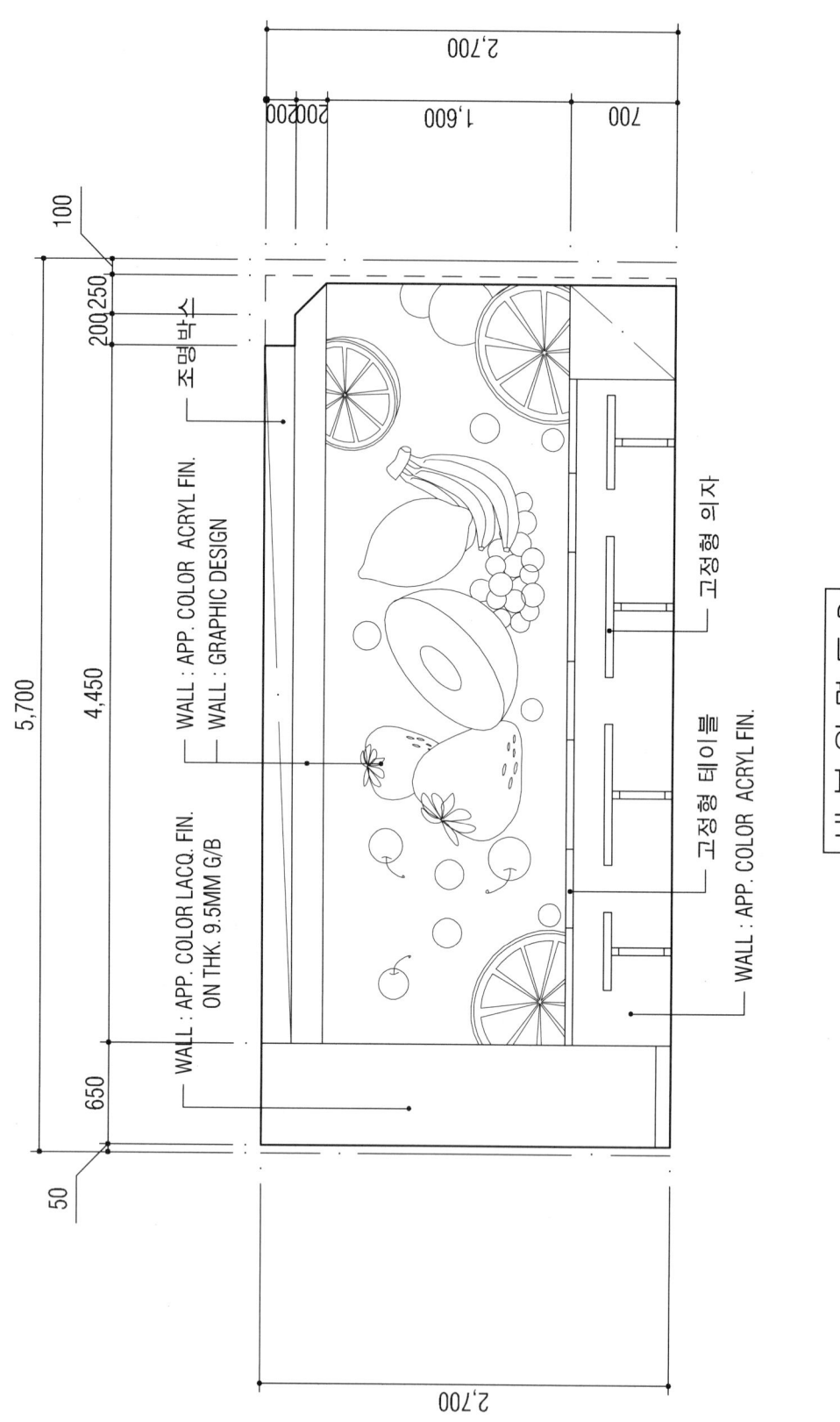

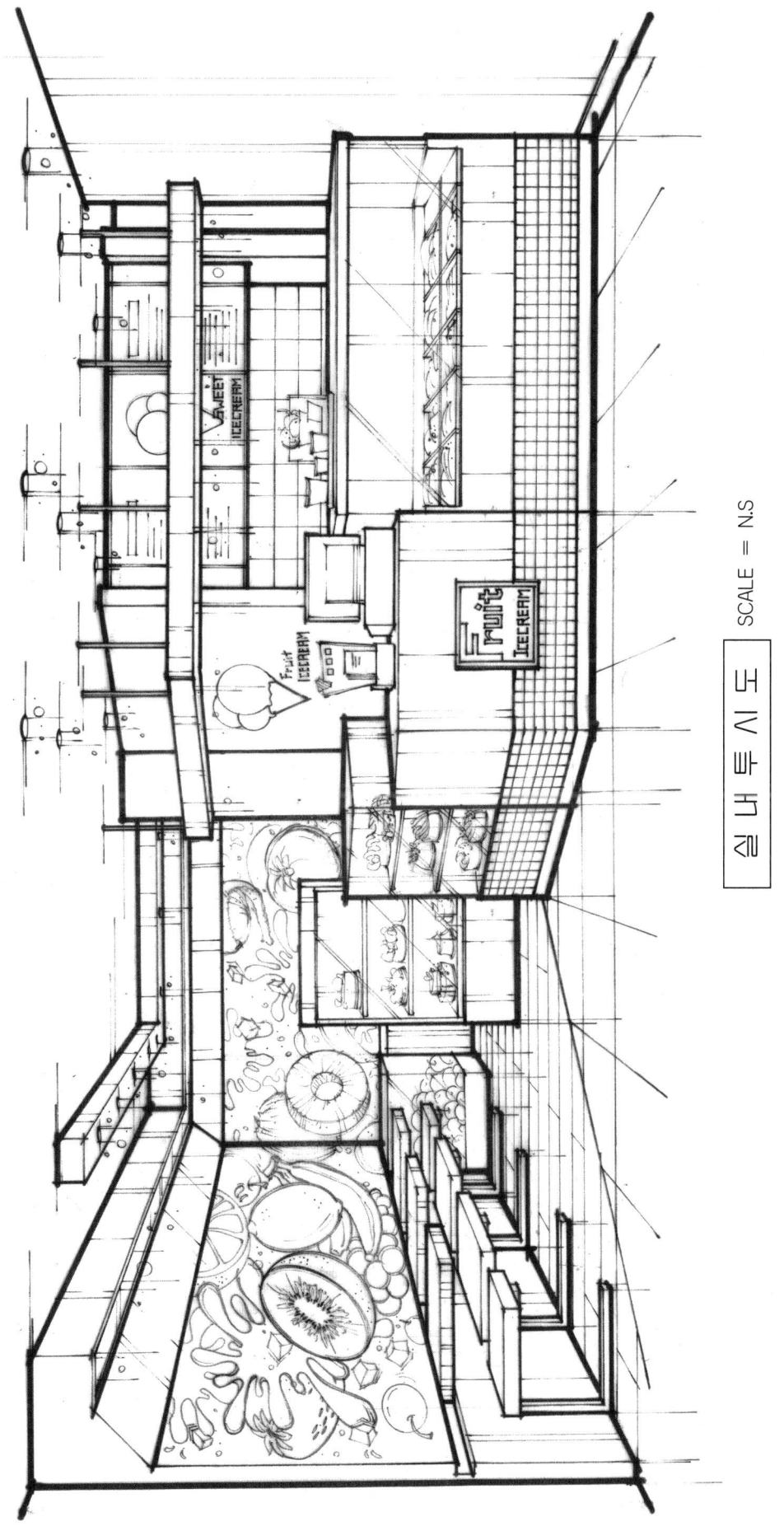

실내투시도 SCALE = N.S

상업공간(식음료공간)

[실습과제 2] 패스트푸드점

1. 요구사항
   10~20대 청소년이 주 고객인 도심의 쇼핑센터 내에 위치한 패스트푸드점이다.
   다음의 요구조건에 따라 도면을 작성하시오.

2. 요구조건
   ① 설계면적 : 9,000×5,500×2,700mm(H)
      문 SIZE : 2.000m×2,300m, 900m×2,100m
   ② 요구공간 및 가구 : 카운터, 홀, 주방, 일반좌석(테이블 의자 등), 직원 휴게실

3. 요구도면
   ① 평면도(가구배치 및 바닥마감재 표기) SCALE : 1/30
   ② 천정도(설비, 조명기구 배치 및 범례표 작성/천장마감재 표기) SCALE : 1/30
   ③ 내부입면도 A방향 1면 (벽면재료 표기) SCALE : 1/50
   ④ 실내투시도(채색작업은 필수) SCALE : N.S
      (계획의 포인트가 좋은 지점에서 1소점 또는 2소점 투시법으로 작성하되, 작성과정의 투시보조선을 남길 것)

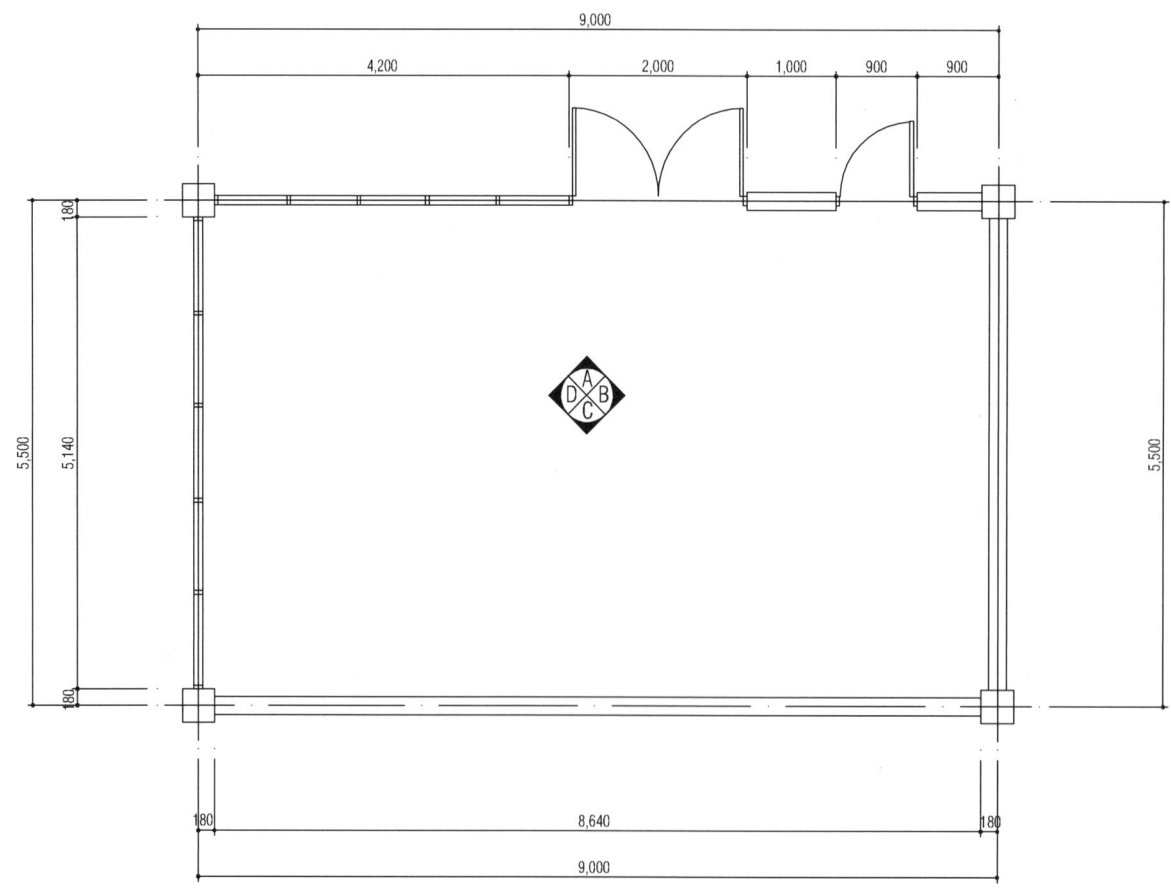

평 면 도

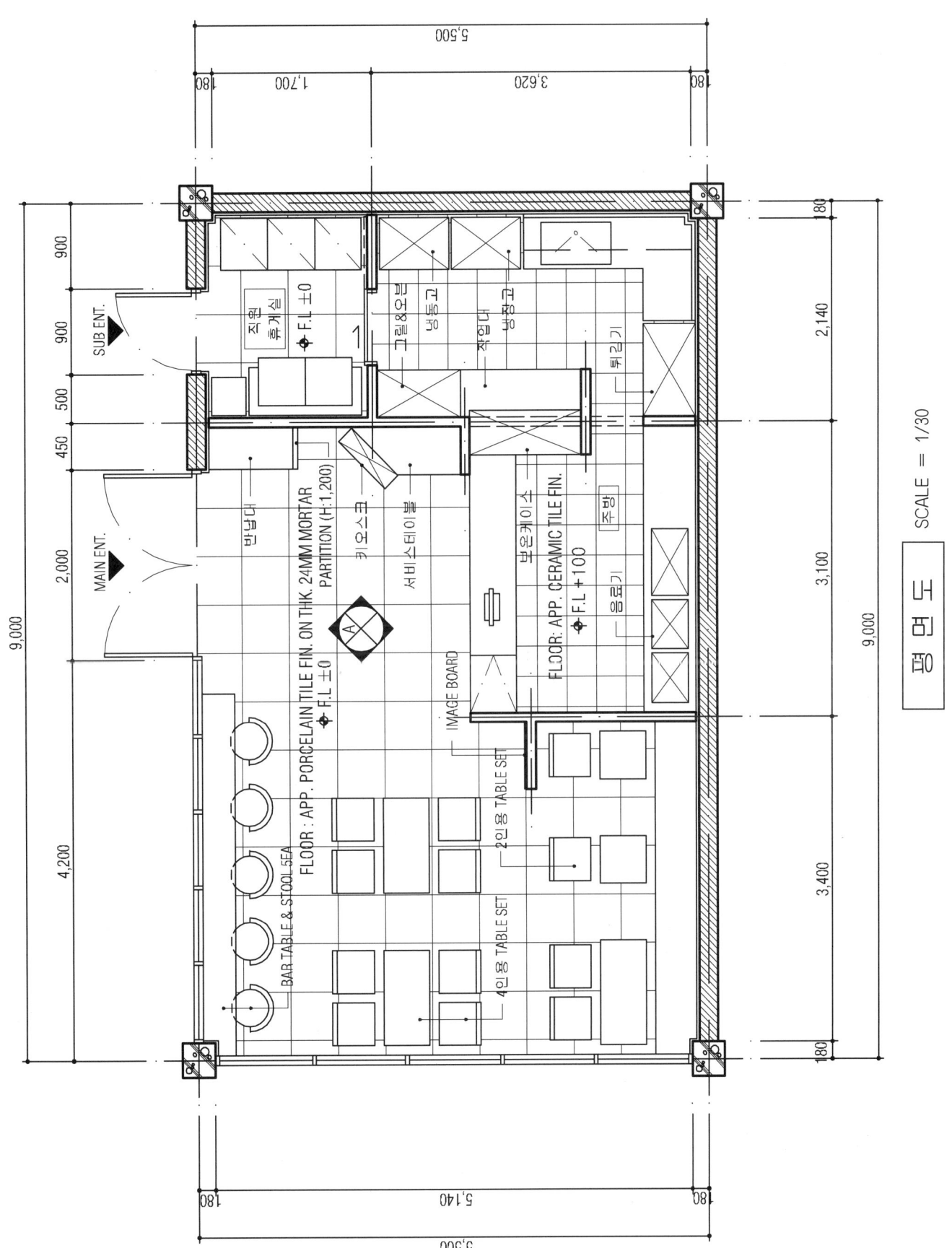

평 면 도 SCALE = 1/30

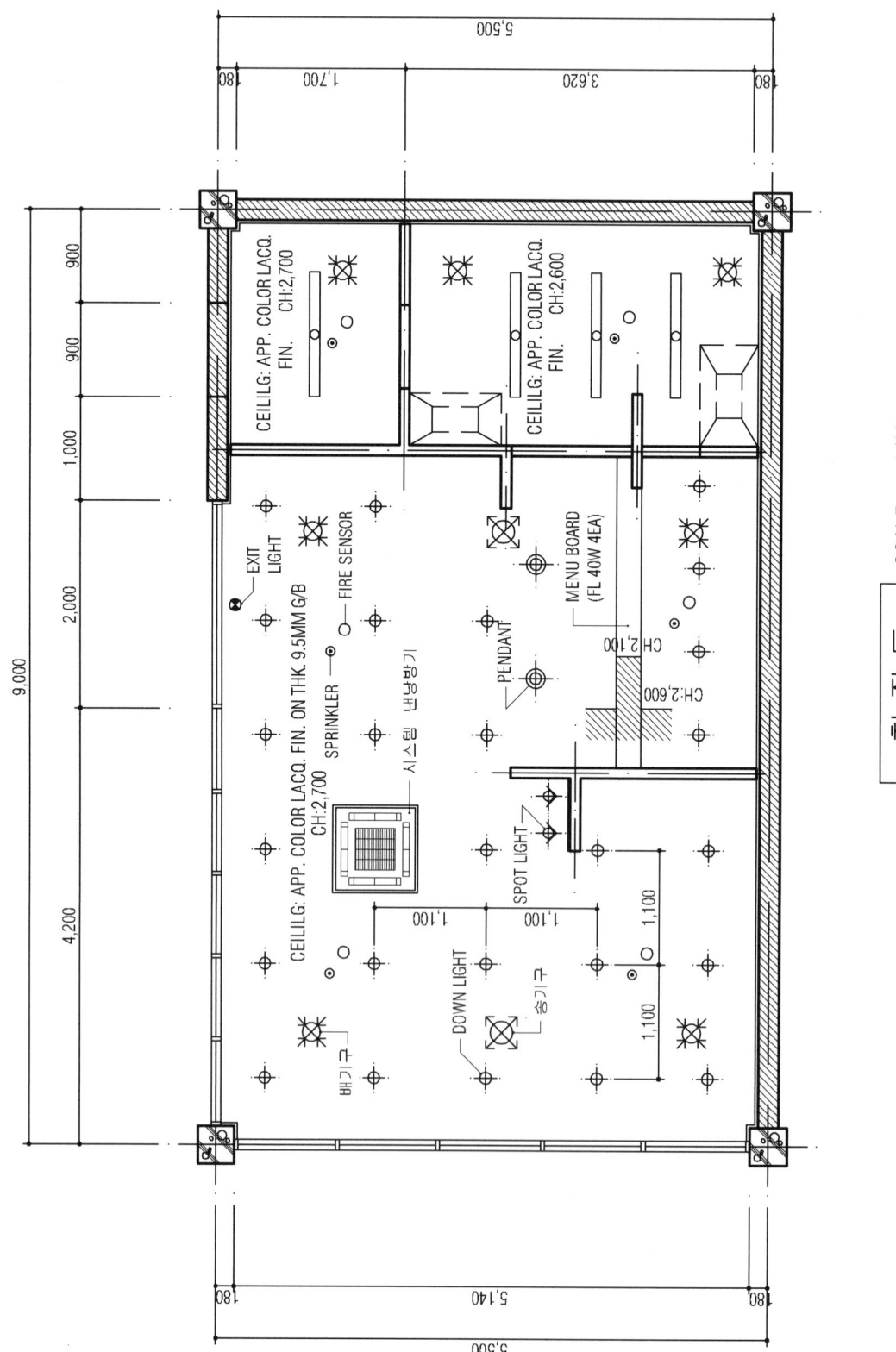

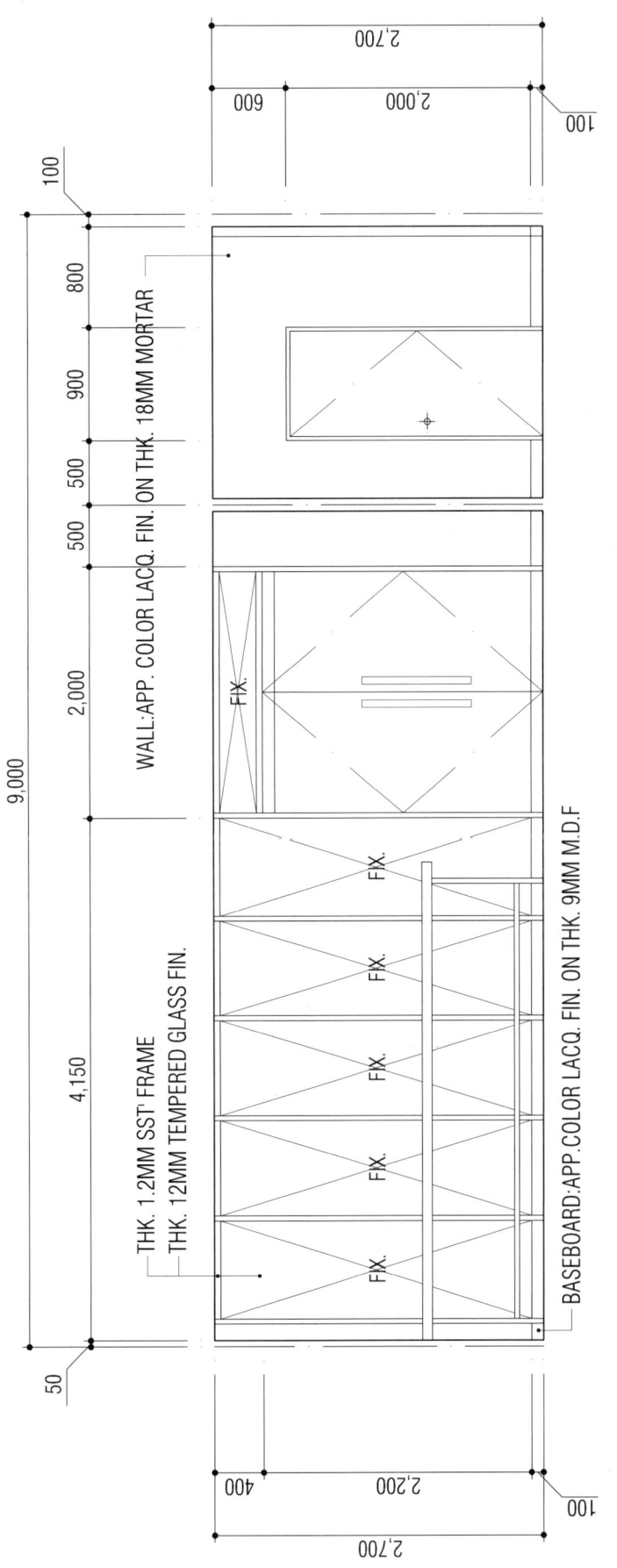

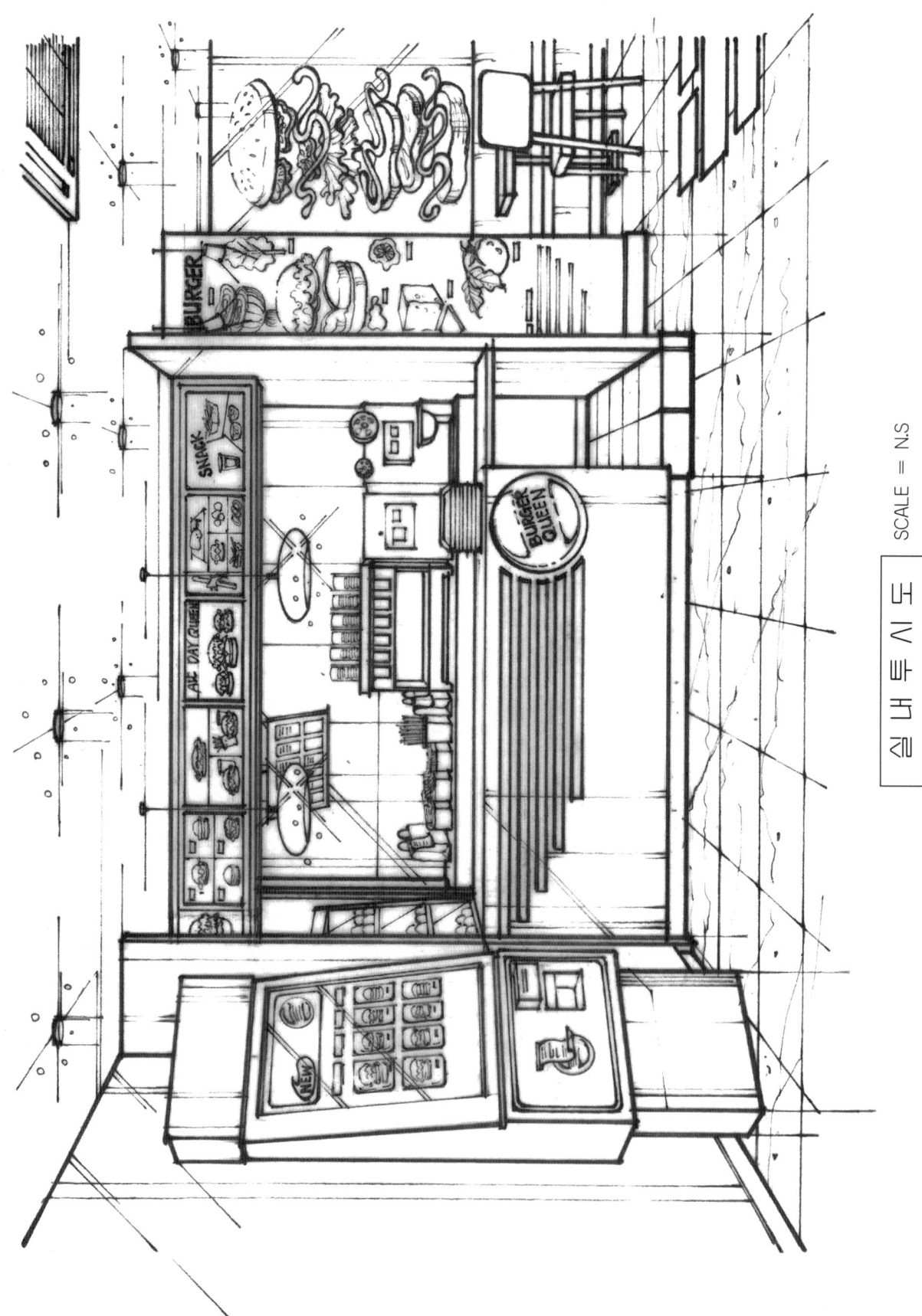

상업공간(식음료공간)

[실습과제 3] 커피숍

1. 요구사항
   주어진 도면은 상업중심지역에 위치한 대형 할인매장에 있는 커피숍이다.
   아래 요구조건에 따라 요구도면을 작성하시오.

2. 요구조건
   ① 설계면적 : 10.4×5.8×2.9 m(H)   ② 서비스카운터 & 계산대
   ③ 주방 : 주방기구 일체 계획   ④ 인터넷검색대 - 2EA
   ⑤ 테이블 : 4인조 - 2EA, 3인조 - 2EA, 2인조 - 5EA
   ⑥ 카트보관함 (그외 가구는 작도자가 임의로 추가하여 배치할 수 있다.)

3. 요구도면
   ① 평면도 SCALE : 1/30
   ② 내부입면도 C방향 1면(벽면재료 표기) SCALE : 1/30
   ③ 천정도(설비, 조명기구 배치 및 범례표 작성/천정마감재 표기) SCALE : 1/30
   ④ 실내투시도(채색작업은 필수) SCALE : N.S
   (계획의 포인트가 좋은 지점에서 1소점 또는 2소점 투시법으로 작성하되, 작성과정의 투시보조선을 남길것)

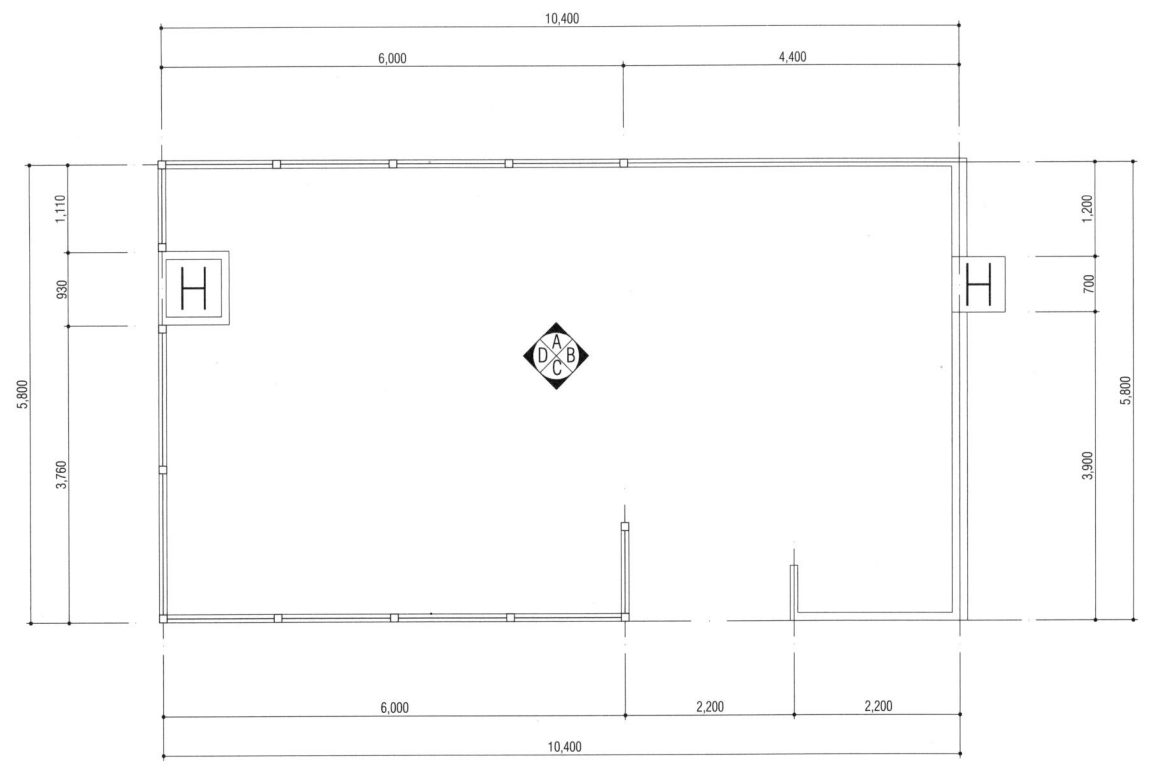

평 면 도

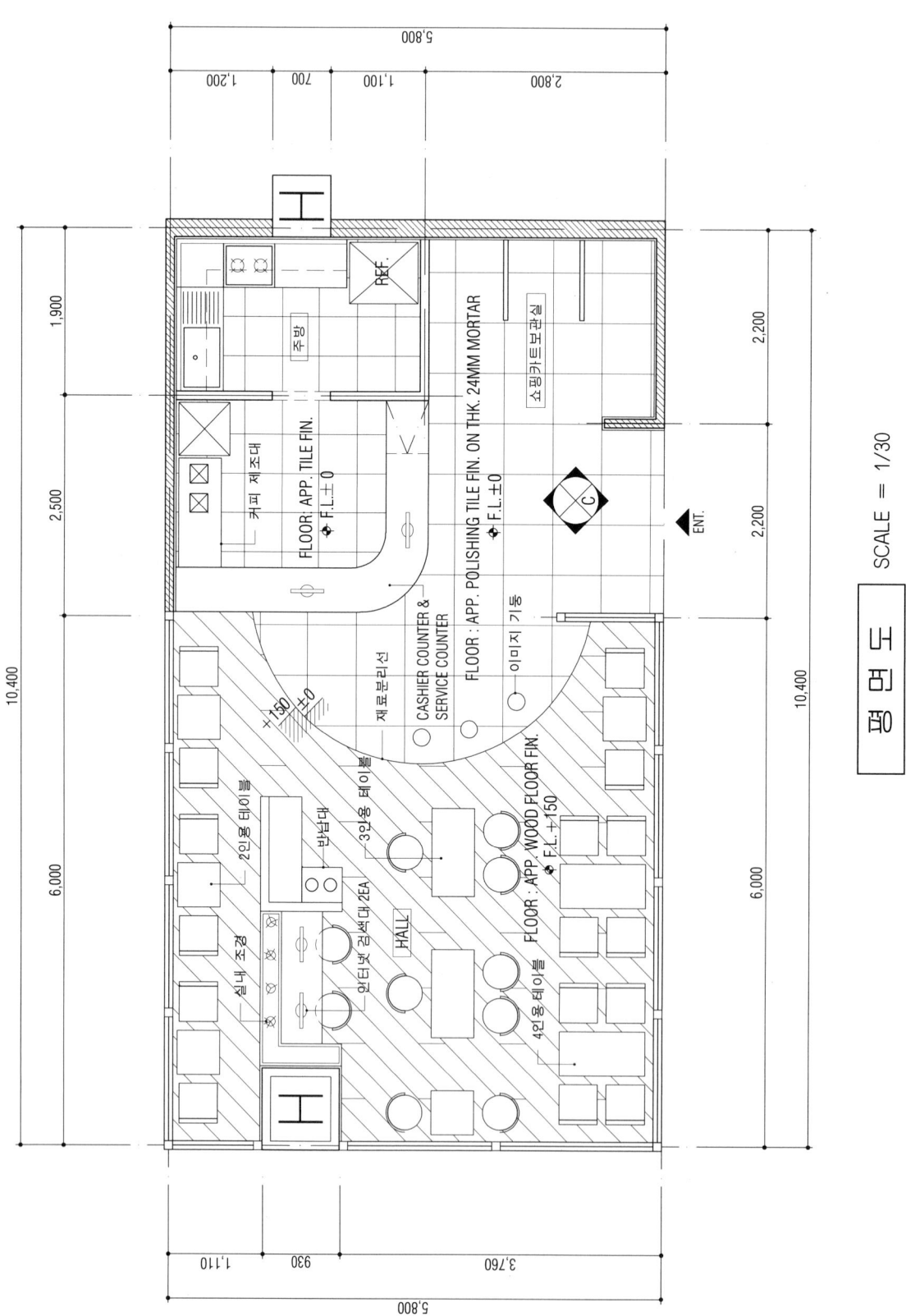

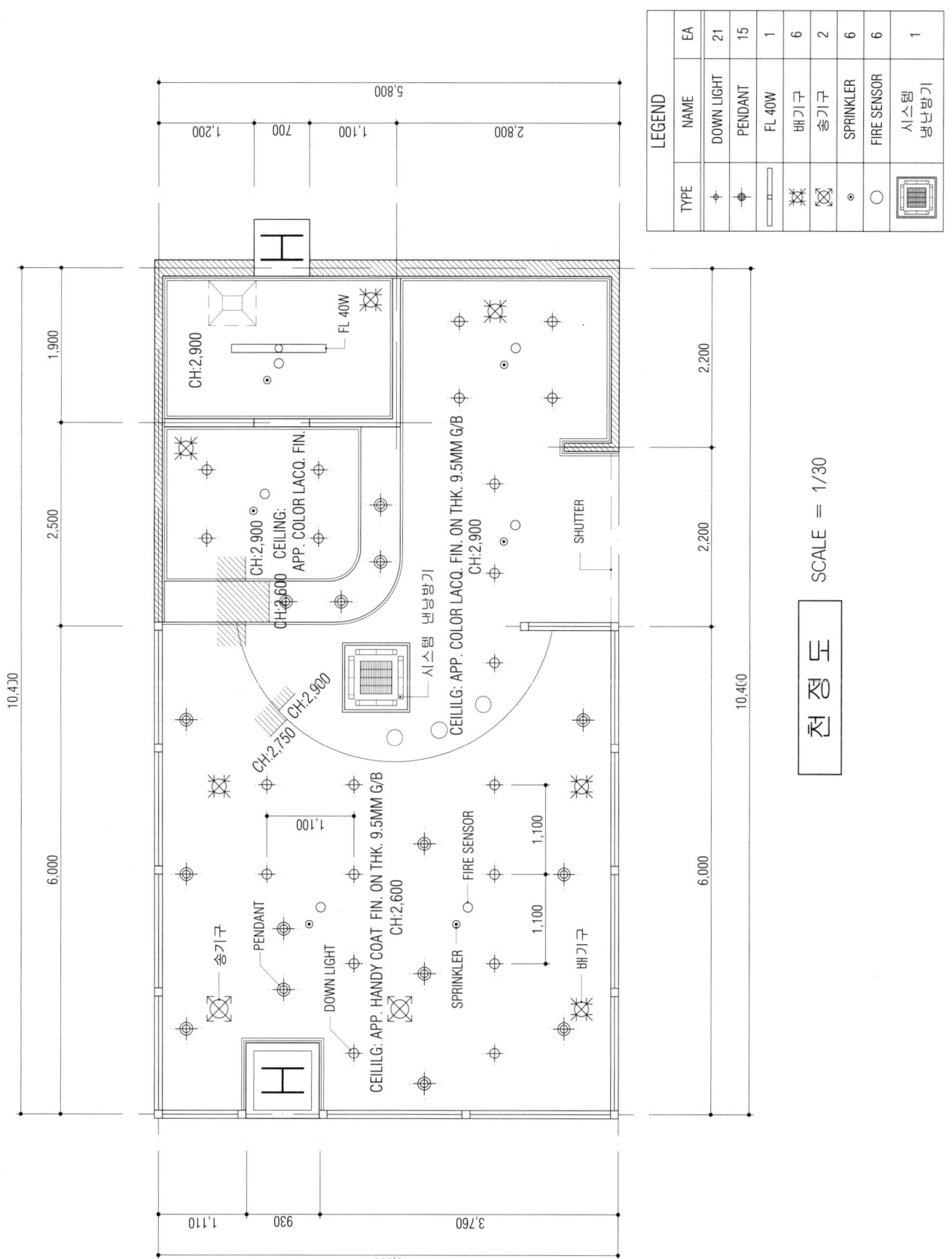

천 정 도   SCALE = 1/30

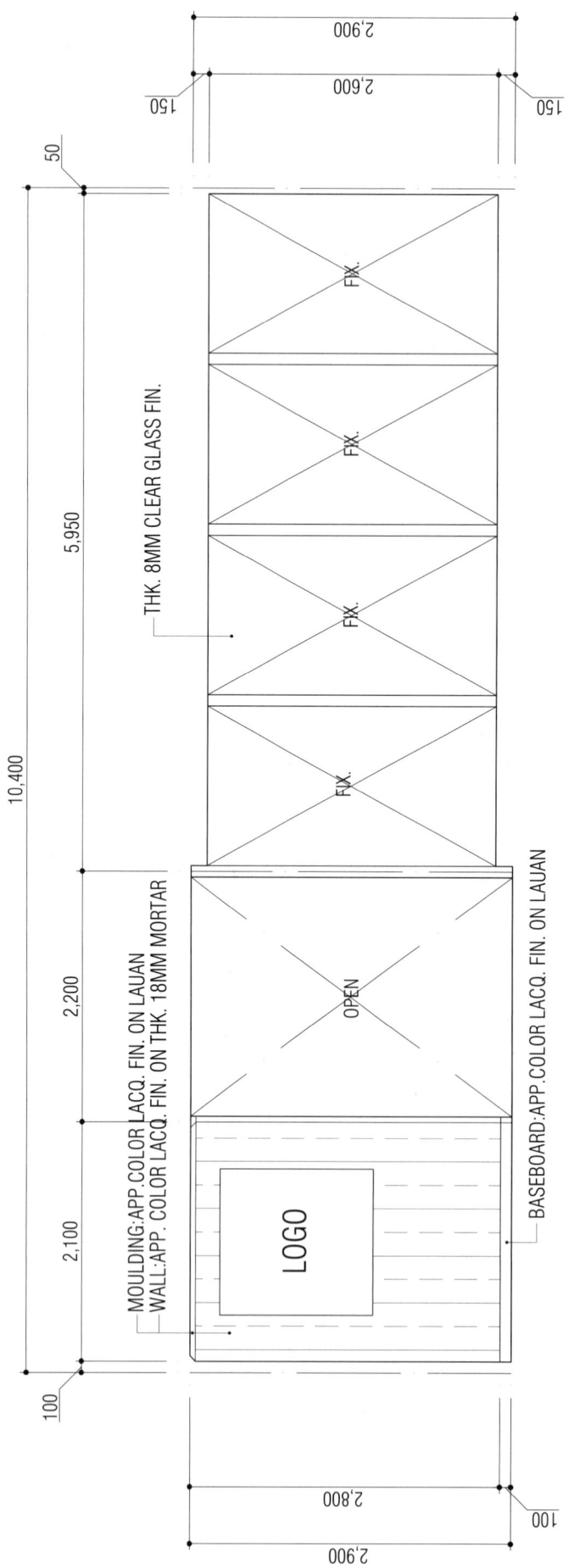

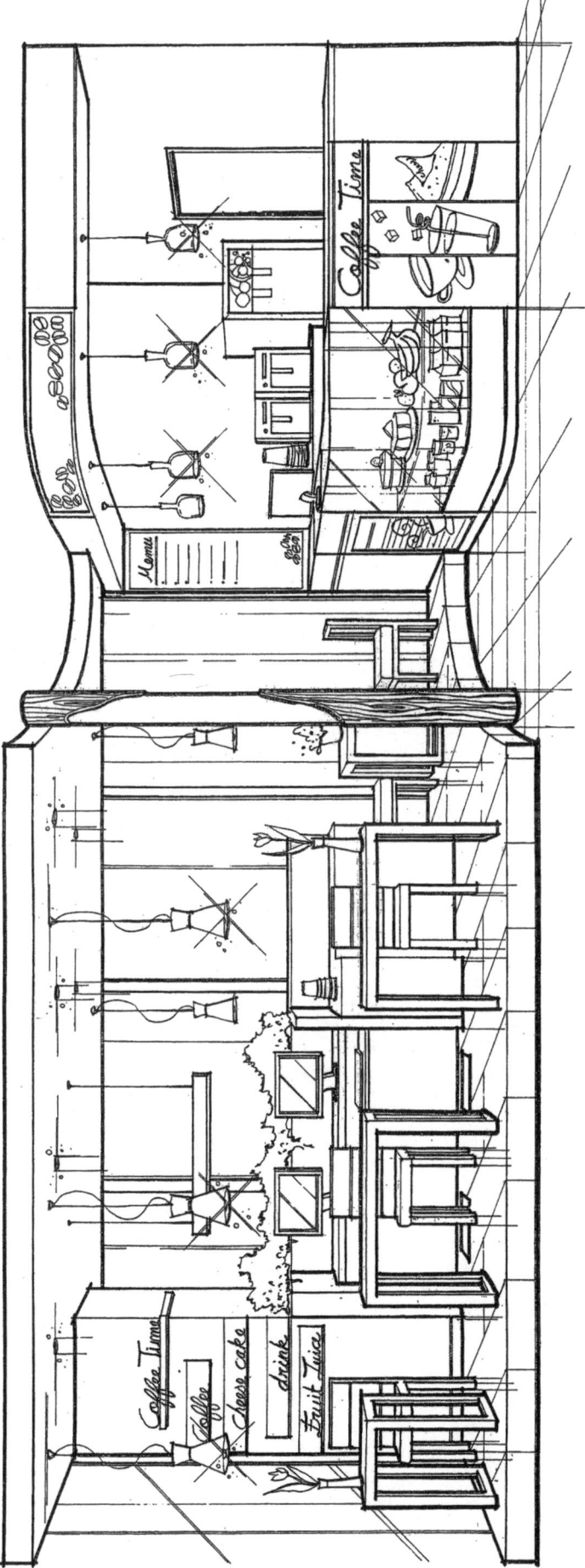

실 내 투 시 도 SCALE = N.S

상업공간(식음료공간)

[실습과제 4] 도심지 사거리에 위치한 커피숍

1. 요구사항
   주어진 도면은 주고객 20~30대가 이용하는 도심지 사거리에 위치한 커피숍이다.
   다음의 요구조건에 따라 도면을 작성하시오.

2. 요구조건
   ① 설계면적 : 6.0m × 6.0m × 3.0m(H)
      문SIZE : 1.5m × 2.3m(H)
   ② 요구공간 및 가구 : 카운터
                        주방-에스프레소 추출기, 커피제조기, 제빙기, 냉장고 등
                        홀-4인용 의자&테이블, 2인용 의자&테이블 쇼파
                        흡연실-2인용 의자&테이블

3. 요구도면
   ① 평면도(가구배치 및 바닥마감재 표기) SCALE : 1/30
      - 평면도 주변의 여유공간에 설계개요(Design Concept)를 180자 이내로 작성하시오.
   ② 천정도(설비, 조명기구 배치 및 범례표 작성/천정마감재 표기) SCALE : 1/50
   ③ 내부입면도 D방향 1면(벽면재료 표기) SCALE : 1/50
   ④ 실내투시도(채색작업은 필수) SCALE : N.S
      (계획의 포인트가 좋은 지점에서 1소점 또는 2소점 투시법으로 작성 및 작성과정의 투시보조선을 남길 것)

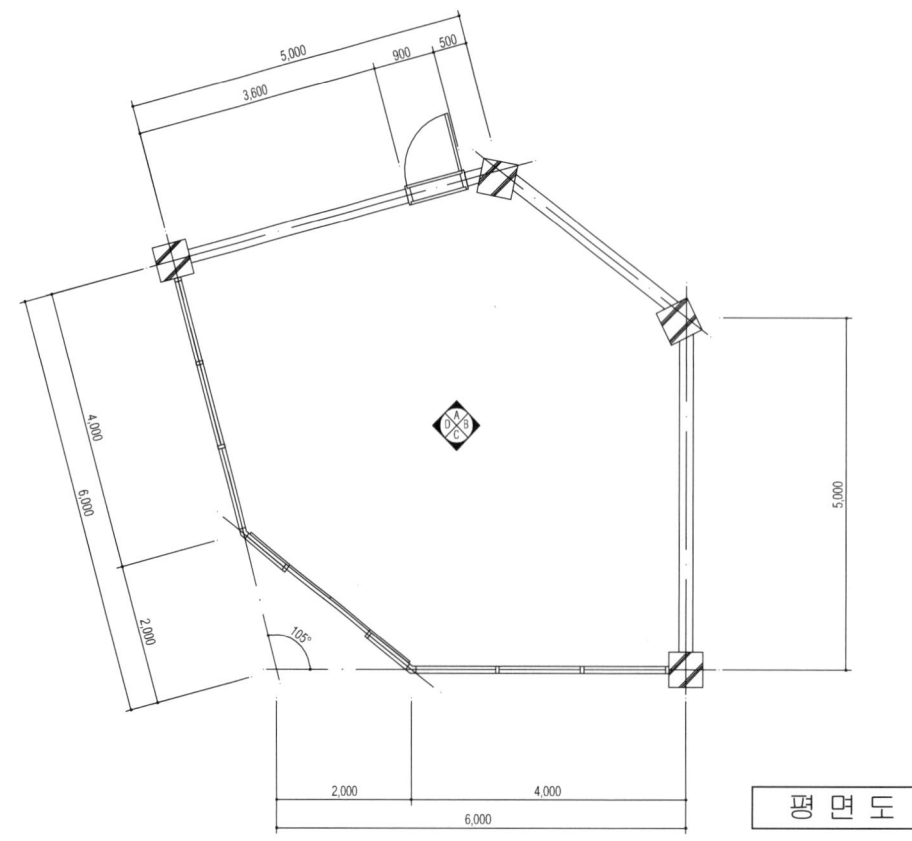

평 면 도

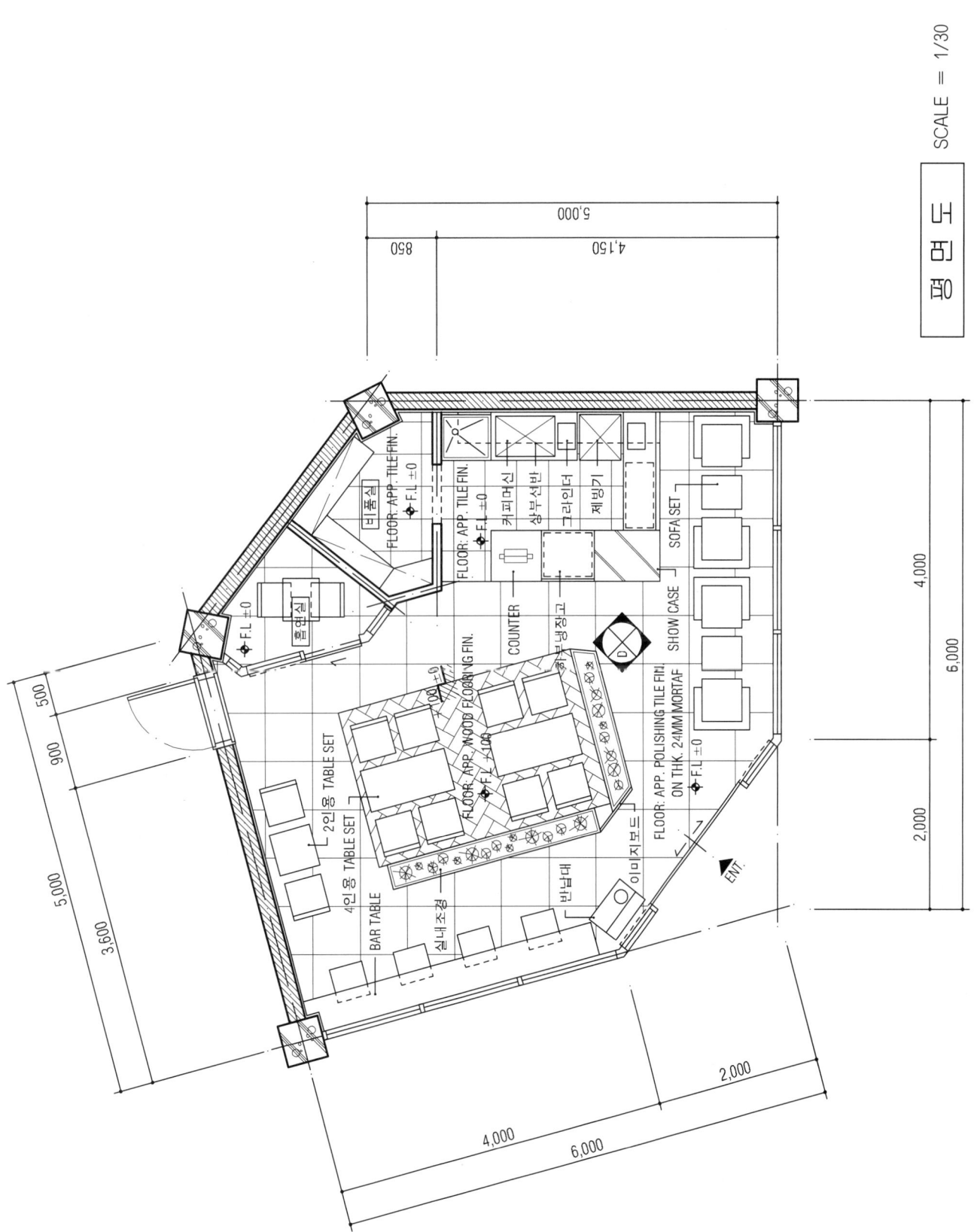

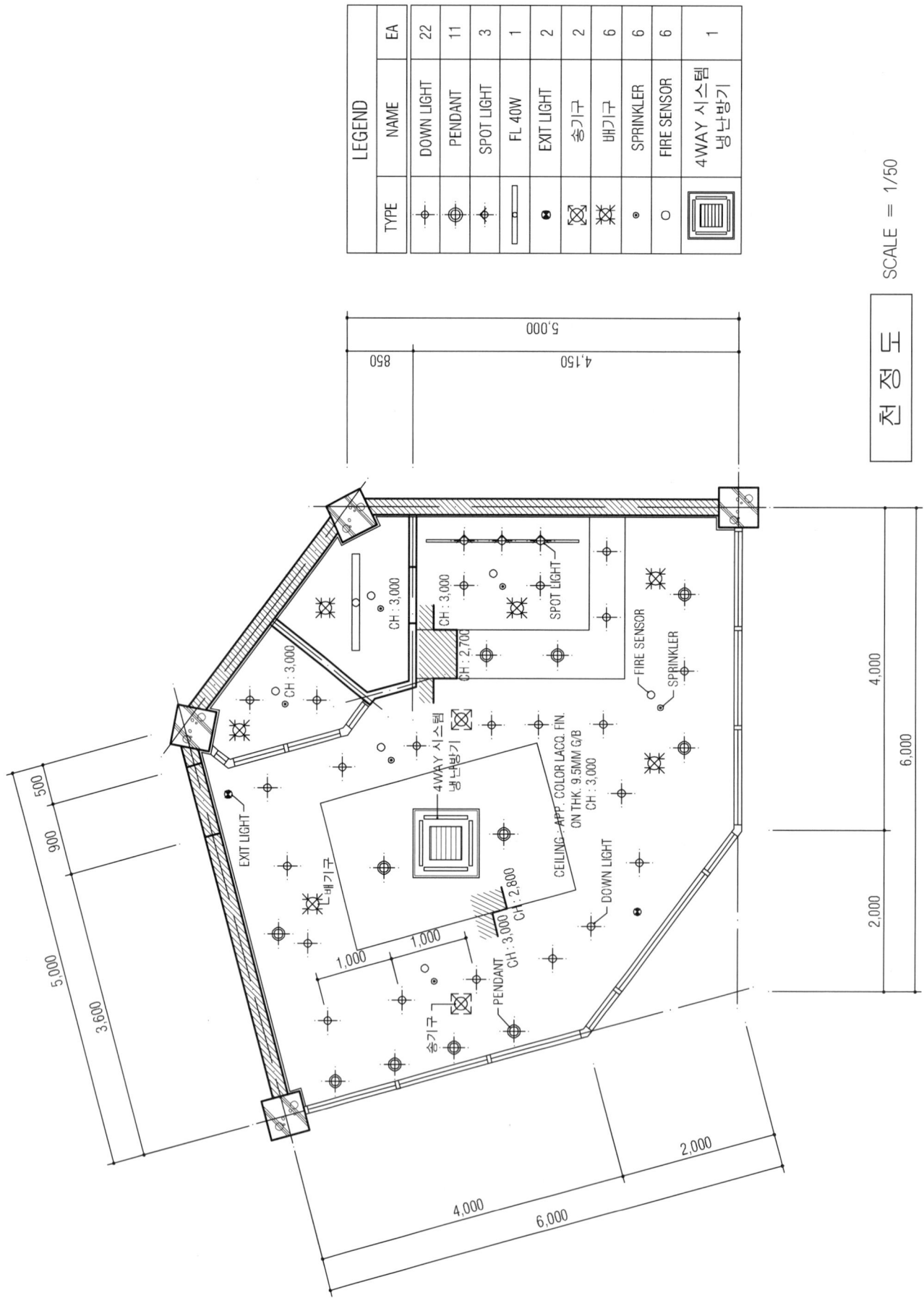

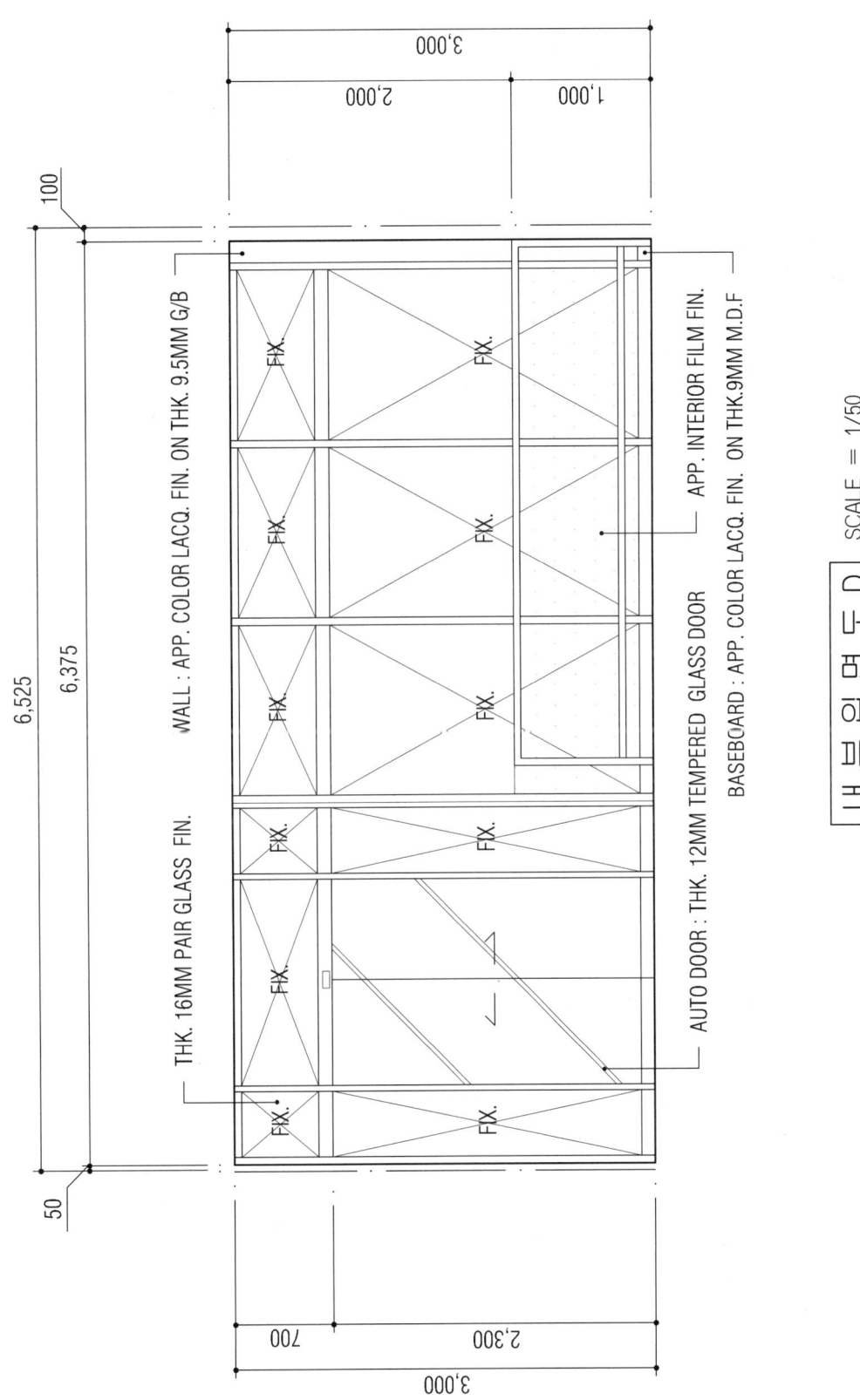

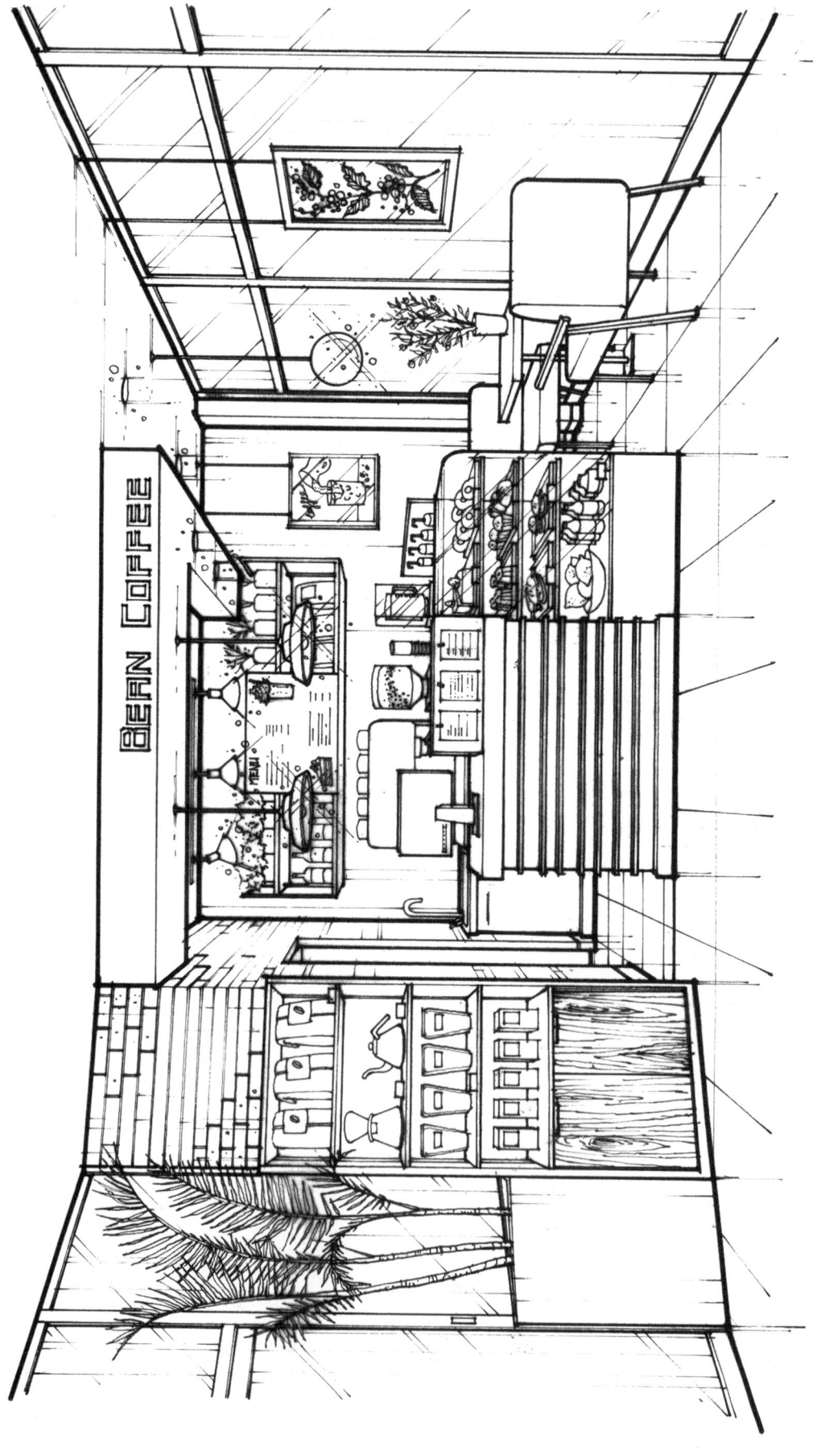

상업공간(식음료공간)

[실습과제 5] 스터디 카페

1. 요구사항
   주어진 도면은 상업중심지역에 위치한 스터디 카페이다.
   다음의 요구조건에 따라 도면을 작성하시오.

2. 요구조건
   ① 설계면적 : 13,000×10,100×3,000mm(H)
   ② 요구공간 및 필요집기 : 카운터, 조리대, 음료제조가능한 간이주방, 창고, 화장실, 12인실 룸 1개, 8인실 룸 1개, 6인실 룸 1개, 4인실 룸 2개, 1인좌석 5개, 열린공간(열린공간 의자 최소 6개), 인터넷검색대 2곳

3. 요구도면
   ① 평면도(가구배치 및 바닥마감재 표기) SCALE : 1/50
   ② 천정도(설비, 조명기구 배치 및 범례표 작성/천장마감재 표기) SCALE : 1/50
   ③ 내부입면도 C방향 1면(벽면재료 표기) SCALE : 1/50
   ④ 단면상세도(A-A′) SCALE : 1/50
   ⑤ 실내투시도(채색작업은 필수) SCALE : N.S
      (계획의 포인트가 좋은 지점에서 1소점 또는 2소점 투시법으로 작성하되, 작성과정의 투시보조선을 남길 것)

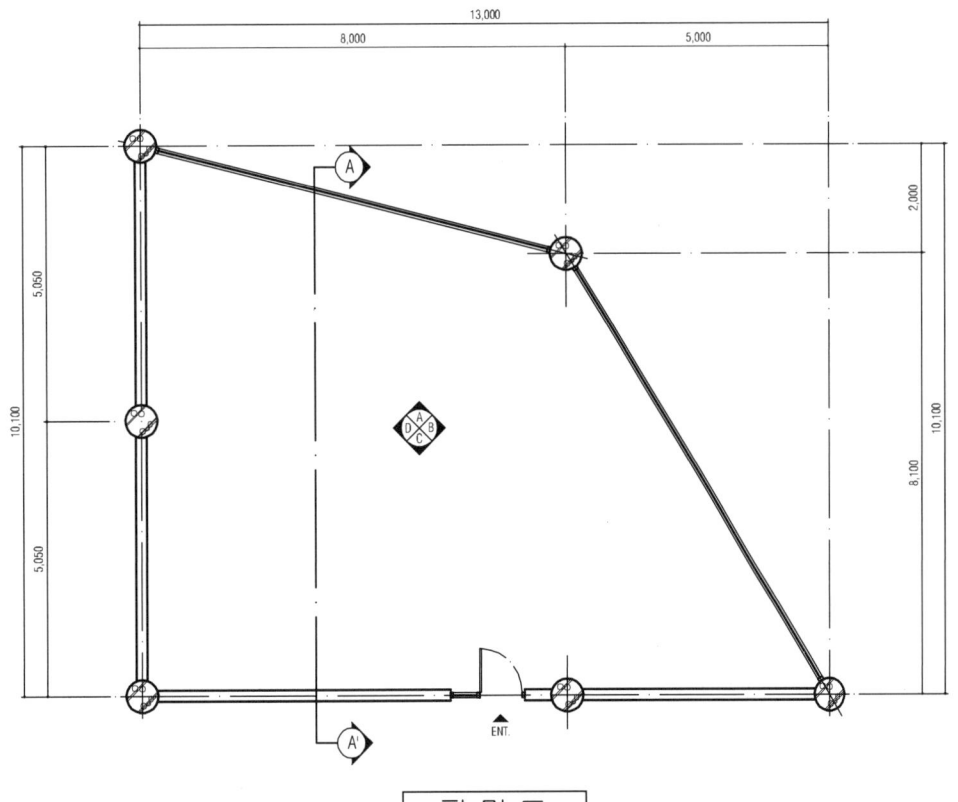

평 면 도

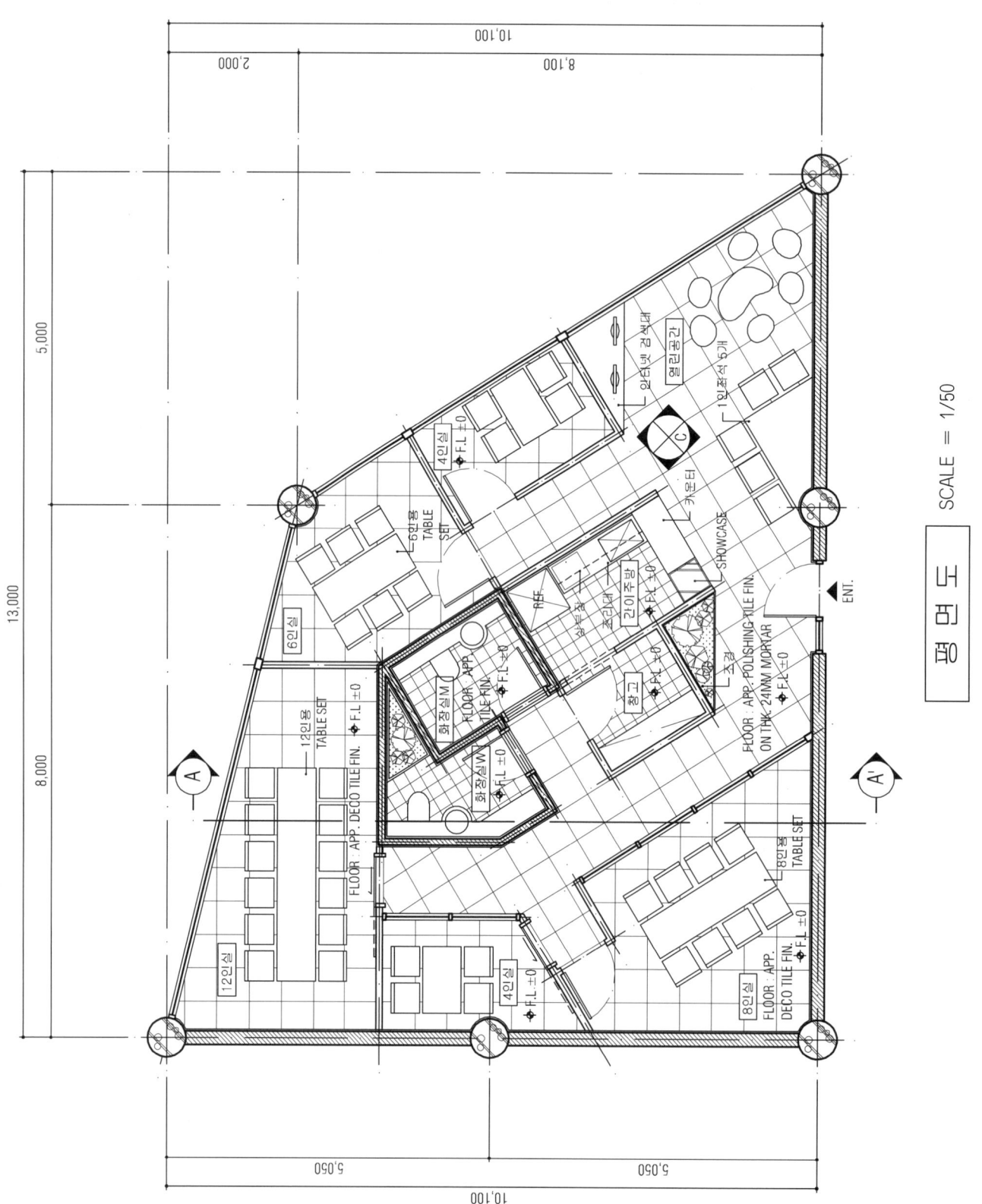

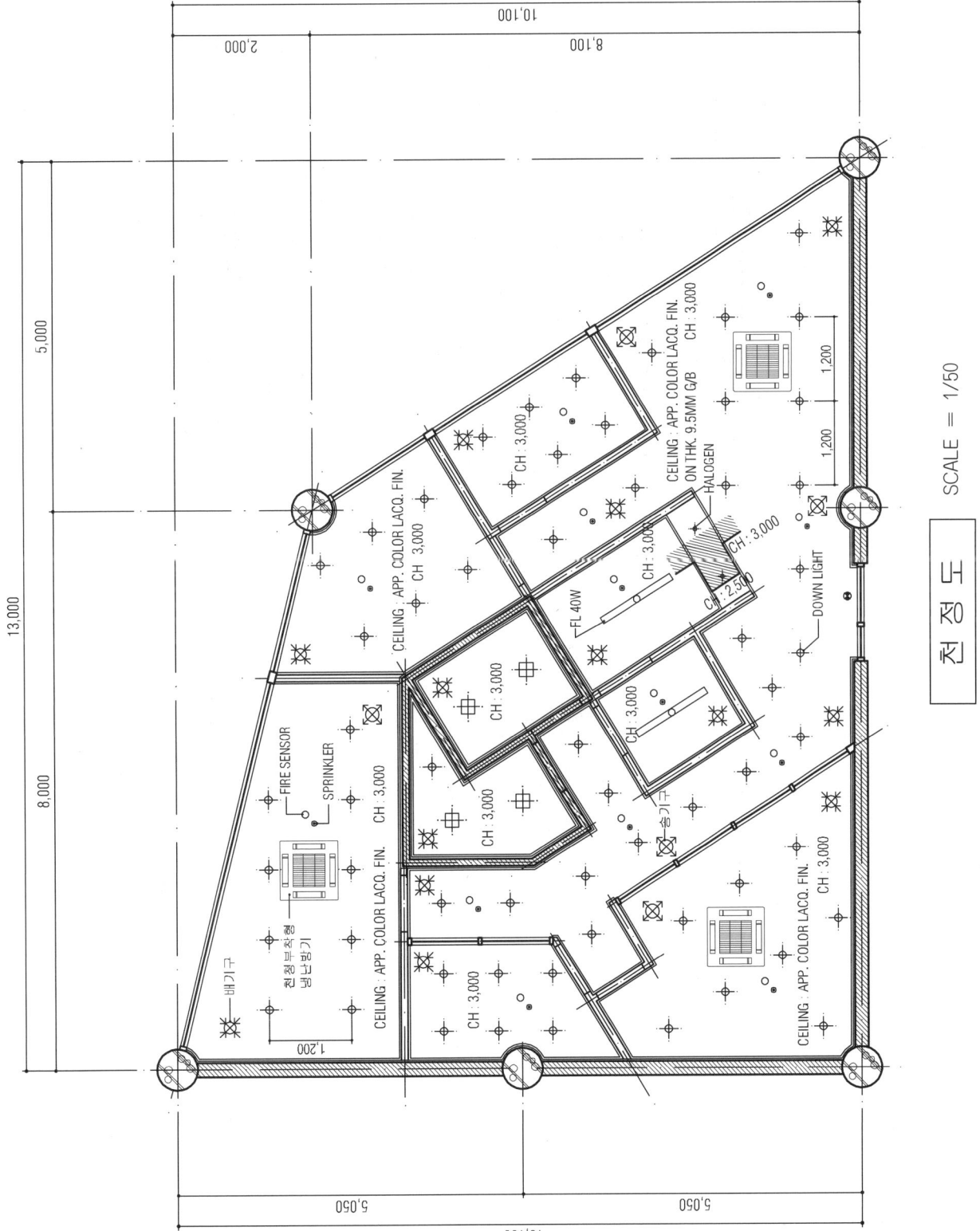

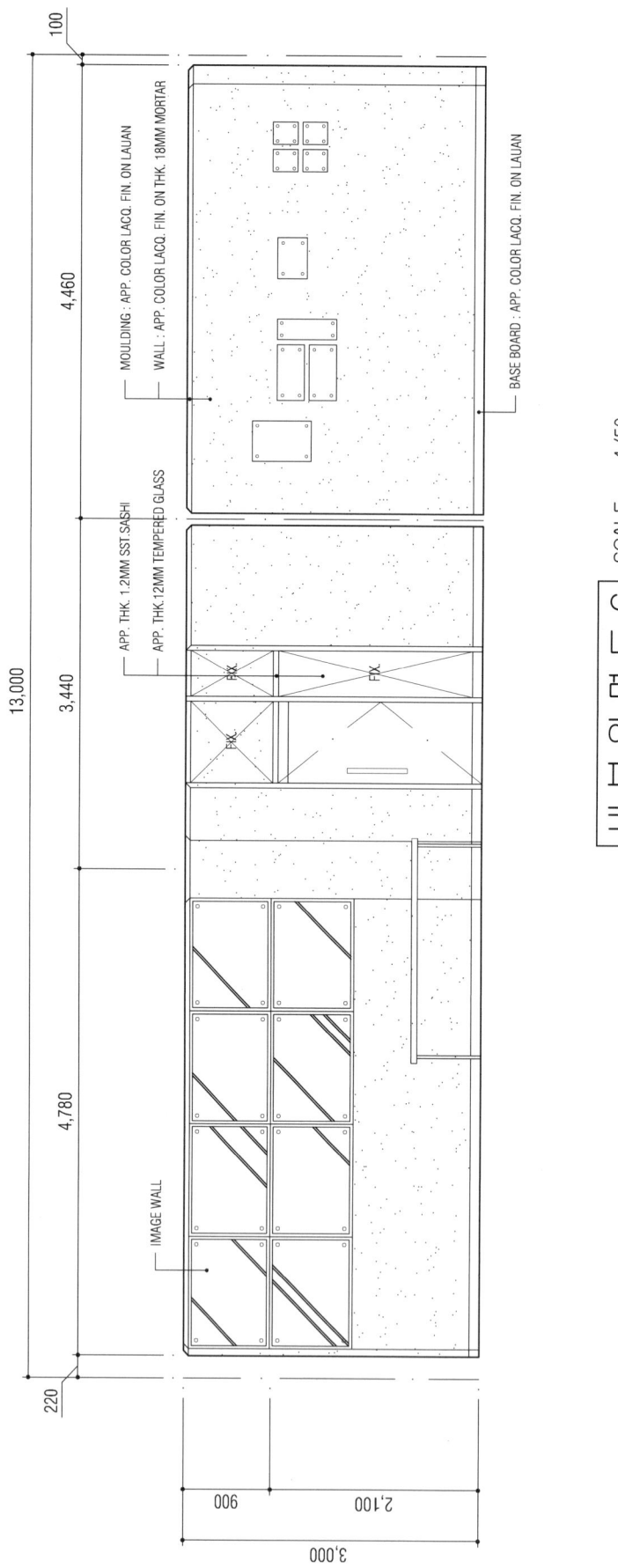

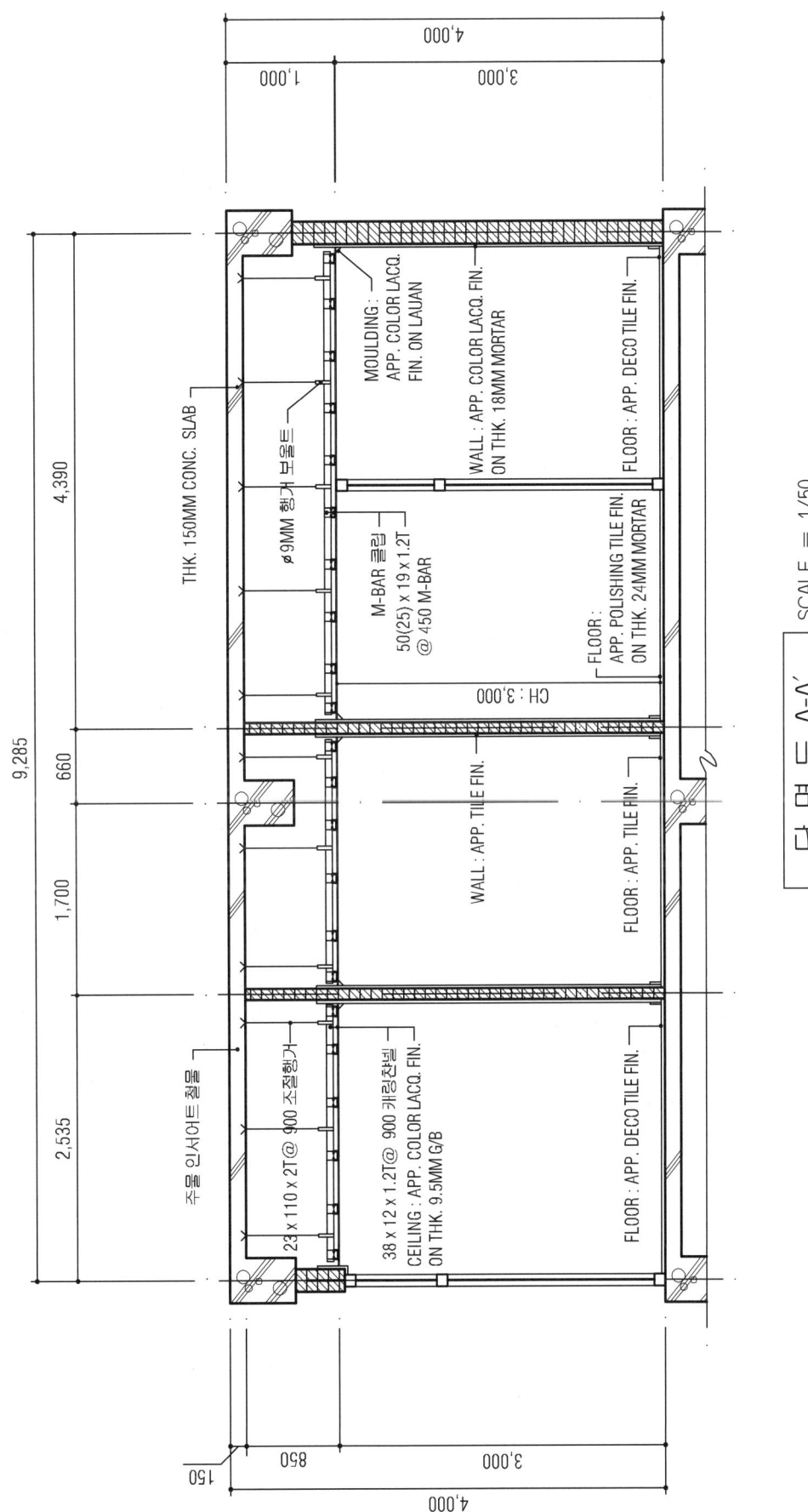

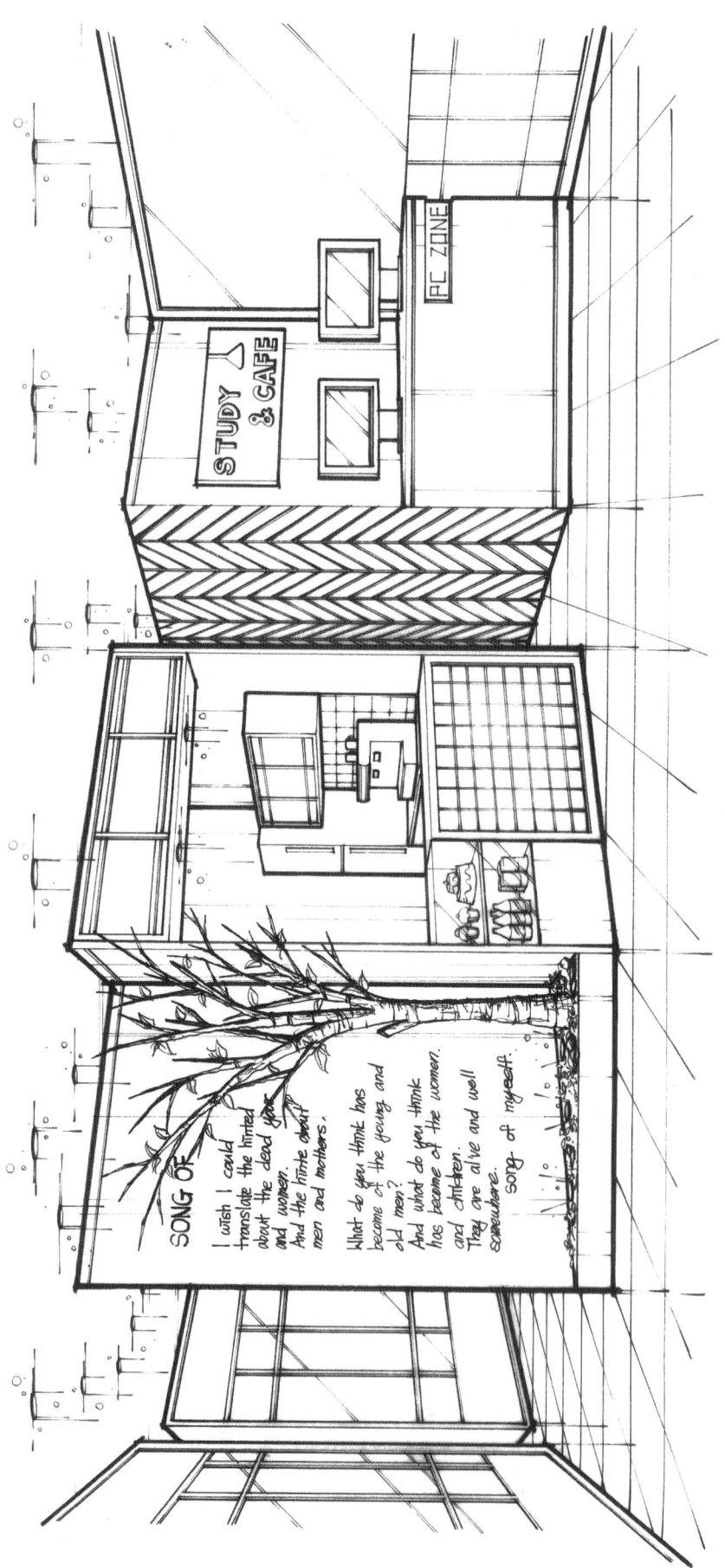

상업공간(식음료공간)

[실습과제 6] 도심내 커피전문점

1. 요구사항
   주어진 도면은 도심내에 위치한 커피전문점이다. 다음의 요구 조건에 따라 요구도면을 작성하시오.

2. 요구조건
   ① 설계면적 : 9,900×6,700×3,000mm(H)
   ② 인적구성 : 직원 2명과 비상시 직원 1명
   ③ 요구공간 및 가구 : 커피 제조실 겸 주방공간, 흡연실(유리로 할 것), 남·여 화장실 각 1개소, 카운터 및 쇼케이스, 2인용 TABLE SET 4개, 4인용 TABLE SET 4개

3. 요구도면
   ① 평면도(가구배치 및 바닥 마감재 기입) SCALE : 1/30
   ② 천정도(설비, 조명기구 배치 및 범례표 작성) SCALE : 1/30
   ③ 내부입면도 C방향 1면 (벽면재료 표기) SCALE : 1/50
   ④ 실내투시도(채색작업은 필수) SCALE : N.S
      (계획의 포인트가 좋은 지점에서 1소점 또는 2소점 투시법으로 작성하되, 작성과정의 투시보조선을 남길 것)

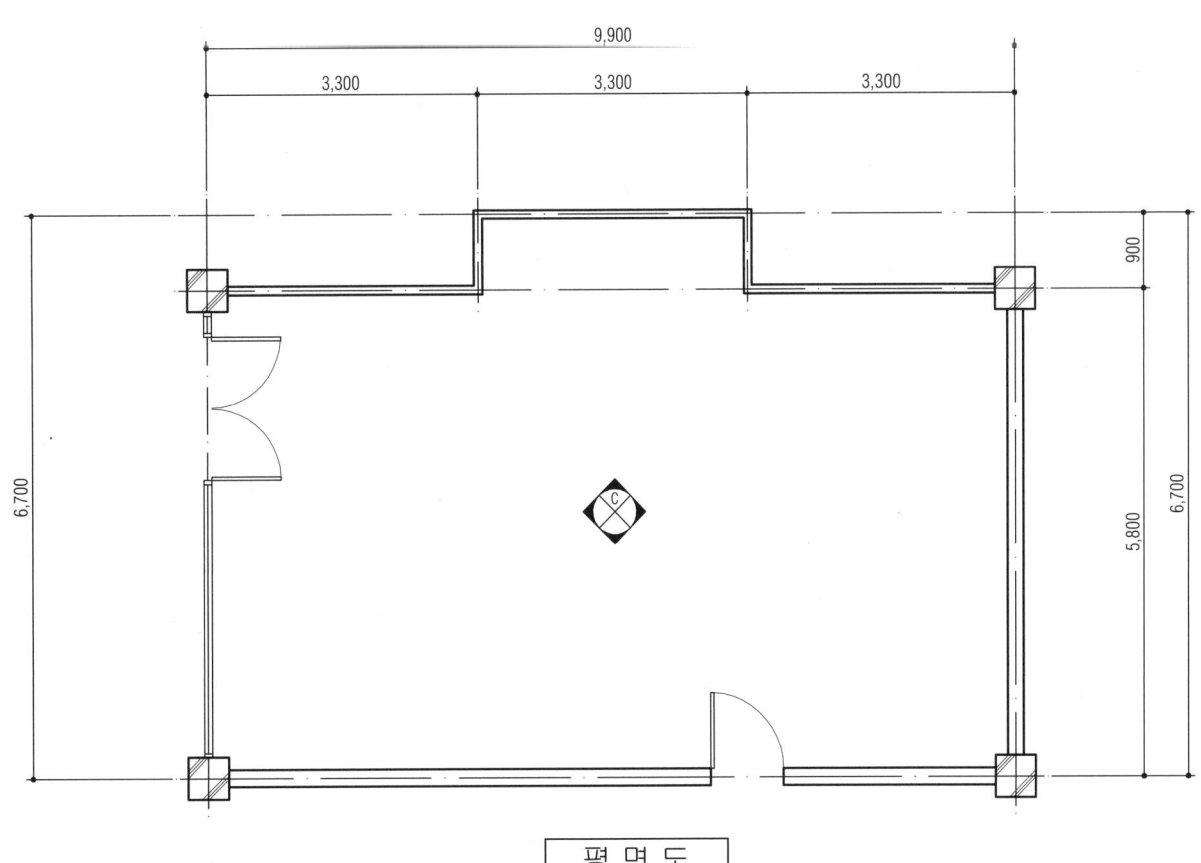

평면도

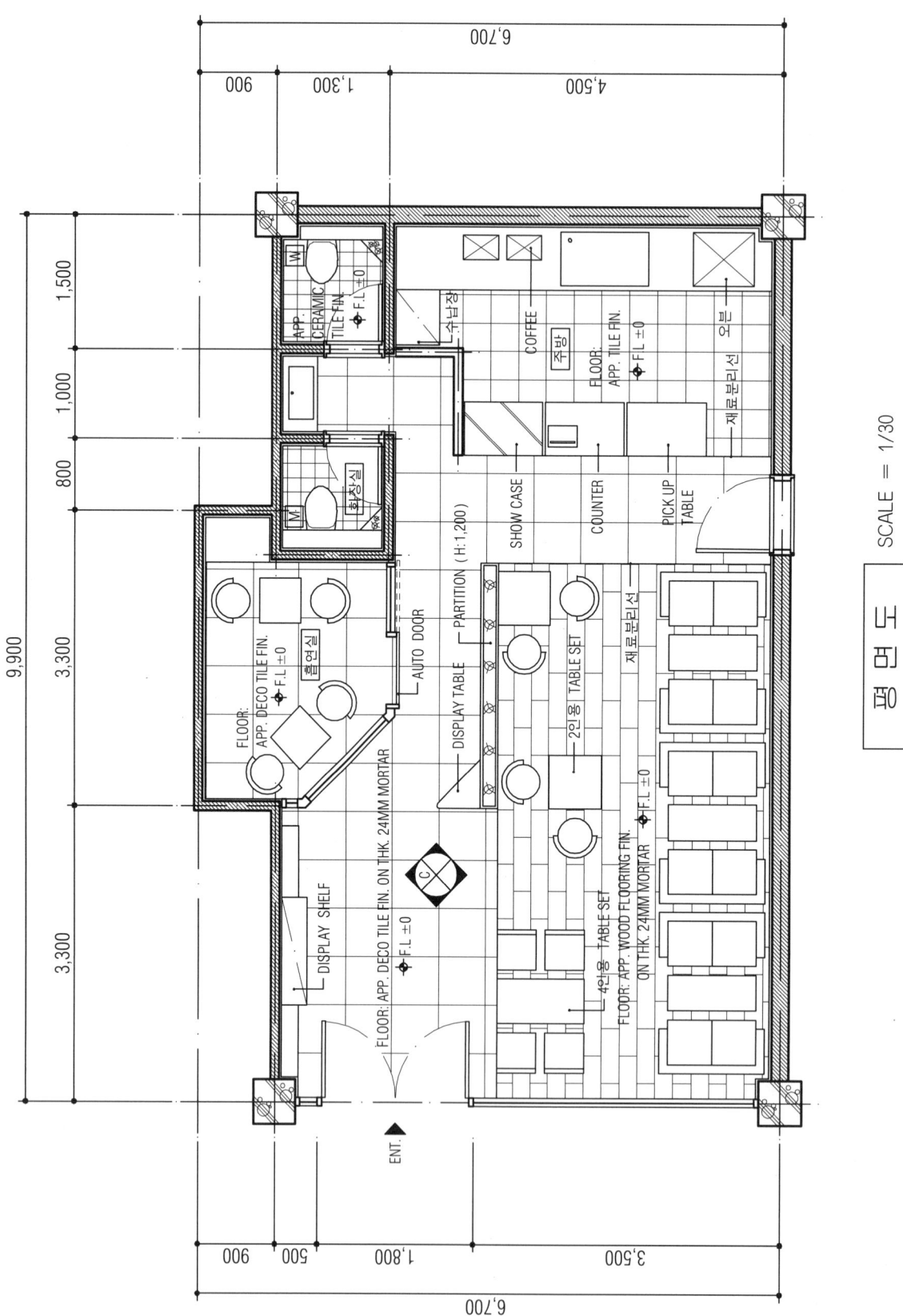

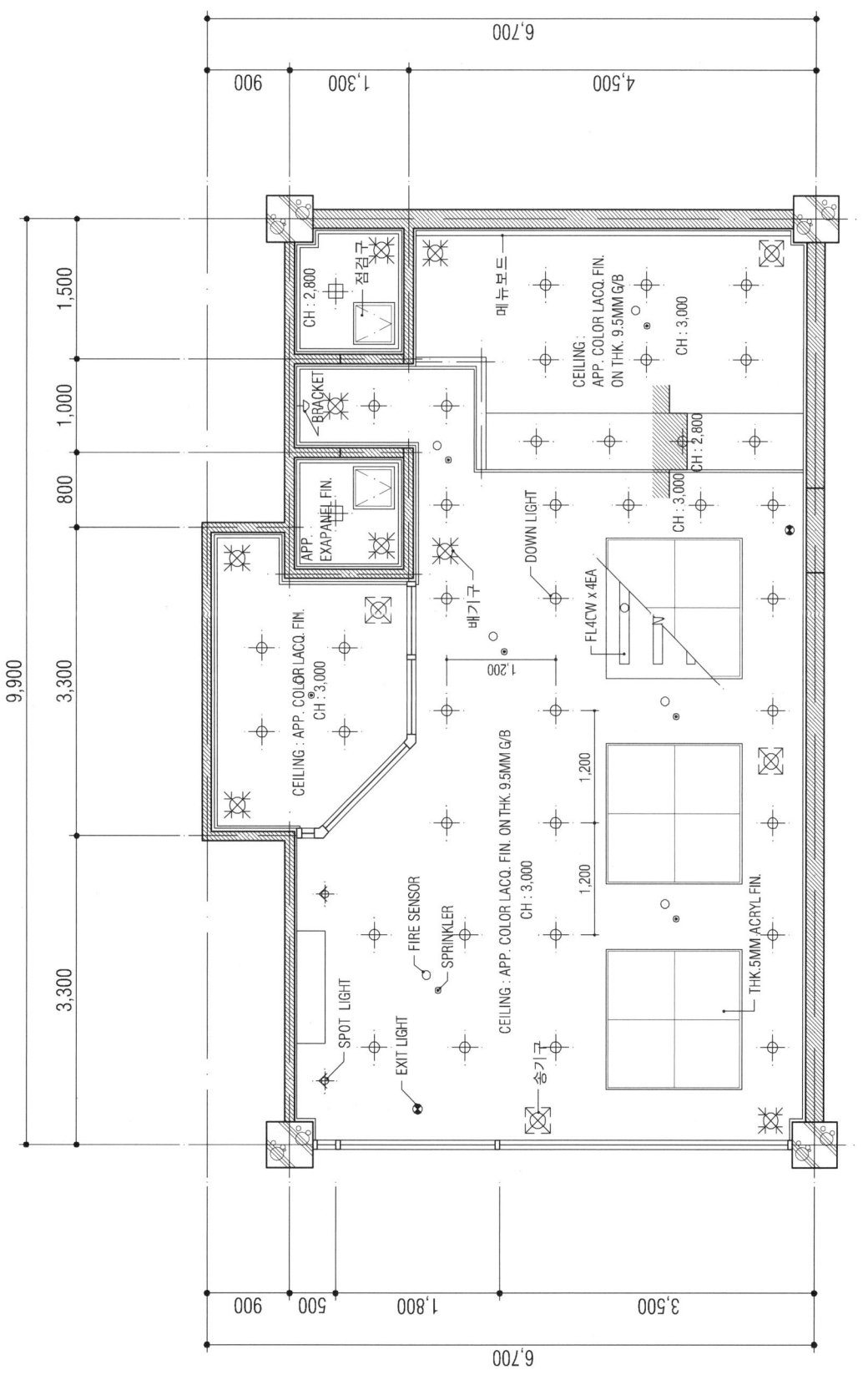

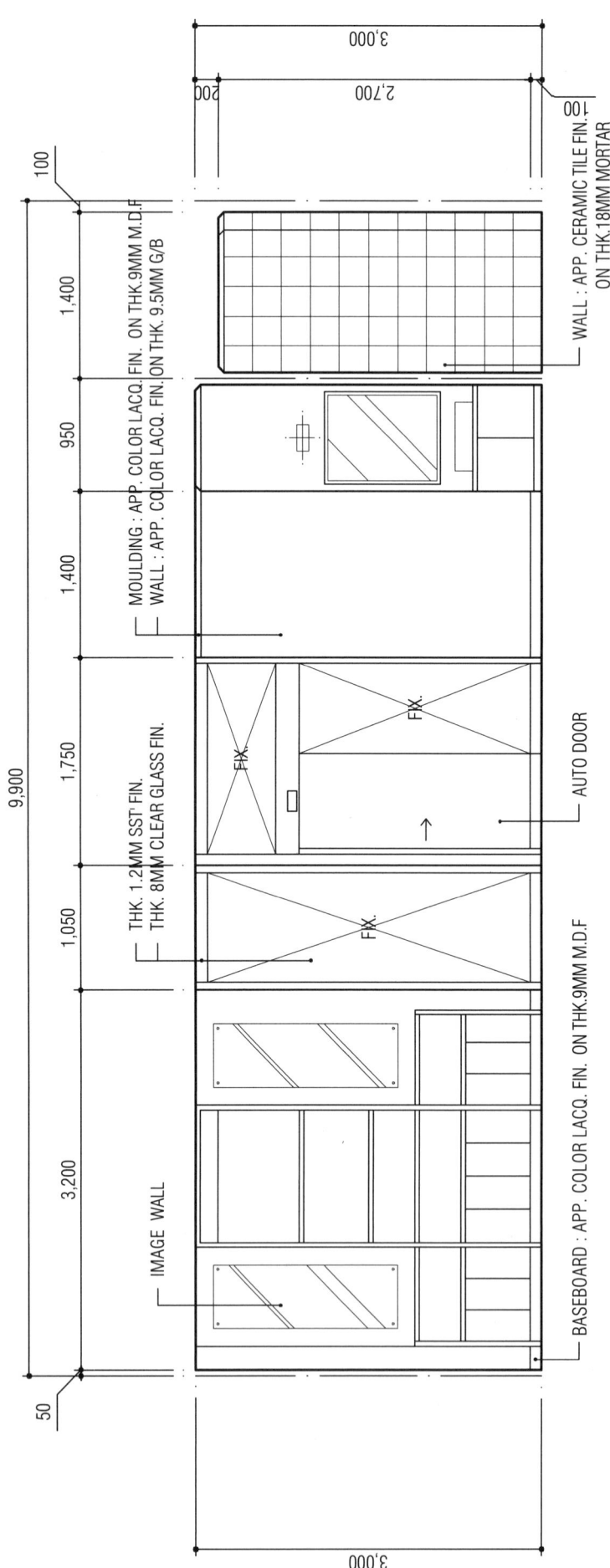

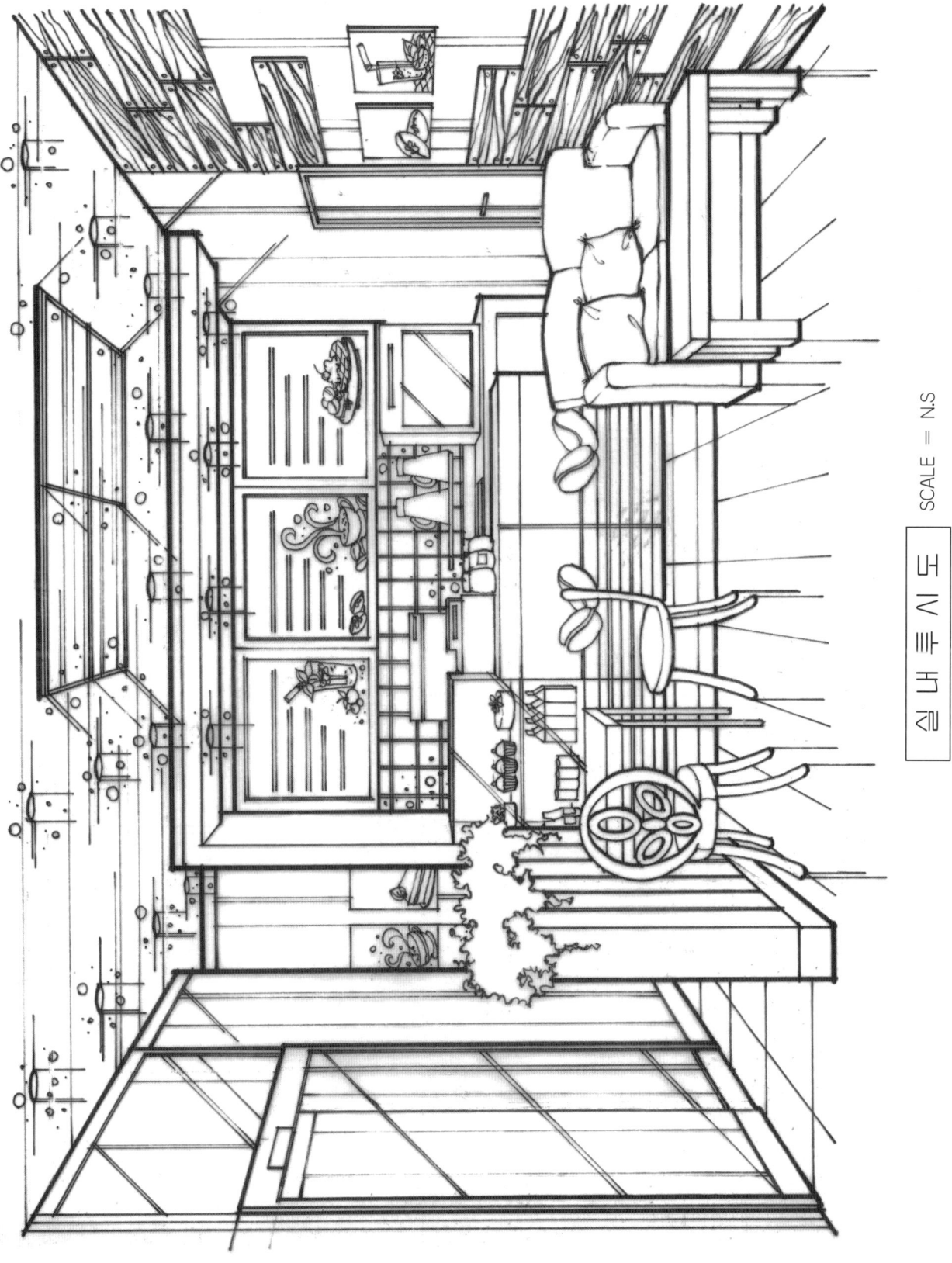

상업공간(식음료공간)

[실습과제 7] 북까페

1. 요구사항
   주어진 도면은 근린생활시설에 위치한 북까페이다. 다음의 요구 조건에 따라 요구도면을 작성하시오.

2. 요구조건
   ① 설계면적 : 9,000×6,300×2,700mm(H)
   ② 인적구성 : 종업원 1명과 아르바이트 1명
   ③ 요구공간 및 가구 : 인터넷 부스 2EA, TABLE SET, 계산대, 서비스 카운터, 간단한 주방 설비, 비품창고, 책장(책을 정리할 수 있는 곳)

3. 요구도면
   ① 평면도 SCALE : 1/30
   ② 천정도(설비, 조명기구 배치 및 범례표 작성) SCALE : 1/30
   ③ 내부입면도 A방향 1면 (벽면재료 표기) SCALE : 1/50
   ④ 실내투시도(채색작업은 필수) SCALE : N.S
   (계획의 포인트가 좋은 지점에서 1소점 또는 2소점 투시법으로 작성하되, 작성과정의 투시보조선을 남길 것)

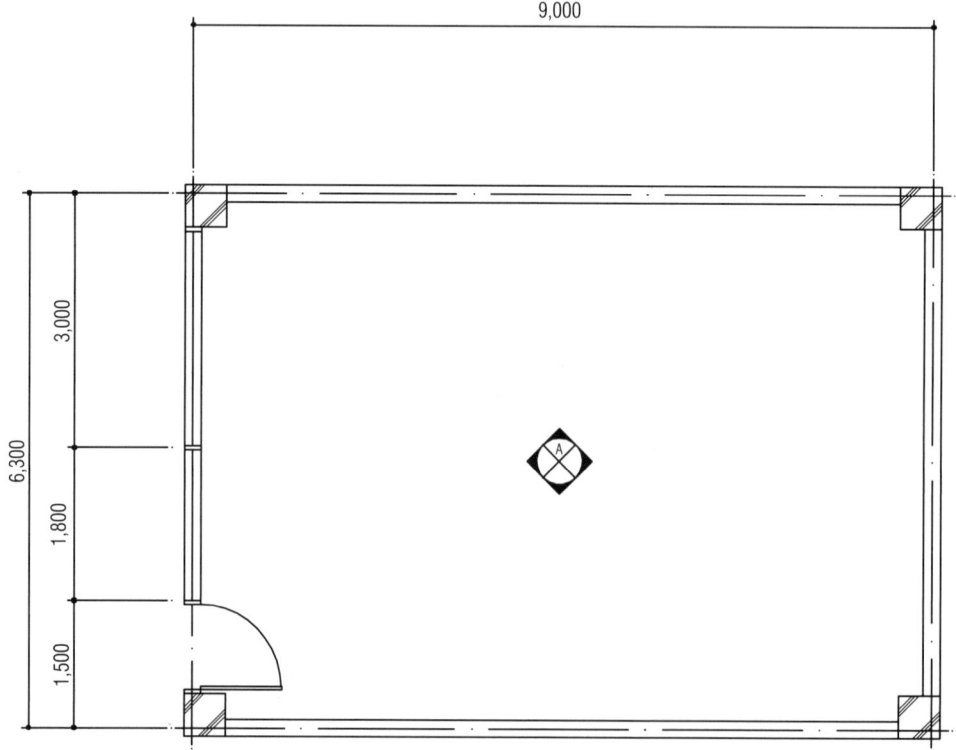

평 면 도

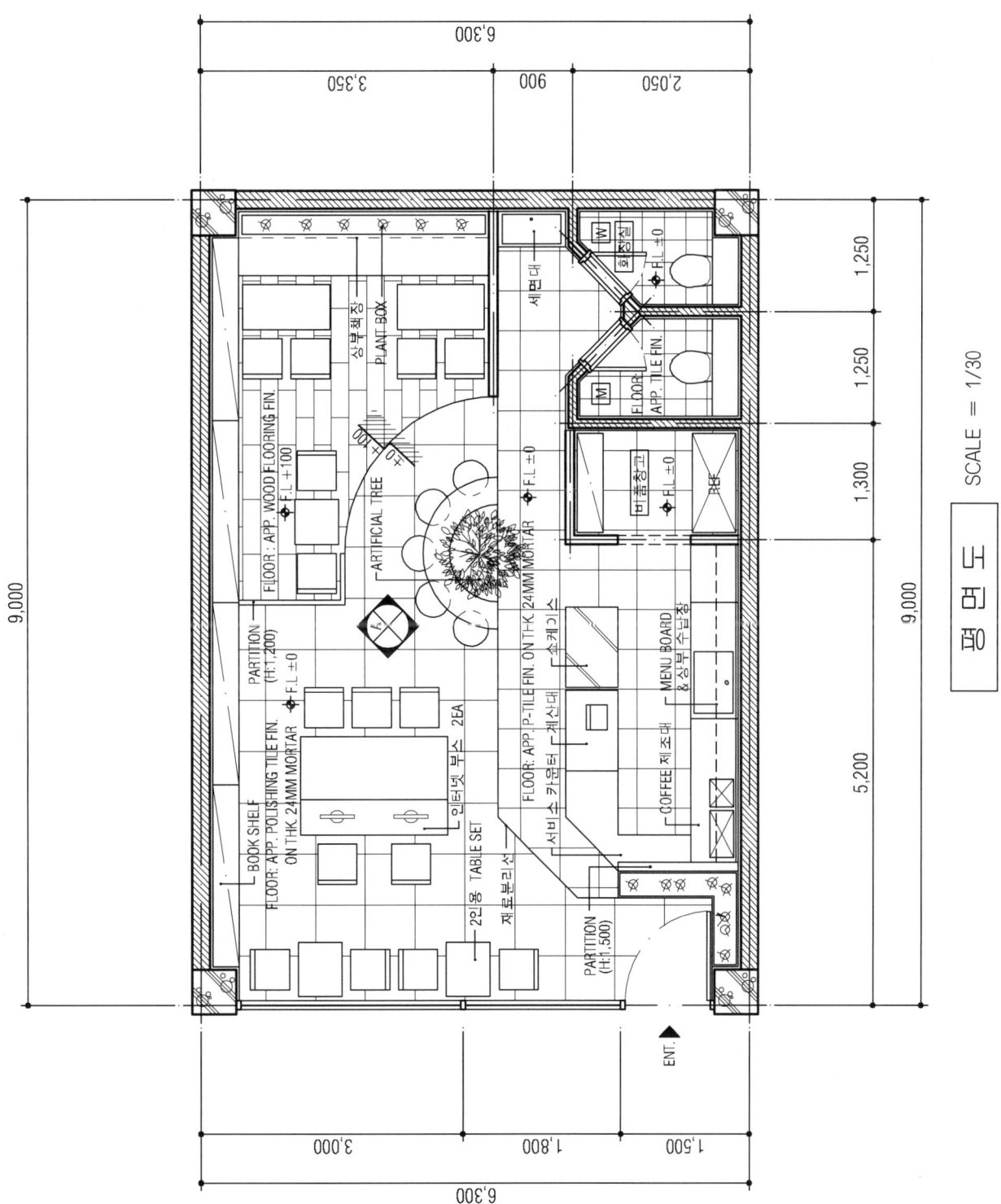

LEGEND		
TYPE	NAME	EA
⊕	DOWN LIGHT	31
⊕	PENDANT	7
⊕	SPOT LIGHT	4
⊏⊐	BRACKET	1
●	EXIT LIGHT	1
⊠	송기구	3
※	배기구	6
·	SPRINKLER	5
○	FIRE SENSOR	5
▱	점검구	2
▦	천정형 냉난방기	1

천 정 도   SCALE = 1/30

상업공간(식음료공간)

[실습과제 8] 제과 전문점

1. 요구사항

    주어진 도면은 근린상업지역내에 위치한 제과 전문점이다. 다음의 요구조건에 따라 도면을 작성하시오.

2. 요구조건

    ① 설계면적 : 13,500×10,200×2,700mm(H)
    ② 인적구성 : 판매 및 제조종업인 4인, 비상시 종업원 2인(아르바이트)
    ③ 요구공간 : 판매 전시공간, 주방 및 제과 제조 작업실, 홀, 화장실(남여 각 1분리)
    ④ 필요집기 : 판매 및 전시공간 - 쇼케이스, 카운터, 진열장, 진열대
    　　　　　　주방 및 제과 제조 작업실 - 필수 기구 일체
    　　　　　　홀 - 2인용 TABLE(2SET), 4인용 TABLE(4SET), 6인용 TABLE(1SET)
    　　　　　　TV 및 음료대 등

3. 요구도면

    ① 평면도 SCALE : 1/50
    ② 천정도(설비, 조명기구 배치 및 범례표 작성/천장마감재 표기) SCALE : 1/50
    ③ 내부입면도 B방향 1면(벽면재료 표기) SCALE : 1/50
    ④ 단면상세도(A-A′) SCALE : 1/50
    ⑤ 실내투시도(채색작업은 필수) SCALE : N.S
    (계획의 포인트가 좋은 지점에서 1소점 또는 2소점 투시법으로 작성하되, 작성과정의 투시보조선을 남길 것)

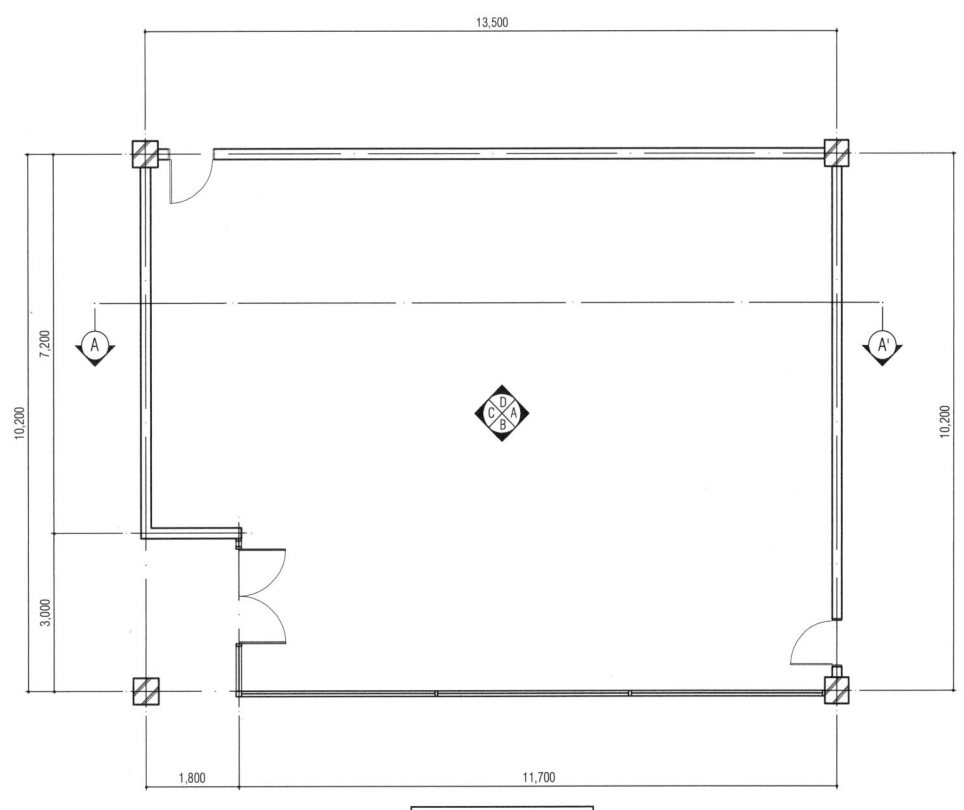

평 면 도

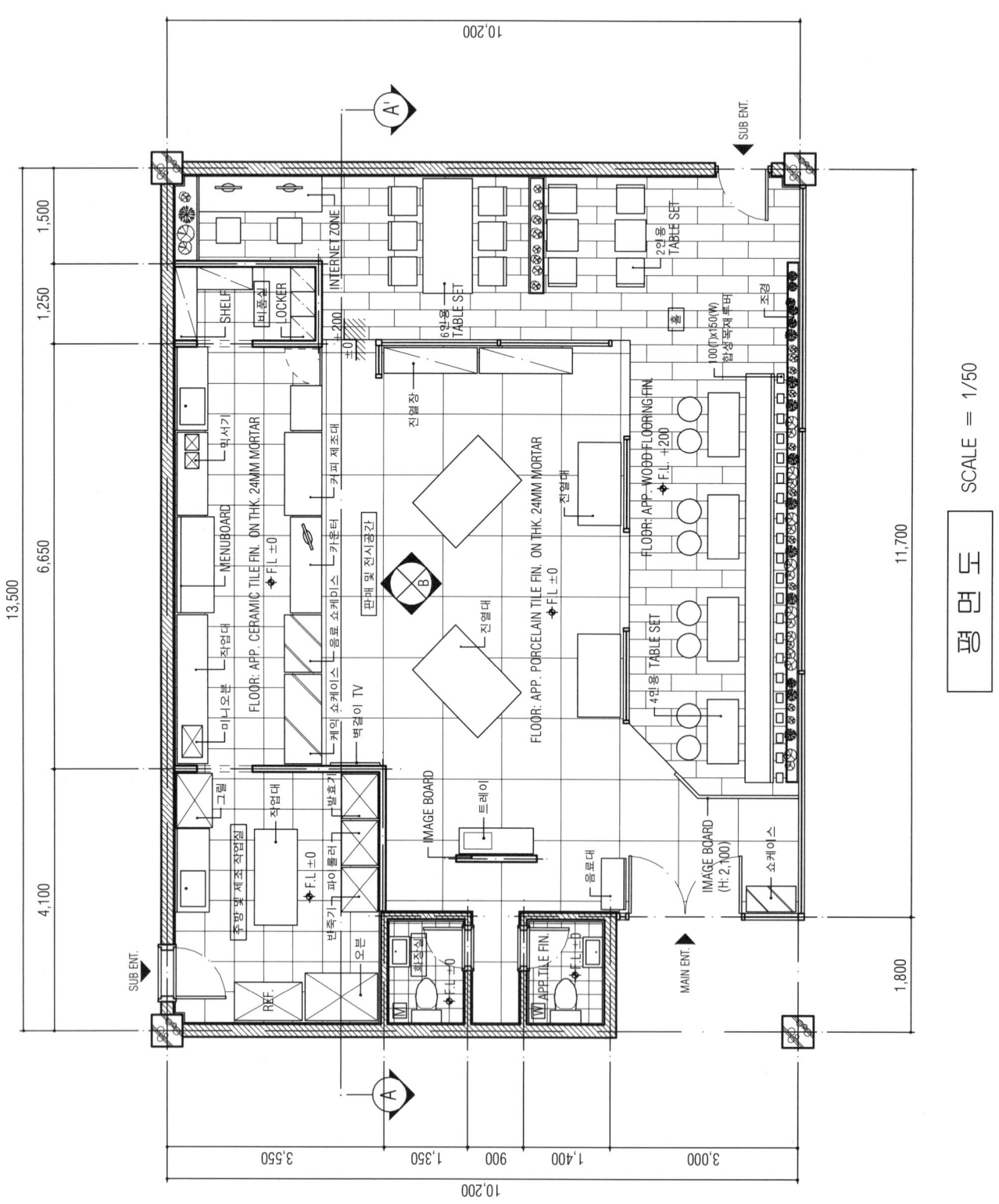

평면도 SCALE = 1/50

LEGEND		
TYPE	NAME	EA
⊕	DOWN LIGHT	4
⊕	PENDANT	14
+	HALOGEN	24
✦	SPOT LIGHT	2
▭	BRACKET	5
▭	FL 40W	3
●	EXIT LIGHT	2
⊠	송기구	4
✺	배기구	13
·	SPRINKLER	12
○	FIRE SENSOR	12

천정도 SCALE = 1/50

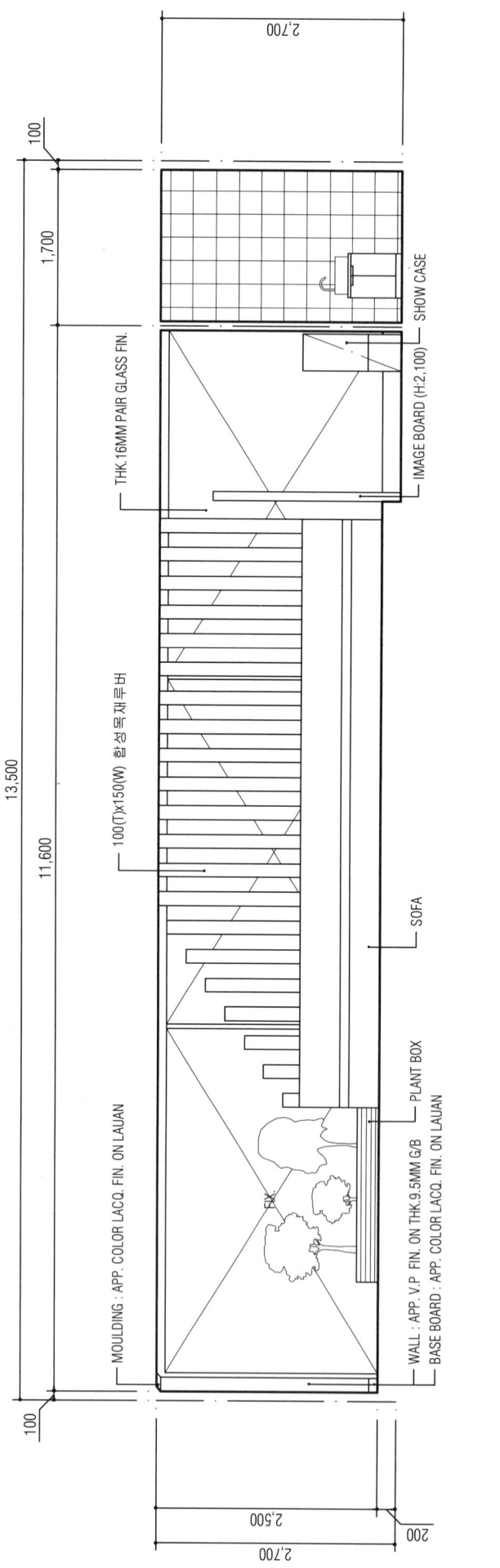

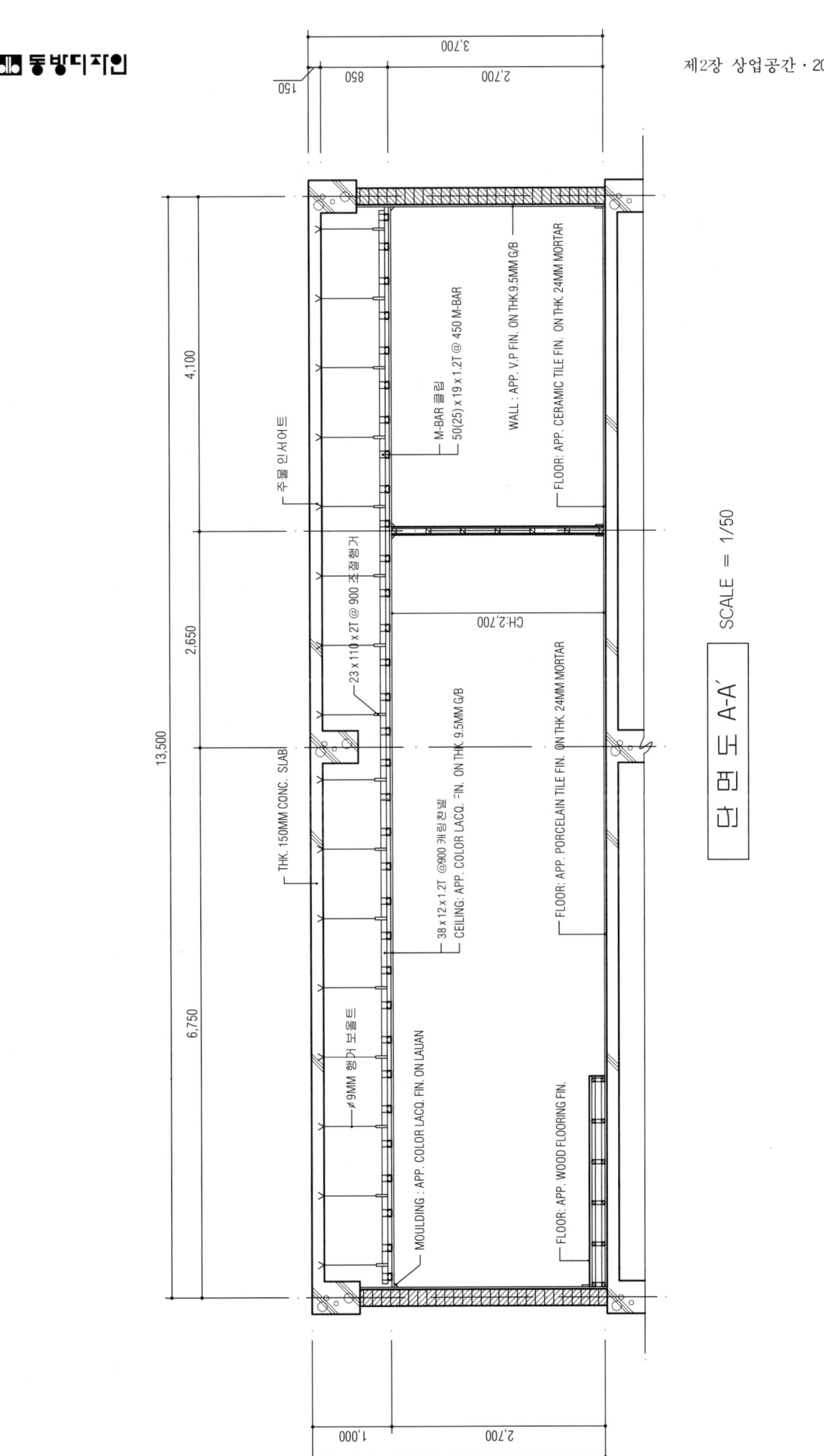

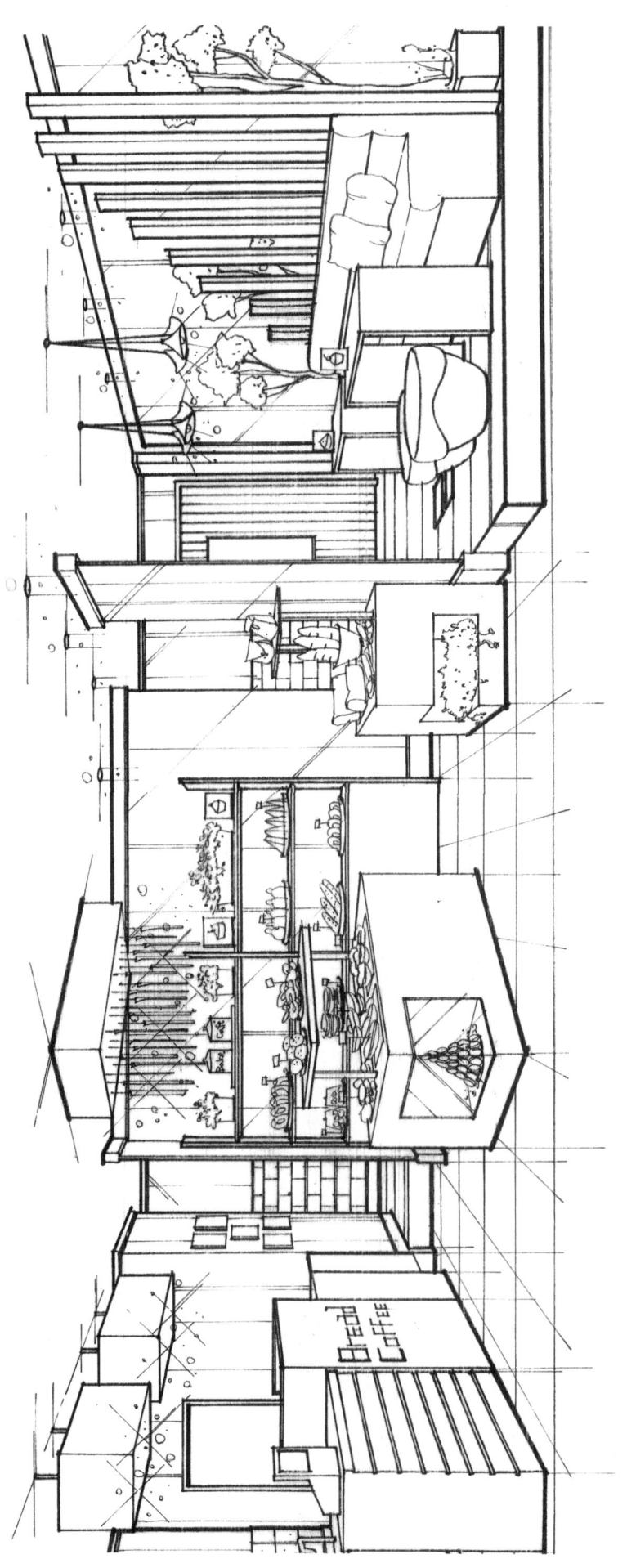

실내투시도 SCALE = N.S

상업공간(식음료공간)

[실습과제 9] 일식 참치전문점

1. 요구사항
   주어진 도면은 근린상업지역내에 위치한 일식 참치전문점이다.
   다음의 요구조건에 따라 도면을 작성하시오.

2. 요구조건
   ① 설계면적 : 10,800×9,700×2,700mm(H)
   ② 요구조건 : 주방 오픈형, Bar table형식 필수, 주방공간(냉장고, 냉동고, 싱크대 외 필요집기)
   　　　　　　카운터, 2~4인용 테이블세트, 대기공간, 참치 캐릭터 필수, 천정형 냉난방기 설치
   ③ 인적구성 : 요리사 2명, 서빙홀 2명

3. 요구도면
   ① 평면도 (가구배치 및 바닥마감재 표기) SCALE : 1/50
   ② 천정도(설비, 조명기구 배치 및 범례표 작성/천장마감재 표기) SCALE : 1/50
   ③ 내부입면도 주방이 보이는 방향 1면(벽면재료 표기) SCALE : 1/50
   ④ 단면상세도(A-A′) SCALE : 1/50
   ⑤ 실내투시도(채색작업은 필수) SCALE : N.S
      (계획의 포인트가 좋은 지점에서 1소점 또는 2소점 투시법으로 작성 및 작성과정의 투시보조선을 남길 것)

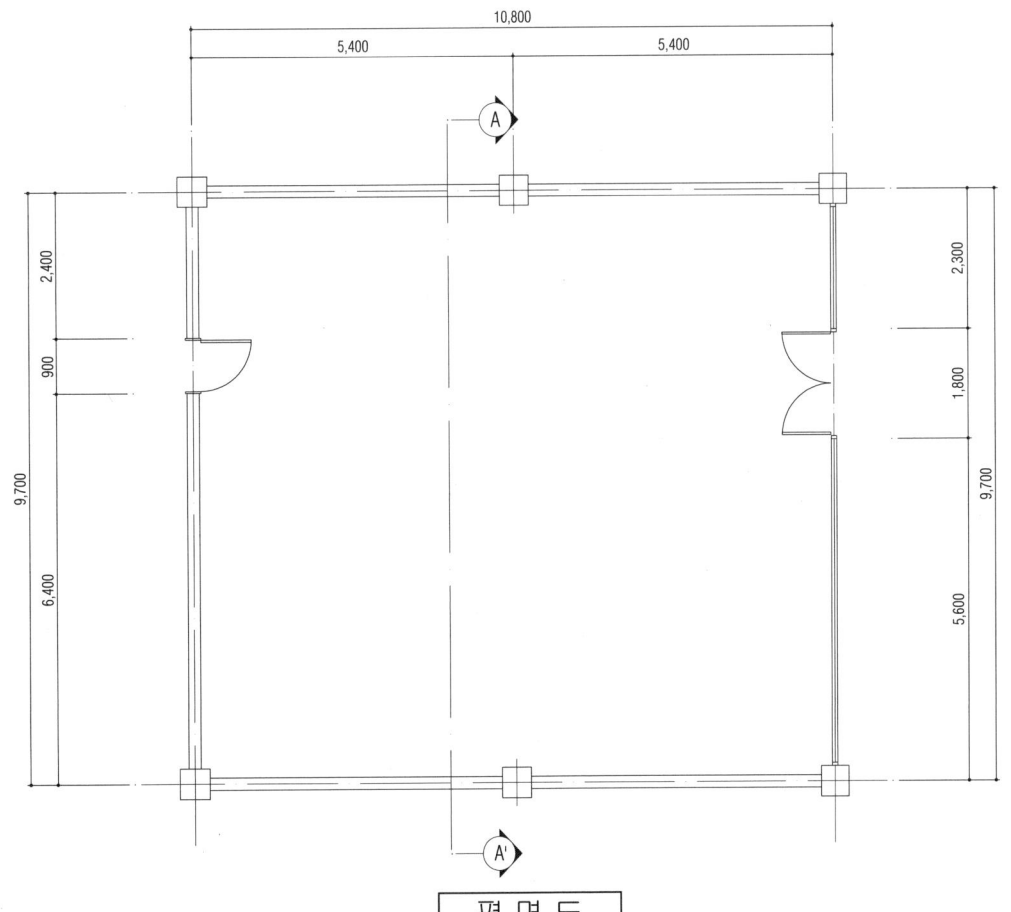

평 면 도

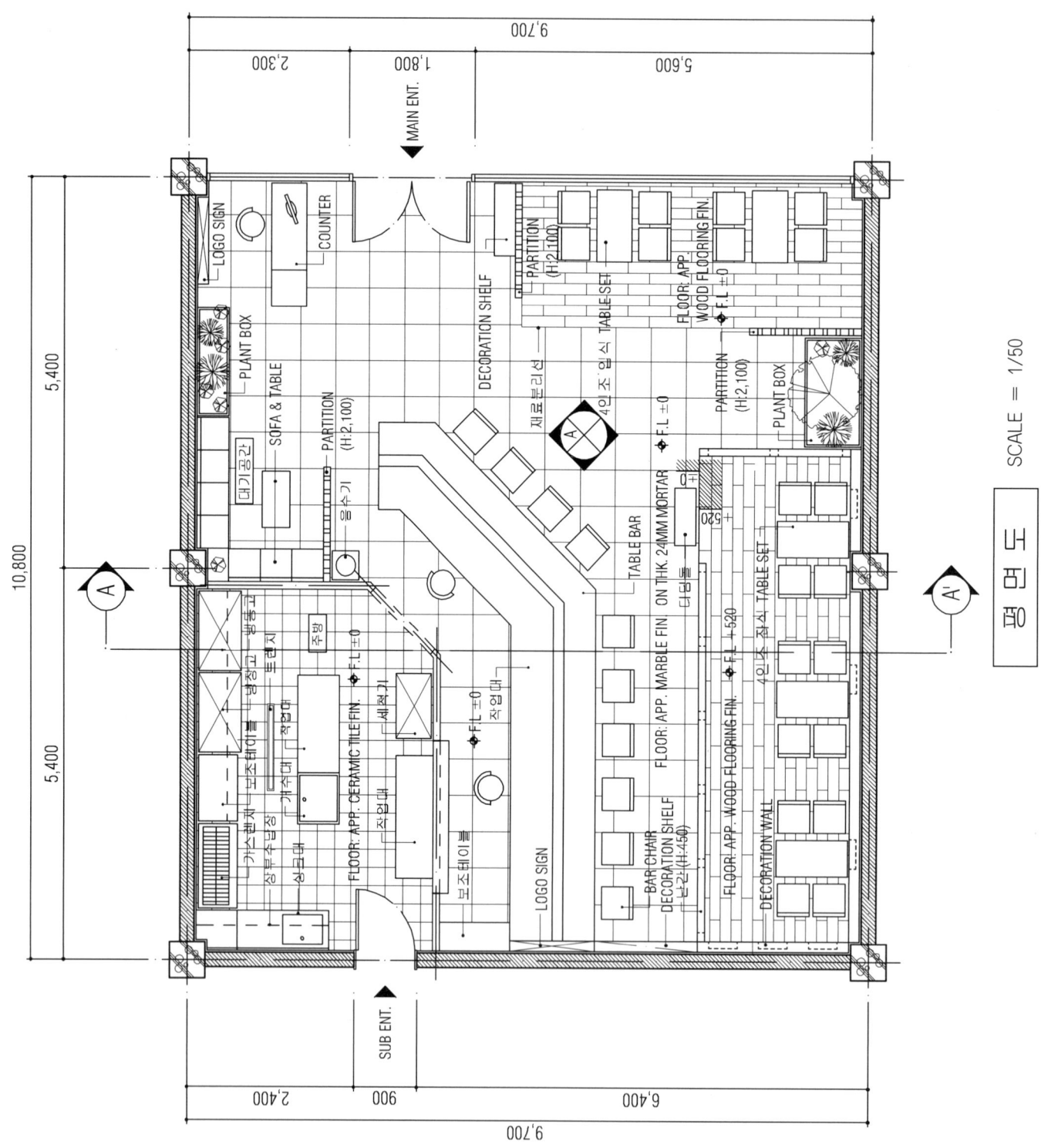

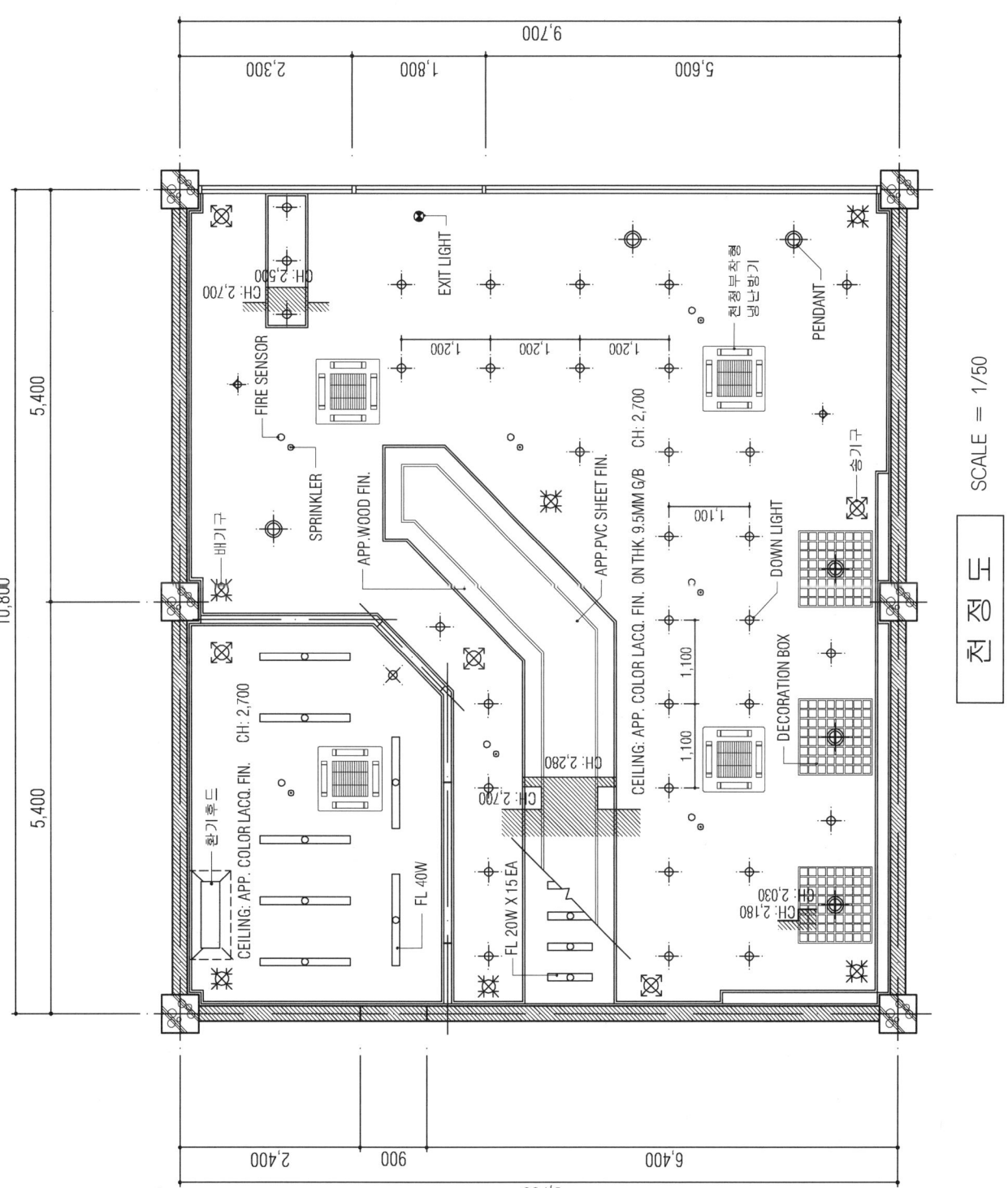

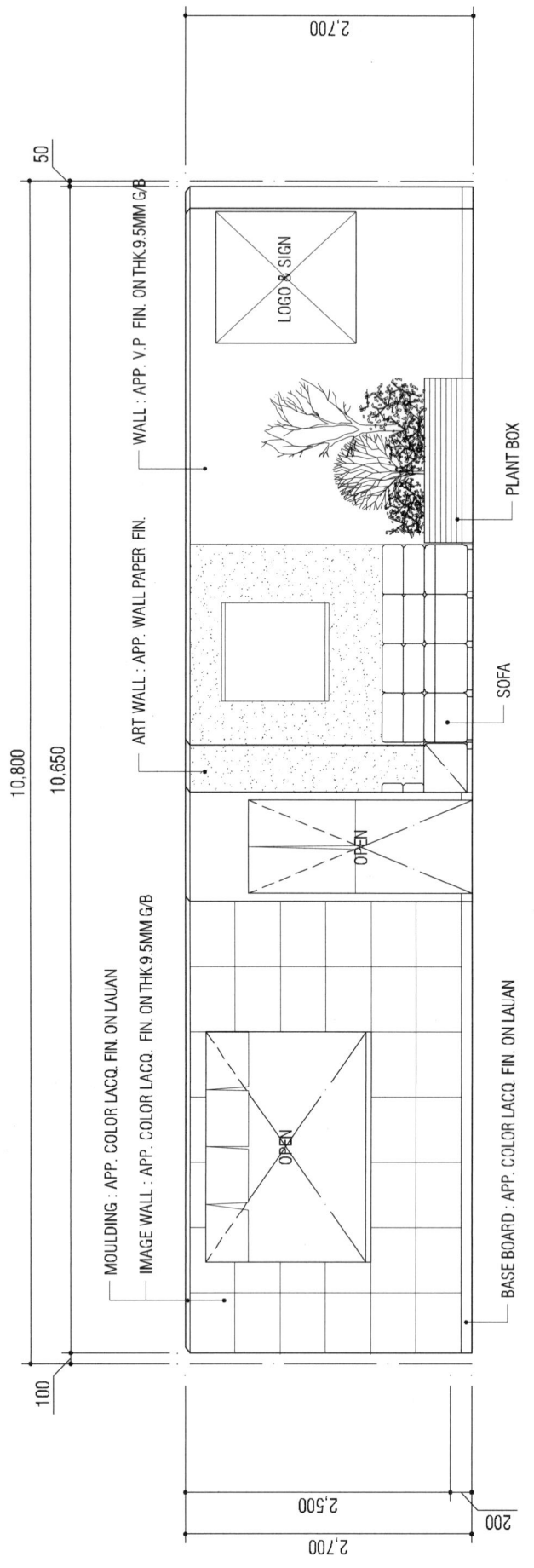

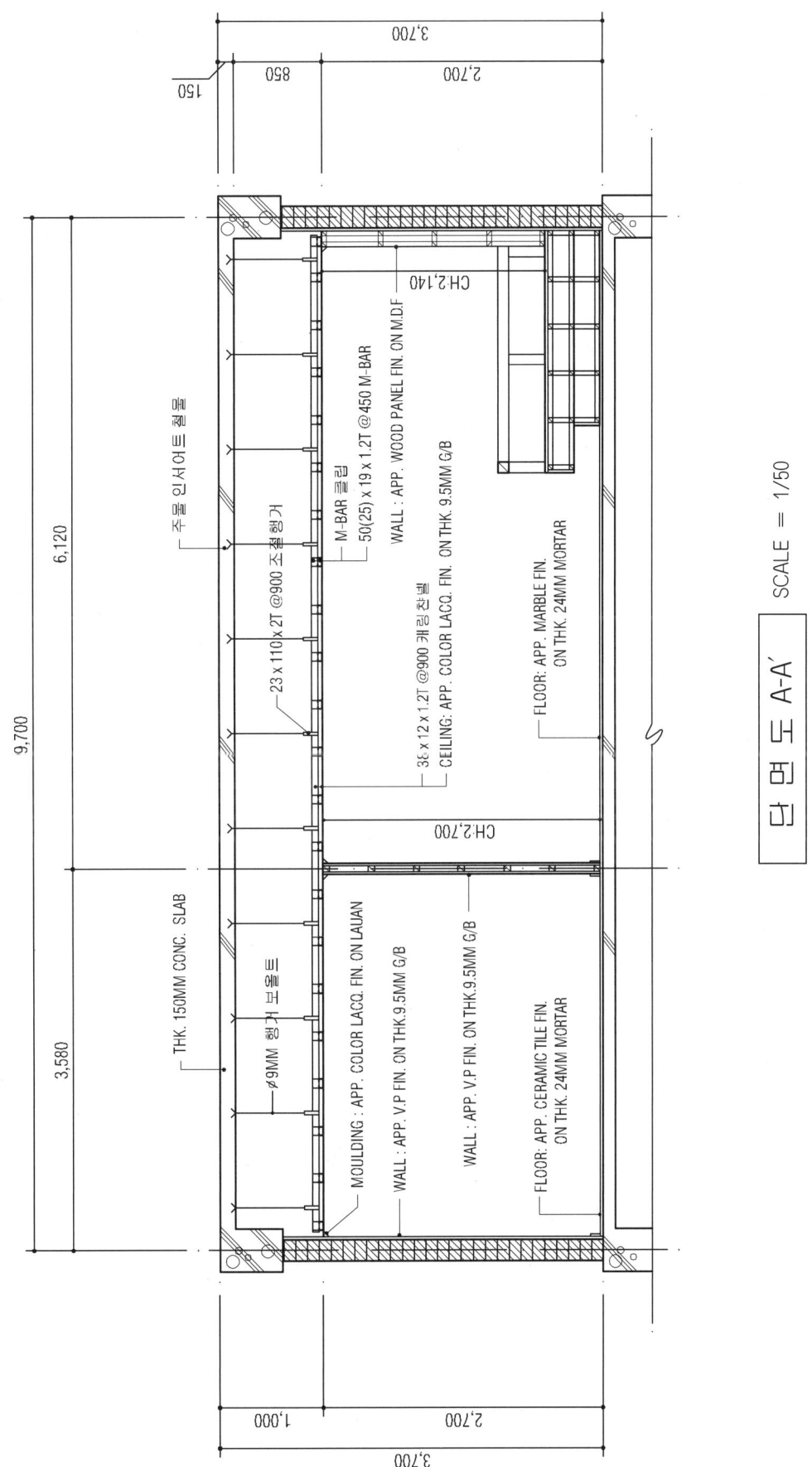

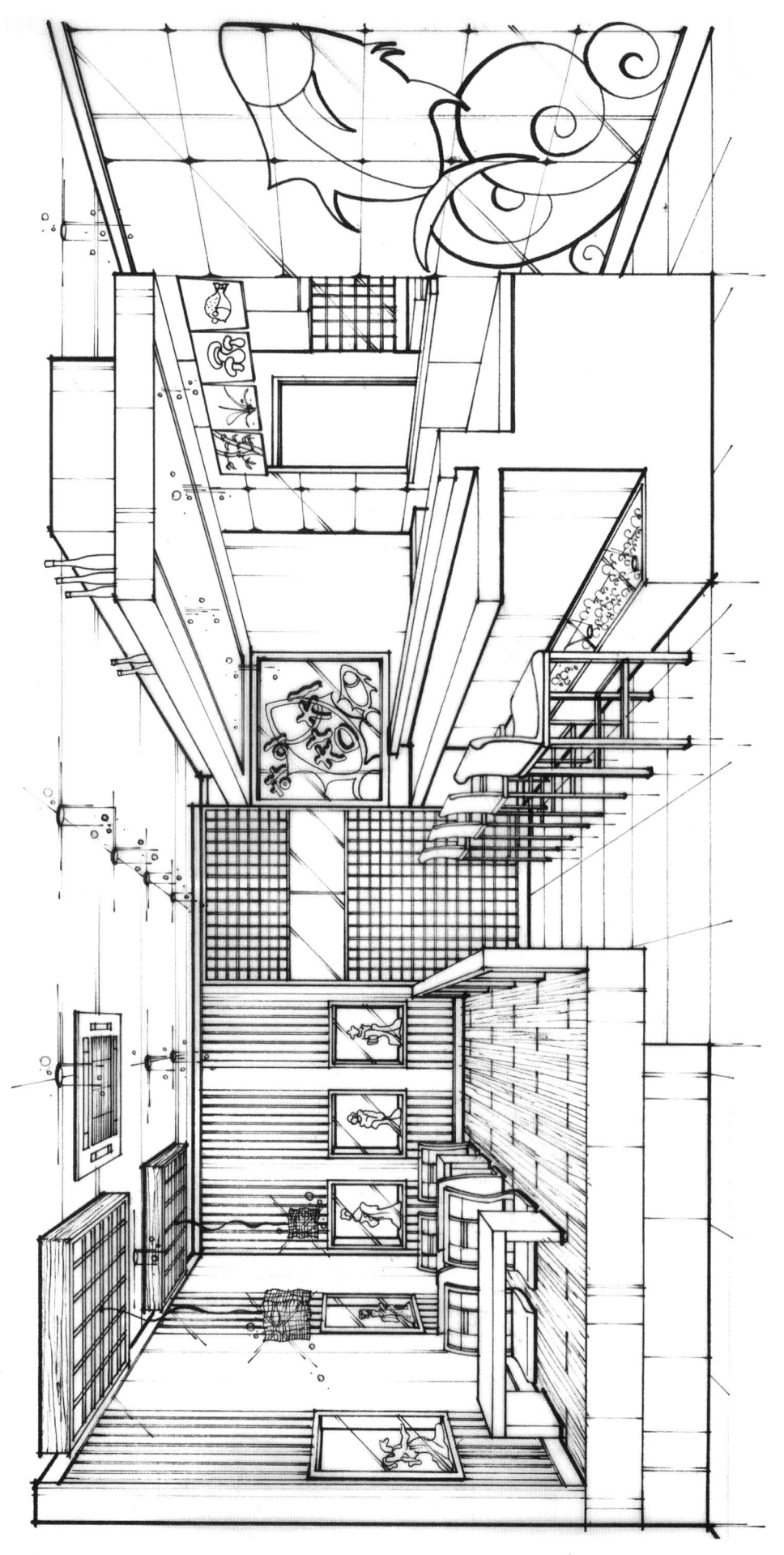

실내투시도 SCALE = N.S

상업공간(물품판매공간)

[실습과제 1] 아동의류전문점

1. 요구사항
   주어진 도면은 상업지역에 위치한 아동의류점의 평면이다.
   요구조건에 맞게 요구도면을 작성하시오.

2. 요구조건
   ① 설계면적 : 5,500×5,800×2,600mm(H)
   ② DOOR : 900×2,100mm(H)
   ③ 주요고객 : 7~12세 아동을 동반한 30~40대 중반의 부모
   ④ 요구공간 및 가구
   - show window
   - casher counter : 1,300×500×1,000mm
   - display table : 1,300×500×1,100mm 3개, 1,200×350×1,100mm 1개
   - display shelf, fitting room, hanger, air conditioner
   (이상 제시된 가구는 필수적이며 이외에 필요한 가구가 있다면 수검자가 임의로 추가할 수 있음)

3. 요구도면
   ① 평면도(가구배치 및 바닥마감재 표기) SCALE : 1/30
      평면도 주변의 여유공간에 설계개요(DESIGN CONCEPT)를 150자 이내로 작성하시오.
   ② 내부입면도 A방향 1면(벽면재료 표기) SCALE : 1/30
   ③ 천정도(설비, 조명가구 배치 및 범례표 작성/천정마감재 표기) SCALE : 1/30
   ④ 실내투시도(채색작업은 필수) SCALE : N.S
      (계획의 포인트가 좋은 지점에서 1소점 또는 2소점 투시법으로 작성하되, 작성과정의 투시보조선을 남길 것)

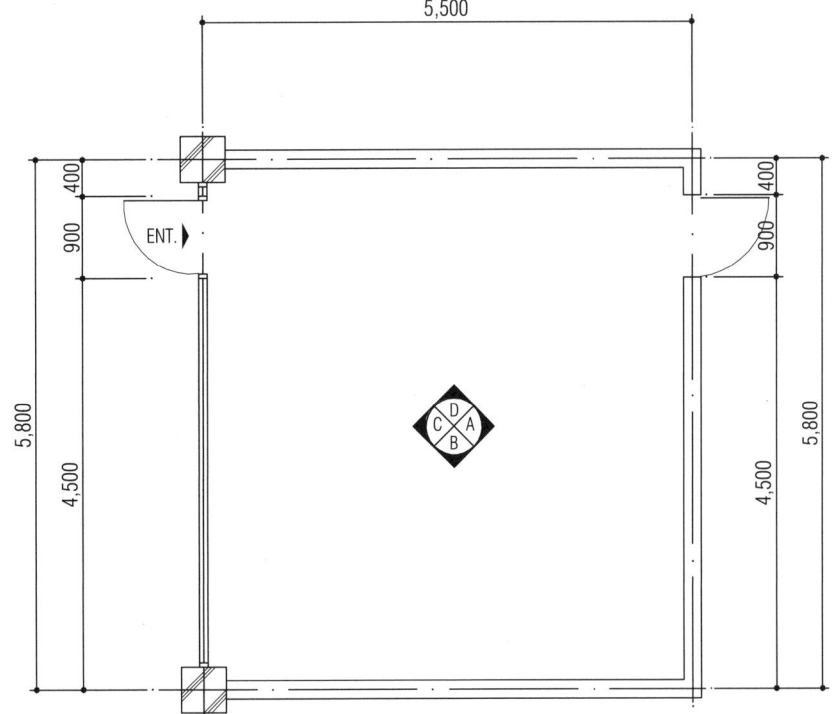

평면도

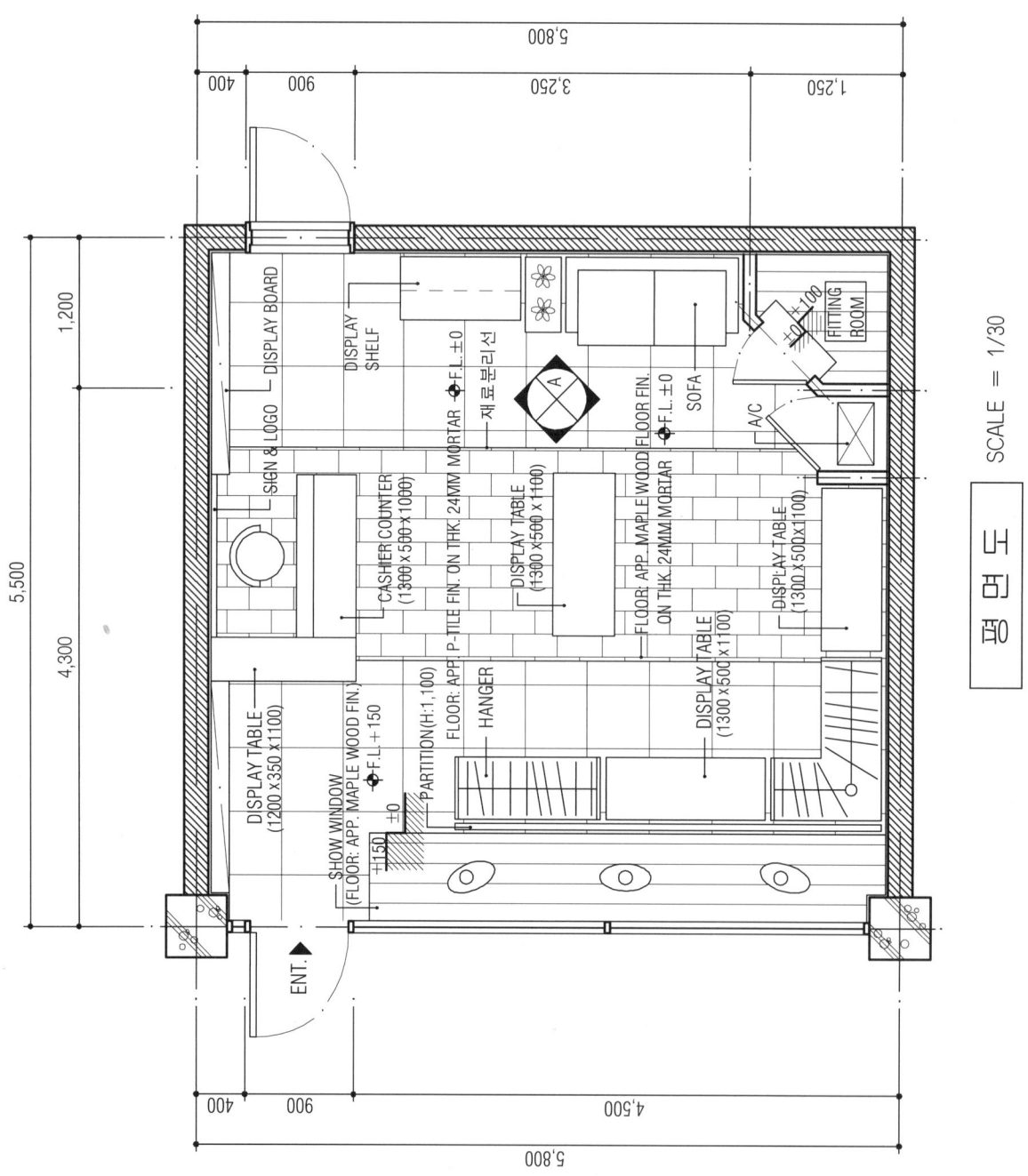

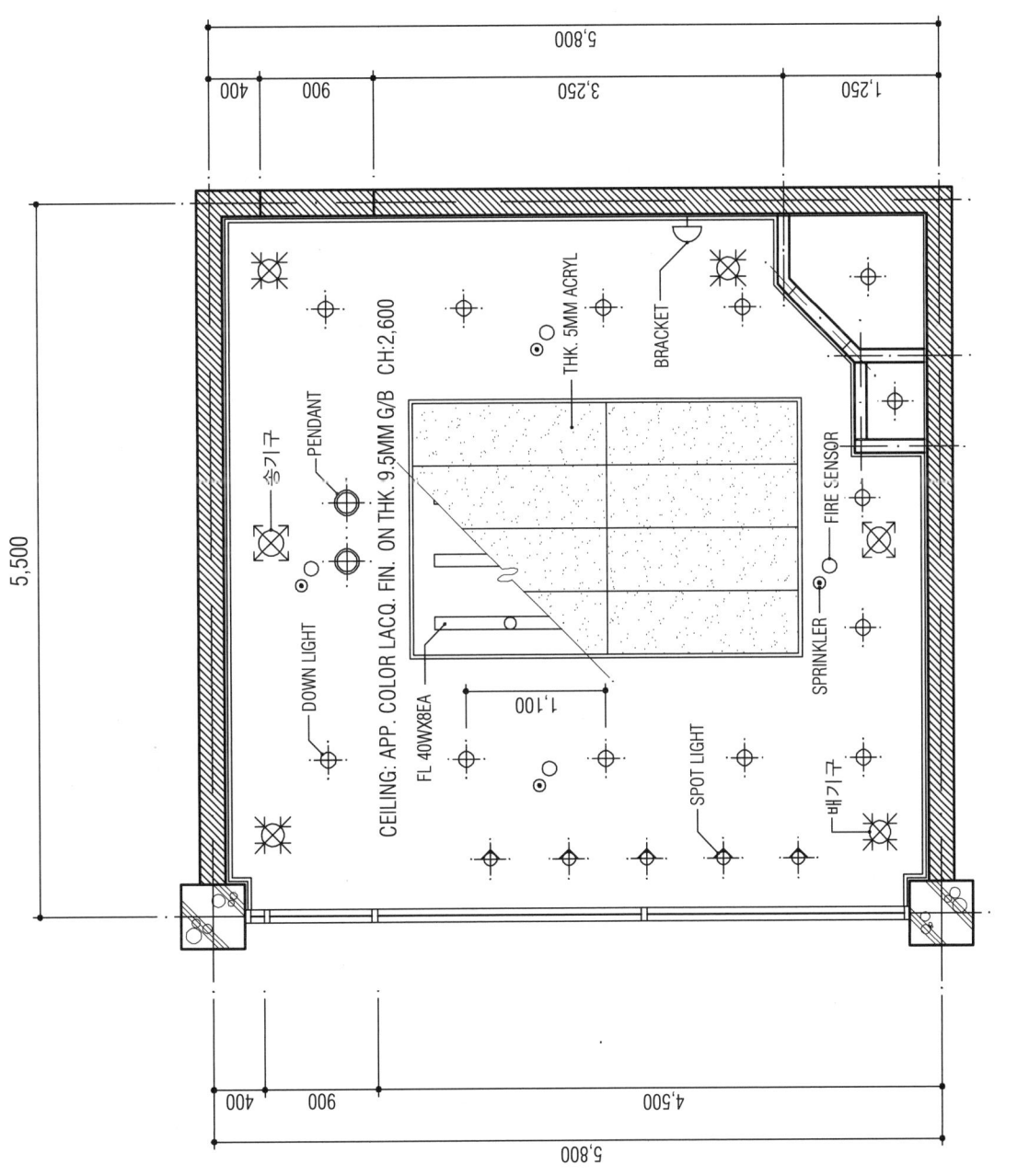

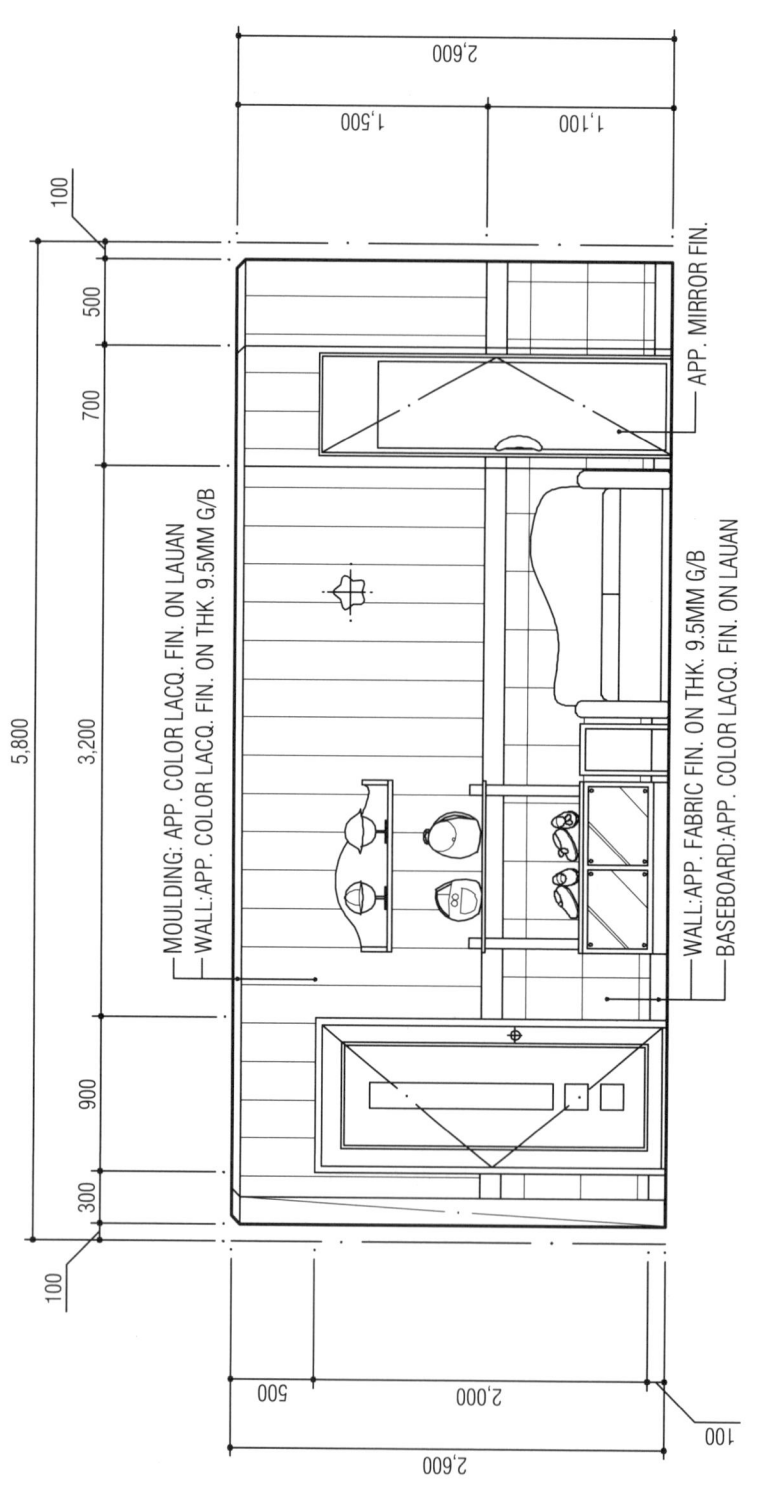

내부입면도 A SCALE = 1/30

실 내 투 시 도　SCALE = N.S

상업공간(물품판매공간)

[실습과제 2] 이동통신기기매장 Ⅰ

1. 요구사항
   주어진 도면은 근린상업지역 1층에 위치한 이동통신기기매장이다.
   다음의 요구조건에 따라 도면을 작성하시오.

2. 요구조건
   ① 설계면적 : 7,800×5,100×2,700mm(H)
   ② 요구공간 및 가구 : 전시대, 쇼케이스, 4인용 고객테이블, 수납카운터, 동시 2인이상 상담 및 서비스 테이블(이 외 필요가구 추가가능)

3. 요구도면
   ① 평면도(가구배치 및 바닥마감재 표기) SCALE : 1/30
   ② 천정도(설비, 조명기구 배치 및 범례표 작성/천정마감재 표기) SCALE : 1/30
   ③ 내부입면도 C방향 1면(벽면재료 표기) SCALE : 1/30
   ④ 실내투시도(채색작업은 필수) SCALE : N.S
   (계획의 포인트가 좋은 지점에서 1소점 또는 2소점 투시법으로 작성 및 작성과정의 투시보조선을 남길 것)

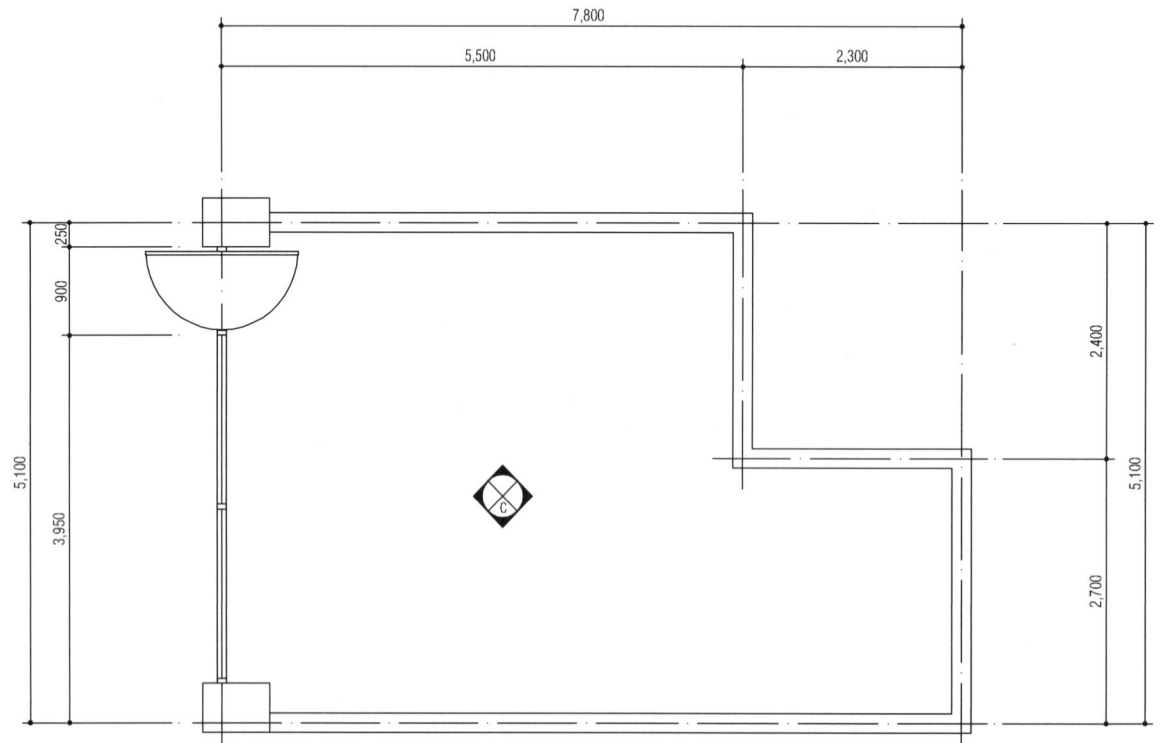

평 면 도

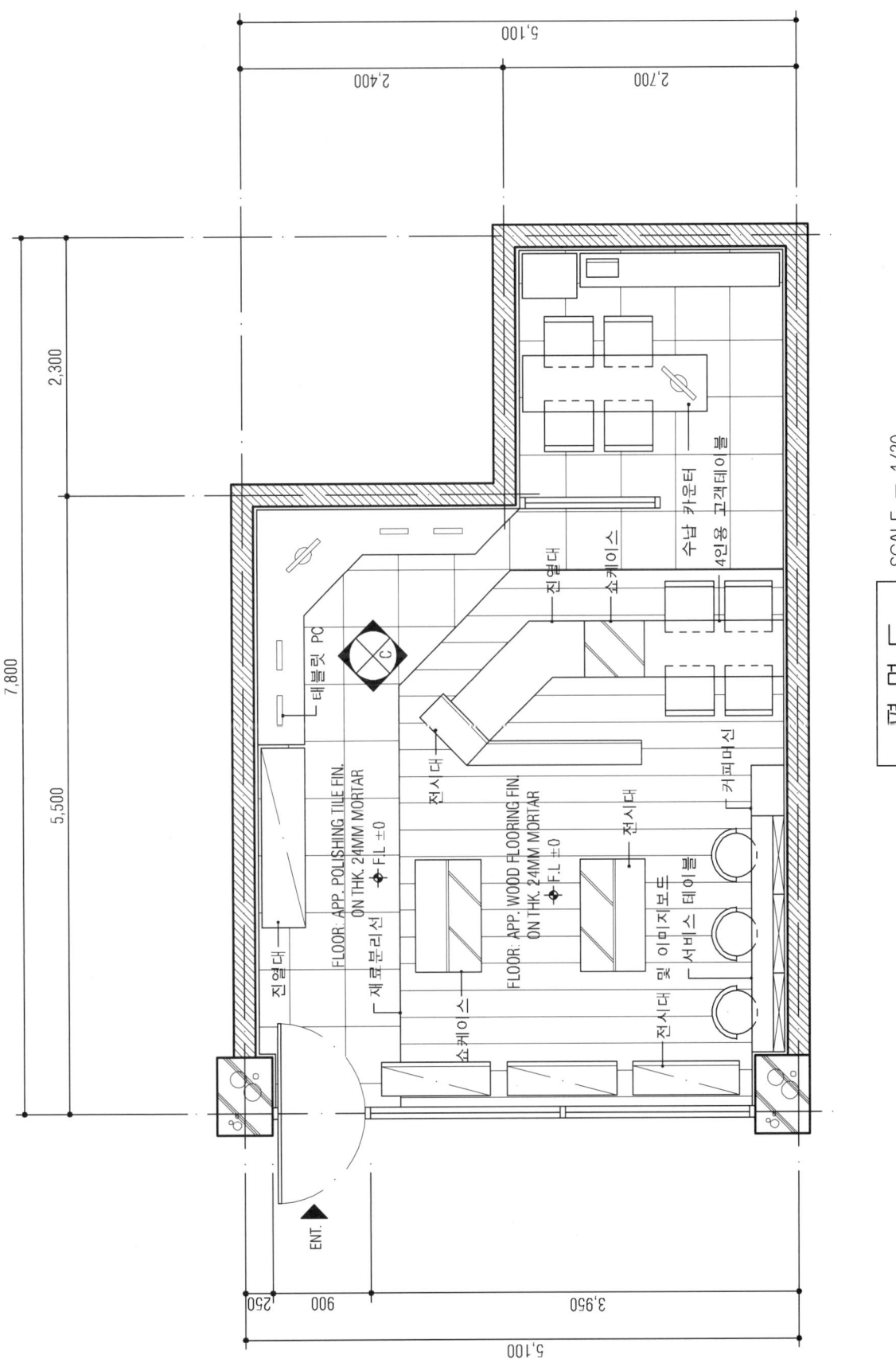

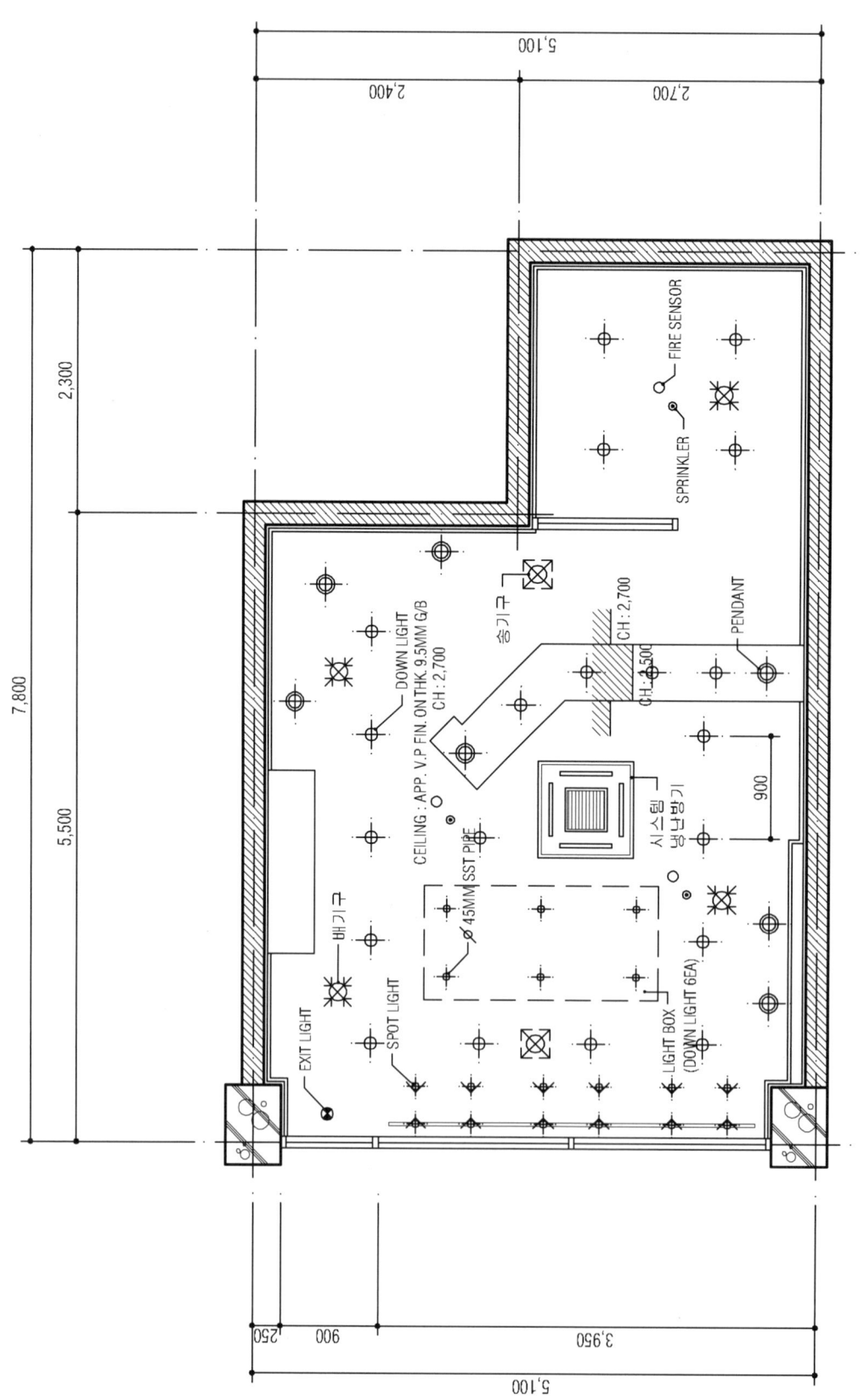

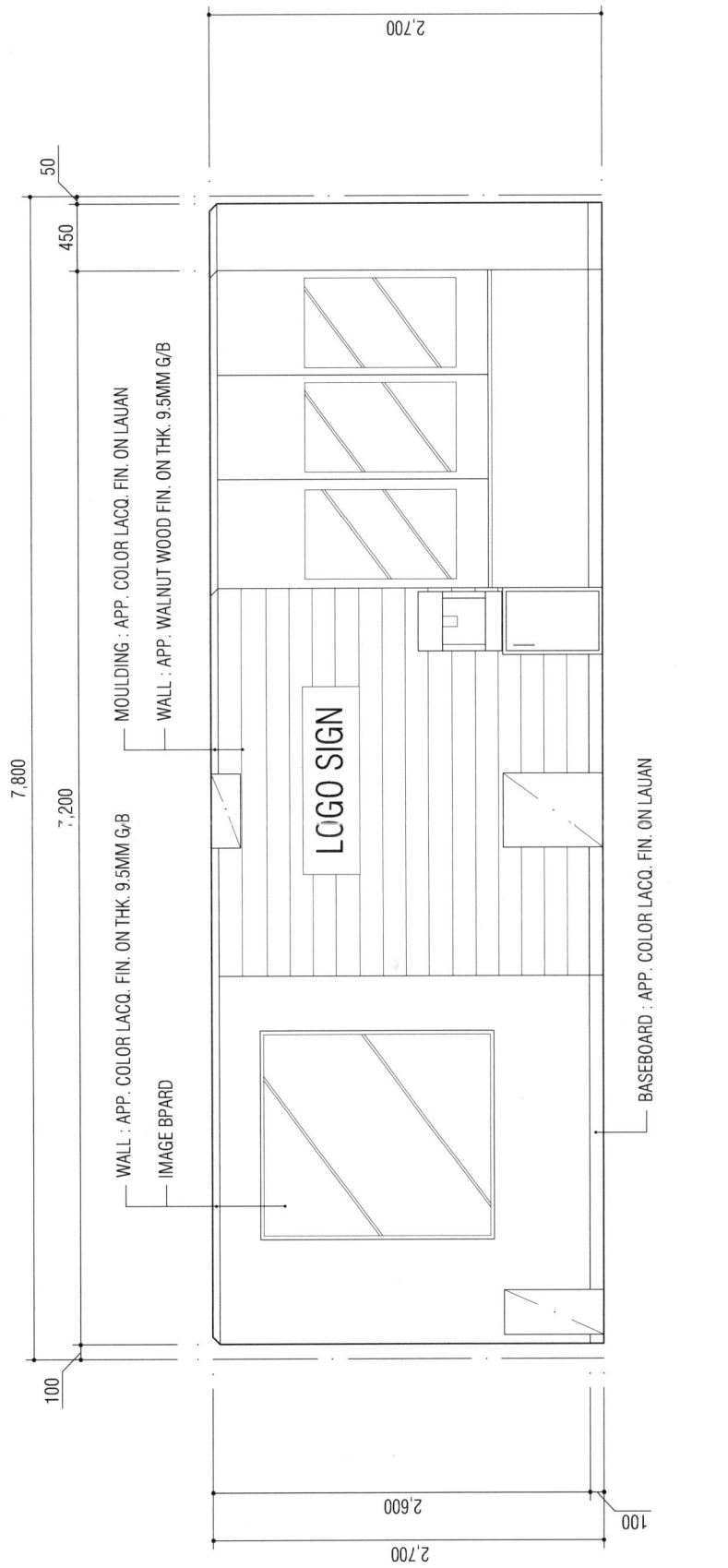

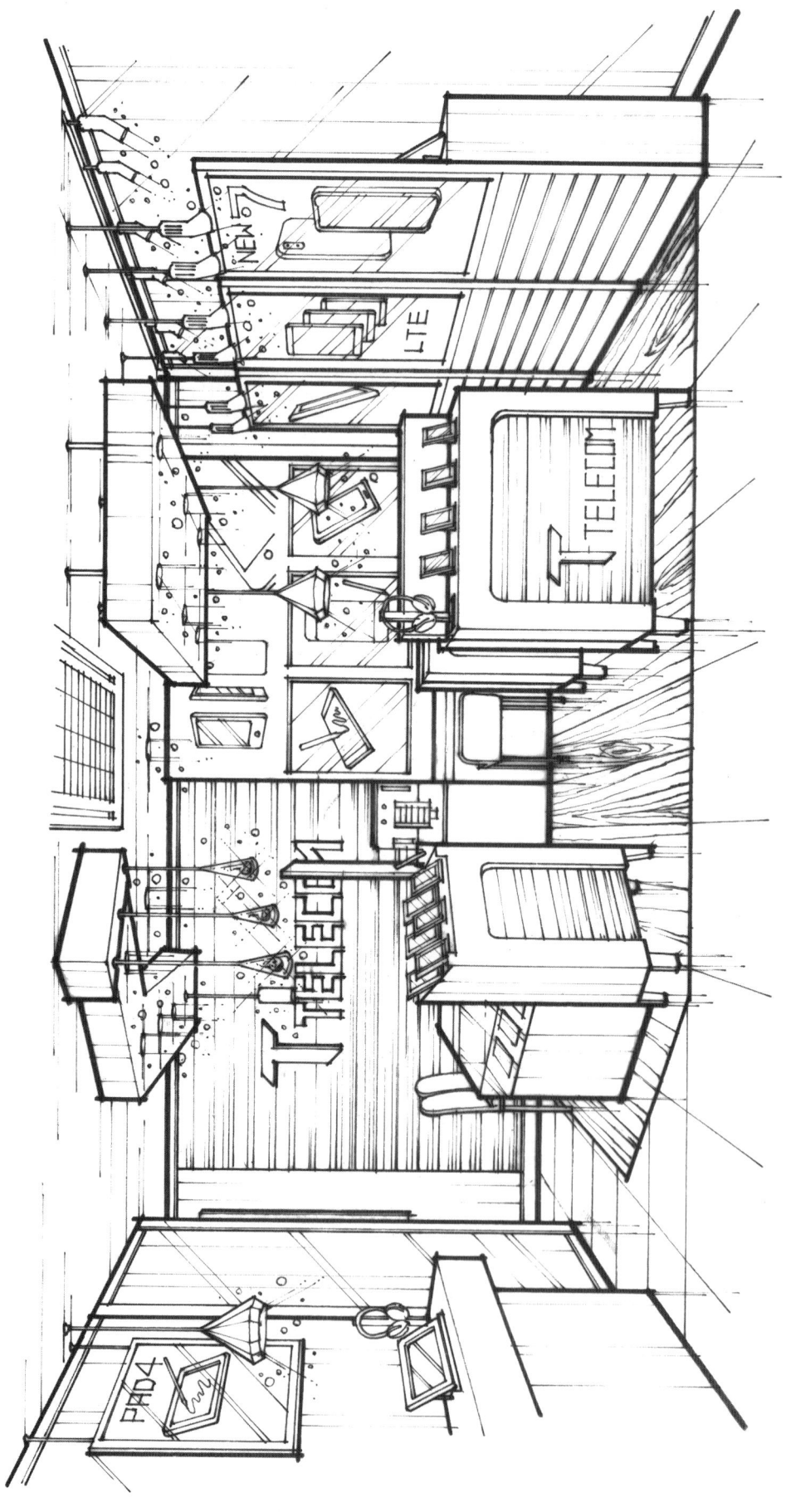

실내투시도 SCALE = N.S

상업공간(물품판매공간)

[실습과제 3] 이동통신기기매장 Ⅱ

1. 요구사항
   주어진 도면은 근린상업지역내에 위치한 휴대폰판매점이다.
   다음의 요구조건에 따라 도면을 작성하시오.

2. 요구조건
   ① 설계면적 : 12,000×9,600×3,000(H)
   ② 인적구성 : 점장 1명, 상시종업원 4명
   ③ 요구공간 : 고객휴게공간, 판매공간, 휴대폰 전시공간, 직원휴게공간&창고
   ③ 필요집기 : 1) 고객휴게공간 : 쇼파테이블세트, 커피제조 및 음료대, TV
                2) 판매공간 : 카운터(상담 및 판매), 아일랜드형 쇼케이스
                3) 휴대폰 전시공간 : 휴대폰 대리점 상징 구조물
                4) 직원휴게공간&창고 : 진열장, 쇼파, 의자, 옷장

3. 요구도면
   ① 평면도(가구배치 및 바닥마감재 표기) SCALE : 1/50
   ② 천정도(설비, 조명기구 배치 및 범례표 작성/천장마감재 표기) SCALE : 1/50
   ③ 내부입면도 C방향 1면(벽면재료 표기) SCALE : 1/50
   ④ 단면상세도(A-A´) SCALE : 1/50
   ⑤ 실내투시도(채색작업은 필수) SCALE : N.S
      (계획의 포인트가 좋은 지점에서 1소점 또는 2소점 투시법으로 작성하되, 작성과정의 투시보조선을 남길 것)

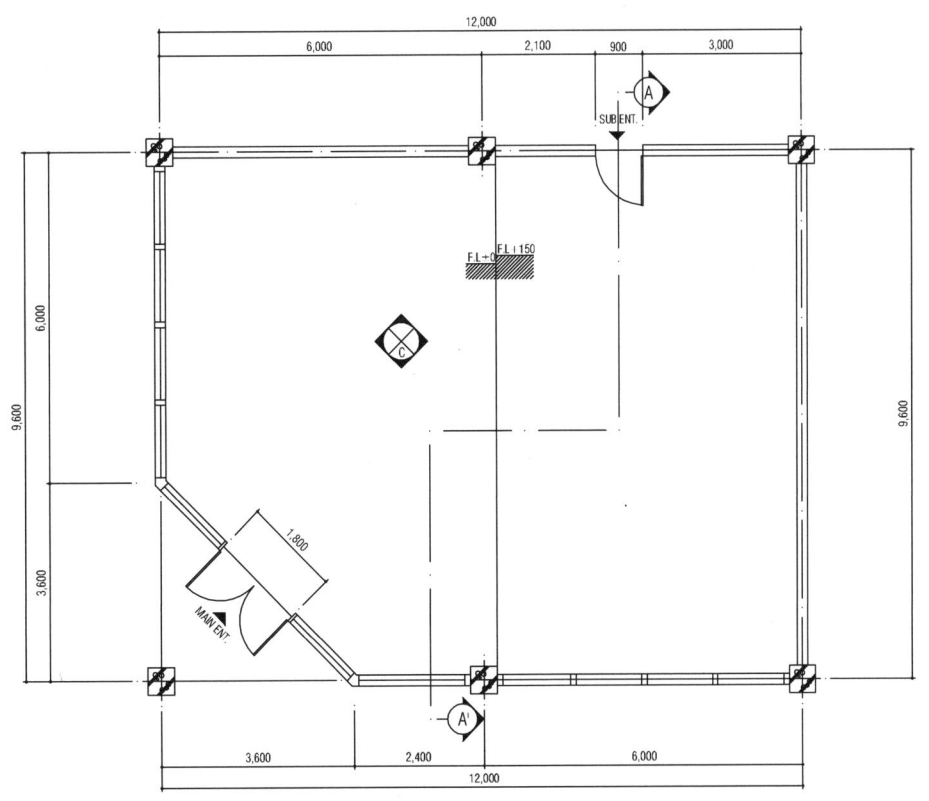

평 면 도

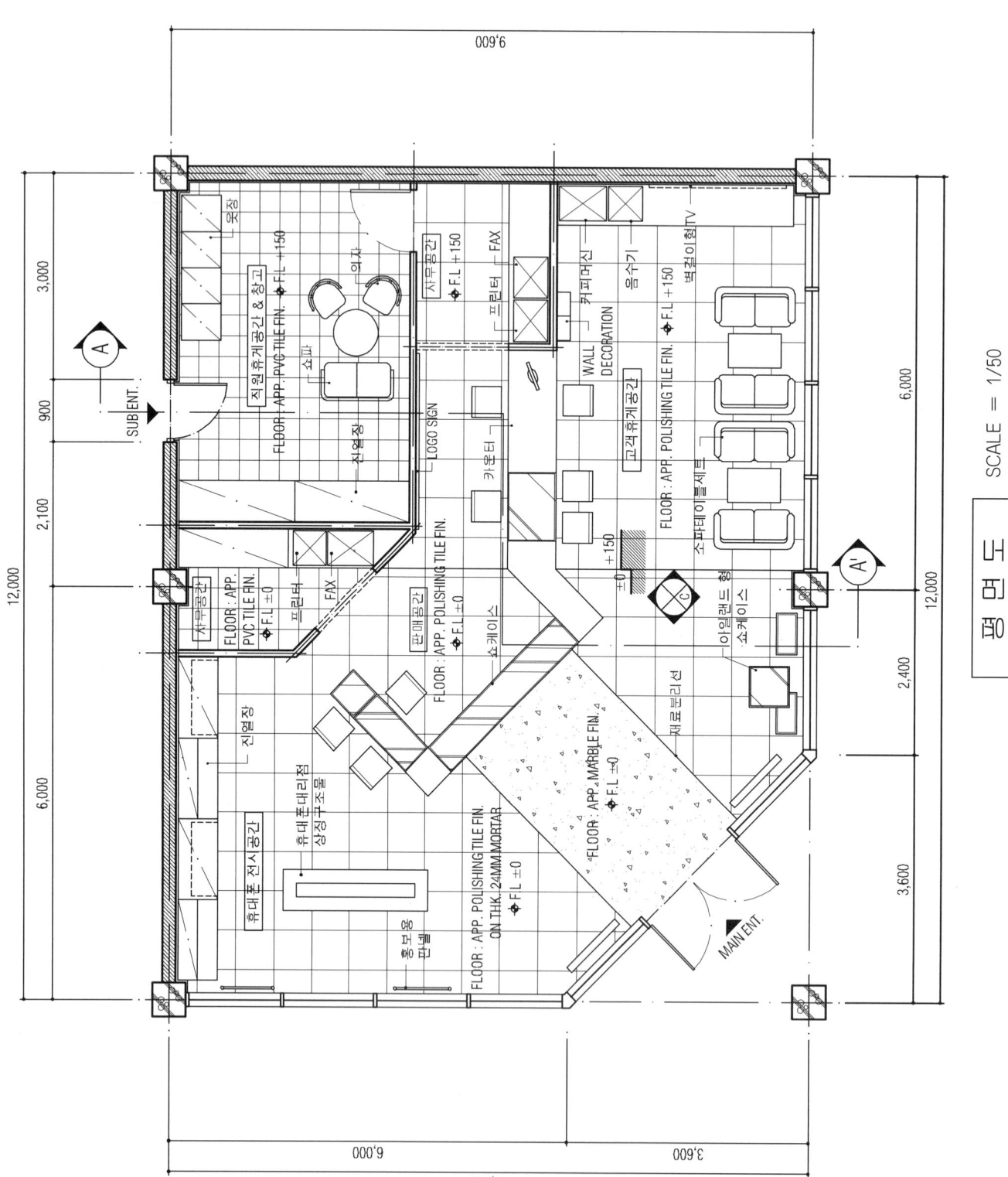

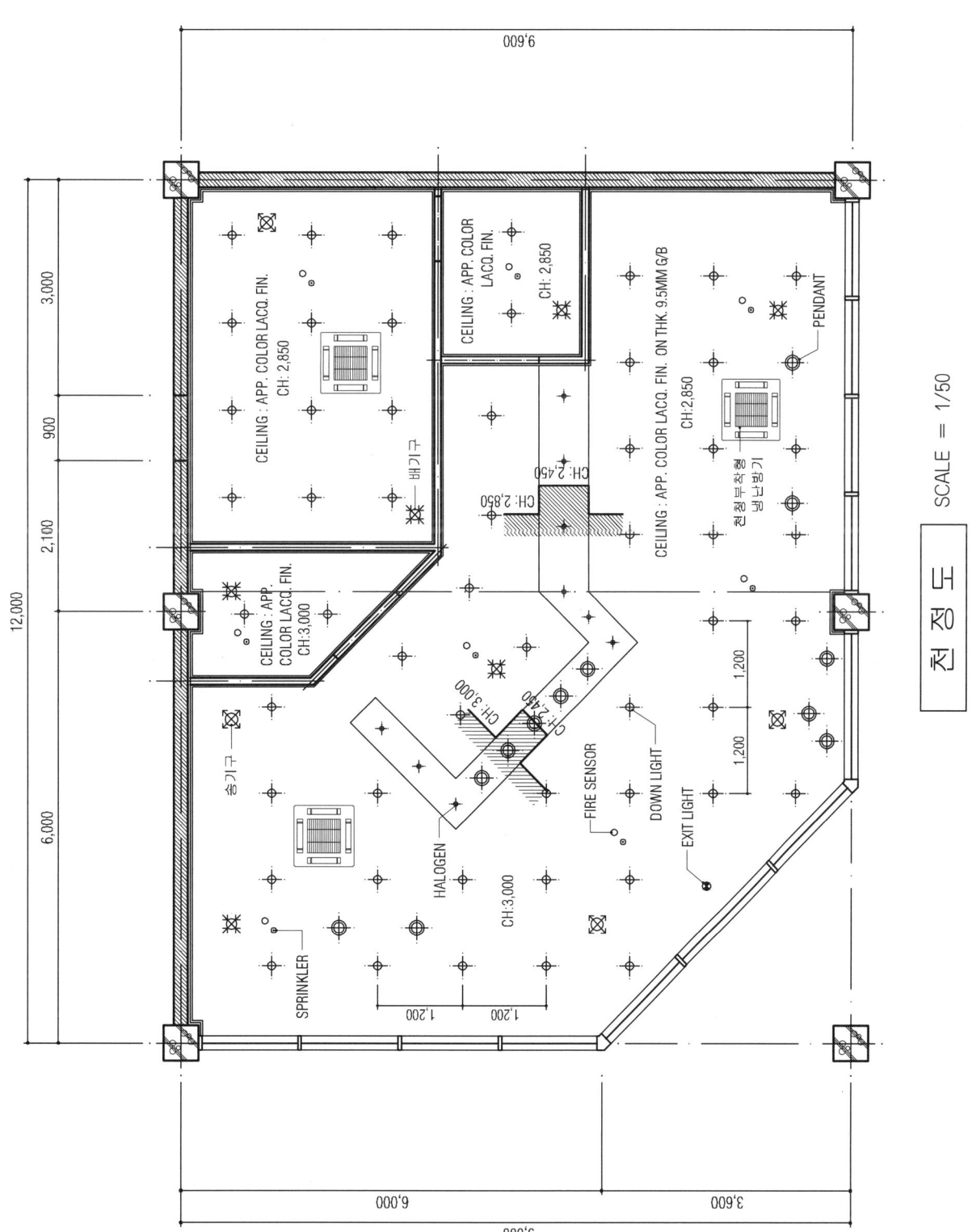

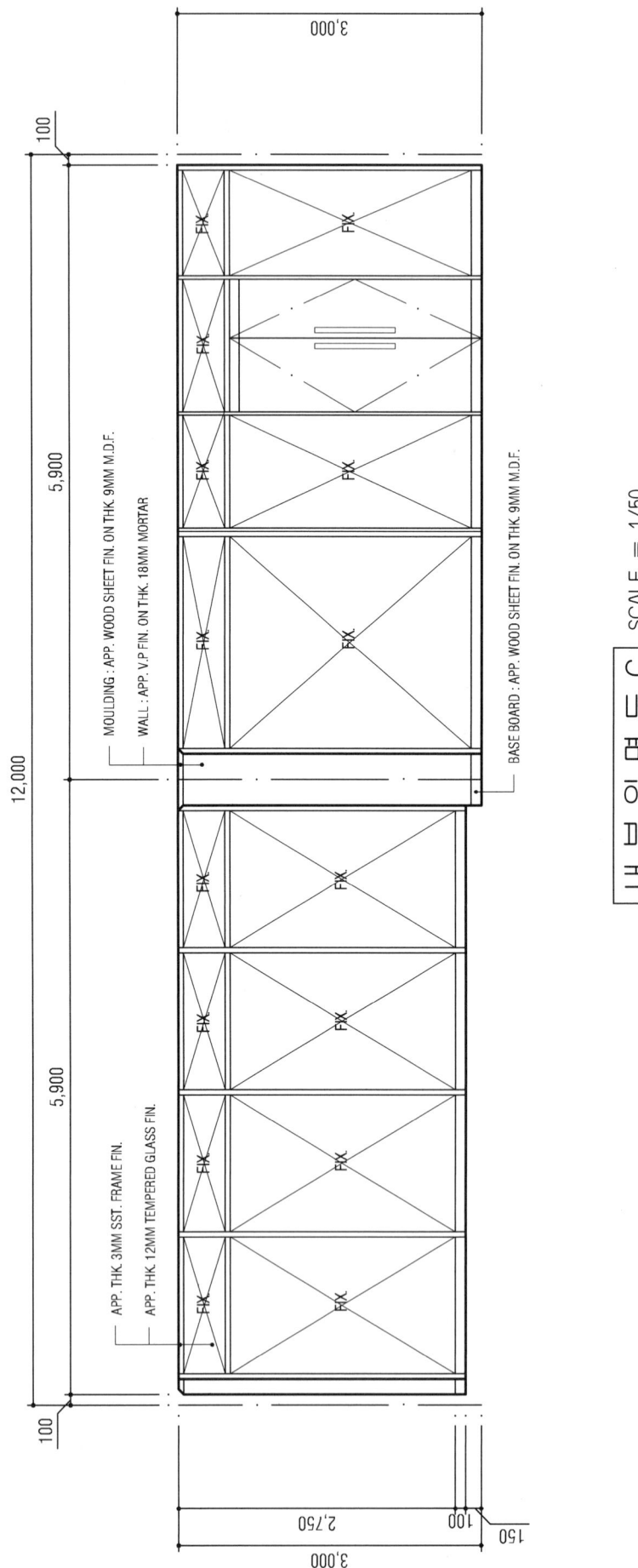

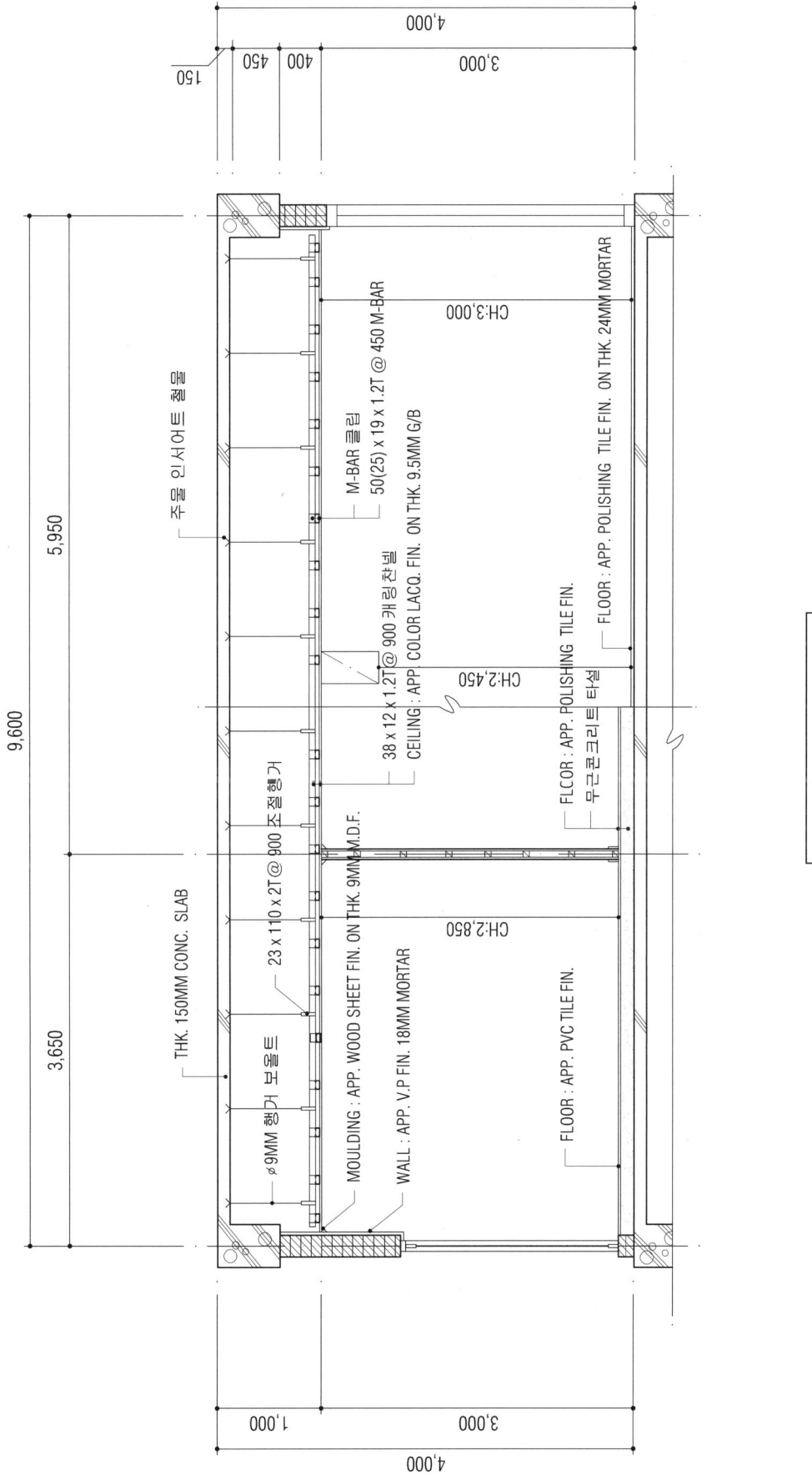

단 면 도 A-A' SCALE = 1/50

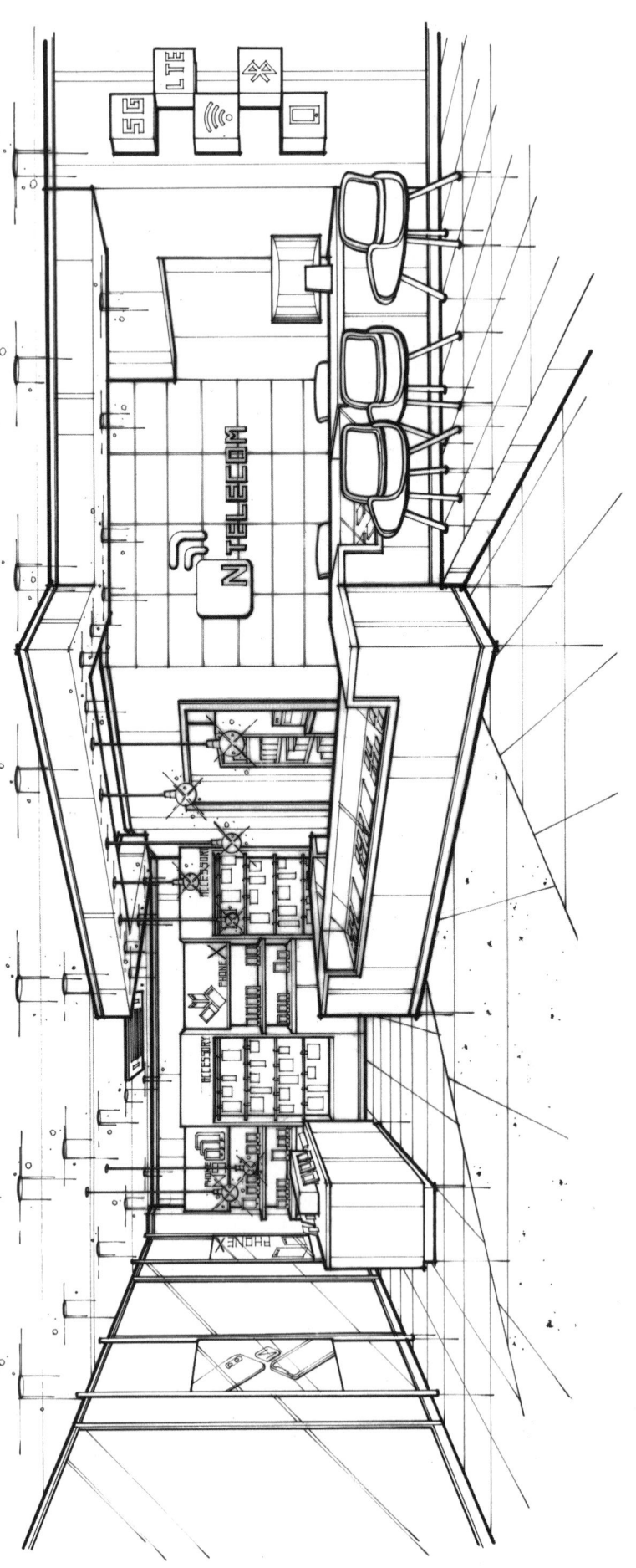

실내투시도 SCALE = N.S

상업공간(물품판매공간)

[실습과제 4] 유기농 식료품 판매점

1. 요구사항

   주어진 도면은 근린상업지역내에 위치한 유기농 식료품 판매점이다.
   다음의 요구조건에 따라 도면을 작성하시오.

2. 요구조건
   ① 설계면적 : 10.8m × 7.2m × 2.7m
   ② 인적구성 : 판매원 2명
   ③ 요구공간 : 담소공간(2인용 쇼파 및 테이블), 사무실겸 저장실, 화장실(세면기, 변기포함), 판매공간
   ④ 필요집기 : 카운터, 냉동고, 냉장고(내용물이 보일 수 있는 것), 판매전시대, 책상 및 의자

3. 요구도면
   ① 평면도 SCALE : 1/50
   ② 천정도 SCALE : 1/50
   ③ 내부입면도 B방향 1면 SCALE : 1/50
   ④ 단면상세도(A-A´) SCALE : 1/50
   ⑤ 실내투시도(채색작업은 필수) SCALE : N.S

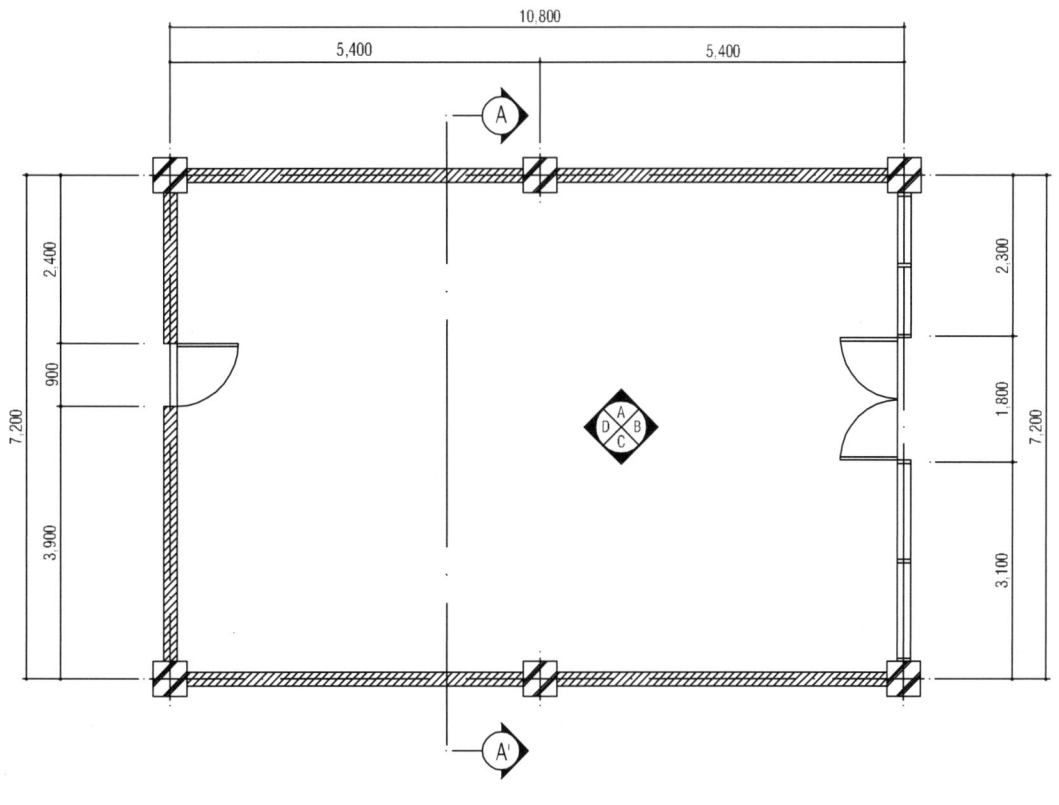

평 면 도

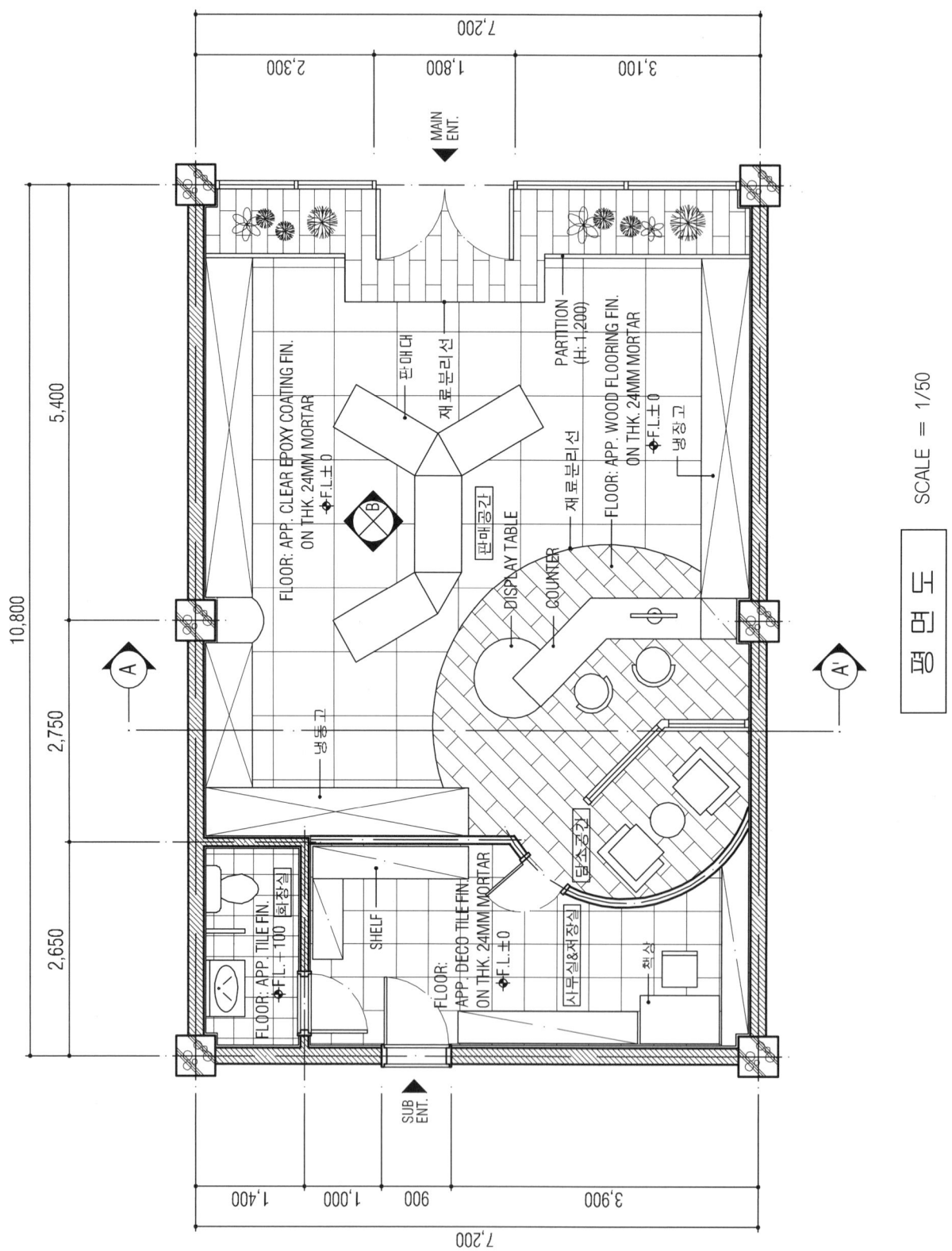

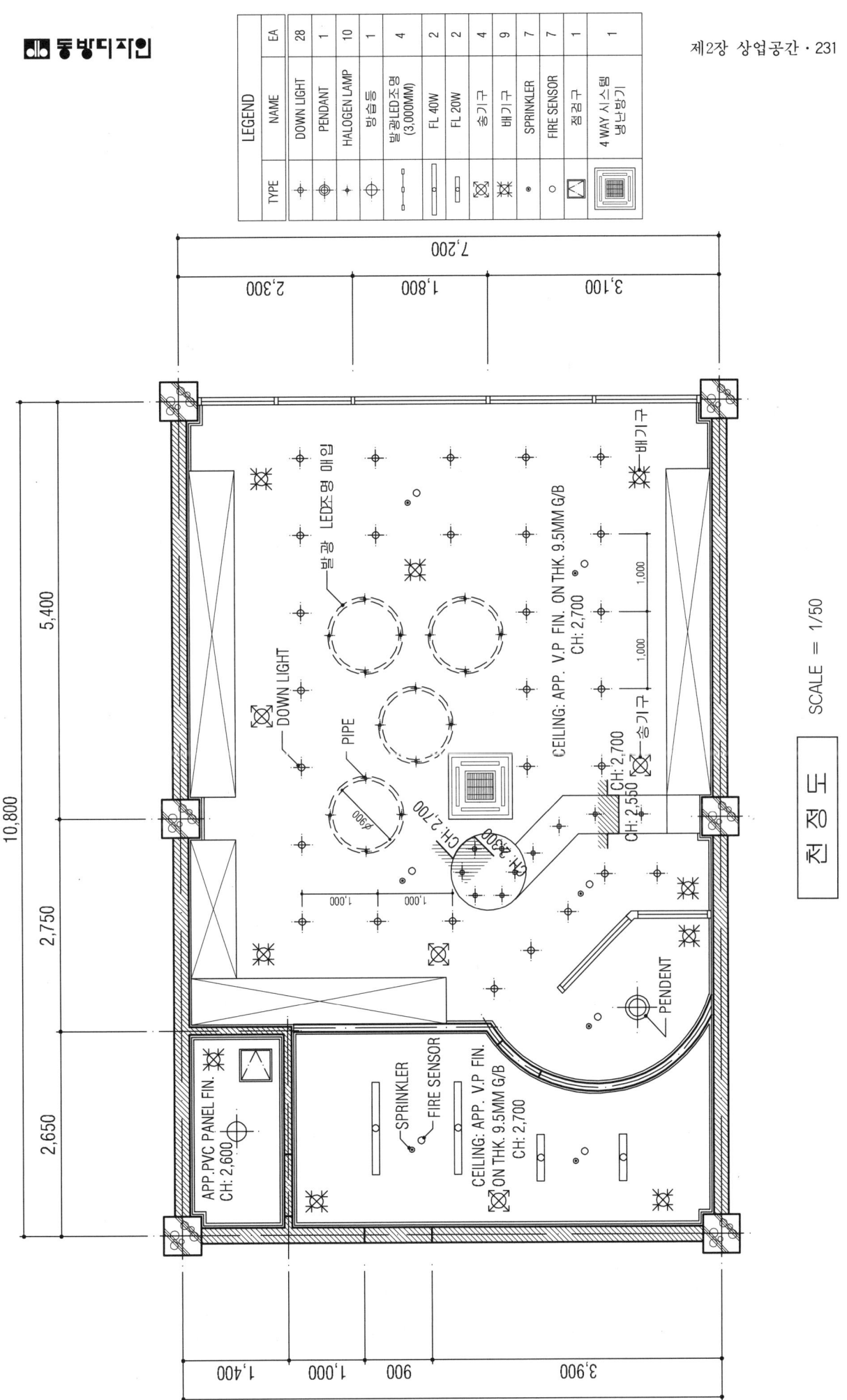

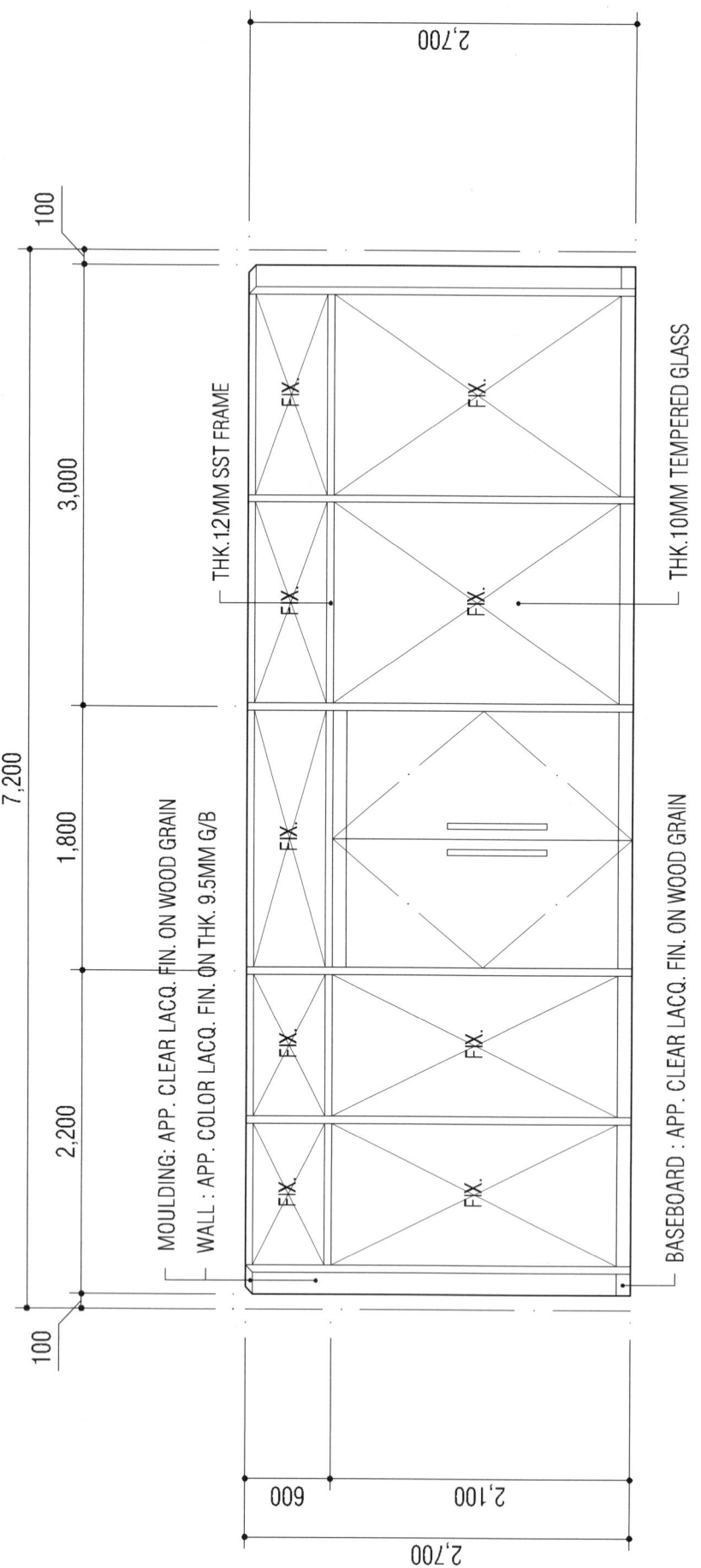

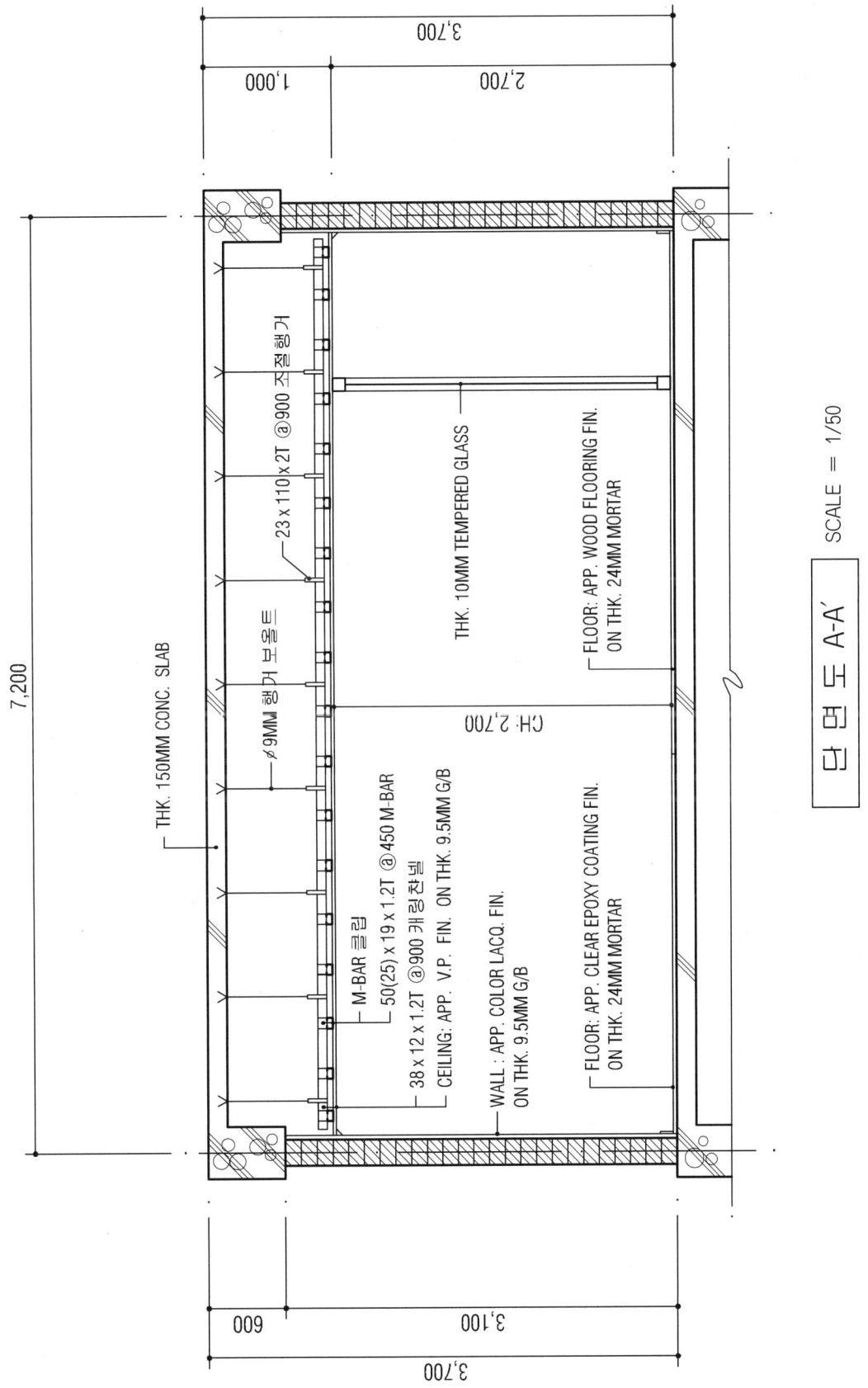

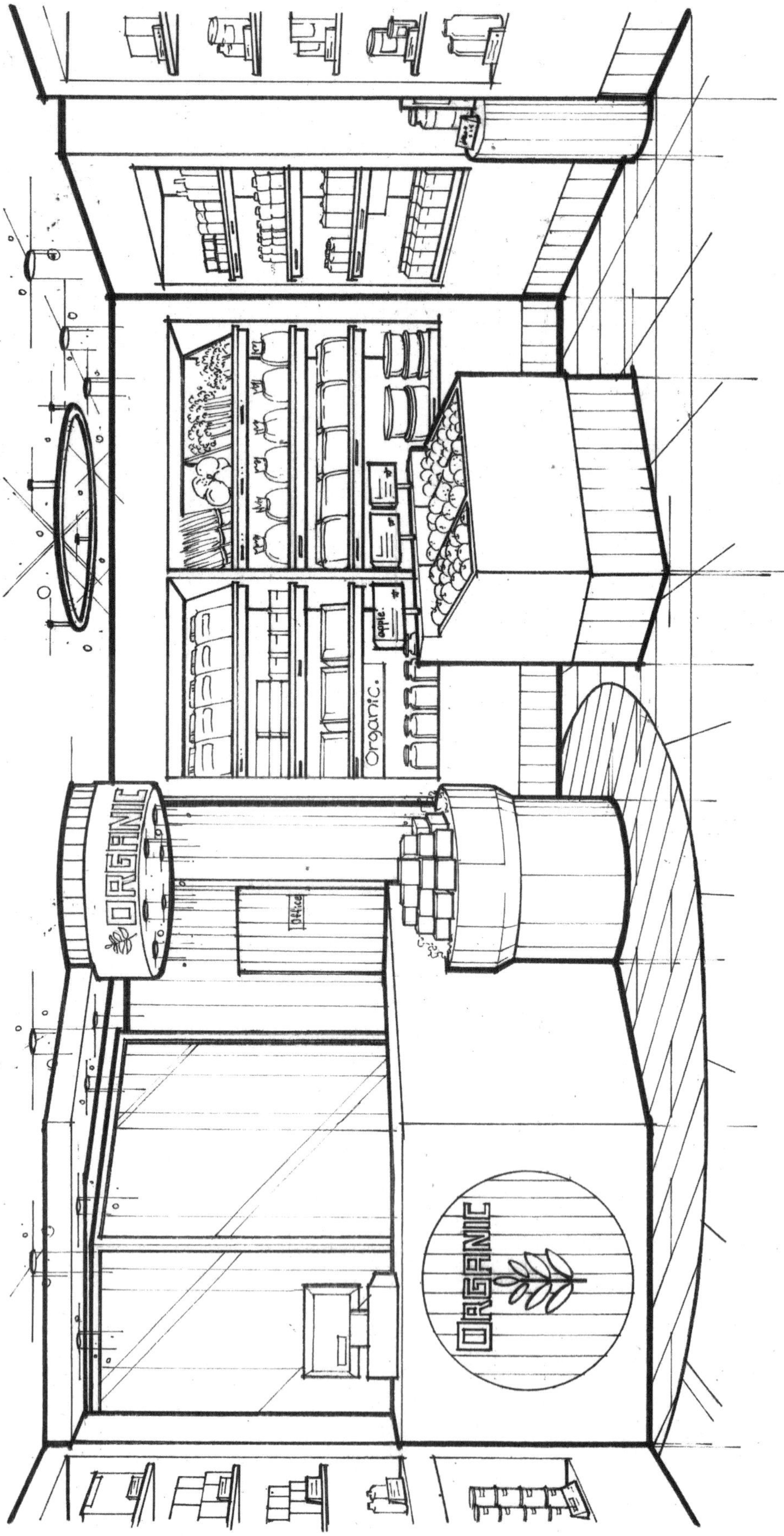

실내투시도 SCALE = N.S

상업공간(물품판매공간)

[실습과제 5] 최저가 화장품 판매점

1. 요구사항
   상업중심지역에 위치한 최저가 화장품점이다.
   다음의 요구조건에 따라 도면을 설계하시오.

2. 요구조건
   ① 설계면적 : 10,100×8,750×3,300 mm(H)
   ② 필요공간 및 가구
       CASHIER COUNTER - 2,100×550×850 - 1EA
       DISPLAY TABLE - 1,500×800×700 - 4EA
       WALL SHELF : 폭 300, 높이 및 개수 자유
       천정형 시스템 냉난방기 : 840×840, STORAGE
       그 외의 가구는 작도자가 임의로 추가하여 배치할 수 있다.

3. 요구도면
   ① 평면도 SCALE : 1/50
   ② 천정도(설비, 조명기구 배치 및 범례표 작성) SCALE : 1/50
   ③ 내부입면도 A방향 1면(벽면재료 표기) SCALE : 1/50
   ④ 단면도(A-A´) SCALE : 1/50
   ⑤ 실내투시도 SCALE : N,S
      (계획의 포인트가 좋은 지점에서 1소점 또는 2소점 투시법으로 작성하되, 작성과정의 투시보조선을 남길것)

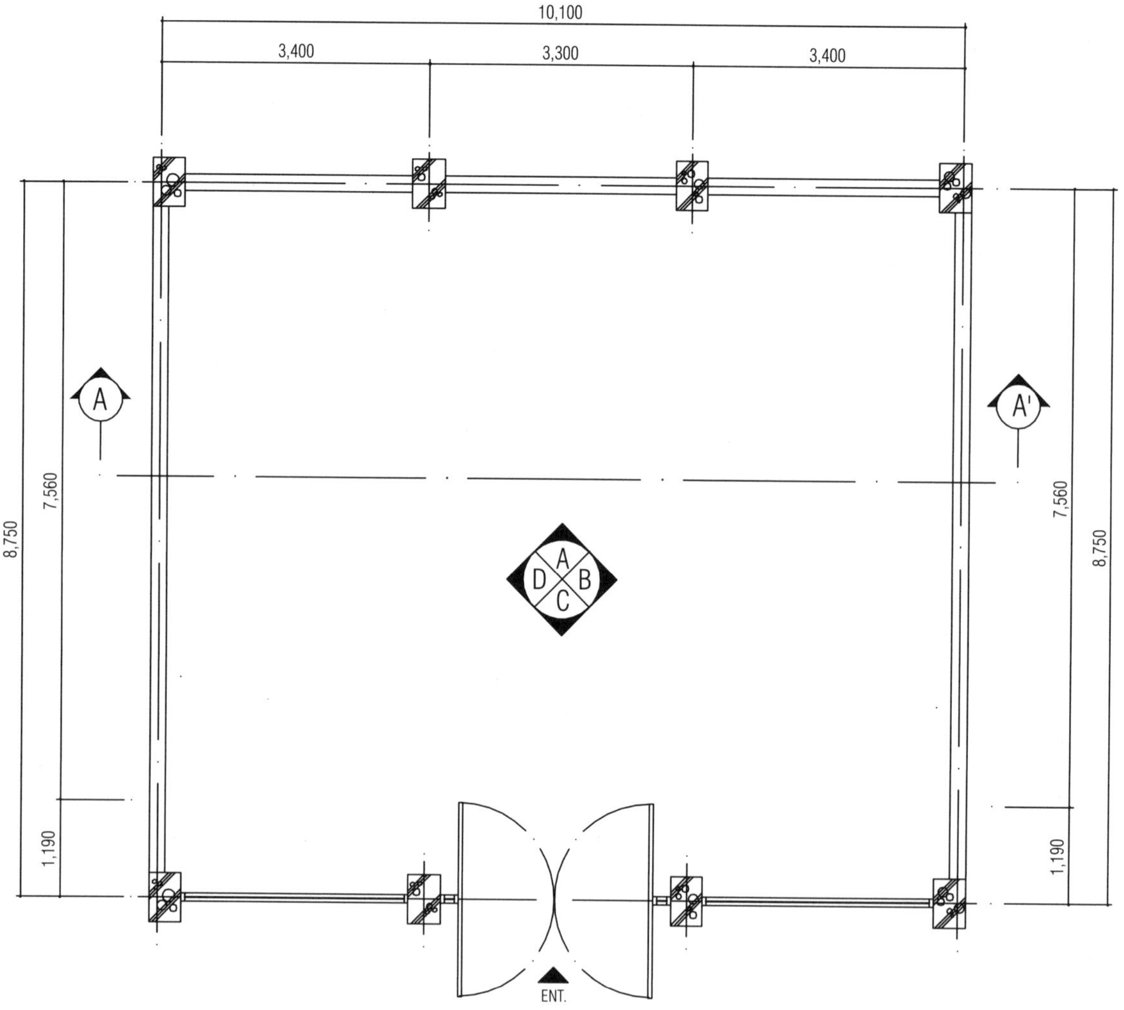

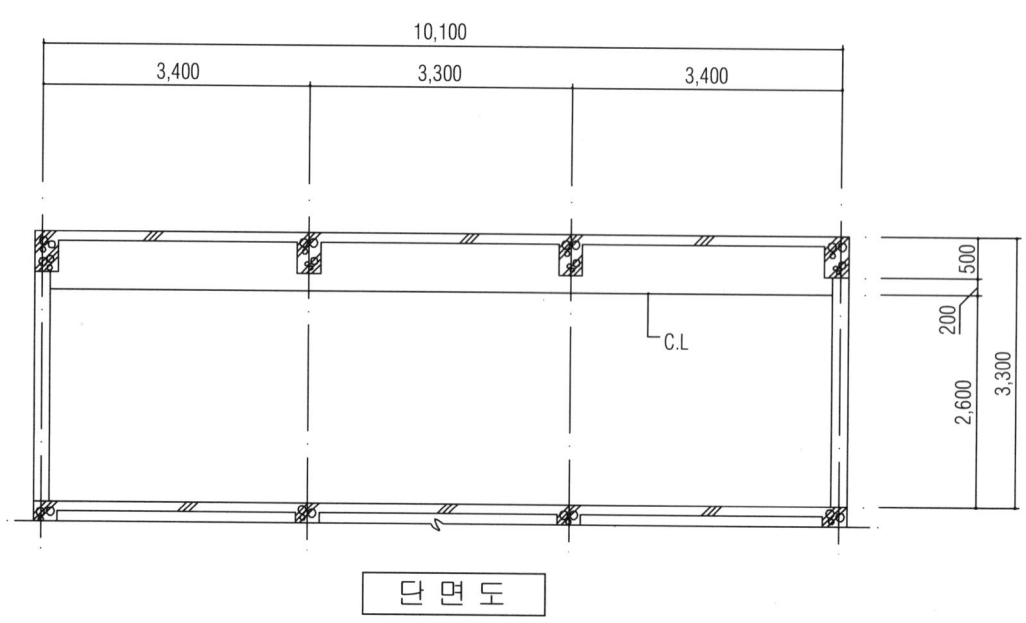

평면도

단면도

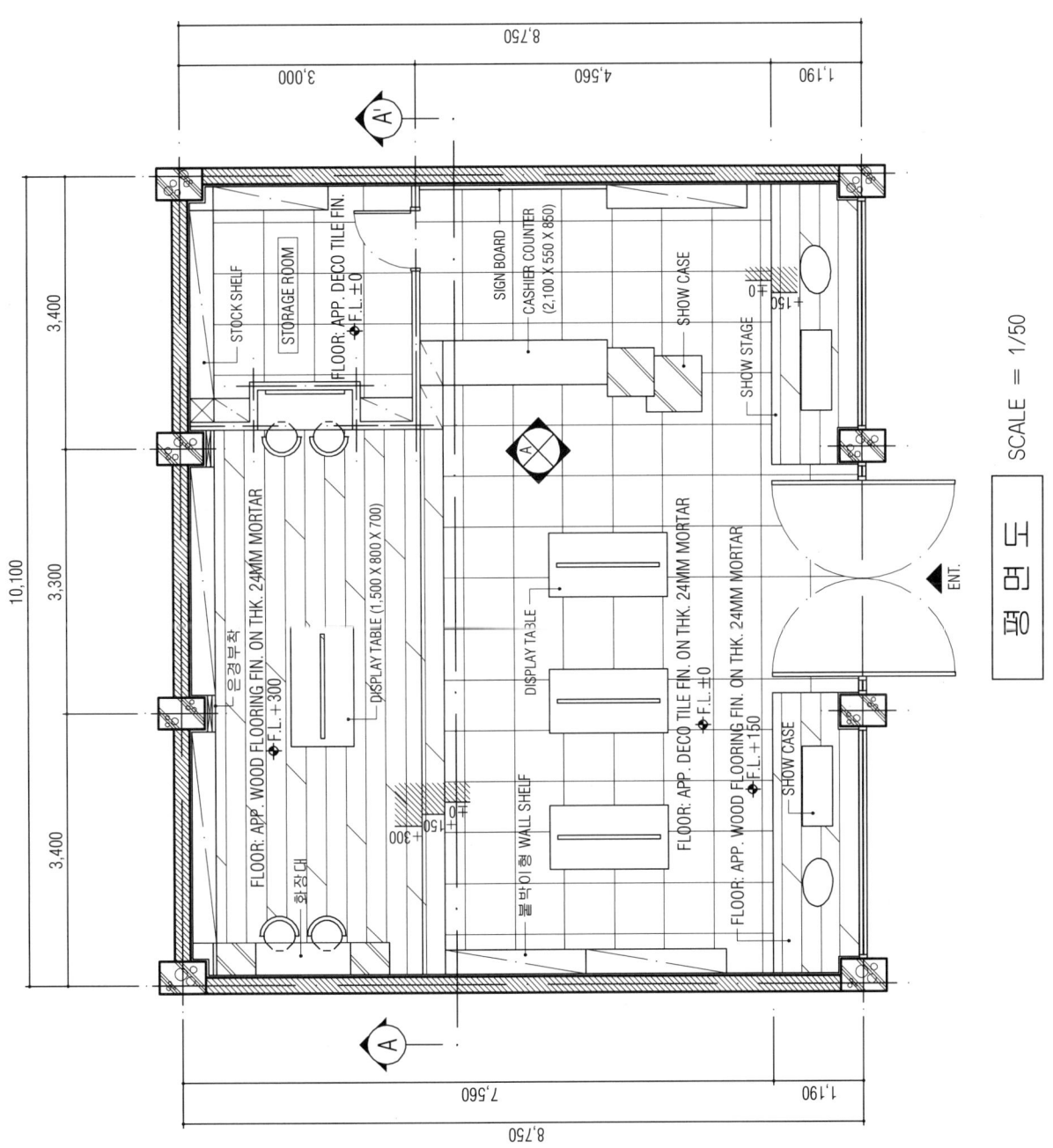

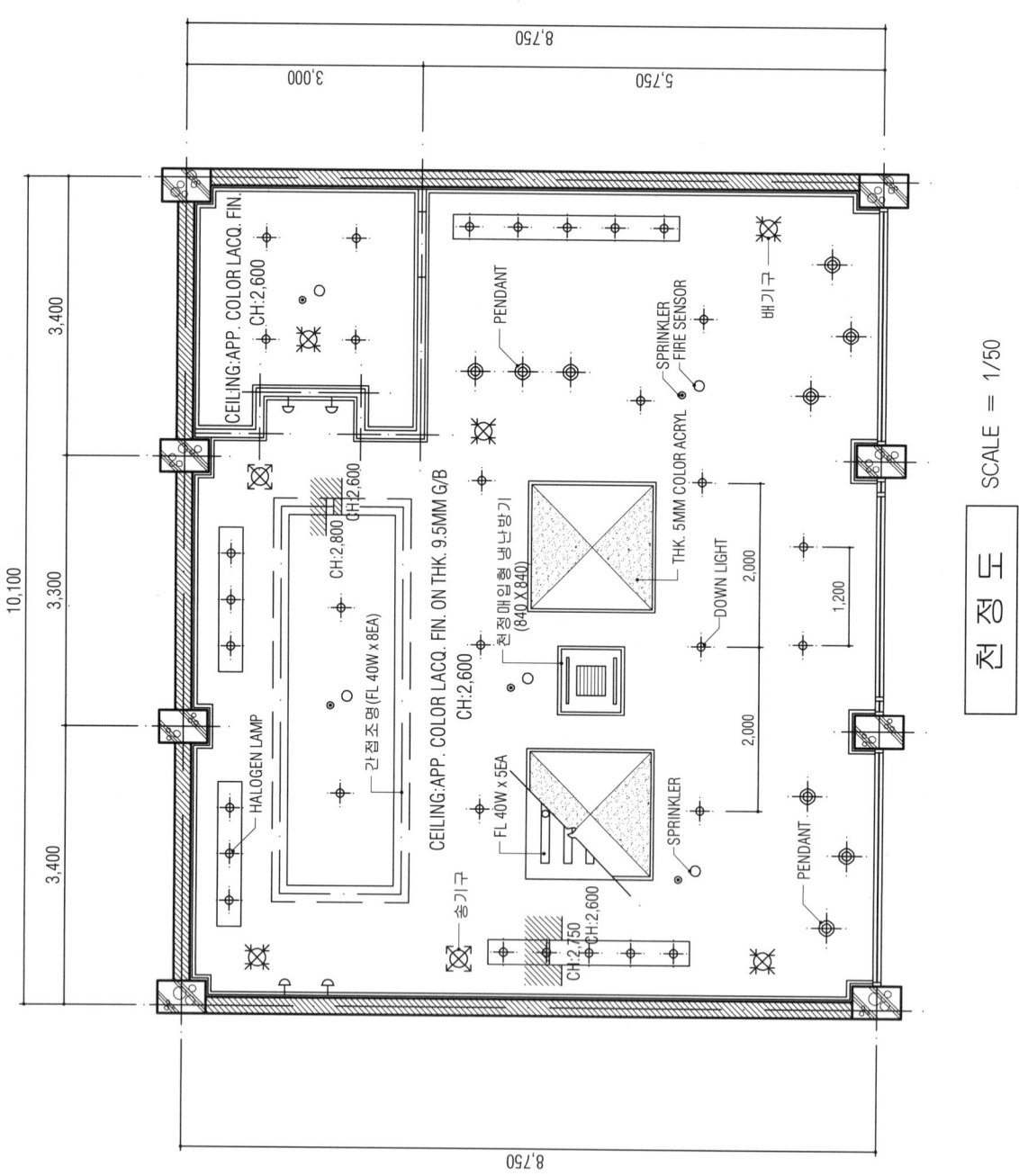

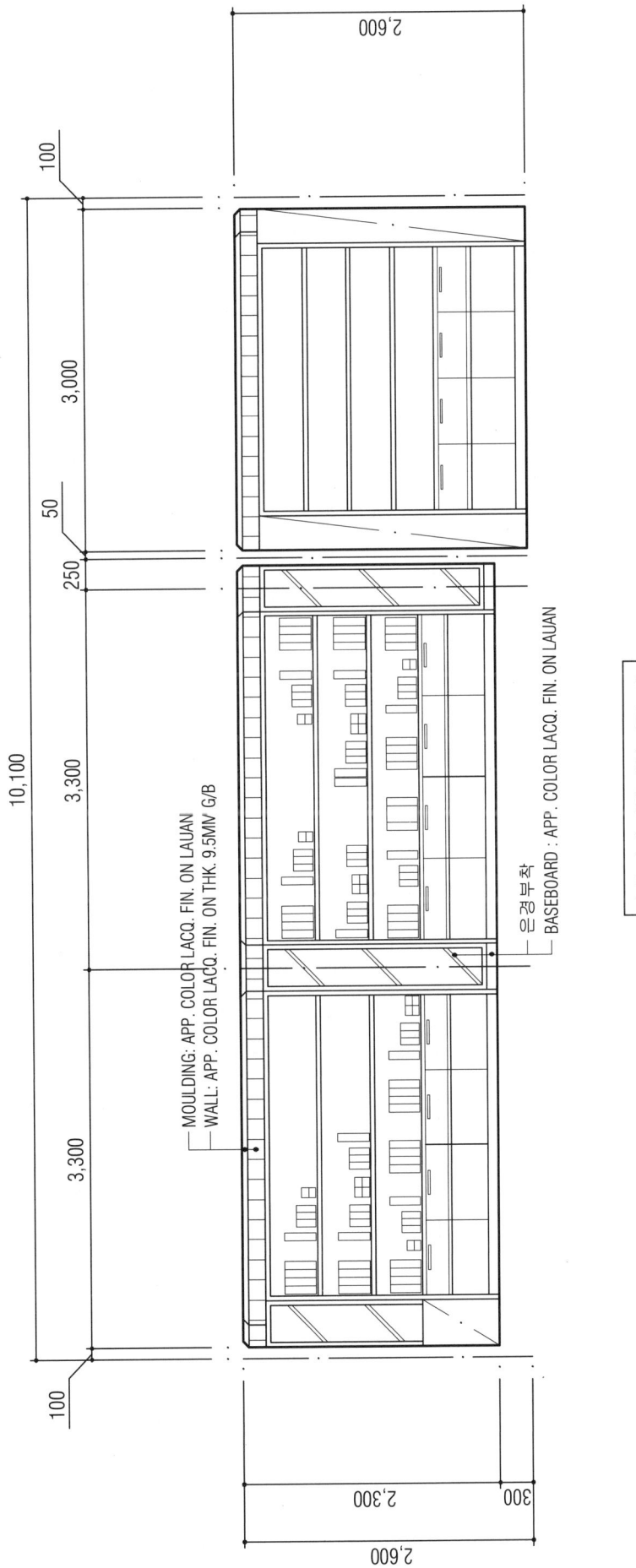

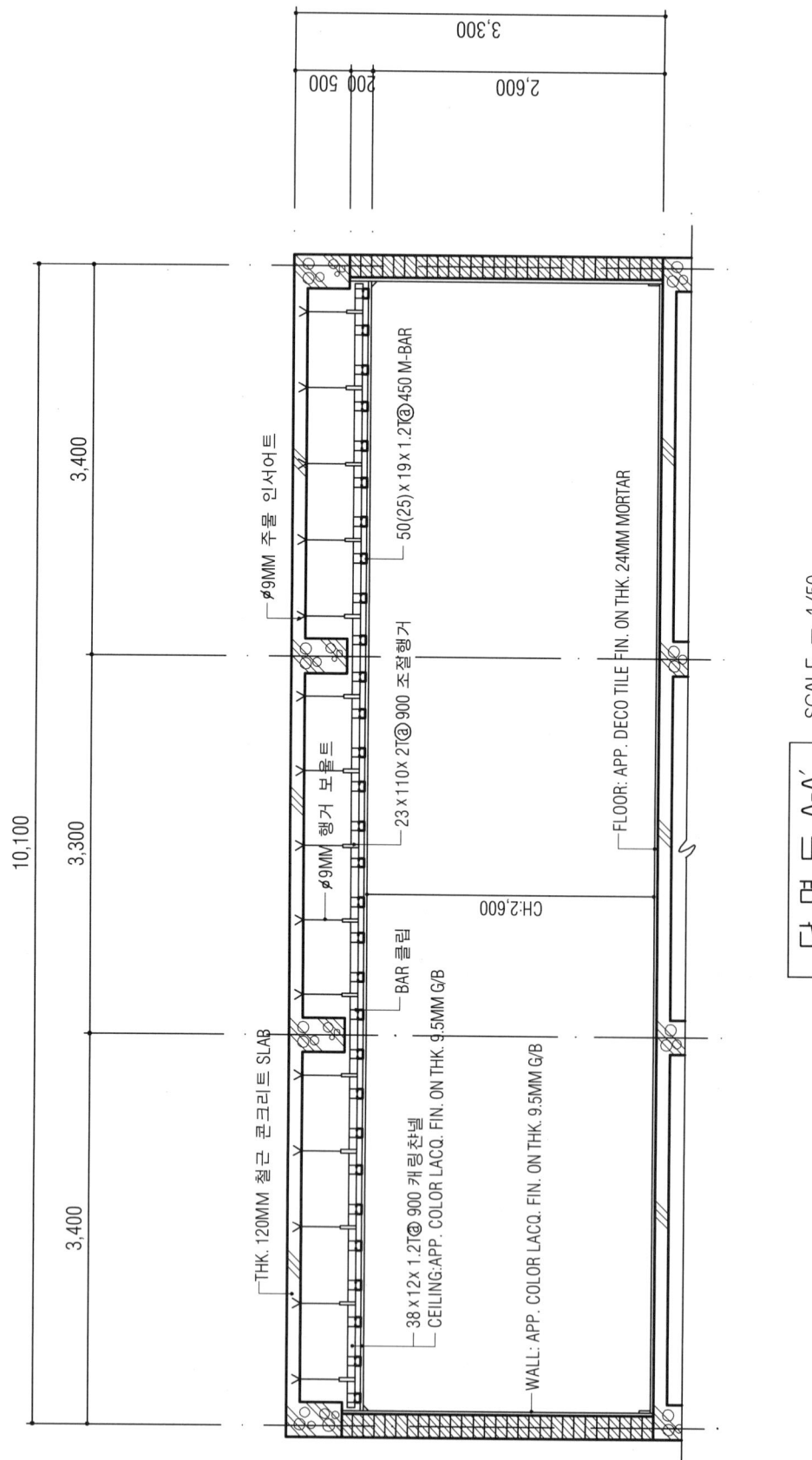

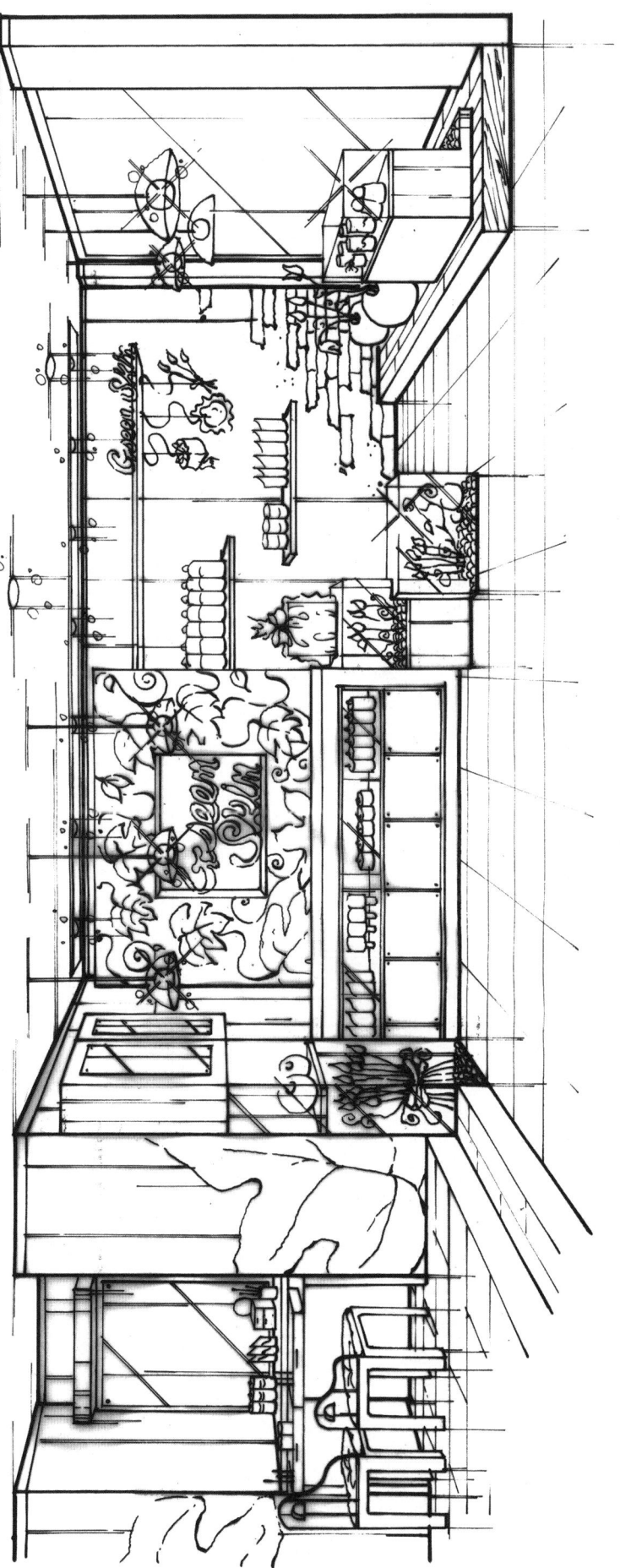

실내투시도 SCALE = N.S

상업공간(물품판매공간)

[실습과제 6] 아웃도어매장

1. 요구사항
   주어진 도면은 근린상업지역내에 위치한 아웃도어매장이다. 다음의 요구조건에 따라 도면을 작성하시오.

2. 요구조건
   ① 설계면적 : 13,200×9,000×2,700-3,300mm(H)
   ② 요구조건 : Hanger, Shelf, Storage, Display Table, Fitting Room, Counter, Show Case

3. 요구도면
   ① 평면도 (가구배치 및 바닥마감재 표기) SCALE : 1/50
   ② 천정도(설비, 조명기구 배치 및 범례표 작성/천장마감재 표기) SCALE : 1/50
   ③ 내부입면도 A방향 1면(벽면재료 표기) SCALE : 1/50
   ④ 단면상세도(A-A´) SCALE : 1/50
   ⑤ 실내투시도(채색작업은 필수) SCALE : N.S
   (계획의 포인트가 좋은 지점에서 1소점 또는 2소점 투시법으로 작성 및 작성과정의 투시보조선을 남길 것)

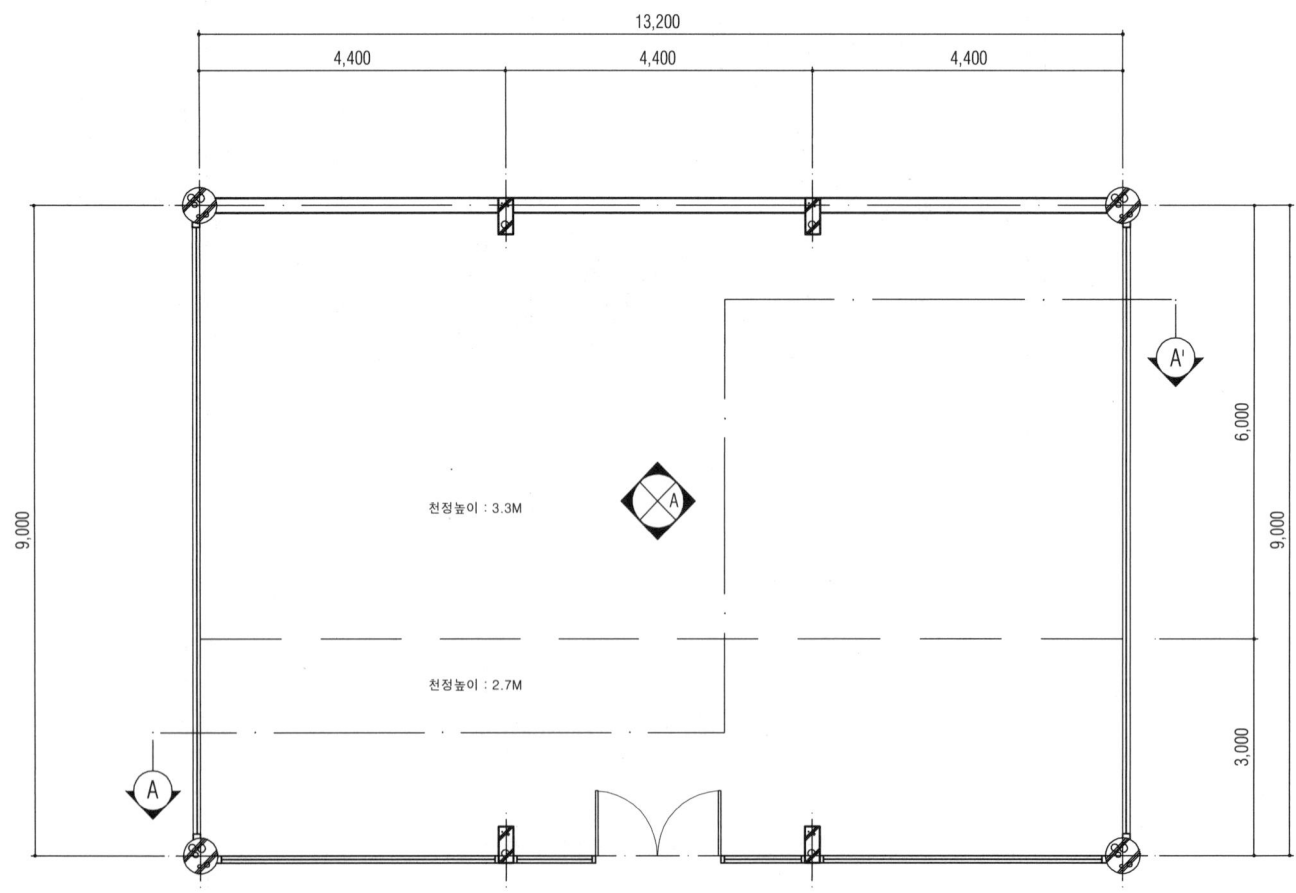

평면도

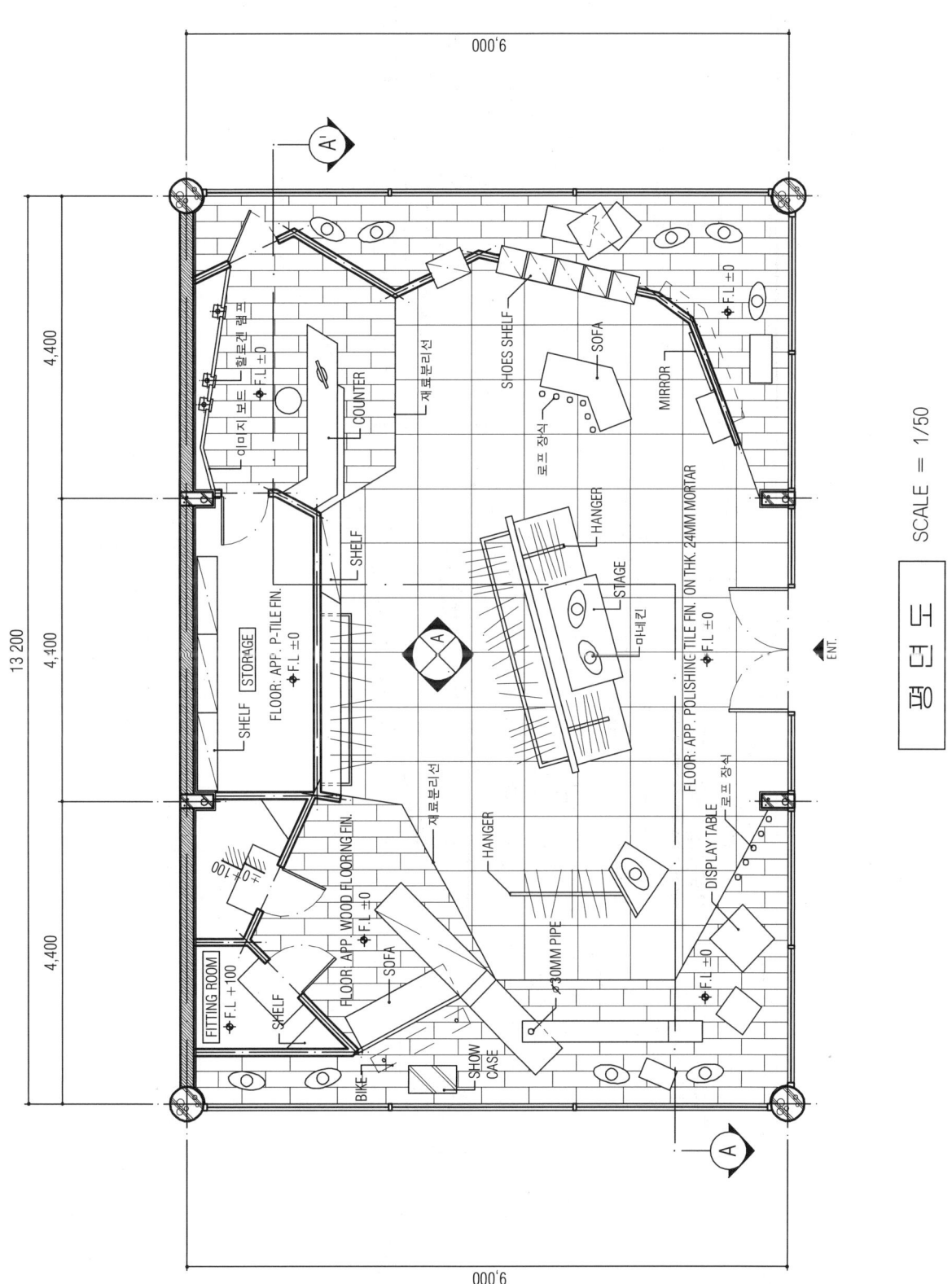

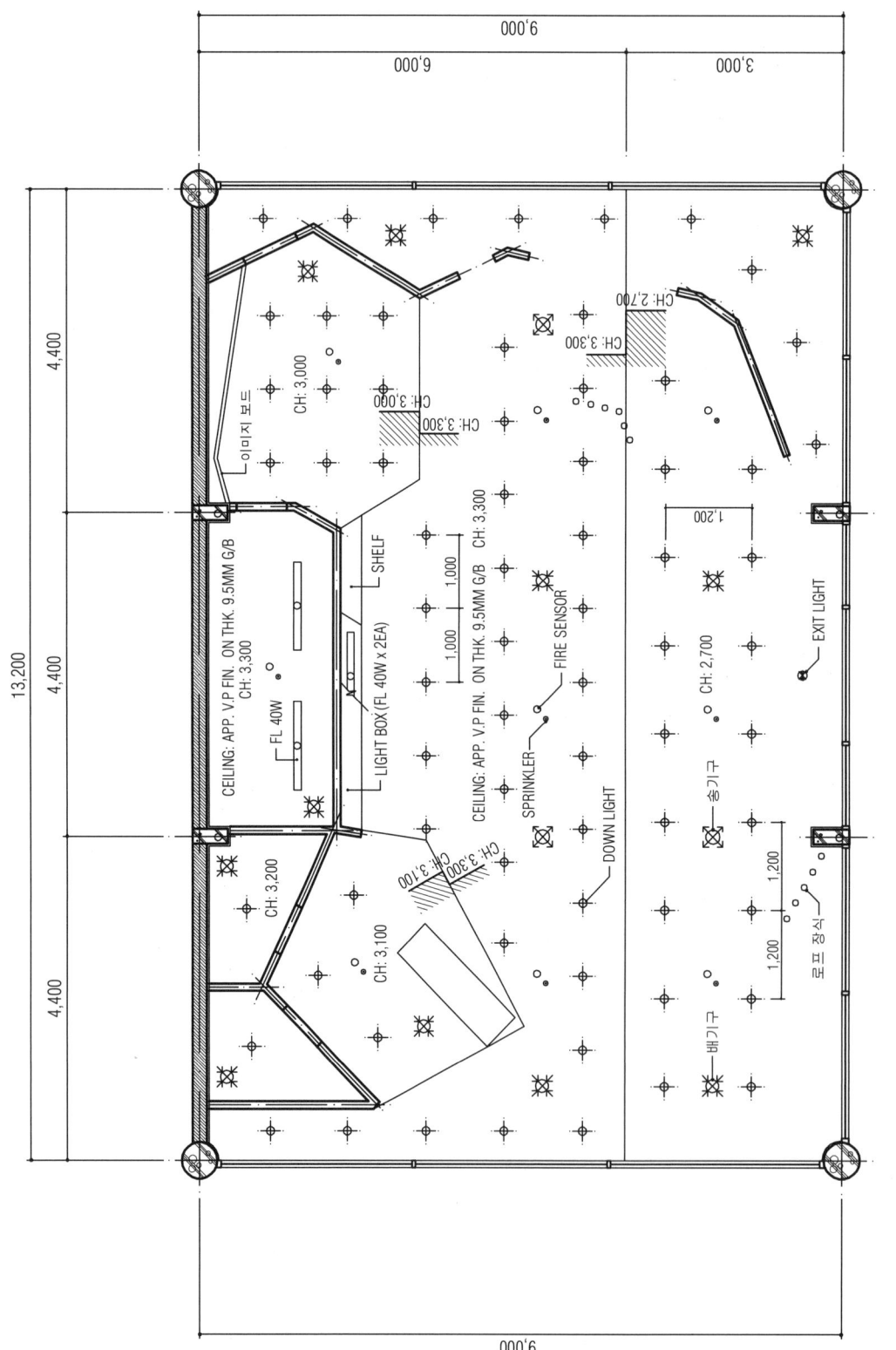

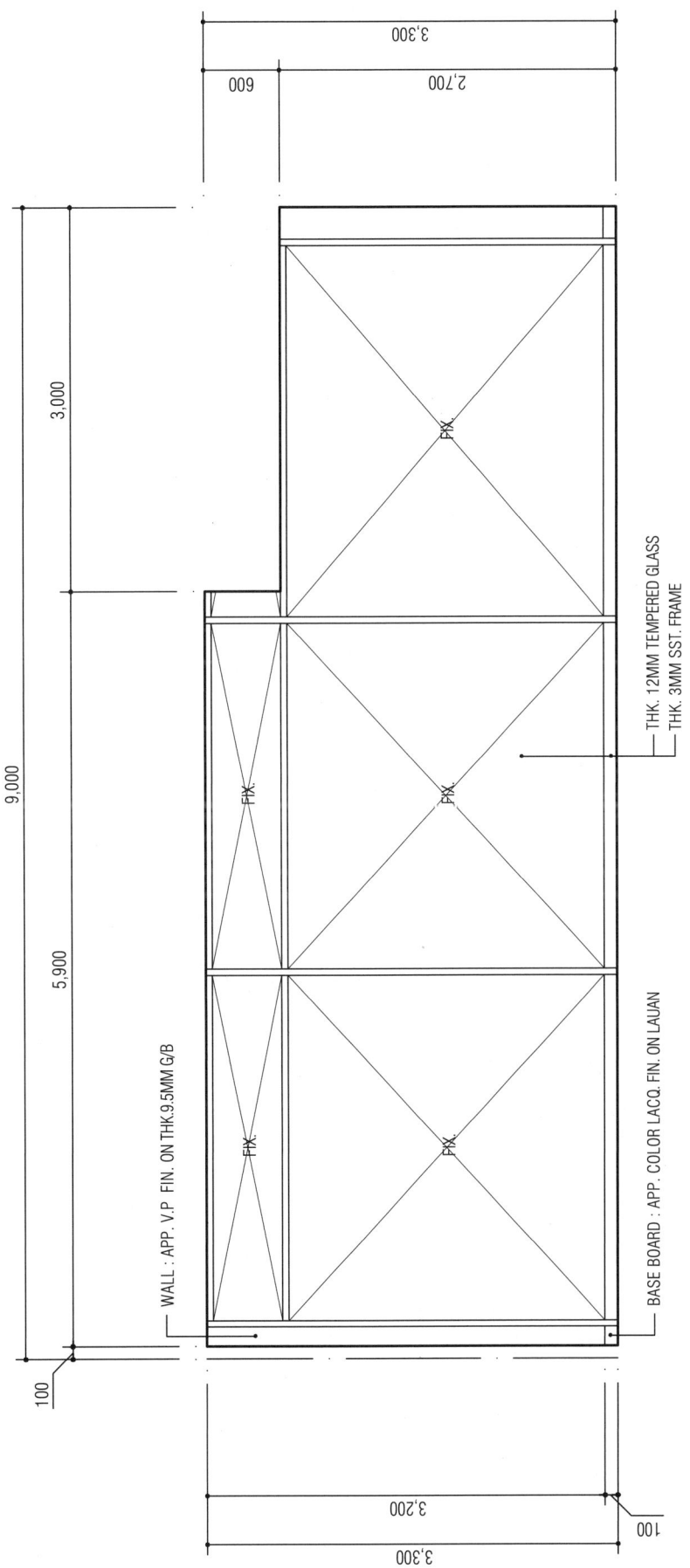

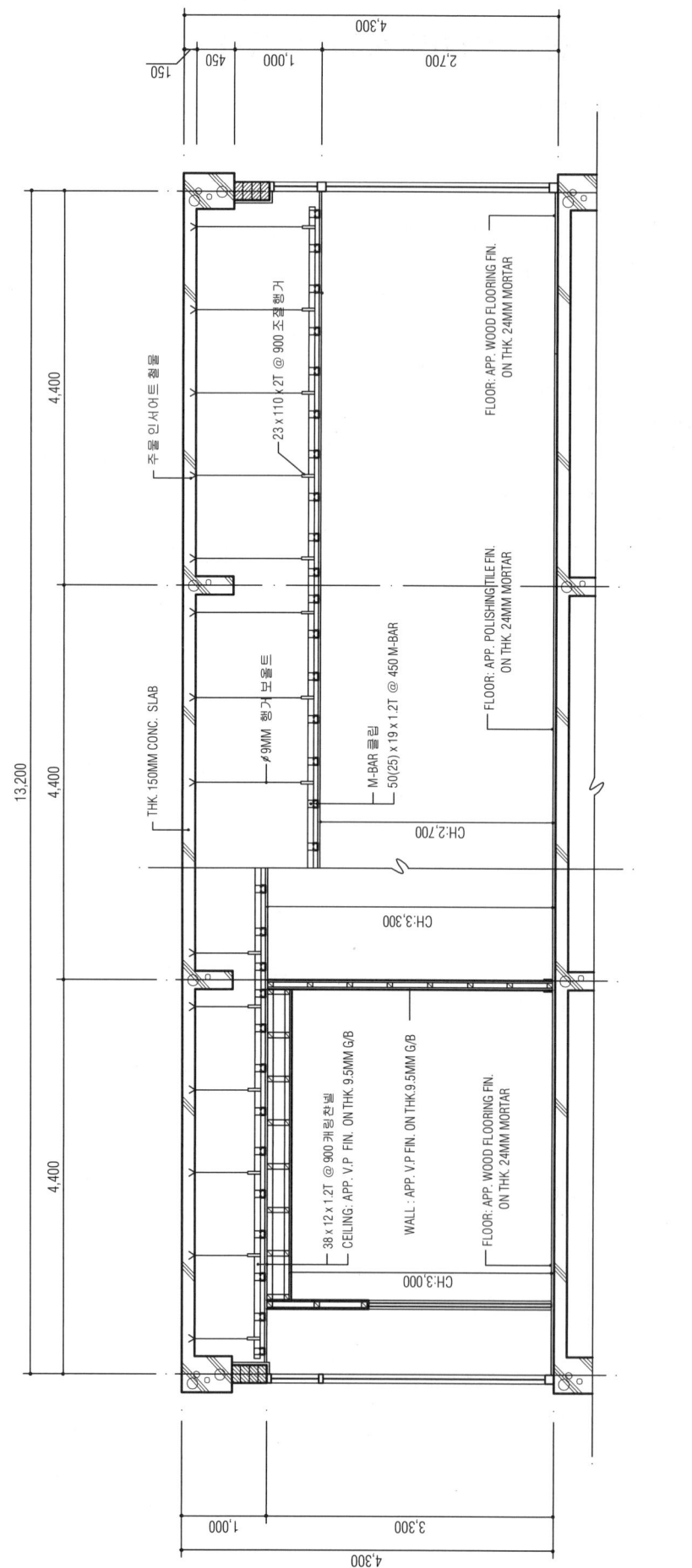

단면도 A-A' SCALE = 1/50

실내투시도 SCALE = N.S

상업공간(서비스공간)

[실습과제 1] PC방

1. 요구사항
   주어진 도면은 대학가에 위치한 PC방이다. 다음의 요구조건에 따라 도면을 작성하시오.

2. 요구조건
   ① 설계면적 : 12,000×8,100×2,700mm(H)
   ② 요구공간 : 휴게공간, 주방공간(설비시설포함), 대기공간
   ③ 요구조건 : 카운터, 종업원 2명, 냉난방기

3. 요구도면
   ① 평면도 SCALE : 1/50
   ② 천정도(설비, 조명기구 배치 및 범례표 작성/천장마감재 표기) SCALE : 1/50
   ③ 내부입면도 A방향 1면(벽면재료 표기) SCALE : 1/50
   ④ 단면상세도(A-A´) SCALE : 1/50
   ⑤ 실내투시도(채색작업은 필수) SCALE : N.S
   (계획의 포인트가 좋은 지점에서 1소점 또는 2소점 투시법으로 작성하되, 작성과정의 투시보조선을 남길 것)

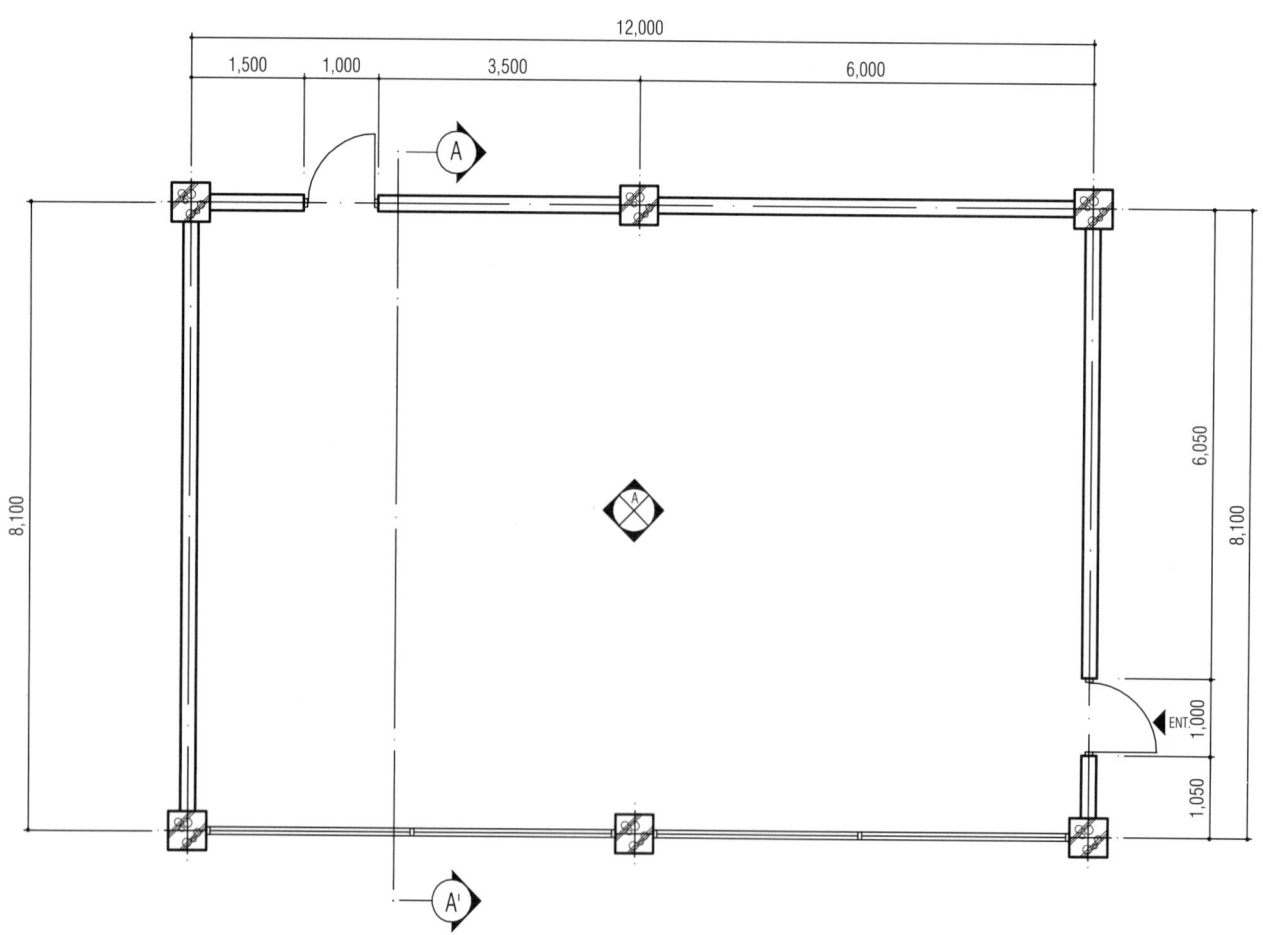

평 면 도

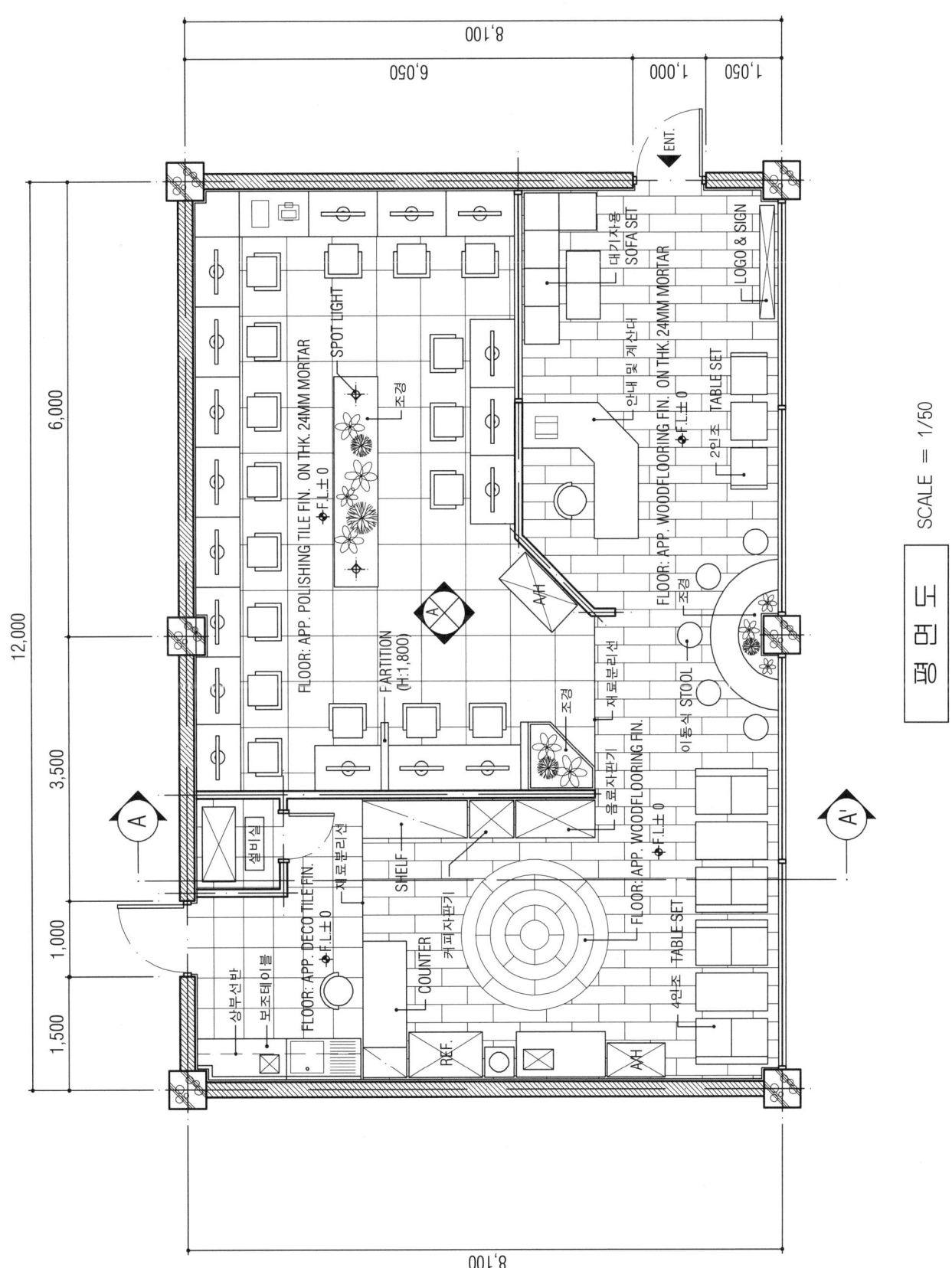

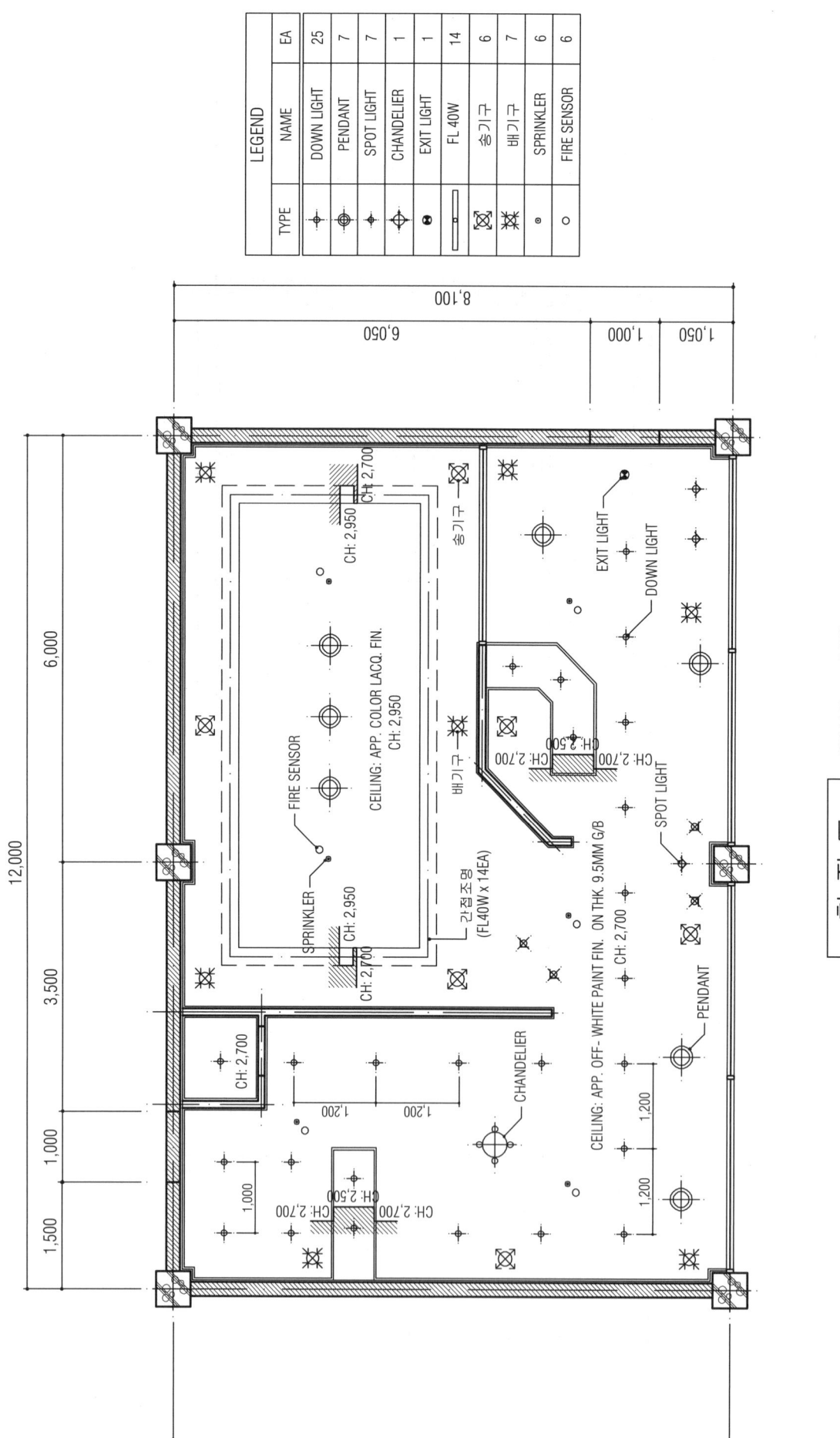

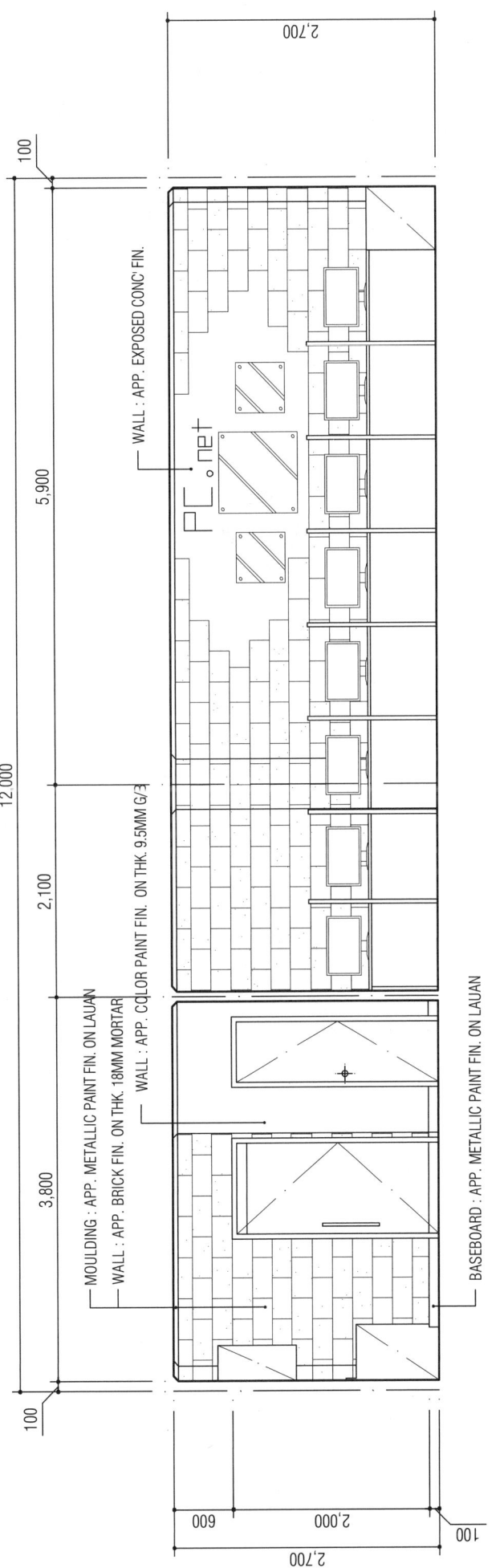

내부입면도 A SCALE = 1/50

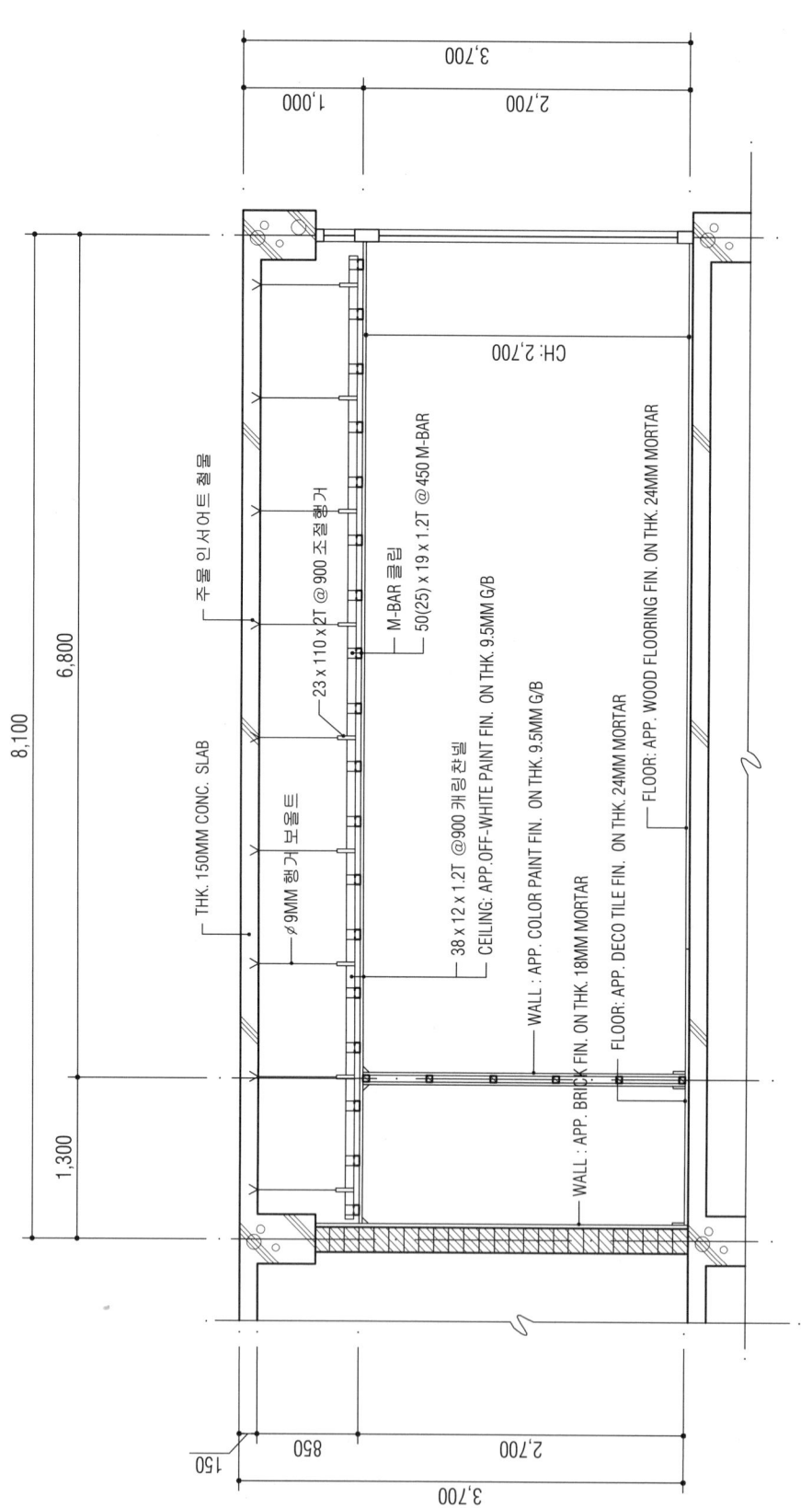

제2장 상업공간 · 253

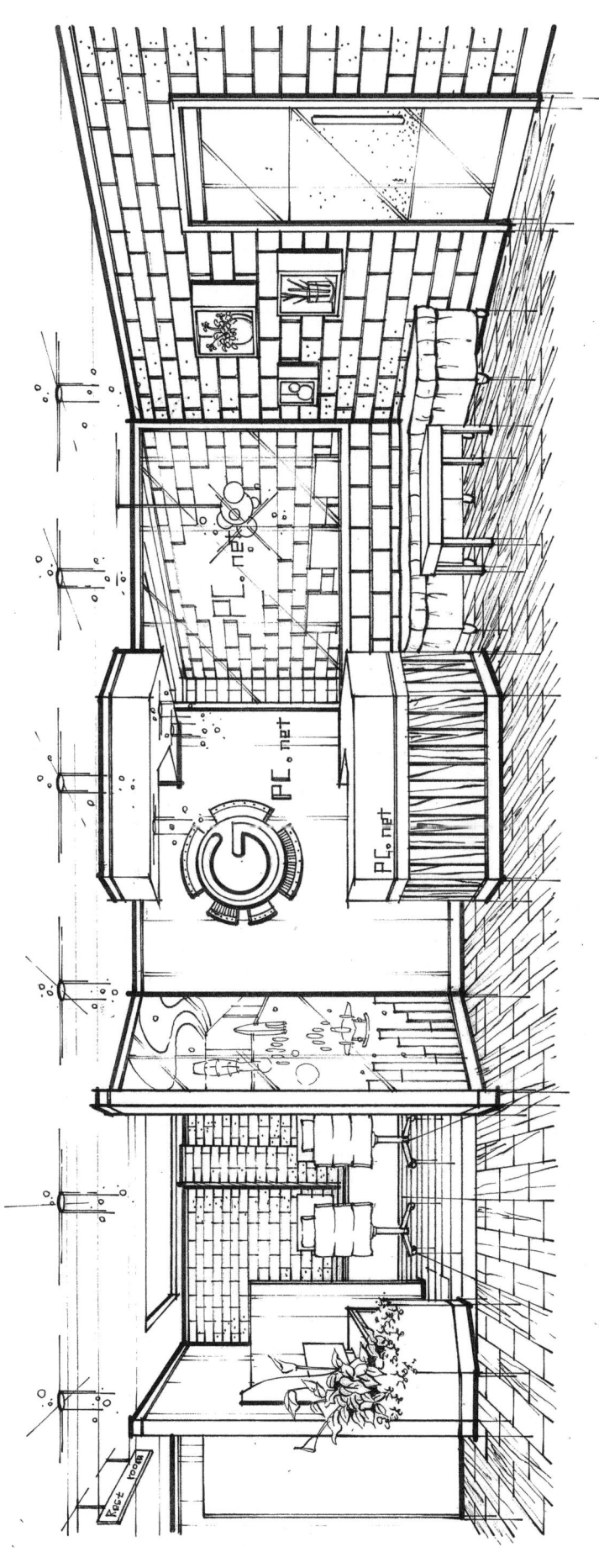

실내투시도 SCALE = N.S

상업공간(서비스공간)

[실습과제 2] 안경점

1. 요구사항
   주어진 도면은 근린생활지구 내에 위치한 안경점이다. 아래 요구 조건에 맞게 요구도면을 작성하시오.

2. 요구조건
   ① 설계면적 : 8,000×7,200×2,700mm(H)
   ② 인적구성 : 직원 2명과 점원 1명
   ③ 요구공간 및 가구 : 문 사이즈 - 1,800× 2,100mm(H)
      계산대, 쇼케이스, 벽체선반형 디스플레이, 검안실, 작업공간, 대기공간, 상담공간

3. 요구도면
   ① 평면도(가구배치 및 바닥마감재 표기) SCALE : 1/30
   ② 천정도(설비, 조명기구 배치 및 범례표 작성) SCALE : 1/30
   ③ 내부입면도 D방향 1면(벽면재료 표기) SCALE : 1/50
   ④ 실내투시도(채색작업은 필수) SCALE : N.S
   (계획의 포인트가 좋은 지점에서 1소점 또는 2소점 투시법으로 작성하되, 작성과정의 투시보조선을 남길 것)

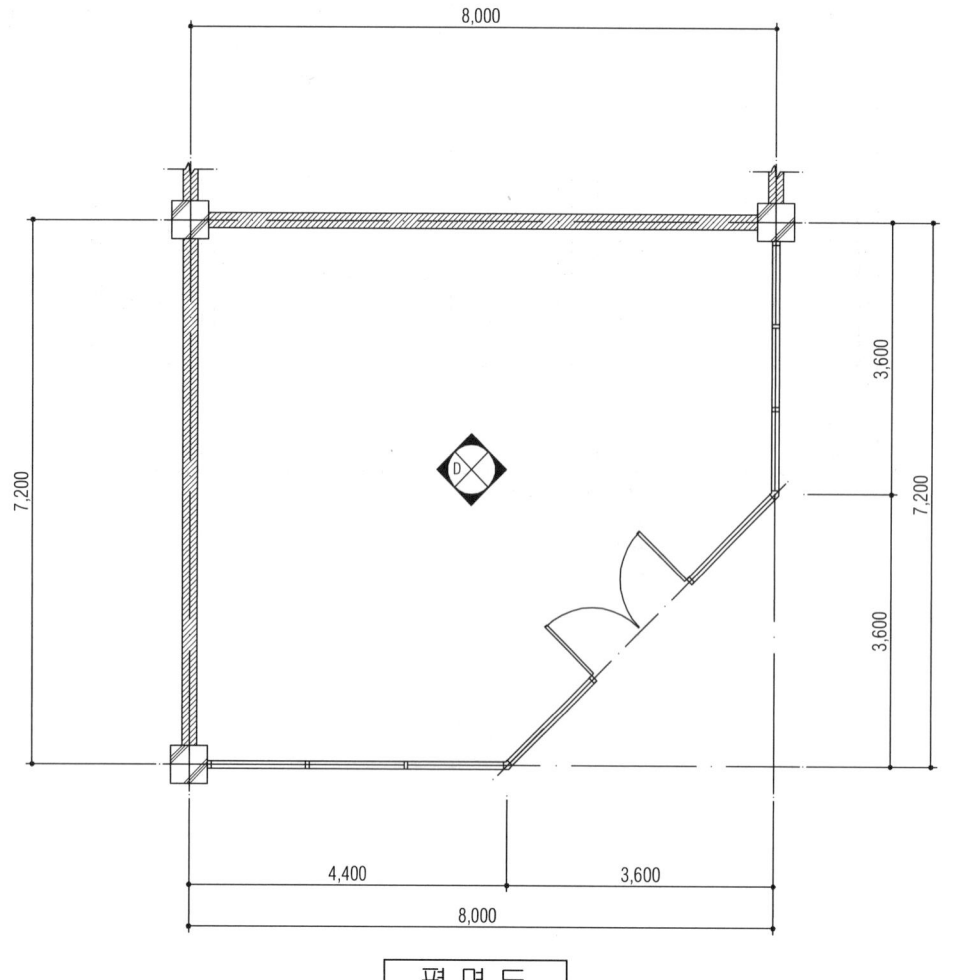

평 면 도

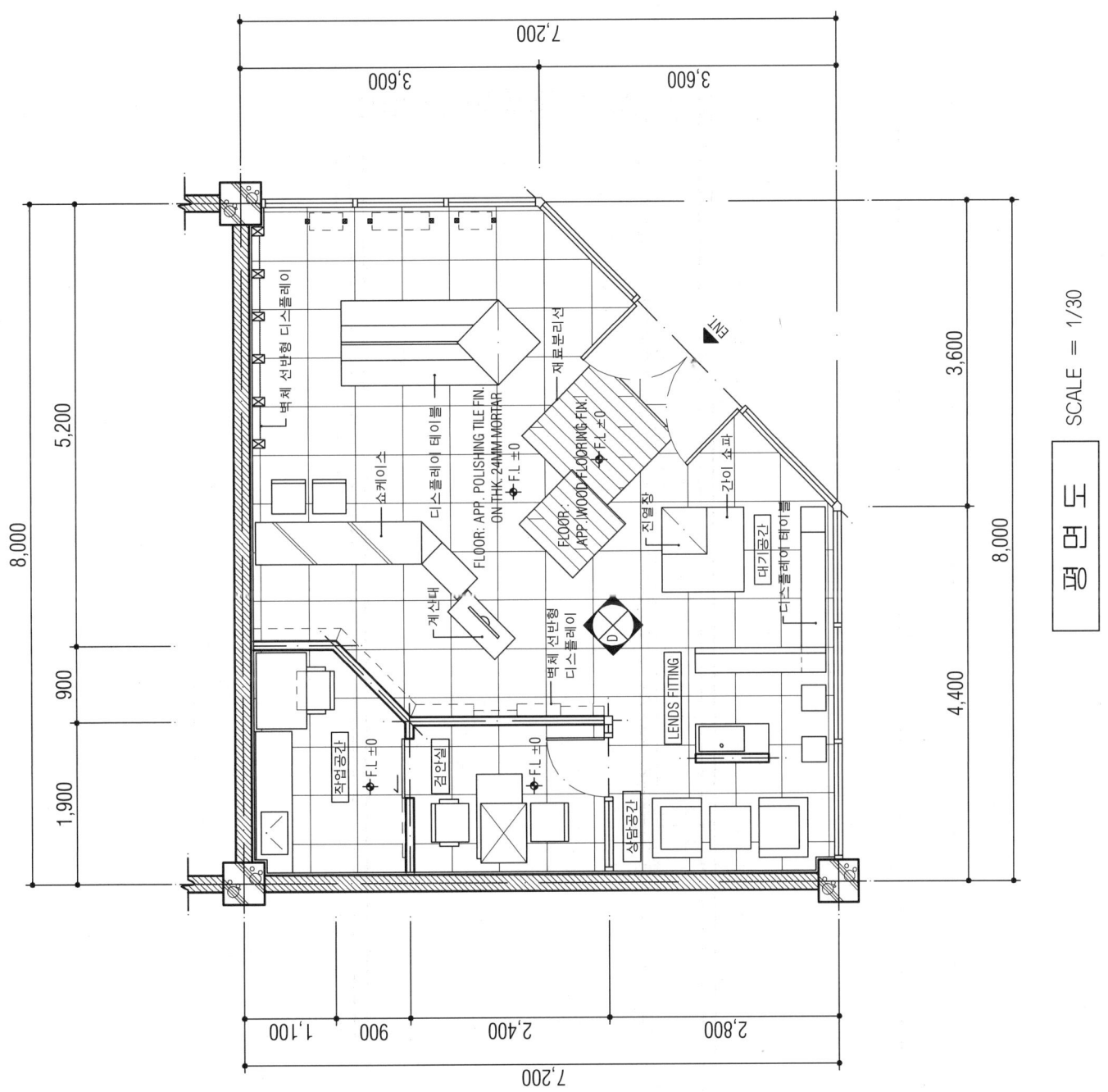

TYPE	LEGEND NAME	EA
⊕	DOWN LIGHT	28
+	HALOGEN LAMP	7
▭	FL 40W	6
▭	FL 20W	3
⊗	EXIT LIGHT	1
※	송기구	2
●	배기구	6
○	SPRINKLER	6
▦	FIRE SENSOR	6
▦	천정형 냉난방기	1

천 정 도 SCALE = 1/30

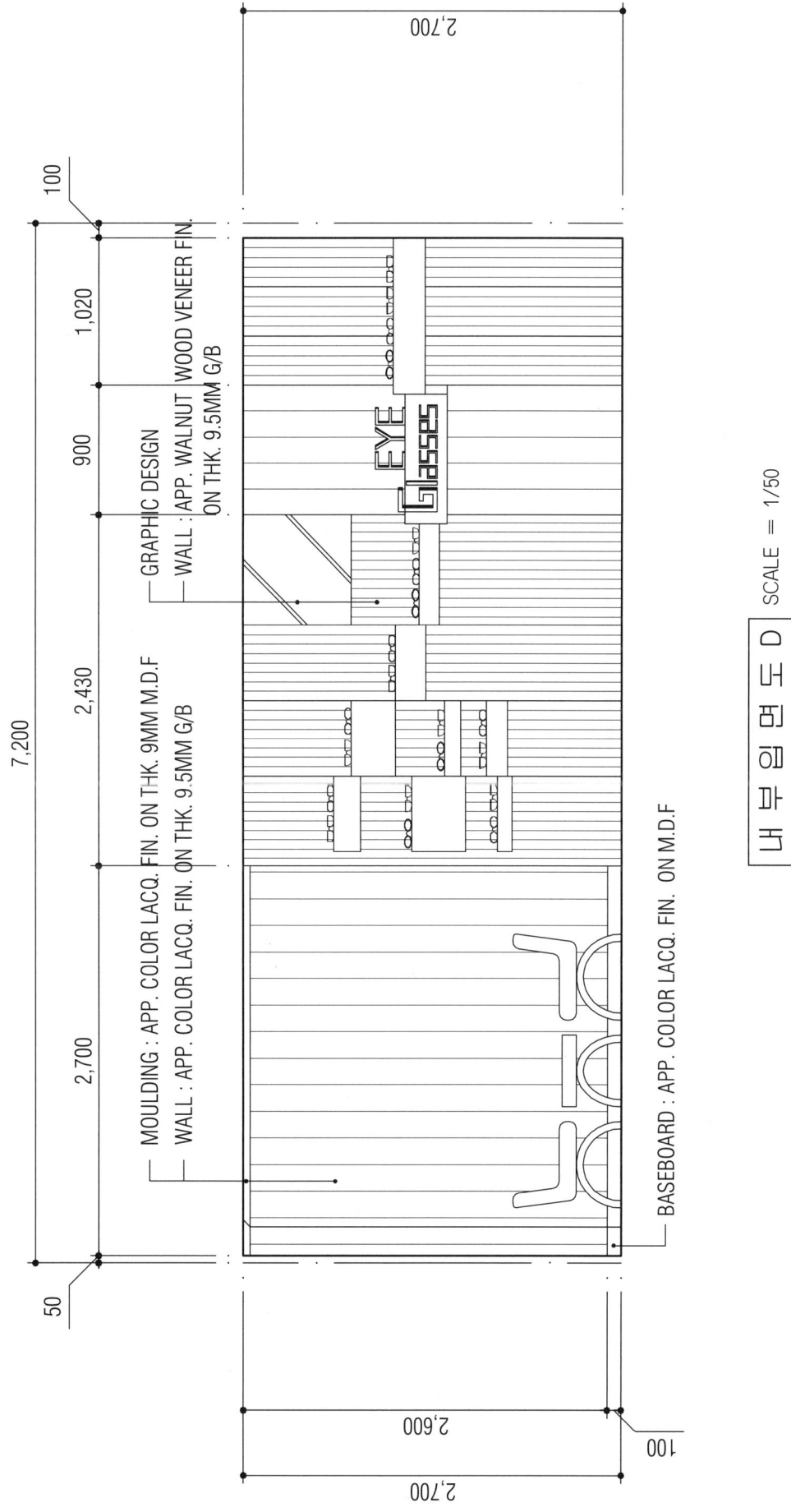

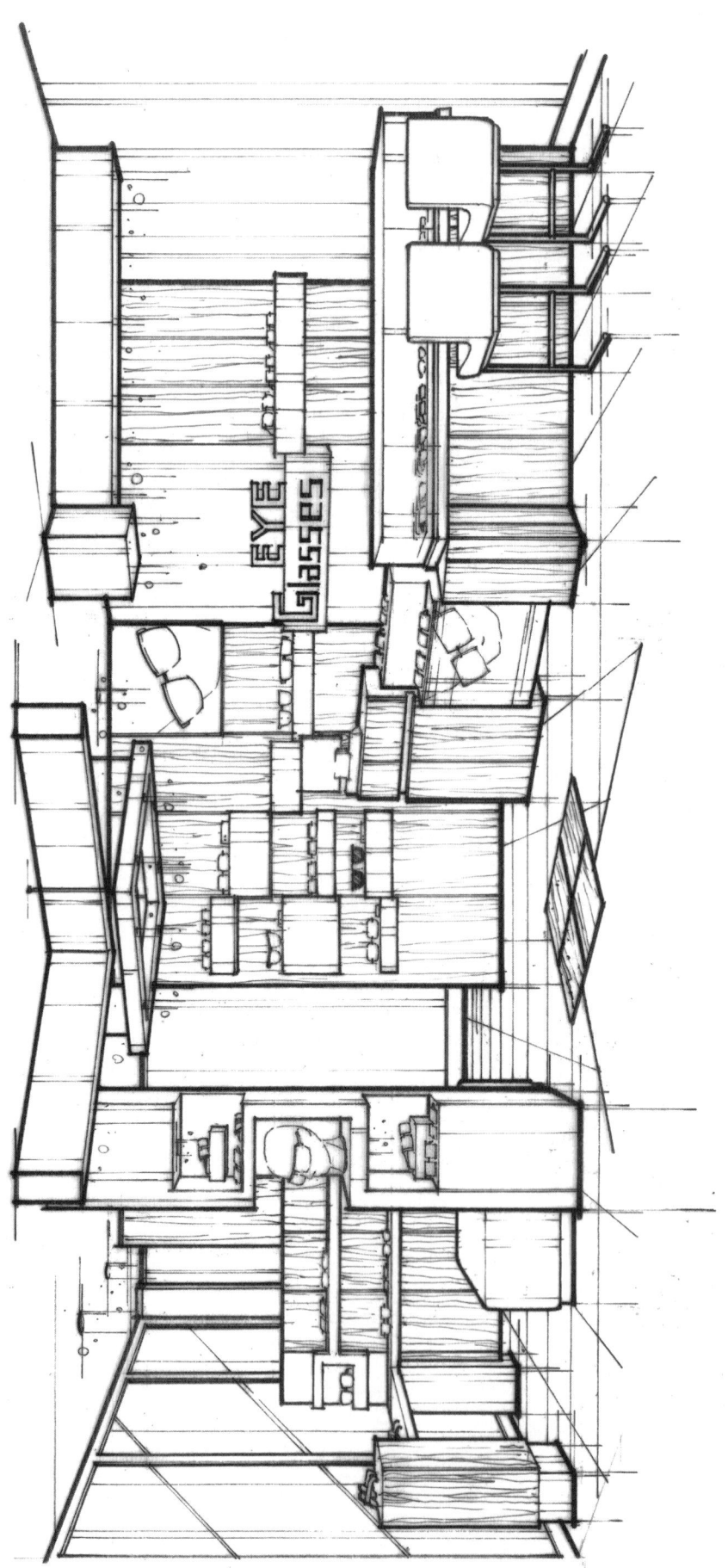

상업공간(서비스공간)

[실습과제 3] 헤어숍 Ⅰ

1. 요구사항
   주어진 도면은 근린생활지구에 위치한 헤어숍이다. 다음의 요구조건에 따라 도면을 작성하시오.

2. 요구조건
   ① 설계면적 : 8,500×6,000×2,700mm(H)
   ② 인적구성 : 주고객 20~30대 이용
   ③ 요구공간 및 가구 : 샴푸실, 직원휴게실, 카운터, 대기공간, 미용공간
   ④ 출입구 : 2,500×2,300

3. 요구도면
   ① 평면도(가구배치 및 바닥마감재 표기) SCALE : 1/30
   ② 천정도(설비, 조명기구 배치 및 범례표 작성/천장마감재 표기) SCALE : 1/30
   ③ 내부입면도 임의 1면 (벽면재료 표기) SCALE : 1/50
   ④ 실내투시도(채색작업은 필수) SCALE : N.S
      (계획의 포인트가 좋은 지점에서 1소점 또는 2소점 투시법으로 작성하되, 작성과정의 투시보조선을 남길 것)

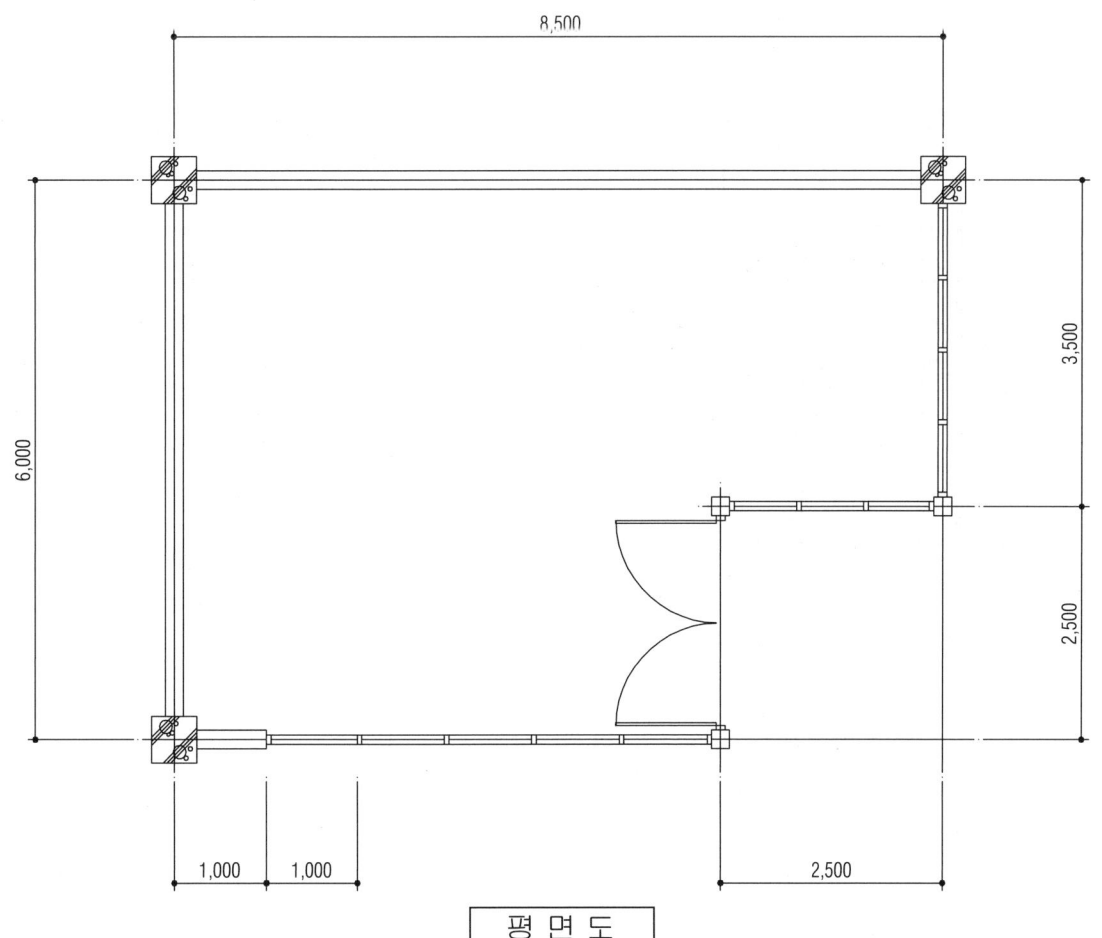

평 면 도

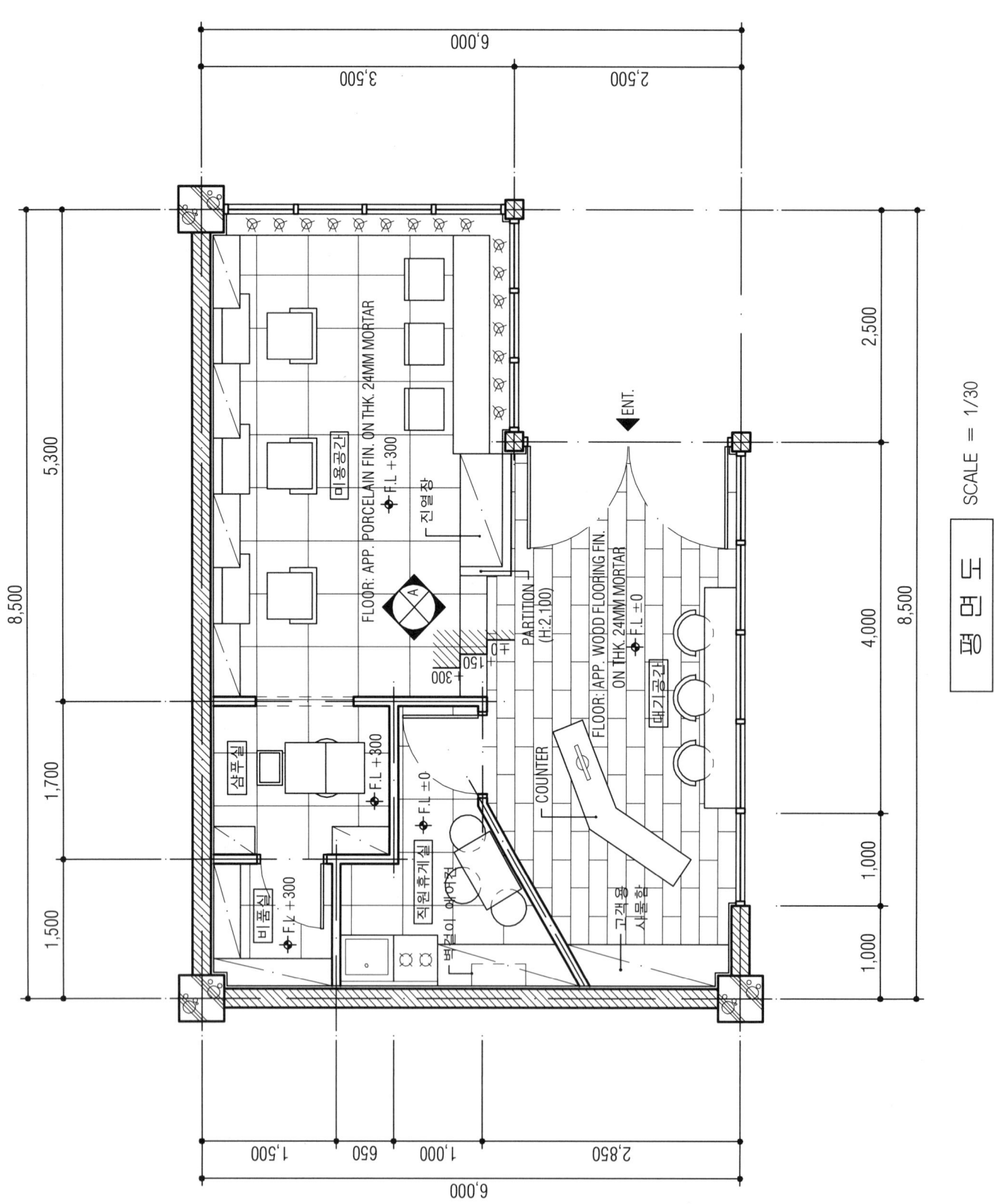

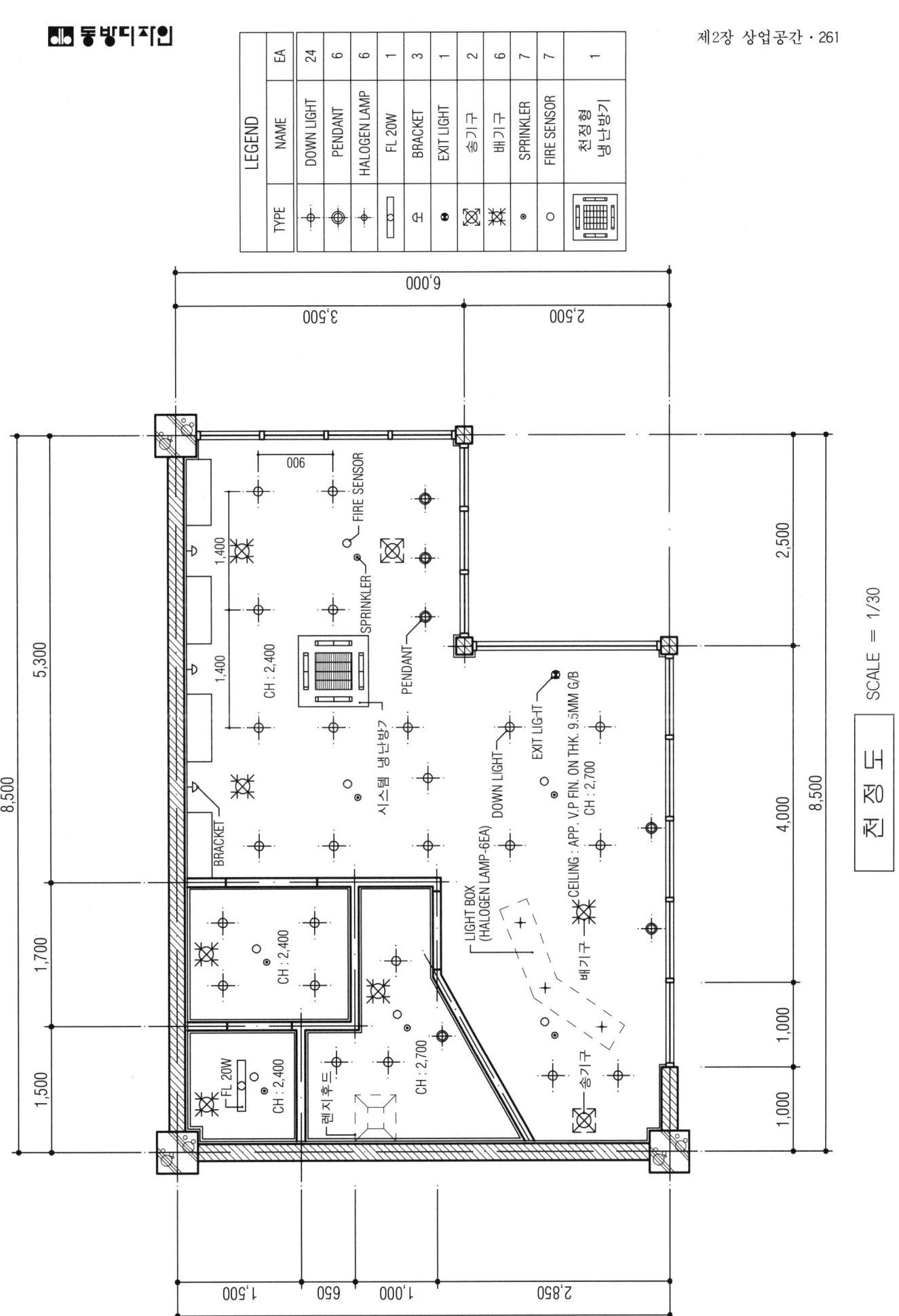

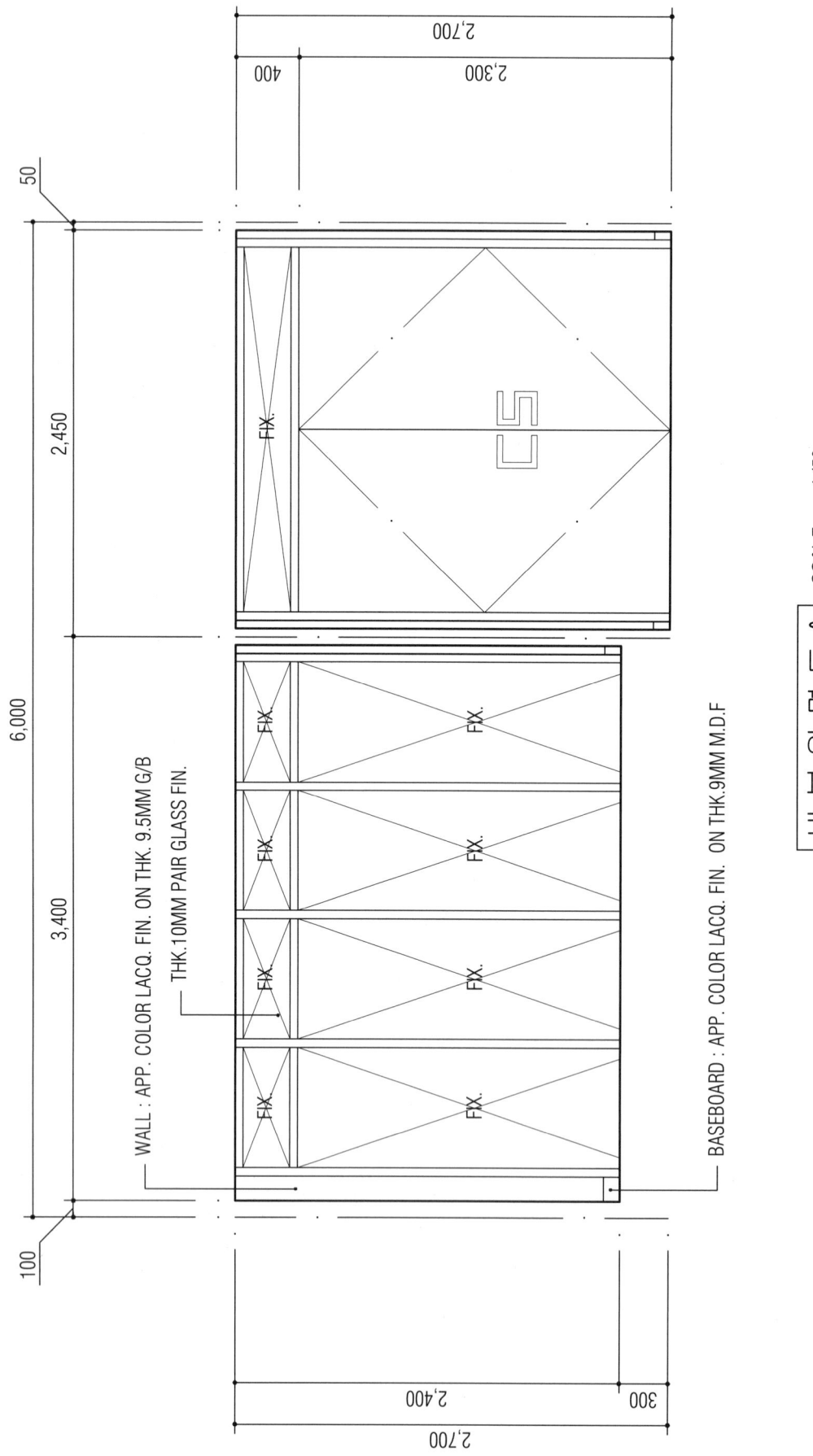

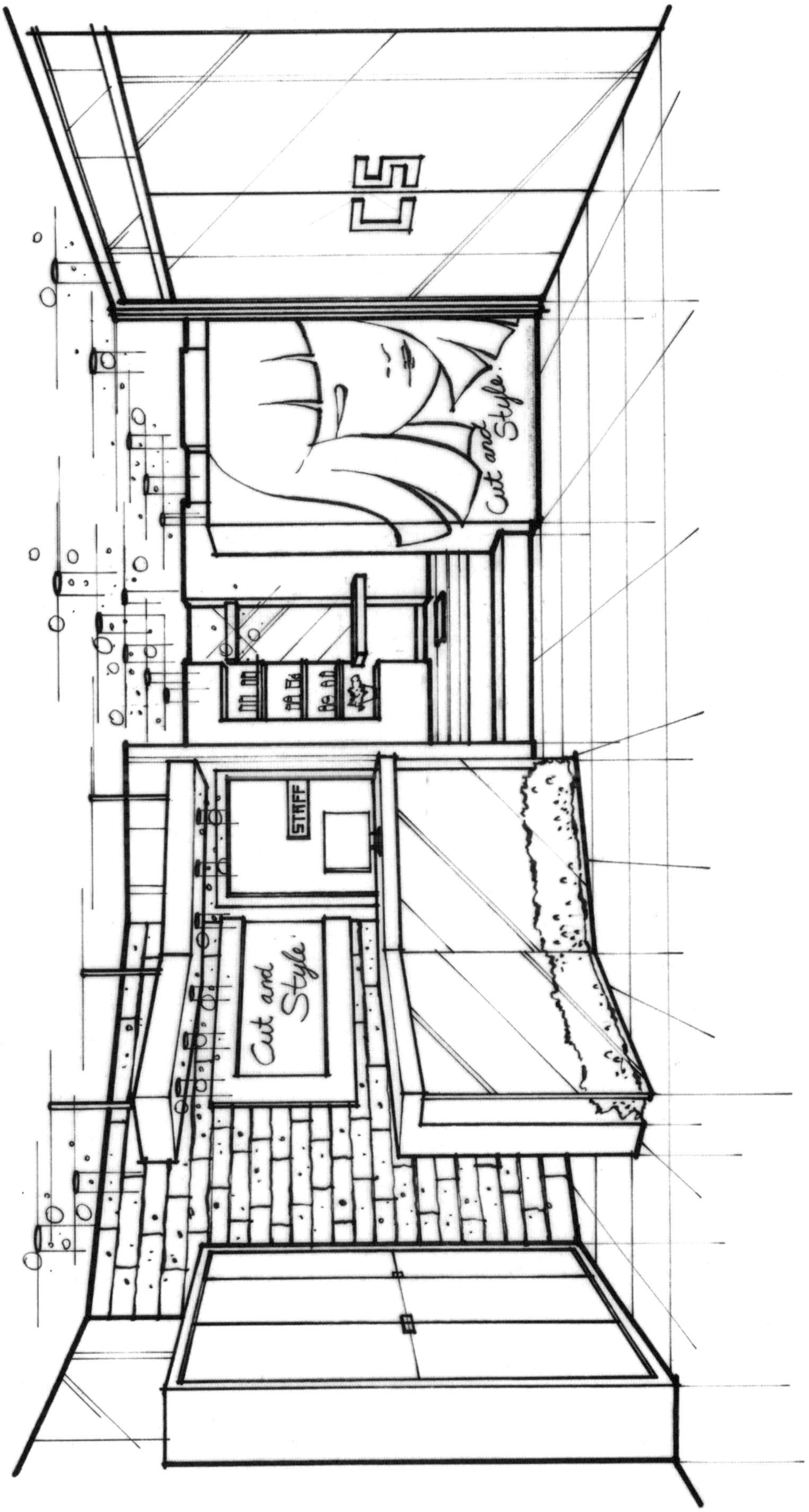

상업공간(서비스공간)

[실습과제 4] 헤어숍 Ⅱ

1. 요구사항

주어진 도면은 20~30대 젊은 층을 대상으로 하는 1층에 위치한 헤어숍이다.
다음의 요구조건에 따라 도면을 작성하시오.

2. 요구조건

① 설계면적 : 12,000×8,000×3,000mm(H)
② 요구공간 : ① 카운터(짐 보관 락커 포함) ② 샴푸실 ③ 고객대기공간
③ 필요집기 : ① 대기공간 SOFA ② 샴푸대 2EA
　　　　　　③ 미용의자 8EA ④ 경대 8EA
　　　* 미용기구 공간 고려하여 배치(동선)

3. 요구도면

① 평면도(가구배치 및 바닥마감재 표기) SCALE : 1/50
② 천정도(설비, 조명기구 배치 및 범례표 작성/천장마감재 표기) SCALE : 1/50
③ 내부입면도 C방향 1면(벽면재료 표기) SCALE : 1/50
④ 단면상세도(A-A´) SCALE : 1/50
⑤ 실내투시도(채색작업은 필수) SCALE : N.S
　(계획의 포인트가 좋은 지점에서 1소점 또는 2소점 투시법으로 작성 및 작성과정의 투시보조선을 남길 것)

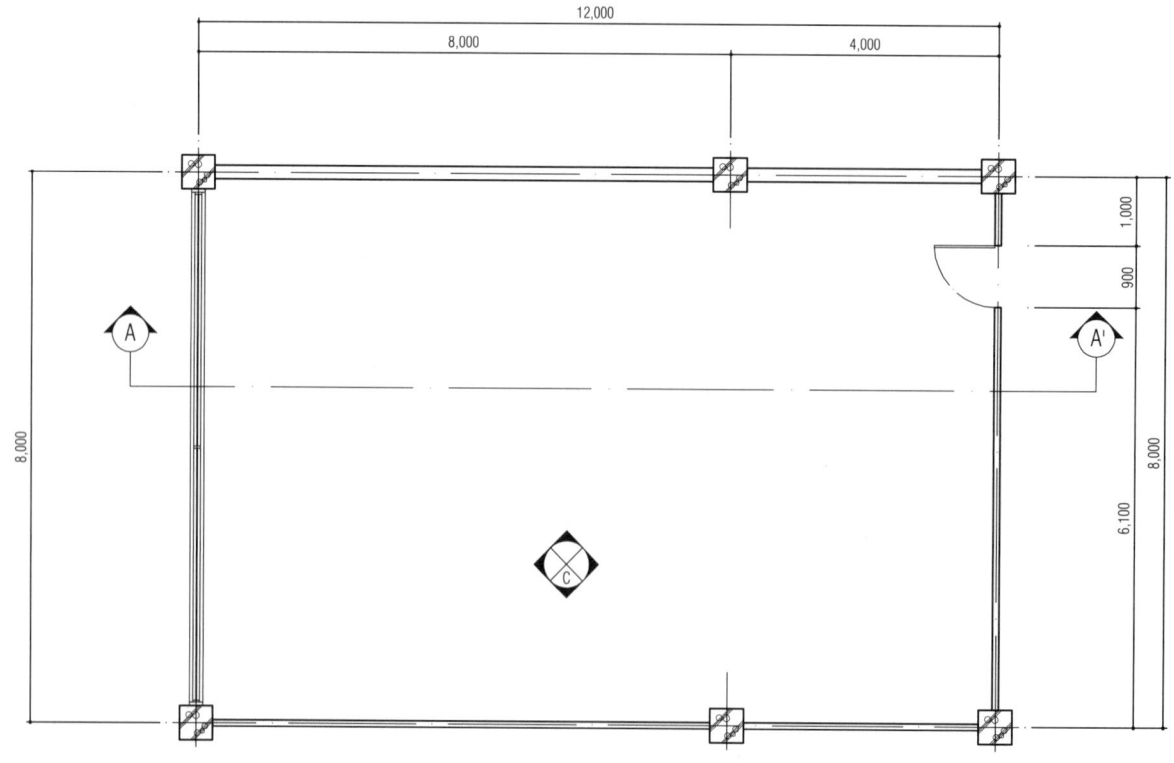

평 면 도

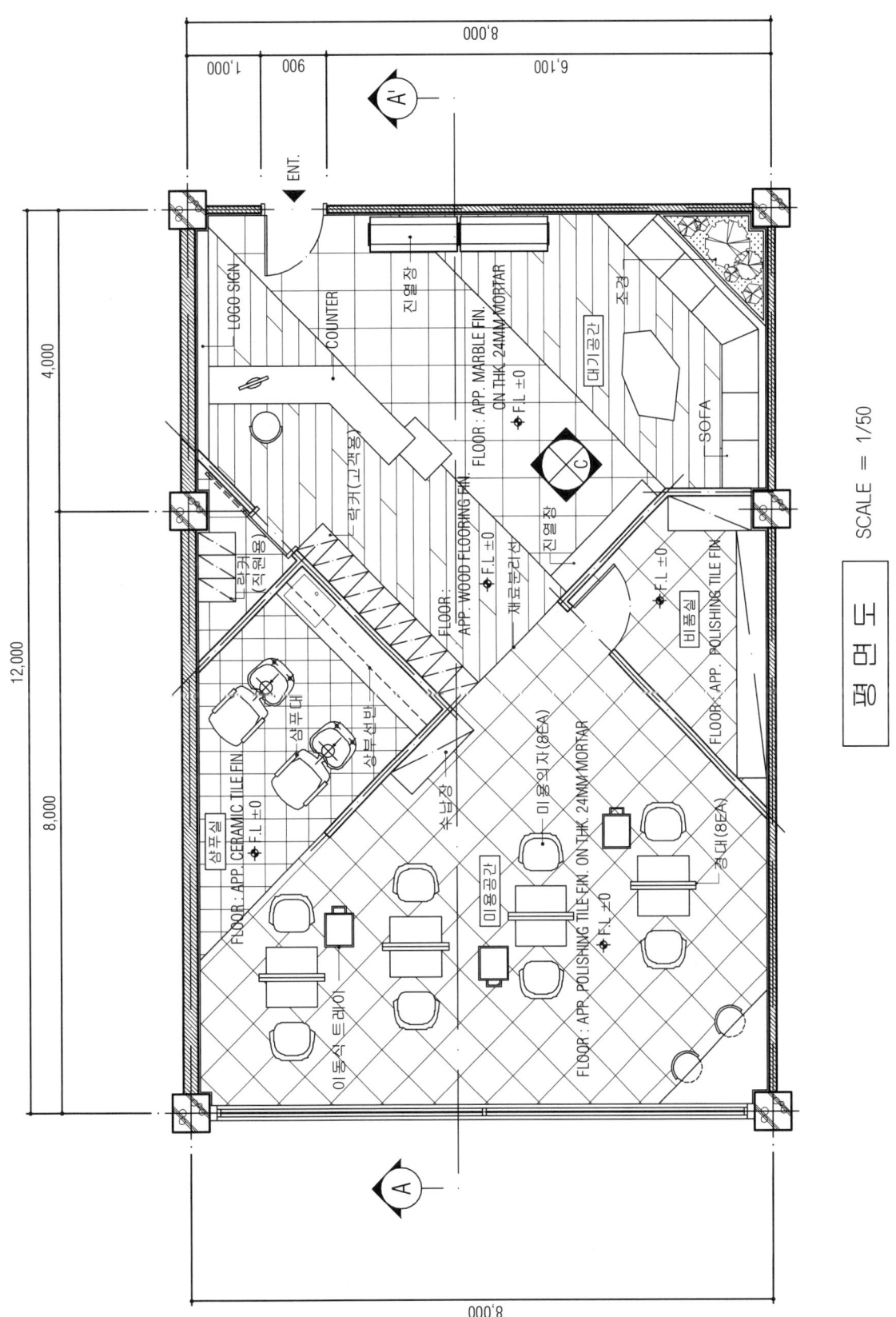

평 면 도　SCALE = 1/50

266 · 제4편 실내건축 도면실습

LEGEND		
TYPE	NAME	EA
⊕	DOWN LIGHT	40
⊕	PENDANT	2
•	SPOT LIGHT	2
✦	CHANDELIER	1
▭	FL 40W X 1EA	11
⊢	BRACKET	8
•	EXIT LIGHT	1
⊠	송기구	5
✳	배기구	7
○	SPRINKLER	8
	FIRE SENSOR	8
▦	천정부착형 냉난방기	2

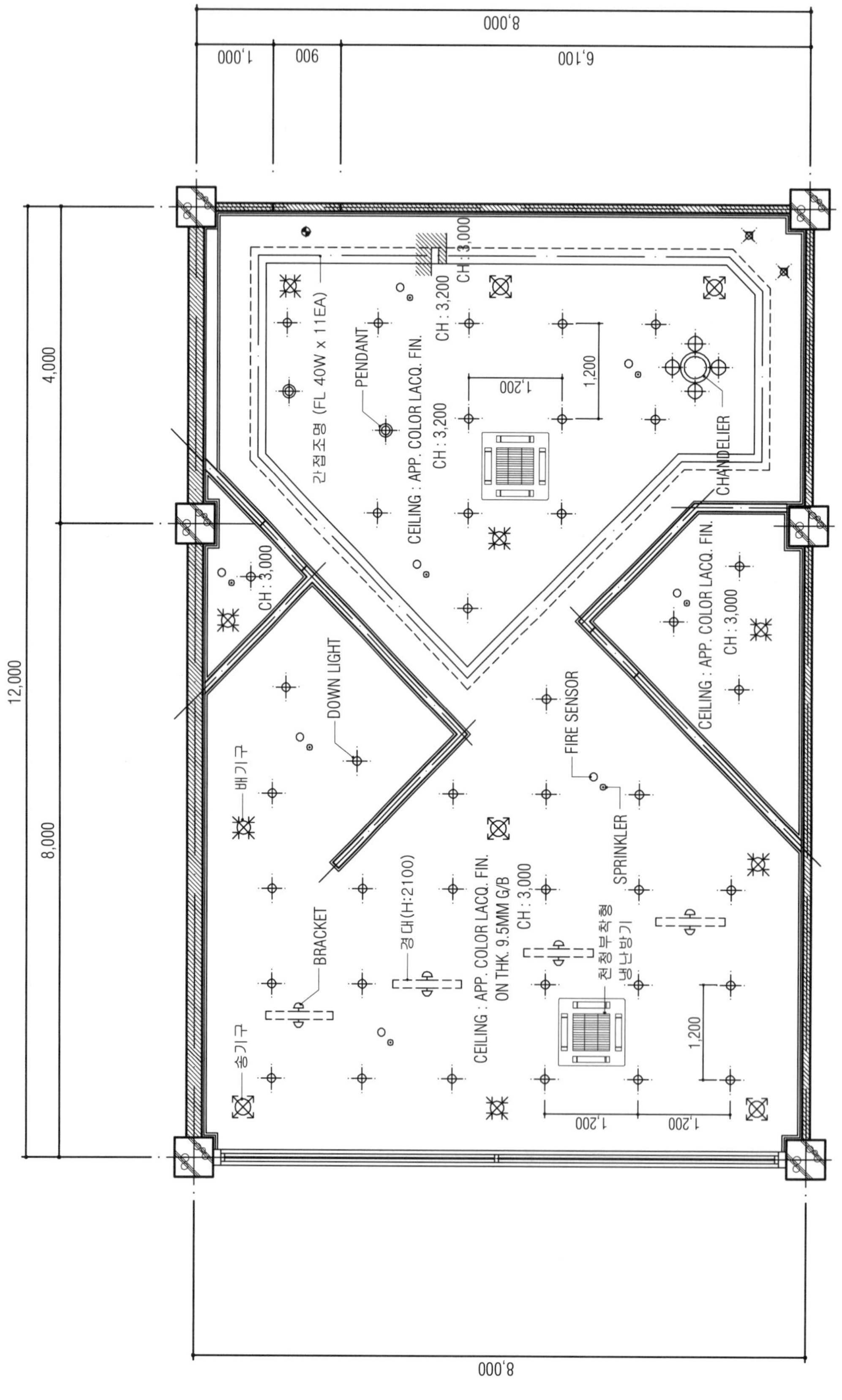

천 정 도   SCALE = 1/50

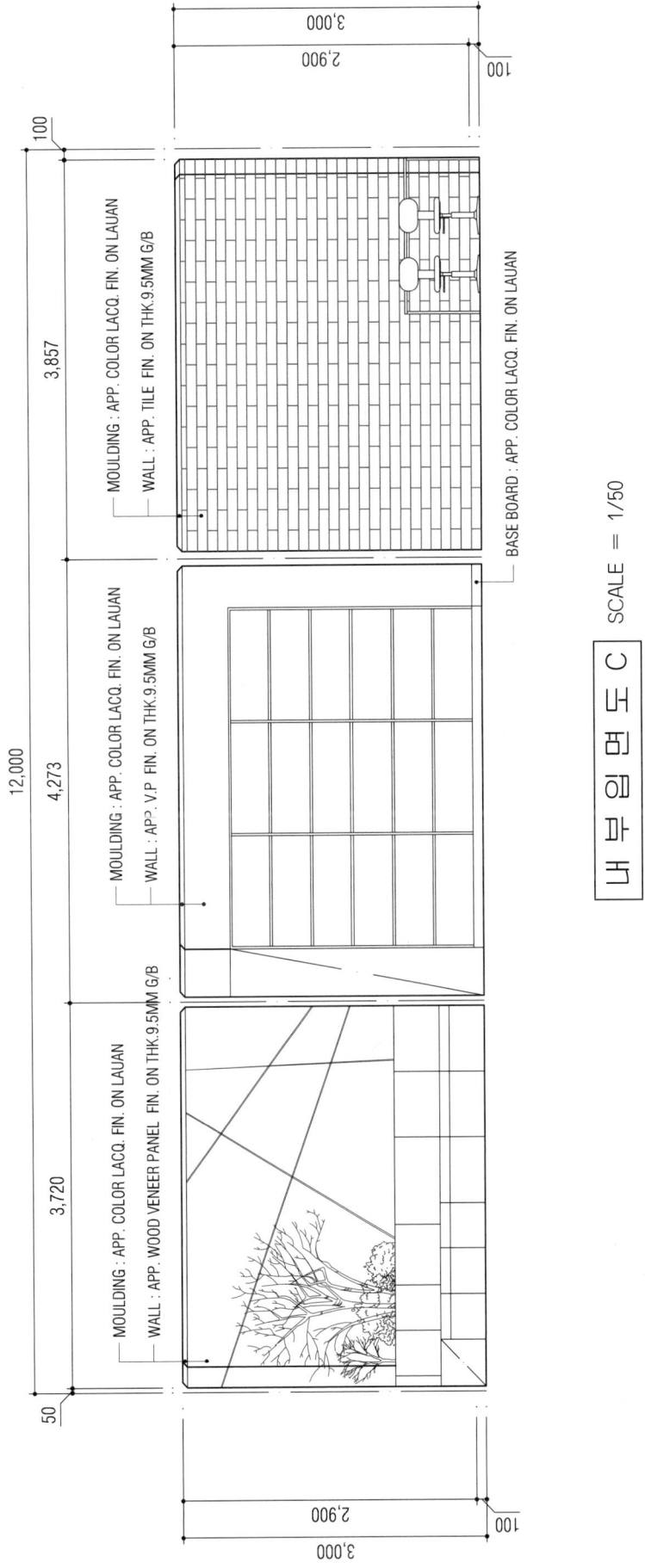

내부입면도 C SCALE = 1/50

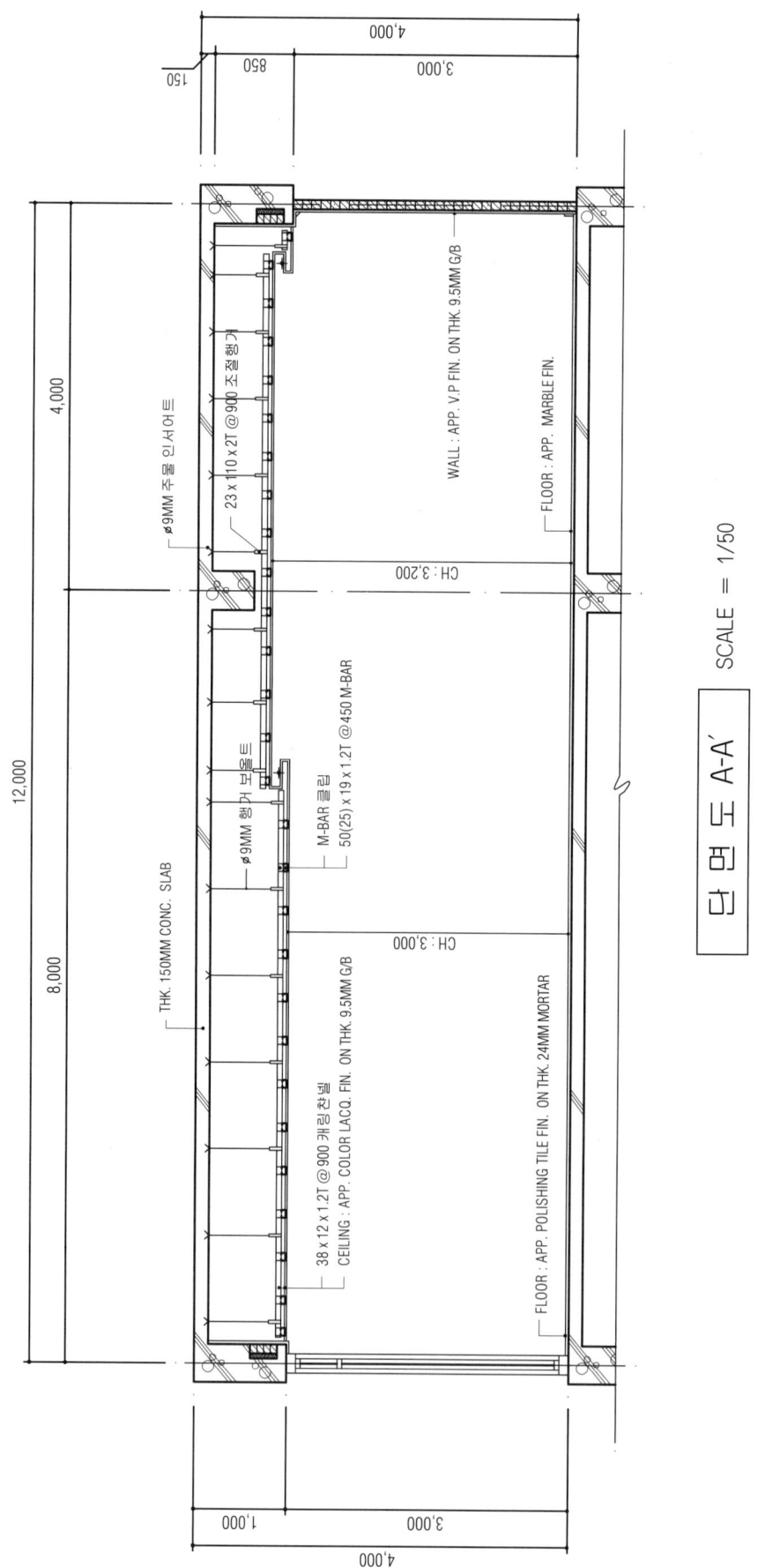

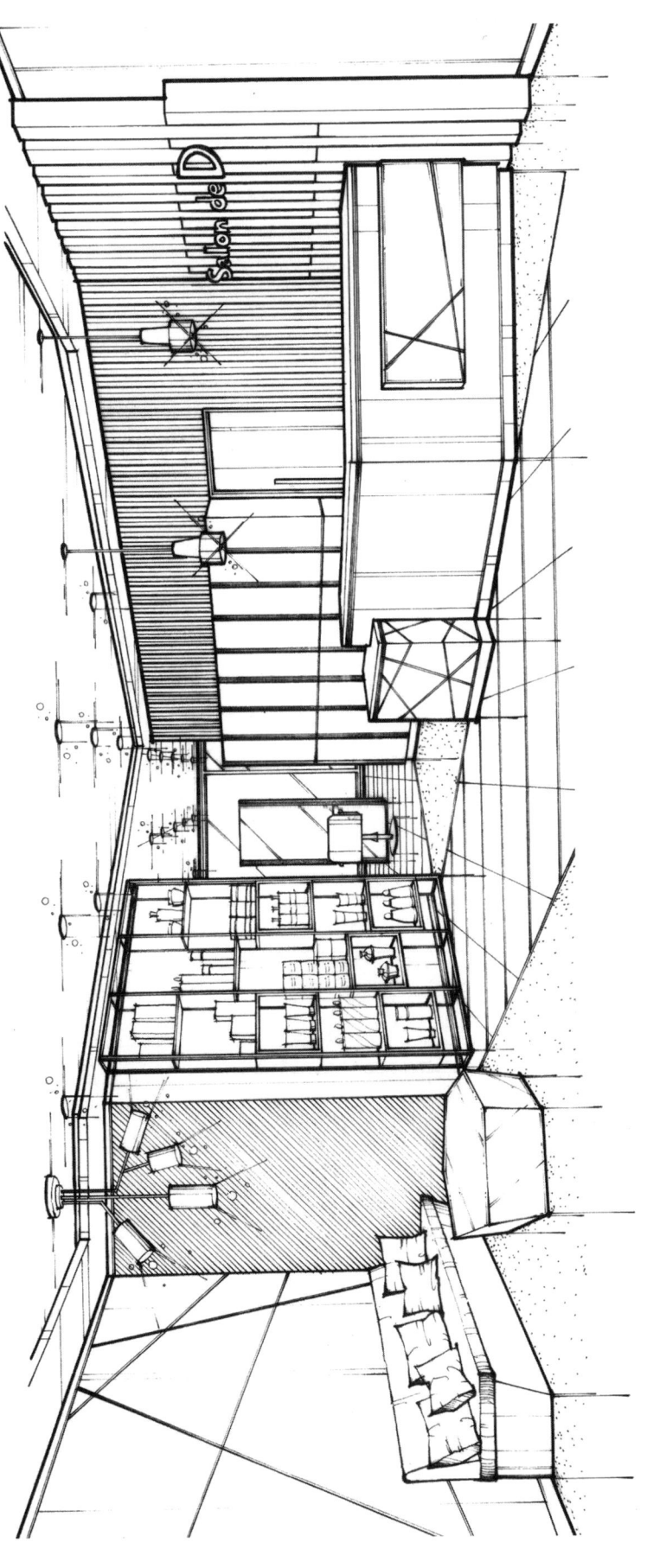

실내투시도 SCALE = N.S

상업공간(숙박공간)

[실습과제 1] 호텔 트윈베드룸

1. 요구사항
   주어진 도면은 호텔의 트윈베드룸(Twin Bed Room) 평면도이다.
   요구조건에 맞게 요구도면을 작성하시오.

2. 요구조건
   ① 설계면적 : 6.65m×3.95m×2.3m(H)
   ② 침실 : 침대(1×2m) 2개, 나이트테이블 1개, 옷장, 서랍장, 화장대, 화장대 스툴,
          1~2인용 쇼파 및 테이블, TV, 냉장고, 식탁 및 의자, 플로어램프 및 테이블램프
   ③ 욕실 : 욕조, 변기, 세면기
     (이상 제시된 가구는 필수적이며 이외에 필요한 가구가 있다면 임으로 추가할 수 있음)

3. 요구도면
   ① 평면도(가구배치 포함) SCALE : 1/30
   ② 내부입면도 2면 SCALE : 1/30
   ③ 천정도 SCALE : 1/30
   ④ 실내투시도 SCALE : N.S
     (계획의 포인트가 좋은 시점에서 1소점 또는 2소점 투시법으로 작성하되, 작성과정의 투시보조선을 남길 것)

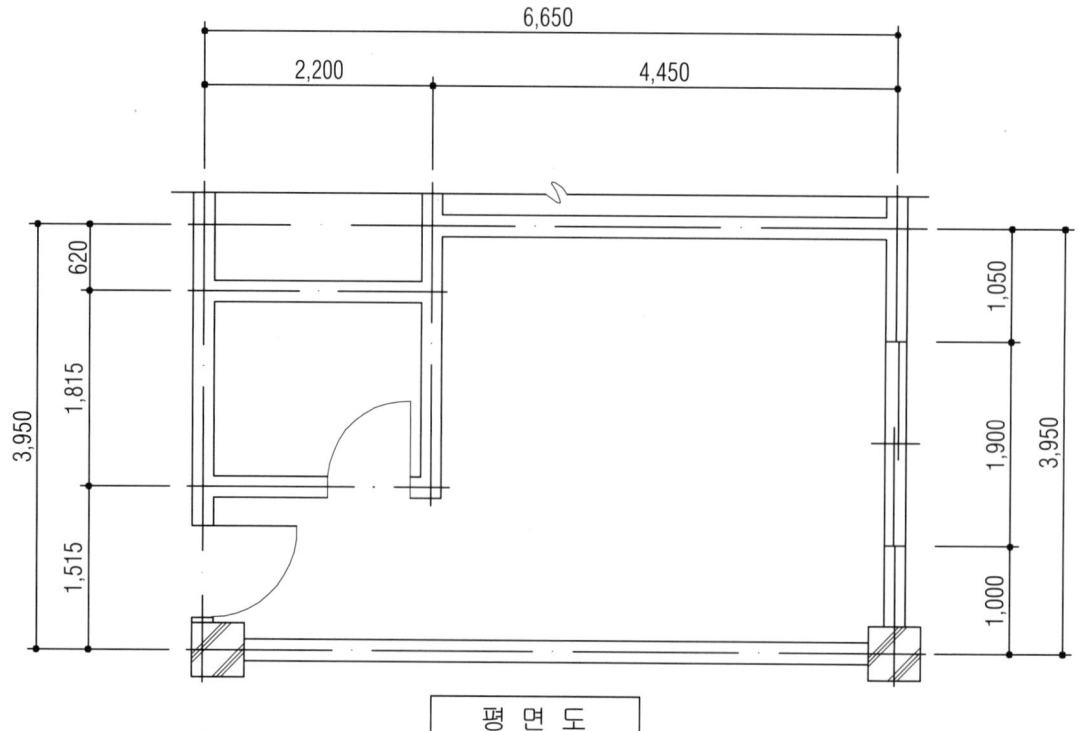

평 면 도

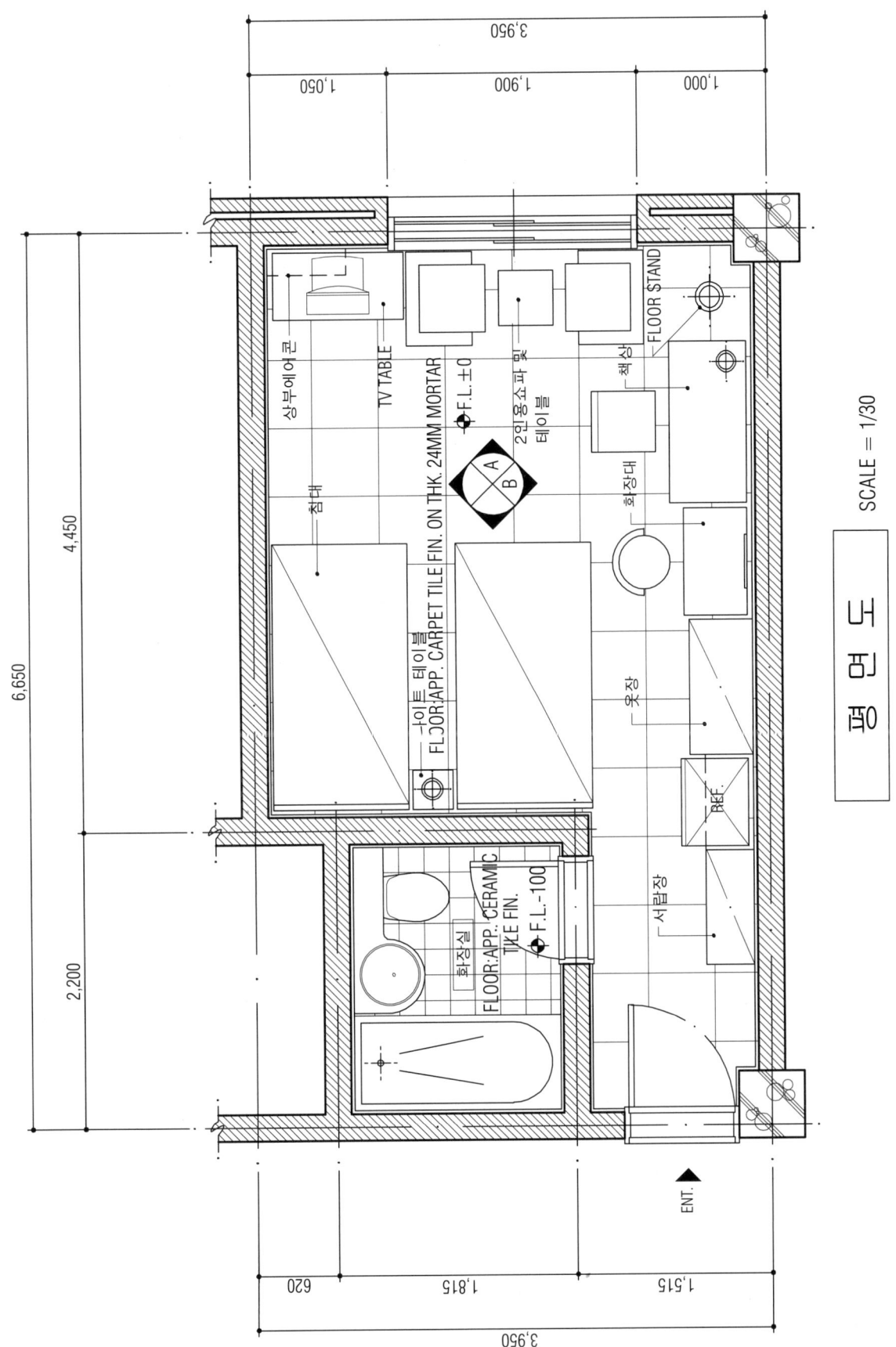

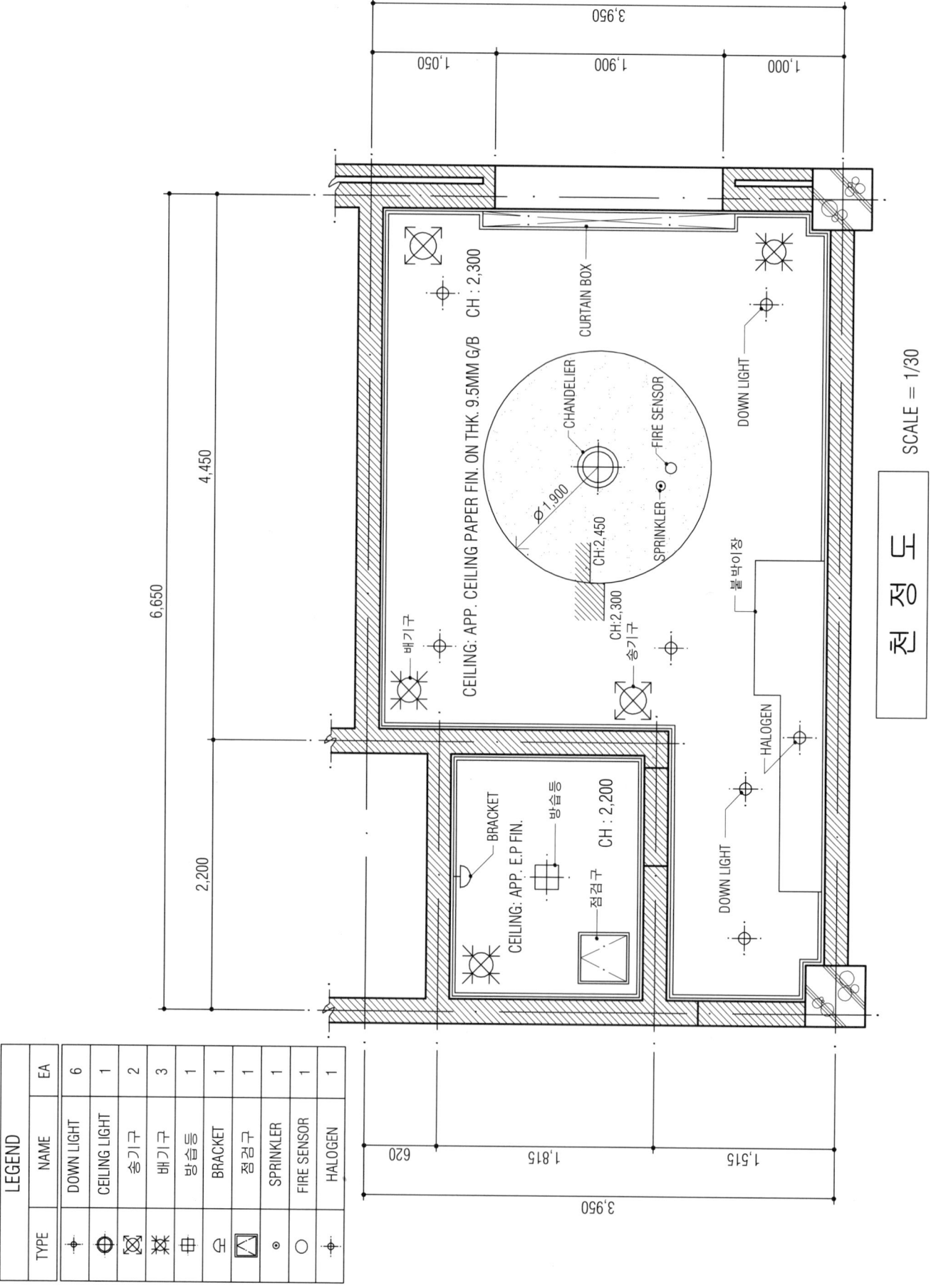

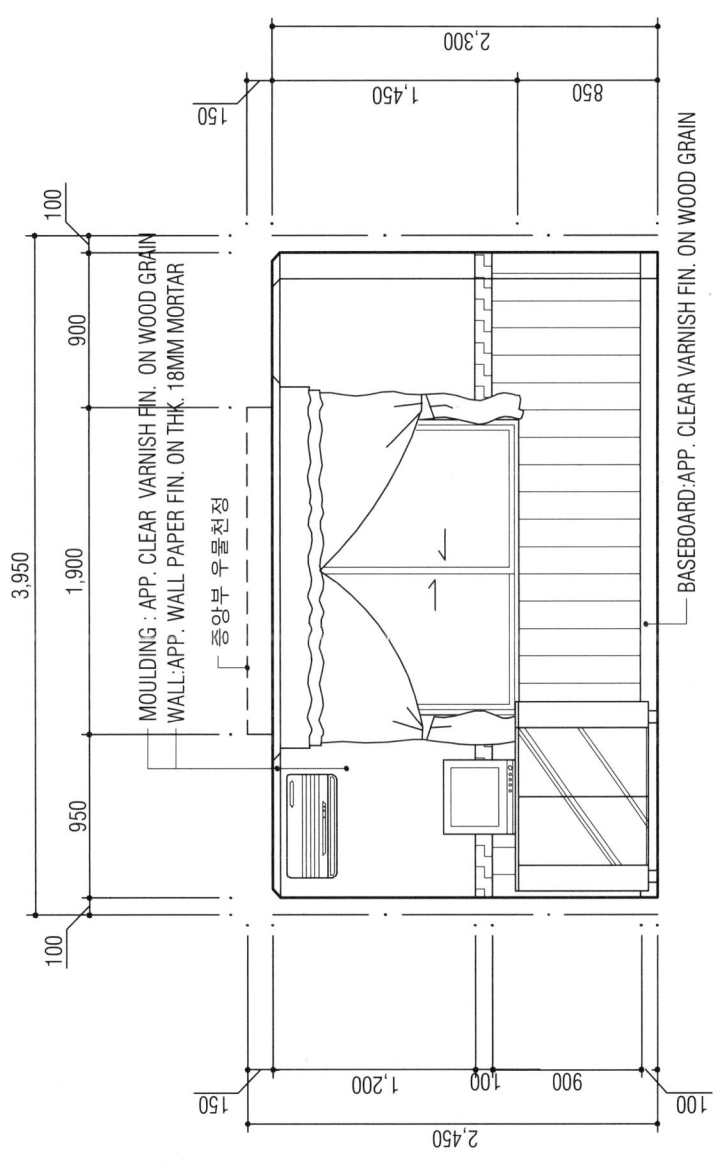

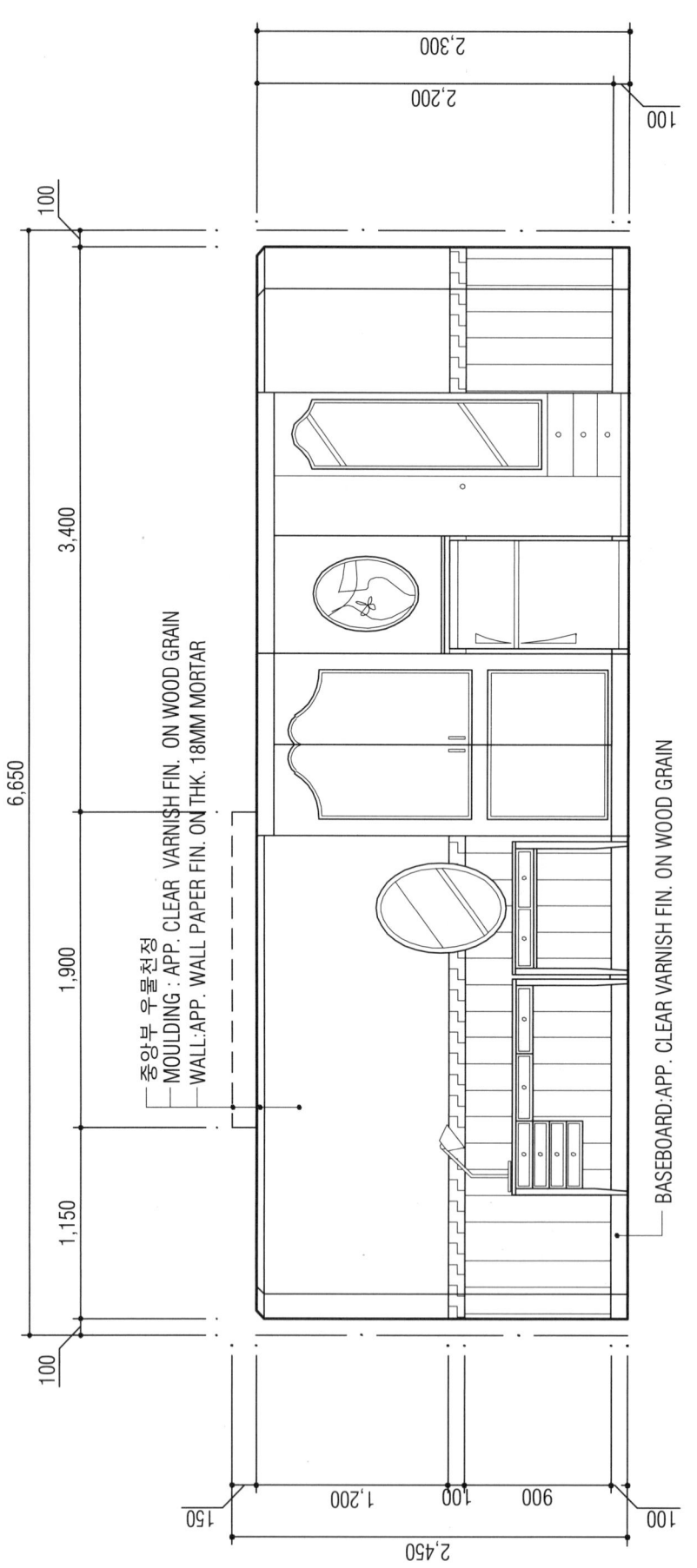

내부입면도 B SCALE = 1/30

실내투시도 SCALE = N.S

상업공간(숙박공간)

[실습과제 2] 유스호스텔(청소년 수련을 위한)

1. 요구사항
   주어진 도면은 교외에 위치한 청소년을 위한 저층형 유스호스텔이다.
   다음의 요구조건에 따라 도면을 작성하시오.

2. 요구조건
   ① 설계면적 : 8,400×3,600×2,400mm(H)
   ② 필요집기 : 트윈침대, 컴퓨터 및 컴퓨터전용 책상, 옷장, TV테이블, 나이트테이블
   　　　　　　화장대 겸 수납장, 냉장고

3. 요구도면
   ① 평면도(가구배치 포함) SCALE : 1/30
   ② 천정도(설비, 조명기구 배치 및 범례표 작성) SCALE : 1/30
   ③ 내부입면도 임의방향 1면 (벽면재료 표기) SCALE : 1/50
   ④ 실내투시도(채색작업은 필수) SCALE : N.S
   　(계획의 포인트가 좋은 지점에서 1소점 또는 2소점 투시법으로 작성하되, 작성과정의 투시보조선을 남길 것)

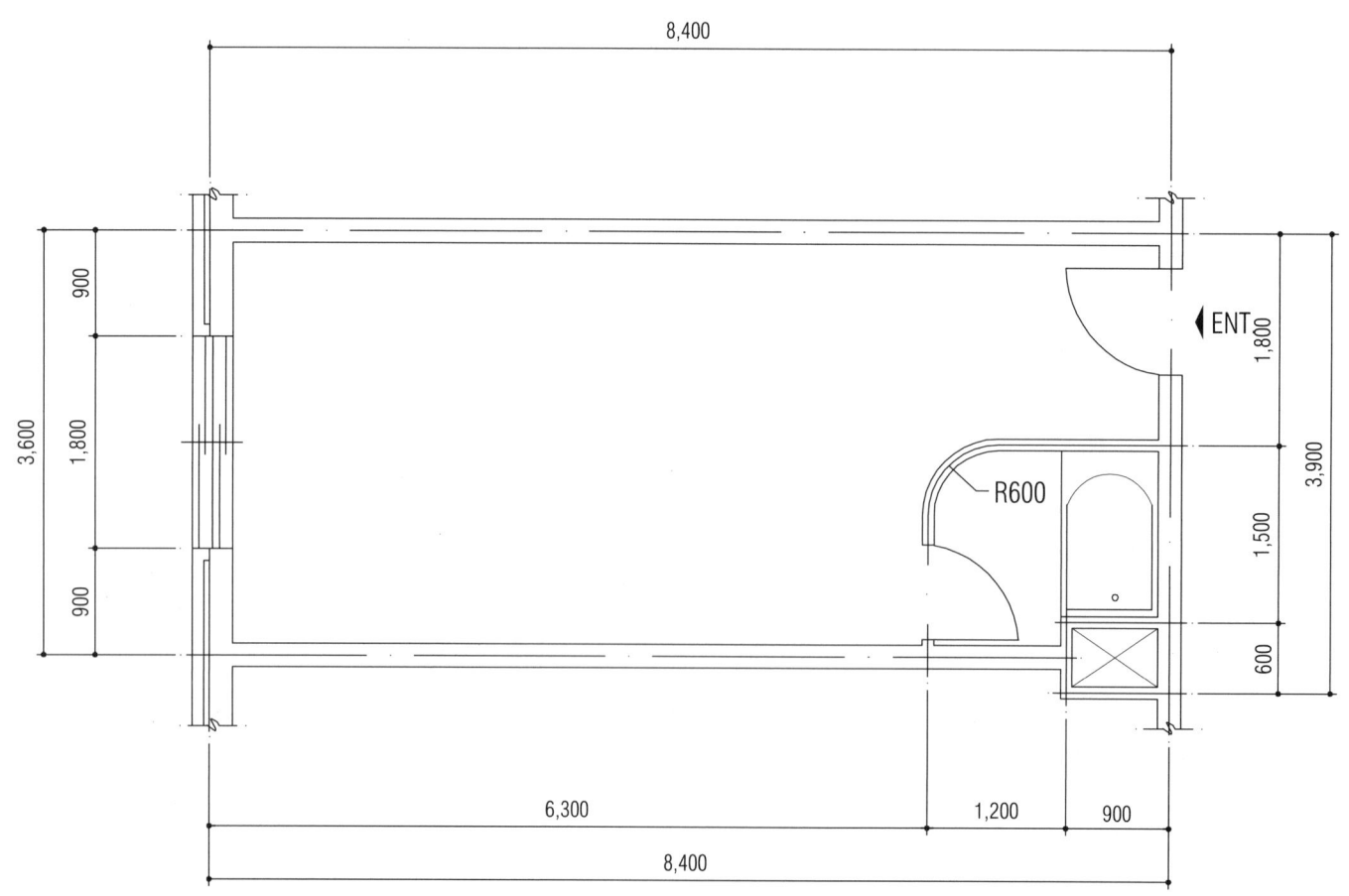

평 면 도

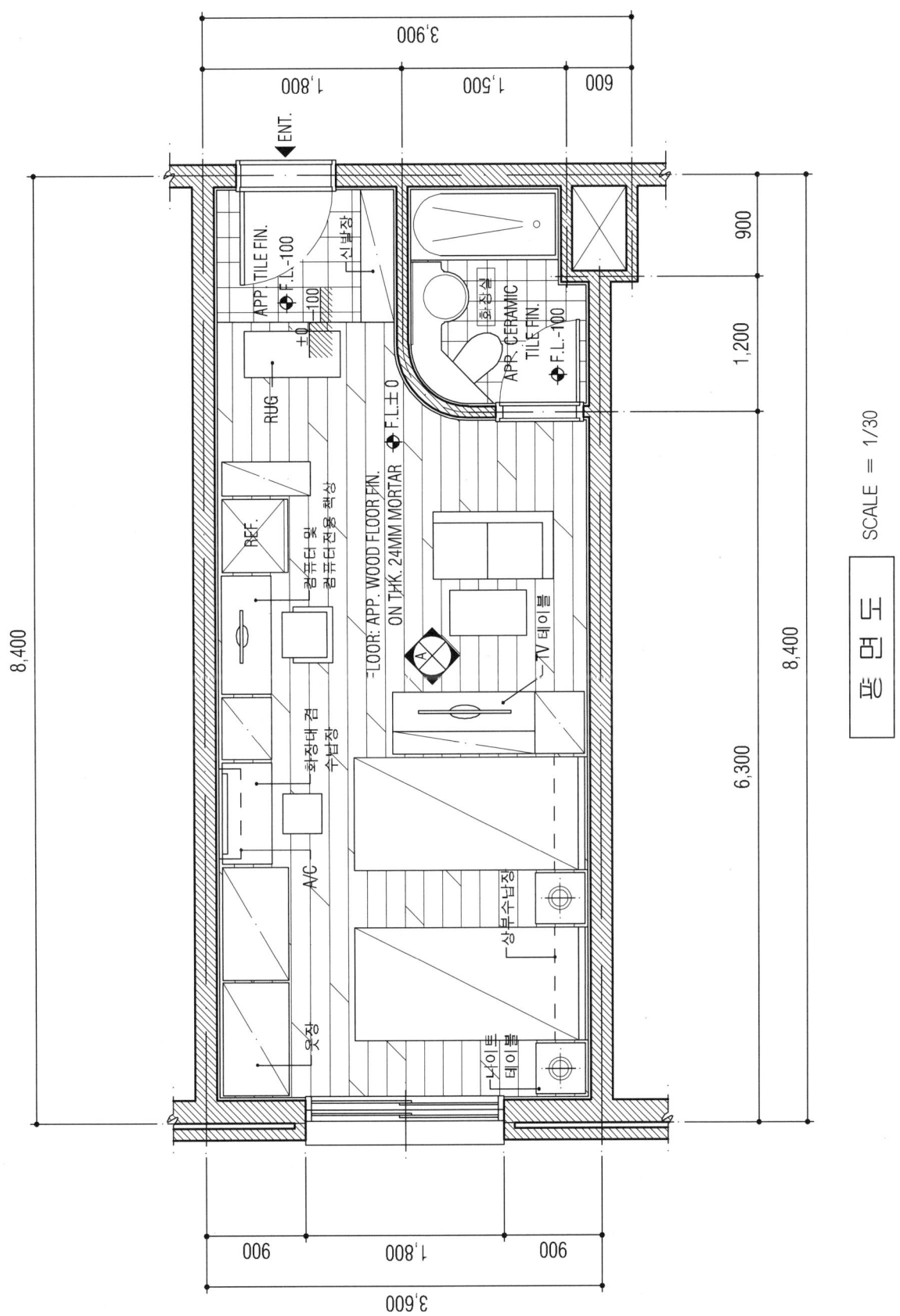

278 · 제4편 실내건축 도면실습

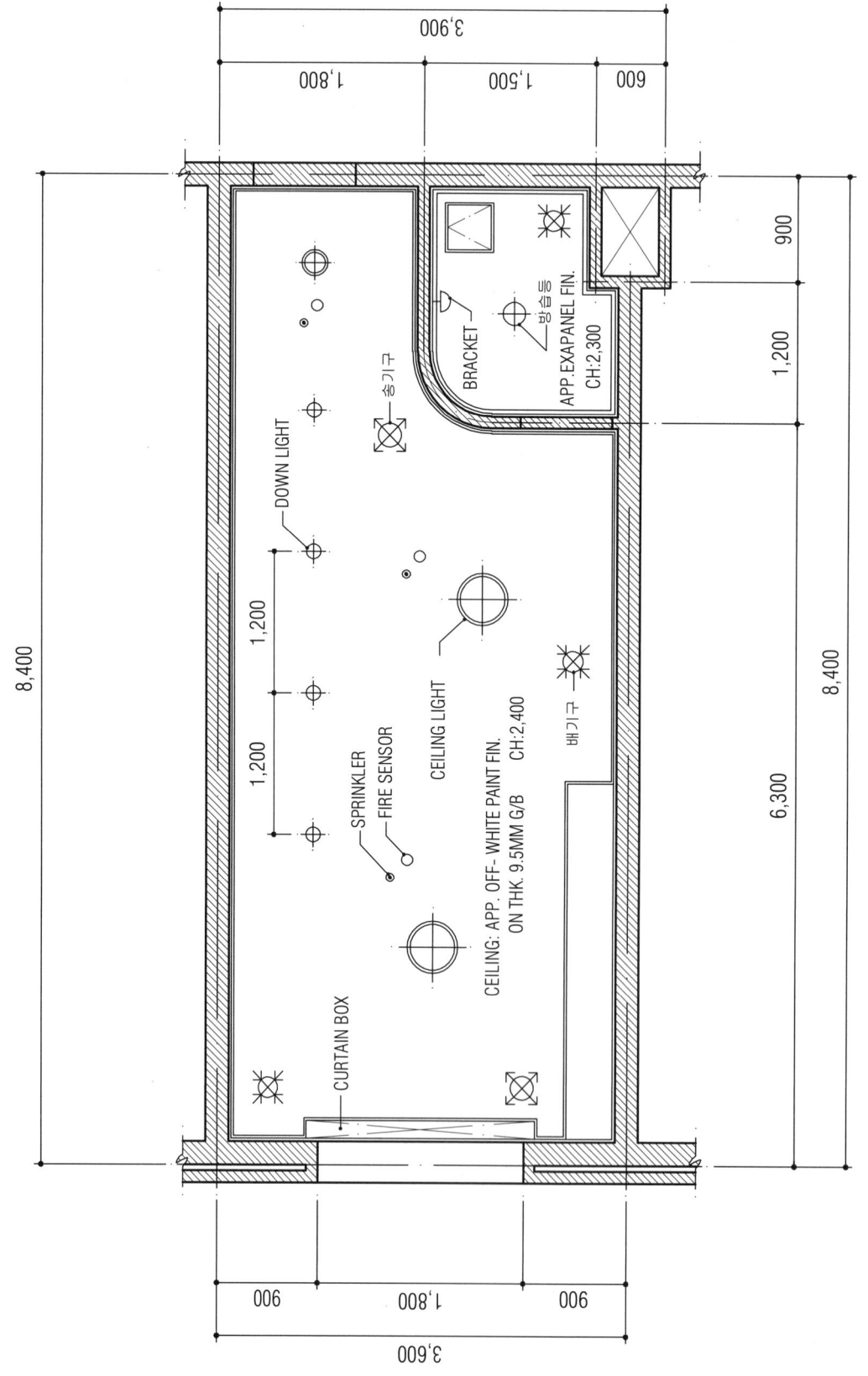

천 정 도 SCALE = 1/30

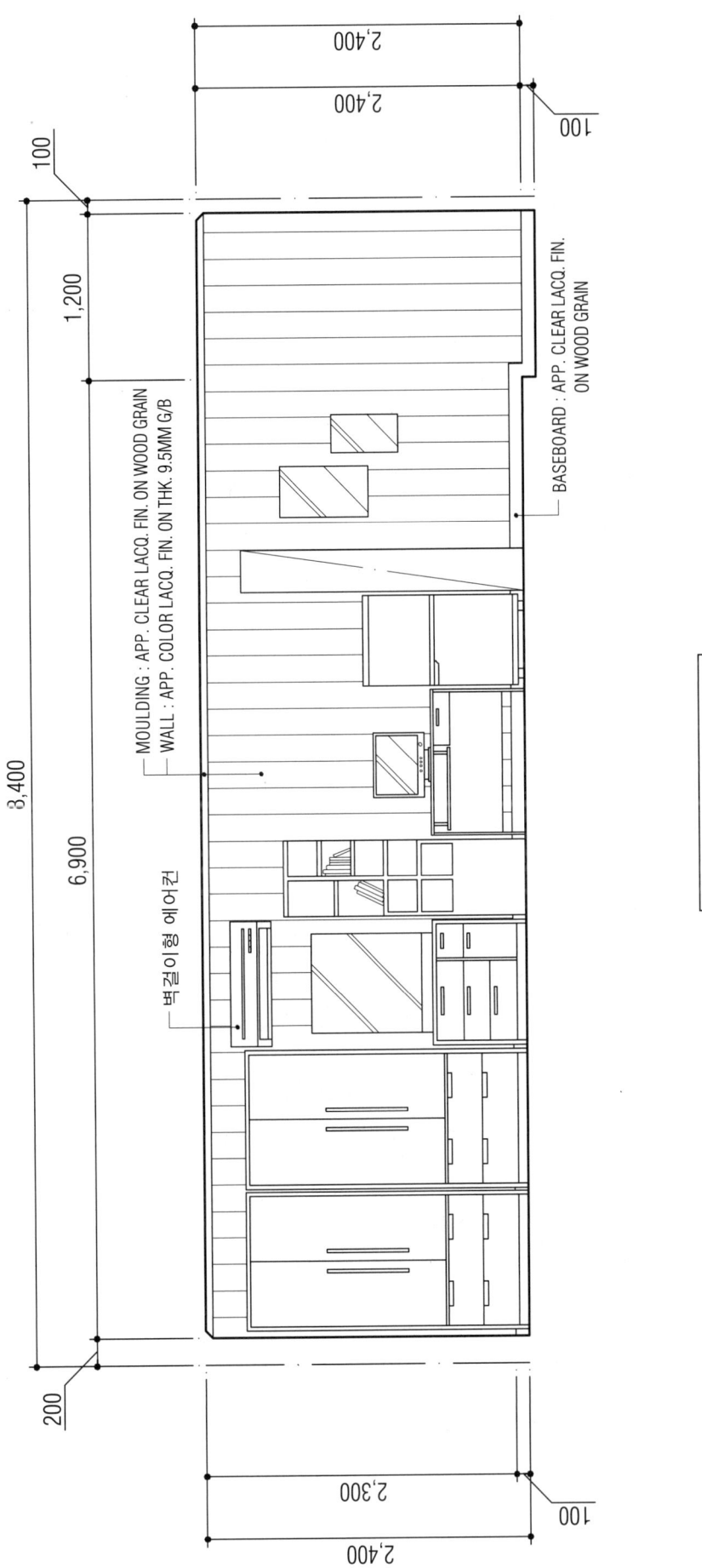

내부입면도 A SCALE = 1/50

실 내 투 시 도
SCALE = N.S

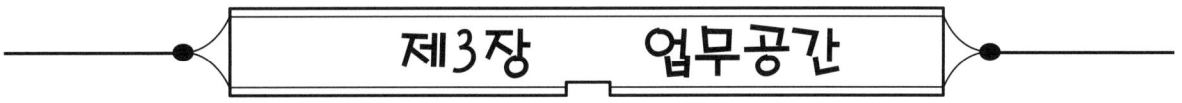

제3장 업무공간

[실습과제 1] 인테리어 사무실

1. 요구사항
   주어진 도면은 인테리어 사무실의 평면도이다. 요구조건에 따라 도면을 설계하시오.

2. 요구조건
   ① 설계면적 : 9.5m×3.5m×2.6m(H)
   ② 디자이너 공간 : 디자이너 1명, 컴퓨터테이블, 제도책상, Movable의자1, 상담의자1, Easy Chair Set
   ③ 비서 1인 공간 : 업무 책상, 컴퓨터 desk, 탕비실, 대기공간
   ④ 수납공간 : 옷장, 화일 Box, 책장
   ※탕비실을 제외한 면적은 모두 open space로 한다.

3. 요구도면 - ① 평면도 SCALE : 1/30
              ② 천정도 SCALE : 1/50
              ③ 전개도2면 SCALE : 1/50
              ④ C-C′단면상세도 SCALE : 1/50
              ⑤ 실내투시도 SCALE : N.S (계획의 포인트가 좋은 지점에서 1소점 또는 2소점 투시도법으로 작성하되, 작성과정의 투시보조선을 반드시 남길 것)

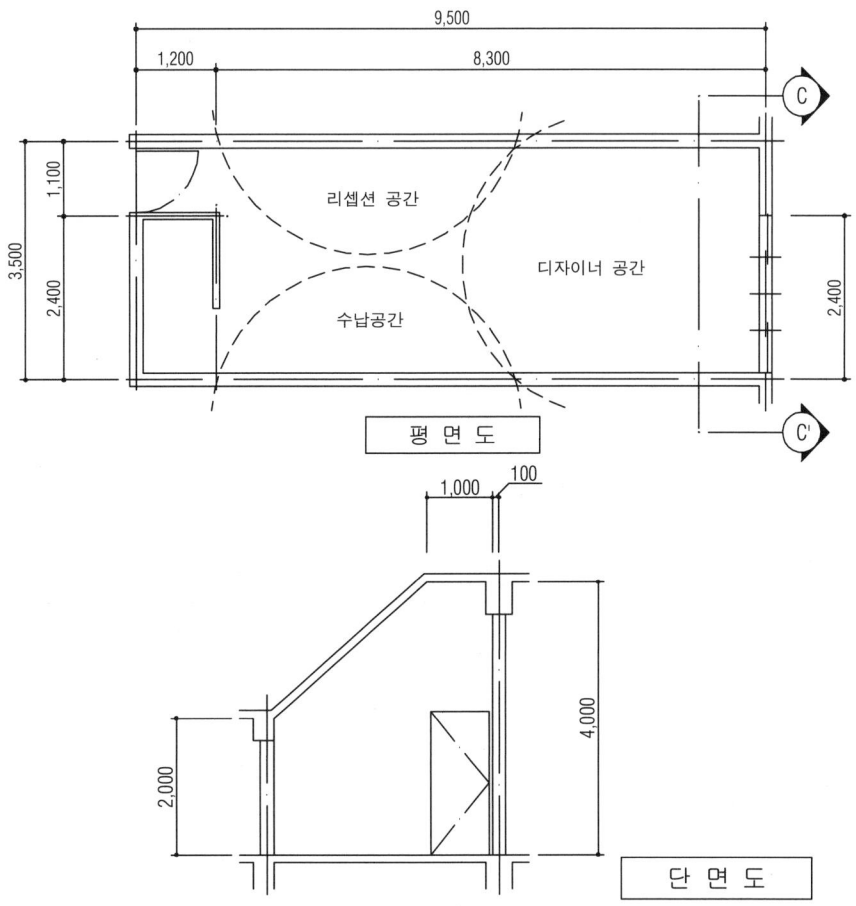

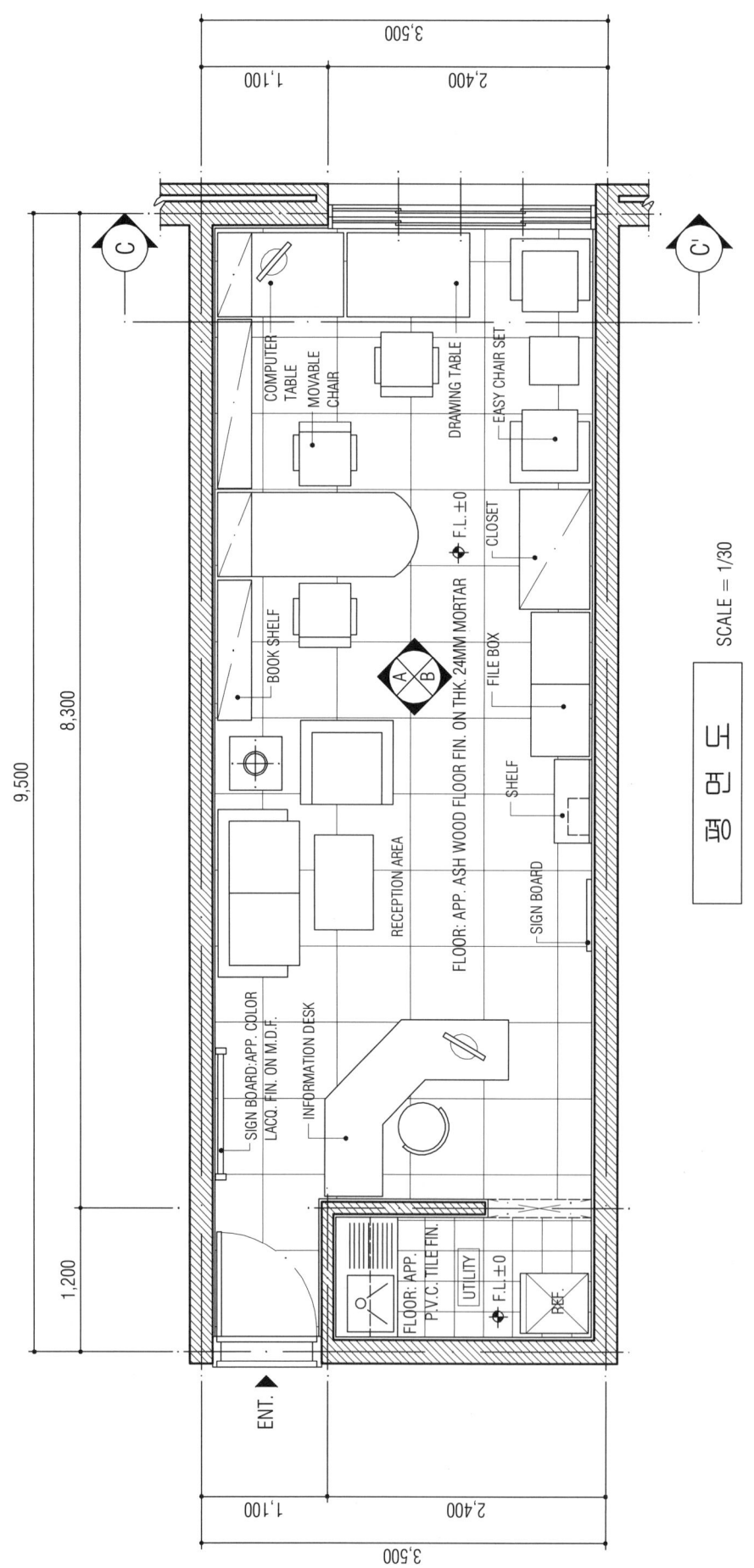

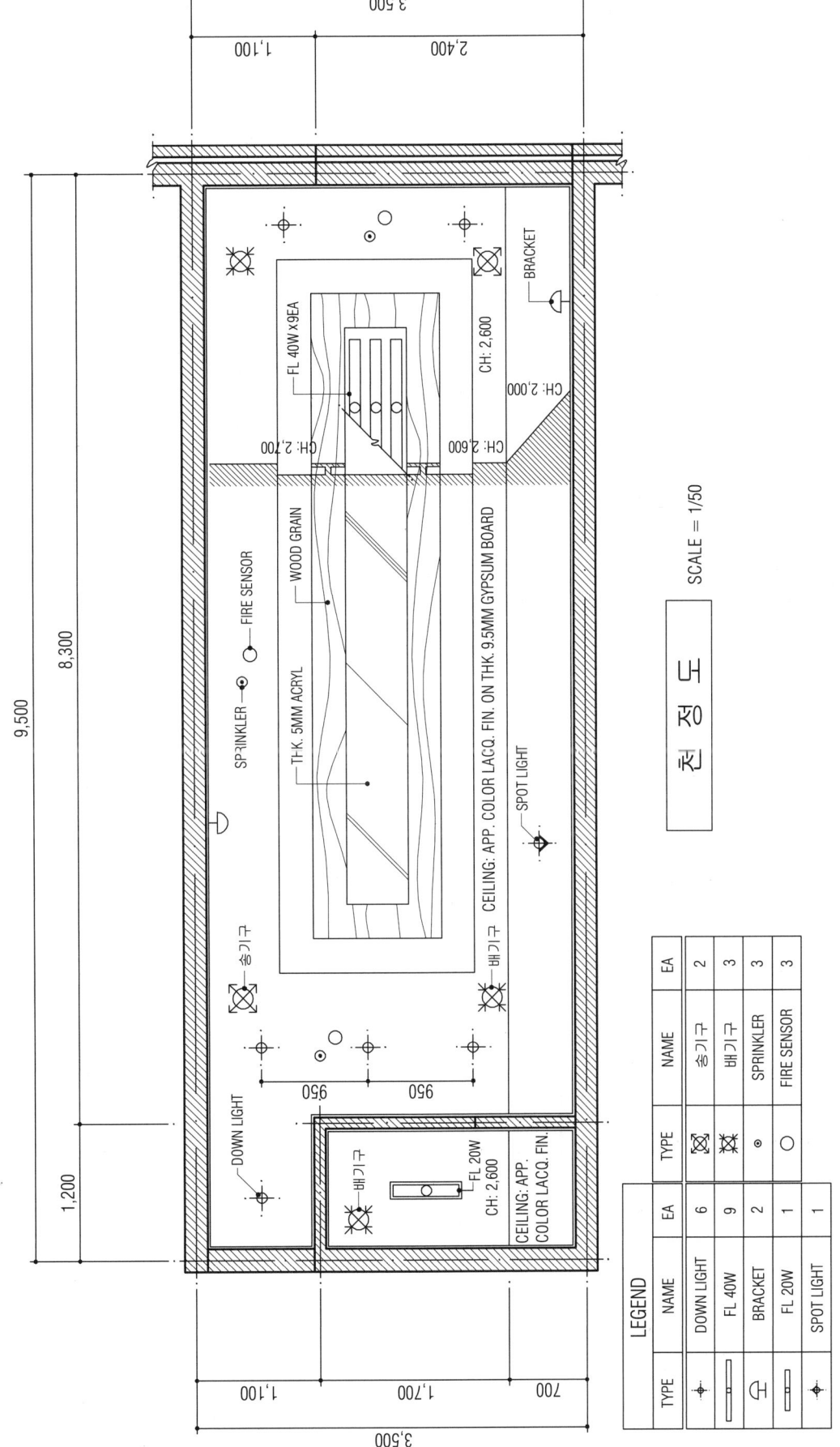

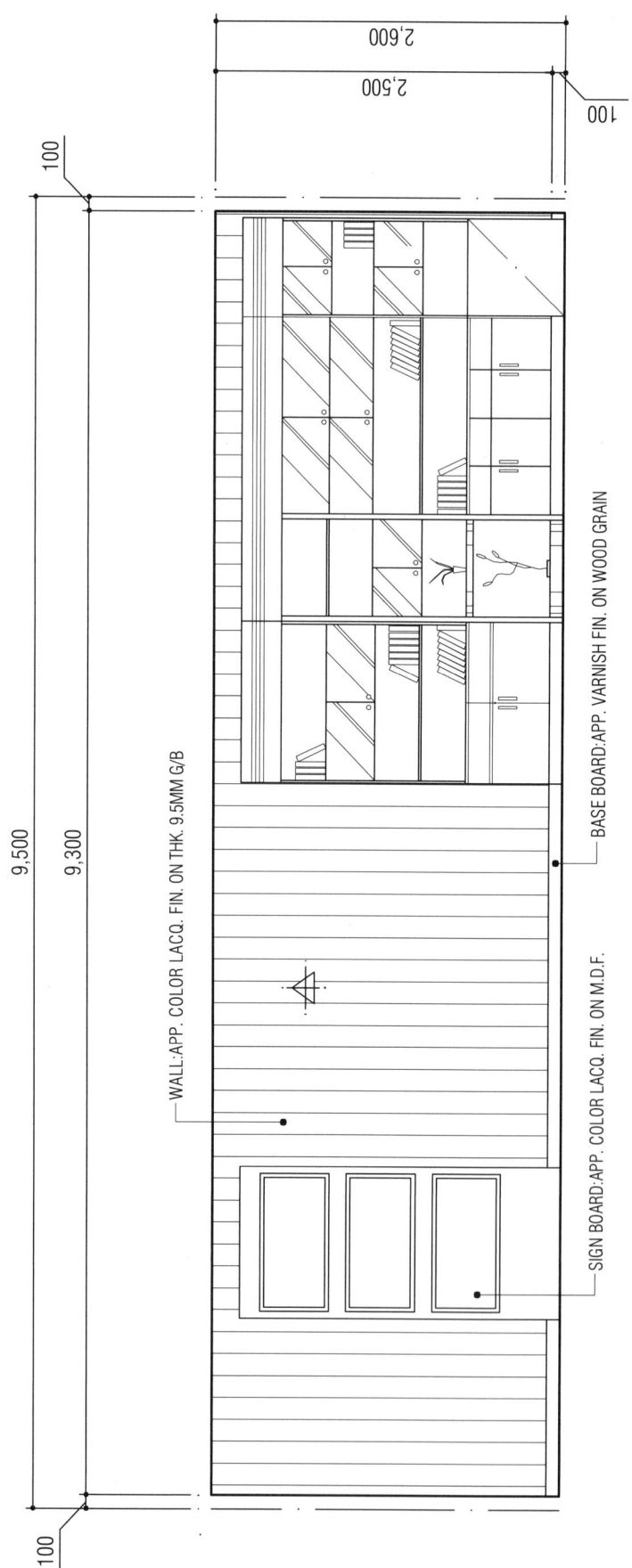

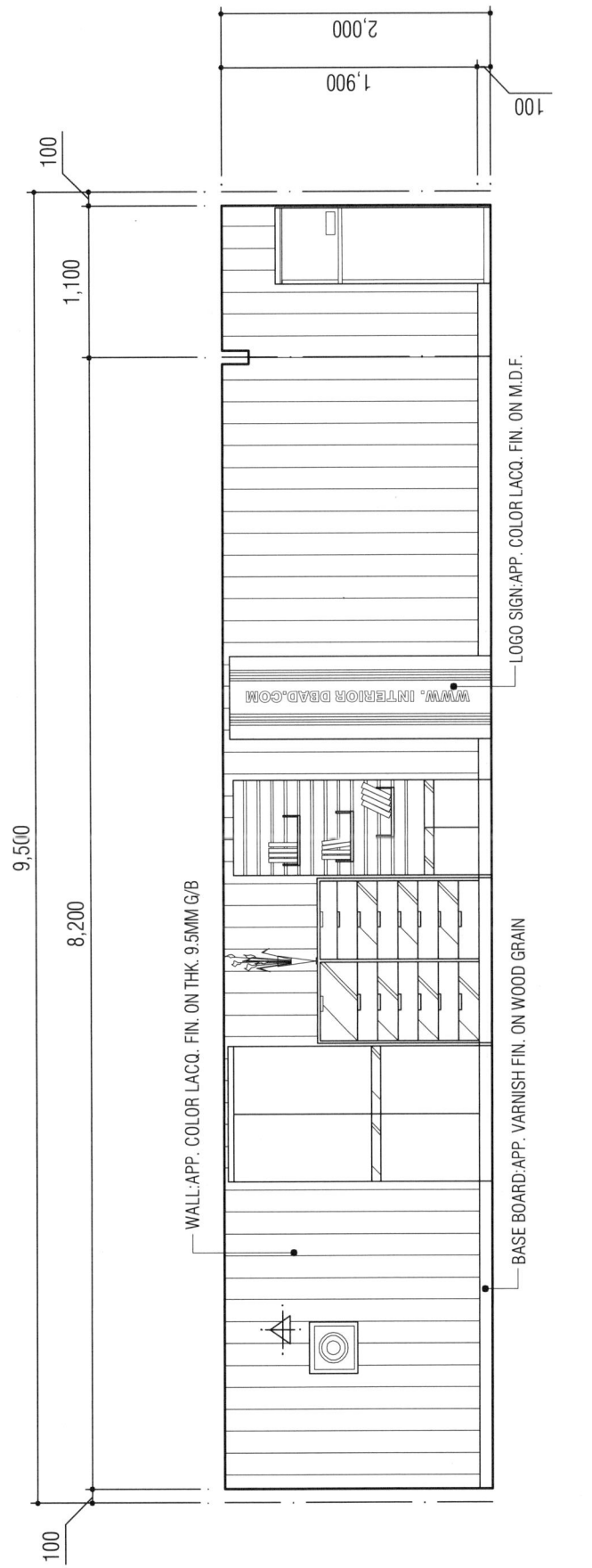

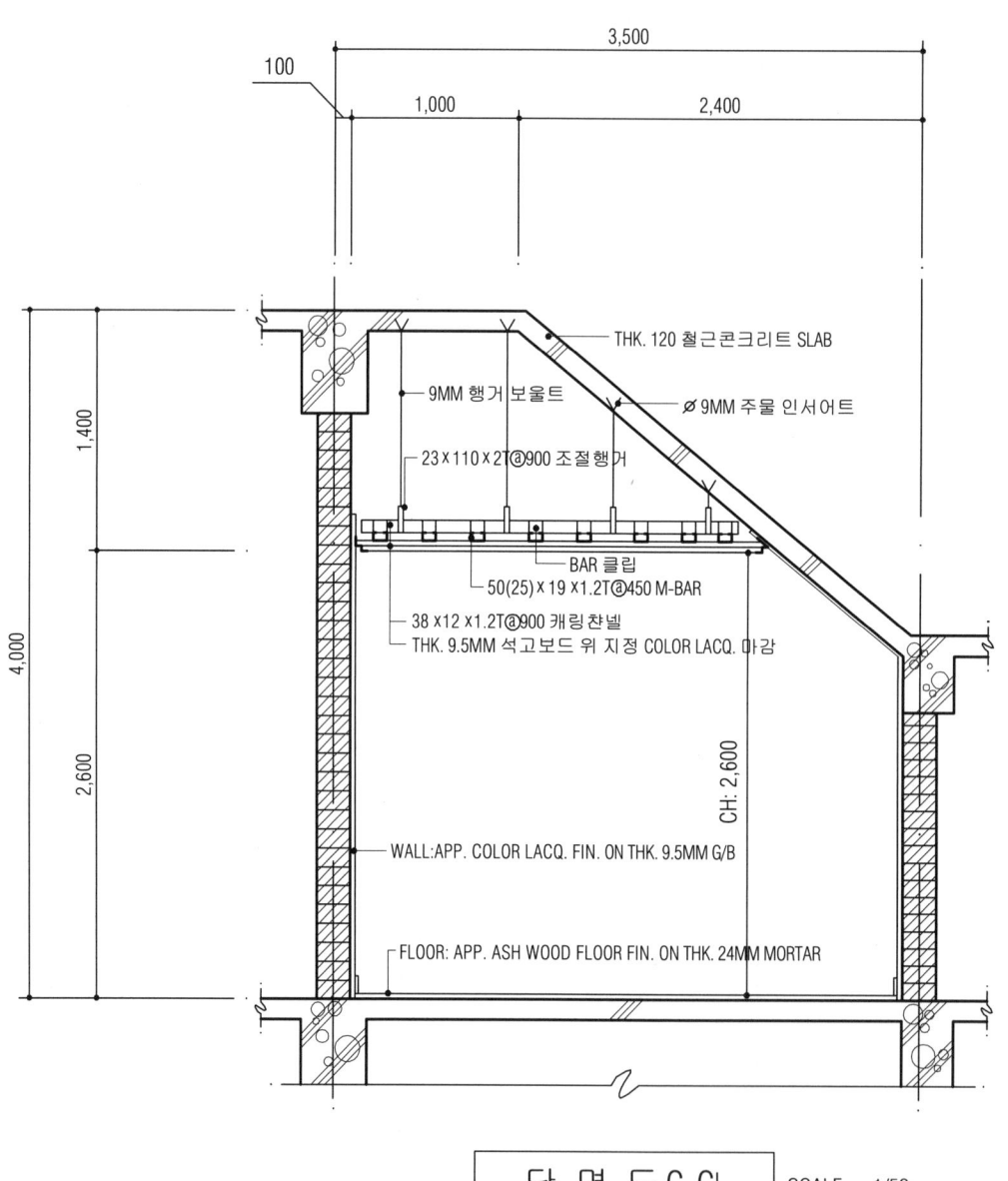

단면도 C-C' SCALE = 1/50

실내투시도 SCALE = N.S

업무공간

[실습과제 2] 광고기획디자인회사 사무실

1. 요구사항

   주어진 도면은 상업지역내에 위치한 광고기획디자인회사 사무실 평면도이다.
   다음의 요구조건에 따라 도면을 작성하시오.

2. 요구조건

   ① 설계면적 : 11,400×9,000×3,000mm(H)
   ② 인적구성 : 대표1명, 실장1명, 직원4명
   ③ 요구공간 : 대표실, 회의실, 업무공간, 탕비실 및 휴게공간, 대기공간
   ④ 필요집기 : 1) 대표실 : 책상, 의자, 책장, 4인 회의테이블 및 의자

      2) 회의실 : 6인 회의테이블 및 의자, 책장

      3) 업무공간 : 인원구성에 필요한 사무용 책상, 의자, 책장, 소형회의테이블 및 의자

      4) 탕비실 및 휴게공간 : 4인 테이블 및 의자, 필요집기

      5) 대기공간 : 테이블, 대기의자

3. 요구도면

   ① 평면도(가구배치 및 바닥마감재 표기) SCALE : 1/50
   ② 천장도(설비, 조명기구 배치 및 범례표 작성/천장마감재 표기) SCALE : 1/50
   ③ 내부입면도 A방향 1면(벽면재료 표기) SCALE : 1/50
   ④ 단면상세도(A-A´) SCALE : 1/50
   ⑤ 실내투시도(채색작업은 필수) SCALE : N.S
      (계획의 포인트가 좋은 지점에서 1소점 또는 2소점 투시법으로 작성하되, 작성과정의 투시보조선을 남길 것)

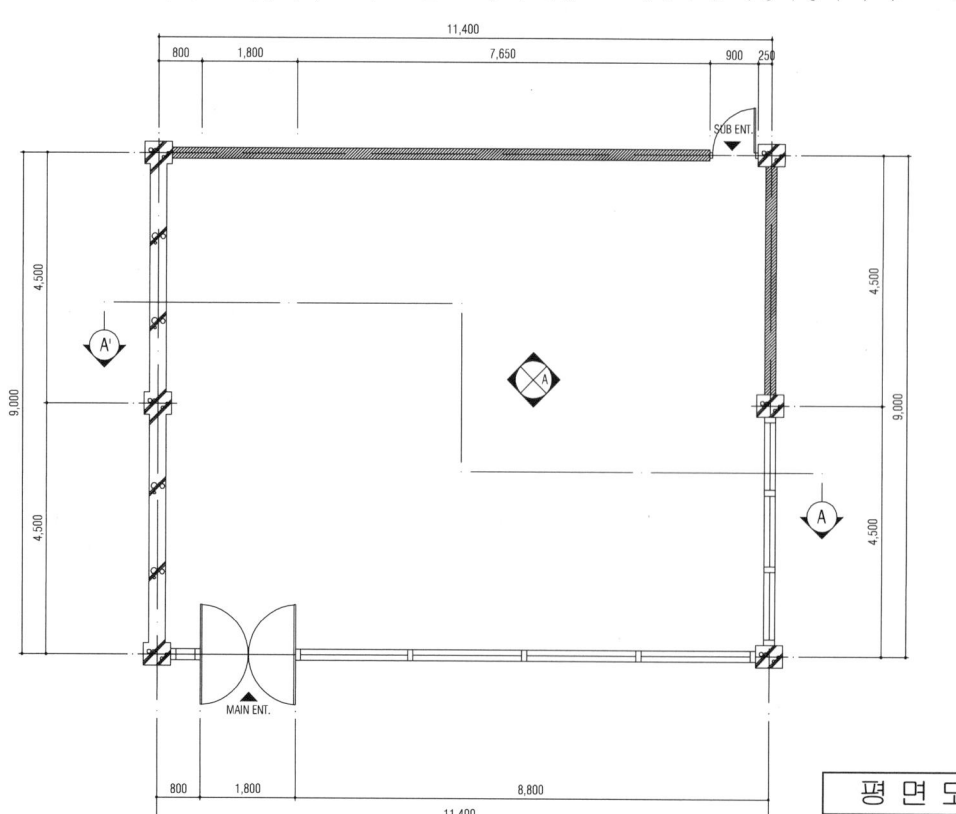

평 면 도

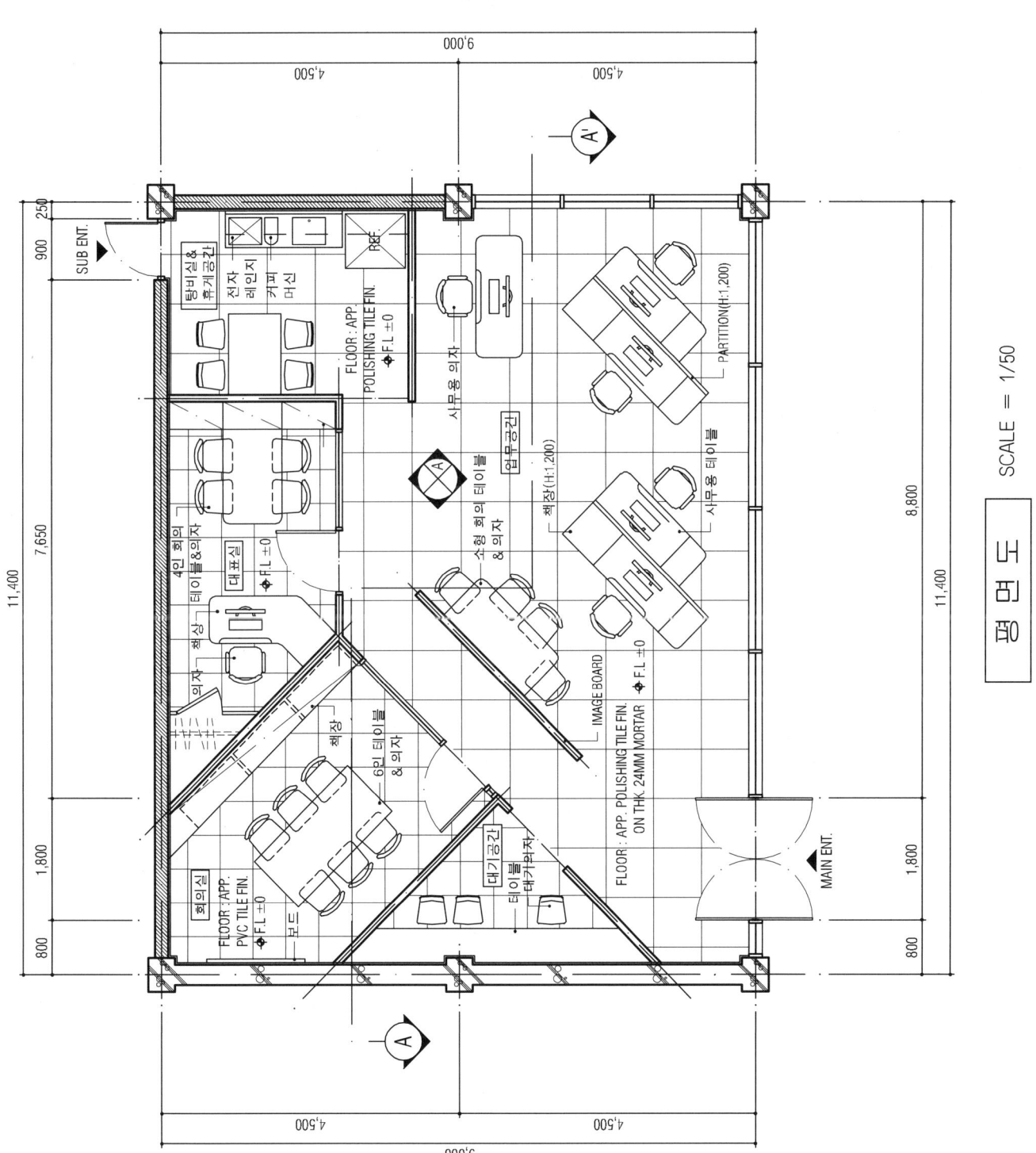

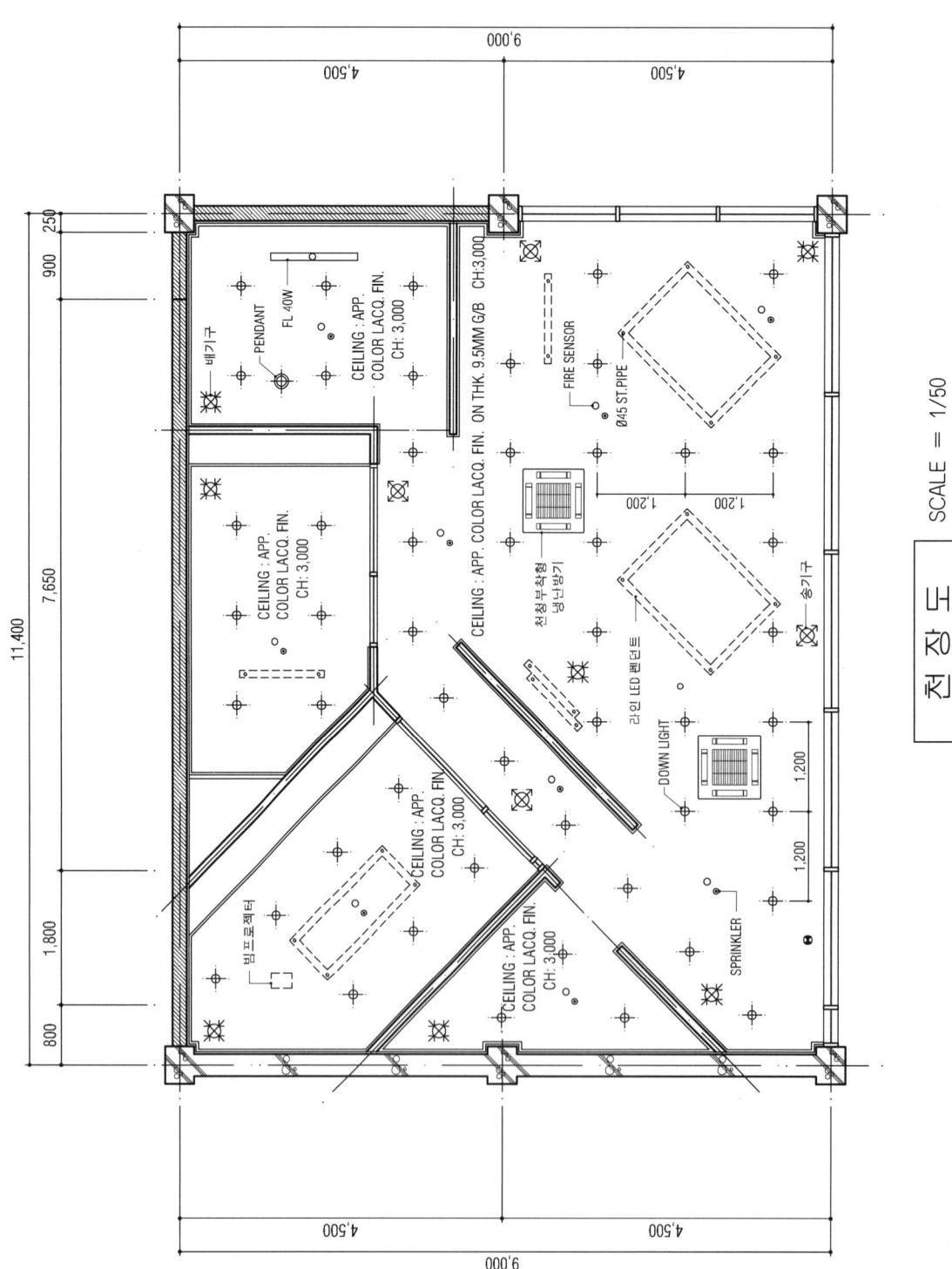

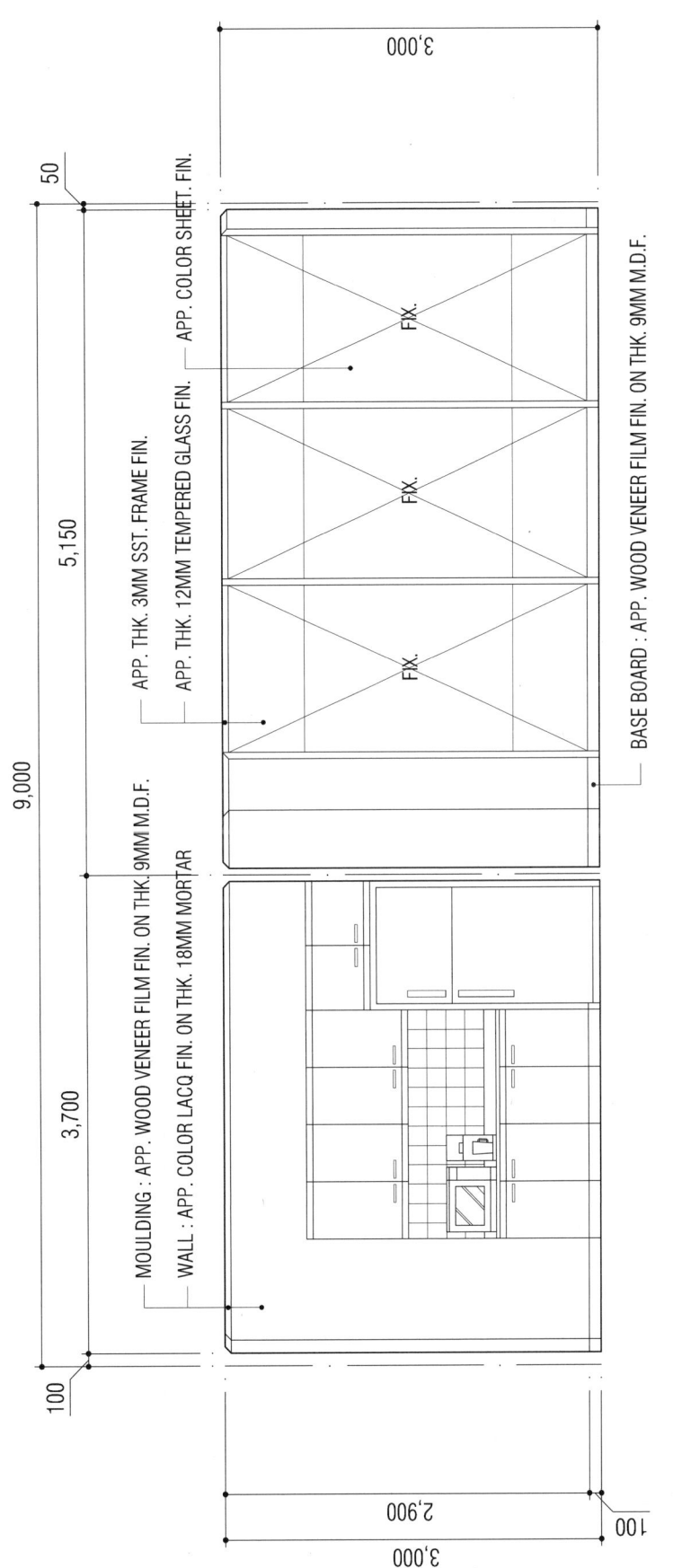

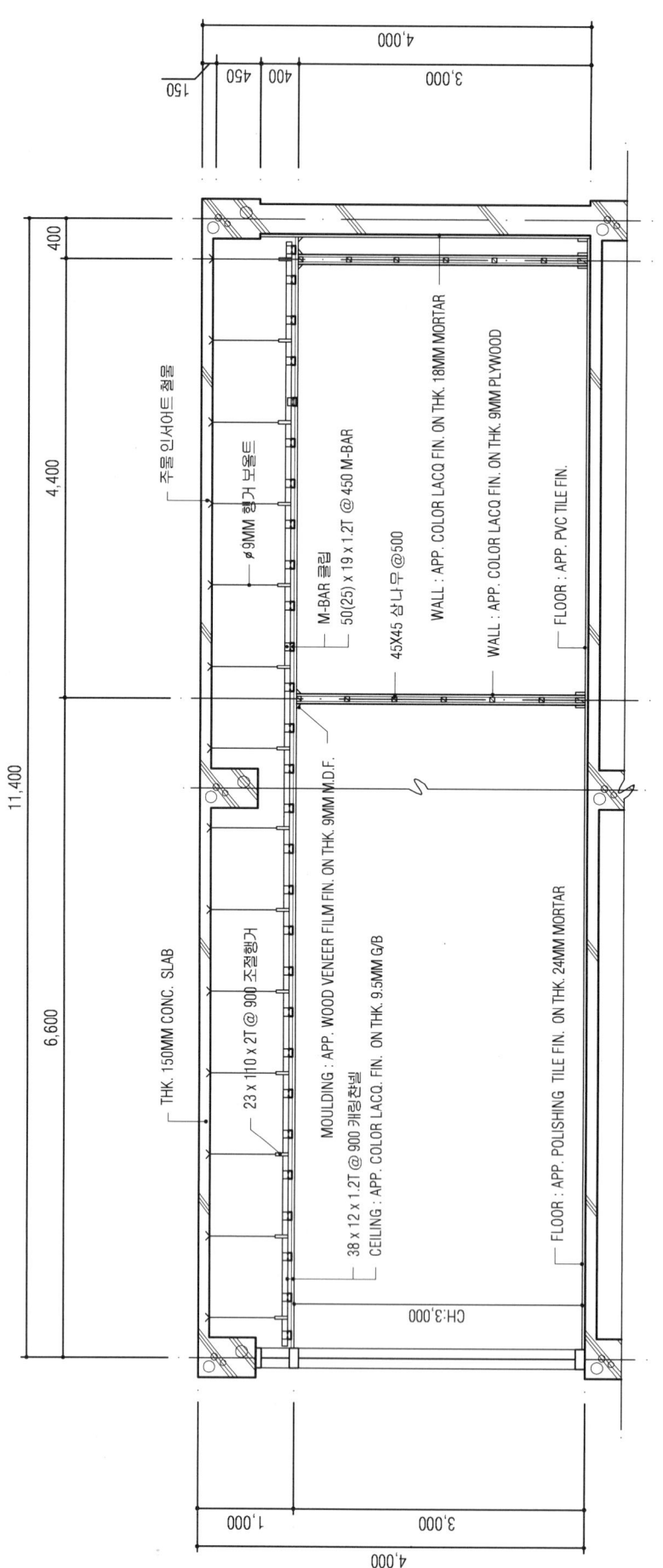

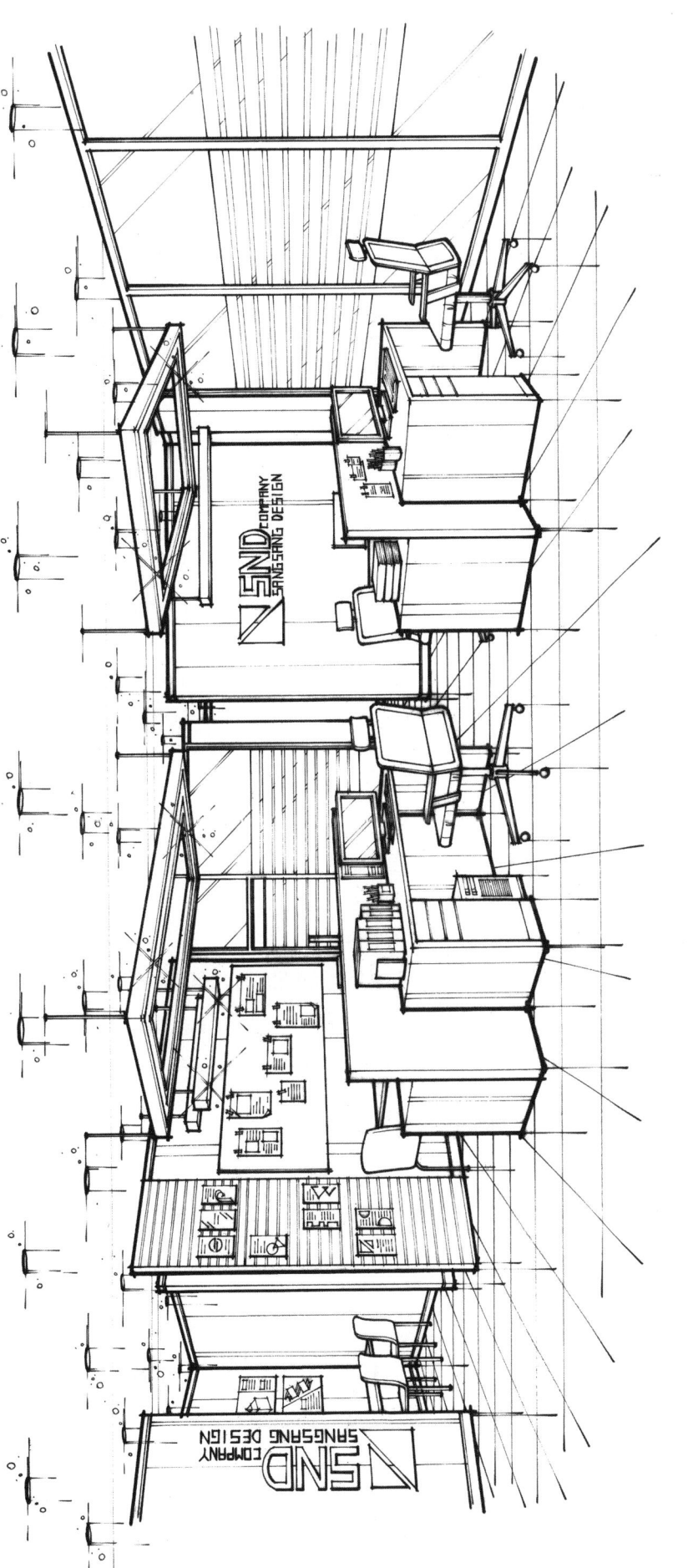

실내투시도 SCALE = N.S

업무공간

[실습과제 3] 벤처오피스

1. 요구사항

   주어진 도면은 도심 대로변 상업지역에 위치한 오피스텔 건물의 한 공간으로써 소규모 벤처 사무실 용도로 사용할 공간이다. 다음의 요구조건에 따라 도면을 작성하시오.

2. 요구조건
   ① 설계면적 : 4.2m×8.4m×2.4m(H)
   ② 인적구성 : 벤처창업자 2인, 사무원 2인
   ③ 요구공간 : ·OPEN OFFICE-PLAN으로 주거용 오피스텔은 아니며, 화장실 및 SINK 위치는 유지한다.
   　　　　　　·사무용 테이블 SET -규격 및 개수 임의　　·회의용 테이블 SET -규격 및 개수 임의
   　　　　　　·보조테이블　　　　　　　　　　　　　　·책장 및 수납장-규격 및 개수 임의
   　　　　　　·화장실은 주어진 공간에 양변기, 세면대 설치　·복사기, 프린터, FAX기기
   　　　　　　·팬코일 유니트 공간은 냉.난방을 위한 설비 공간으로 (폭450×높이800)창문에 위치하며, 가구, 집기 등은 배치하지 않는다.
   　　　　　　·기타 필요한 집기, 가구 등의 추가는 수검자 임의 사항

3. 요구도면
   ① 평면도(가구배치 및 바닥마감재 표기) SCALE : 1/30
   ② 천정도(설비, 조명기구 배치 및 범례표 작성) SCALE : 1/30
   ③ 내부입면도 B방향 1면(벽면재료 표기) SCALE : 1/30
   ④ 실내투시도(채색작업 필수) SCALE : N.S
   　(계획의 포인트가 좋은 지점에서 1소점 또는 2소점 투시법으로 작성하되, 작성과정의 투시보조선을 남길 것)

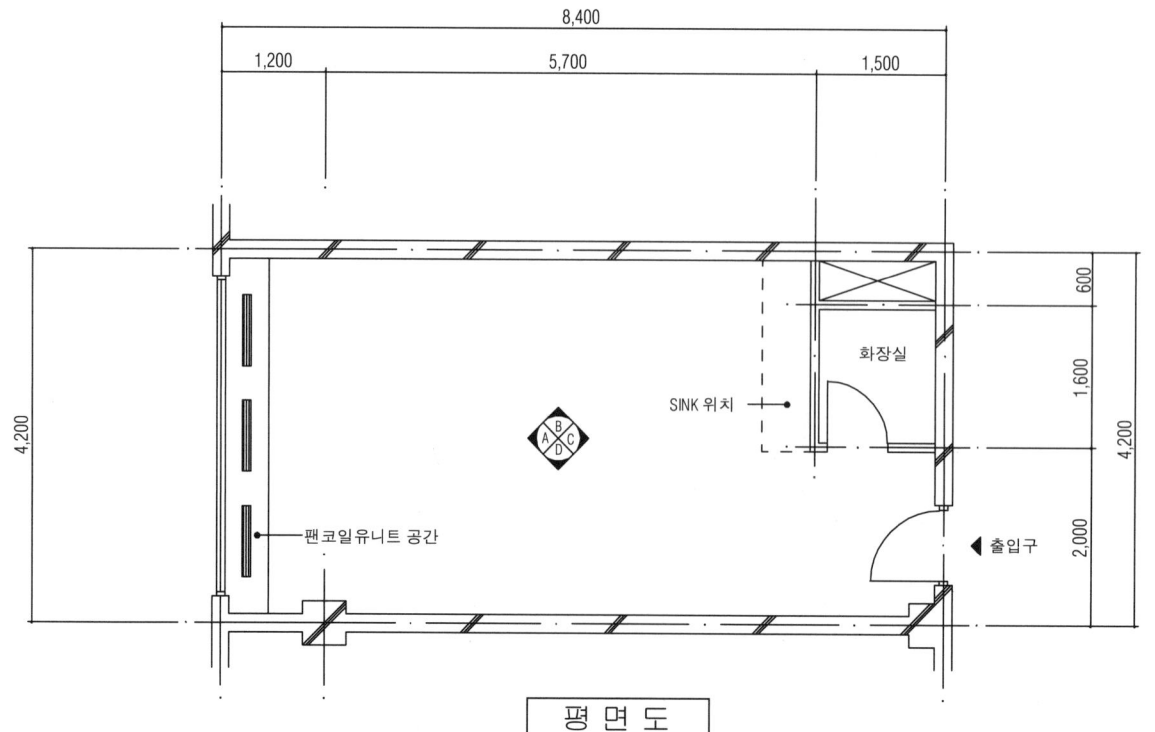

평면도

제3장 업무공간 · 295

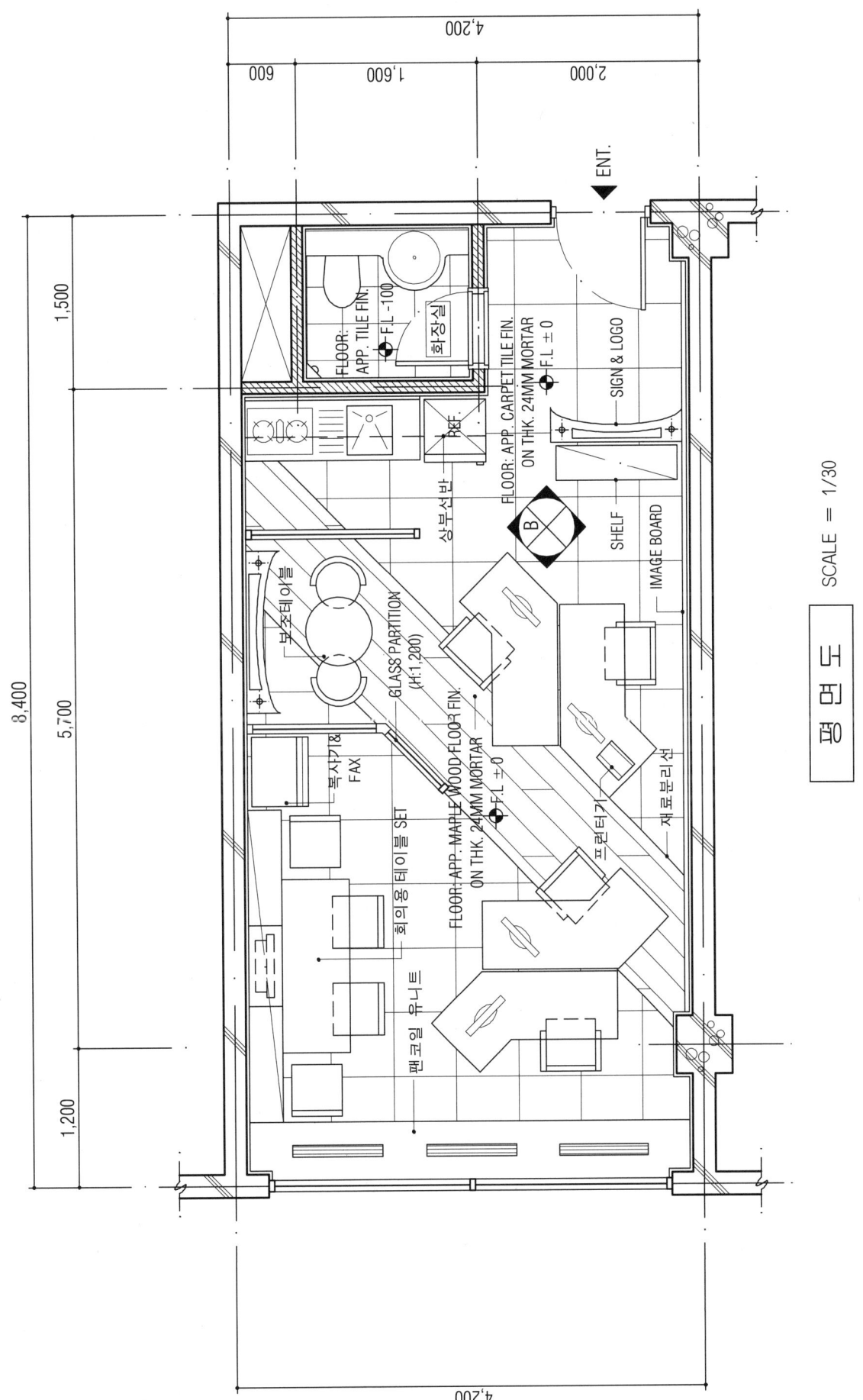

평면도 SCALE = 1/30

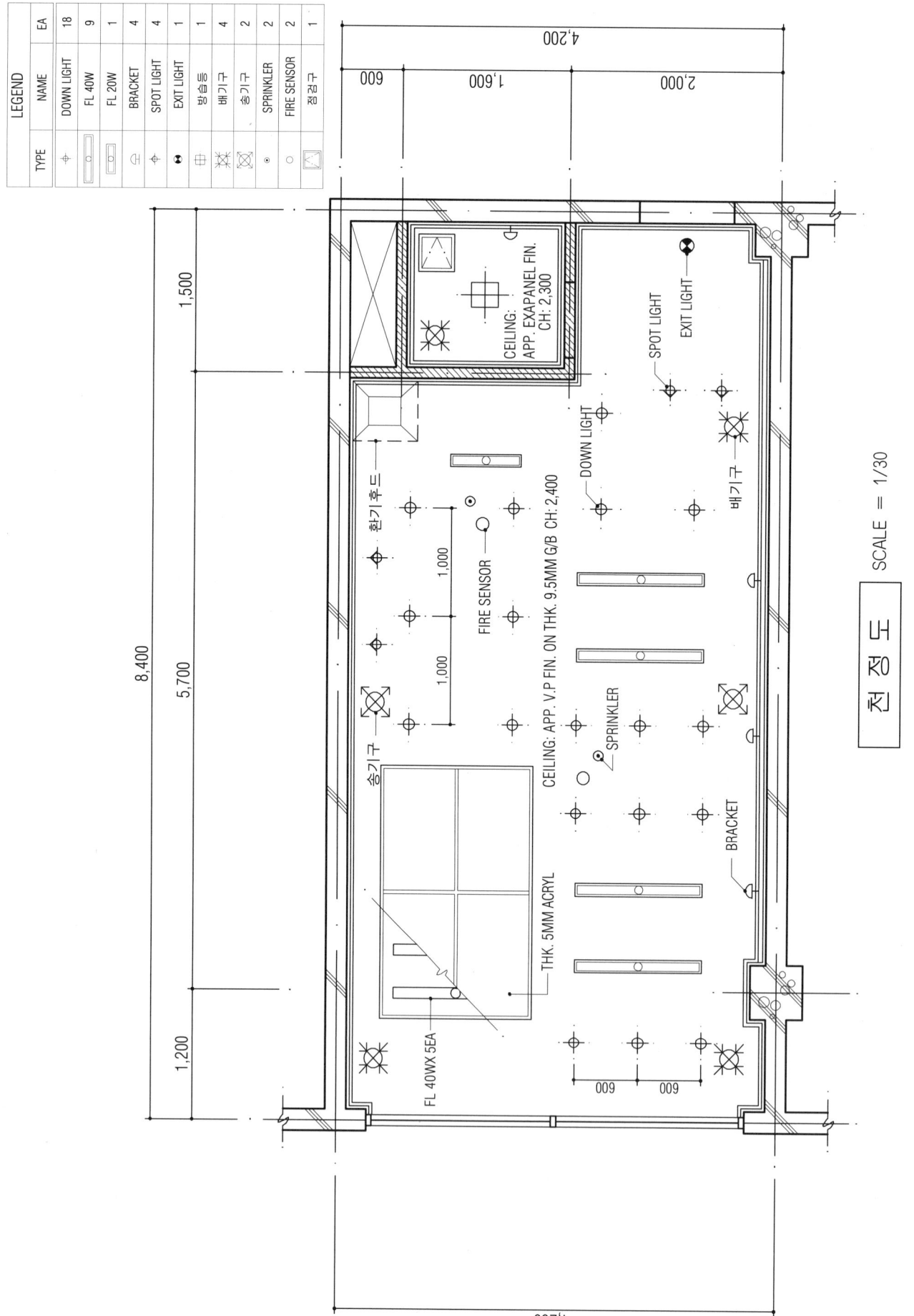

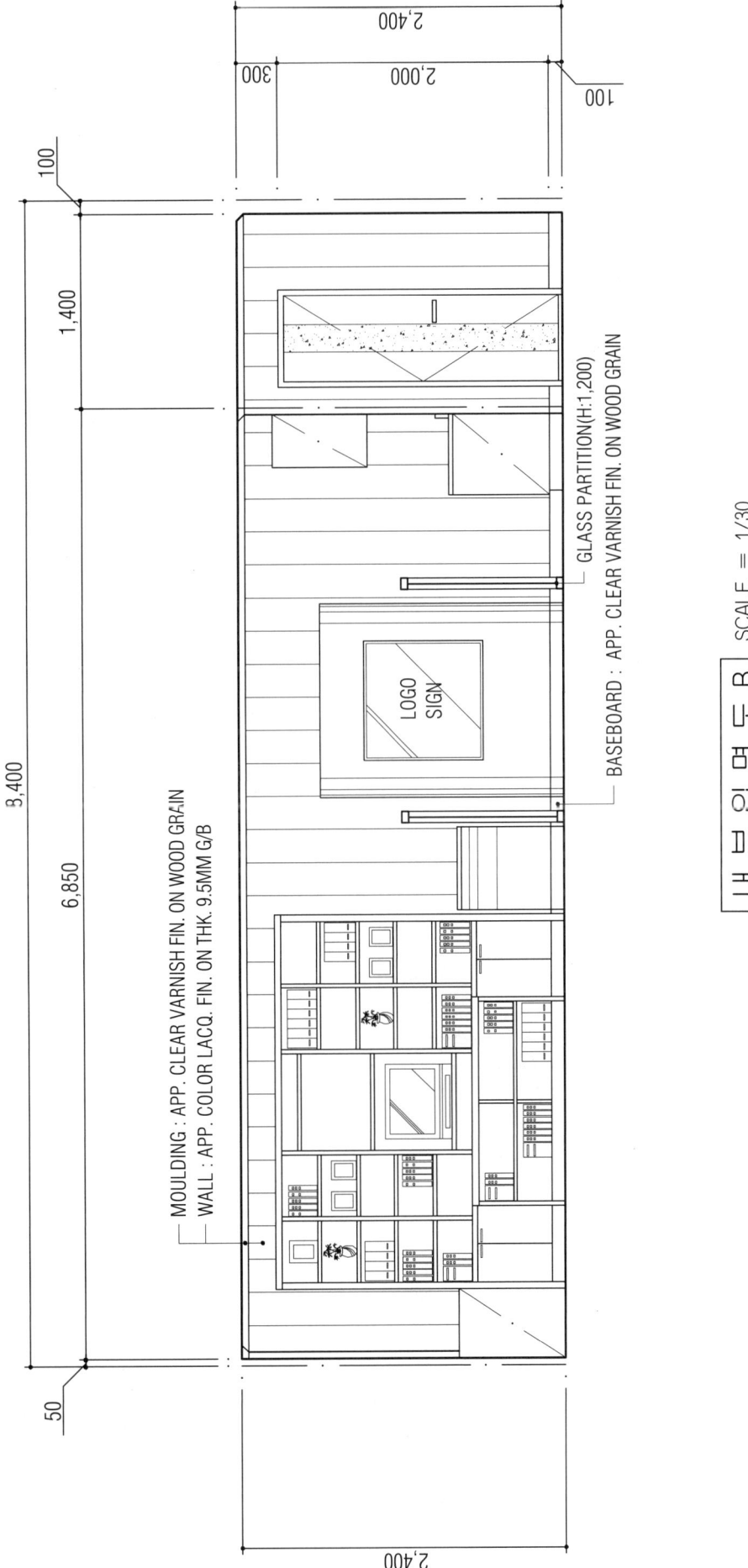

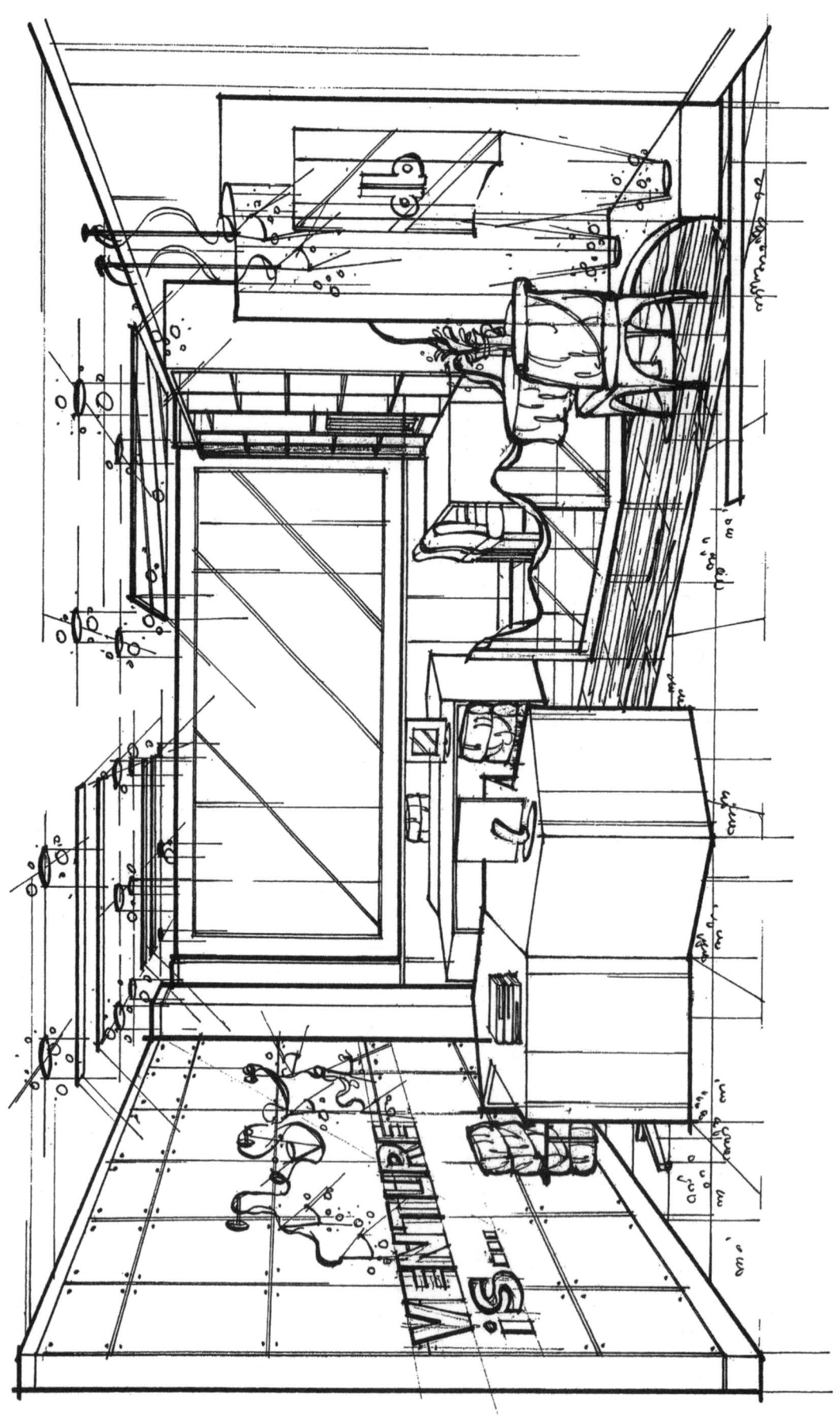

실내투시도 SCALE = N.S

제4장 전시공간

[실습과제 1] 귀금속 전문점

1. 요구사항
   주어진 도면은 상업중심지역내에 위치한 귀금속 전문점이다.
   다음 요구조건에 따라 도면을 작성하시오.

2. 요구조건
   ① 설계면적 : 9,000×6,600×2,700mm(H)
   ② 인적구성 : 3명
   ③ 요구공간 : 판매공간, 쇼윈도우, 서비스실(보석 수리 및 감정)
   ④ 필요집기 : 쇼케이스, 귀금속진열장, 상담좌석

3. 요구도면
   ① 평면도 SCALE : 1/50
      - 가구배치 포함, 평면 계획의 디자인 의도·방향 등을 200자 내외로 쓰시오.
   ② 천정도(설비, 조명기구 배치 및 범례표 작성/천장마감재 표기) SCALE : 1/50
   ③ 내부입면도 C방향 1면(벽면재료 표기) SCALE : 1/50
   ④ 단면상세도(A-A′) SCALE : 1/50
   ⑤ 실내투시도(채색작업은 필수) SCALE : N.S
      (계획의 포인트가 좋은 지점에서 1소점 또는 2소점 투시법으로 작성하되, 작성과정의 투시보조선을 남길 것)

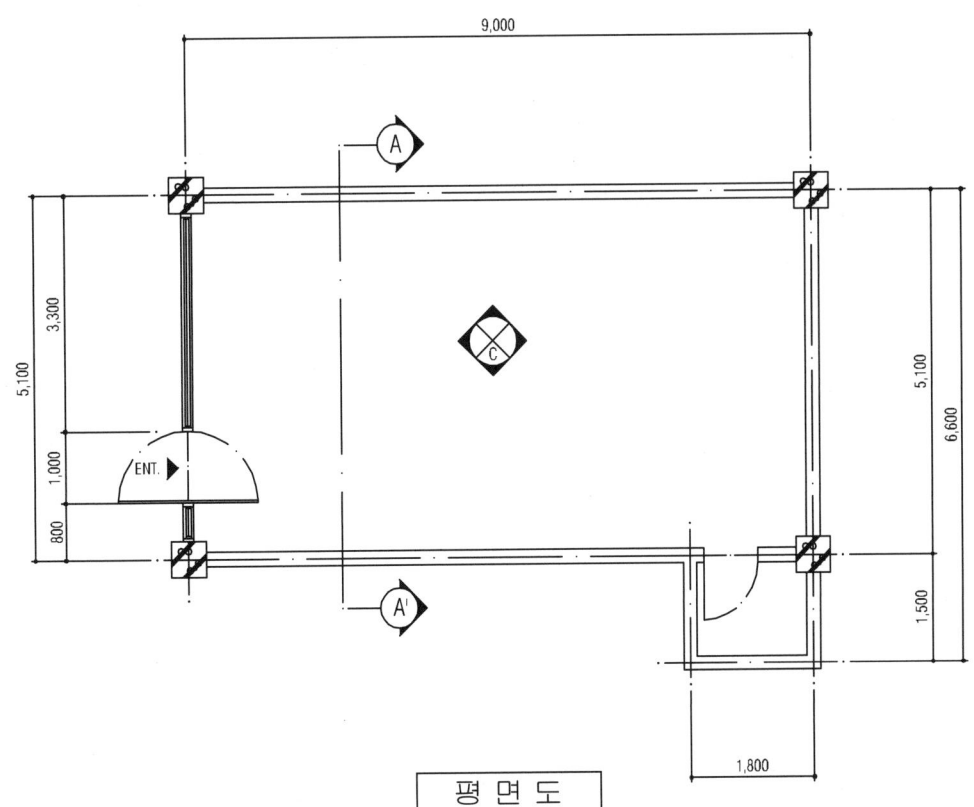

평 면 도

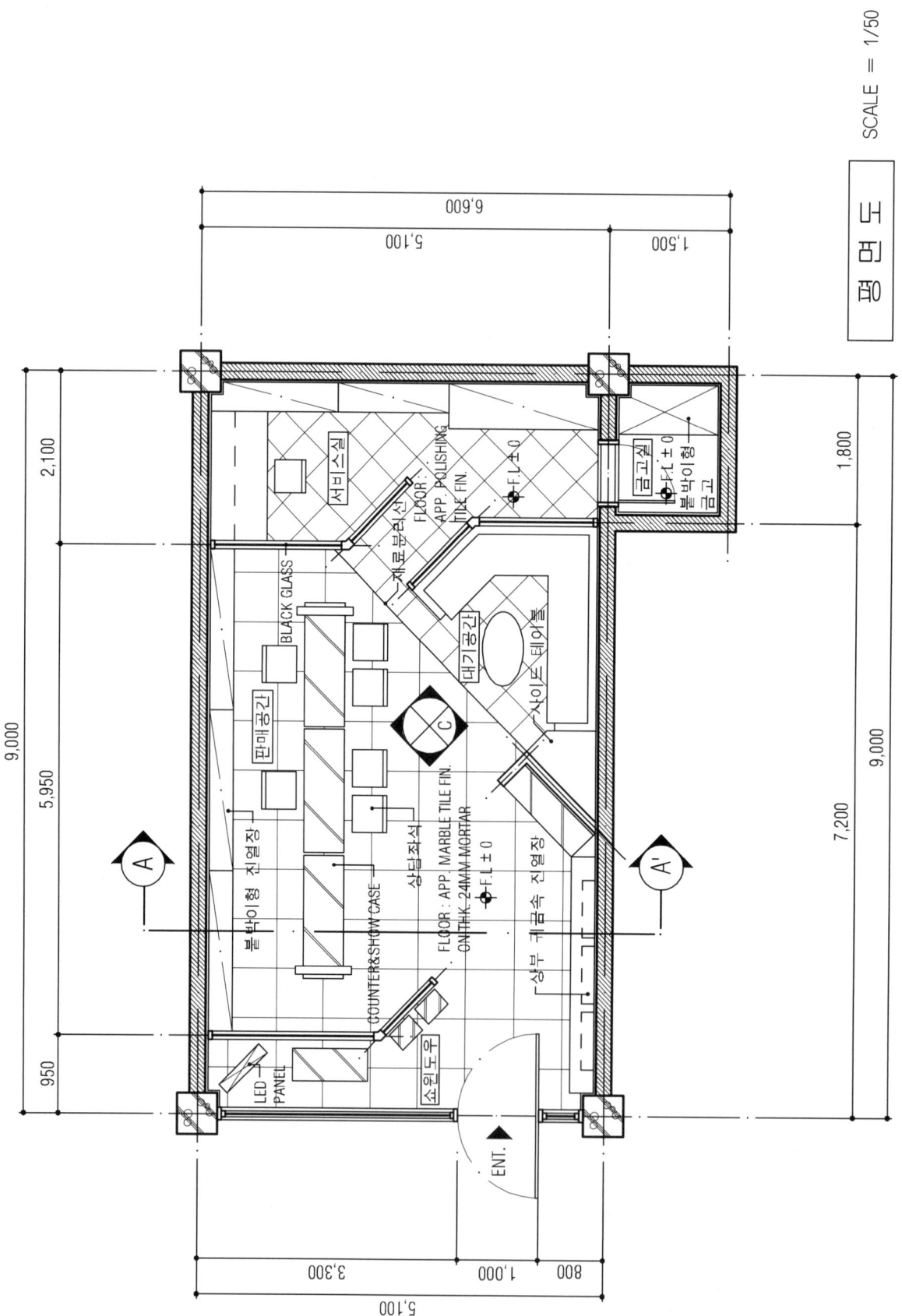

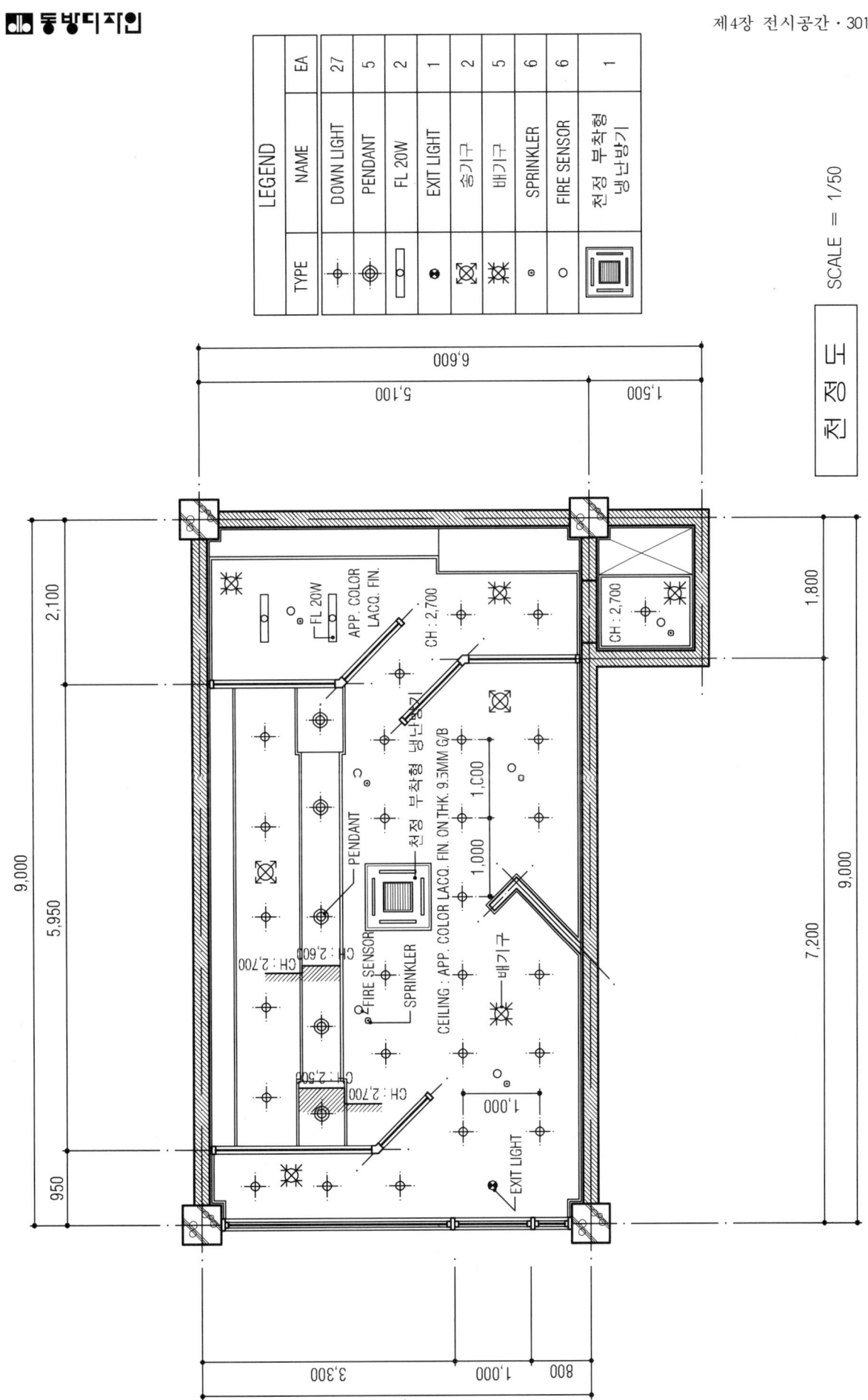

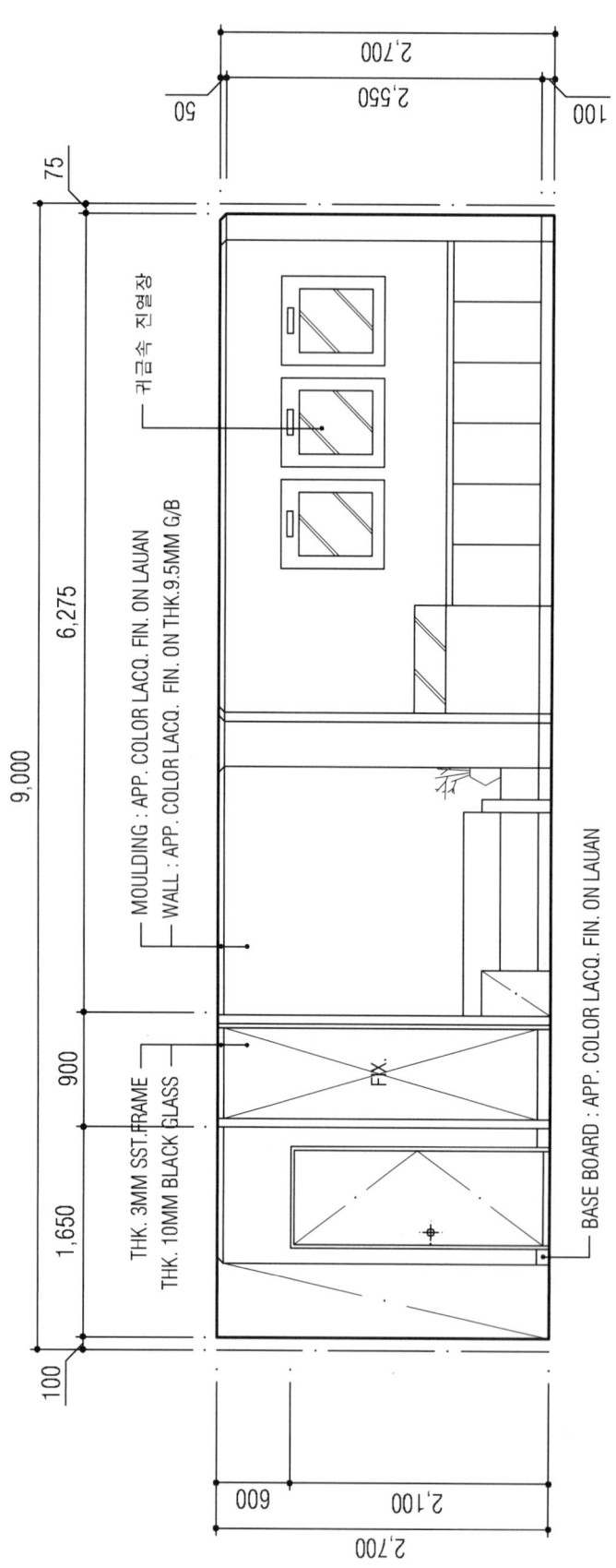

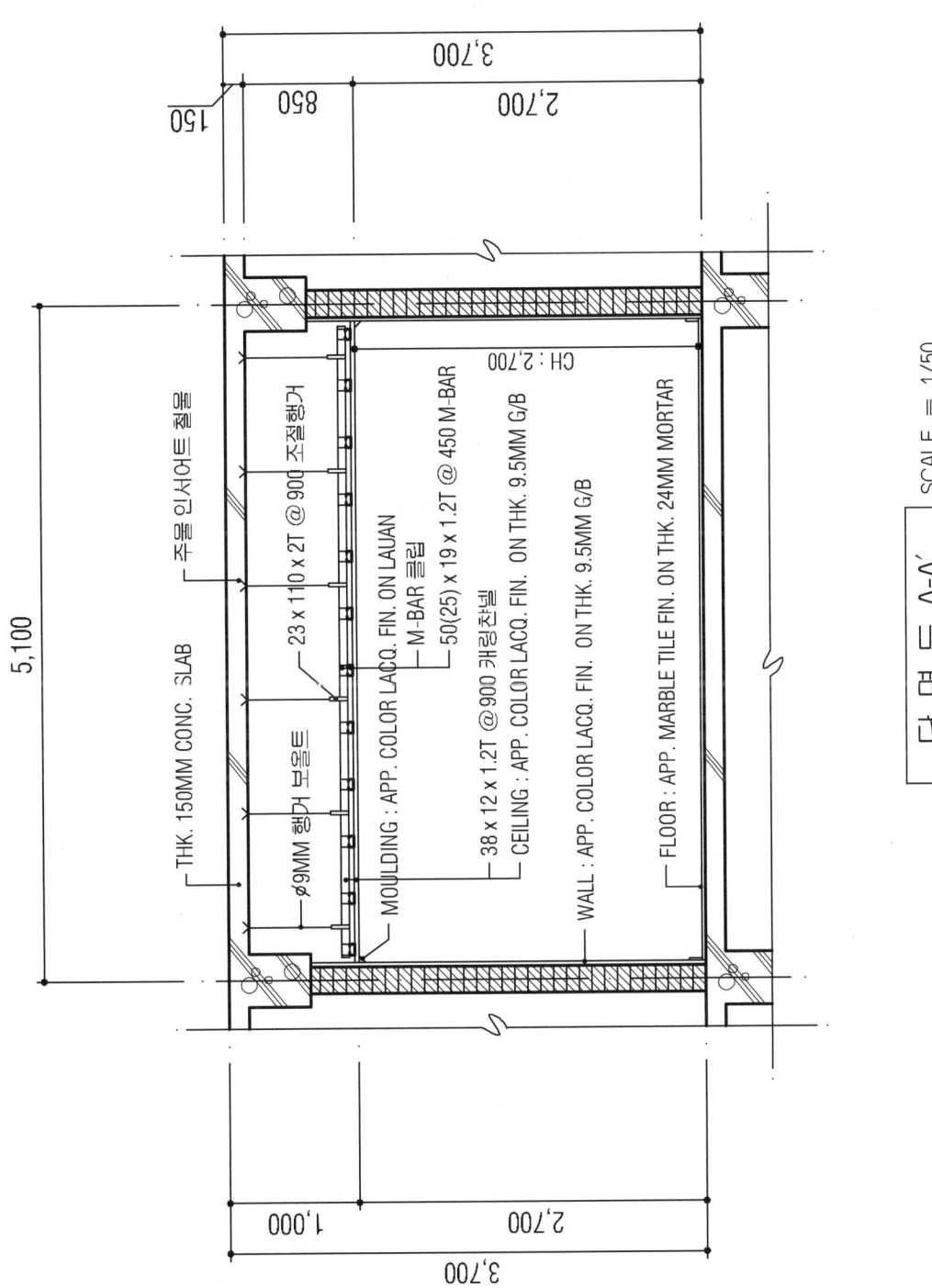

단면도 A-A' SCALE = 1/50

실내투시도 SCALE = N.S

전시공간

[실습과제 2] 자동차 전시판매 대리점

1. 요구사항
   주어진 도면은 상업중심지역내에 위치한 자동차 전시판매 대리점이다.
   다음 요구조건에 따라 도면을 작성하시오.

2. 요구조건
   ① 설계면적 : 13,800×9,000×3,000mm(H)
   ② 인적구성 : 점장 1명, 점원 4명 근무
   ③ 요구공간 : 사무공간(오픈형으로 계획, 점원수 고려), 탕비실(별도의 공간 구획), 상담공간,
      판매 및 전시공간, 자동차 3대 이상, 점원용 책상 등 필요한 사무집기.

3. 요구도면
   ① 평면도 SCALE : 1/50
   ② 천정도(설비, 조명기구 배치 및 범례표 작성/천장마감재 표기) SCALE : 1/50
   ③ 내부입면도 B방향 1면(벽면재료 표기) SCALE : 1/50
   ④ 단면상세도(A-A´) SCALE : 1/50
   ⑤ 실내투시도(채색작업은 필수) SCALE : N.S
      (계획의 포인트가 좋은 지점에서 1소점 또는 2소점 투시법으로 작성하되, 작성과정의 투시보조선을 남길 것)

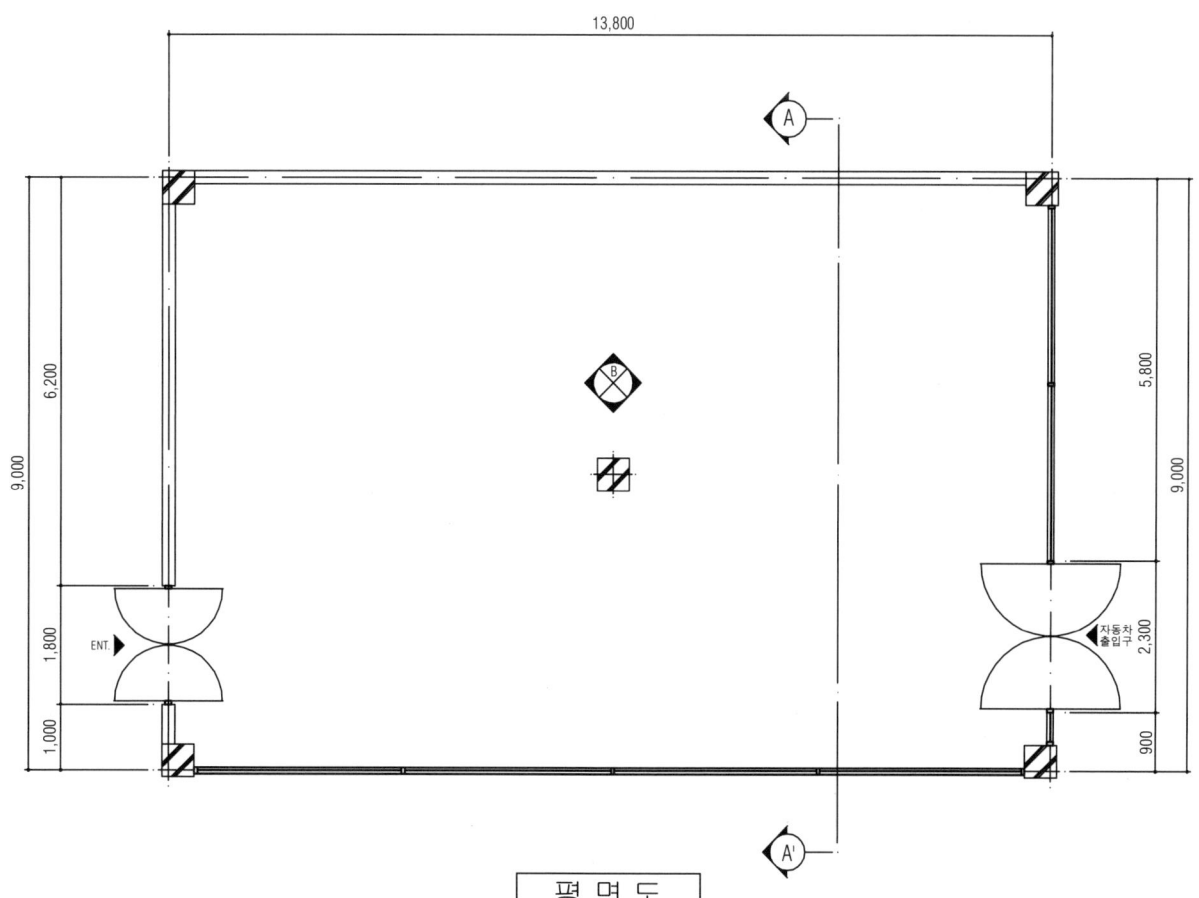

평 면 도

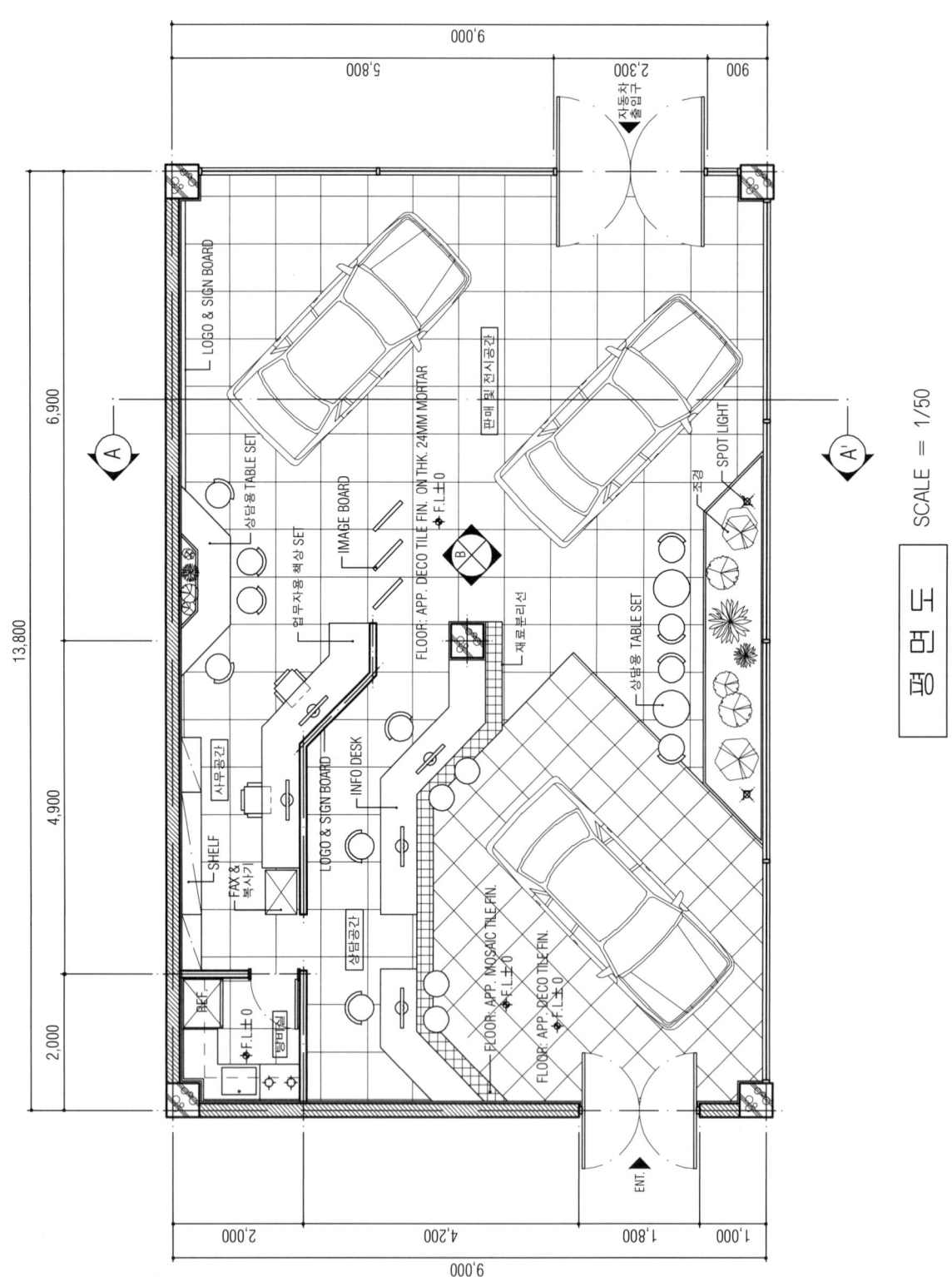

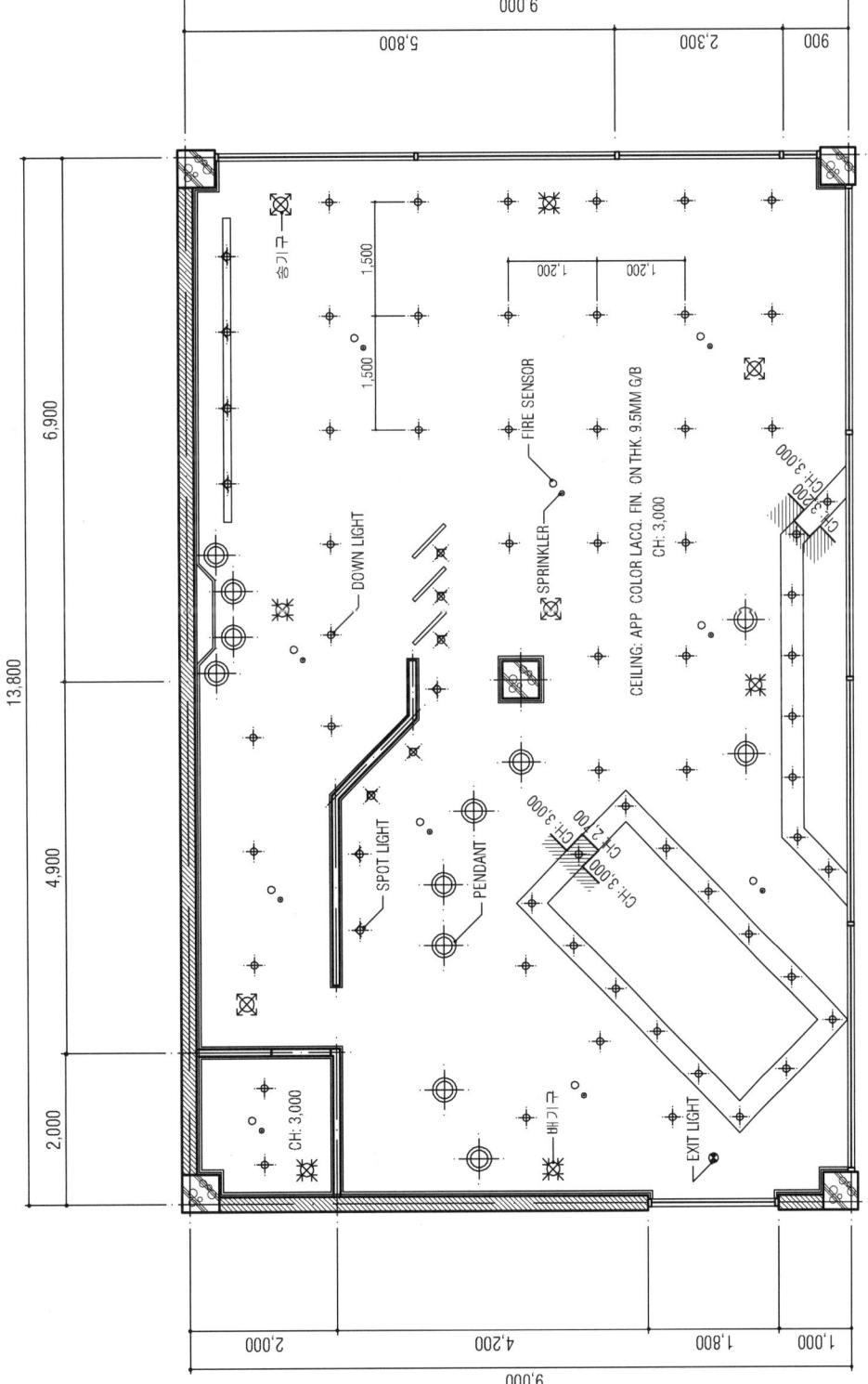

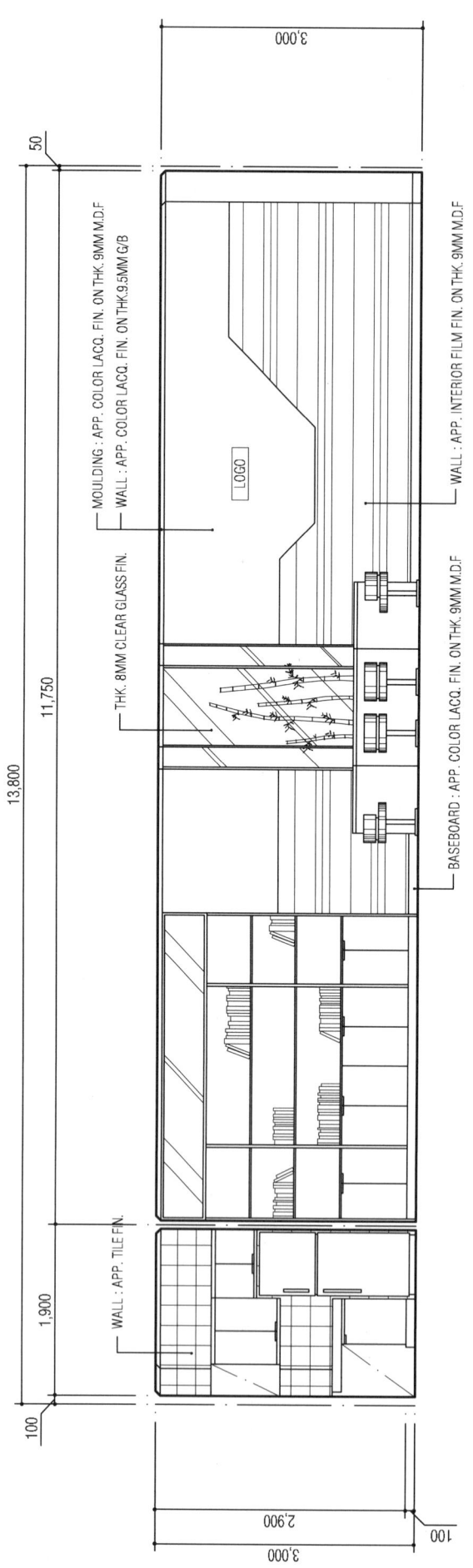

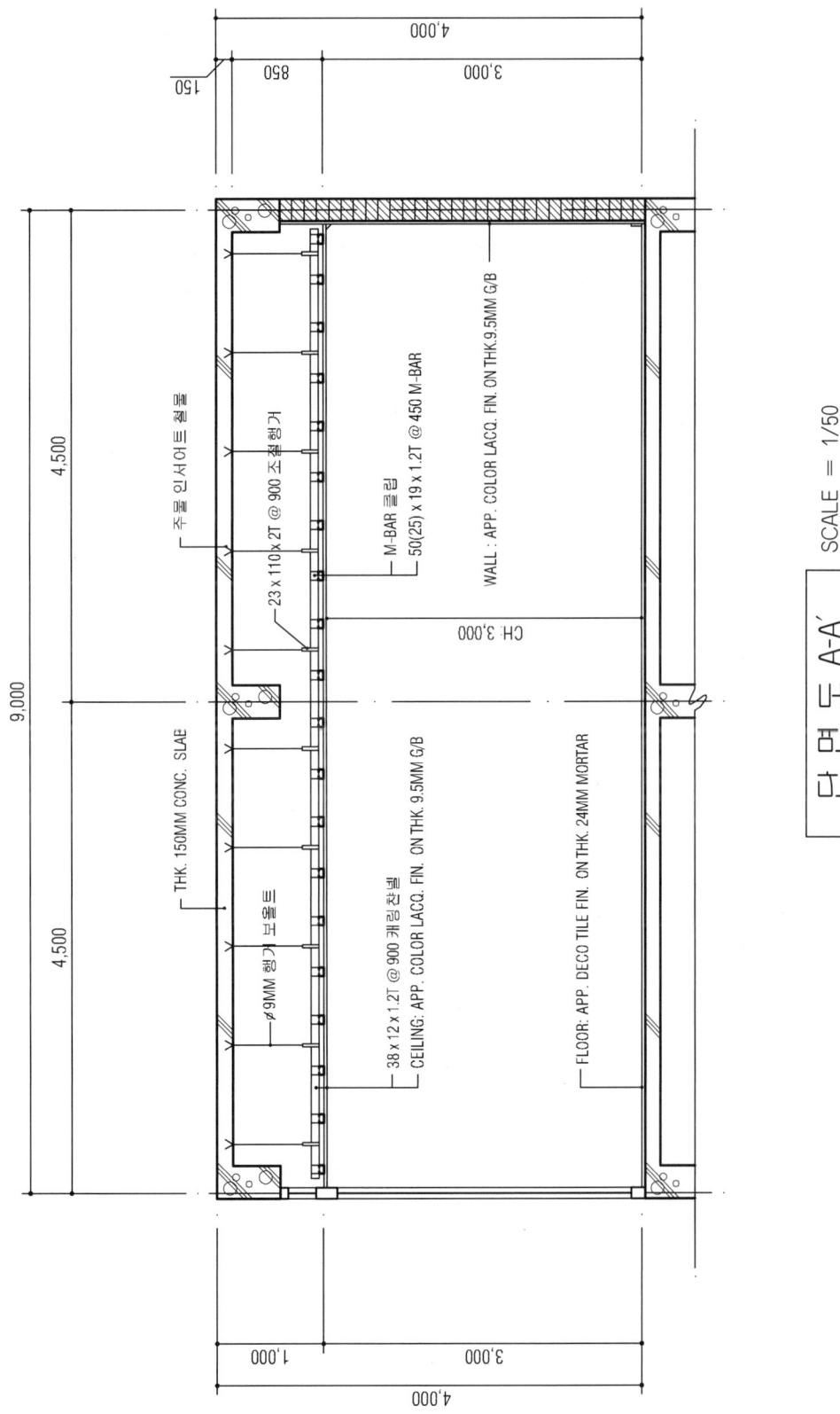

단면도 A-A' SCALE = 1/50

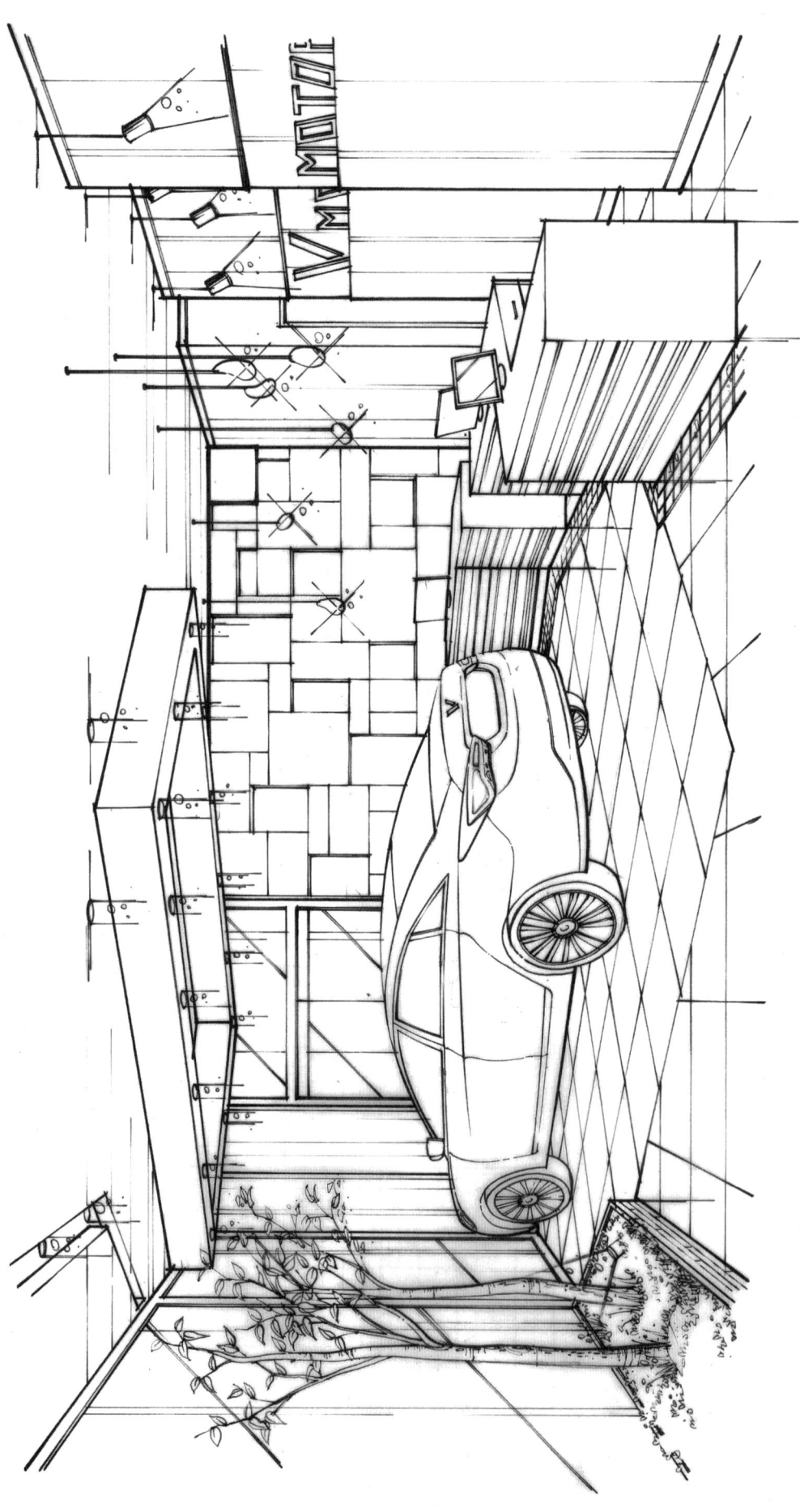

실내투시도 SCALE = N.S

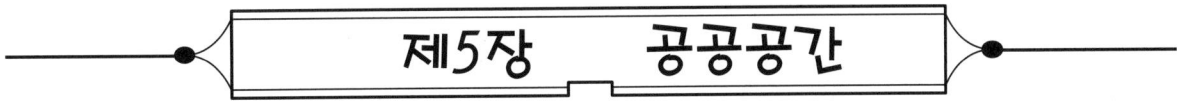

제5장 공공공간

[실습과제 1] 어린이 도서관

1. 요구사항

    주어진 도면은 준주거 지역에 위치한 소규모의 어린이 도서관이다.
    다음의 요구조건에 따라 도면을 작성하시오.

2. 요구조건

    ① 설계면적 : 15,100×9,000×3,000mm(H)
    ② 인적구성 : 운영자 1인 및 자원봉사자 2인
    ③ 요구공간 : 대출 및 반납 카운터, 서고 및 개가식 열람공간, 이야기방, 만화방, 어린이 놀이방,
       사무실 및 자원봉사자 휴게실, 어린이 도서관에 필요한 집기류, 화장실

3. 요구도면

    ① 평면도(가구배치 및 바닥마감재 표기) SCALE : 1/50
    ② 천정도(설비, 조명기구 배치 및 범례표 작성/천장마감재 표기) SCALE : 1/50
    ③ 내부입면도 A방향 1면(벽면재료 표기) SCALE : 1/50
    ④ 단면상세도(A-A´) SCALE : 1/50
    ⑤ 실내투시도(채색작업은 필수) SCALE : N.S
       (계획의 포인트가 좋은 지점에서 1소점 또는 2소점 투시법으로 작성하되, 작성과정의 투시보조선을 남길 것)

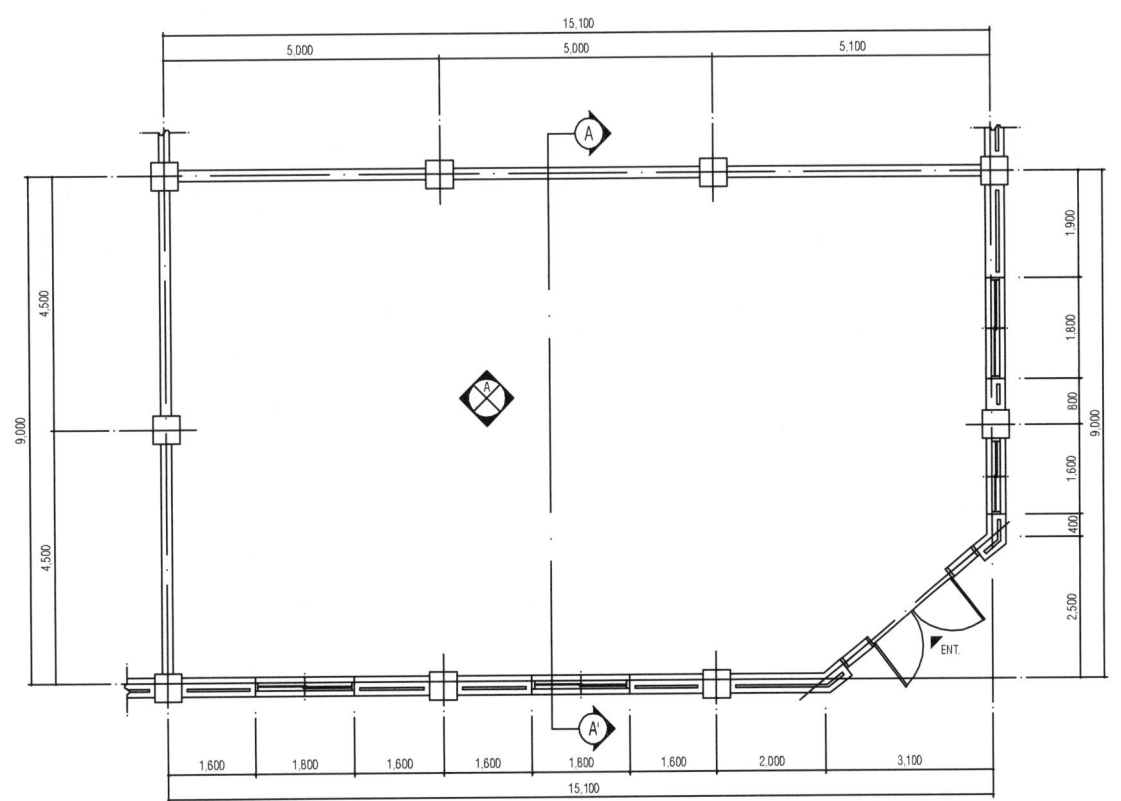

평 면 도

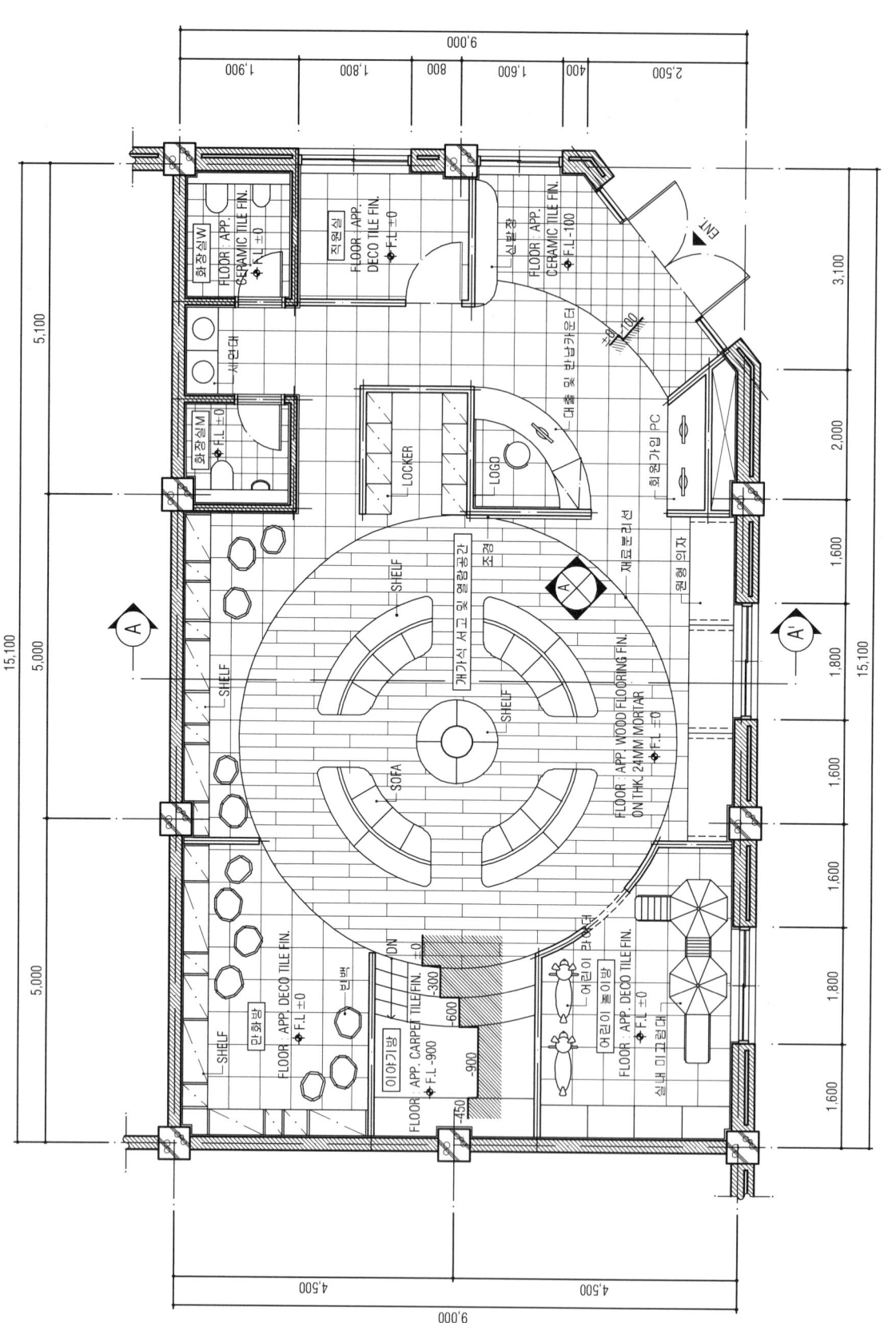

평 면 도 SCALE = 1/50

제5장 공공공간 · 313

TYPE	NAME	EA
⊕	DOWN LIGHT	44
⊕	PENDANT	11
+	HALOGEN	14
▯	LED 모듈	-
⊕	방습등	2
●	EXIT LIGHT	1
⊠	송기구	9
⊠	배기구	11
○	SPRINKLER	11
○	FIRE SENSOR	11
▯	점검구	2
▦	천정 부착형 냉난방기(4WAY)	4

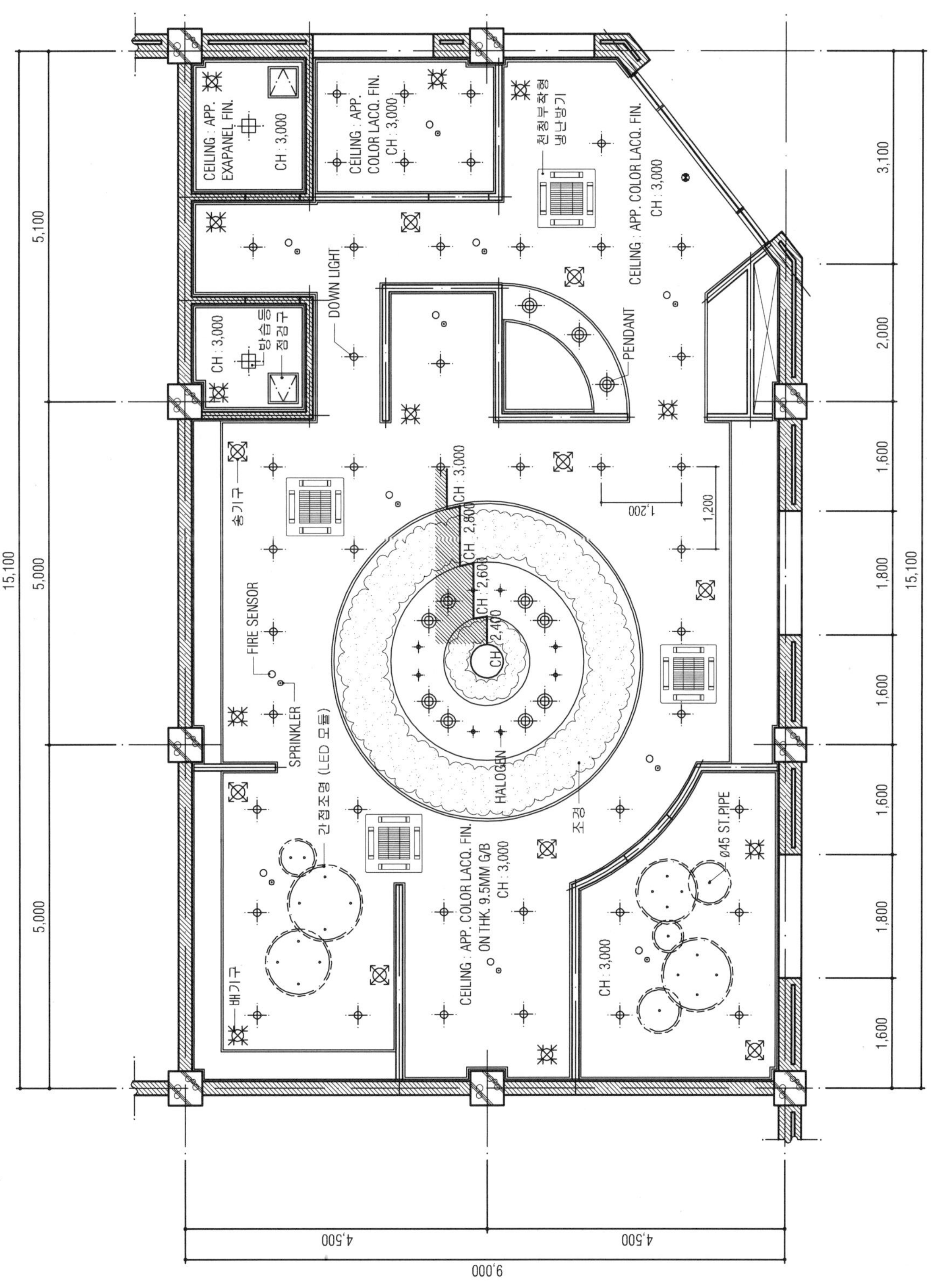

천 정 도   SCALE = 1/50

314 · 제4편 실내건축의 도면실습

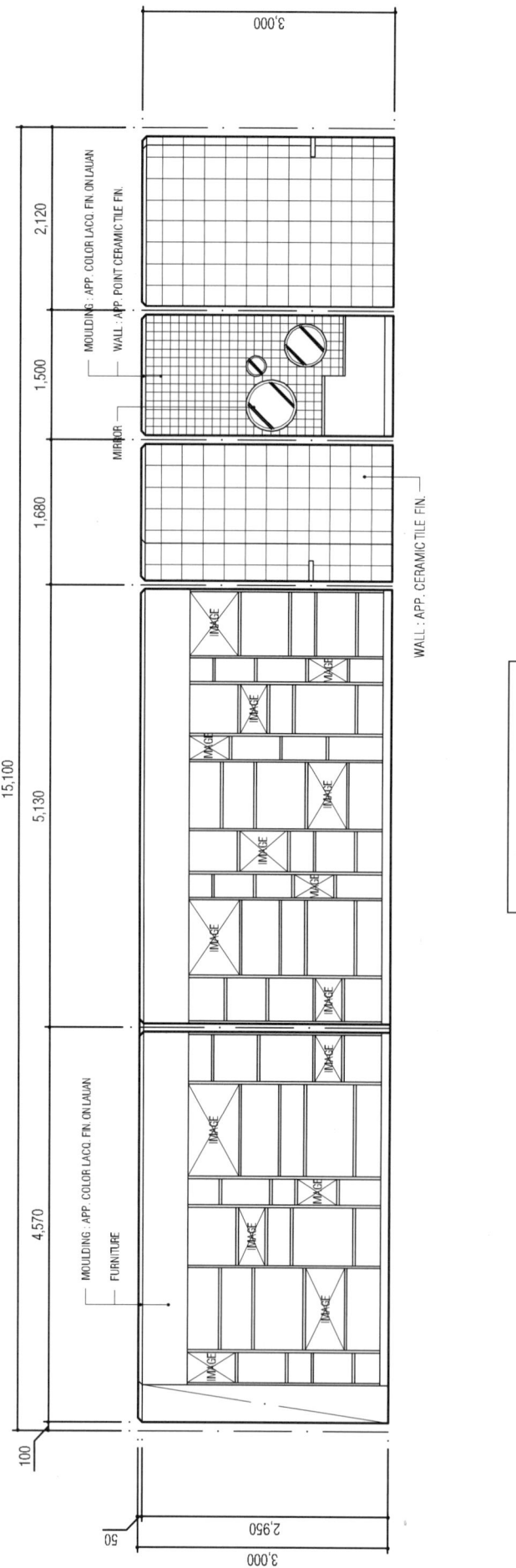

내부입면도 A SCALE = 1/50

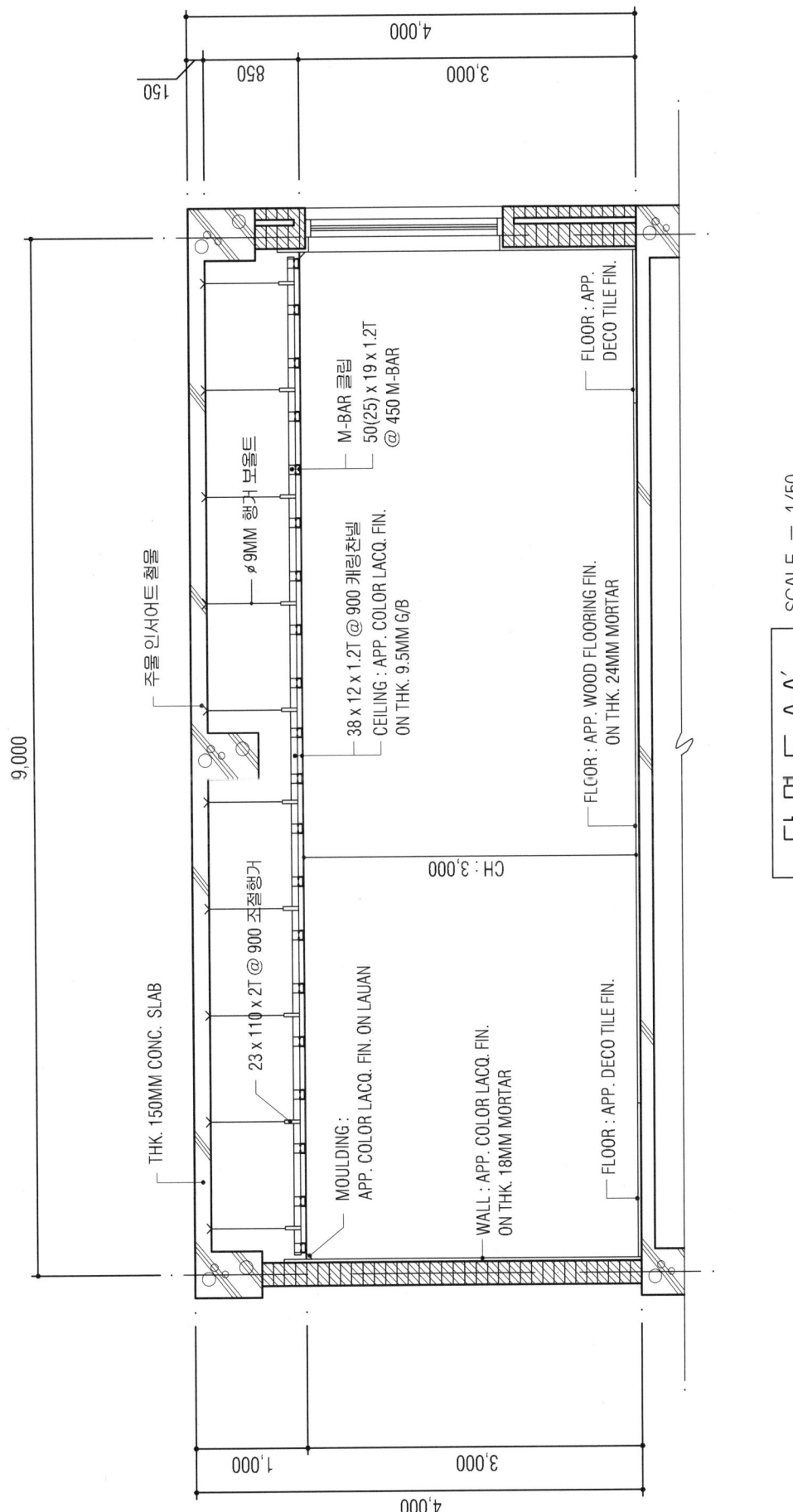

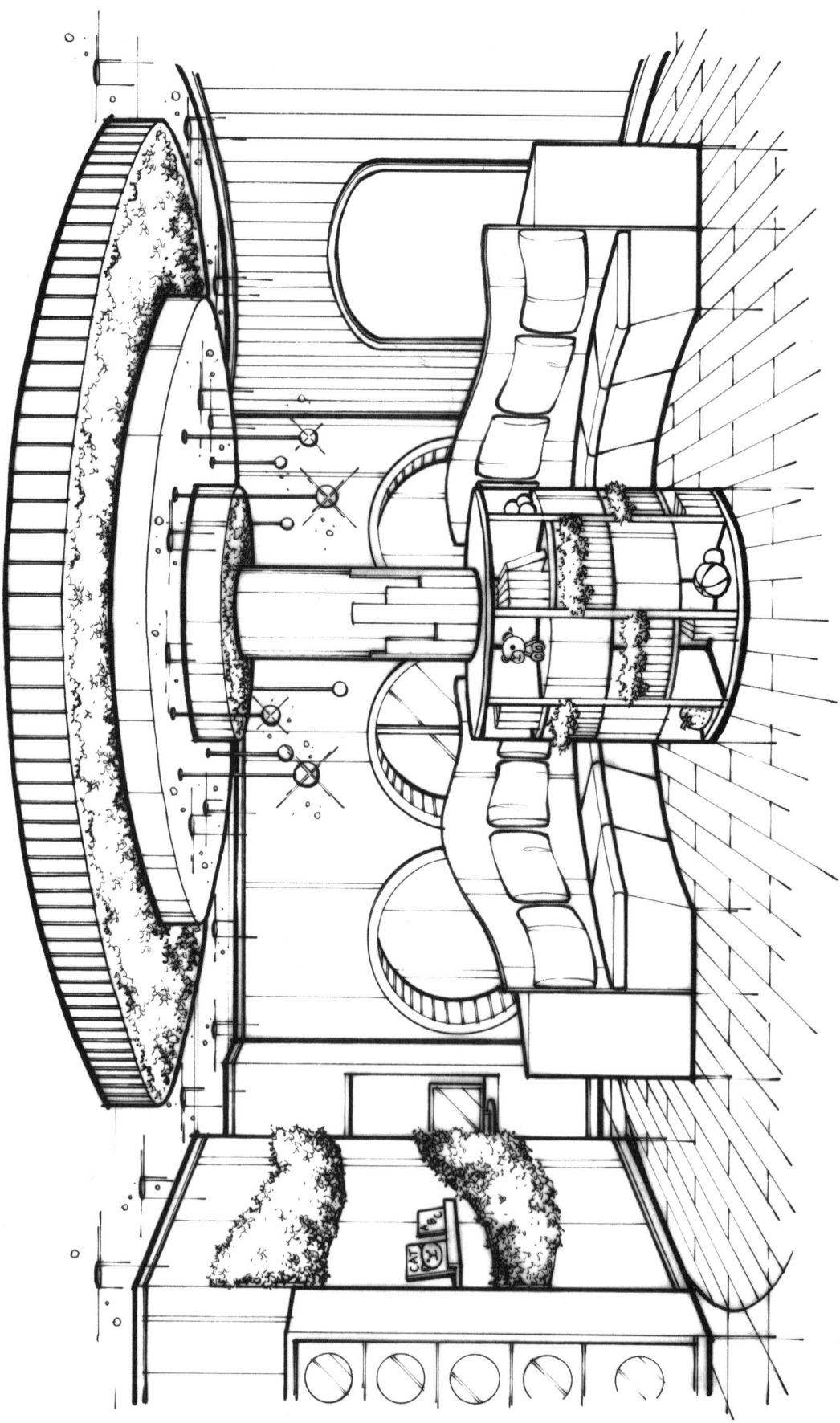

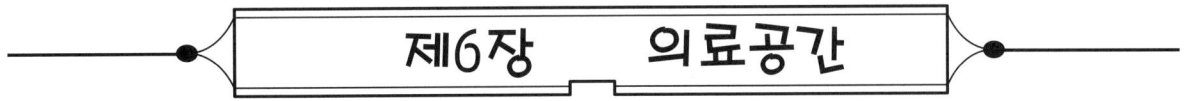

제6장 의료공간

[실습과제 1] 약 국 Ⅰ

1. 요구사항
   상업중심지역에 위치한 "약국"을 아래 조건에 의해 설계하시오.

2. 요구조건
   ① 설계면적 : 8.7m×6.3m×2.8m(H)
   ② 필요공간 및 가구
      어항, 화분, 온장고, 냉장고, 보조사가구, 접대가구, 약사가구, 조제실, 화장실

3. 요구도면
   ① 평면도 (가구배치 포함) SCALE : 1/30
   ② 천정도 (설비, 조명기구 배치 및 범례표 작성) SCALE : 1/50
   ③ 내부입면도 1면 (벽면재료 표기) SCALE : 1/50
   ④ B-B′ 단면도 SCALE : 1/50
   ⑤ 실내투시도 SCALE : N.S
      (계획의 포인트가 좋은 지점에서 1소점 또는 2소점 투시법으로 작성하되, 작성과정의 투시보조선을 남길 것)

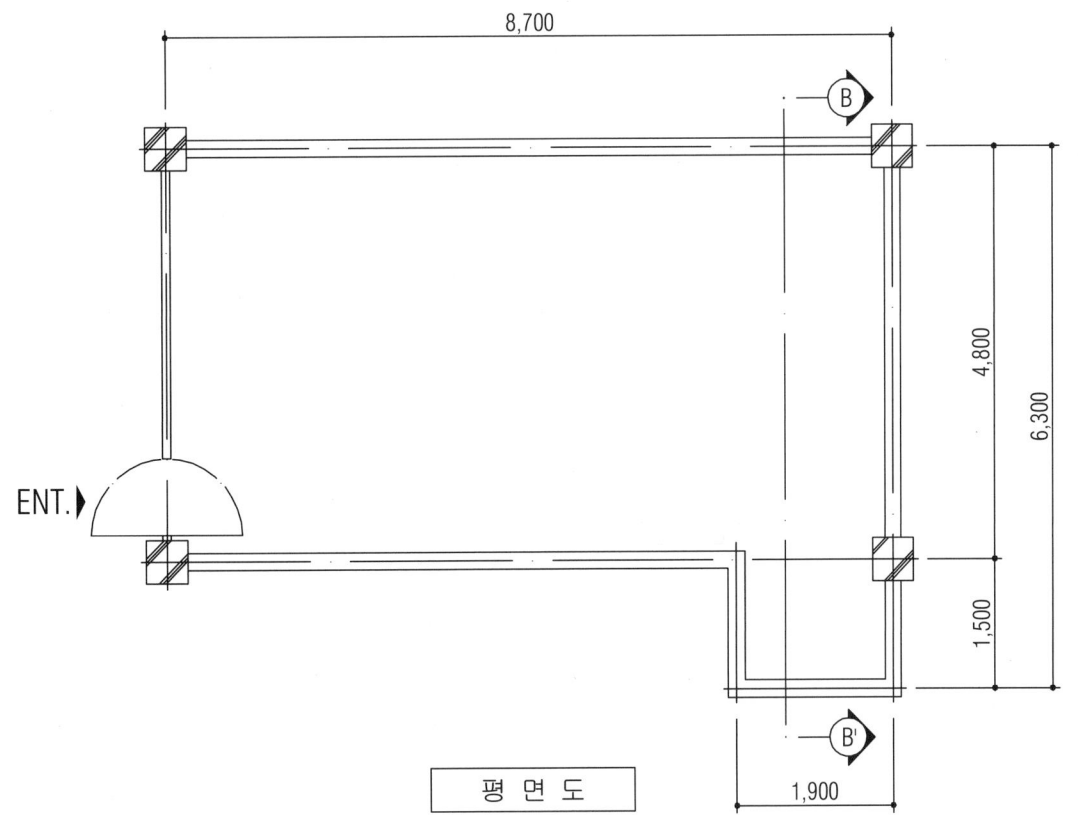

평 면 도

318 · 제4편 실내건축 도면실습

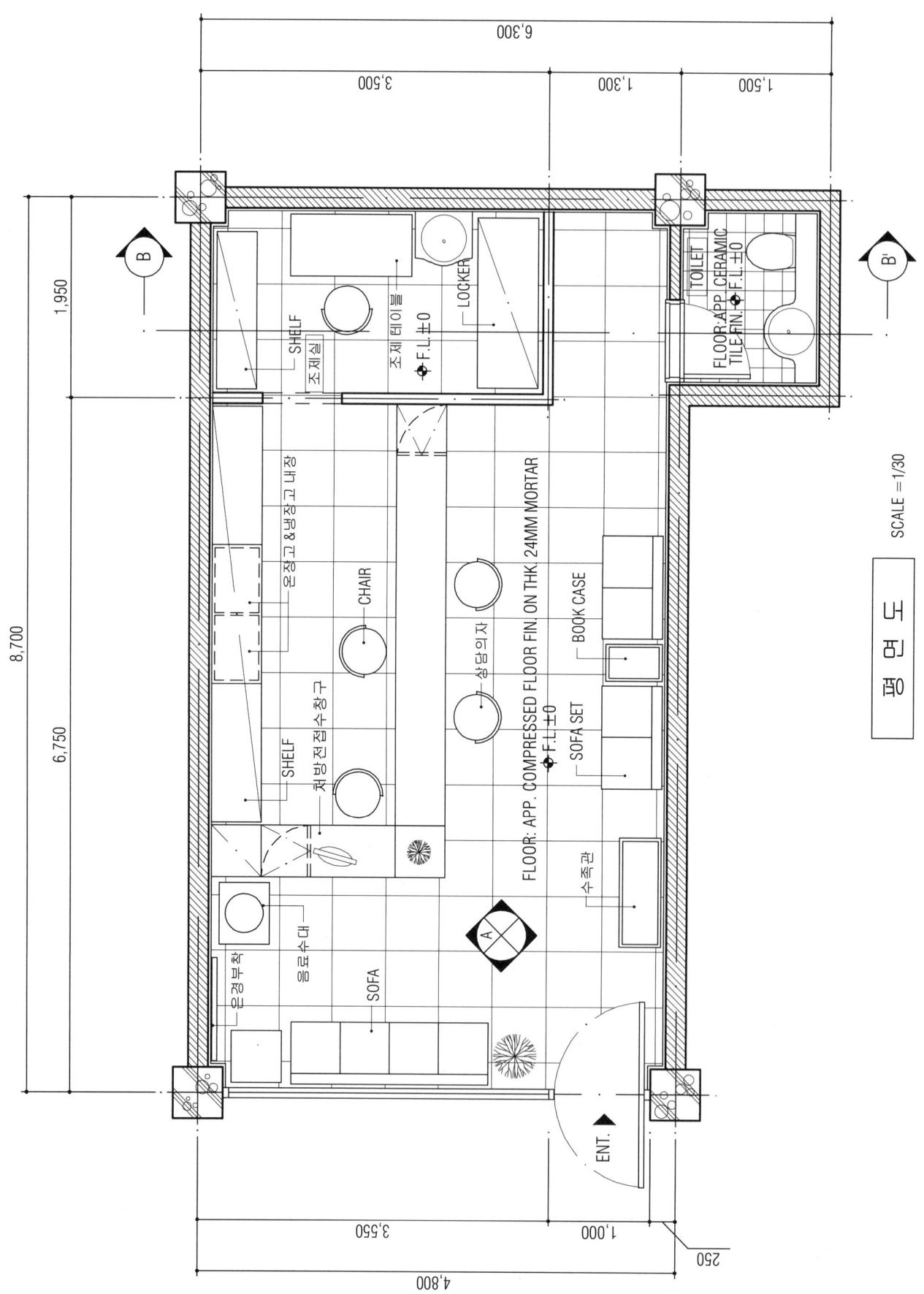

평 면 도　SCALE = 1/30

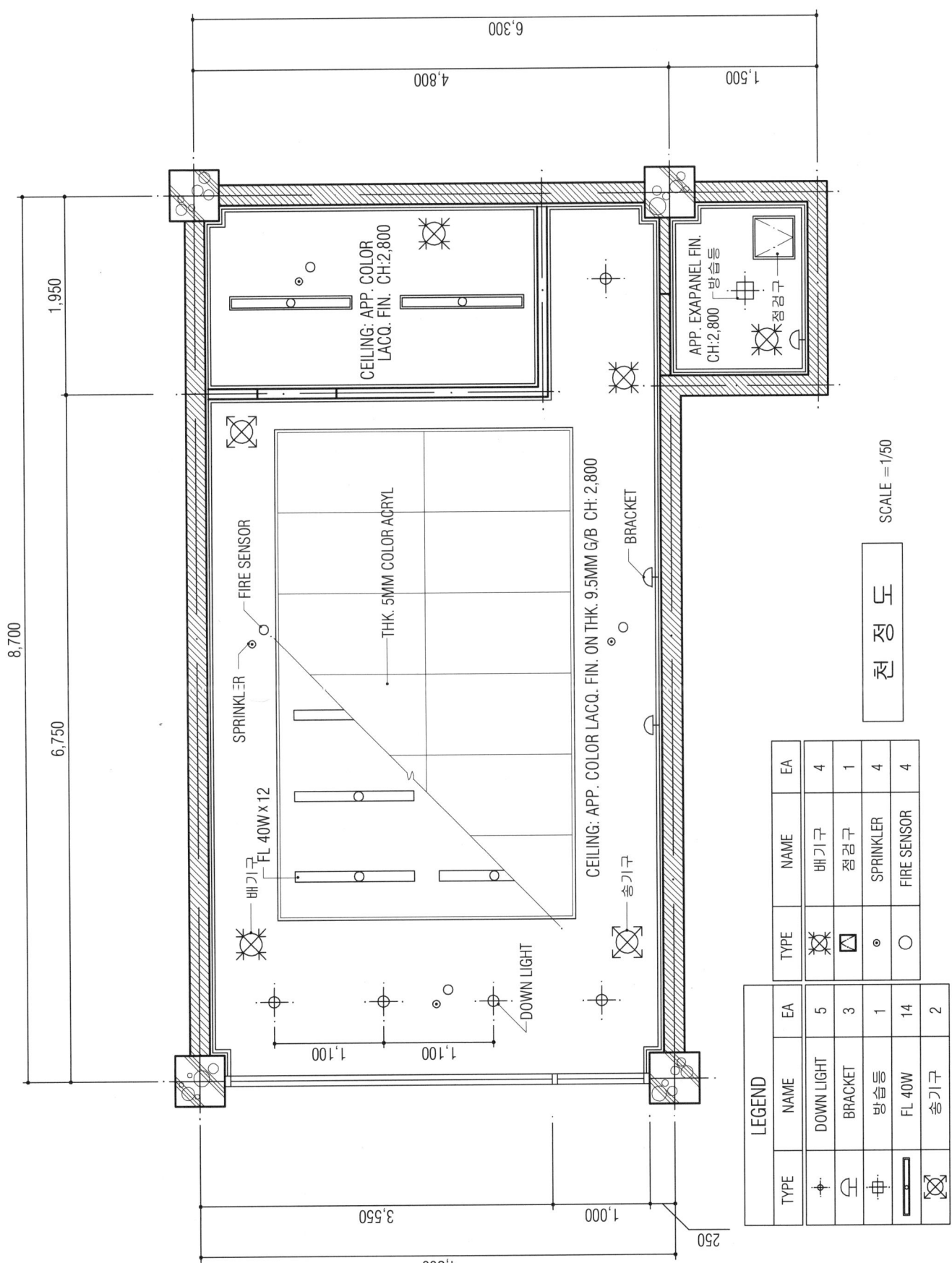

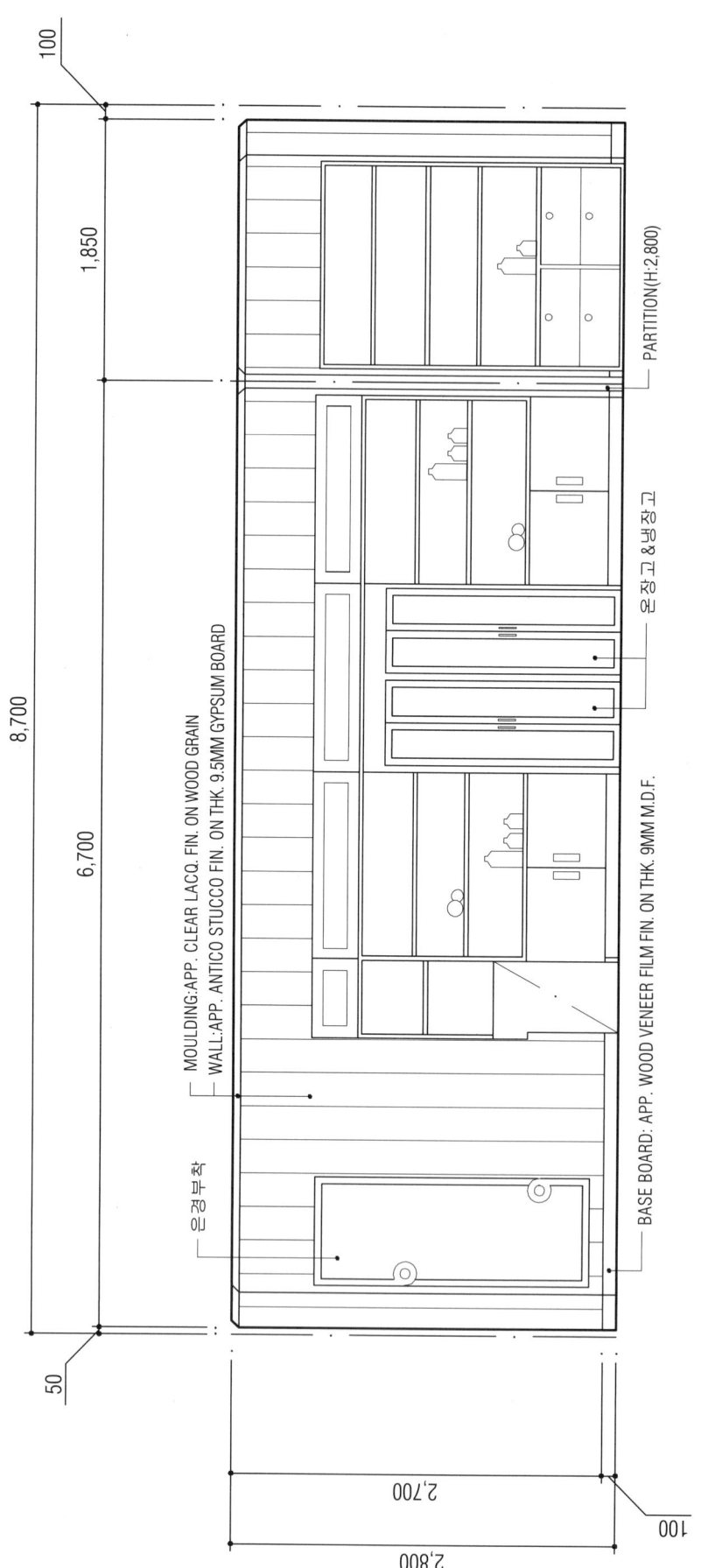

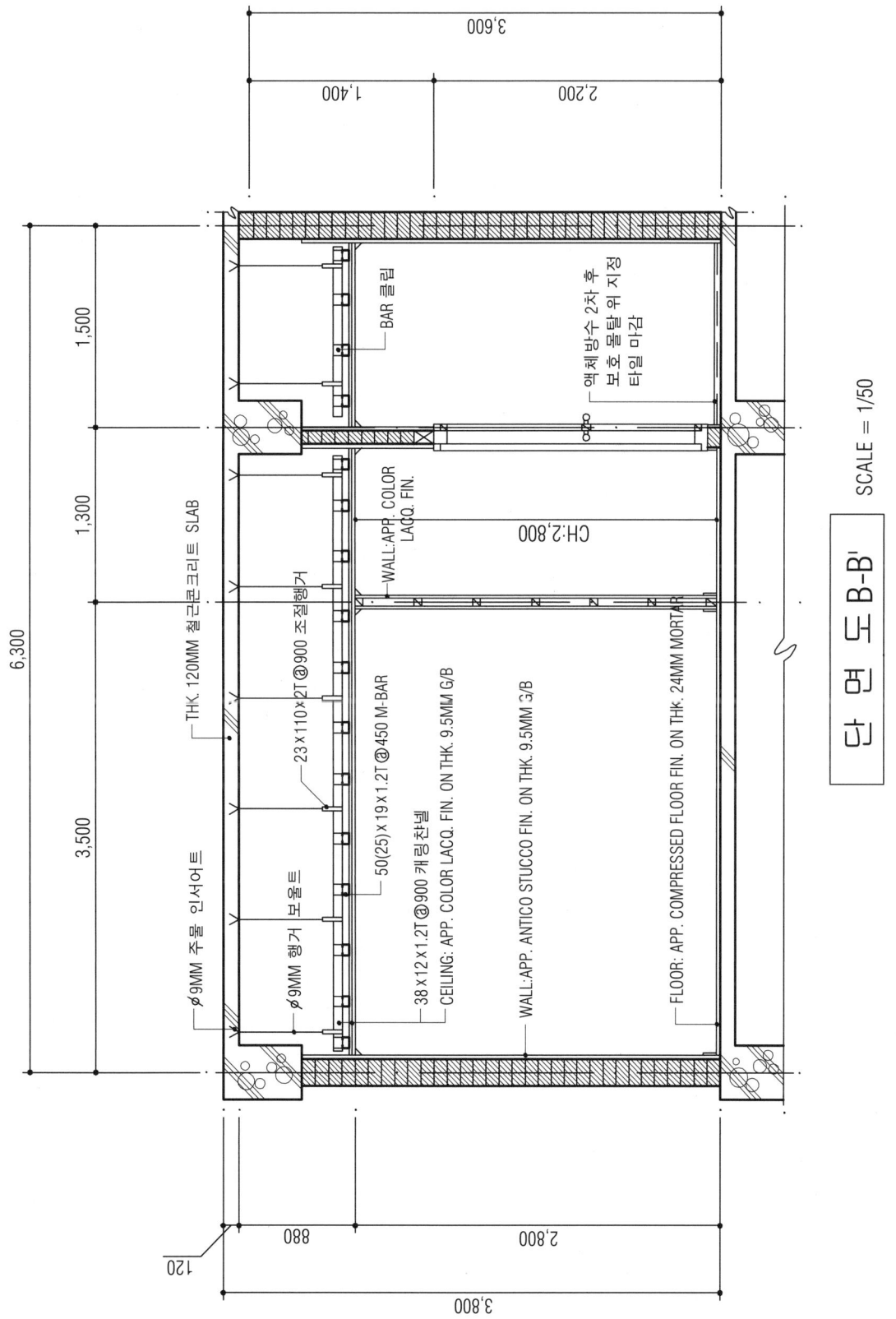

의료공간

[실습과제 2] 약국 Ⅱ

1. 요구사항
   주어진 도면은 근린상업지역에 위치한 약국의 평면도이다.
   다음의 요구조건에 따라 도면을 작성하시오.

2. 요구조건
   ① 설계면적 : 9,000 × 6,300 × 2,700mm(H)
   ② 요구공간 및 가구 : 제조실, 약품전시공간, 상담공간, 대기공간, 카운터, 약품진열장, 상담용책
     상&의자, 대기용의자, 음료대

3. 요구도면
   ① 평면도 (가구배치 및 바닥마감재 표기) SCALE : 1/30
   ② 천정도(설비, 조명기구 배치 및 범례표 작성/천정마감재 표기) SCALE : 1/30
   ③ 내부입면도 A방향 1면(벽면재료 표기) SCALE : 1/50
   ④ 실내투시도(채색작업은 필수) SCALE : N.S
     (계획의 포인트가 좋은 지점에서 1소점 또는 2소점 투시법으로 작성 및 작성과정의 투시보조선을 남길 것)

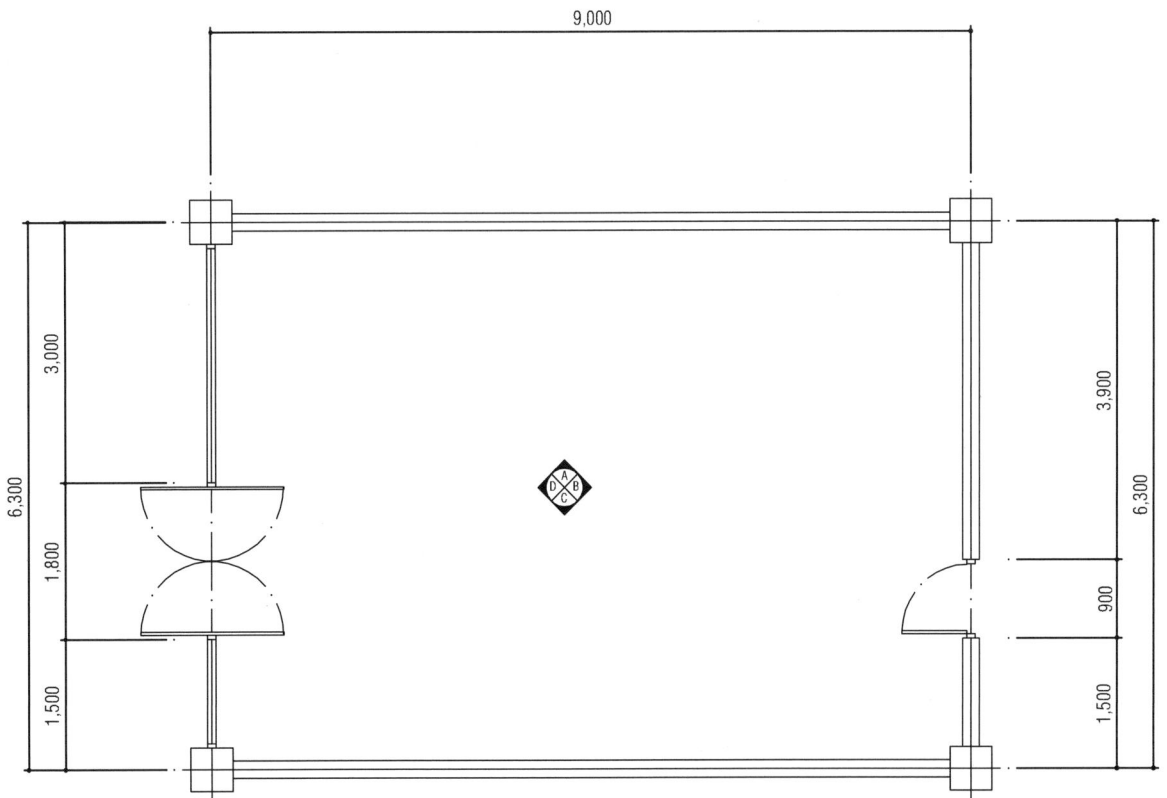

평 면 도

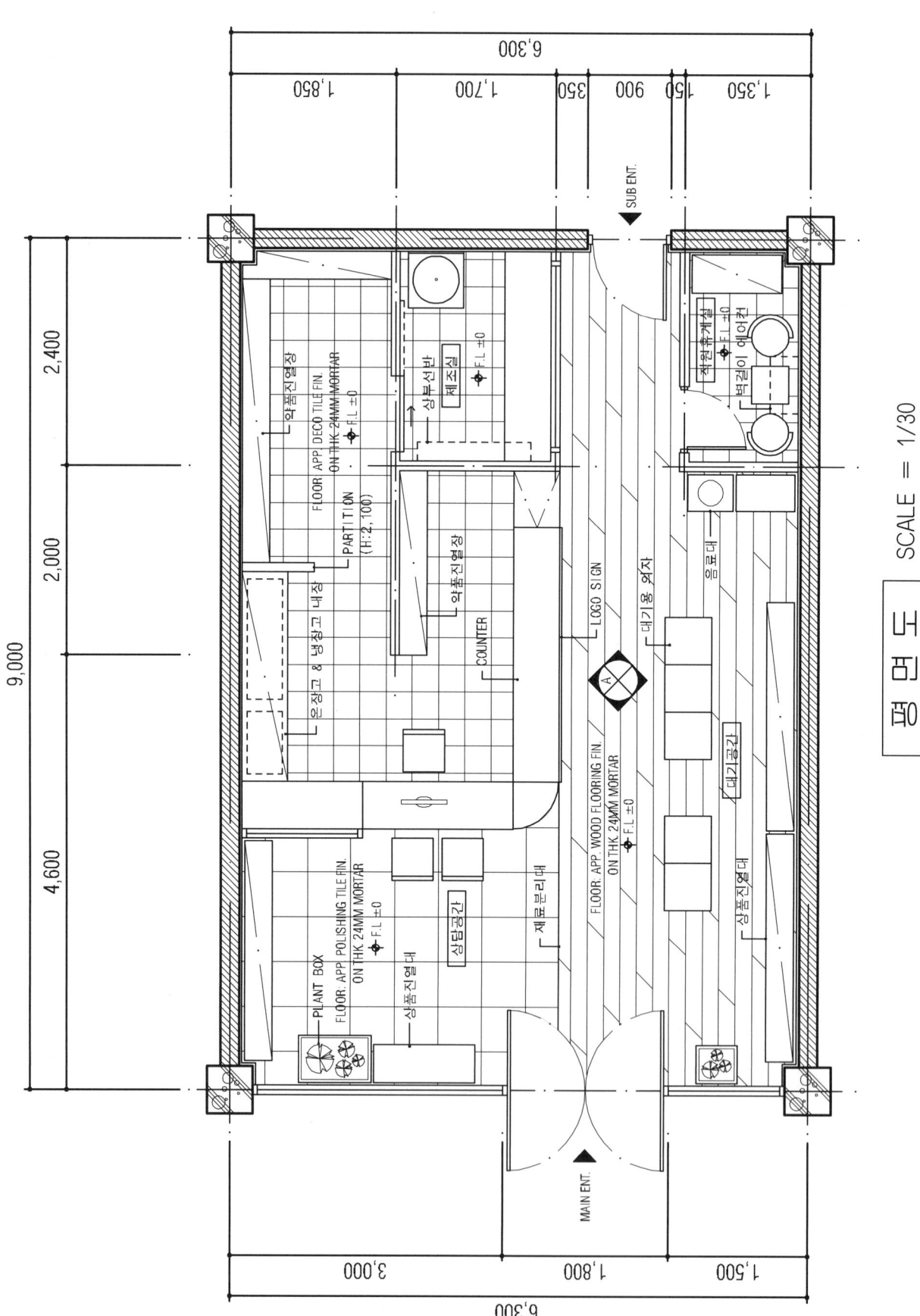

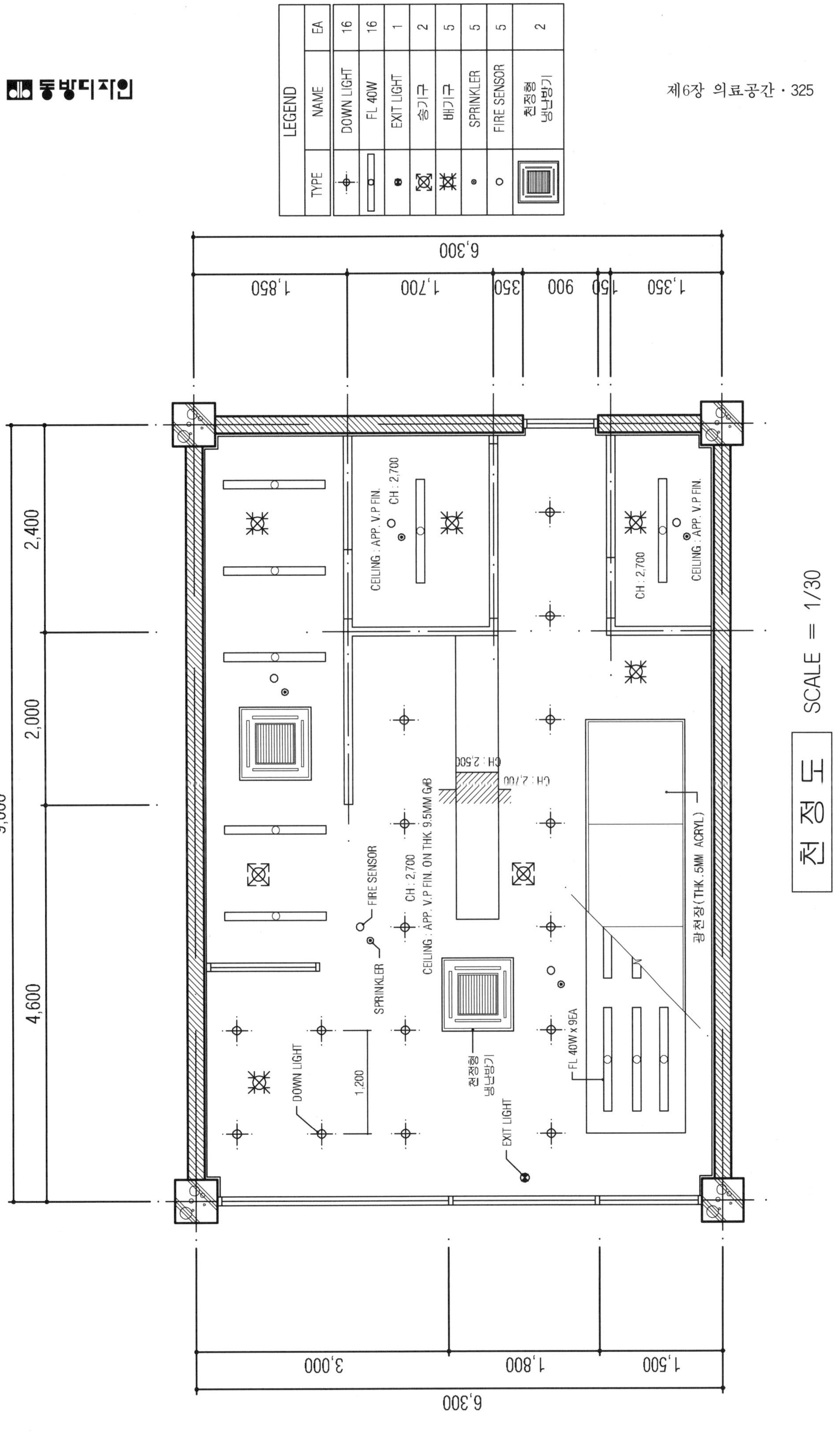

LEGEND		
TYPE	NAME	EA
✛	DOWN LIGHT	16
▭	FL 40W	16
⊗	EXIT LIGHT	1
⊠	송기구	2
✻	배기구	5
○	SPRINKLER	5
▣	FIRE SENSOR	5
	천정용 냉난방기	2

제6장 의료공간 · 325

천 정 도 SCALE = 1/30

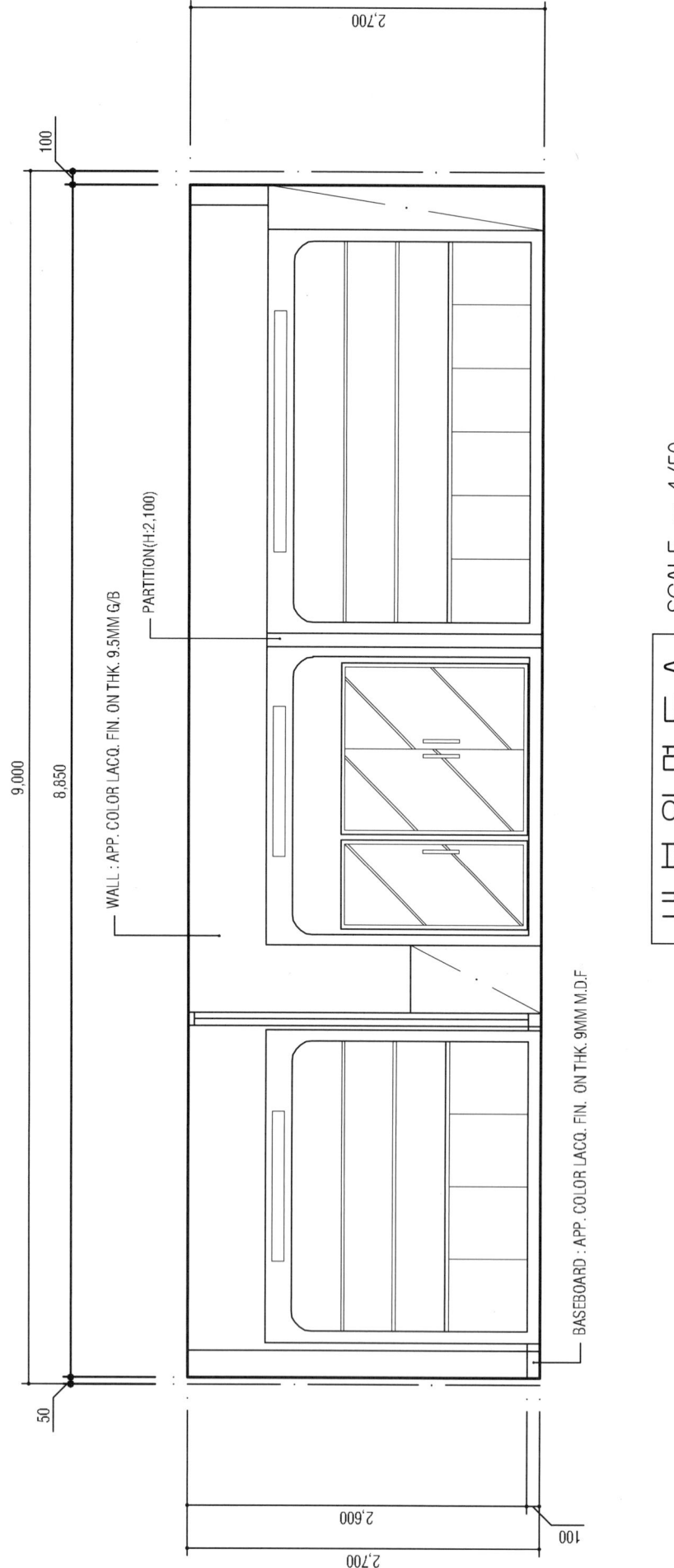

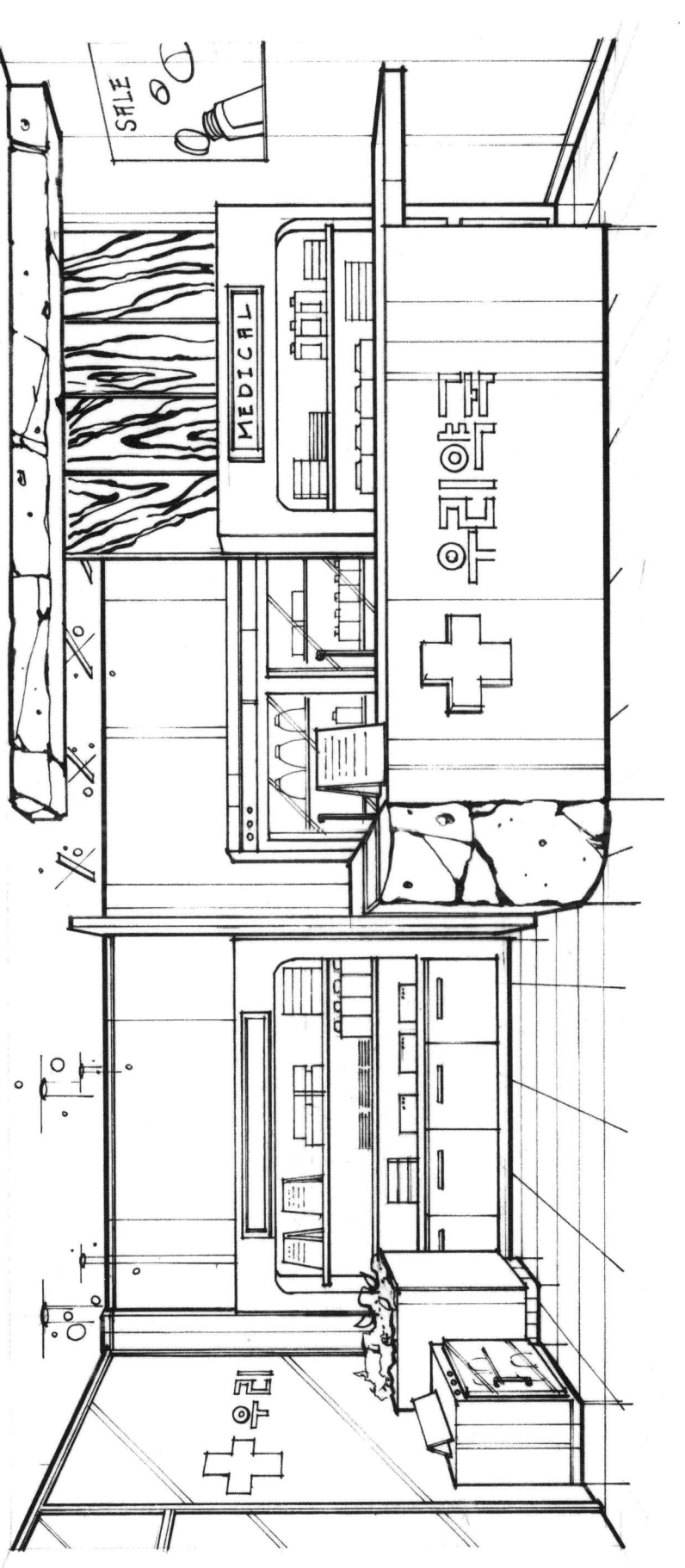

실내투시도 SCALE = N.S

의료공간

[실습과제 3] 치과의원 Ⅰ

1. 요구사항
   주어진 도면은 치과의원의 평면도이다. 다음의 요구조건에 따라 도면을 작성하시오.

2. 요구조건
   ① 설계면적 : 12,900×10,600×2,800mm(H)
   ② 인적구성 : 원장(2인), 간호사(3인)
   ③ 요구조건 : 안내 데스크&서비스 테이블, 대기공간:오픈형, 손님대기용 의자(쇼파), 원장실, 치기공실, 치료대 4대, 남녀분리화장실, 공용세면대, 천정형 시스템 냉난방기

3. 요구도면
   ① 평면도(가구배치 및 바닥마감재 표기) SCALE : 1/50
      - 평면도 주변의 여유공간에 설계개요(DESIGN CONCEPT)를 200자 내외로 쓰시오.
   ② 천정도(설비, 조명기구 배치 및 범례표 작성/천장마감재 표기) SCALE : 1/50
   ③ 내부입면도 A방향 1면(벽면재료 표기) SCALE : 1/50
   ④ 단면상세도(A-A') SCALE : 1/50
   ⑤ 실내투시도(채색작업은 필수) SCALE : N.S
      (계획의 포인트가 좋은 지점에서 1소점 또는 2소점 투시법으로 작성하되, 작성과정의 투시보조선을 남길 것)

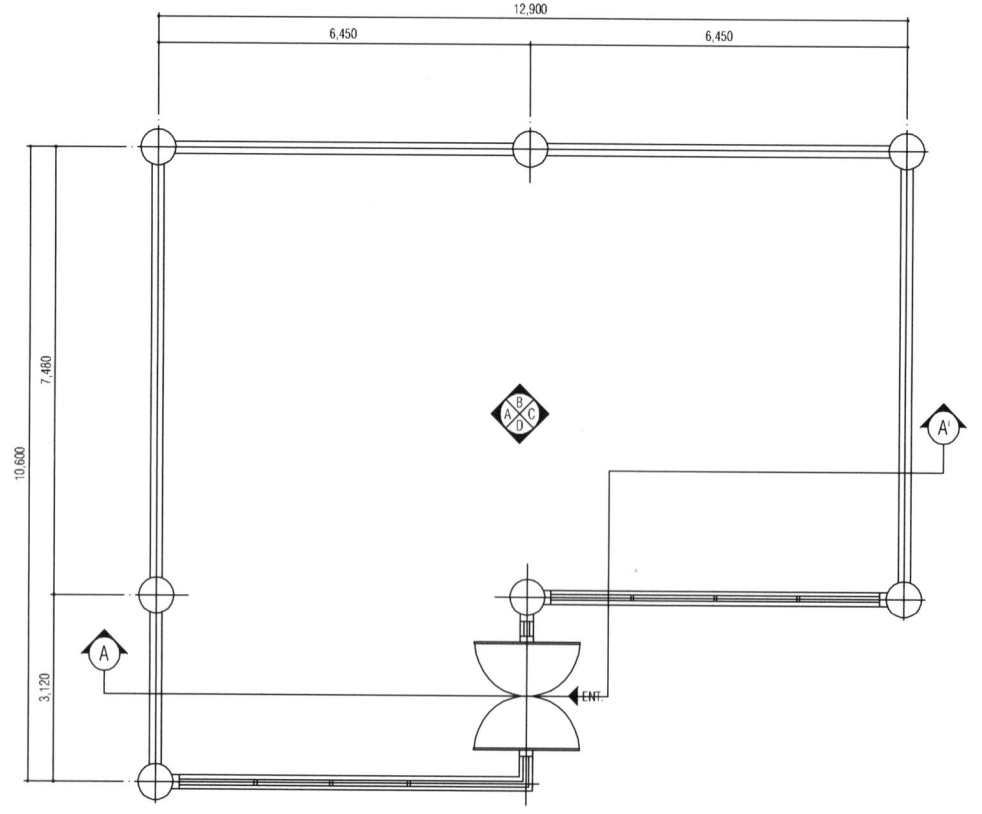

평 면 도

제6장 의료공간 · 329

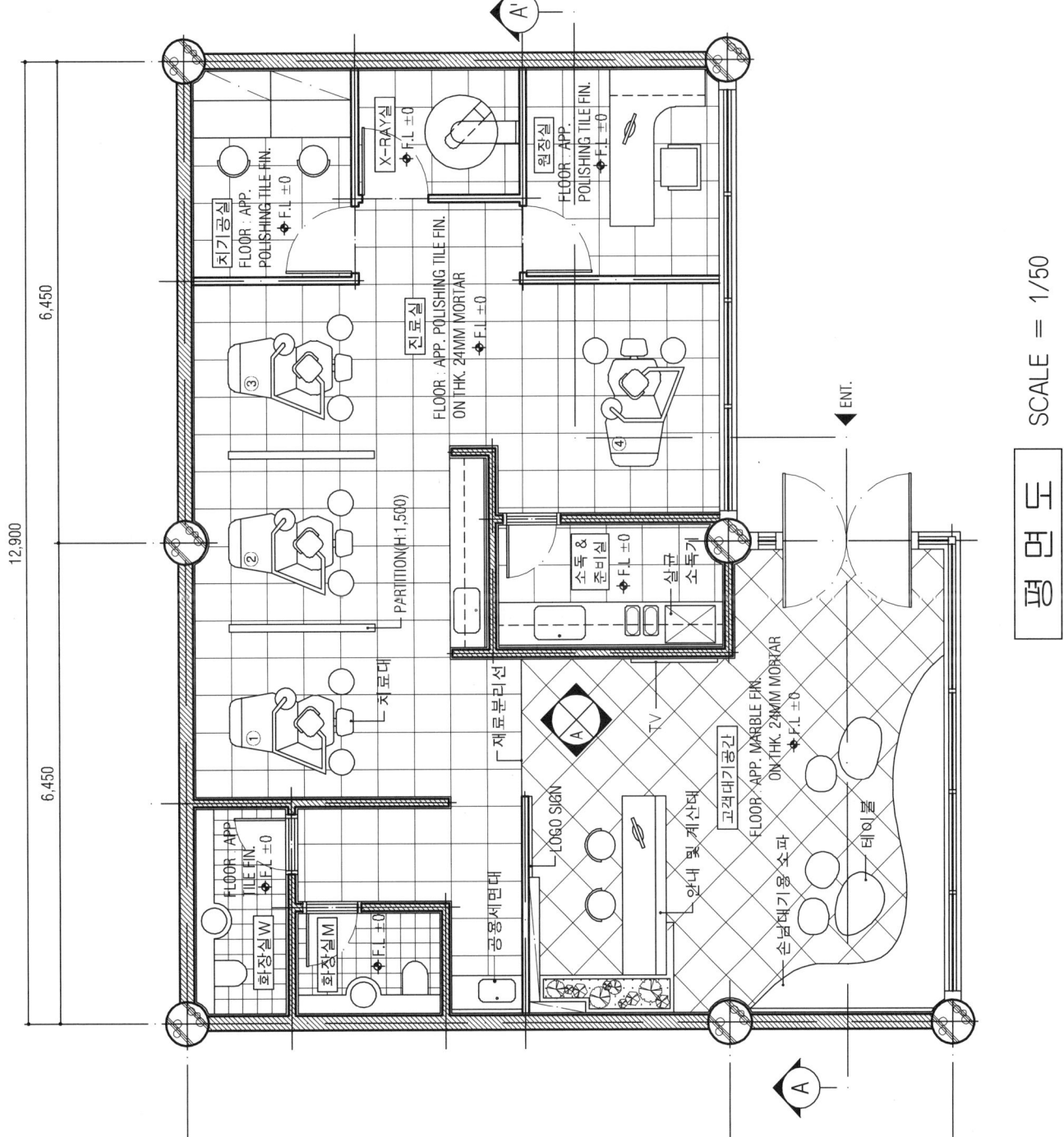

평면도 SCALE = 1/50

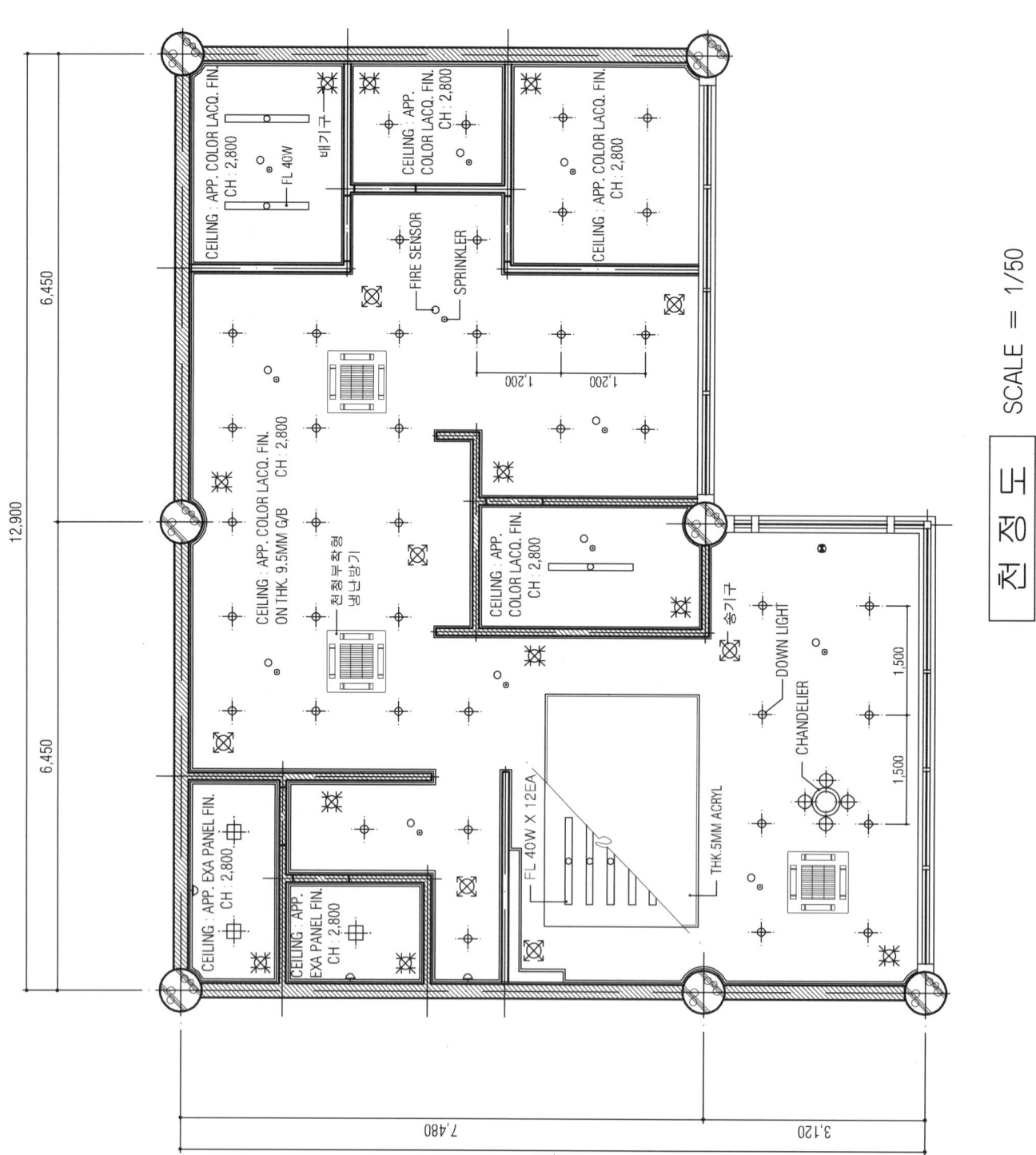

천정도 SCALE = 1/50

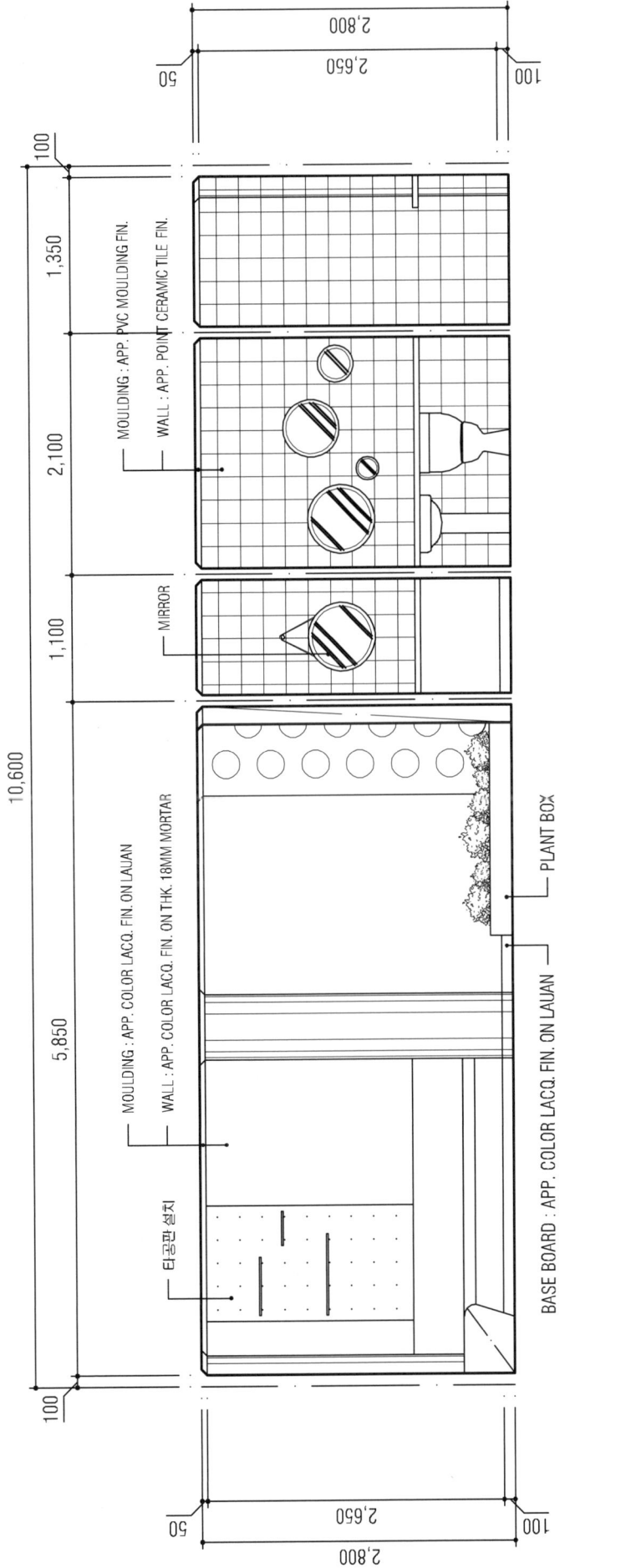

내부입면도 A   SCALE = 1/50

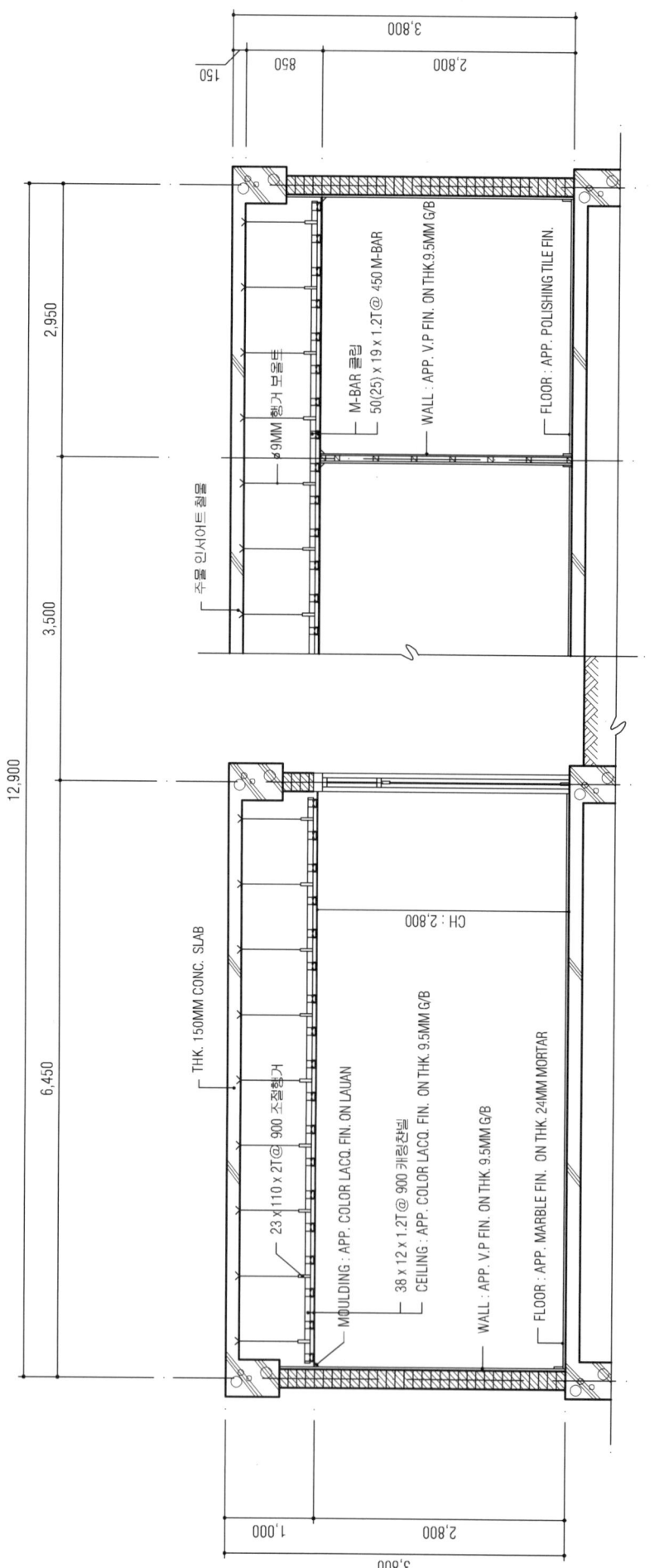

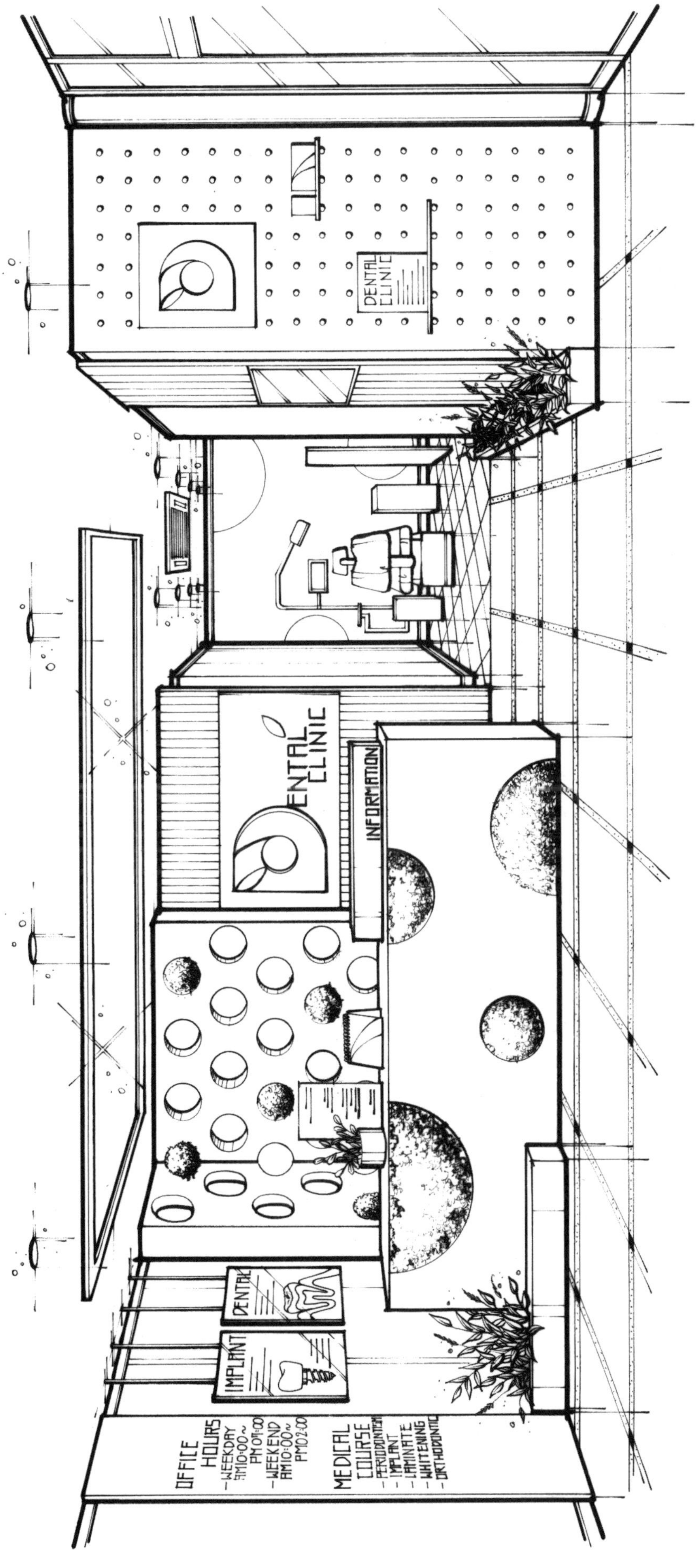

실내투시도 SCALE = N.S

의료공간

[실습과제 4] 치과의원 Ⅱ

1. 요구사항
   주어진 도면은 치과의원의 평면도이다. 요구조건에 따라 요구도면을 작성하시오.

2. 요구조건
   ① 설계면적 : 21.6m × 11.4m × 3.6m(H)
   ② 인적구성(총 8인) : 원장(2인), 간호사(5인), 보조사(1인)
   ③ 요구공간 및 필요집기
      (가) 요구공간 : X-Ray실, 상담실, 응접실, 대기실, 안내, 진료실
      (나) 필요집기 : X-Ray기계, 쇼파 Set(대기실), 테이블 Set-2EA, 책상 Set(원장실, 상담실)
                    옷장 및 수납공간, 에어컨(stand형, 벽걸이형), 오디오 Set, 진료대 5EA

3. 요구도면
   ① 평면도(가구배치 및 바닥마감재 표기) SCALE : 1/50
   ② 천정도(설비, 조명기구 배치 및 범례표 작성/천정마감재 표기) SCALE : 1/100
   ③ 내부입면도 (벽면재료 표기) C방향 1면 SCALE : 1/50
   ④ 단면상세도 (A-A′) : 1/50
   ⑤ 실내투시도(채색작업은 필수) SCALE : N.S
      (계획의 포인트가 좋은 지점에서 1소점 또는 2소점 투시법으로 작성하되, 작성과정의 투시보조선을 남길 것)

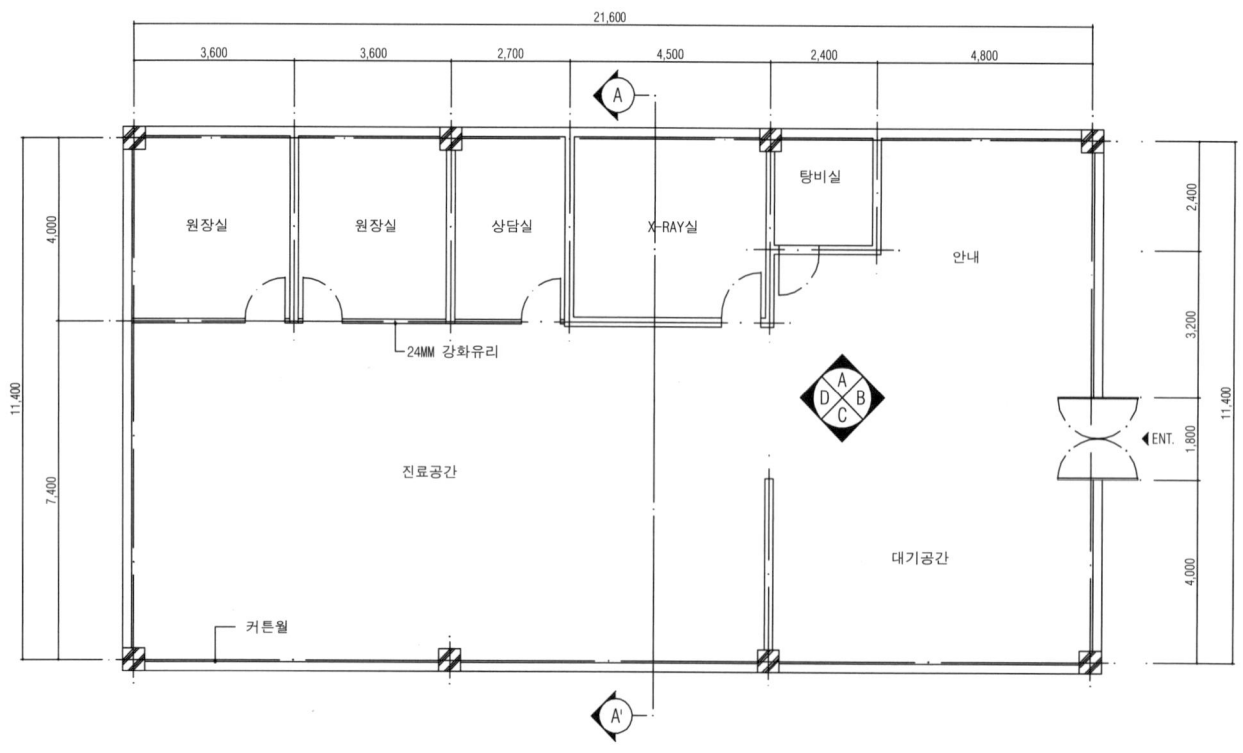

평면도

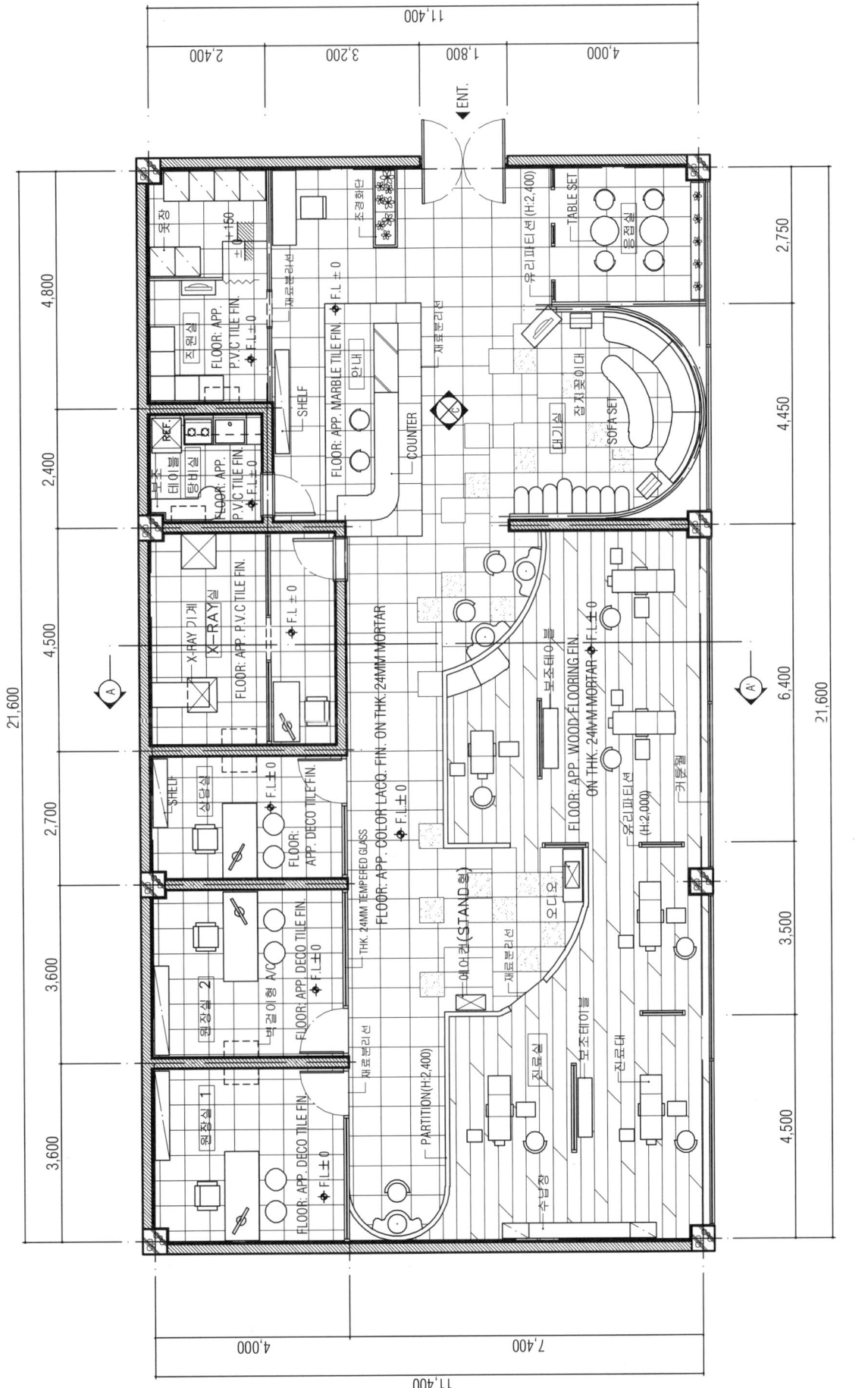

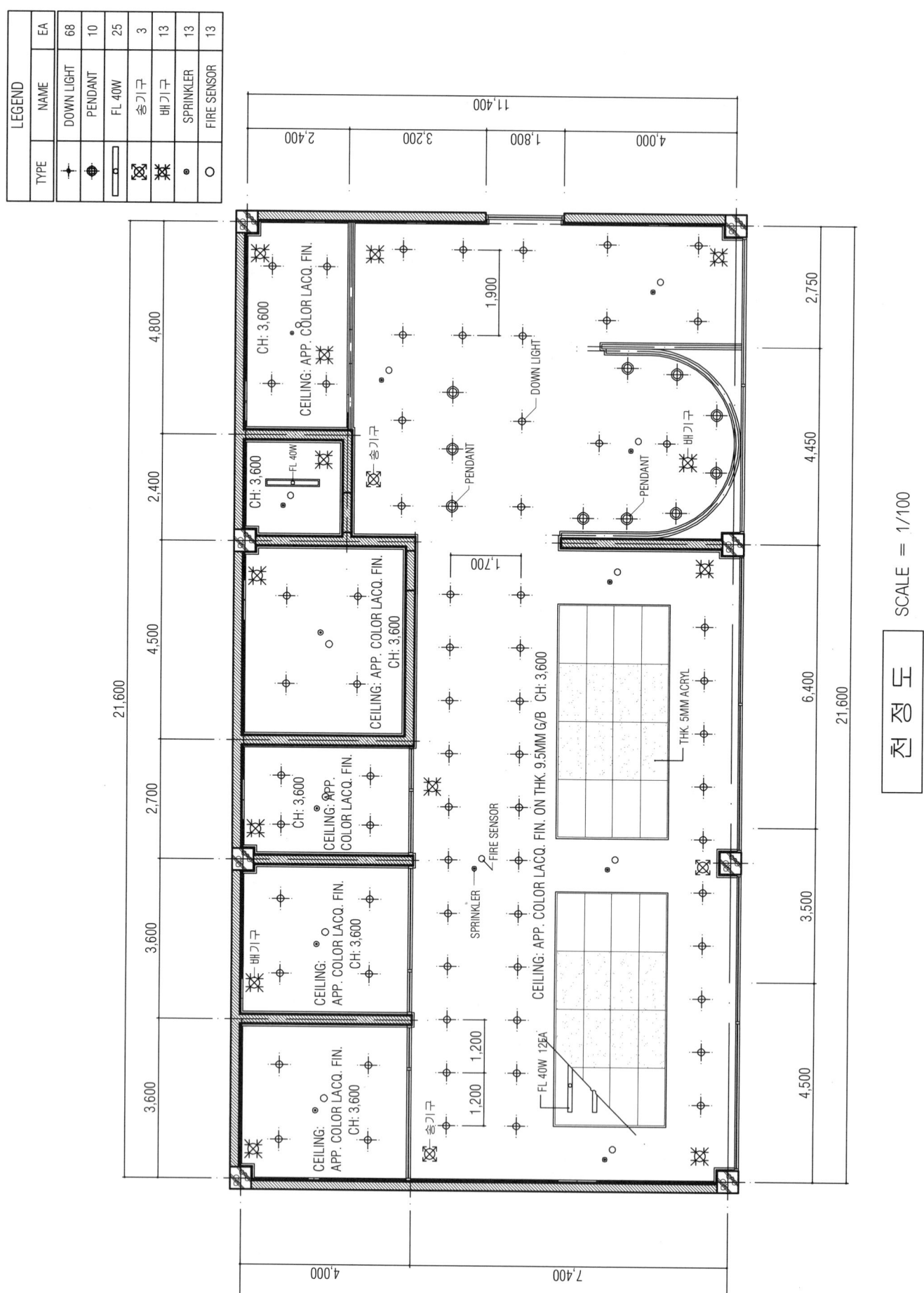

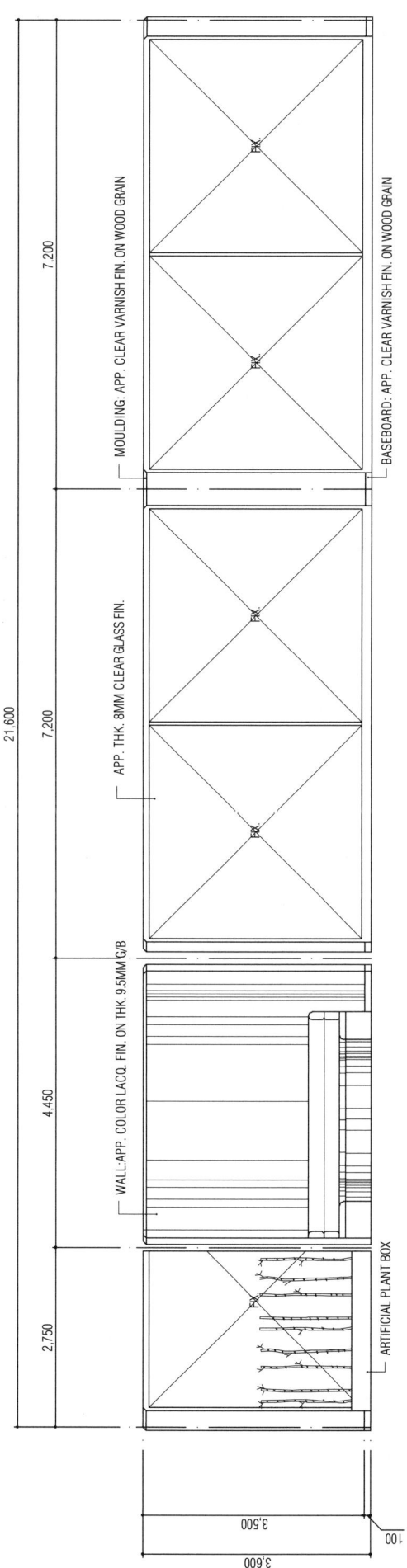

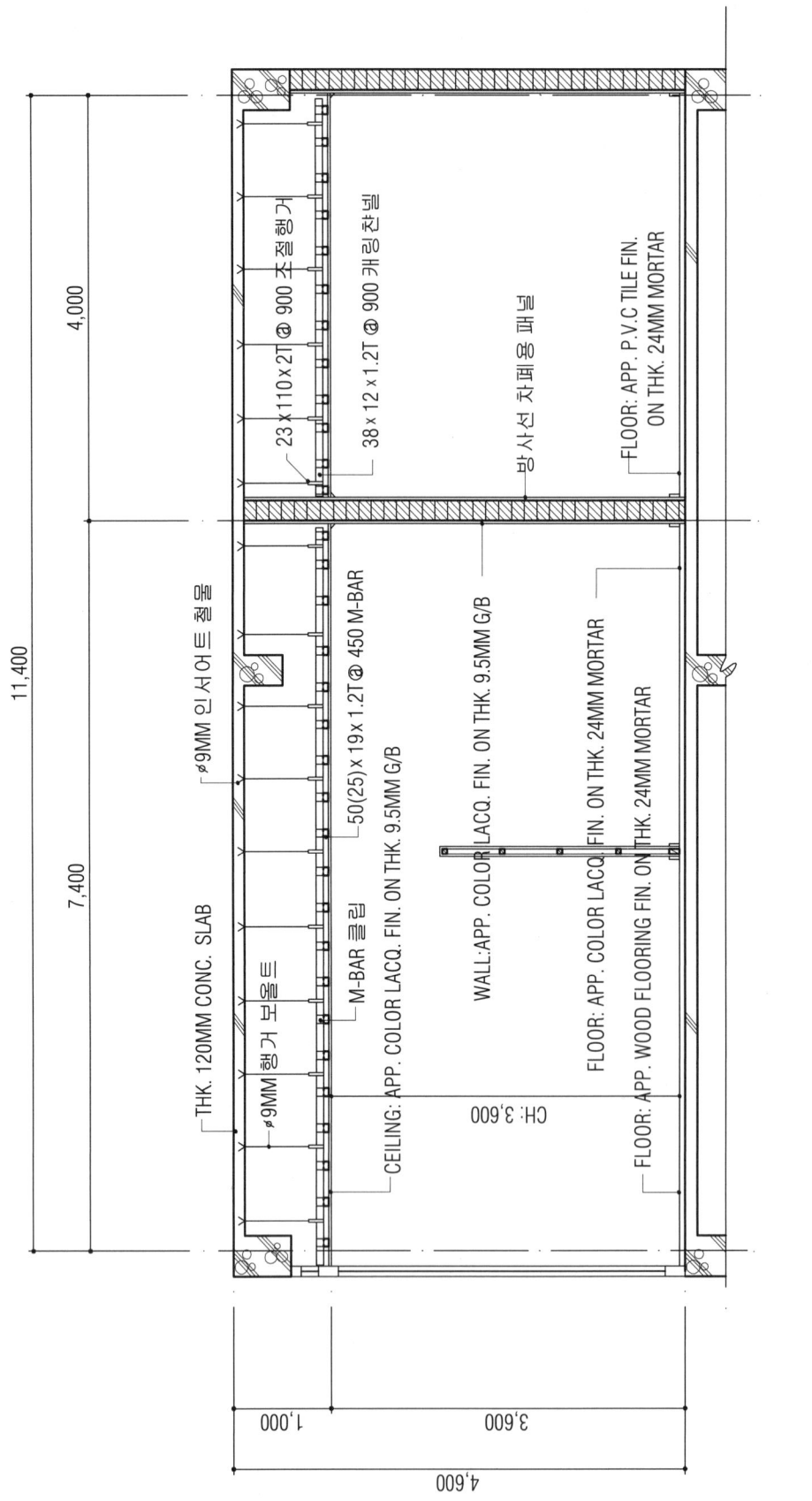

단면도 A-A' SCALE = 1/50

제6장 의료공간 · 339

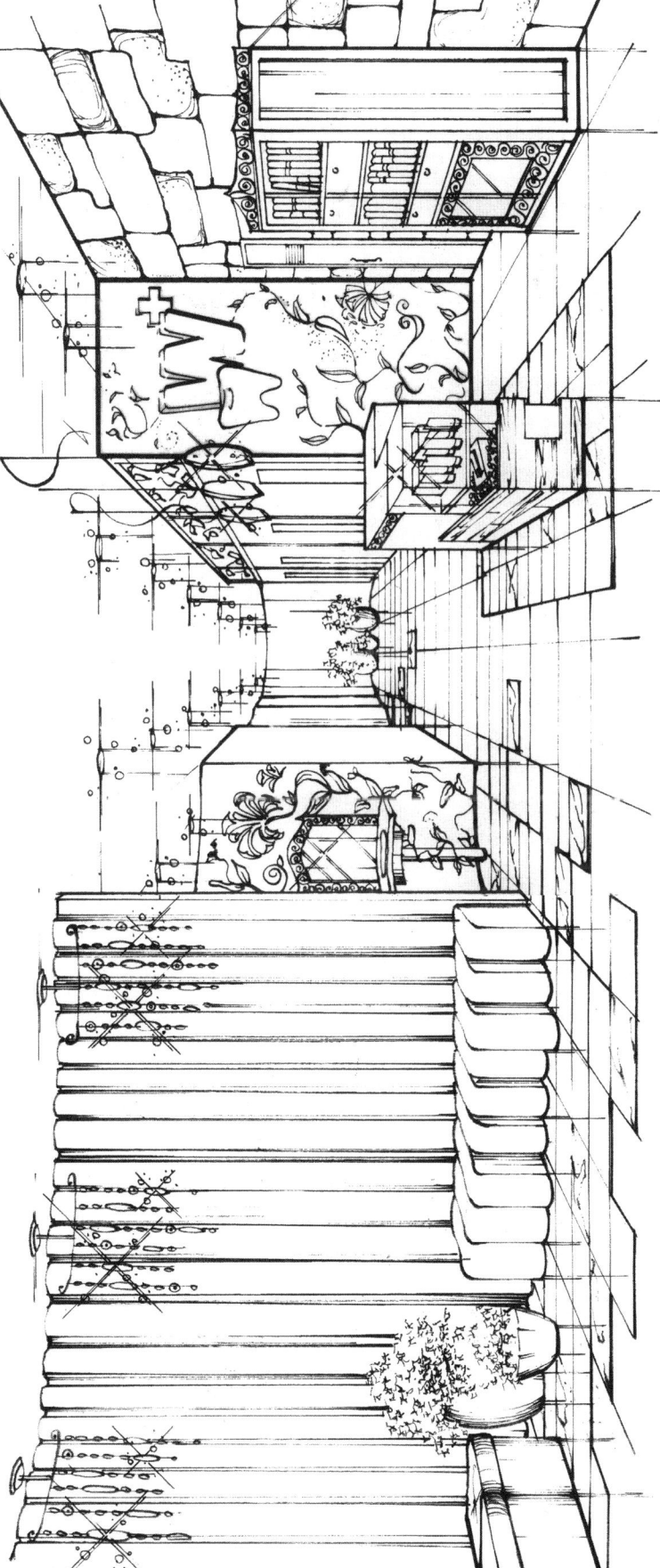

실 내 투 시 도 SCALE = N.S

의료공간

[실습과제 5] 한의원

1. 요구사항
   주어진 도면은 상업중심지역에 위치한 한의원의 평면도이다.
   다음의 요구조건에 따라 도면을 작성하시오.

2. 요구조건

   ① 설계면적 : 9,000×7,200×2,700mm(H)
   ② 인적구성 : 원장 1명, 간호사 2명
   ③ 안내 및 캐시카운터(사이즈없이)
   ④ 고객대기공간 - 대기소파, 음수대, 안마기
   ⑤ 원장실 겸 상담실 : 컴퓨터, 책상, 치료침대 1개
   ⑥ 치료실(침대실) : 침대 3개 이상
   ⑦ 조제실 및 탕전실
   ⑧ 냉난방기(천장형)

3. 요구도면

   ① 평면도(가구배치 및 바닥마감재 표기) SCALE : 1/50
      - 가구배치 포함, 평면 계획의 디자인 의도·방향 등을 200자 이내로 완성하시오.
   ② 천정도(설비, 조명기구 배치 및 범례표 작성/천장마감재 표기) SCALE : 1/50
   ③ 내부입면도 B방향 1면(벽면재료 표기) SCALE : 1/50
   ④ 단면상세도(A-A') SCALE : 1/50
   ⑤ 실내투시도(채색작업은 필수) SCALE : N.S
      (계획의 포인트가 좋은 지점에서 1소점 또는 2소점 투시법으로 작성하되, 작성과정의 투시보조선을 남길 것)

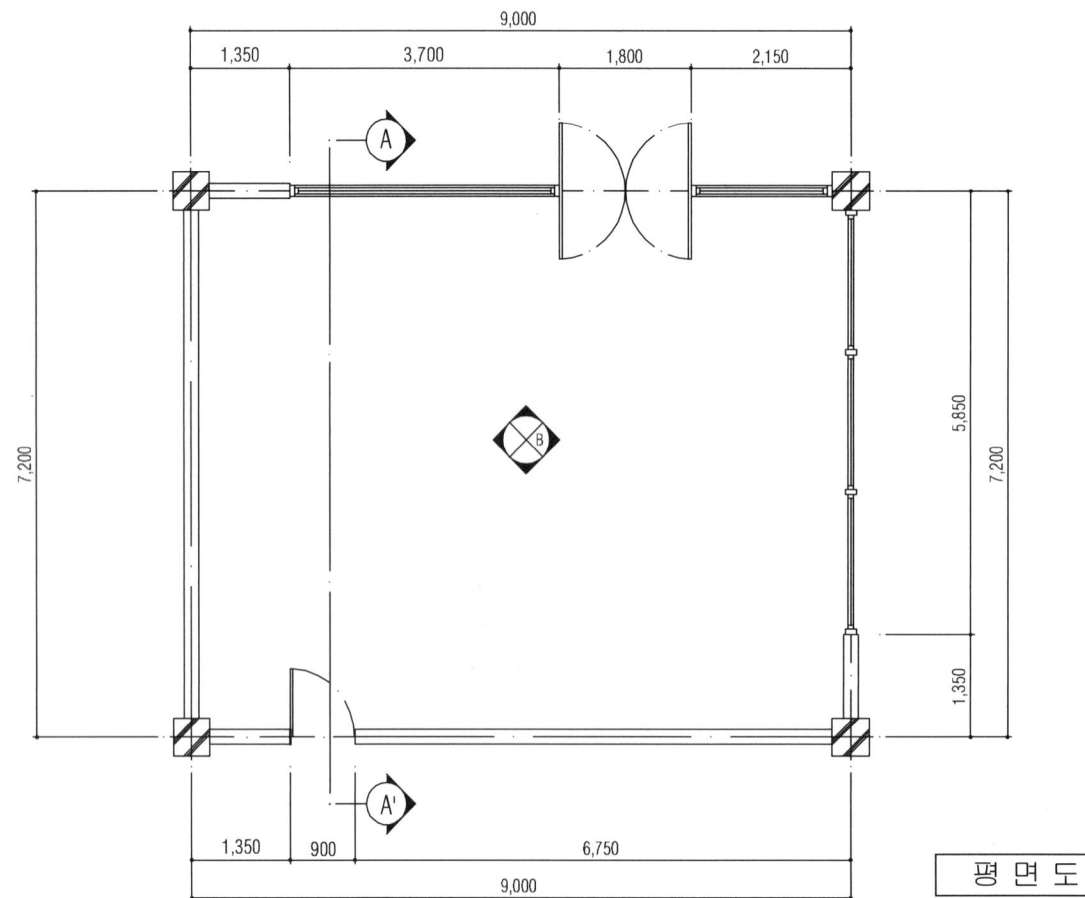

평면도

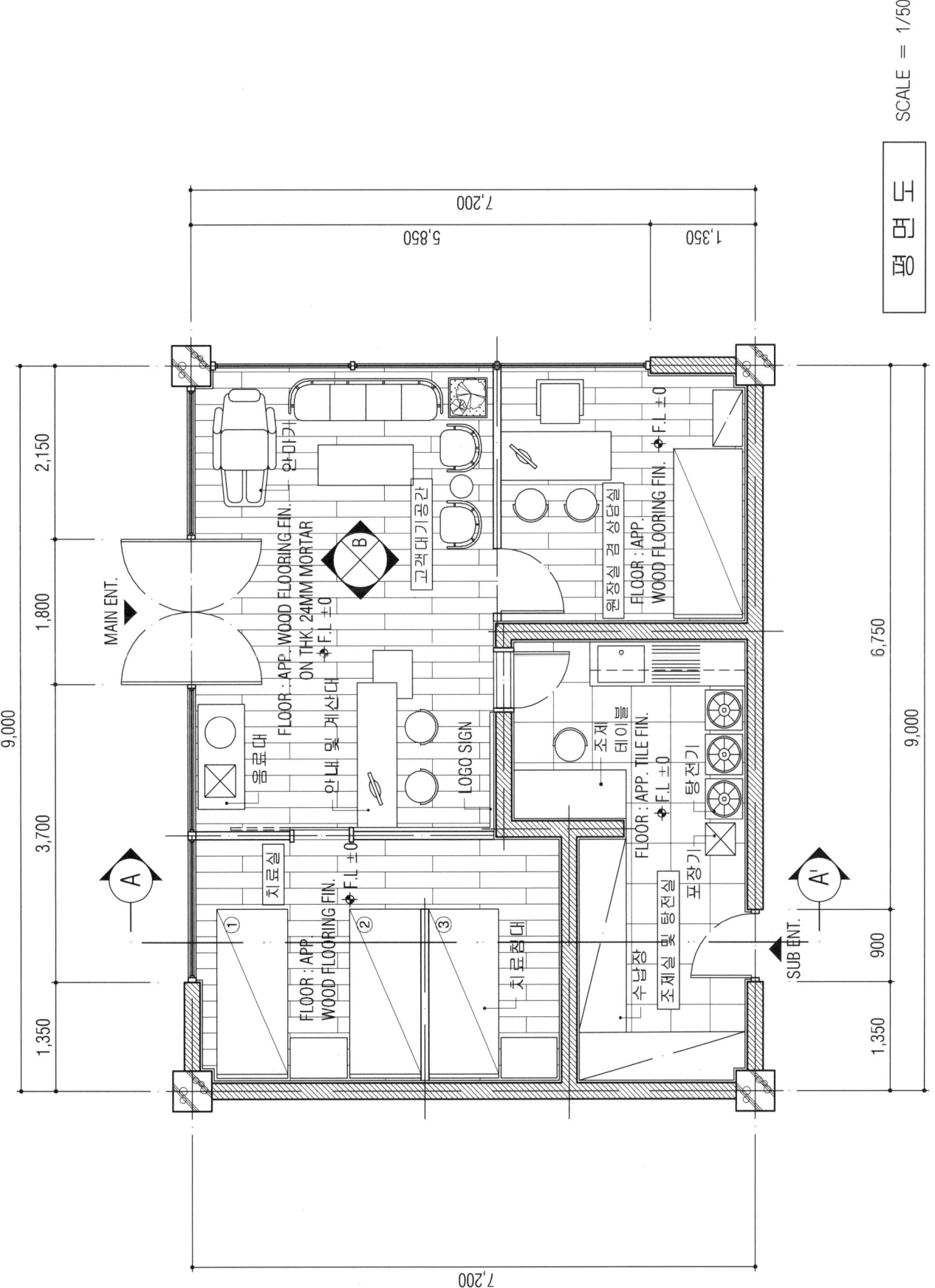

342 · 제4편 실내건축 도면실습

TYPE	NAME	EA
⊕	DOWN LIGHT	22
⊕	PENDANT	2
▭	FL 40W	6
✧	CHANDELIER	1
●	EXIT LIGHT	1
⊠	송기구	5
✳	배기구	6
·	SPRINKLER	8
○	FIRE SENSOR	8
▦	천정부착형 냉난방기	1

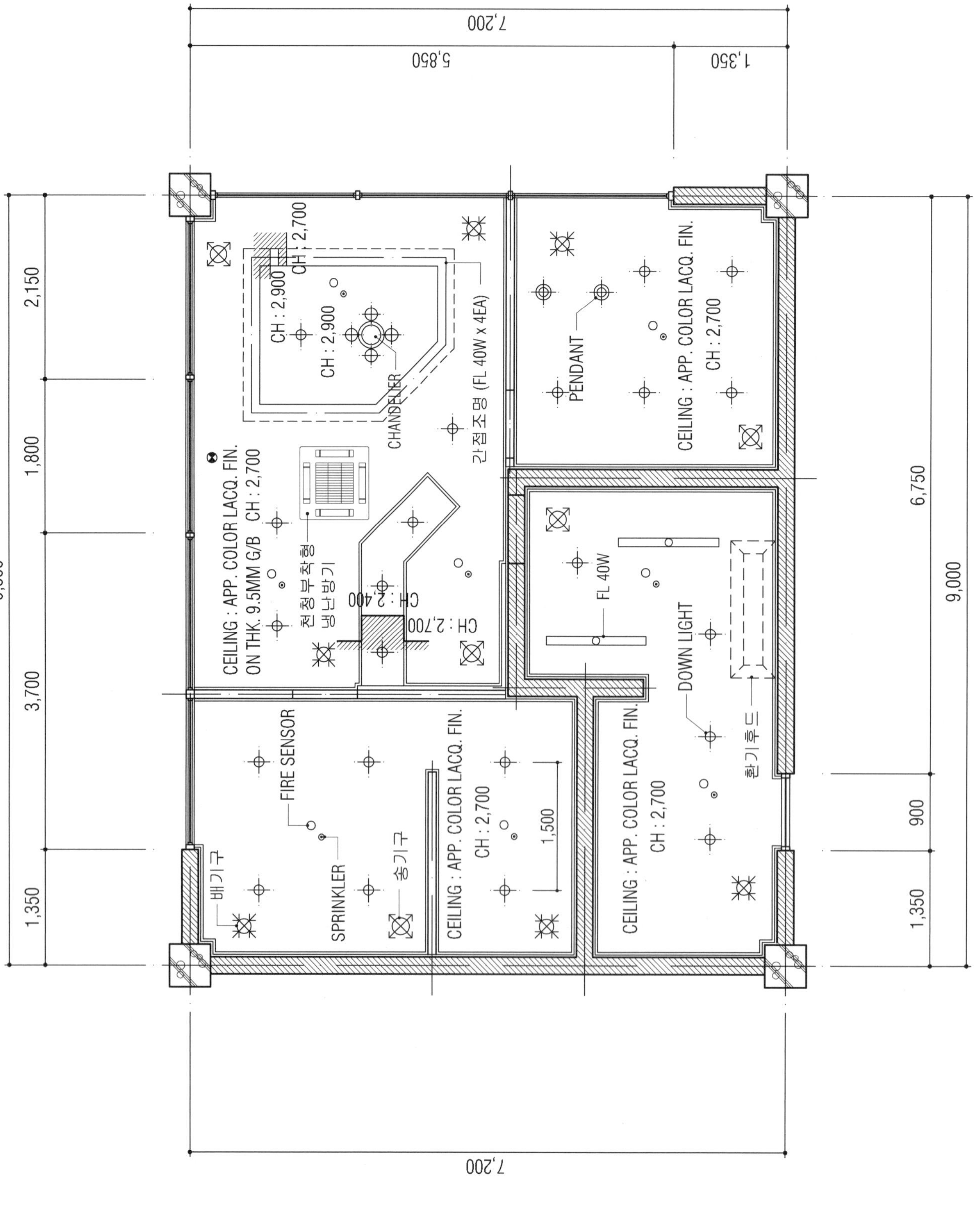

LEGEND

천 정 도   SCALE = 1/50

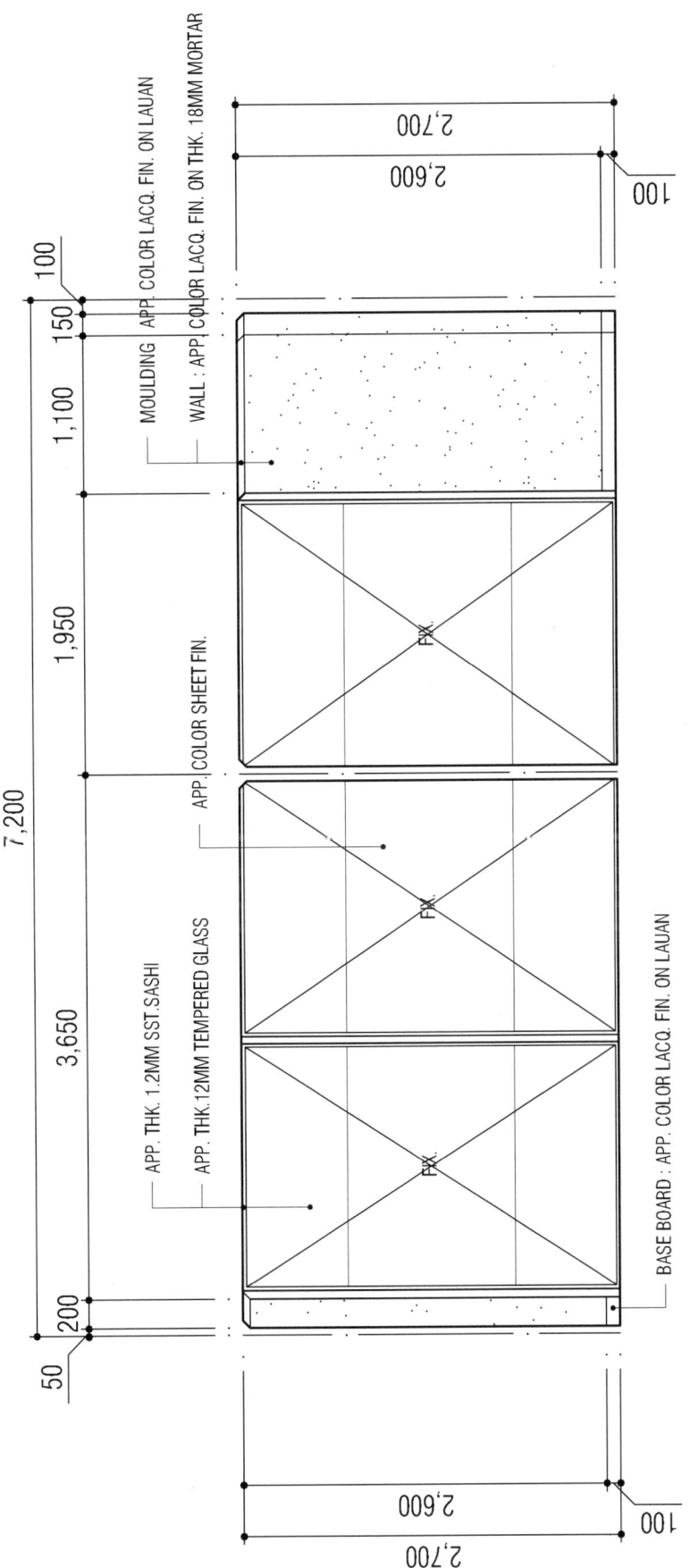

내부입면도 B SCALE = 1/50

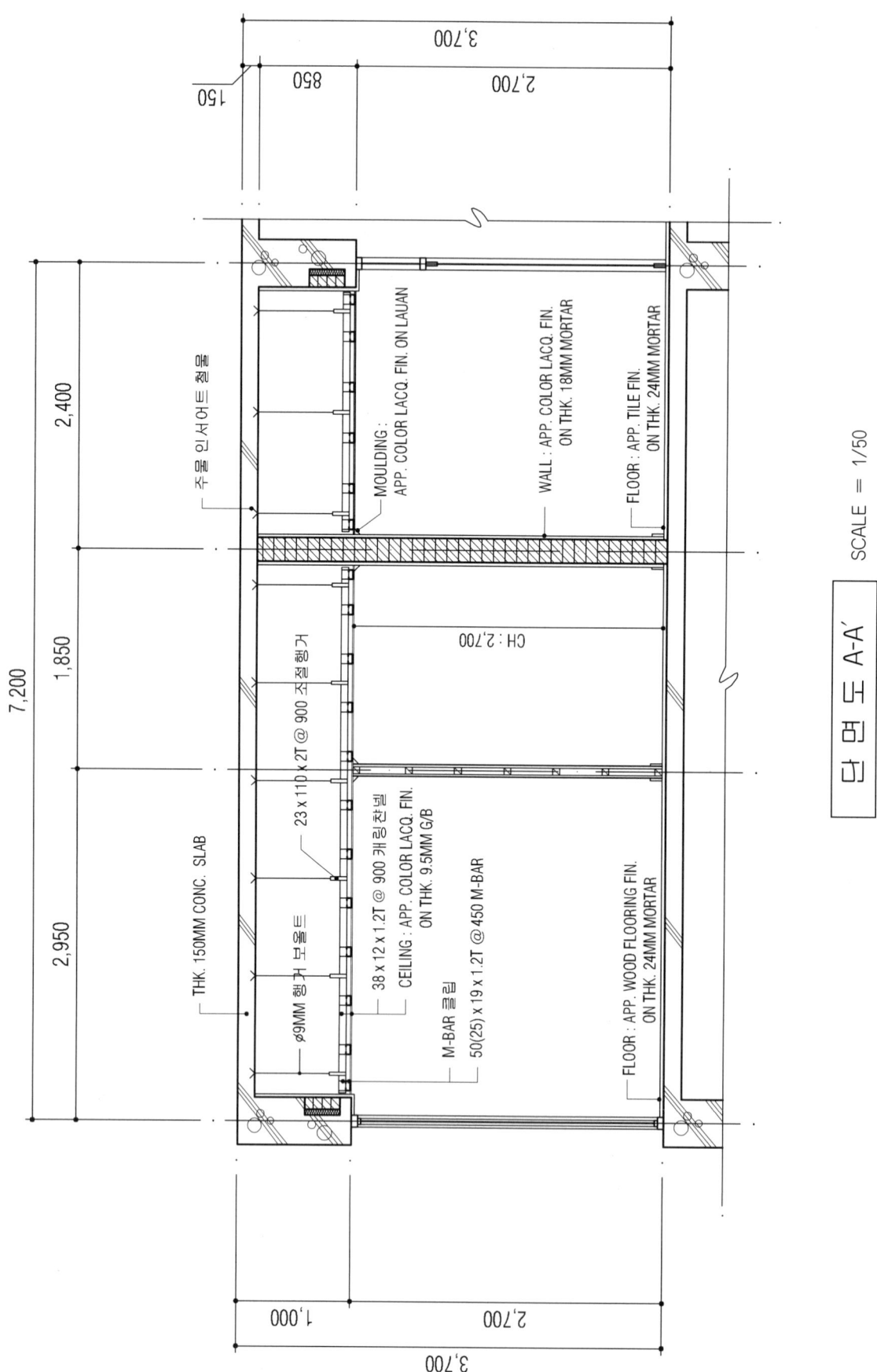

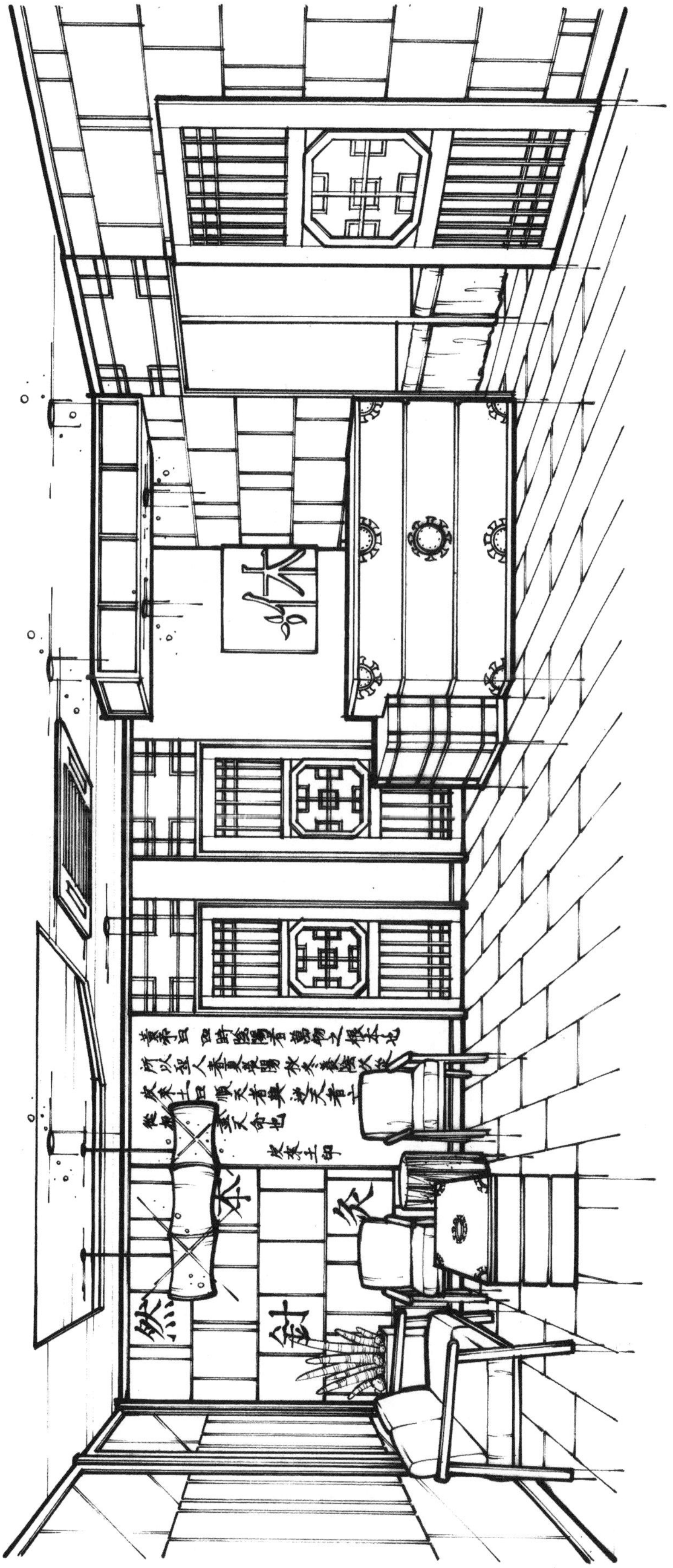

실내투시도
SCALE = N.S

의료공간

[실습과제 6] 정형외과

1. 요구사항
   주어진 도면은 정형외과의 평면도이다. 다음의 요구조건에 따라 도면을 작성하시오.

2. 요구조건
   ① 설계면적 : 13,200×9,000×2,700(H)
   ② 물리치료실 : 침대 6EA
   ③ 첨단의료장비를 설치할 수 있는 공간확보(사이즈없이)
   ④ 주사실
   ⑤ 조제실 및 비품실
   ⑥ 원장실 겸 상담실
   ⑦ 안내 및 계산대(사이즈 없이)
   ⑧ 고객대기공간 - TV, 음료대, 쇼파, 테이블

3. 요구도면
   ① 평면도(가구배치 및 바닥마감재 표기) SCALE : 1/50
   ② 천정도(설비, 조명기구 배치 및 범례표 작성/천장 마감재 표기) SCALE : 1/50
   ③ 내부입면도 B방향 1면(벽면재료 표기) SCALE : 1/50
   ④ 단면상세도(A-A′) SCALE : 1/50
   ⑤ 실내투시도(채색작업은 필수) SCALE : N.S
      (계획의 포인트가 좋은 지점에서 1소점 또는 2소점 투시법으로 작성 및 작성과정의 투시보조선을 남길 것)

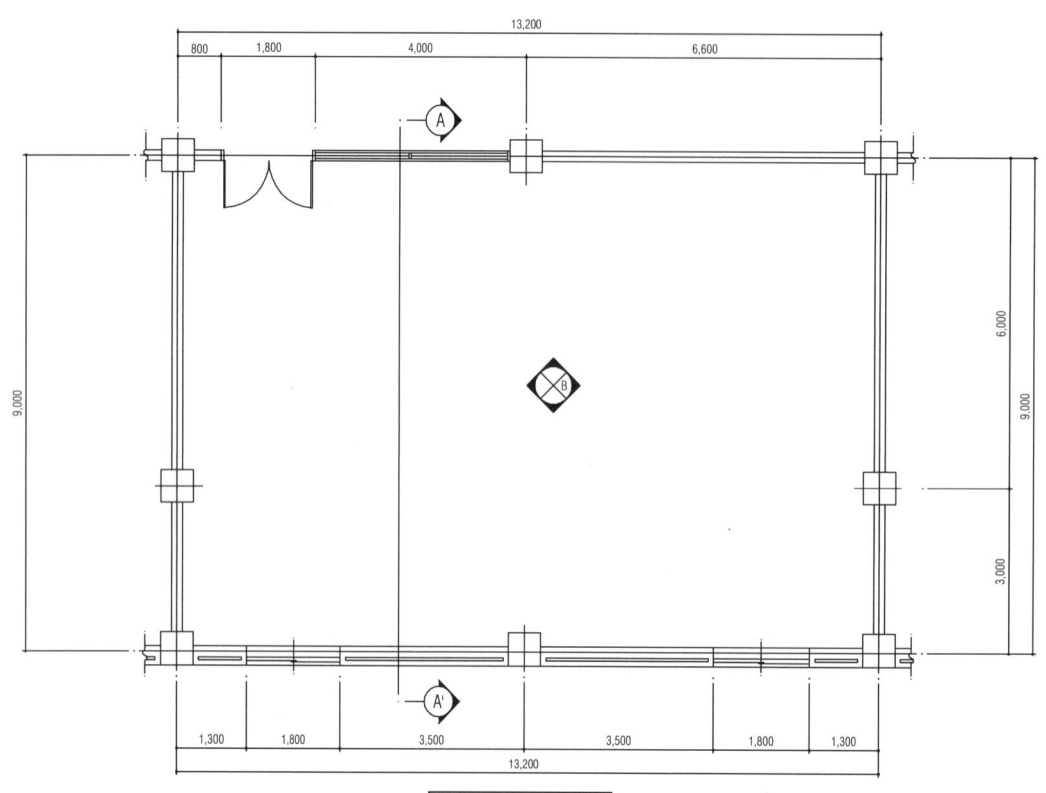

평 면 도

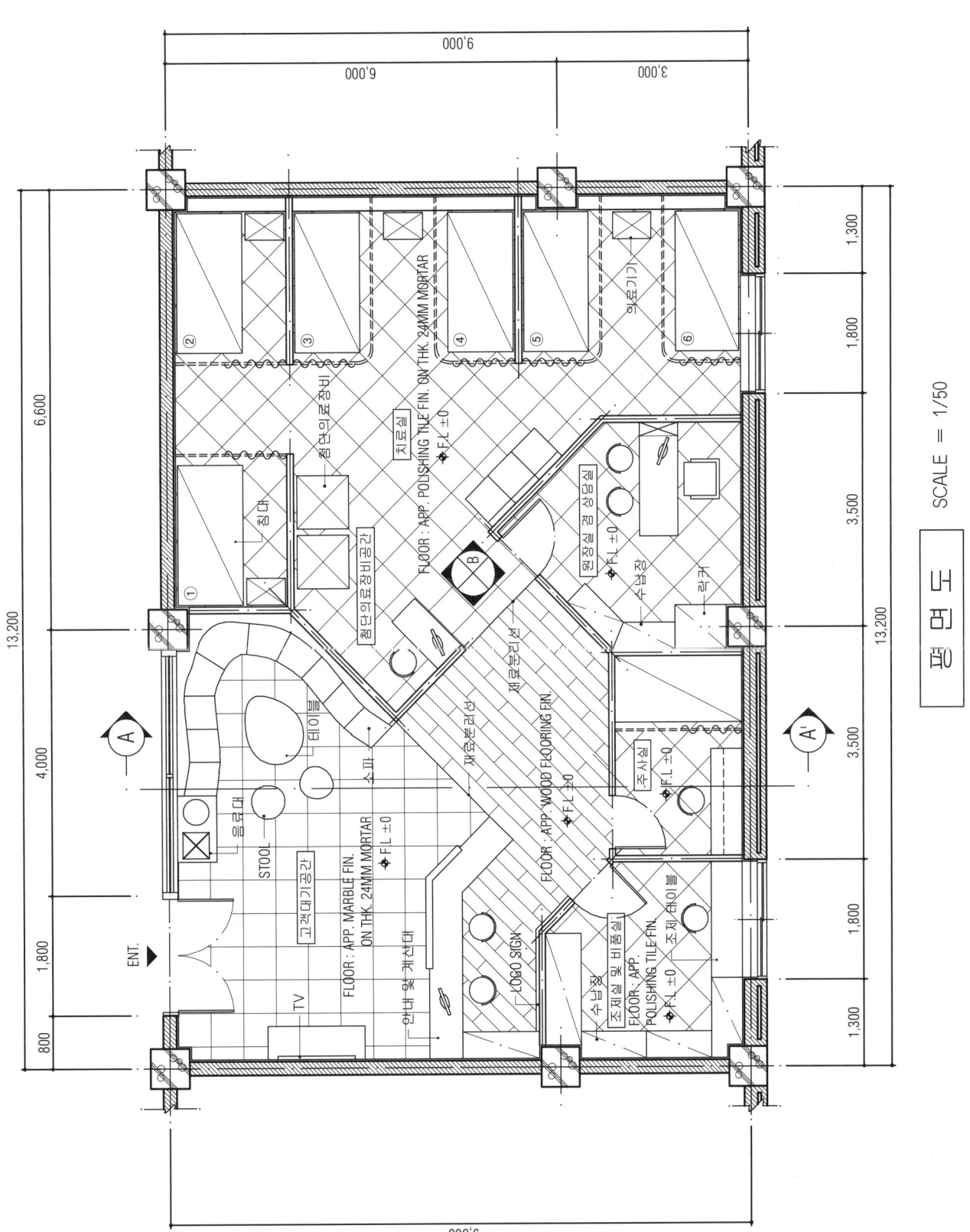

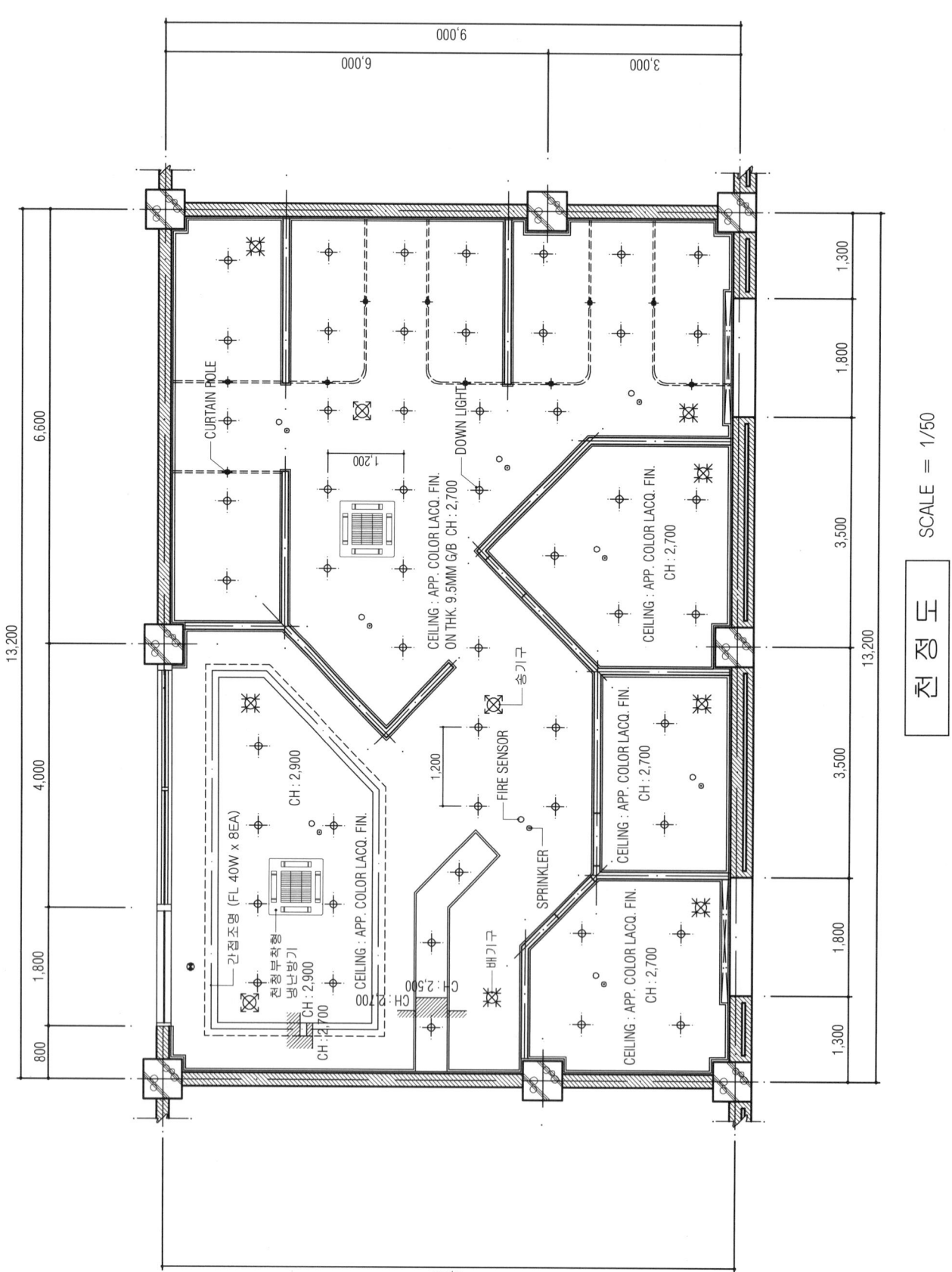

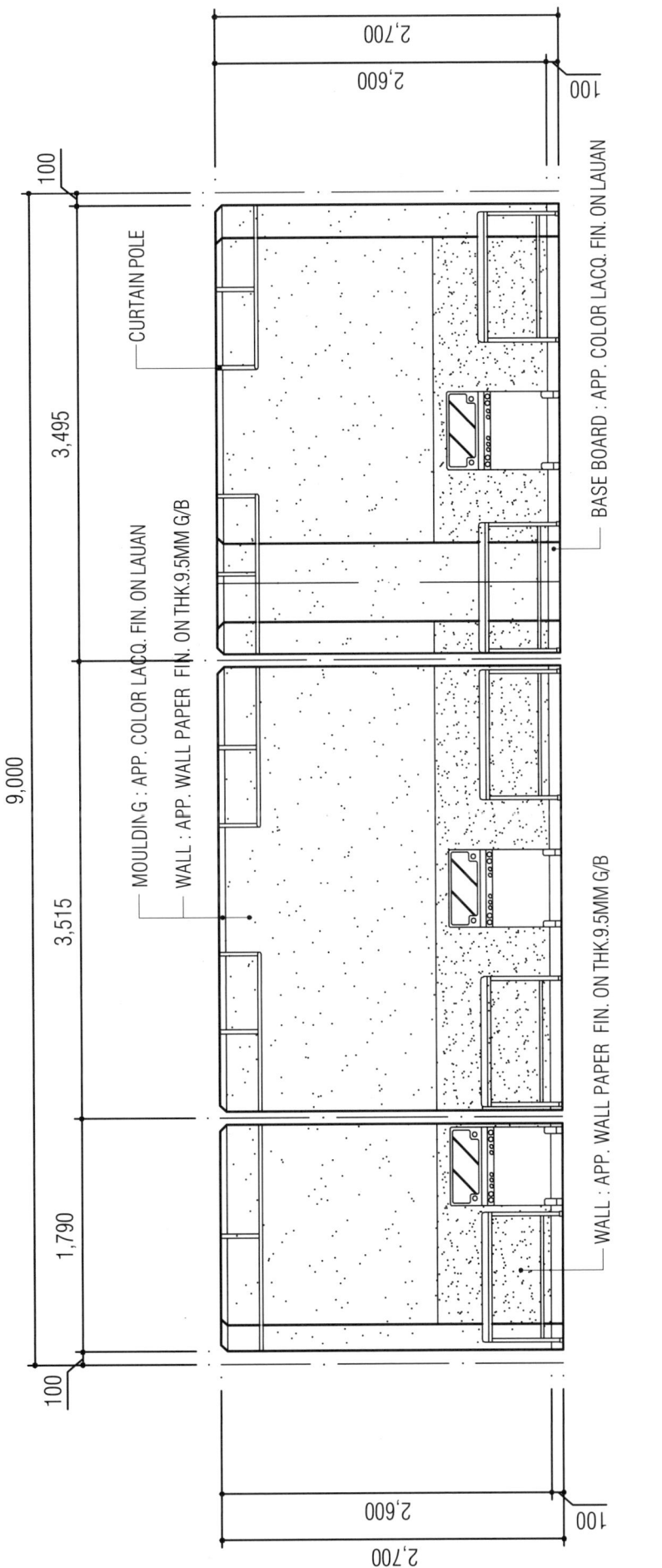

내부입면도 B SCALE = 1/50

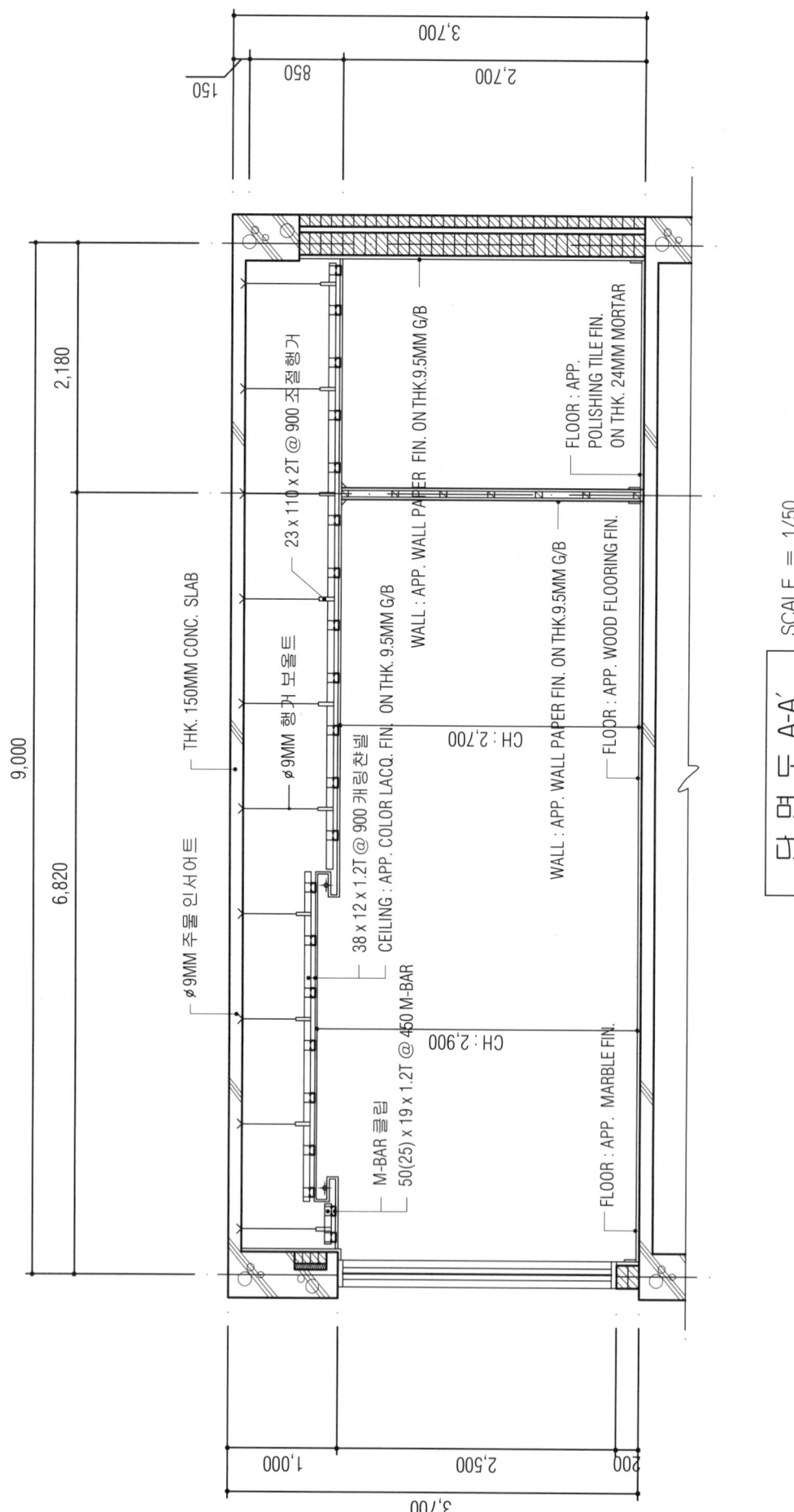

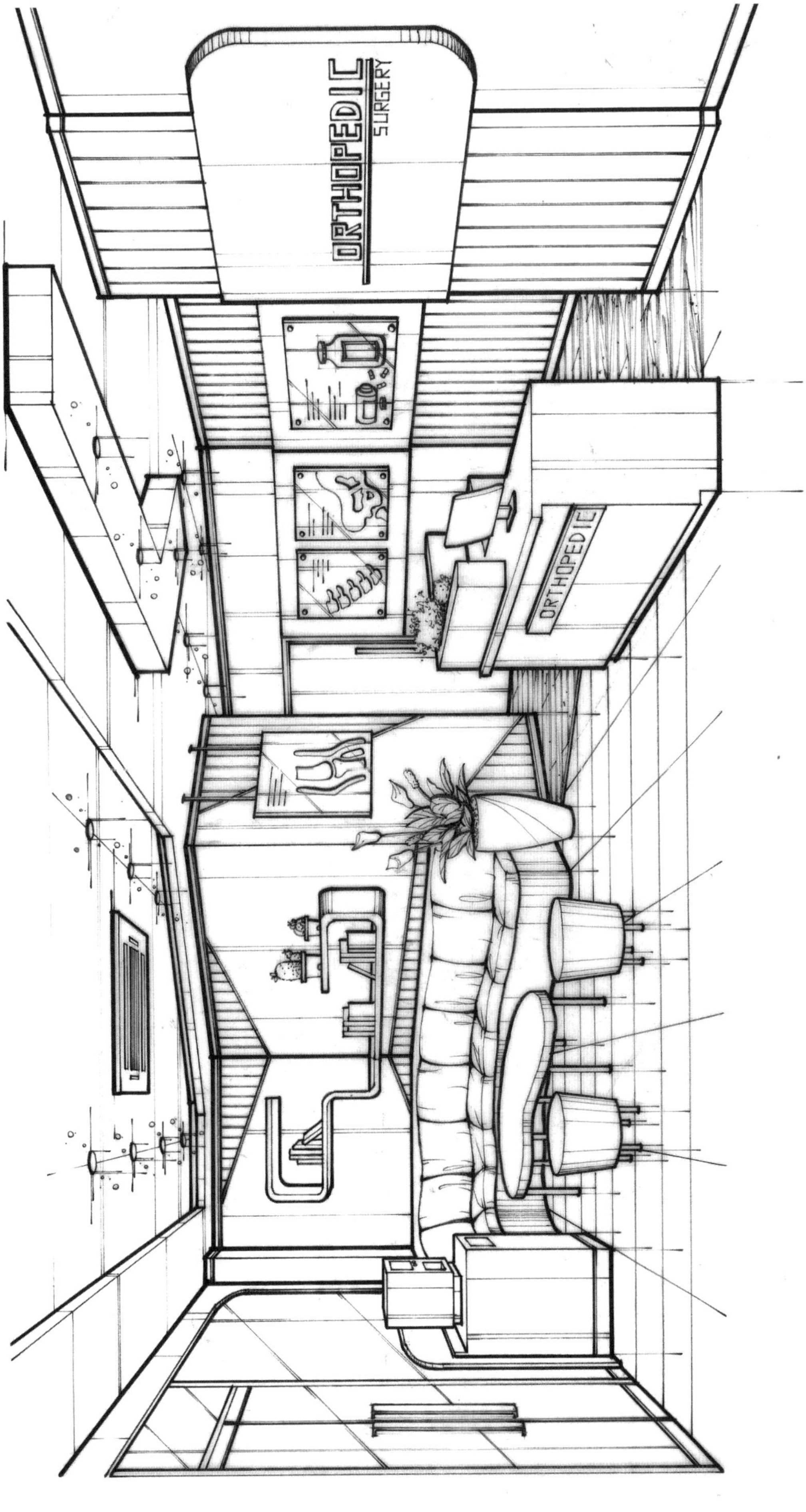

실내투시도 SCALE = N.S

의료공간

[실습과제 7] 동물병원

1. 요구사항
   주어진 도면은 근린상업지역내 동물병원이다. 다음의 요구조건에 따라 도면을 작성하시오.

2. 요구조건
   ① 설계면적 : 12,000×9,600×2,700mm(H)
   ② 인적구성 : 수의사 1인, 동물간호복지사 2인, 애견미용사 1인
   ③ 요구공간 : 진료실, 수술실 및 조제실, 동물 미용실, 대기공간, 동물용품 전시 및 판매공간,
   애견호텔(애견호텔박스 설치)
   ④ 필요집기 : 서비스 카운터 & 계산대, 동물용품 진열장, 쇼파(대기공간 내 배치)
   (이상 제시된 집기는 필수적이며, 이외에 필요한 집기가 있다면 수험자가 임의로 추가할 수 있음)

3. 요구도면
   ① 평면도 (가구배치 및 바닥마감재 표기) SCALE : 1/50
   ② 천정도(설비, 조명기구 배치 및 범례표 작성/천장마감재 표기) SCALE : 1/50
   ③ 내부입면도 D방향 1면(벽면재료 표기) SCALE : 1/50
   ④ 단면상세도(A-A') SCALE : 1/50
   ⑤ 실내투시도(채색작업은 필수) SCALE : N.S
   (계획의 포인트가 좋은 지점에서 1소점 또는 2소점 투시법으로 작성 및 작성과정의 투시보조선을 남길 것)

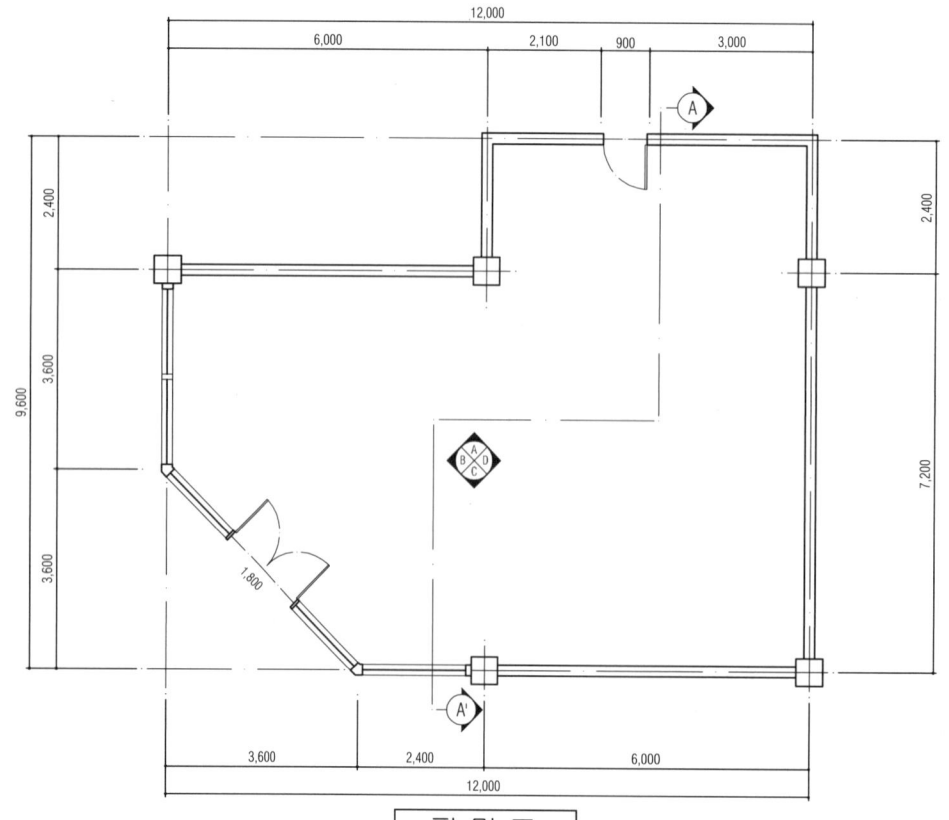

평면도

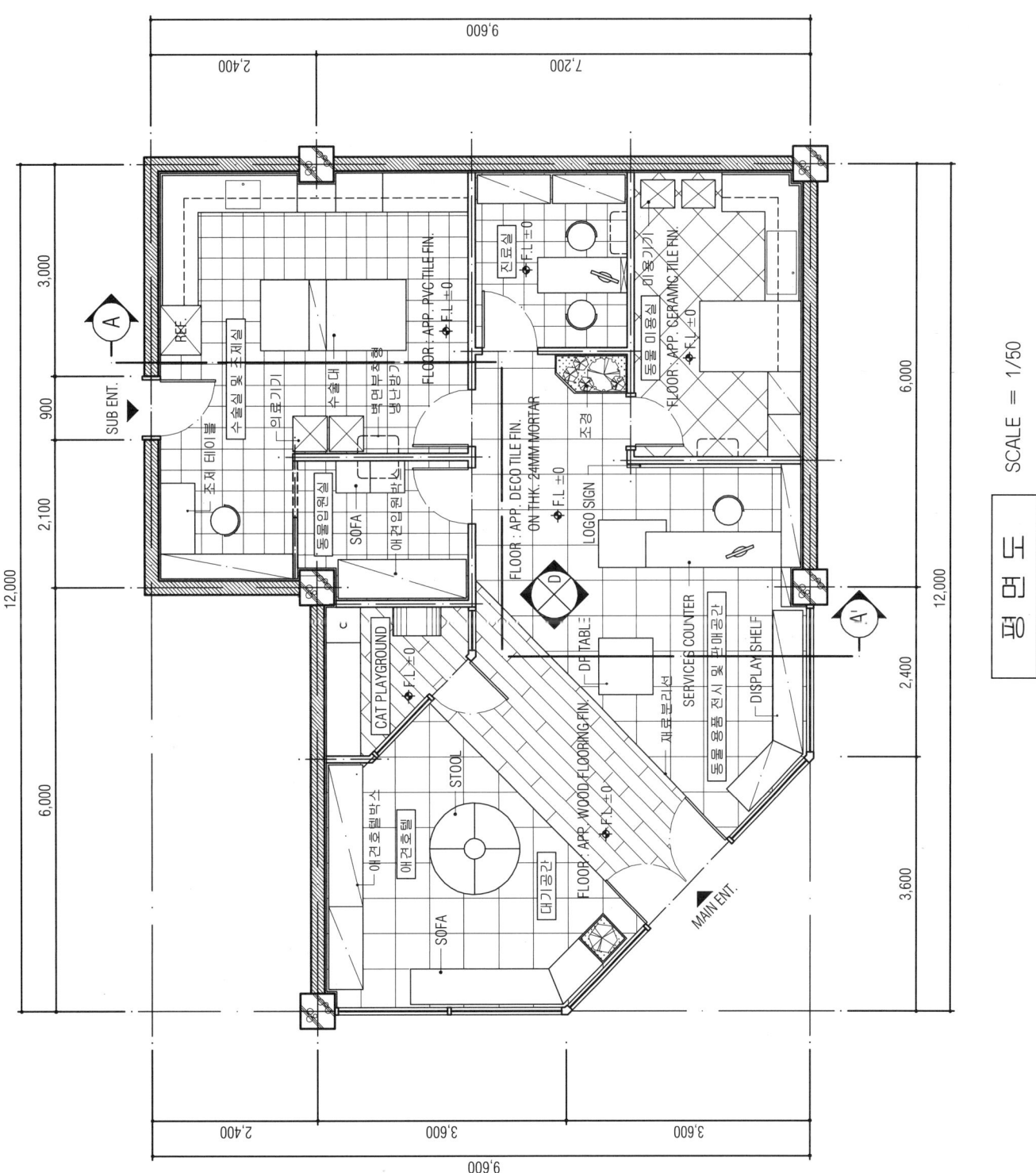

TYPE	NAME	EA
⊕	DOWN LIGHT	46
⊕	PENDANT	4
+	SPOT LIGHT	2
▯	FL 40W X 2EA	2
⊕	OPERATING LIGHT	1
✺	CHANDELIER	1
⊾	BRACKET	1
⊗	EXIT LIGHT	1
⊠	송기구	5
※	배기구	9
○	SPRINKLER	11
▦	FIRE SENSOR	11
▦	천정부착형 냉난방기	2

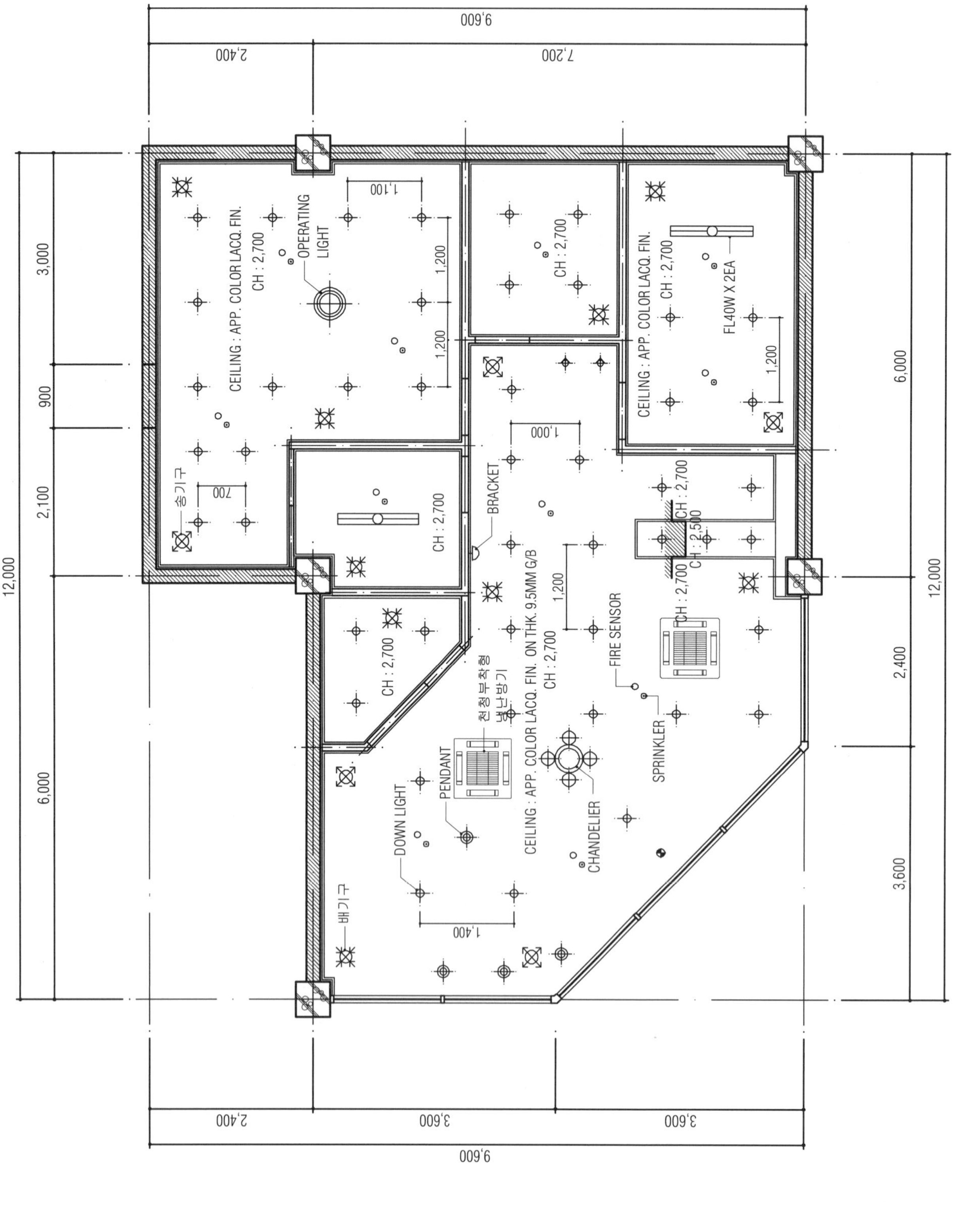

LEGEND

천 정 도   SCALE = 1/50

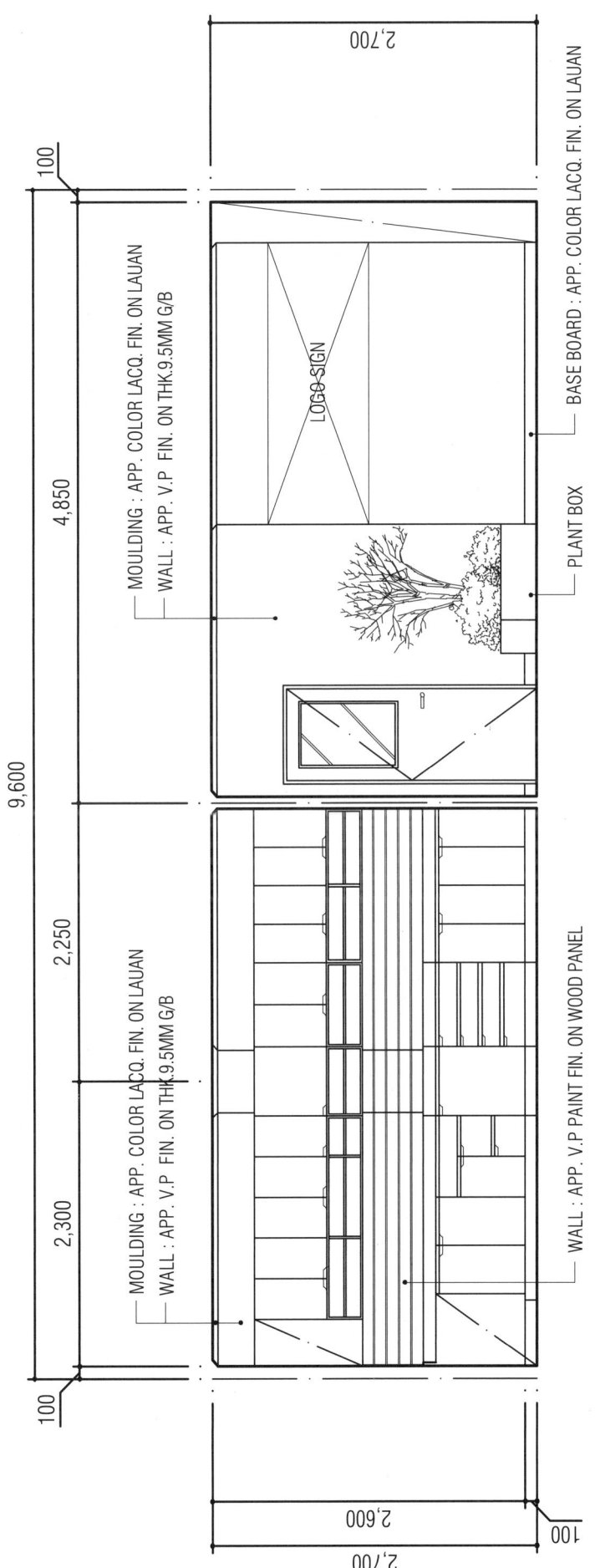

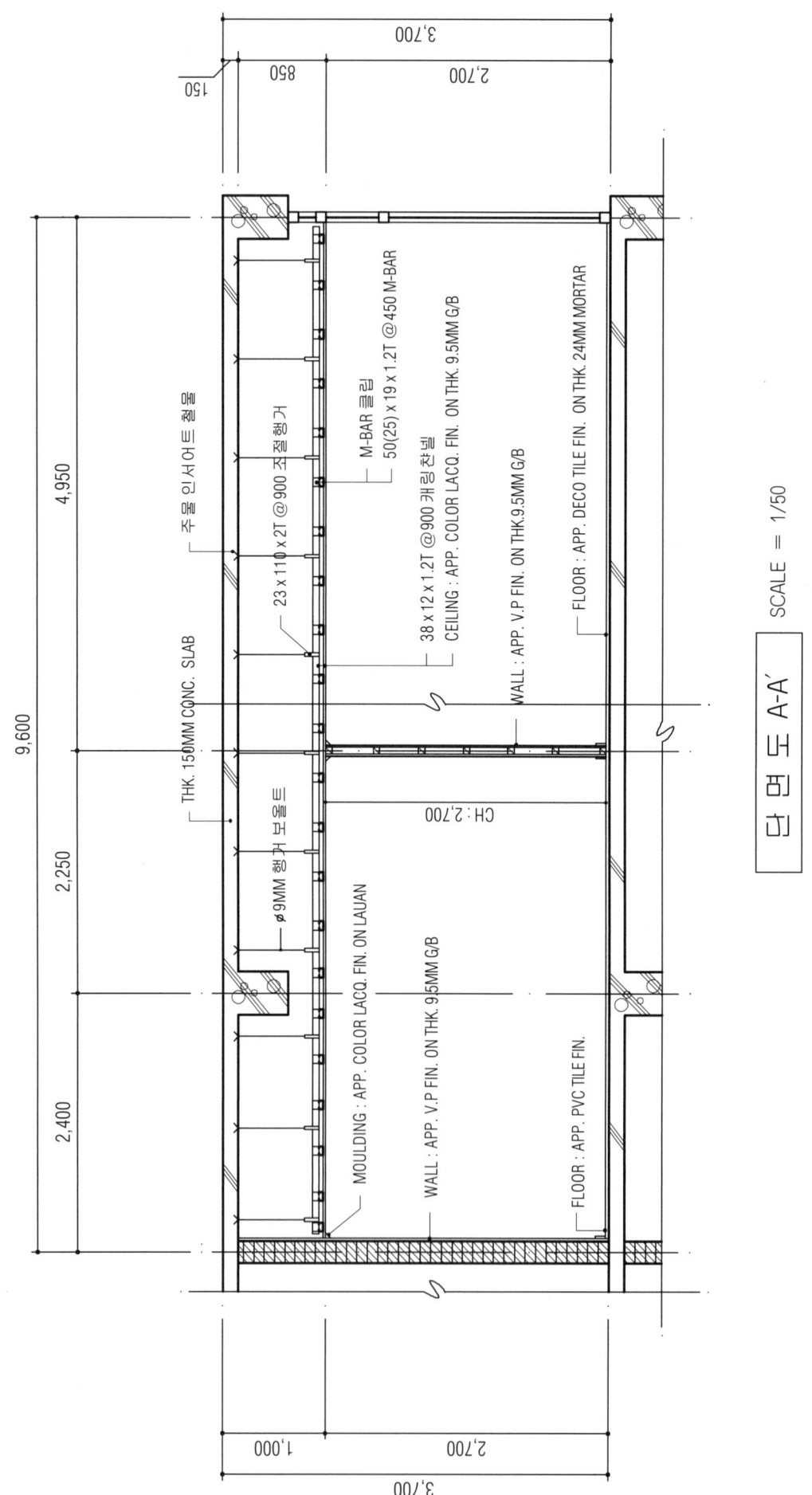

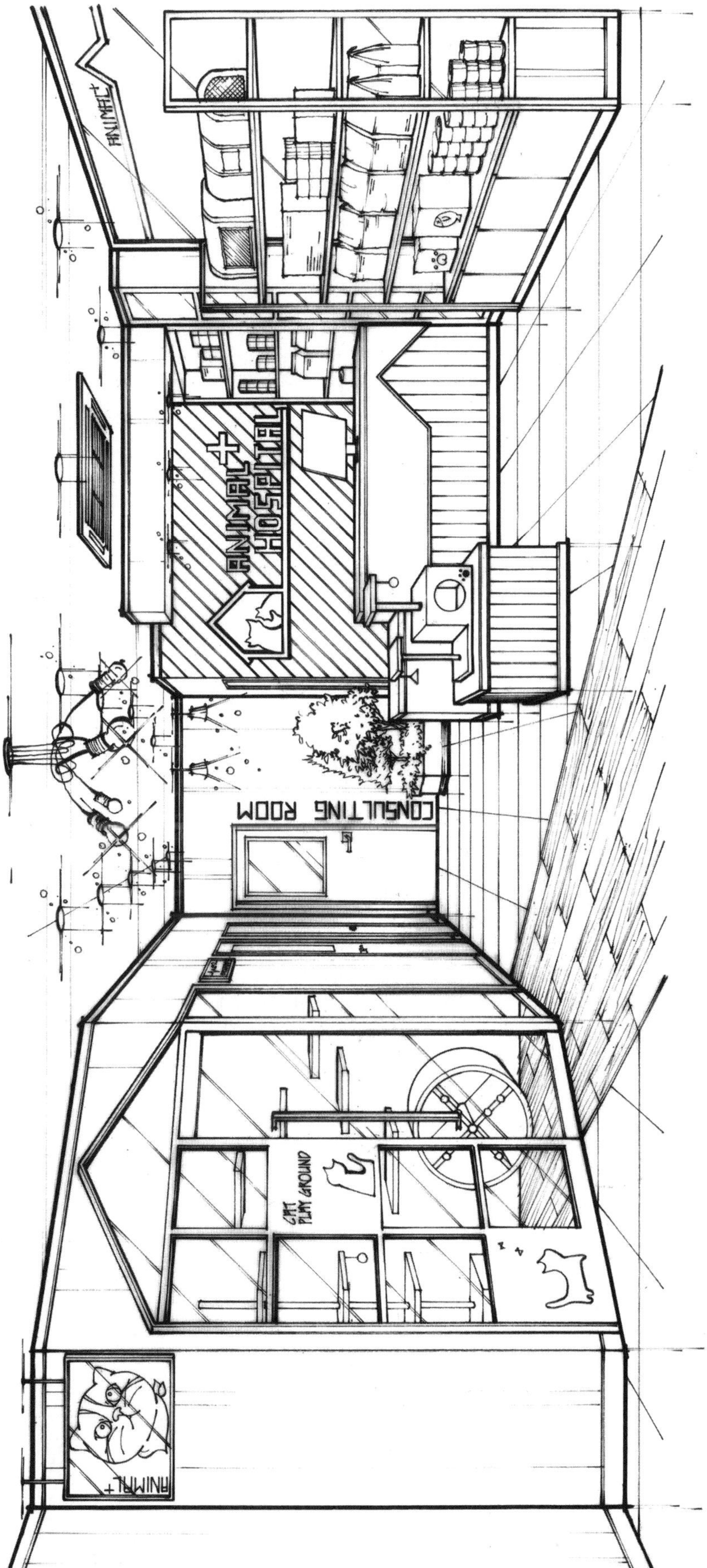

실내투시도 SCALE = N.S

제5편 투시도 컬러링 작품

◆ 컬러투시도 차례 ◆

도면실습
[실습과제 1] - 부엌
[실습과제 2] - 부부침실
[실습과제 3] - 원룸

제1장 주거공간
[실습과제 1] - 독신자아파트
[실습과제 2] - 원룸형 주택 I
[실습과제 3] - 원룸형 주택 II
[실습과제 4] - 오피스텔
[실습과제 5] - 주거오피스텔

제2장 상업공간

1 식음료공간
[실습과제 1] - 아이스크림 판매점
[실습과제 2] - 패스트푸드점
[실습과제 3] - 커피숍
[실습과제 4] - 도심지 사거리에 위치한 커피숍
[실습과제 5] - 스터디카페
[실습과제 6] - 도심내 카페전문점
[실습과제 7] - 북카페
[실습과제 8] - 제과 전문점
[실습과제 9] - 일식 참치전문점

2 물품판매공간
[실습과제 1] - 이동의류전문점
[실습과제 2] - 이동통신기기매장 I
[실습과제 3] - 이동통신기기매장 II
[실습과제 4] - 유기농 식료품 판매점
[실습과제 5] - 화장가 화장품 판매점
[실습과제 6] - 아웃도어매장

3 서비스공간
[실습과제 1] - PC방
[실습과제 2] - 안경점
[실습과제 3] - 헤어숍 I
[실습과제 4] - 헤어숍 II

4 숙박공간
[실습과제 1] - 호텔 트윈베드룸
[실습과제 2] - 유스호스텔(청소년 수련을 위한)

제3장 업무공간
[실습과제 1] - 인테리어 사무실
[실습과제 2] - 광고기획디자인회사 사무실
[실습과제 3] - 벤처오피스

제4장 전시공간
[실습과제 1] - 귀금속 전문점
[실습과제 2] - 자동차 전시판매 대리점

제5장 공공공간
[실습과제 1] - 어린이 도서관

제6장 의료공간
[실습과제 1] - 약국 I
[실습과제 2] - 약국 II
[실습과제 3] - 치과의원 I
[실습과제 4] - 치과의원 II
[실습과제 5] - 한의원
[실습과제 6] - 정형외과
[실습과제 7] - 동물병원

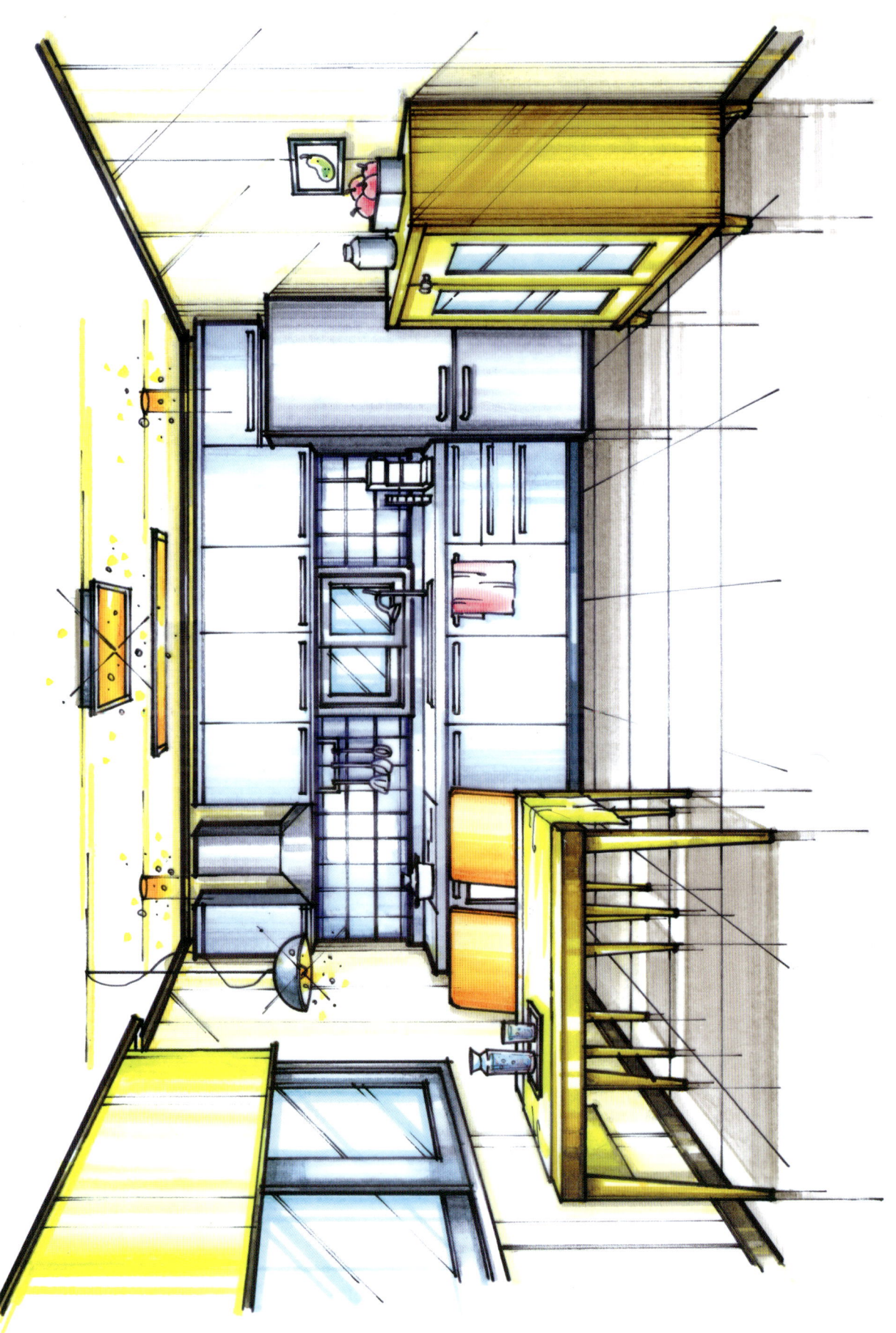

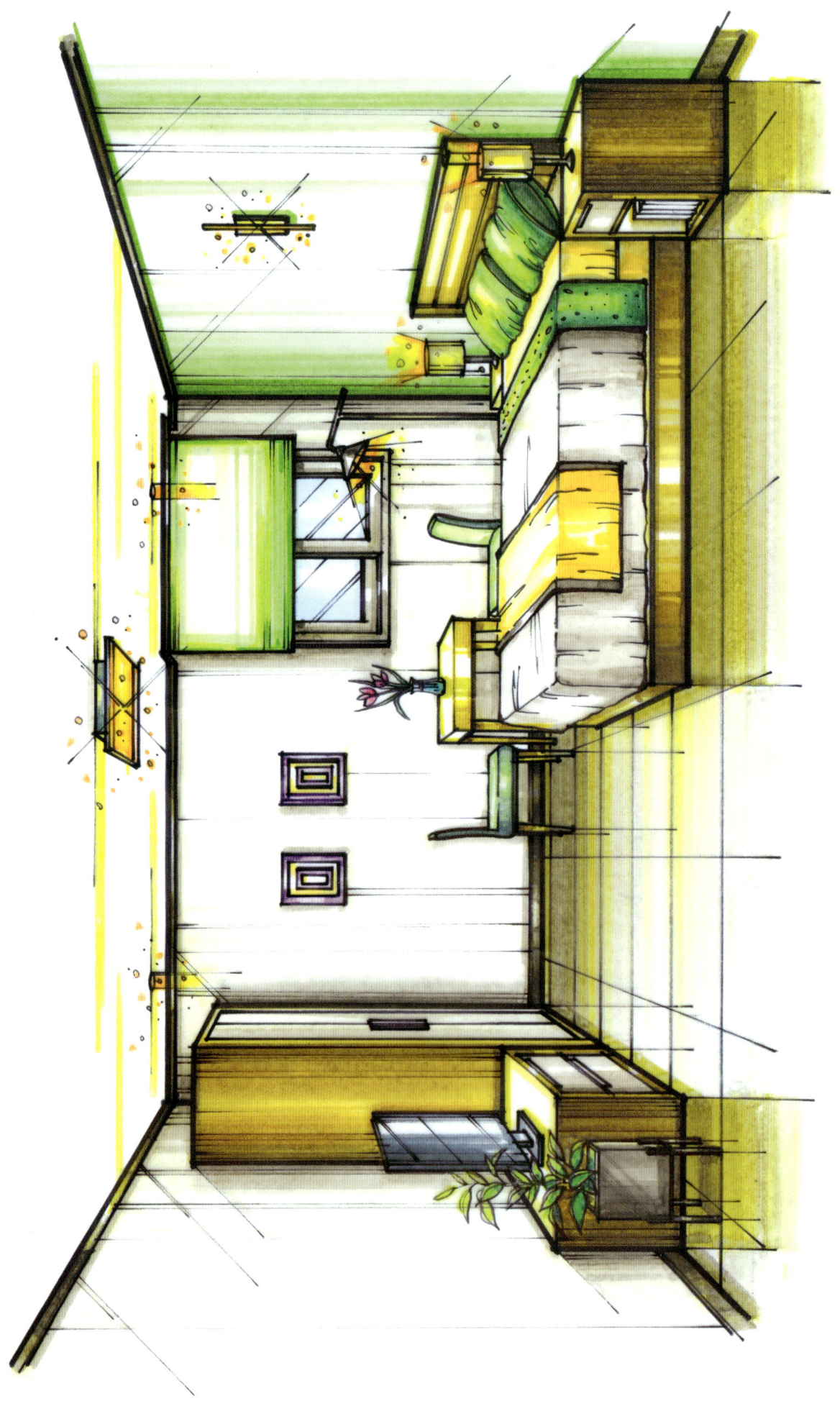

도면실습 — 부부침실

동방디자인

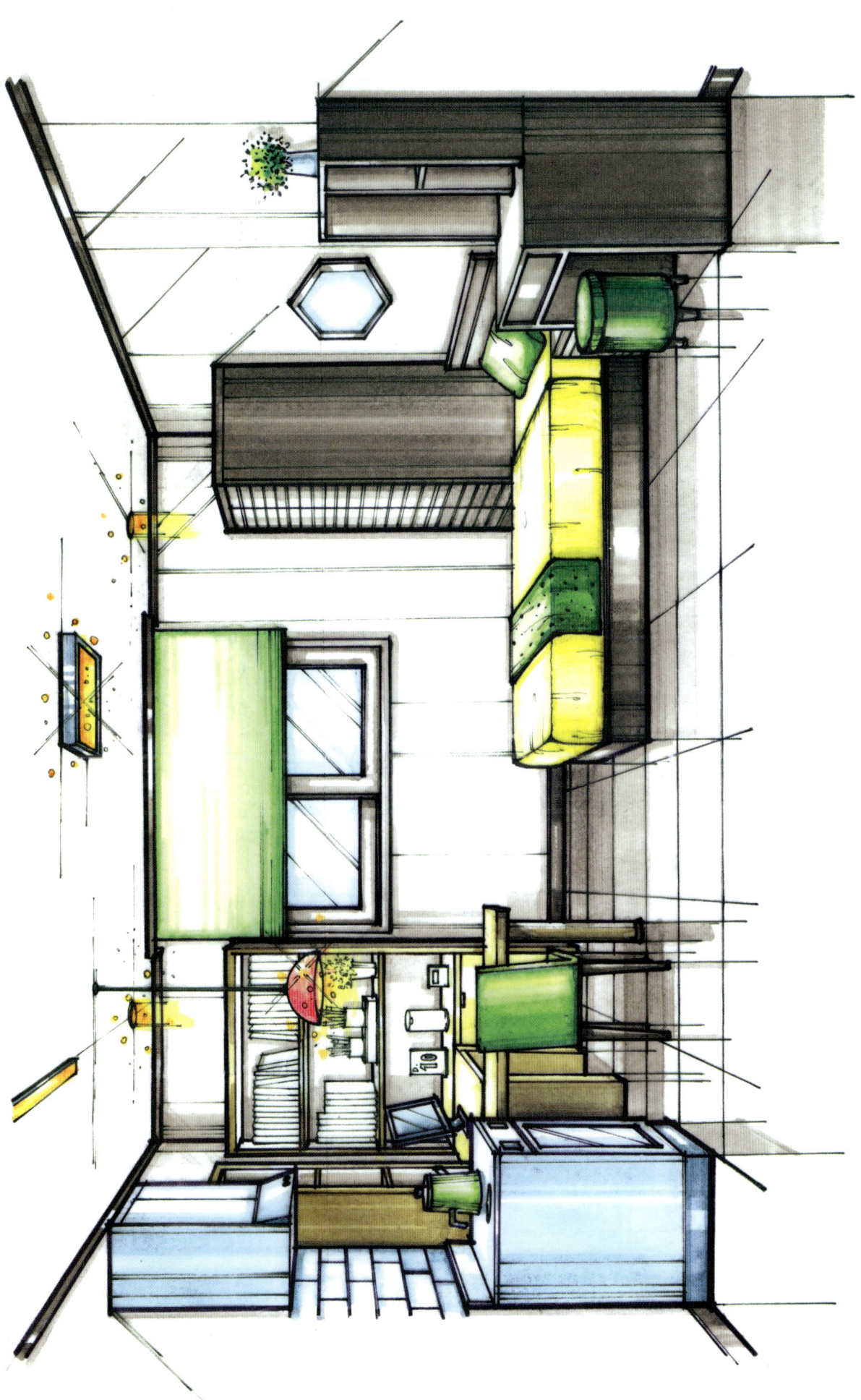

주거공간 — 독신자아파트

주거공간 — 원룸형 주택 I

주거공간 — 원룸형 주택 II

주거공간 — 오피스텔

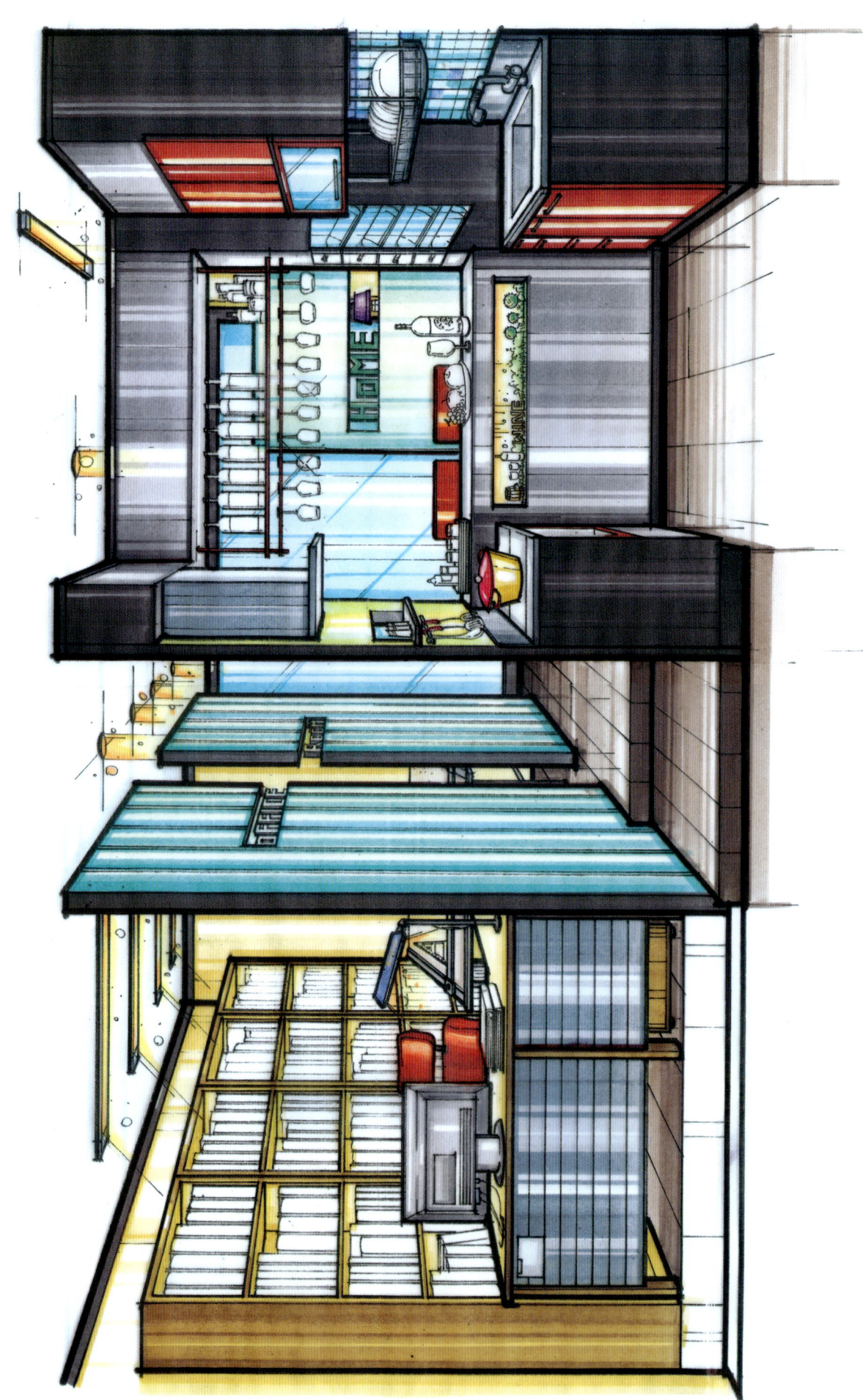

주거공간 — 주거오피스텔

상업공간 — 1 식음료공간 : 아이스크림 판매점

상업공간 — 1 식음료공간 : 패스트푸드점

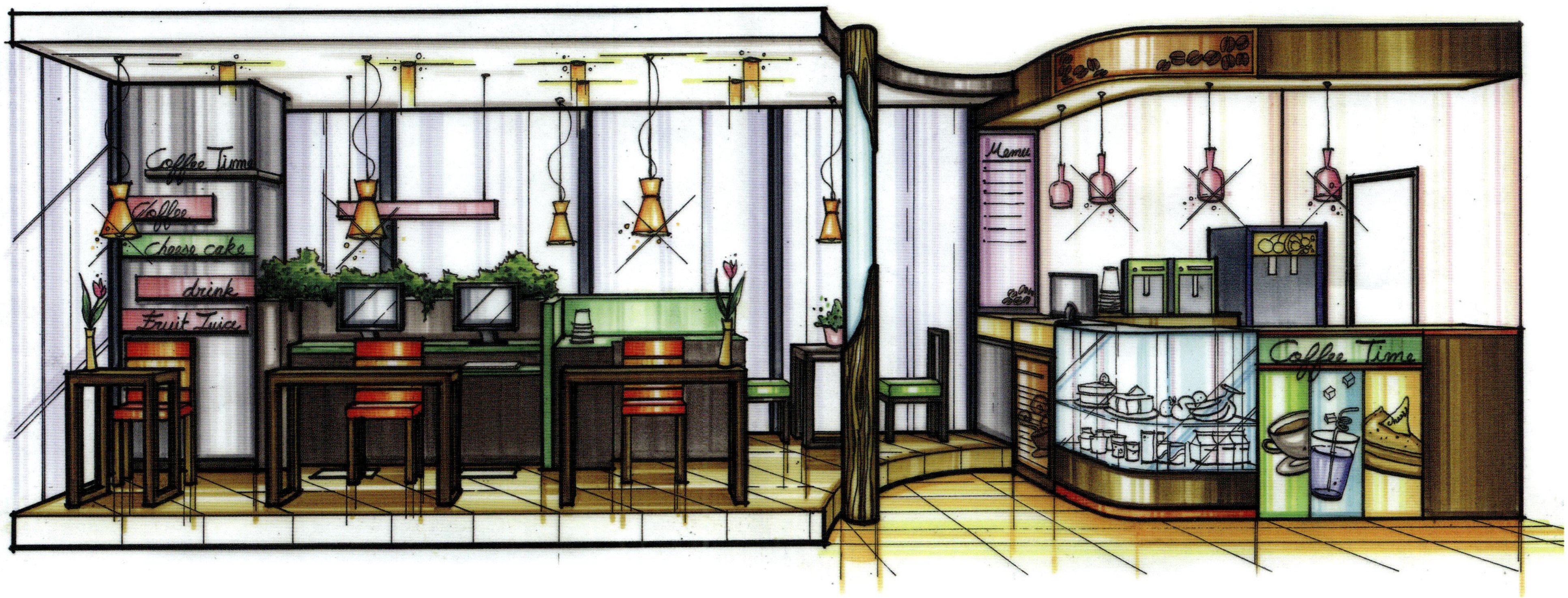

상업공간 — 1 식음료공간 : 커피숍

상업공간 — 1 식음료공간 : 도심지 사거리에 위치한 커피숍

생활공간 — 1 식음료공간 : 도심내 커피전문점

상업공간 — 1 식음료공간 : 북카페

상업공간 — 1 식음료공간 : 제과 전문점

상업공간 — 1 식음료공간 : 일식 참치전문점

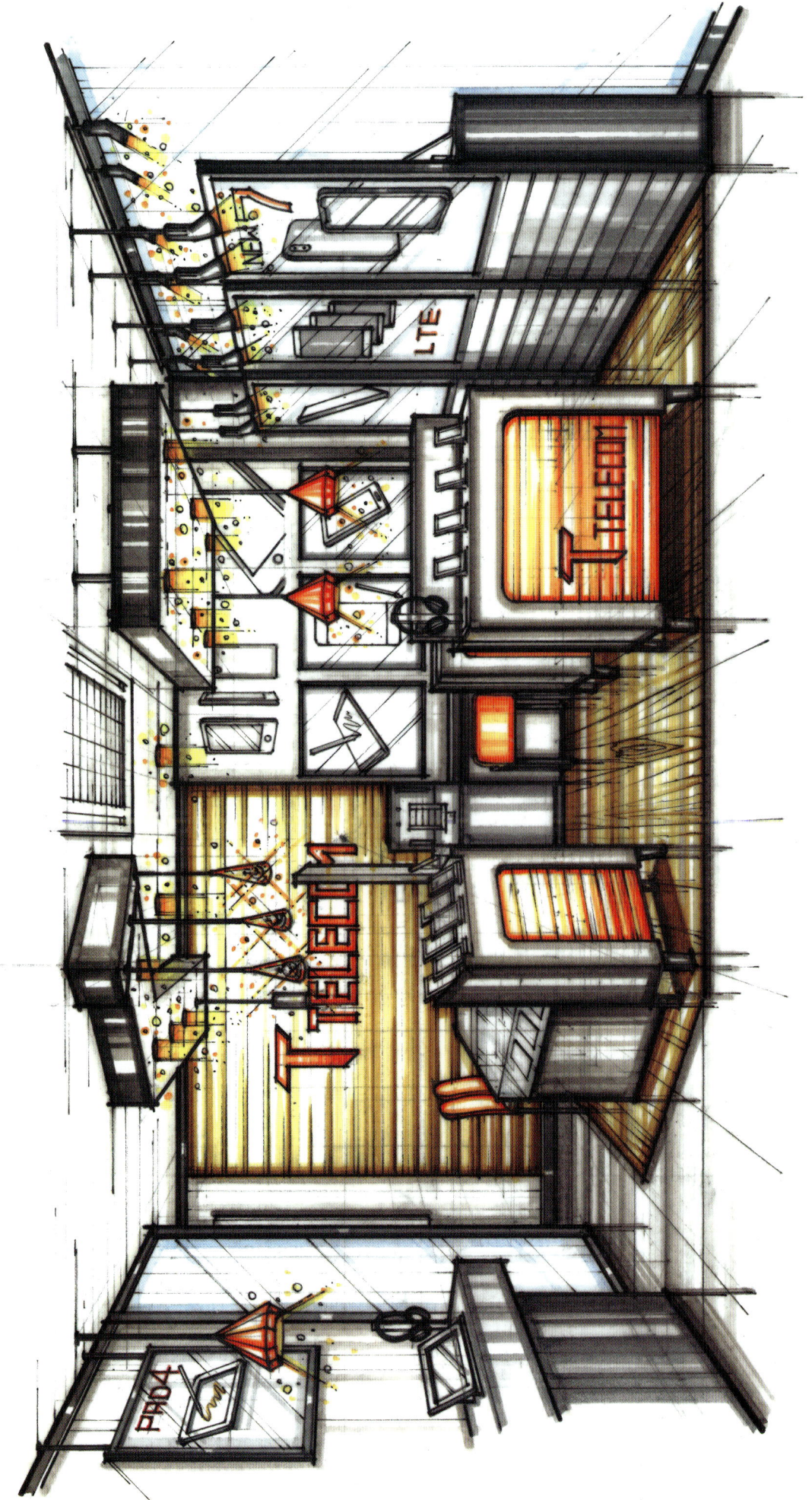

상업공간 — 2 물품판매공간 : 이동통신기기매장 I

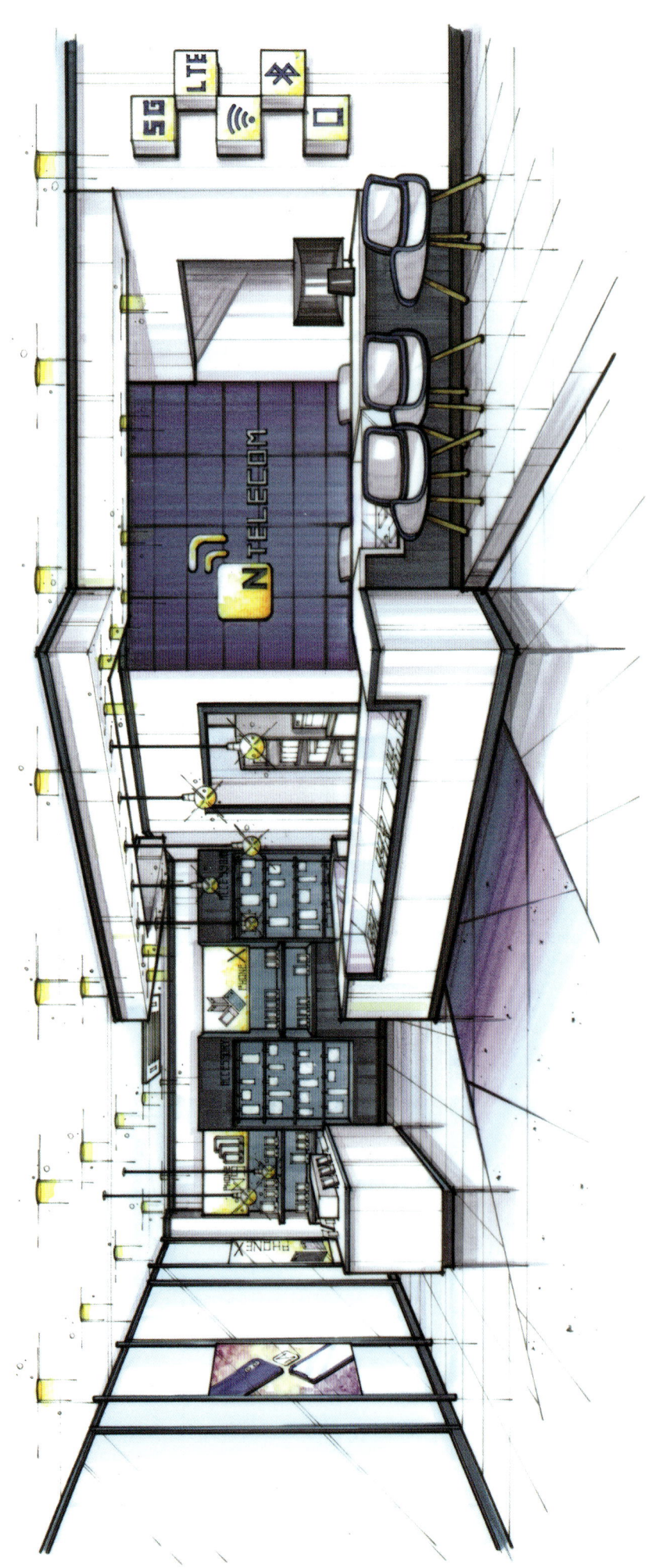

상업공간 — 2 물품판매공간 : 이동통신기기매장 Ⅱ

상업공간 — 2 물품판매공간 : 유기농 식료품 판매점

상업공간 — 2 물품판매공간 : 최저가 화장품 판매점

상업공간 — 2 물품판매공간 : 아웃도어매장

상업공간 — ③ 서비스공간 : PC방

상업공간 — 3 서비스공간 : 안경점

상업공간 — 3 서비스공간 : 헤어숍 I

생업공간 — 4 숙박공간 : 호텔 트윈베드룸

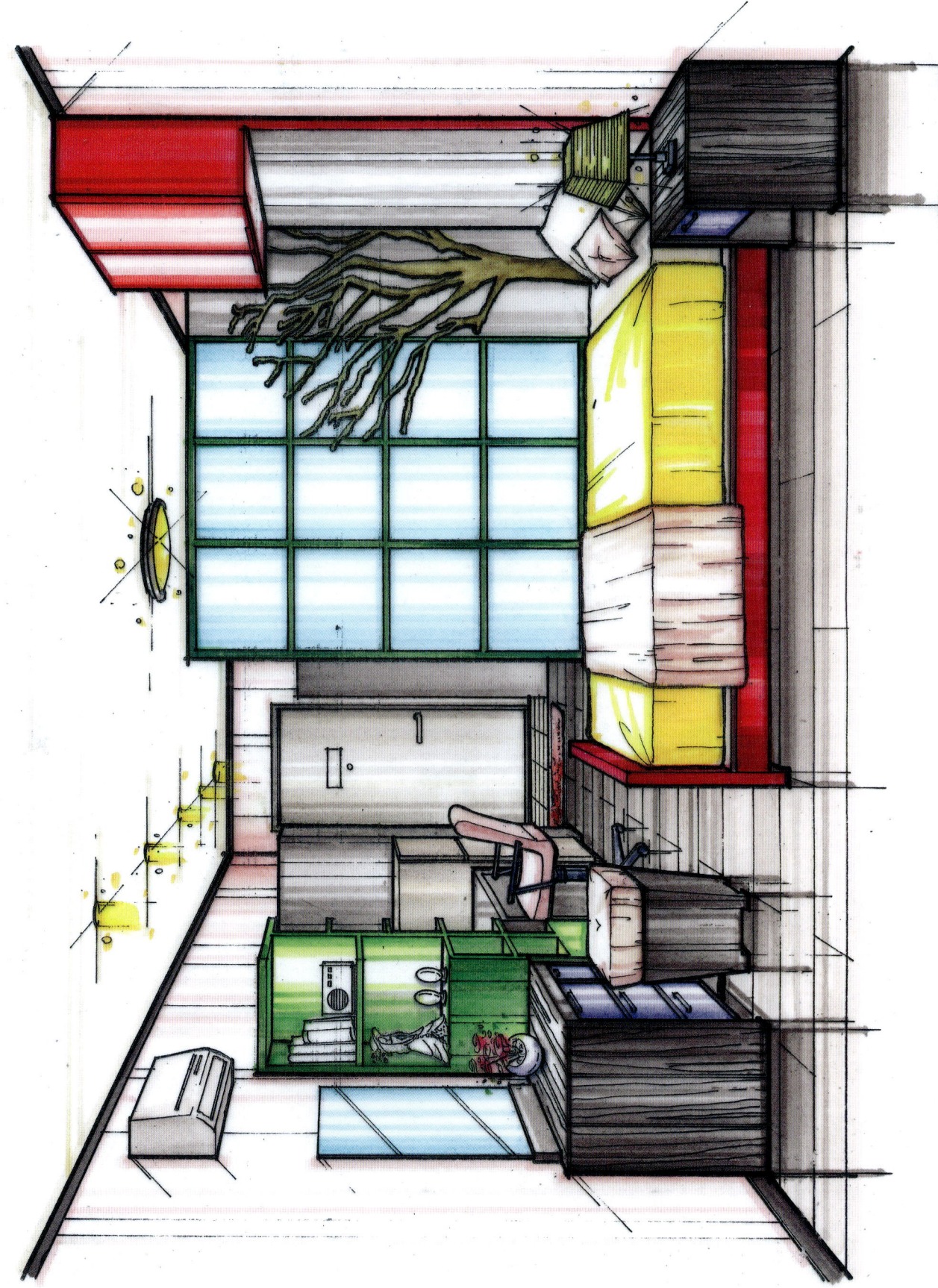

상업공간 — 4 숙박공간 : 유스호스텔(청소년 수련을 위한)

업무공간 — 인테리어 사무실

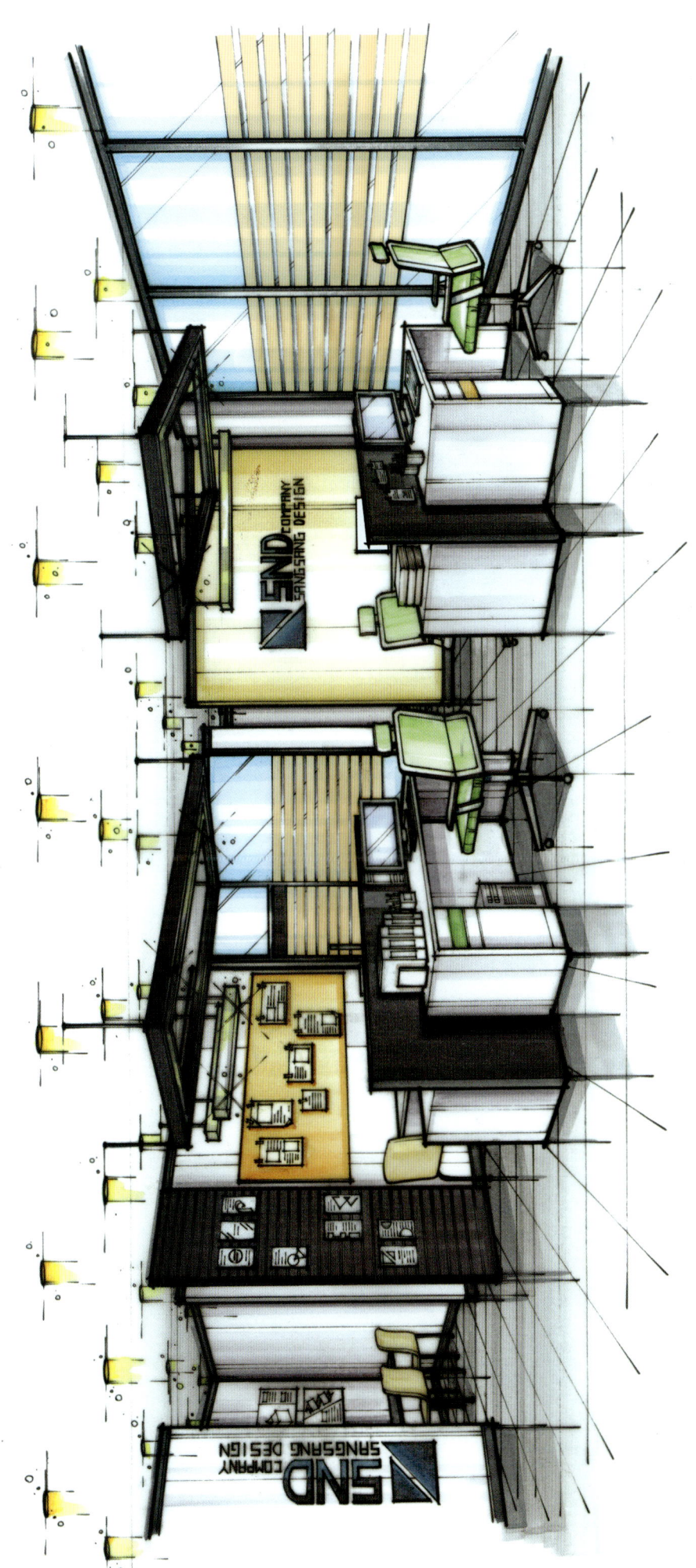

업무공간 — 광고기획디자인회사 사무실

업무공간 — 벤처오피스

전시공간 — 귀금속 전문점

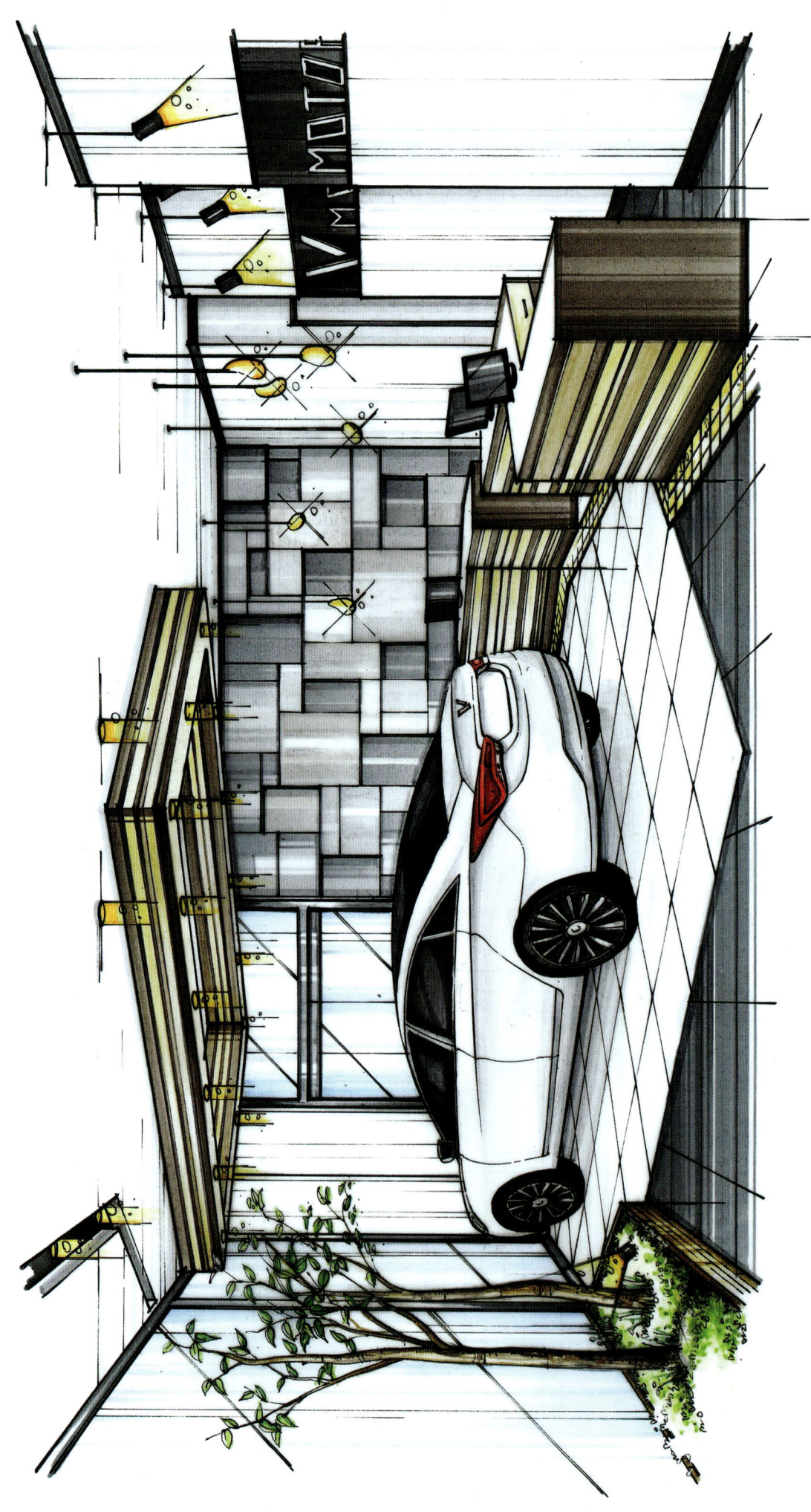

전시공간 — 자동차 전시판매 대리점

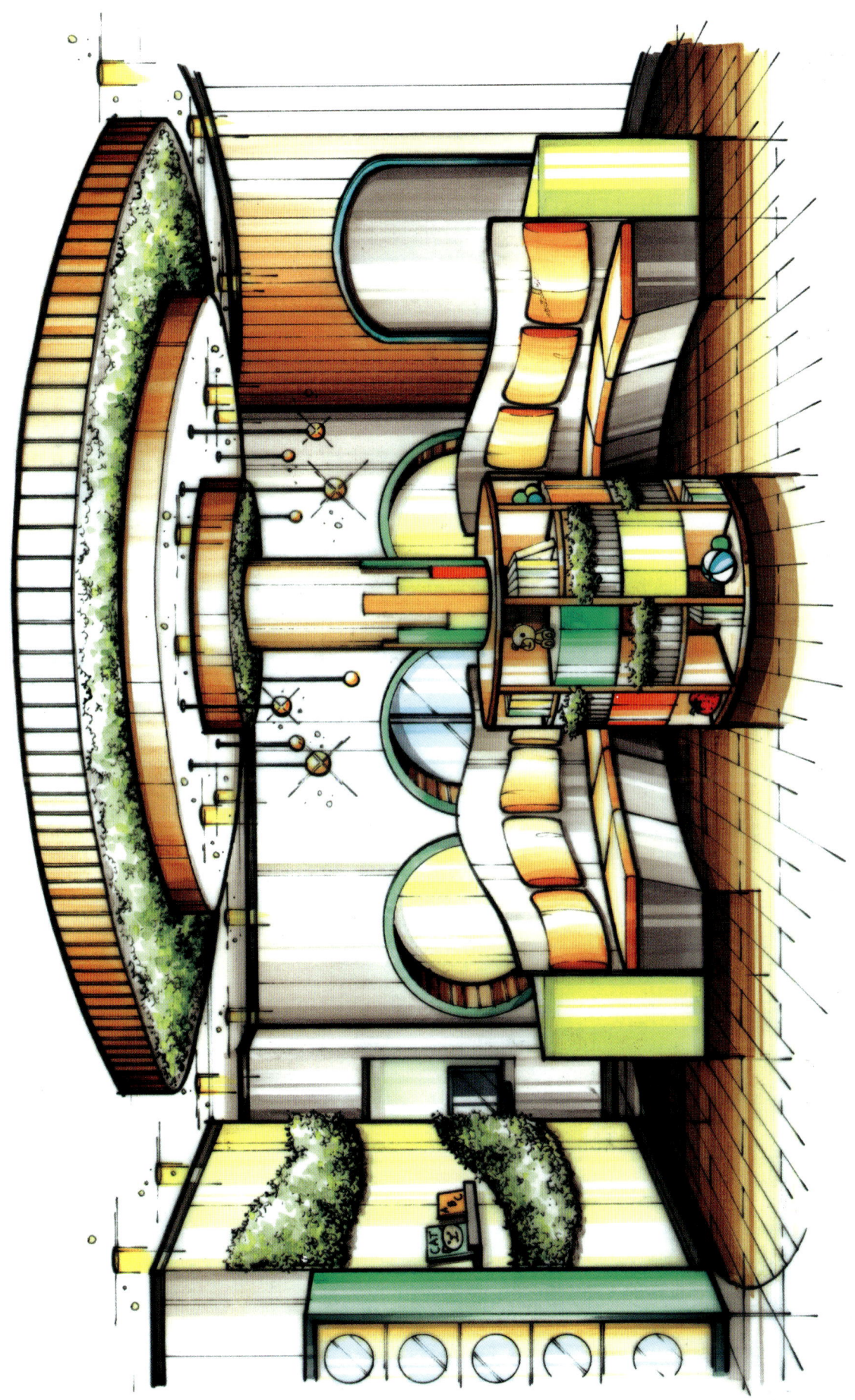

공공공간 — 어린이 도서관

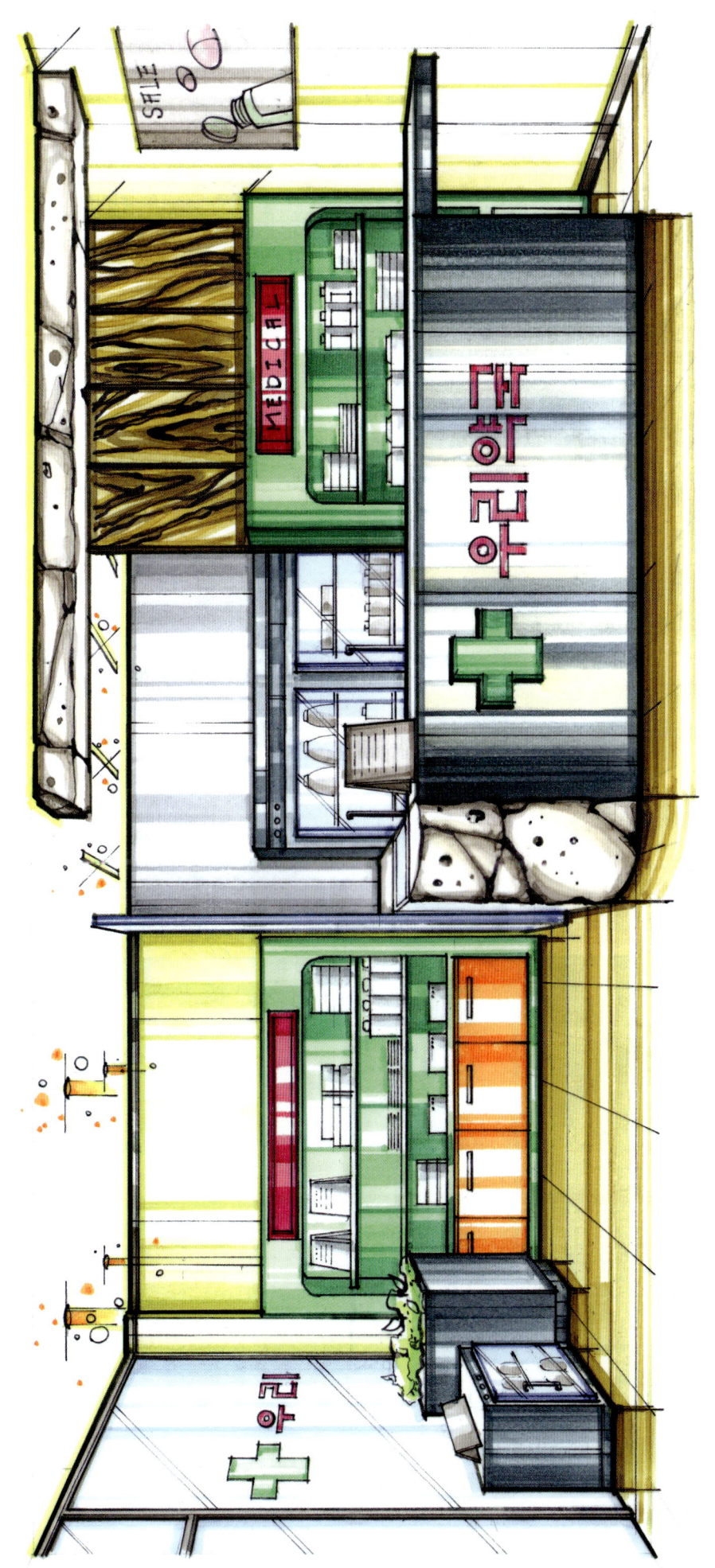

의료공간 — 치과의원 I

이론공간 — 한의원

의료공간 — 정형외과

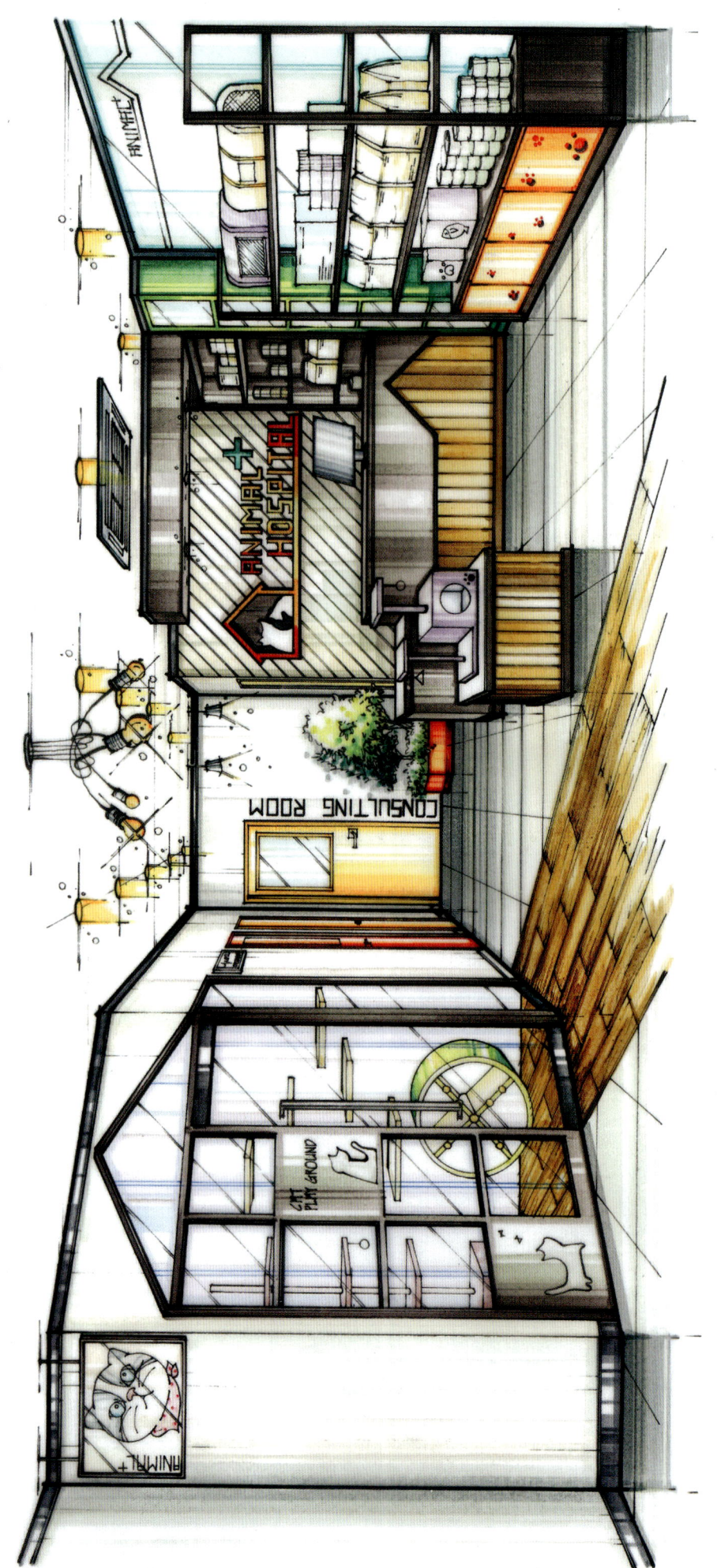

도서출판 동방디자인

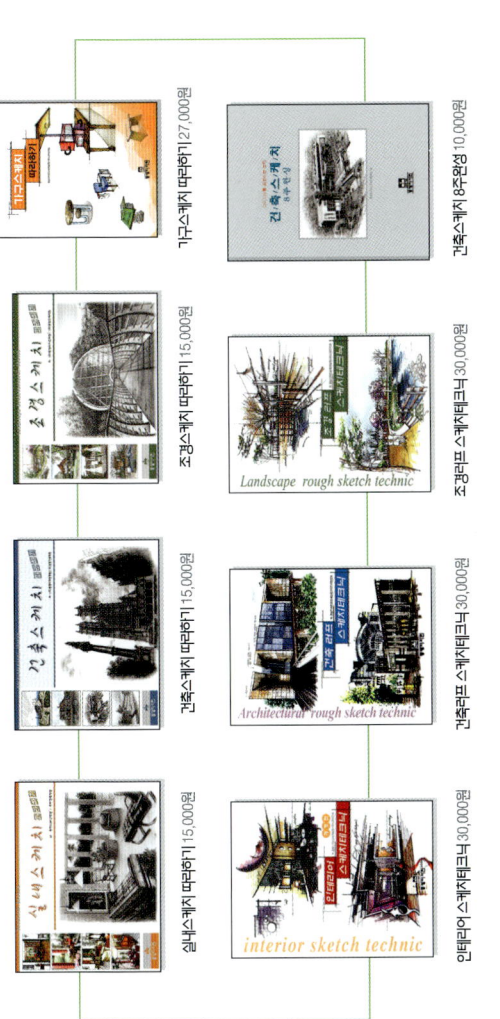

Sketch / 스케치 관련교재

Architectural Interior / 건축·인테리어 관련교재

Architectural / 실내건축 수험서

■ **투시도법개발 및 교재 연구개발, 50여종 출간**

(주)동방디자인학원에서는 투시도법 및 스케치 기법을 연구 개발하여 실내건축, 건축, 디자인분야 대학교재와 스케치·실내건축 관련 수험서 등 50여종을 집필, 도서출판 동방디자인에서 출간하여 전국 대형서점에서 판매중이며, 전국대학 도서관의 비치는 물론 700여개 대학에서 교재로 채택하여 활용됨과 동시에 실기장에 실기강의에 도움을 드리고 있습니다.

실내건축 설계실습

초판 · 2004년 4월 15일
발행 · 2022년 8월 25일 (개정3판)
저 · 동방디자인교재개발원
발행인 · 김 경 호

발행처 도서출판 동방디자인
등록 · 제13-265호
서울 영등포구 영등포동1가 111-2 백산빌딩
편집부 (02) 2675-8880, FAX (02) 2631-2199
http://www.architerior.co.kr
ISBN 978-89-86881-81-3

정가 30,000원

본 도서의 실내건축 도면설계 및 투시도법의 모든 내용은 동방디자인교재개발원에서 연구·개발·창작한 내용과 작품들로서 다른 출판물 또는 온라인상의 인용 및 복사를 절대 금합니다.
적발시 형사처벌 대상이 됩니다.